지도직 군무원

한권으로 끝내기

측지학

寅山 이영수, 이영욱, 김도균, 김문기, 오건호 공저

G e o d e s y

예문에듀
EDU

PREFACE _ 머리말

측지학은 지구의 크기와 형상 그리고 지구에서의 위치를 결정하는 과학적인 학문 분야로서, 지구 내부의 특성, 지구의 형상과 운동 특성 등을 결정하는 것은 물리학적 측지학, 지구 표면상에 있는 모든 점들 간의 상호 위치 관계를 규정하는 것은 기하학적 측지학이라고 합니다.

측지학의 대상 범위로서 물리학적 측지학에는 지구의 형상 해석, 중력 측정, 지구 자기 측정, 탄성파 측정, 지구의 극운동과 자전운동, 지각 변동 및 균형, 지구의 열, 대륙의 부동, 해양의 조류, 지구 조석 등이 있습니다. 기하학적 측지학에는 측지학적 3차원 위치의 결정, 길이 및 시의 결정, 수평 위치의 결정, 천문 측량, 위성 측지, 면적 및 부피의 산정, 지도 제작(지도학), 사진 측정 등이 있습니다.

이러한 측지학적 기술은 컴퓨터와 IT 기술의 급속한 발전을 바탕으로 발전을 거듭하여 항공사진측량, 인공위성에 의한 3차원 위치 결정, GIS/LIS, 지하자원 탐사 등 최첨단 공간정보기술로 거듭나고 있습니다.

이에 본서는 20여 년간 측량 실무 분야에 종사하면서 얻은 실무 지식과 대학에서 강의하면서 정리해 둔 교안을 기초로 하여, 측지학을 처음 접하는 모든 분들과 군무원 및 관련 국가기술자격 시험을 준비하는 수험생이 쉽게 이해할 수 있도록 각 단원마다 핵심 내용을 요약 · 정리하였습니다. 또한 단원별로 예상문제를 수록하여 학습한 내용을 다시 한 번 확인하고 이해하도록 구성하였습니다.

이 교재를 접하시는 모든 분들께 조금이라도 도움이 되었으면 하는 마음이며, 앞으로 많은 분들의 충고와 조언으로 더 좋은 교재로 거듭날 수 있도록 노력하겠습니다.

마지막으로 본서가 발간되기까지 도움을 주신 주위의 많은 분들께 감사의 뜻을 전하며, 출판을 맡아주신 도서출판 예문사 대표님과 임직원 여러분께도 진심으로 감사를 드립니다.

저자 일동

有志者事竟成(유지자사경성)
하고자 하는 의지만 있으면 일은 반드시 성취된다. 하고자 한다면 못 해낼 일이 없다. 뜻이 있는 곳에 길이 있다.

군무원이란

■ 의의

군 부대에서 군인과 함께 근무하는 공무원으로서 신분은 국가공무원법상 특정직 공무원으로 분류된다.

■ 근무처

국방부 직할부대(정보사, 기무사, 국통사, 의무사 등), 육군 · 해군 · 공군본부 및 예하부대

■ 종류

- 일반군무원
  - 기술 · 연구 또는 행정일반에 대한 업무 담당
  - 행정, 군사정보 등 46개 직렬
  - 계급구조 : 1∼9급
- 전문군무경력관
  - 특정업무담당
  - 교관 등
  - 계급구조 : 가군, 나군, 다군
- 임기제군무원

■ 직렬별 주요 업무 내용

직군	직렬	업무 내용
정보통신	전기	전기설계, 전도기, 발전기, 전원부하, 송배전 및 변전, 전기에너지, 압축기구, 전기기기, 전기시설 등 전기 전반에 관한 정비, 수리 업무
	전자	• 전자장비 및 주변장비 분해, 조립, 재생, 정비, 수리 업무 • 전탐, 항법장비 조작, 정비, 수리 업무 • 전자현상에 대한 과학 및 응용기술 등 전자 전반에 관한 정비, 수리 업무 • 각종 기계, 계기 등의 교정, 정비, 수리 업무
	통신	유 · 무선 통신장비, 기기 조작 운용 등 통신 전반에 관한 정비, 수리 업무
	전산	• 소프트웨어 개발, 프로그램작성 업무 • 시스템 구조 설계, 전산통신 분석, 체계개발 업무
	지도	각종 지도 측량, 편집, 지도제작 업무
	영상	• 각종 사진 촬영, 현상, 인화, 확대편집, 필름보관 관리 업무 • 각종 사진기, 영사기 조작, 관리 업무 • 항공사진 제작 분석, 판독 및 항고표적 분석, 자료생산 업무 • 항공사진 인화, 확대, 현상, 필름보관 관리 업무
	사이버 직렬	사이버전, 사이버 기반 업무(사이버 IT/보안/정보/기획/정책 등)

군무원 시험 정보

■ 2022년 채용일정계획(참고용)

구분	원서 접수	응시서류 제출	서류전형 합격자 발표	필기시험 계획공고	필기시험	필기시험 합격자발표	면접시험	합격자 발표
공개경쟁 채용	5.6.(금) ~ 5.11.(수)	※ 해당 없음		6.30.(목) *장소/시간 동시 안내	7.16.(토)	8.19.(금) *면접계획 동시 안내	9.20.(화) ~ 9.26.(월)	10.7.(금)
경력경쟁 채용		5.17.(화) ~ 5.19.(목)	6.17.(금)					

※ 시험장소 공고 등 시험시행 관련 사항은 국방부채용관리홈페이지(https://recruit.mnd.go.kr:470/main.do) 공지사항을 참조하십시오.
※ 상기일정은 시험주관기관의 사정에 따라 변경될 수 있으며, 변경 시 사전공지합니다.

■ 채용절차

시험 구분	시험방법
공개경재채용시험	필기시험 ⇒ 면접시험
경력경쟁채용시험	서류전형 ⇒ 필기시험 ⇒ 면접시험

■ 경력경쟁채용 지도직 시험 과목

직군	직렬	계급	시험 과목
정보통신	지도	5급	지리정보학[GIS], 측지학
		7급	
		9급	

※ 5급 이상의 경력경쟁채용 시험과목은 5급 시험과목으로, 6 · 7급의 경력경쟁채용 시험과목은 7급 시험과목으로, 8 · 9급의 경력경쟁채용 시험과목은 9급 시험과목으로 한다.

■ 합격자 결정

서류전형 (경력경쟁채용 응시자)	응시자의 경력 · 학력 · 전공과목 등과 임용예정직급의 직무내용과의 관련 정도에 따라 합격 여부 결정
필기시험 (공개경재채용시험 응시자, 경력경쟁채용 응시자)	• 매 과목 4할 이상, 전과목 총점의 6할 이상 득점한 자 중에서 고득점자순으로 선발예정인원의 15할의 범위 안에서 합격자 결정 • 단, 선발예정인원의 15할을 초과하여 동점자가 있는 경우 그 동점자 모두를 합격자로 하며, 기술분야 6급 이하의 일반군무원 및 임용시험은 매 과목 4할 이상을 득점한 자 중에서 고득점자 순으로 합격자 결정
면접시험 (필기시험 합격자)	아래의 평정요소마다 각각 수(5점), 우(4점), 미(3점), 양(2점), 가(1점)로 평정하여 25점 만점으로 하되, 각 면접시험위원이 채점한 평균이 미(15점) 이상인 자 중에서 고득점 순으로 합격자 결정 • 군무원으로서의 정신 자세 　　• 전문지식과 그 응용 능력 • 의사발표의 정확성과 논리성 　• 창의력 · 의지력 기타 발전 가능성 • 예의 · 품행 및 성실성
최종 합격자 결정	필기시험 합격자 중 면접시험을 거쳐 결정

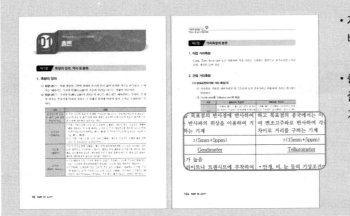

- 지도직 군무원 경력경쟁채용시험 대비를 위해 측지학의 핵심 개념을 압축·요약한 필수 이론을 수록하였습니다.
- 출제 가능성이 높은 중요 개념은 '밑줄'로 표시하여 효율적인 시험 대비가 가능합니다.

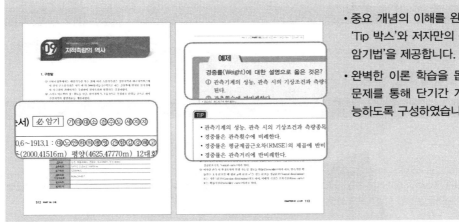

- 중요 개념의 이해를 완벽하게 도와줄 'Tip 박스'와 저자만의 직관적인 '핵심 암기법'을 제공합니다.
- 완벽한 이론 학습을 돕는 필수 예제 문제를 통해 단기간 개념 완성이 가능하도록 구성하였습니다.

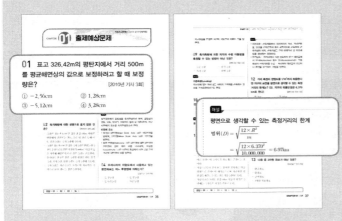

- 단원별 핵심 이론 학습 후 출제예상문제를 통해 확실한 개념 정리 및 실전 대비가 가능하도록 구성하였습니다.
- 정답해설과 오답해설을 동시에 수록한 상세한 해설을 통해 단 한 번의 문제 풀이만으로 개념 복습과 실전 연습이 가능하도록 구성하였습니다.

CONTENTS _ 목차

PART **01**

측지학

01 총론

CHAPTER

제1장 측량의 정의, 역사 및 분류

1. 측량의 정의

① 측량(測量) : 원래 생명의 근원인 광대한 우주와 우리 삶의 터전인 지구를 관측하고 그 이치를 헤아리는 측천양지(測天量地)의 기술과 원리를 다루는 지혜의 학문이다.

② 측량(測量) : 측천양지(測天量地)의 준말로서 하늘을 재고 땅을 헤아린다는 뜻이다. 즉 땅의 위치를 별자리에 의하여 정하고 그 정해진 위치에 의하여 땅의 크기를 결정한다는 뜻이다.

구분	내용
공간정보의 구축 및 관리 등에 관한 법률의 목적	이 법은 측량의 기준 및 절차와 지적공부(地籍公簿)·부동산종합공부(不動産綜合公簿)의 작성 및 관리 등에 관한 사항을 규정함으로써 국토의 효율적 관리와 소유권 보호에 기여함을 목적으로 한다.
공간정보 (空間情報)	• 지상·지하·수상·수중 등 공간상에 존재하는 자연적 또는 인공적인 객체에 대한 위치정보 및 이와 관련된 공간적 인지 및 의사결정에 필요한 정보를 말한다(「국가공간정보기본법」 제2조 제1항 및 「국토지리정보원 공간정보 표준화지침」 제2조 제1항). • 즉, 지상·지하·수상·수중 등에 존재하는 자연적, 인공적인 물체에 대한 위치정보 및 속성정보는 공간정보이다.
측량학 (測量學)	지구 및 우주공간에 존재하는 재점 간의 상호위치관계와 그 특성을 해석하는 것으로서 위치결정, 도면화와 도형해석, 생활공간의 개발과 유지관리에 필요한 자료 제공, 정보체계의 정량화, 자연환경 친화를 위한 경관의 관측 및 평가 등을 통하여 쾌적한 생활환경의 창출에 기여하는 학문이다
측지학 (測地學, Geodesy)	• 지구 내부의 특성, 지구의 형상 및 운동을 결정하는 측량과 지구표면상에 있는 모든 점들간의 상호위치관계를 산정하는 측량의 가장 기본적인 학문이다. • 측지학에는 수평위치 결정, 높이의 결정 등을 수행하는 기하학적 측지학, 지구의 형상해석, 중력, 지자기 측량 등의 측량을 수행하는 물리학적 측지학으로 대별된다. 영어의 Geodesy의 Geo는 지구 또는 대지, Desy는 분할을 의미한다.

측량 (測量)	공간정보의 구축 및 관리 등에 관한 법률상의 측량의 정의는 공간상에 존재하는 일정한 점들의 위치를 측정하고 그 특성을 조사하여 도면 및 수치로 표현하거나 도면상의 위치를 현지(現地)에 재현하는 것을 말하며 측량용 사진의 촬영, 지도의 제작 및 각종 건설사업에서 요구하는 도면 작성 등을 포함한다.
지적측량 (地籍測量)	• "지적측량"이란 토지를 지적공부에 등록하거나 지적공부에 등록된 경계점을 지상에 복원하기 위하여 제21호에 따른 필지의 경계 또는 좌표와 면적을 정하는 측량을 말하며, 지적확정측량 및 지적재조사측량을 포함한다. • 제21호. "필지"란 대통령령으로 정하는 바에 따라 구획되는 토지의 등록단위를 말한다.
지적확정측량 (地籍確定測量)	• "지적확정측량"이란 제86조제1항에 따른 사업이 끝나 토지의 표시를 새로 정하기 위하여 실시하는 지적측량을 말한다. • 제86조제1항. 「도시개발법」에 따른 도시개발사업, 「농어촌정비법」에 따른 농어촌정비사업, 그 밖에 대통령령으로 정하는 토지개발사업의 시행자는 대통령령으로 정하는 바에 따라 그 사업의 착수·변경 및 완료 사실을 지적소관청에 신고하여야 한다.
지적재조사측량 (地籍再調査測量)	"지적재조사측량"이란 「지적재조사에 관한 특별법」에 따른 지적재조사사업에 따라 토지의 표시를 새로 정하기 위하여 실시하는 지적측량을 말한다.

2. 측량의 역사

(1) 우리나라 측량(測量)의 연혁(沿革)

① 삼국사기 및 삼국유사에 6~7세기 초의 측량 기록이 있다.

② 통일신라시대 신라구주현총도를 제작하였다.

③ 고려시대 목종에 고려지리도, 현종에 오도양 계주현총도, 인종에 삼국사기지리지가 제작되었다.

④ 조선시대 고산자 김정호가 다음을 제작하였다.

　㉠ 1834년 : 청구도(축척 1 : 160,000) 제작

　㉡ 1861년 : 대동여지도(축척 1 : 162,000) 제작

⑤ 1894~1895년 판적국에 지적과를 설치하여 한국전도(축척 1 : 2,000,000)를 일본 전시용으로 사용하였다.

⑥ 1910년 지형도(1 : 50,000) 및 지적도(1 : 1,200)를 제작하였다.

⑦ 1945년 항측에 의한 국토기본도(1 : 50,000)를 수정 보완하였다.

⑧ 1966년 국토기본도(1 : 25,000)를 제작하였다.

⑨ 1975년 국토기본도(1 : 5,000)를 제작하였다.

⑩ 1995년 수치지도(1 : 1,000, 1 : 5,000, 1 : 25,000)를 제작하였다.

⑪ 2000년 사진지도 및 영상지도를 제작하였다.

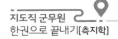

(2) 우리나라 측지사업(測地事業)의 연혁(沿革)

① 1910~1915년에 조선토지조사사업에 의하여 측지측량을 실시하였다.
  ㉠ 기선-13개소 : 대노안하의평영 간함길강혜고(암기)
  ㉡ 대삼각본점 : 400점
  ㉢ 대삼각보점 : 2,401점
  ㉣ 소삼각 1, 2등점 : 31,646점
  ㉤ 수준측량 : 2,823점(1,639개의 삼각점 높이 측량), 수준노선 : 6,629km
  ㉥ 검조장 : 청진(1911년), 원산(1911년), 진남포, 목포(1912년), 인천(1914년)

소재지	청진	원산	진남포	목포	인천	현재 인천원점
높이(m)	2.636	1.931	6.140	2.155	5.477	26.6871
설치 연월일	1911.8 ~1915.5	1911.9 ~1916.3	1912.11 ~1916.5	1912.6 ~1916.6	1913.12 ~1916.6	1963.12~

> **TIP** 도근측량 : 3,551,606점
>
> 한 지점의 높이는 기준면으로부터의 수직거리로 표시되며 측량법에서는 이 기준면을 Mean Sea Level, 평균해수면(平均海水面)이라 한다. 고저기준원점(高低基準原點), 수준원점(水準原點)의 수치에 관하여서는 평균해수면(平均海水面)으로부터의 높이로 표시된다. 그 지점 간의 높이차를 고저차(高低差) 혹은 비고라 한다.

② 6.25 전쟁 이후 망실 또는 손괴된 측지기준점의 복구사업을 추진하였다.

③ 1960년대 후반 각종 기본도 제작 및 건설사업을 위한 공공측량 증대로 기준점 복구사업이 활성화되었으나 일관성이 없는 임시적 미봉책이었다.

④ 측지기준점을 복구한 작업성과에 대하여 신뢰할 수 없어 1975년부터 지적법에 근거하여 국가기준점과는 별도로 지적삼각점과 지적삼각보조점을 설치하여 도근측량과 세부측량에 활용하였다.
  ㉠ 지적삼각점의 평균변장 : 2~5km
  ㉡ 지적삼각보조점 평균변장 : 1~3km

⑤ 정확한 기준점 성과를 실용화하기 위하여 1975년 정밀 1차 기준점 측량을 실시하였다.

⑥ 1986년 3, 4등삼각점을 기초로 하여 정밀 2차 측지망사업을 실시하였다.

⑦ 1995년부터 2000년까지 국가지리정보체계(NGIS) 1차 계획을 추진하였다.

⑧ 2000년부터 건설교통부국토지리정보원을 중심으로 "한국측지계재정립"을 추진하였다.

⑨ 2001년부터 2005년까지 국가지리정보체계 2차 계획을 추진하였다.

⑩ 2003년 1월 1일부터 세계측지계를 도입하여 시행하였다.

⑪ 2009년 12월 31일까지 기존 측지계성과와 병행 사용하였다.

⑫ 2010년 1월 1일부터 세계측지계만 사용하였다.

⑬ 2004년부터 2015년까지 지적재조사사업을 추진하였다.

⑭ 2006년부터 국가지리정보체계 3차계획을 추진하였다.

(3) 우리나라 지적측량(地籍測量)의 역사(歷史)

① 시대별 제작

　㉠ 통일신라시대 : 신라구주현총도 제작

　㉡ 고려시대 목종 : 고려지리도

　㉢ 현종 : 오도양 계주현총도

　㉣ 인종 : 삼국사기지리지 제작

② 조선시대 고산자 김정도

　㉠ 1834년 : 청구도 제작

　㉡ 1861년 : 대동여지도 제작

③ 근대에 들어와 1894~1895년 판적국에 지적과를 설치하여 1 : 2,000,000의 우리나라 전도와 평판측량으로 1 : 50,000 지도를 제작하였다.

④ 1898년 양지아문을 설치하였고 1901년 지계아문, 1910년 토지조사사업의 시행계획을 수립하였다.

⑤ 1905년 측량기술원을 양성해서 대구, 평양, 전주 등에서 탁지부 양지과에 출장소를 설치하였다.

⑥ 1909년 서울 경기 일부와 대구 경북지역에 구소삼각원점을 설치하여 삼각측량에 착수하였다.

⑦ 1910년 탁지부에 토지조사국 설치, 1차로 7개년 계획으로 측량을 추진하였다.

⑧ 1910년 8월 조선총독부 임시토지조사국이 사업을 계승, 토지조사사업을 시행하였다.

⑨ 1911년 8월~1916년 6월 13개소의 검기선을 설치하였으며 청진, 원산, 목포, 진남포, 인천(5개) 험조장을 설치하였다.

⑩ 1915년 삼각망을 완성하였으며 대삼각본점은 다음과 같다.

　㉠ 기선 : 13개소

　㉡ 대삼각본점 : 400점

　㉢ 대삼각보점 : 2,401점

　㉣ 소삼각점 : 31,646점

　㉤ 수준노선 : 6,629km

　㉥ 검조소 : 5개소

⑪ 지적측량규정(1954.11.12 대통령령 제951호) 제정, 지적측량사 시행규칙(1961.2.7 재무부령 제194호)

⑫ 지적법 전문개정(1975.12.31 법률 제2801호), 지적법 시행령(1976.5.7 대통령령 제8110호), 지적법 시행규칙(1976.5.7 내무부령 제208호)

⑬ **지적법**(수차에 걸침)

   ㉠ 지적법 전문개정(2001.1.26 법률 제6389호)

   ㉡ 제2차 전문개정(2002.1.26.) : 개정 지적법(2003.12.31 법률 제7036) 제3조의 2에는 "국가의 토지를 효율적으로 관리하기 위하여 지적재조사사업을 시행할 수 있다"로 규정하여 국토를 새로이 조사하도록 준비 중에 있음

⑭ **현행 지적법**(국토교통부령 2009.12.14.) : 현행 "측량 수로조사 및 지적에 관한 법률"을 통합하였다.

⑮ 국가공간정보의 구축 및 관리에 관한 법률(2015.6.4 법률 제12738호)

TIP **측량**

- 구한말 : 구소삼각측량 : 선점, 조표, 기선측량, 북극성방위각 및 수평각관측, 수직각관측, 계산
- 토지조사사업 대삼각측량 작업과정(순서)
  - 기선측량 : 1910.6~1913.10
  - 대전[1910.6(2.5km)], 고건원[1913.10(3.4km)], 안동(2000.41516m), 평양(4625.47770m) 12대회
- 대삼각본점측량 : 거제도, 절영도, 대마도의 유명산과 어악
- 대삼각보점측량 : 점선점표수계
- 소삼각측량 : 보통소삼각측량, 특별소삼각측량
- 검조장 : 청진, 원산, 목표, 진남포, 인천
- 수준측량
- 도근측량
- 세부측량
- 지형측량
- 지적조사

---

3. 측량의 분류

(1) 측량구역의 넓이에 관한 분류

구분	내용

측지측량
(測地測量,
Geodetic
surveying)
	• 지구의 곡률을 고려한 정밀한 측량으로서 지구의 형상과 크기를 구하는 측량
	• 측량정밀도가 1/1,000,000일 경우, 지구의 곡률반경이 11km 이상인 지역. 면적이
	  약 400km² 이상인 지역을 측지(대지)측량이라 함
	  – 기하학적 측지학 : 지구 표면상에 있는 모든 점들 간의 상호 위치관계를 결정하는 것
	  – 물리학적 측지학 : 지구 내부의 특성, 지구의 형상 및 크기를 결정하는 것

평면측량
(平面測量,
Plane
surveying)
	• 지구의 곡률을 고려하지 않은 측량
	• 거리측량의 허용정밀도가 1/1,000,000 이내인 범위, 지구의 곡률반경이 11km 이내
	  인 지역, 면적이 약 400km² 이내인 지역을 평면으로 취급
	  – 거리허용오차 $(d-D) = \dfrac{D^3}{12 \cdot R^2}$
	  – 허용정밀도 $\left(\dfrac{d-D}{D}\right) = \dfrac{D^2}{12 \cdot R^2} = \dfrac{1}{m} = M$
	  – 평면으로 간주할 수 있는 범위$(D) = \sqrt{\dfrac{12 \cdot R^2}{m}}$
	• D : 수평선 구면거리(지표면상 관측거리 : 실제거리)
	• d : 지평선 평면거리(평면상 투영거리)
	• M : 축척
	• m : 축척의 분모수
	• R : 지구의 곡률반경

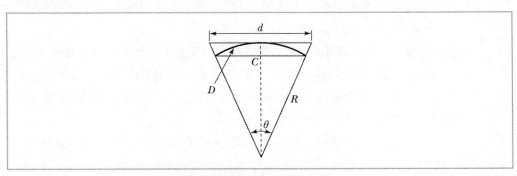

[지구 곡률과 측량정밀도의 관계]

D : 수평선 구면거리(지표면상 관측거리 : 실제거리)

d : 지평선 평면거리(평면상 투영거리)

M : 축척 θ : 중심각

R : 지구의 곡률반경 m : 축척의 분모수

C : 현장 현길이

> **예제**
>
> 지구의 반지름 R이 6,370km이고 거리오차를 1/106까지 허용할 때 평면으로 볼 수 있는 반지름은?
>
> **해설**
>
> 평면으로 간주할 수 있는 범위(D) $= \sqrt{\dfrac{12 \cdot R^2}{m}} = \sqrt{\dfrac{12 \times 6,370^2}{1,000,000}} = 22\text{km}$
>
> 지름이 22km이므로 반지름 11km까지를 평면으로 보고 측량한다.
>
> • 거리허용오차$(d-D) = \dfrac{D^3}{12 \cdot R^2} = \dfrac{22^3}{12 \times 6370^2} = 0.000022\text{km} = 22\text{mm}$
>
> • 허용정밀도$\left(\dfrac{d-D}{D}\right) = \dfrac{D^2}{12 \cdot R^2} = \dfrac{1}{m} = \dfrac{22^2}{12 \times 6370^2} \fallingdotseq \dfrac{1}{1,000,000}$
>
> 정답 22km

(2) 측량법에 의한 분류

① **기본측량** : 모든 측량의 기초가 되는 공간정보를 제공하기 위하여 국토교통부장관이 실시하는 측량을 말한다.

② **공공측량** : 공공측량이란 다음 각 목의 측량을 말한다.

　㉠ 국가, 지방자치단체, 그 밖에 대통령령으로 정하는 기관이 관계법령에 따른 사업 등을 시행하기 위하여 기본측량을 기초로 실시하는 측량

　㉡ ㉠ 외의 자가 시행하는 측량 중 공공의 이해 또는 안전과 밀접한 관련이 있는 측량으로서 대통령령으로 정하는 측량

③ **지적측량** : 토지를 지적공부에 등록하거나 지적공부에 등록된 경계점에 지상에 복원하기 위하여 제21호에 따른 필지의 경계 또는 좌표와 면적을 정하는 측량을 말하며, 지적확정측량 및 지적재조사측량을 포함한다(제21호 "필지"란 대통령령으로 정하는 바에 따라 구획되는 토지의 등록단위를 말한다).

　㉠ 지적확정측량 : 「도시개발법」에 따른 도시개발사업, 「농어촌정비법」에 따른 농어촌정비사업, 그 밖에 대통령령으로 정하는 토지개발사업에 따른 사업이 끝나 토지의 표시를 새로 정하기 위하여 실시하는 지적측량

　㉡ 지적재조사측량 : 「지적재조사에 관한 특별법」에 따른 지적재조사사업에 따라 토지의 표시를 새로 정하기 위하여 실시하는 지적측량

④ **일반측량** : 기본측량, 공공측량, 지적측량 외의 측량을 말한다.

(3) 측량장소에 의한 분류

① 지표면측량(Ground surveying)

　㉠ 지형해석 : 지형도 작성, 면적 및 체적측량, 토지조성

　㉡ 토지이용 : 구획정리측량, 지적측량, 도시계획측량, 국토조사측량

　㉢ 지구형상측량 : 천문측량, 중력측량, 위성측량

　㉣ 지구의 극운동 및 변형측량 : 지구자전축의 흔들림, 지각의 수평변동, 지반침하, 지구조석, 대륙의 부동 등의 연구를 위한 측량

② 지하측량(Underground surveying)

　㉠ 지하매설물 측량 : 지하관수로, 지하시설물, 지표하 얕은 곳의 매설물 위치 확인을 위한 측량

　㉡ 지하수측량 : 중요한 용수원이 될 지하수의 흐름, 수량, 분포측량

　㉢ 중력측량 : 중력기준점에서의 절대중력관측, 중력분포측량, 중력 이상을 이용한 지하자원측량, 지각변동, 지구형상해석을 위한 자료 제공

　㉣ 지자기측량 : 지형이용을 위한 지자기분포측량, 자기 이상을 이용한 지하자원측량

　㉤ 전기측량 : 지하전류 흐름 특성을 이용한 지하물체 및 자원조사측량

　㉥ 탄성파측량 : 인공지진에 의한 탄성파 전달특성을 이용한 지하물체 및 자원측량

　㉦ 지진측량 : 중력측량, 수평위치 기준점의 변동측량을 이용한 지진의 예지 지진피해조사, 지진지도작성, 지진 후 지각변동측량

③ 해양측량(Sea surveying)

　㉠ 수평위치결정 : 지문, 천문, 전파, 관성, 인공위성 등에 의한 수평위치 결정

　㉡ 수직위치결정 : 초음파, 항공사진, 수중측량 등에 의한 수심 결정

　㉢ 해안선측량 : 삼각측량, 다각측량, 수위관측 등에 의한 해안선 결정

　㉣ 해지지형 및 지질측량 : 해저지형측량, 해저지질조사 측량

　㉤ 조석 및 조류측량 : 최대, 최저, 평균수위변동 관측, 조류의 유향, 유속관측

　㉥ 해양조사측량 : 수온, 수중식물, 수중자원조사

④ 공간측량(Space surveying)

　㉠ 천문측량 : 별 및 태양관측에 의한 천문반위각, 시, 경도, 위도의 결정

　㉡ 위성측량 : 인공위성 궤도해석, 인공위성전파신호해석 등에 의한 위치 결정

　㉢ 3차원측량 : 3차원 지구 좌표계에 의한 3차원 위치 결정

　㉣ 공간삼각측량 : 항공기, 기구 등을 매개로 한 공간삼각망, 공간삼변망에 의한 위치 결정

ⓜ 초장기선간섭계(VLBI) : 전파신호를 이용하여 지구상 수천~수만 km 떨어진 지점 간의 정확한 위치 결정

ⓗ 레이저거리측량 : 레이저광 펄스를 이용한 지구와 달의 거리 등 우주공간 길이 결정

(4) 측량방법에 의한 분류

① 거리측량
② 수평위치 결정 : 삼각, 사변 다각(트래버스), 트랜싯
③ 고저측량 : 직접, 간접수준 측량
④ 사진측량 : 항공사진, 지상사진, 원격탐측
⑤ 지형도 작성을 위한 측량 : 평판, 시거, 지형

제2장 측량의 기준

① 측량의 기준은 다음 각 호와 같다.

ⓐ 위치 : 세계측지계(世界測地系)에 따라 측정한 지리학적 경위도와 높이(평균해수면으로 부터의 높이를 말한다. 이하 이 항에서 같다)로 표시함. 다만 지도 제작 등을 위하여 필요한 경우에는 직각좌표와 높이, 극좌표와 높이, 지구중심 직각좌표 및 그 밖의 다른 좌표로 표시할 수 있음

ⓑ 측량의 원점 : 대한민국경위도원점 및 수준원점으로 함. 다만, 섬 등 대통령령으로 정하는 지역에 대하여는 국토교통부장관이 따로 정하여 고시하는 원점을 사용할 수 있음

ⓒ 수로조사에서 간출지(干出地)의 높이와 수심 : 기본수준면(일정기간 조석을 관측하여 분석한 결과 가장 낮은 해수면)을 기준으로 측량〈삭제 2020.2.18.〉

ⓓ 해안선은 해수면이 약최고고조면[(略最高高潮面) : 일정기간 조석을 관측하여 분석한 결과 가장 높은 해수면]에 이르렀을 때의 육지와 해수면과의 경계로 표시〈삭제 2020.2.18.〉

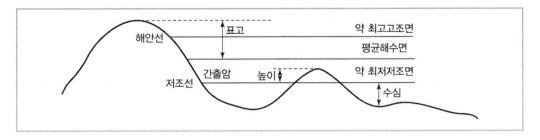

② 해양수산부장관은 수로조사와 관련된 평균해수면, 기본수준면 및 약 최고고조면에 관한 사항을 정하여 고시하여야 한다. 〈삭제 2020.2.18.〉

③ 제1항에 따른 세계측지계, 측량의 원점 값의 결정 및 직각좌표의 기준 등에 필요한 사항은 대통령령으로 정한다.

TIP

세계측지계	• 정의 : 우리나라가 그동안 채택해왔던 지역적인 좌표계를 버리고 전세계가 하나의 통합된 측지기준계를 사용하여 위치를 표현하는 측량기준시스템을 말한다.
	• 의의 : 세계측지계란 세계에서 공통으로 이용할 수 있는 위치의 기준이다. 측량 분야에서는 지구상에서의 경도위도로 나타내기 위한 기준이 되는 좌표계 및 지구의 형상을 나타내는 타원체를 총칭해 측지기준계라고 한다. 즉, 세계측지계는 세계 공통이 되는 측지기준계를 말한다.
	• 측량법에서의 세계측지계 정의 : 세계측지계(世界測地系)는 지구를 편평한 회전타원체로 상정하여 실시하는 위치측정의 기준으로서 다음의 요건을 갖춘 것을 말한다.
	
	  • 회전타원체의 장반경 및 편평률은 다음과 같을 것
	   − 장반경 : 6,378,137미터
	   − 편평률 : 1/298.2572
	  • 회전타원체의 중심이 지구의 질량중심과 일치할 것
	  • 회전타원체의 단축(短軸)이 지구의 자전축과 일치할 것

동경측지계	• 동경측지계 : 동경측지계는 1910년부터 1/50,000 지형도 제작을 위해 정비되어 개정측량법의 시행일까지 사용되고 있던 우리나라의 측지기준계를 가리키는 고유명사이다.

제3장 측지학

1. 측지학의 정의

측지학은 지구 내부의 특성, 지구의 형상 및 운동을 결정하는 측량과 지구표면상에 있는 모든 점들 간의 상호위치관계를 산정하는 측량의 가장 기본적인 학문이다.

2. 측지학의 분류

必 암기 ㉙㉚해서 ㉰㉳지어라 ㉰㉲㉱㉭㉰를 ㉶㉳㉯ ㉮㉣㉛은 ㉯㉳㉯㉭이라

기하학적 측지학	물리학적 측지학
• 측지학적 3차원 위치결정 • 길이 및 시간의 결정 • 수평위치 결정 • 높이의 결정 • 지도제작 • 면적 및 체적의 산정 • 천문측량 • 위성측량 • 해양측량 • 사진측량	• 지구의 형상 해석 • 지구의 극운동 및 자전운동 • 지각변동 및 균형 • 지구의 열 측정 • 대륙의 부동 • 해양의 조류 • 지구의 조석 측량 • 중력측량 • 지자기측량 • 탄성파측량

제4장 측량의 원점

1. 경위도 원점

① 1981년부터 1985년 12월 27일까지 정밀천문측량을 실시하여 얻어진 값으로 수원국립지리원 내에 있다.

② 우리나라의 최근에 설치된 경위도 원점은 2002년 1월 1일 관측하여 2003년 1월 1일 고시하였다.

    ㉠ 경도 : 동경 127°03′14.8913″

    ㉡ 위도 : 북위 37°16′33.3659″

    ㉢ 원방위각 : 165°03′44.538″(원점으로부터 진북을 기준으로 하여 오른쪽 방향으로 측정한 우주측지관측센터에 있는 위성기준점 안테나 참조점 중앙 교점)

    ㉣ 우리나라 삼각망의 기준이 되는 대삼각 본점은 부산 절영도, 거제도에 있다.

    ㉤ 지점 : 경기도 수원시 영통구 원천동 111번지(국토지리정보원에 있는 대한민국 경위도 원점 금속표의 십자선 교점)

2. 평면직각좌표원점

① 남북을 X축(X^N), 동서를 Y축(Y^E)으로 하고 있다.

② 평면직각좌표의 원점

명칭	경도	적용범위	위도	투영원점의 가산수치	원점의 축척계수
서부원점	동경 125°	동경 124°~126°	북위 38°		1.0000
중부원점	동경 127°	동경 126°~128°	북위 38°	• X_N 600,000m	1.0000
동부원점	동경 129°	동경 128°~130°	북위 38°	• Y_E 200,000m	1.0000
동해원점	동경 131°	동경 130°~132°	북위 38°		1.0000

TIP

일반 수학과 측량에서의 x, y축이 다름에 유의한다.

③ 각 좌표에서의 직각좌표는 다음의 조건에 따라 T.M(Transver Mercator, 횡단머케이트)
방법으로 표시한다.
　㉠ x축은 좌표계 원점의 자오선에 일치하여야 하고, 진북방향을 정(+)으로 표시하여 y
　　축은 x축에 직교하는 축으로서 진동방향을 정(+)으로 함
　㉡ 세계측지계에 따르지 아니하는 지적측량의 경우에는 가우스상사이중투영법으로 표시
　　하되, 직각좌표계 투영원점의 가산(可算) 수치를 각각 X_N 500,000미터(제주도 지역
　　550,000미터) Y_E 200,000미터로 하여 사용할 수 있음

3. 수준원점(Origianl Bench Mark)

① 현재 1963년 인천시 미추홀구 용현동 253번지(인하대학교 내)에 설치한 수준원점에 평균
　해수면(기준면)을 연결하여 그 표고를 26.6871m로 확정하여 전국에 걸쳐 고저측량망을
　형성하였다.
② 인천, 진남포, 청진, 목포, 원산 등의 5개 항구에 수준기점이 설치되어 있다.

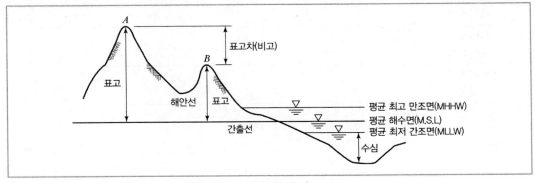

[수준원점]

4. 구소삼각원점

지역	원점명칭	위치	단위	지역	평면직각종횡선 수치	
					종선위치 (X)	횡선위치 (Y)
구소삼각측량지역	망산원점	북위 37°43′07.060″ 선과 동경 126°22′24.596″ 선의 교차점	간(間)	경기(강화)	0	0
	계양원점	북위 37°33′01.124″ 선과 동경 126°42′49.685″ 선의 교차점	간(間)	경기(부천, 김포, 인천)	0	0
	조본원점	북위 37°26′35.262″ 선과 동경 127°14′07.397″ 선의 교차점	미터(m)	경기(성남, 광주)	0	0
	가리원점	북위 37°25′30.532″ 선과 동경 126°51′59.430″ 선의 교차점	간(間)	경기(안양, 인천, 시흥)	0	0
	등경원점	북위 37°11′52.885″ 선과 동경 126°51′32.845″ 선의 교차점	간(間)	경기(수원, 화성, 평택)	0	0
	고초원점	북위 37°09′03.530″ 선과 동경 127°14′41.585″ 선의 교차점	미터(m)	경기(용인, 안성)	0	0
	율곡원점	북위 35°57′21.322″ 선과 동경 128°57′30.916″ 선의 교차점	미터(m)	경북(영천, 경산)	0	0
	현창원점	북위 35°51′46.967″ 선과 동경 128°46′03.947″ 선의 교차점	미터(m)	경북(경산, 대구)	0	0
	구암원점	북위 35′51″30.878″ 선과 동경 128°35′46.186″ 선의 교차점	간(間)	경북(대구, 달성)	0	0
	금산원점	북위 35°43′46.532″ 선과 동경 128°17′26.070″ 선의 교차점	간(間)	경북(고령)	0	0
	소라원점	북위 35°39′58.199″ 선과 동경 128°43′36.841″ 선의 교차점	미터(m)	경북(청도)	0	0
특별소삼각측량지역	행정력이 미치지 않는 지역	전주·목표·울릉도	미터(m)		1만	3만
		강경	미터(m)		2만	5만
특별도근측량지역		-				
특별세부측도지역		-				

[지적삼각점]

TIP

- 구소삼각점측량
  - 구한국정부에서는 대삼각측량을 실시하지 아니하고 특정구역에 대한 소삼각측량을 경인지역과 대구인근지역에서 실시하였다.
  - 2등 내지 4등의 구소삼각점수는 경기지역 821점, 경북지역 798점 합계 1,619점으로 이 중 경기지역 40점, 경북지역 63점 합계 103점은 통일원점의 성과와 병기되었다.
  - 구소삼각점은 지역 내 약 5,000방리를 1구역으로 하는 중앙부에 위치한 삼각점에서 북극성의 최대이각(最大離角)을 측정하여 진자오선과 방위각을 결정하였으며 X=0, Y=0로 하고 단위는 간(間)으로 하였다.

경인지역(19개지역)	시흥, 교동, 김포, 양천, 강화, 진위, 안산, 양성, 수원, 용인, 남양, 통진, 안성, 죽산, 광주, 인천, 양지, 과천, 부평
대구지역(8개지역)	대구, 고령, 청도, 영천, 현풍, 자인, 하양, 경산

- 특별소삼각측량

  必 암기   마!나 전진광강으로 청회진 함평신의 가서 목군울었다 나경원이가

  - 1912년 시가지세를 조급하게 징수할 목적으로 대삼각측량의 완료 전에 독립적으로 특별소삼각측량을 실시하였으며, 이를 후에 통일원점지역의 삼각점과 연결하는 방식을 취하였다
  - 시행지역은 마산, 나주, 전주, 진주, 광주, 강경, 청진, 회령, 진남포, 함흥, 평양, 신의주, 의주, 목포, 군산, 울릉도, 나남, 경성, 원산이며 지형상 대삼각측량으로 연결할 수 없는 울릉도에 독립된 원점을 정하였다(18개소와 울릉도를 합하여 19개 지역으로 하였다).
  - 특별소삼각점의 원점의 종선은 1만m, 횡선은 3만m로 하였으며, 원점은 기선의 한쪽 점(서남단)에서 북극점 또는 태양의 고도관측에 의하여 방위각을 결정하였다. 원점의 위치는 현재 성과표상에 나타나 있지 않다.

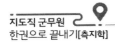

제5장 좌표계

1. 좌표계의 분류

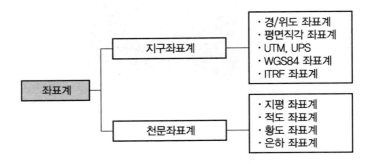

2. 지구좌표계

(1) 경/위도좌표

① 지구상의 절대적 위치를 표시하는 데 가장 널리 쓰인다. 경도[(Longitude, λ)와 위도 (Latitude, θ)]에 의한 좌표(λ, θ)로 수평위치를 나타낸다.

② 기준타원체면 위로 투영된 어느 점의 위치를 경도, 위도 및 평균 해면으로부터의 높이로 표시하는 방법을 지리좌표(Geographic coordinates) 또는 측지좌표(Geodetic coordinates)라 한다.

③ 1880년 헬무트에 의해 고안되었으며 현재까지 가장 보편적으로 사용되는 좌표계 중의 하나이다. 지표 위에 있는 어떤 점을 기준타원체면 위로 투영하고, 역으로 기준타원체면 위에 있는 점을 이에 대응되는 지표 위의 위치로 역투영하는 것이다.

④ 경위도원점은 천문측량에 의해 정해지는 것이므로 천문학적 경위도는 준거타원체상의 여러 점의 측지학적 경위도라고 간주한다.

⑤ 3차원 위치표시를 위해서는 타원체면으로부터의 높이, 즉 표고를 이용한다.

⑥ 본초자오선과 적도의 교점을 원점(0, 0)으로 한다.

⑦ 경도는 본초자오선으로부터 적도를 따라 그 지점의 자오선까지 잰 각거리로 동서쪽으로 0~180°까지 재며, 천문경도와 측지경도로 구분한다.

⑧ 위도는 자오선을 따라 적도에서 어느 지점까지 관측한 최소각거리로서 "어느 지점의 연직선(또는 타원체의 법선)이 적도면과 이루는 각"으로 정의되고, 0~90°까지 관측하며, 천문위도, 측지위도, 지심위도, 화성위도로 구분된다.

⑨ 경도 1°에 대한 적도상 거리는 약 111km, 1′는 1.85km, 1″는 30.88m가 된다.

경도	• 본초자오선과 적도의 교점을 원점(0, 0)으로 함 • 경도는 본초자오선으로부터 적도를 따라 그 지점의 자오선까지 잰 최소 각거리로 동서쪽으로 0~180°까지 나타내며, 측지경도와 천문경도로 구분 <table><tr><td>측지경도</td><td>본초자오선과 타원체상의 임의 자오선이 이루는 적도상 각거리</td></tr><tr><td>천문경도</td><td>본초자오선과 지오이드상의 임의 자오선이 이루는 적도상 각거리</td></tr></table>
위도	• 위도(φ)란 지표면상의 한 점에서 세운 법선이 적도면을 0°로 하여 이루는 각으로서 남북위 0~90°로 표시 • 자오선을 따라 적도에서 어느 지점까지 관측한 최소 각거리로서 어느 지점의 연직선 또는 타원체의 법선이 적도면과 이루는 각으로 정의됨 • 0~90°까지 관측하며, 경도 1°에 대한 적도상 거리, 즉 위도 0°의 거리는 약 111km, 1′은 1.85km, 1″는 30.88m <table><tr><td>측지위도</td><td>지구상 한 점에서 회전타원체의 법선이 적도면과 이루는 각으로 측지 분야에서 많이 사용</td></tr><tr><td>천문위도</td><td>지구상 한 점에서 지오이드의 연직선(중력방향선)이 적도면과 이루는 각</td></tr><tr><td>지심위도</td><td>지구상 한 점과 지구중심을 맺는 직선이 적도면과 이루는 각</td></tr><tr><td>화성위도</td><td>지구중심으로부터 장반경(a)을 반경으로 하는 원과 지구상 한 점을 지나는 종선의 연장선과 지구중심을 연결한 직선이 적도면과 이루는 각</td></tr></table>

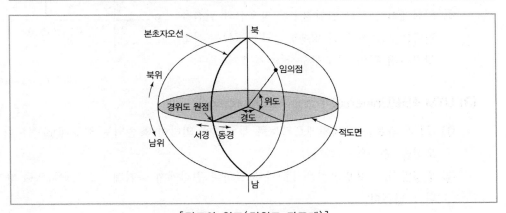

[경도와 위도(경위도 좌표계)]

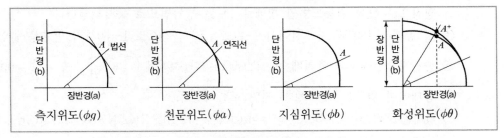

[위도의 종류]

> **TIP**
>
> - 그리니치 자오선(Greenwich meridian) : 영국(English)의 그리니치(Greenwich) 천문대의 자오환 중심을 지나는 자오선을 '천문자오선'이라 말하며, 1884년 이래 이것이 본초자오선으로 채용되어 왔다.
> - 자오선(Meridian) : 지구상의 1점과 양극을 포함하는 '대원의 호'를 말하며, 적도에 직각으로 교차한다.
> - 측지측량원점(測地測量原點) : 삼각측량에 있어서 출발점으로 출발점의 경도, 위도, 방위각, 지오이드높이, 기준타원체의 요소를 측지원점요소(測地原點要素) 또는 측지원자(測地原子)라 한다.

(2) 평면직각좌표

① 비교적 소규모 측량에서 널리 이용된다. 측량 지역의 1점을 택하여 좌표원점을 정하고 그 평면상에서 원점을 지나는 자오선을 X축, 동서방향을 Y축으로 한다.

② 각 지점의 위치는 직각좌표값(x, y)으로 표시되며 경거, 위거라 한다.

③ 원점에서 동서로 멀어질수록 자오선과 원점을 지나는 XN(진북)과 평행한 XN'(도북)이 서로 일치하지 않아 자오선수차(r)가 발생한다.

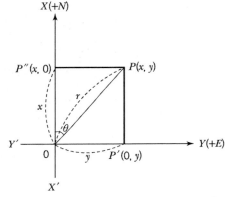

$$P_X = r\cos\theta, \ P_Y = r\sin\theta$$

(3) UTM 좌표(Universal Transvers Mercator)

① UTM 좌표는 국제횡메르카토르 투영법에 의하여 표현되는 좌표계로 적도를 횡축, 자오선을 종축으로 한다.

② 투영방식, 좌표변환식은 TM과 동일하나 원점에서 축척계수를 0.9996으로 하여 적용범위를 넓혔다.

③ 지구 전체를 경도 6°씩 60개 구역으로 나누고, 각 종대의 중앙자오선과 적도의 교점을 원점으로 하여 원통도법인 횡메르카토르 투영법으로 등각투영한다.

④ 각 종대는 180°W 자오선에서 동쪽으로 6° 간격으로 1~60까지 번호를 붙인다.

⑤ 중앙자오선에서의 축척계수는 0.9996m이다(축척계수 : $\dfrac{평면거리}{구면거리} = \dfrac{s}{S} = 0.9996$).

⑥ 종대에서 위도는 남북 80°까지만 포함시킨다.

⑦ 횡대는 8°씩 20개 구역으로 나누어 C(80°S~72°S)~X(72°N~80°N)까지(단, I, O는제외) 20개의 알파벳 문자로 표현한다.

⑧ 결국 종대 및 횡대는 경도 6°×위도 8°의 구형구역으로 구분된다.
⑨ 우리나라는 51~52종대와 S~T횡대에 속한다.

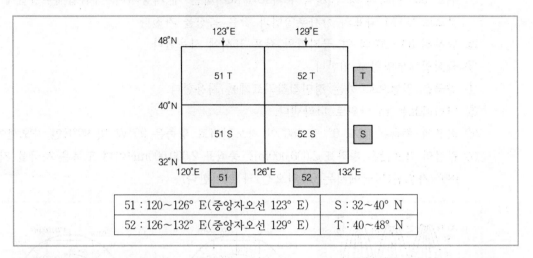

| 51 : 120~126° E(중앙자오선 123° E) | S : 32~40° N |
| 52 : 126~132° E(중앙자오선 129° E) | T : 40~48° N |

⑩ UTM 좌표에서 거리좌표는 m 단위로 표시하며 종좌표는 N, 횡좌표는 E를 붙인다.
⑪ 각 종대마다 좌표원점의 값
　㉠ 80°S에서 적도까지의 거리는 10,000,000m로 나타냄(1칸 100km)
　㉡ 적도에서 80°N까지의 거리는 10,000,000m로 나타냄

북반구	횡좌표	500,000mE				
	종좌표	0mN	적도	0mN	80°N	10,000,000mN
남반구	종좌표	10,000,000mN	적도	10,000,000mN	80°S	0mN
	횡좌표	500,000mE				

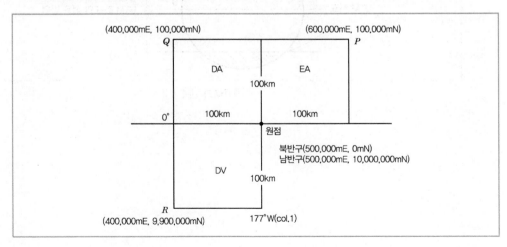

(4) UPS 좌표계

① 위도 80° 이상의 양극 지역의 좌표를 표시하는 데 사용되며, 극심입체투영법에 의한
  것으로 UTM 좌표의 상사투영법과 같은 특징을 가진다.

② 남북위 80~90°의 양 극지역의 좌표 표시에 사용한다.

③ 극심입체투영법에 의한다.

④ 양극을 원점으로 하는 평면직각좌표계를 사용한다.

⑤ 거리좌표는 m 단위로 나타낸다.

⑥ 좌표의 종축은 경도 0° 및 180°인 자오선이고 횡축은 90°W 및 90°E인 자오선이다.

⑦ 원점의 좌표값은 횡좌표 2,000,000mE, 종좌표 2,000,000mN이며 도북은 북극을 지나는
  180° 자오선(남극에서는 0° 자오선)과 일치한다.

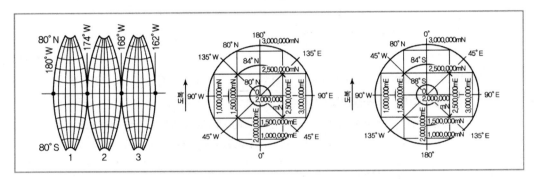

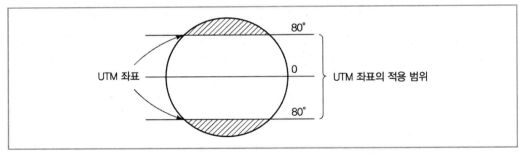

[UTM과 UPS]

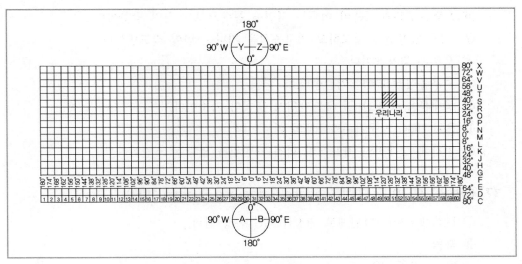

[UTM 그리드]

(5) WGS84 좌표계

① WGS84는 지구의 질량 중심에 위치한 좌표원점과 X, Y, Z축으로 정의되는 좌표계이며, 주로 위성측량(GPS)에서 사용된다.

② 특징

    ㉠ 원점은 해양 및 대기를 포함한 지구의 전 질량의 중심

    ㉡ Z축은 지구자전축과 평행을 이룸

    ㉢ X축 : 본초자오선과 평행한 평면이 지구 적도면과 교차하는 선

    ㉣ Y축 : X축과 Z축이 이루는 평면에 동쪽으로 수직인 방향

    ㉤ WGS84 타원체의 평편률 : $\dfrac{1}{298,257}$

(6) ITRF 좌표계

① IERS에서 추천하는 통일좌표계로서 현재 각종 우주측지좌표계로부터 ITRF계로의 변환파라미터가 주어지고 있다.

② 국제시보국(BIH)에서 1984년에 국제지구자전관측 사업(IERS)의 결과로서 새로운 BTS를 도입하게 되었고, BTS는 ITRF(지구기준좌표계)로 승계되었다.

③ 원점은 지구의 질량 중심이다.

④ Z축은 1984년 국제시보국(BIH)에서 채택한 자전축과 평행한 방향이다.

⑤ X축은 적도면과 그리니치 자오선이 교차하는 방향이다.

⑥ Y축은 Z축과 X축이 이루는 평면에 동쪽으로 수직인 방향이다.

⑦ CTP 방향선에 직교하고 지구중심을 지나는 면이 적도면이다.

⑧ 오른손 좌표계이다.

⑨ 지구중심좌표계의 기준이다.

⑩ 상대론을 고려한 SI(국제단위계)축척이 기준이다.

⑪ BIH 1984. 지구기준좌표계의 기준이다.

⑫ 지각에 상대적인 좌표계의 회전과 변위가 없다는 조건이다.

(7) GRS80 지오이드 모델(Geodetic Reference System 1980)

① IAG에서 최적타원체로 권장(IUGG 측정)한다.

② 제원

    ㉠ $a = 6,378,137\text{m}$

    ㉡ $f = 1/298.2572$

③ Bessel 타원체와 a≒740m, b≒673m의 차이가 있다.

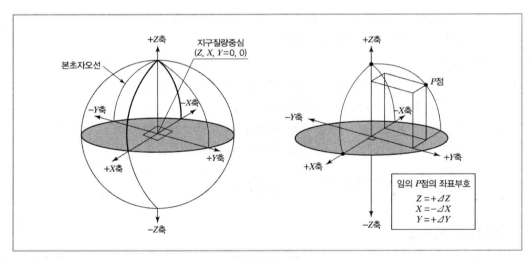

[세계측지계]

3. 천문좌표계

종류	중심평면	위치요소	특징
지평 (地平)	지평면	방위각/ 고저각	• 관측자를 중심으로 천체의 위치를 표시하는 좌표계 • 관측자 위치에 따라 방위각/고저각이 변함 • 관측지점의 천구자오선은 천정 Z와 천극 P를 지나는 대원으로 지평선과 북점 N 및 남점 S에서 교차함 • 천체 X의 수직권은 Z와 X를 지나는 대원 • 방위각 : 자오선의 북점으로부터 지평선을 따라 천체를 지나 수직권의 발 X′까지 잰 각거리 ∠NOX′(0°~360°) • 고저각 : 지평선으로부터 천체까지 수직권을 따라 잰 각거리 ∠X′OX (0°~±90°) • 천정(Z) : 관측자와 연직선이 위쪽 천구와 만나는 점 • 천저(Z′) : 아래쪽과 천구와 만나는 점 • 관측자(지구중심)를 지나며 관측자의 연직선과 직교하는 평면과 천구의 교선인 대원을 천구의 지평선이라 함
적도 (赤道)	천구 적도	적경/적위 시간각/ 적위	• 천구상의 위치를 천구적도면을 기준으로 해서 적경과 적위로 표시하는 좌표계 • 시간각과 적위로 나타내는 좌표계 • 천체 위치값 시간/장소가 일정하며 정확도가 가장 좋음 • 천구적도면을 기준으로 적경/적위, 시간각/적위로 나타내는 좌표계 • 적경 : 본초시간권(춘분점을 지나는 시간권)에서 적도면을 따라 동쪽으로 잰 각거리(0 ~ 24^h) • 적위 : 적도상 0도에서, 적도 남북 0~±90도로 표시하며, 적도면에서 천체까지 시간권을 따라 잰 각거리 • 시간각(∠∑OX″) : 관측자의 자오선 PZ∑에서 천체의 시간권까지 적도를 따라 서쪽으로 잰 각거리
황도 (黃道)	황도	황경/황위	• 태양계 내 천체운동을 설명하며 북황극/남황극으로 표시 • 황도 : 1년 중 하늘에서 태양이 움직이는 겉보기 궤도 • 황경 : 춘분점을 원점으로 하여 황도를 따라 동쪽으로 잰 각거리(0~360°) • 황위 : 황도면에서 떨어진 각거리(0~±90도) • 적도면과 황도면의 경사각 23.5도로 춘분점과 추분점에서 만난다. • 1항성년(恒星年) : 태양이 황도를 한 바퀴 도는 시간 • 1회귀년(回歸年) : 태양이 춘분점을 출발하여 다시 춘분점으로 돌아오는 시간
은하 (銀河)	은하 적도	은경/은위	• 은하계 내의 천체운동을 설명하며 북은경/남은경으로 표시 • 은하적도는 천구적도에 대해 63° 기울어짐 • 은경 : 은하중심방향으로부터 은하적도를 따라 동쪽으로 잰 각(0~360°) • 은위 : 은하적도로부터 잰 각거리(0~±90°)

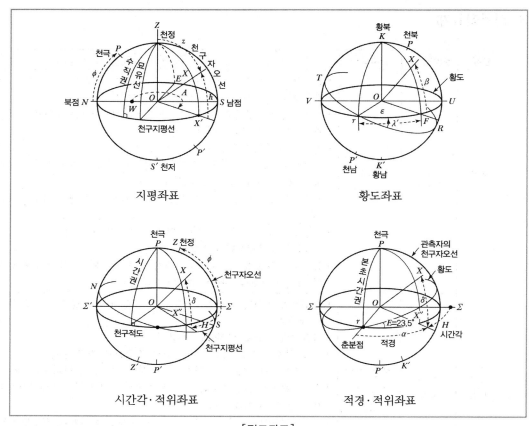

[적도좌표]

제6장 측량의 요소

1. 측량의 요소 및 정의

(1) 길이(Length)

① 두 점 간의 위치의 차이를 나타내는 가장 기초적인 양을 의미한다.

② 1983년 10월 제17차 국제도량형총회에서 1m에 대하여 "무한히 확산되는 평면전자기파가 1/299,792,458초 동안 진 공중을 진행하는 길이"라고 정의하였다.

(2) 각(Angle)

각은 호와 반경의 비율로 표현되는 평면각(Plane angle)과 구면 또는 타원체면상의 성질을 나타내는 곡면각(Curved surface angle), 너비와 길이의 제곱과의 비율로 표현되는 공간각(또는 입체각, Solid angle)으로 나눈다.

(3) 시(Time)

① 지구의 자전 및 공전운동으로 인하여 관측자의 지구상의 절대적 위치가 주기적으로 변화함을 표시하는 것으로 하루의 길이는 지구의 자전, 1년은 지구의 공전, 주나 월은 달의 공전운동으로부터 정의된 것이다.

② 1967년 국제도량형 총회에서 1초는 "Cs133의 바닥상태에 있는 두 개의 초미세준위(超微細準位) 사이의 천이에 대응하는 방사선의 9,192,631,770주기의 지속시간"이라 정의하였다.

(4) 질량과 중력(Mass & Gravity)

① 물체의 무게는 물체에 작용하는 힘으로서 물체의 고유한 질량에 지구중력에 의한 가속도를 곱한 것이며 특히 표준중량은 질량과 표준중력 가속도를 곱한 것이다.

② 질량
   ㉠ 물체의 관성의 크고 작음을 나타내는 관성질량과 만유인력의 법칙으로부터 정해지는 중력질량으로 구분됨
   ㉡ 중력질량은 중력가속도가 일정한 장소에서 관측하는 한 정지물체에 작용하는 중력은 일정하다는 원칙 아래 표준물체(킬로그램 원기)와 중력을 비교함으로써 정의됨
   ㉢ 관성질량과 중력질량 사이에 비례관계가 성립하는 것은 에트뵈스의 실험으로 확인되었으며 일반상대성이론의 출발점이 됨

③ 중력
   ㉠ 지구상의 물체에 작용하는 중력은 지구의 질량에 의한 인력과 자전에 의한 원심력의 합력
   ㉡ 지하물질이나 국소인력 등의 영향을 받으므로 중력의 방향이 항상 지구 중심을 향하고 있는 것은 아님
   ㉢ 정확한 지오이드를 결정하기 위한 측지측량에서는 중력의 분포를 필수적으로 관측하여야 함

(5) 온도(Temperature)

온도는 물질의 분자가 운동하는 정도를 표시하는 것이다.

2. 국제 관측단위계(SI)

(1) 기본단위

1991년 국제도량형총회(CGPM)에서 결정된 기본단위는 다음과 같다.

구분	길이	질량	시간	전류	열역학적 온도	물질량	광도
관측단위	meter	kilogram	second	ampere	kelvin	mol	candela
기호	m	kg	s	A	K	mol	cd

(2) 보조단위

① 라디안(radian : rad)
  ㉠ 원주상에서 그 반지름의 길이와 같은 길이의 호를 잘라내는 두 반지름 사이에 포함되는 평면각
  ㉡ 평면각의 호도법은 원주상에서 그 반경과 같은 길이의 호를 끊어서 얻은 2개의 반경 사이에 끼는 평면각을 1라디안(radian : rad로 표시)으로 표시
  ㉢ 평면각 SI 단위계 → 각속도(rad/s), 각가속도(rad/s^2)
② 스테라디안(steradian : sr)
  ㉠ 입체각의 단위로서 구의 중심을 정점으로 하여 구표면에서 구의 반경을 한 변으로 하는 정사각형의 면적과 같은 면적(r^2)을 갖는 원과 구의 중심이 이루는 입체각을 말함
  ㉡ 입체각 SI 단위계 → 복사도(W/sr), 복사휘도(W/m^2, sr), 광속도(cd, sr)

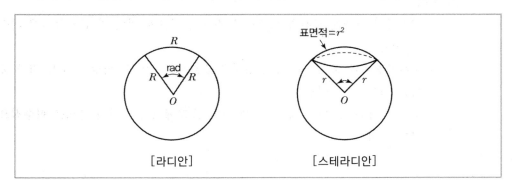

[라디안]　　　　　　[스테라디안]

CHAPTER 01 출제예상문제

01 표고 326.42m의 평탄지에서 거리 500m를 평균해면상의 값으로 보정하려고 할 때 보정량은? [2010년 기사 3회]

① −2.56cm ② 1.28cm
③ −5.12cm ④ 3.28cm

해설

$(6,370,000 + 326.42) : 500 = 326.42 : x$

$x = \dfrac{500 \times 326.42}{6,370,326.42} = 0.02562\text{m} = 2.56\text{cm}$

$x = -2.56\text{cm}$

or)

보정량$(C_K) = -\dfrac{LH}{R}$

$= -\dfrac{500 \times 326.42}{6370,000}$

$= -0.02562m = -2.56cm$

02 측지측량에 대한 설명으로 옳지 않은 것은? [2010년 기사 3회]

① 측량의 정도가 $1/10^6$일 경우 반경 11km 이내의 범위에서 건설되는 철도, 수로 및 선로 등에 대한 건설측량도 측지측량에 속한다.
② 측량의 정도가 $1/10^6$일 경우 측지측량의 범위는 관측점을 중심으로 한 원의 면적이 약 400km² 이상인 넓은 지역에 해당되며 대륙 간의 측량도 포함된다.
③ 우리나라 전국의 정밀 측량망 형성을 위한 삼각측량, 고저측량, 삼변측량도 측지측량에 속한다.
④ 측지측량은 지구곡률을 고려하여 지표면을 곡면으로 보고 행하는 정밀측량이다.

해설

측지측량(Geodetic surveying)
· 측량지역이 넓은 곳에 사용하는 측량으로 지구의 곡률을 고려하여 지표면을 곡면으로 보고 행하는 측량이다.
· 범위는 100만분의 1의 허용 정밀도를 측량한 경우 반경 11km 이상 또는 면적 약 400km² 이상의 넓은 지역에 해당하는 정밀측량으로서 대지측량이라고도 한다.

03 측지원점을 정의하기 위하여 필요한 요소로 거리가 먼 것은? [2011년 기사 1회]

① 표준중력 ② 타원체의 장반경
③ 원방위각 ④ 원점의 경도

해설

삼각측량에서 출발점을 측지원점이라 하며, 출발점의 경도, 위도, 방위각, 지오이드 높이 및 기준(준거), 지구타원체의 요소를 측지원점요소라 한다.

타원체 요소
· 여기서 장반경(Major Semi−Axis : a)은 적도반경을 말하며, 단반경(Minor Semi−Axis : b)은 극반경을 말한다.
· 또한 편평률(flattening : f)은 장반경에 대한 장반경과 단반경의 길이 차이 비를 나타내며, 이심률(eccentricity : e)은 타원의 중심에서 타원 집점 간의 거리와 장반경의 비를 말한다.

04 우리나라의 지형도에서 사용하고 있는 평면좌표는 어느 투영법에 의하는가?

[2011년 기사 2회]

① 등각투영 ② 등적투영
③ 등거리투영 ④ 복합투영

정답 | 01 ① 02 ① 03 ① 04 ①

해설

- 등적투영법 : 지상면적과 도상면적을 같게 투영하는 방법
- 등거리투영법 : 지상과 도면상의 거리를 같게 투영하는 방법
- 등각투영법 : 지상의 측정각과 도상의 각을 같게 유지하는 방법
- 원뿔투영법 : 지구에 원뿔을 씌워 투영하고 원뿔을 펴는 방법

05 우리나라 평면 직각좌표의 원점은 어떻게 구성되어 있는가?
[2011년 기사 3회]

① 서해, 내륙, 중부, 동해 원점
② 동부, 서부, 내부, 중부 원점
③ 동부, 서부, 중부, 동해 원점
④ 동해, 남부, 북부, 중부 원점

해설

우리나라의 평면직각좌표는 서부, 중부, 동부, 동해 원점으로 구분하여 그 원점을 설정하고 있다.

06 다음 중 물리학적 측지학에 속하지 않는 것은?
[2013년 기사 1회]

① 지구의 형상 및 크기 결정
② 중력측정
③ 시각의 결정
④ 지구내부 물질조사

해설

기하학적 측지학	물리학적 측지학
• 측지학적 3차원 위치결정	• 지구의 형상 해석
• 길이 및 시간의 결정	• 지구의 극운동 및 자전운동
• 수평위치 결정	• 지각변동 및 균형
• 높이의 결정	• 지구의 열측정
• 지도제작	• 대륙의 부동
• 면적 및 체적의 산정	• 해양의 조류
• 천문측량	• 지구의 조석 측량
• 위성측량	• 중력측량
• 해양측량	• 지자기측량
• 사진측량	• 탄성파측량

07 다음 중에서 물리학적 측지학에 속하지 않는 것은?
[2011년 기사 3회]

① 지구의 형상해석
② 중력측정
③ 지각변동 조사
④ 시(時)의 결정

해설

기하학적 측지학	물리학적 측지학
• 측지학적 3차원 위치결정	• 지구의 형상 해석
• 길이 및 시간의 결정	• 지구의 극운동 및 자전운동
• 수평위치 결정	• 지각변동 및 균형
• 높이의 결정	• 지구의 열측정
• 지도제작	• 대륙의 부동
• 면적 및 체적의 산정	• 해양의 조류
• 천문측량	• 지구의 조석 측량
• 위성측량	• 중력측량
• 해양측량	• 지자기측량
• 사진측량	• 탄성파측량

08 측지위도에 대한 설명 중 옳은 것은?
[2012년 기사 2회]

① 지구상 한 점에서 물리적 지표면에 대한 법선이 적도면과 이루는 각
② 지구상 한 점에서 타원체에 대한 법선이 적도면과 이루는 각
③ 지구상 한 점에서 지오이드에 대한 연직선이 적도면과 이루는 각
④ 지구상 한 점과 지구중심을 맺는 직선이 적도면과 이루는 각

해설

- 측지위도(ϕ_g) : 지구의 한 점에서 회전타원체의 법선이 적도면과 이루는 각으로 측지분야에서 많이 사용한다.
- 천문위도(ϕ_a) : 지구의 한 점에서 지오이드의 연직선(중력방향선)이 적도면과 이루는 각을 말한다.
- 지심위도(ϕ_c) : 지구의 한 점과 지구중심을 맺는 직선이 적도면과 이루는 각을 말한다.
- 화성위도(ϕ_r) : 지구중심으로부터 장반경(a)을 반경으로 하는 원과 지구상 한 점을 지나는 종선의 연장선과

정답 | 05 ③ 06 ③ 07 ④ 08 ②

지구중심을 연결한 직선이 적도면과 이루는 각을 말한다.

09 측지측량에 의한 지각의 수평 이동량을 측정할 수 있는 방법이 아닌 것은?

[2013년 기사 2회]

① 수준측량 ② 삼각측량
③ 거리측량 ④ 삼변측량

해설

수준측량(Leveling)
지구상에 있는 여러 점들 사이의 고저차를 관측하는 것으로 고저측량이라고도 한다.

10 측지학에서 중력을 나타내는 1Gal과 같은 것은?

[2013년 기사 2회]

① $1\text{kg} \cdot \text{k/sec}^2$ ② $1\text{kg} \cdot \text{cm/sec}^2$
③ 1cm/sec^2 ④ 1m/sec^2

해설

중력의 단위 : $\text{gal}(\text{cm/sec}^2)$

11 측지학에 대한 설명으로 옳지 않은 것은?

[2013년 기사 3회]

① 천체의 고도, 방위각 및 시각을 관측하여 미지점의 경위도 및 방위각을 결정하는 것을 천문측량이라 한다.
② 측지학적 3차원 위치결정이란 경도, 위도 및 높이를 산정하여 측지학적 좌표계를 결정하는 것이다.
③ 지상으로부터 발사 또는 방사된 전자파를 인공위성으로 탐지하여 해석함으로써 지구자원 및 환경을 해결할 수 있는 것을 지상측량이라 한다.
④ 지구곡률을 고려한 반경 11km 이상인 지역의 측량에는 측지학의 지식을 필요로 한다.

해설

- 위성측량 : 관측자로부터 위성까지의 거리, 거리변화율, 방향을 전자공학적 또는 광학적으로 관측하여 관측지점의 위치, 관측지점들 간의 상대거리 및 위성궤도를 결정하는 측량이다.
- 원격탐측 : 원거리에서 직접 접촉하지 않고 대상물에서 반사(Reflection) 또는 방사(Emission)되는 각종 파장의 전자기파를 수집 · 처리하여 대상물의 성질이나 환경을 분석하는 기법을 말한다.

12 거리 측정의 정밀도를 $1/10^7$까지 허용한다면 지구의 표면을 평면으로 생각할 수 있는 측정거리의 한계는? (단, 지구의 곡률반경은 6,370 km로 한다)

[2011년 기사 1회]

① 약 7km ② 약 11km
③ 약 22km ④ 약 35km

해설

평면으로 생각할 수 있는 측정거리의 한계

$$범위(D) = \sqrt{\frac{12 \times R^2}{m}}$$
$$= \sqrt{\frac{12 \times 6,370^2}{10,000,000}} = 6.97\text{km}$$

[참고]

$$\frac{d-D}{D} = \frac{1}{12}\left(\frac{D}{R}\right)^2 \text{ 에서}$$
$$\frac{1}{10^7} = \frac{1}{12}\left(\frac{D}{6,370}\right)^2$$
$$D = \sqrt{\frac{12 \times 6,370^2}{10,000,000}} = 6.97\text{km}$$

13 다음 중 3차원 좌표가 아닌 것은?

[2010년 기사 2회]

① 원주좌표
② 원좌표
③ 구면좌표
④ 3차원 직교좌표

정답 | 09 ① 10 ③ 11 ③ 12 ① 13 ②

해설

- 2차원 좌표계 : 원·방사선 좌표
- 3차원 좌표계 : 3차원 직교좌표, 3차원 사교좌표, 원주좌표, 구면좌표, 3차원 직교곡선좌표

14 3차원 좌표에 속하지 않는 것은?

[2010년 기사 1회]

① 원주좌표
② 원·방사선좌표
③ 구면좌표
④ 3차원 직교좌표

해설

- 2차원 좌표계 : 원·방사선좌표
- 3차원 좌표계 : 3차원 직교좌표, 3차원 사교좌표, 원주좌표, 구면좌표, 3차원 직교곡선좌표

15 평면측량에서 1/50,000까지 거리의 허용차를 둔다면 지구를 평면으로 볼 수 있는 한계는 약 얼마인가? (단, 지구의 반경은 6,370km로 한다)

[2010년 기사 2회]

① 31km
② 65km
③ 98km
④ 123km

해설

- 거리의 허용오차$(\dfrac{d-D}{D}) = \dfrac{1}{12}(\dfrac{D}{R})^2 = \dfrac{1}{m}$

- 평면거리$(D) = \sqrt{\dfrac{12R^2}{m}}$

- 거리오차$(d-D) = \dfrac{D^3}{12R^2}$

$$\dfrac{1}{50000} = \dfrac{1}{12}(\dfrac{D}{6370})^2$$

$$D = \sqrt{\dfrac{12R^2}{m}} = \sqrt{\dfrac{12 \times 6370^2}{50000}} = 98\text{km}$$

∴ 반경(R) = 98.68km

정답 | 14 ② 15 ③

02 CHAPTER

지구와 천구

제1장 측량의 기준

1. 지구의 형상

(1) 개요

지구의 형은 크게 물리적 지표면, 지구(회전)타원체, 지오이드(Geoid), 수학적 지표면으로 구분할 수 있다.

(2) 물리적 지표면

실제 측량이 실시되는 곳으로 너무 불규칙하고 복잡하기 때문에 측량이나 지도제작 등을 위한 기준면으로 사용하기가 곤란하다.

(3) 타원체(楕圓體)

① 지구의 형상은 물리적 지표면, 구, 타원체, 지오이드, 수학적 형상으로 대별되며 타원체는 회전, 지구, 준거, 국제타원체로 분류된다.

② 지구를 표현하는 수학적 방법으로서 타원체면의 장축 또는 단축을 중심축으로 회전시켜 얻을 수 있는 모형이며 좌표를 표현하는 데 있어서 수학적 기준이 되는 모델이다.

③ 종류

회전타원체	한 타원의 지축을 중심으로 회전하여 생기는 입체타원체
지구타원체	부피와 모양이 실제의 지구와 가장 가까운 회전타원체를 지구의 형으로 규정한 타원체
준거타원체	어느 지역의 대지측량계의 기준이 되는 지구타원체
국제타원체	전세계적으로 대지측량계의 통일을 위해 IUGG(International Union of Geodesy and Geophysics : 국제측지학 및 지구물리학연합)에서 제정한 지구타원체

④ 특징

㉠ 기하학적 타원체이므로 굴곡이 없는 매끈한 면임

㉡ 지구의 반경, 면적, 표면적, 부피, 삼각측량, 경위도 결정, 지도제작 등의 기준

ⓒ 타원체의 크기는 삼각측량 등의 실측이나 중력측정값을 클레로 정리로 이용

ⓔ 지구타원체의 크기는 세계 각 나라별로 다르며, 우리나라에서는 종래에는 Bessel 의 타원체를 사용하였으나 최근 공간정보의 구축 및 관리 등에 관한 법 제6조의 개정에 따라 GRS80 타원체로 그 값이 변경됨

ⓜ 지구의 형태는 극을 연결하는 직경이 적도방향의 직경보다 약 42.6km가 짧은 회전타원체로 되어 있음

ⓗ 지구타원체는 지구를 표현하는 수학적 방법으로서 타원체면의 장축 또는 단축을 중심으로 회전시켜 얻을 수 있는 모형임

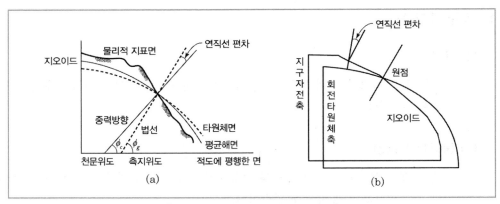

[지구타원체와 지오이드와의 관계]

⑤ 타원체의 기하학적 요소

| 지구를
회전타원체로
간주할 때 | • 편평률 : $P = \dfrac{a-b}{a} = 1 - \sqrt{1-e^2}$

• 편심률(제1이심률)(e_1) : $e_1 = \sqrt{\dfrac{a^2-b^2}{a^2}}$

• 편심률(제2이심률)(e_2) : $e_2 = \sqrt{\dfrac{a^2-b^2}{b^2}}$

• 자오선 곡률반경(R)
$\quad - R = \dfrac{a(1-e^2)}{W}$
$\quad - W = \sqrt{1-e^2\sin^2\phi}$ (ϕ는 축지위도)

• 횡곡률반경(N) : $N = \dfrac{a}{W} = \dfrac{a}{\sqrt{1-e^2\sin^2\phi}}$

• 중등곡률반경(r) : $r = \sqrt{M \cdot N}$

• 타원방정식의 표준형 : $\dfrac{X^2}{a^2} + \dfrac{Y^2}{b^2} = 1$ | [적도반경과 극반경] |

지구를 구로 간주할 때 (측량의 원점에서)	평균곡률반경(R) : $R = \dfrac{2a+b}{3}$

TIP 지구타원체의 측정값

측정자	측량년도	적도반경(a)	극반경(b)	편평률(P)	사용국
Everest	1830	6,377,304m	6,356,053.40m	1 : 300.1	인도
Bessel	1841	6,377,397m	6,356,079.00m	1 : 299.15	한국, 일본, 동남아, 러시아 및 동구권
Clark	1866	6,378,206m	6,356,583.49m	1 : 294.98	미국, 캐나다
Hayford	1909	6,378,388m	6,356,911.95m	1 : 297	세계측지학회, 남미, 영국, 서유럽
WGS84	1984	6,378,137m	6,356,752.00m	1 : 298.26	-

(4) 지오이드

① 정의 : 정지된 해수면을 육지까지 연장하여 지구 전체를 둘러쌌다고 가상한 곡면을 지오이드(Geoid)라 한다. 지구타원체는 기하학적으로 정의하지만, 지오이드는 중력장 이론에 따라 물리학적으로 정의한다.

② 특징

㉠ 지오이드면은 평균해수면과 일치하는 등포텐셜면으로 일종의 수면을 의미

㉡ 지오이드면은 대륙에서는 지각의 인력 때문에 지구타원체보다 높고 해양에서는 낮음

㉢ 고저측량은 지오이드면을 표고 0으로 하여 관측

㉣ 타원체의 법선과 지오이드 연직선의 불일치로 연직선 편차가 생김

㉤ 지형의 영향 또는 지각내부밀도의 불균일로 인하여 타원체에 비하여 다소의 기복이 있는 불규칙한 면임

㉥ 어느 점에서나 표면을 통과하는 연직선은 중력방향에 수직

㉦ 타원체면에 대하여 다소 기복이 있는 불규칙한 면을 가짐

㉧ 높이가 0이므로 위치에너지도 0임

㉨ 지오이드면은 불규칙한 곡면으로 준거타원체와 거의 일치함

TIP **타원체와 지오이드의 비교**

타원체	지오이드
• 기하학적으로 정의 • 굴곡이 없는 매끈한 면 • 지구의 반경, 면적, 표면적, 부피, 삼각측량, 경위도 결정, 지도제작 등의 기준 • 수직선(법선)	• 물리학적으로 정의 • 불규칙한 면 • 고저(수준)측량은 지오이드면을 표고 0으로 하여 관측 • 연직선(법선)

- 지오이드면은 대륙에서는 지각의 인력 때문에 지구타원체보다 높고 해양에서는 낮음
- 타원체의 법선과 지오이드 연직선의 불일치로 연직선 편차가 생김
- 임의점의 수직선을 기준으로 한 연직선의 차이를 연직선 편차(Deflection of plumb line), 반대로 연직선을 기준으로 한 수직선의 차이를 수직선 편차(Deflection of vertical line)라고 하는데 편차 간의 차이는 극히 미소하여 일반적으로 연직선 편차로 사용함

[연직선 편차와 수직선 편차]

- 법선(Normal line) : 곡면상의 한 점에서 곡면에 접하는 직선에 수직한 선
- 연직선(Plumb line) : 추를 매달아 실을 늘어뜨릴 때 그 실이 이루는 중력방향, 즉 정수면과 직각을 이루는 수직선

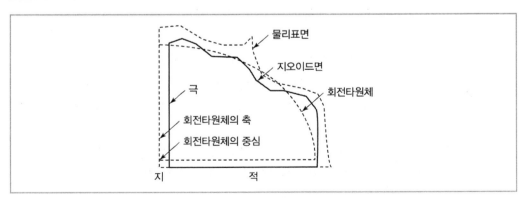

[지오이드와 회전타원체]

TIP

- 연직선편차 : 지구상 어느 한 점에서 타원체의 법선(수직선)과 지오이드의 법선(연직선)과의 차이
- 자오선수차 : 평면직각좌표에서의 진북과 도북의 차이를 나타내는 것으로 어느 한 삼각점에서 그 삼각점을 통과하는 자오선과 그 삼각점에서 직각좌표 원점을 통과하는 자오선과 만들어지는 각

(5) 수학적 형상

① 정밀한 위치 결정이나 측지학적인 문제를 다룰 때에는 중력장에 의한 지표면을 수학적으로 표시하는 텔루로이드, 의사지오이드의 지표면으로 구분된다.

② 텔루로이드(Telluroid) : 지구의 근사적인 물리적 표면으로 고안된 것인데, 지심기준타원체의 높이를 가진 표면으로 정의된다.

② 의사지오이드(Quasigeoid) : 지오이드를 계산할 때 지각의 지오이드와 밀접한 관련이 있는 것은 의사지오이드이다. 지오이드를 계산할 때 지각의 질량분포를 가정하게 되는데 이런 가정을 하지 않고 유도된 지오이드를 말한다.

2. 높이의 종류와 기준

(1) 측량의 기준(공간정보의 구축 및 관리 등에 관한 법률 제6조 측량기준)

기준	지구상의 위치는 지리학적 경·위도 및 평균해면으로부터의 높이로 표시한다. 표고는 타원체고와 정표고 및 지오이드고로 구분할 수 있는데 점의 위치에서 평면위치는 기준면의 기준 타원체에 근거해 결정되고, 높이는 타원체를 근거하여 결정되는 것이 곤란하므로 종래 평균해수면을 기준으로 높이를 결정하였다.
위치	세계측지계(世界測地系)에 따라 측정한 지리학적 경위도와 높이(평균해면으로부터의 높이를 말한다. 이하 이 항에서 같다)로 표시한다. 다만 지도제작 등을 위하여 필요한 경우에는 직각좌표와 높이, 극좌표와 높이, 지구중심 직교좌표 및 그 밖의 다른 좌표로 표시할 수 있다.
세계측지계 (世界測地系)	세계측지계(世界測地系)는 지구를 편평한 회전타원체로 상정하여 실시하는 위치측정의 기준으로서 다음 각 호의 요건을 갖춘 것을 말한다. 1. 회전타원체의 긴반지름 및 편평률(扁平率)은 다음 각 목과 같을 것 　가. 긴반지름 : 6,378,137미터 　나. 편평률 : 298.257222101분의 1 2. 회전타원체의 중심이 지구의 질량중심과 일치할 것 3. 회전타원체의 단축(短軸)이 지구의 자전축과 일치할 것
측량(測量)의 원점(原點)	대한민국 경위도원점(經緯度原點) 및 수준원점(水準原點)으로 한다. 다만 섬 등 대통령령으로 정하는 지역에 대하여는 국토교통부장관이 따로 정하여 고시하는 원점을 사용할 수 있다.

간출지(干出地)의 높이와 수심	수로조사에서 간출지의 높이와 수심은 기본수준면(일정 기간 조석을 관측하여 분석한 결과 가장 낮은 해수면)을 기준으로 측량한다. 〈삭제 2020.2.18.〉
해안선	해수면이 약최고고조면(略最高高潮面 : 일정기간 조석을 관측하여 분석한 결과 가장 높은 해수면)에 이르렀을 때의 육지와 해수면과의 경계로 표시한다. 〈삭제 2020.2.18.〉

① 해양수산부장관은 수로조사와 관련된 평균해수면, 기본수준면 및 약최고고조면에 관한 사항을 정하여 고시하여야 한다. 〈삭제 2020.2.18.〉
② 제1항에 따른 세계측지계, 측량의 원점 값의 결정 및 직각좌표의 기준 등에 필요한 사항은 대통령령으로 정한다.

법 제6조제1항제2호 단서에서 "섬 등 대통령령으로 정하는 지역"이란 다음 각 호의 지역을 말한다.
1. 제주도
2. 울릉도
3. 독도
4. 그 밖에 대한민국 경위도원점 및 수준원점으로부터 원거리에 위치하여 대한민국 경위도원점 및 수준원점을 적용하여 측량하기 곤란하다고 인정되어 국토교통부장관이 고시한 지역

(2) 높이의 종류

높이의 종류	내용
표고(標高, Elevation)	지오이드면, 즉 정지된 평균해수면과 물리적 지표면 사이의 고저차
정표고 (正標高, Orthometric height)	물리적 지표면에서 지오이드까지의 고저차
지오이드고(Geoidal height)	타원체와 지오이드와 사이의 고저차
타원체고 (楕圓體高, Ellipsoidal height)	• 준거 타원체상에서 물리적 지표면까지의 고저차 • 지구를 이상적인 타원체로 가정한 타원체면으로부터 관측지점까지의 거리이며 실제 지구표면은 울퉁불퉁한 기복을 가지므로 실제높이(표고)는 타원체고가 아닌 평균해수면(지오이드)으로부터 연직선 거리

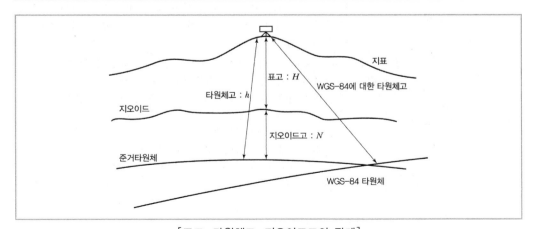

[표고, 타원체고, 지오이드고의 관계]

(3) 표고의 기준

표고의 기준	내 용
육지표고기준	평균해수면(중등조위면, MSL ; Mean Sea Level)
해저수심, 간출암(干出岩)의 높이, 저조선(低潮線)	평균최저간조면(MLLW ; Mean Lowest Low Level)
해안선(海岸線)	해면이 평균최고고조면(MHHW ; Mean Highest High Water Level)에 달하였을 때 육지와 해면의 경계로 표시함

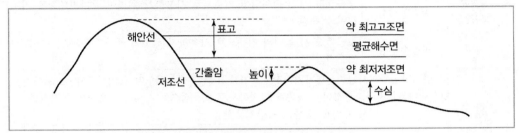

[해안선과 수심]

2. 측량기준점

측량기준점은 다음 각 호의 구분에 따르며 측량기준점의 구분에 관한 세부 사항은 대통령령으로 정한다.

必 암기 ㉠리가 ㉠통이 심하면 ㉠㉢를 모아 ㉠영을 ㉠삼번 하면 위통이 날아간다.

	측량(測量)의 정확도(正確度)를 확보(確保)하고 효율성(效率性)을 높이기 위하여 국토교통부장관이 전 국토를 대상으로 주요 지점마다 정한 측량의 기본이 되는 측량기준점	
국가기준점	우주측지기준점	국가측지기준계를 정립하기 위하여 전 세계 초장거리간섭계와 연결하여 정한 기준점
	위성기준점	지리학적 경위도, 직각좌표 및 지구중심 직교좌표의 측정 기준으로 사용하기 위하여 대한민국 경위도원점을 기초로 정한 기준점
	통합기준점	지리학적 경위도, 직각좌표, 지구중심 직교좌표, 높이 및 중력 측정의 기준으로 사용하기 위하여 위성기준점, 수준점 및 중력점을 기초로 정한 기준점
	중력점	중력 측정의 기준으로 사용하기 위하여 정한 기준점
	지자기점 (地磁氣點)	지구자기 측정의 기준으로 사용하기 위하여 정한 기준점
	수준점	높이 측정의 기준으로 사용하기 위하여 대한민국 수준원점을 기초로 정한 기준점
	영해기준점	우리나라의 영해를 획정(劃定)하기 위하여 정한 기준점(삭제 2021.2.9.)

	수로기준점	수로 조사 시 해양에서의 수평위치와 높이, 수심 측정 및 해안선 결정 기준으로 사용하기 위하여 위성기준점과 법 제6조제1항제3호의 기본수준면을 기초로 정한 기준점으로서 수로측량기준점, 기본수준점, 해안선기준점으로 구분한다.(삭제 2021.2.9.)	
	삼각점	지리학적 경위도, 직각좌표 및 지구중심 직교좌표 측정의 기준으로 사용하기 위하여 위성기준점 및 통합기준점을 기초로 정한 기준점	
공공 기준점	공공측량시행자가 공공측량을 정확하고 효율적으로 시행하기 위하여 국가기준점을 기준으로 하여 따로 정하는 측량기준점		
	공공삼각점	공공측량 시 수평위치의 기준으로 사용하기 위하여 국가기준점을 기초로 하여 정한 기준점	
	공공수준점	공공측량 시 높이의 기준으로 사용하기 위하여 국가기준점을 기초로 하여 정한 기준점	
지적 기준점	특별시장·광역시장·특별자치시장·도지사 또는 특별자치도지사(이하 "시·도지사"라 한다)나 지적소관청이 지적측량을 정확하고 효율적으로 시행하기 위하여 국가기준점을 기준으로 하여 따로 정하는 측량기준점		
	지적삼각점 (地籍三角點)	지적측량 시 수평위치측량의 기준으로 사용하기 위하여 국가기준점을 기준으로 하여 정한 기준점	⊕ ⊢3⊣
	지적삼각 보조점	지적측량 시 수평위치측량의 기준으로 사용하기 위하여 국가기준점과 지적삼각점을 기준으로 하여 정한 기준점	◯ ⊢3⊣
	지적도근점 (地籍圖根點)	지적측량 시 필지에 대한 수평위치측량 기준으로 사용하기 위하여 국가기준점, 지적삼각점, 지적삼각보조점 및 다른 지적도근점을 기초로 하여 정한 기준점	◯ ⊢2⊣

[지적기준점]

제2장 지구의 기하학적 성질

① **대원** : 지구의 중심을 포함하는 임의의 평면과 지표면의 교선
② **소원** : 그 밖의 평면과 지표면의 교선
③ **지축** : 지구의 자전축
④ **적도** : 지축과 직교하여 지구중심을 지나는 평면과 지표면의 교선
⑤ **평행권** : 적도와 나란한 평면과 지표면의 교선
⑥ **자오선** : 양극을 지나는 대원의 북극과 남극 사이의 절반으로 180도의 대원호
⑦ **측지선** : 지표상의 두 점간의 최단거리선으로서 지표상의 두 점을 포함하는 대원의 일부
⑧ **항정선(등방위선)** : 자오선과 항상 일정한 각도를 유지하는 지표의 선으로서 그 선 내의 각 점에서 방위각이 일정한 곡선
⑨ **묘유선** : 타원체의 한 점의 법선을 포함하여 그 지점을 지나는 자오면과 직교하는 평면과 타원체면과의 교선
⑩ **적도면상각거리** : 경도, 위도
⑪ **라플라스방정식** : 천문방위각, 천문경도, 측지경도, 위도를 알면 타원체면상 계산에 필요한 측지방위각을 구할 수 있는 방정식
⑫ **라플라스점** : 어느 점에서 삼각측량에 의해 계산된 측지방위각과 천문측량에 의해 관측된 값들을 라플라스방정식에 적용하여 계산한 측지방위각과 비교하여 그 차이를 조정함으로써 보다 정확한 위치결정이 가능하며, 삼각망의 비틀림을 바로잡을 수 있는 점

제3장 경도와 위도

1. 경도

① 그리니치를 지나는 자오선을 본초자오선으로 하고, 본초자오면과 지표상 한 점을 지나는 자오면이 만드는 적도면상 각거리를 말하며 본초자오선을 기준으로 동·서로 각각 180° 씩 나누어져 있다.
② **측지경도** : 본초자오선과 임의점 A의 타원체상의 자오선이 이루는 적도면상 각거리
③ **천문경도** : 본초자오선과 임의점 A의 지오이드상의 자오선이 이루는 적도면상 각거리

2. 위도

① 지표면상 한 점에 세운 법선이 적도면과 이루는 각. 적도를 0°로 하고 남북으로 각각 90°씩 표시된다.

② 측지(지리)위도(ϕ_g) : 지구상의 한 점 A에서 표준 타원체의 법선이 적도면과 이루는 각 (지도에 표시되는 일반적인 위도)

③ 천문위도(ϕ_a) : 지구상의 한 점 A에서 지오이드에 대한 연직선이 적도면과 이루는 각(지오이드를 기준으로 한 위도)

④ 지심위도(ϕ_b) : 지구상의 한 점 A와 지구중심 O를 맺는 직선이 적도면과 이루는 각

⑤ 화성위도(ϕ_θ) : 지구 중심으로부터 타원체의 장반경 a를 반경으로 한 원을 그리고, 이 원과 지구상의 A점을 지나는 종선의 연장이 만나는 점 A′와 지구의 중심 O를 맺는 선이 적도면과 이루는 각

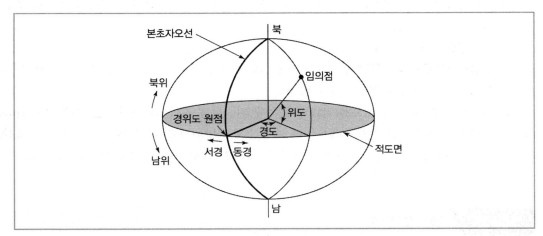

[경도와 위도]

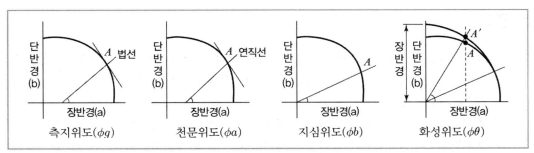

[위도의 종류]

TIP

- 그리니치 자오선(Greenwich meridian) : 영국(English)의 그리니치(Greenwich) 천문대의 자오환 중심을 지나는 자오선을 '천문자오선'이라 말하며, 1884년 이래 이것이 본초자오선으로 채용되어 왔다.
- 자오선(Meridian) : 지구상의 1점과 양극을 포함하는 '대원의 호'를 말하며, 적도에 직각으로 교차한다.
- 측지측량원점(測地測量原點) : 삼각측량에 있어서 출발점으로 출발점의 경도, 위도, 방위각.지오이드 높이.기준타원체의 요소를 측지원점요소(測地原點要素) 또는 측지원자(測地原子)라 한다.

제4장 구면삼각형과 구과량

1. 구면삼각형

① 지표상 세점을 지나는 세 개의 대원을 세 변으로 하는 삼각형이다.
② 구면삼각형의 내각의 합은 180도보다 크다.
③ 측량대상 지역이 넓은 경우 곡면각 성질이 필요하다.
④ 구면삼각형의 세 변의 길이는 대원호의 중심각과 같은 각거리이다.

2. 구과량

① 구면삼각형의 내각의 합이 180도가 넘으며 이 차이를 구과량이라 한다[$180° + \varepsilon$(구과량)].

② 구과량$(\varepsilon) = \dfrac{A}{R^2} \cdot \rho''$

    ㉠ A : 구면(평면) 삼각형의 면적

    ㉡ R : 지구의 평균곡률반경(6370km)

    ㉢ ρ'' : $\dfrac{180°}{\pi} = 206265''$

③ 한 변의 길이가 20km 이상일 때 n다각형의 내각의 합은 $180°(n-2)$보다 반드시 크게 나타난다.

④ 구면삼각형의 구과량은 그 삼각형의 면적에 비례하고 지구 평균반경의 제곱에 반비례한다.

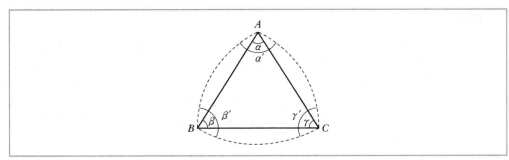

[구면삼각형과 평면삼각형]

3. 르장드르 정리

① 경위도 계산에 있어서 구면삼각형 적용은 평면삼각형보다 계산이 복잡하고 시간이 많이 걸리므로 단거리지역에서 평면삼각형공식을 이용하여 변의 길이를 구하는 방법에는 르장드르 정리와 슈라이브 정리가 있다.

② 각 변이 그 구면의 반경에 비해서 매우 미소한 구면삼각형은 삼각형의 세 내각에서 각각 구과량의 1/3을 뺀 각을 갖고 각 변길이는 구면삼각형과 같은 평면삼각형으로 간주하여 해석할 수 있다.

4. 슈라이브 정리

구면상의 점에서 임의의 점에 내린 수선의 발에 대한 좌표를 매개로 하여 수렴성이 좋고 150km 이하의 단거리에 이용된다.

제5장 천구의 기하학적 성질

1. 천구

① 모든 천체는 지구를 중심으로 하고 반지름이 무한대인 구면상에 고정되어 있다고 생각하는데 이러한 가상구면을 천구라 한다.

② 천체를 포함하는 천구는 지구의 자전 때문에 하루에 한 번씩 동쪽에서 서쪽으로 회전하는 것처럼 보이는데 이것을 천구의 일주운동이라 한다.

천구	관측자 중심	지평선	방위각(천정/천저)	고저각 (천정, 천저각거리)	수직권
	지구를 확대	천구적도	적경 (천구북극, 남극)	적위	시간권
지구		적도	위도	위도	자오선

2. 천정과 천저

관측자의 연직선이 위쪽에서 만나는 점을 천정(天頂), 아래쪽에서 만나는 점을 천저(天底)라
한다.

3. 대원과 소원

천구의 중심을 지나는 임의 평면과 천구의 교선을 천구의 대원(隊員), 그 밖의 평면과 천구
의 교선을 천구의 소원(小圓)이라 한다.

4. 지평선과 수직권

① 관측자(지구중심)를 지나며 관측자의 연직선과 직교하는 평면과 천구의 교선인 대원을
   천구의 지평선이라 한다.
② 관측자의 연직선을 포함한 임의의 평면과 천구의 교선을 수직권이라 한다.
③ 수직권은 천정과 천저를 지나는 대원이다.
④ 지평선과 수직권은 직교하며 한 지점에서 지평선은 유일하지만 수직권은 무수히 많다.
⑤ 자오선은 천구의 극을 지나는 수직권이다.

5. 천축과 천극

① 지구의 회전축을 천구에까지 연장한 것을 천축(天軸)이라 한다.
② 천축과 천구의 교점을 천극(天極)이라 하며 천극에는 천구북극과 천구남극이 있다.

6. 천구적도와 시간권

① 지구적도면의 연장과 천구의 교선인 대원을 천구적도라 한다.
② 천축을 포함한 임의의 평면과 천구 교선, 즉 천구의 양극을 지나는 대원을 시간(時間圈)권이라 한다.
③ 천구적도는 유일하지만 시간권은 무수히 많다.

7. 자오선과 묘유선

① 관측자의 천정과 천극을 지나는 대원을 천구자오선이라 하며 천구자오선은 수직권인 동시에 시간권이다.
② 천구자오선은 한 지점에서는 유일하게 정해지며 관측자의 위치에 따라 달라진다.
③ 천구자오선과 지평선의 교점은 남점이 북점을 결정하고 이것을 연결한 직선이 일반측량에서 사이는 자오선이다.
④ 지평선상에서 남점과 북점의 2등분점은 동점과 서점이며 동점, 서점과 천정을 지나는 수직권을 묘유선(卯酉線)이라 한다.

8. 황도

① 1년 중 하늘에서 태양이 움직이는 겉보기 궤도를 황도라 하며 지구궤도면이 천구와 만나는 대원이다.
② 적도면과 황도면은 황도경사각이 23.5°만큼 기울어져 있어서 오직 두 분점에서만 만난다.

9. 춘분점과 추분점

① 황도와 적도의 교점을 분점이라 하는데 태양이 적도를 남에서 북으로 자르며 갈 때의 분점을 춘분점, 그 반대의 것을 추분점이라 한다.
② 춘분점은 천구상에서 고정된 점으로 양 자리의 첫 번째 점으로 알려져 있다.
③ 춘분점은 적도좌표계와 황도좌표계의 원점이다.

제6장 시

1. 개요

시는 지구의 자전 및 공전 운동 때문에 지구상 절대적 위치가 주기적으로 변화함을 표시하는 것으로 원래 하루의 길이는 지구의 자전, 1년은 지구의 공전, 주나 한 달은 달의 공전으로부터 정의된다. 시와 경도 사이에는 1시간은 15도의 관계가 있다.

2. 시의 분류

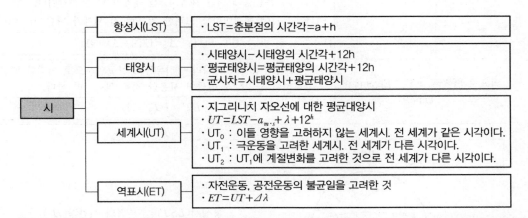

구분		내 용
항성시(恒星時) (LST : Local Sidereal Time)		항성일은 춘분점이 연속해서 같은 자오선을 두 번 통과하는 데 걸리는 시간이다(23시간 56분 4초). 이 항성일을 24등분하면 항성시가 된다. 즉 춘분점을 기준으로 관측된 시간을 항성시라 한다. 항성시=춘분점의 시간각(H_V)=적경(a)+시간각(H)
태양시 (太陽時, Solar Time)	시태양시 (時太陽時, Apparent solar time)	춘분점 대신 시태양을 사용한 항성시이며, 태양의 시간각에 12시간을 더한 것으로 하루의 기점은 자정이 된다. 시태양시=태양의 시간각$+12^h$
	평균태양시 (平均太陽時, Local mean tim)	시태양시의 불편을 없애기 위하여 천구적도상을 1년간 일정한 평균각속도로 동쪽으로 운행하는 가상적인 태양, 즉 평균태양의 시간각으로 평균태양시를 정의하며, 이것이 우리가 쓰는 상용시이다. 평균태양시=평균태양의 시간각$+12^h$

	균시차 (均時差, Equation of time)	시태양시와 평균태양시 사이의 차를 균시차라 한다. <div>$$균시차 = 시태양시 - 평균태양시$$</div>
세계시 (世界時) (UT : Universal Time)	표준시 (標準時, Standard time)	지방시를 직접 사용하면 불편하므로 이러한 곤란을 해결하기 위하여 경도 15도 간격으로 전 세계에 24개의 시간대를 정하고 각 경도대 내의 모든 지점을 동일한 시간을 사용하도록 하는데 이를 표준시(標準時)라 한다. 우리나라의 표준시는 동경 135도를 기준으로 하고 있다.
	세계시 (世界時)	표준시의 세계적인 표준시간대는 경도 0도인 영국의 그리니치를 중심으로 하며 그리니치 자오선에 대한 평균태양시를 세계시(世界時)라 한다. <div>$$세계시(UT) = LST - 적경 + 서경 + 12^h$$</div>• UT_0 : 이러한 영향을 고려하지 않는 세계시. 전 세계가 같은 시간이다. • UT_1 : 극 운동을 고려한 세계시. 전 세계가 다른 시간이다. • UT_2 : UT_1에 계절변화를 고려한 것으로 전 세계가 다른 시각이다. <div>$$UT_2 = UT_1 + \Delta_S = UT0 + \Delta\lambda + \Delta_S$$</div>
역표시(曆表時, ET : Ephemeris Time)		지구는 자전운동뿐만 아니라 공전운동도 불균일하므로 이러한 영향 T를 고려하여 균일하게 만들어 사용한 것을 역표시라 한다. <div>$$ET = UT_2 + \Delta\lambda$$</div>

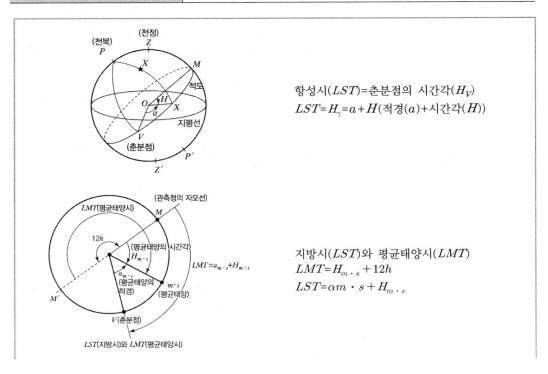

항성시(LST)=춘분점의 시간각(H_V)
$$LST = H_\gamma = a + H(적경(a) + 시간각(H))$$

지방시(LST)와 평균태양시(LMT)
$$LMT = H_{m \cdot s} + 12h$$
$$LST = \alpha m \cdot s + H_{m \cdot s}$$

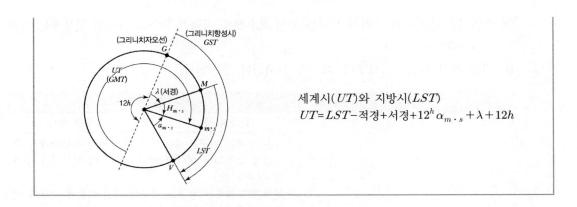

세계시(UT)와 지방시(LST)
$$UT = LST - 적경 + 12^h \alpha_{m \cdot s} + \lambda + 12h$$

3. 법면선과 측지선

(1) 법면선(Normal section line)

① 회전타원체의 임의의 2점 A, B의 법선은 극축과 만나지만 이들 법선은 동일 평면상에 있지 않다.

② A점에서의 법선과 B점을 연결하는 면은 B점에서의 법선과 A점을 연결하는 면과 일치하지 않는다. 이 단면선을 법면선이라 한다.

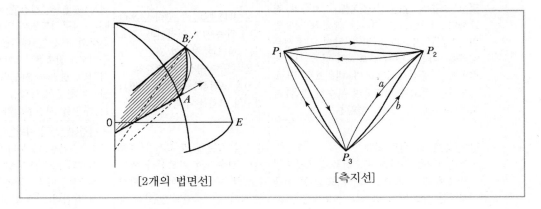

[2개의 법면선]　　　　　[측지선]

(2) 측지선

① 타원체상의 2점을 연결하는 최단거리를 측지선이라 한다.

② 측지선은 일반적으로 2개의 법면선의 중간에 있으며 a, b의 교각을 2 : 1로 나누는 성질이 있다.

③ 법면선과 측지선의 길이의 차이는 극히 작으므로 거리가 100km 이하일 경우에는 거의 무시한다.

④ 직접 측정하기는 어려우며, 계산에 의해서만 결정된다.

지구	천구	
	관측자 중심	지구를 확대
-	• 모든 천체는 지구를 중심으로 하고 반경이 무한대인 구면상에 고정되어 있다고 생각하는데 이러한 가상 구면을 천구라 함 • 천체를 포함하는 천구는 지구의 자전 때문에 하루에 한 번씩 동쪽에서 서쪽으로 회전하는 것처럼 보이는데 이것을 천구의 일주운동이라 함	
대원(大圓)과 소원(小圓) : 지구의 중심을 포함하는 임의의 평면과 지표면의 교선을 지구의 대원, 그 밖의 평면과 지표면의 교선을 지구의 소원이라 함	대원(大圓)과 소원(小圓) : 천구의 중심을 지나는 임의의 평면과 천구의 교선을 천구의 대원, 그밖의 평면과 천구의 교선을 천구의 소원이라 함	
지축(地軸) : 지구의 자전축을 지축, 지축과 지표면의 두 교점을 북극(北極)과 남극(南極)이라 함	천정(天頂)과 천저(天低) : 관측자의 연직선이 위쪽에서 천구와 만나는 점을 천정, 아래쪽에서 만나는 점을 천저라 함	천축(天軸)과 천극(天極) : 지구의 회전축을 천구에까지 연장한 것을 천축, 천축과 천구의 교점을 천극이라 함. 천극에는 천구북극, 남극이 있음
적도(赤道)와 자오선(子午線) : 지축과 직교하여 지구중심을 지나는 평면과 지표면의 교선을 지구의 적도라 하며 자오선은 양극을 지나는 대원의 북극과 남극 사이의 절반으로 중심각 180도의 대원호를 말함. 자오선은 적도와 직교하며 무수히 많음[자오선(子午線)은 경선(經線)]	지평선(地平線)과 수직권(垂直圈) : 관측자의 연직선과 직교하는 평면과 천구의 교선인 대원을 천구지평선, 관측자의 연직선을 포함하는 임의의 평면과 천구의 교선을 수직권이라 함	적도(赤道)와 시간권(時間圈) : 지구적도면의 연장과 천구의 교선인 대원을 천구적도, 천축을 포함하는 임의의 평면과 천구의 교선, 즉 천구의 양극을 지나는 대원을 시간권이라 함

경도(經度)와 위도(緯度)
• 그리니치를 지나는 자오선을 본초자오선으로 하고 본초자오면과 지표상 한 점을 지나는 자오면이 만드는 적도면상 각거리를 경도라 함
  − 동서로 각각 180도
  − 측지경도(지리경도)
  − 천문경도
	방위각(方位角)과 고저각(高低角) : 관측자의 자오선과 어느 천체의 수직권 사이의 지평선상 각거리(0~360도 범위)를 방위각, 어느 천체를 포함하는 수직권을 따라 그 천체까지 지평선으로부터 잰 각거리를 고저각이라 함	• 적경(赤經)과 적위(赤緯)
		: 고춘분점으로부터 어느 천체의 시간권의 발까지 적도를 따라 동쪽으로 잰 각거리가 적경(360도를 24시간 표시), 어느 천체를 포함하는 시간권을 따라 적도로부터 그 천체까지 잰 각거리는 적위라 함

• 지표면상 한 점에 세운 법선이 적도면과 이루는 각을 그 지점의 위도라 함 – 측지위도(지리위도) – 천문위도 – 지심위도 – 화성위도	• 시간각(時間角) : 적도상에서 자오선과 적도의 교점으로부터 천체를 통하는 시간권의 발까지 서쪽으로 잰 각거리임
<u>경위도 원점(經緯度原點)</u>	**춘분점(春分點)과 추분점(秋分點)** • 황도와 적도의 교점을 분점이라 하는데 태양이 적도를 남에서 북으로 자르며 갈 때의 분점을 춘분점, 그 반대의 것을 추분점이라 함 • 춘분점은 천구상에 고정된 점으로 적도좌표계와 황도좌표계의 원점임
<u>측지선(測地線)</u> : 지표상 두 점 간의 최단거리선으로서 지심과 지표상 두 점을 포함하는 평면과 지표면의 교선, 즉 지표상의 두 점을 포함하는 대원의 일부임	–
<u>항정선(航程線)</u> : 자오선과 항상 일정한 각도를 유지하는 지표의 선으로서 그 선 내의 각 점에서 방위각이 일정한 곡선임	–
<u>자오선(子午線)과 묘유선(卯酉線)</u> • 지구상 자오선은 양극을 지나는 대원의 북극과 남극 사이의 절반으로, 중심각 180도의 대원호를 말함 • 자오선은 적도와 직교하며 무수히 많음(자오선(子午線)은 경선(經線)) • 타원체상 한 점의 법선을 포함하여 그 점을 지나는 자오면과 직교하는 평면과 타원체면의 교선을 묘유선이라 함	**자오선(子午線)과 묘유선(卯酉線)** • 관측자의 천정과 천극을 지나는 대원을 천구(천문)자오선이라 함 • 지구자오선은 수직권인 동시에 시간권임 • 천구자오선은 한 지점에서는 유일하게 정해지며 관측자의 위치에 따라 달라짐 • 천구자오선과 지평선의 교점은 남점과 북점을 결정하고 이것을 연결한 직선이 일반측량에서 쓰이는 자오선임
라플라스점과 라플라스방정식	
구면삼각형과 구과량	–
르장드르 정리와 슈라이브 정리	

TIP 지구(地球)의 운동(運動)

지구의 운동에는 지구축의 주위를 회전하는 자전과 태양의 주위를 회전하는 공전 그리고 지구의 자전축이 황도면의 수직선에 대하여 23.5도의 각거리를 가지고 회전하는 세차 운동이 있으며 이러한 운동은 시간과 계절의 변화, 일조시간의 변화 등 여러 가지 현상의 원인이 됨

자전 (자)(밤)(낮)(천)(일)	공전 (공)(계)(일)(기)(태)
지구는 하루에 한 번씩 지축을 중심으로 회전하고 있고, 태양을 기준으로 한 번 자전하는 시간을 1태양일이라 하며 24시간으로 정한다. 지구가 항성을 기준으로 한 번 자전하는 시간을 1항성일이라 하고 23시간 56분 4초이며, 태양일과 차이가 나는 이유는 지구의 공전 때문이다.	지구는 태양을 중심으로 지축이 궤도면에 대하여 기울어져서 회전운동을 하는데 그 결과 계절의 변화, 일조시간의 변화, 태양의 남중고도의 변화 등의 현상이 생긴다.
지구가 하루에 한 번씩 지축을 중심으로 회전하고 있으며 지구의 **자전**운동으로 **밤**과 **낮**이 생기고 **천**구의 **일주**운동이 생기게 되는 운동을 말한다.	**공전**으로 인하여 **계절**, **일**조시간, **기온**의 변화, **태**양의남중고도에 대한 변화가 발생한다.
	태양은 황도를 따라 이동하며 주기를 1년으로 하고 있으므로 태양의 적위는 +23.5도(하지)에서 -23.5도(동지) 사이를 매일 약간씩 이동한다.
-	공전운동은 항성의 연주시차, 별빛의 광행차, 별빛의 시선속도의 연주시차 등으로 증명된다.
	1항성년(恒星年) : 지구의 공전주기를 말하며 태양이 황도를 한바퀴 도는 시간을 1항성년이라 한다. 이는 365.2564일이고, 시간으로는 365일 6시간 9분 9.5초이다.
지구의 자전은 뉴턴역학에 근거하는 방법이며 코리올리 효과와 푸코 진자로 입증될 수 있다.	1회귀년(回歸年) : 태양이 춘분점을 출발하여 다시 춘분점으로 돌아오는 시간을 1회귀년이라 하며 365.2422일이고 시간으로는 365일 5시간 48분 46초이다. 1회귀년이 1항성년보다 짧은 원인은 지구의 세차운동으로 춘분점이 동에서 서로 약 50초 이동하기 때문이다.
세차(歲差) : 지구의 자전축이 황도면의 수직방향 주위를 각반경과 주기를 가지고 회전하는 현상이다.	연주시차(年周時差) : 지구공전궤도의 양끝에서 항성에 그은 두 직선이 이루는 각과 동일한데 이것을 항성의 연주시차라 한다.
장동(章動) : 황도경사의 영향으로 태양과 달은 적도면의 위와 아래로 움직이므로 지구적도부의 융기부에 작용하는 회전능률도 주기적으로 변한다. 이처럼 자전축이 흔들리는 현상을 장동이라 한다.	광행차(光行差) : 운동하고 있는 관측자에게는 별이 있는 참된 방향보다 조금 기울어진 방향으로 별빛이 오는 것처럼 보이는 현상이다.

CHAPTER 02 출제예상문제

01 어떤 관측지점과 지구의 양극을 지나는 대원을 무엇이라 하는가?

[2010년 기사 1회]

① 적위(Declination)

② 묘유선(Prime vertical)

③ 적경(Right ascension)

④ 자오선(Meridian)

해설

- 자오선 : 지구상 자오선은 양극을 지나는 대원의 북극과 남극 사이의 절반으로 중심각 180°의 대원호
- 묘유선 : 지표상 묘유선은 지구타원체상 한 점의 법선을 포함하며, 그 점을 지나는 자오면과 직교하는 평면과 타원체면의 교선
- 적경(赤經) : 춘분점으로부터 어느 천체의 시간권의 발까지 적도를 따라 동쪽으로 잰 각거리(360도를 24시간 표시)
- 적위(赤緯) : 어느 천체를 포함하는 시간권을 따라 적도로부터 그 천체까지 잰 각거리

02 지역타원체와 세계타원체 간의 3차원 좌표변환과 관련이 없는 것은?

[2010년 기사 1회]

① Transverse Mercator 방법

② 표준 Molodensky 방법

③ Molodensky-Badekas 모델에 의한 7변수

④ Bursa-Wolf 모델에 의한 7변수

해설

좌표변환방법 : MRE 방법, Molodensky 방법, 변환요소 방법

03 지구의 형상에 대한 설명으로 옳지 않은 것은?

[2010년 기사 2회]

① 지오이드는 지구의 평면해면에 근사하는 등포텐셜면이다.

② 지오이드의 형상은 지구타원체와 일치하지 않는다.

③ 지오이드는 파랑, 해류 등의 영향으로 수시로 변화한다.

④ 지오이드와 지구타원체와의 표고차를 "지오이드고"라 한다.

해설

지오이드의 특징

- 지오이드면은 평균해수면과 일치하는 등포텐셜면으로 일종의 수면
- 지오이드면은 대륙에서는 지각의 인력 때문에 지구타원체보다 높고 해양에서는 낮음
- 고저측량은 지오이드면을 표고 0으로 하여 관측
- 타원체의 법선과 지오이드 연직선의 불일치로 연직선편차가 생김
- 지형의 영향 또는 지각내부밀도의 불균일로 인하여 타원체에 비하여 다소의 기복이 있는 불규칙한 면
- 어느 점에서나 표면을 통과하는 연직선은 중력 방향에 수직임
- 지오이드는 타원체 면에 대하여 다소 기복이 있는 불규칙한 면을 가짐
- 높이가 0이므로 위치에너지도 0임

정답 | 01 ④ 02 ① 03 ③

04 지구를 반경이 6,370km인 구(球)라고 가정했을 때 위도 30°, 경도 60°, 높이(h) 0m인 지점의 지심직각좌표계에서의 좌표값 중 z 좌표는 얼마인가? (단, 지구의 회전축을 Z축으로 한다)

[2010년 기사 2회]

① 3,185km ② 4,185km
③ 5,517km ④ 6,370km

> **해설**

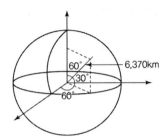

Z좌표값 $= 6,370 \times \cos 60° = 3,185km$

05 다음 용어에 대한 설명으로 틀린 것은?

[2010년 기사 2회]

① 지구의 자전축을 지축이라 한다.
② 자오선은 적도와 직교하여 무수히 많다.
③ 지구중심을 포함하는 임의의 평면과 지표면의 교선을 대원이라 한다.
④ 평행권은 적도에 직교하는 평면과 지표면의 교선을 말한다.

> **해설**

평행권(平行圈)은 적도와 나란한 평면과 지표면의 교선이다. 적도는 대원으로서 지구상 하나뿐이지만 평행권은 소원으로 무수히 많다. 평행권은 위도가 같은 지점을 연결한 선이다.
① 지구의 자전축을 지축이라 하고 지축과 지표면의 두 교점을 북극과 남극이라 한다.
② 지축과 직교하여 지구중심을 지나는 평면과 지표면의 교선을 지구의 적도라 하고, 지구상 자오선은 양극을 지나는 대원의 북극과 남극 사이의 절반으로 중심각 180도의 대원호를 말한다. 자오선은 적도와

직교하며 무수히 많다(자오선은 경선이다).
③ 지구의 중심을 포함하는 임의의 평면과 지표면의 교선을 지구의 대원, 그 밖의 평면과 지표면의 교선을 지구의 소원이라 한다.

06 1등 삼각망을 구성하는 데 있어 기준이 되는 지구의 형상은?

[2010년 기사 2회]

① 수준면이 연장된 평면
② 지오이드
③ 준거(기준) 타원체
④ 기준 구

> **해설**

1등 삼각망을 구성하는 데 있어 기준이 되는 지구의 형상은 준거타원체이다. 즉 삼각망은 수평위치의 기준점으로 수평위치의 기준면은 준거타원체이다.

07 지오이드(Geoid)에 대한 설명으로 옳지 않은 것은?

[2010년 기사 3회]

① 평균해수면을 육지까지 연장했을 때의 가상적인 지구형상이다.
② 중력의 방향에 수직인 등포텐셜면을 이룬다.
③ 회전타원체와 동일한 형상을 이룬다.
④ 측지학에서 참지구로 생각하는 지구형상이다.

> **해설**

지오이드는 중력 방향에 수직인 선으로 일반적으로 대륙에서는 타원체 위에, 해양에서는 타원체 아래에 위치하는 선으로 타원체와는 거의 일치하지 않는다.

08 지구상의 어떤 한 점에서 지오이드에 대한 연직선이 적도면과 이루는 각을 무엇이라 하는가?

[2010년 기사 3회]

① 측지위도 ② 화성위도
③ 천문위도 ④ 지심위도

정답 | 04 ① 05 ④ 06 ③ 07 ③ 08 ③

해설

- 측지위도 : 지구상 한 점에서 회전타원체의 법선이 적도면과 이루는 각으로 측지 분야에서 많이 사용한다.
- 천문위도 : 지구상 한 점에서 지오이드의 연직선(중력방향선)이 적도면과 이루는 각을 말한다.
- 지심위도 : 지구상 한 점과 지구중심을 맺는 직선이 적도면과 이루는 각을 말한다.
- 화성위도 : 지구중심으로부터 장반경을 반경으로 하는 원과 지구상 한 점을 지나는 종선의 연장선과 지구중심을 연결한 직선이 적도면과 이루는 각을 말한다.

09 지표상 두 지점 간의 최단거리선으로서 두 지점과 지심을 포함하는 평면과 지표면의 교선을 무엇이라 하는가?

[2010년 기사 3회]

① 측지선 ② 자오선
③ 묘유선 ④ 항정선

해설

- 묘유선(Prime vertical) : 지표상 묘유선은 지구 타원체상 한 점의 법선을 포함하며 그 점을 지나는 자오면과 직교하는 평면과 타원체면과의 교선이다.
- 항정선(Rhumb line, Loxodrome) : 자오선과 항상 일정한 각도를 유지하는 지표의 선으로서 그 선내의 각 점에서 방위각이 일정한 곡선이다.
- 측지선(Geodetic line, Geodesic)
  - 지표상(곡면상)의 두 점간의 최단거리선으로서 지심과 지표상 두 점을 포함하는 평면과 지표면의 교선, 즉 지표상의 두 점을 포함하는 대원의 일부이다.
  - 다면체 또는 곡면상의 2점 간의 최단경로를 측지선이라 한다.
  - 측지선은 타원체 표면상의 주어진 두 점 사이에서 최단거리를 갖도록 그려지는 선이다.
  - 타원체상의 측지선은 수직절선(평면곡선)의 일종으로 볼 수 있으나 단순한 수직절선과는 달리 이중곡률을 갖는 곡선이다.
  - 측지선은 두 개의 수직절선 사이에 놓이며 두 수직절선 사이의 각을 2:1의 비율로 분할한다.

10 지오이드에 대한 설명으로 옳지 않은 것은?

[2011년 기사 1회]

① 지오이드는 중력으로부터 결정될 수 있다.
② 지오이드는 표고의 기준이 된다.
③ 지오이드의 위치에너지는 0이다.
④ 지오이드는 타원 법선에 직교한다.

해설

지오이드의 특징

- 지오이드면은 평균해수면과 일치하는 등포텐셜면으로 일종의 수면이다.
- 지오이드면은 대륙에서는 지각의 인력 때문에 지구타원체보다 높고 해양에서는 낮다.
- 고저측량은 지오이드면을 표고 0으로 하여 관측한다.
  - 타원체의 법선과 지오이드 연직선의 불일치로 연직선 편차가 생긴다.
  - 지형의 영향 또는 지각 내부밀도의 불균일로 인하여 타원체에 비하여 다소의 기복이 있는 불규칙한 면이다.
  - 어느 점에서나 표면을 통과하는 연직선은 중력 방향에 수직이다.
  - 지오이드는 타원체면에 대하여 다소 기복이 있는 불규칙한 면을 갖는다.
  - 높이가 0이므로 위치에너지도 0이다.

11 지구의 공전에 의한 현상과 거리가 먼 것은?

[2011년 기사 1회]

① 1항성일과 1태양일이 다르다.
② 1항성월과 1삭망월이 다르다.
③ 천구의 일주운동이 발생한다.
④ 태양의 적경이 매일 변한다.

해설

지구의 운동에는 지구축의 주위를 회전하는 자전과 태양의 주위를 회전하는 공전 그리고 지구의 자전축이 황도면의 수직선에 대하여 23.5도의 각거리를 가지고 회전하는 세차운동이 있으며, 이러한 운동은 시간과 계절의 변화, 일조시간의 변화 등 여러 가지 현상의 원인이 되고 있다.

정답 | 09 ① 10 ④ 11 ③

자전	공전
• 지구는 하루에 한 번씩 지축을 중심으로 회전하고 있고, 태양을 기준으로 한 번 자전하는 시간을 1태양일이라 하며 24시간을 정한다. • 지구가 항성을 기준으로 한 번 자전하는 시간을 1항성일이라 하고 23시간 56분 4초이며, 태양일과 차이가 나는 이유는 지구의 공전 때문이다. • 지구가 하루에 한 번씩 지축을 중심으로 회전하고 있으며 지구의 자전운동으로 밤과 낮이 생기고 천구의 일주운동이 생기게 되는 운동을 말한다. • 지구가 태양을 중심으로 한 번 자전하는 시간을 1태양일이라 하며 시간으로는 24시간을 말한다.	• 지구는 태양을 중심으로 지축이 궤도면에 대하여 기울어져서 회전운동을 하는데 그 결과 계절의 변화, 일조시간의 변화, 태양의 남중고도의 변화 등의 현상이 생긴다. • 공전으로 인하여 계절, 일조시간, 기온의 변화, 태양의 남중고도에 대한 변화가 발생한다. • 공전운동은 항성의 연주시차, 별빛의 광행차, 별빛의 시선속도의 연주시차 등으로 증명한다. • 태양은 황도를 따라 이동하며 주기를 1년으로 하고 있으므로 태양의 적위는 +23.5(하지)에서 −23.5(동지) 사이를 매일 약간씩 이동한다.

12 다음 중 균시차를 바르게 표현한 것은?

[2011년 기사 1회]

① 항성시 − 평균태양시
② 평균태양시 − 항성시
③ 시 태양시 − 평균태양시
④ 시 태양시 − 항성시

해설

시태양시와 평균태양시 사이의 차를 균시차라 한다.

13 지표면상의 구면 삼각형 ABC의 3개의 각을 관측한 결과 $\angle A = 51°30'$, $\angle B = 65°45'$, $\angle C = 63°35'$이었다면 구면 삼각형의 면적은? (단, 지구반경 R = 6370km이며, 측각오차는 없는 것으로 간주한다)

[2011년 기사 1회]

① 549836.1km^2 ② 590166.5km^2
③ 642342.4km^2 ④ 718633.4km^2

해설

$$구과량(\varepsilon) = (A + B + C) + 180°$$
$$= 50' = 3000''$$
$$A = \frac{R^2 \varepsilon}{\rho''} = \frac{6370^2 \times 3000''}{206265''} = 590166.5 \text{km}^2$$

14 구면삼각형 ABC의 세 내각이 다음과 같을 때 면적은? (단, 지구반경은 6370km이다)

[2011년 기사 2회]

$$\angle A = 50°20', \ \angle B = 66°75', \ \angle C = 64°35'$$

① 1,222,663km^2
② 1,362,788km^2
③ 1,433,456km^2
④ 1,534,433km^2

해설

$$구과량(\varepsilon) = A + B + C - 180°$$
$$= 2°10' = 7800$$
$$A = \frac{r^2 \varepsilon''}{\rho''} = \frac{6370^2 \times 7800''}{206,265''}$$
$$= 1,534,432.987 \text{km}^2$$

15 적도 반경이 1m인 지구의 단면도를 그린다면 극 반경은 몇 cm 짧게 그리면 되는가? (단, 지구의 편평률은 1/299로 한다)

[2011년 기사 2회]

① 0.33cm ② 0.44cm
③ 0.55cm ④ 0.66cm

해설

$$p(편평률) = \frac{a - b}{a} = \frac{1}{299} \times 1\text{m}$$
$$= 0.0033\text{m} = 0.33\text{cm}$$

정답 | 12 ③ 13 ② 14 ④ 15 ①

16 측지원점(Geodetic datum)을 결정하기 위한 매개변수가 아닌 것은? [2011년 기사 3회]

① 원점에서의 지오이드고
② 원점으로부터 최초 삼각측량의 기선에 이르는 방위각
③ 원점에서 중앙 자오선의 연직선 편차
④ 원점의 표준 중력

해설

경위도원점(측지측량원점) 결정
국가의 측량좌표계를 동일한 경위도원점으로부터 출발하기 위해 지오이드면의 연직선상에서 항성을 이용한 천문측량에 의하여 측지측량원점의 위치 및 진북방향으로부터 원방위점의 방위각을 관측한다. 측지측량원점은 삼각측량에 있어서의 출발점으로, 출발점의 경도, 위도, 방위각, 지오이드 높이 및 기준타원체의 요소를 측지원점요소 또는 측지원자라 한다.

17 지구표면상 구면삼각형의 세 각을 관측한 결과 $\angle A = 50°20'$, $\angle B = 66°25'$, $\angle C = 64°35'$ 이었다면 지구의 곡률반지름이 6370km라고 할 때, 구면 삼각형 abc의 면적은? [2011년 기사 3회]

① $266,000km^2$
② $422,000km^2$
③ $711,000km^2$
④ $944,000km^2$

해설

$\varepsilon'' = \dfrac{A}{r^2}\rho''$ 에서

$A = \dfrac{\varepsilon''}{\rho''}r^2 = \dfrac{4800}{206265} \times 6370^2 = 944,266km^2$

$\fallingdotseq 944,000km^2$

$\varepsilon = 50°20' + 66°25' + 64°35' - 180° = 1°20'$
  $= 4800''$

18 측지선에 대한 설명으로 옳은 것은? [2011년 기사 3회]

① 자오선과 항상 일정한 방위각을 갖는 지표상의 선
② 지구면(곡면)상의 두 점을 지나는 최단거리인 곡선
③ 지구중심을 포함하는 임의의 평면과 지평선의 교선
④ 적도와 나란한 평면과 지표면의 교선

해설

측지선(Geodetic line)
• 지표상 두 지점 간의 최단거리 선으로서 두 지점과 지심을 포함하는 평면과 지표면의 교선, 즉 두 지점을 지나는 대원의 일부이다.
• 타원체 표면상에 주어진 두 점 사이에서 최단거리를 갖도록 그려지는 선을 측지선이라 한다.
• 타원체상의 측지선은 수직절선의 일종으로 볼 수 있으나 단순한 수직절선과는 달리 이중곡률(Double curvature)을 갖는 곡선이다.
• 대부분의 경우 측지선은 두 개의 수직절선 사이에 놓여 있게 되며 두 수직절선 사이의 각을 2대 1의 비율로 분할한다.
• 측지선이 동일평행권 또는 동일자오선상에 있는 경우에는 그러하지 않는다.
• 측지선은 직접 관측할 수 없으며 오직 측지선으로 이루어진 삼각형에 관한 계산을 행할 수 있다.

19 위도에 대한 설명으로 틀린 것은? [2011년 기사 3회]

① 지구상의 한 점에서 회전타원체의 법선이 적도면과 만드는 각을 측지위도라 한다.
② 지구상의 한 점에서 지오이드에 대한 연직선이 천구의 적도면과 이루는 각을 천문위도라 한다.
③ 지구상의 한 점과 지구중심을 잇는 직선이 적도면과 이루는 각을 지심위도라 한다.
④ 위도는 어떤 지점에서 준거 타원체의 접선이 적도면과 이루는 각으로 표시된다.

정답 | 16 ④ 17 ④ 18 ② 19 ④

해설

- 측지위도(ϕg) : 지구의 한 점에서 회전타원체의 법선이 적도면과 이루는 각으로 측지 분야에서 많이 사용한다.
- 천문위도(ϕa) : 지구의 한 점에서 지오이드의 연직선(중력방향선)이 적도면과 이루는 각을 말한다.
- 지심위도(ϕb) : 지구의 한 점과 지구중심을 맺는 직선이 적도면과 이루는 각을 말한다.
- 화성위도($\phi\theta$) : 지구중심으로부터 장반경(a)을 반경으로 하는 원과 지구상 한 점을 지나는 종선의 연장선과 지구중심을 연결한 직선이 적도면과 이루는 각을 말한다.

20 어느 점의 위치를 표시하는 방법 중 거리와 방향(각)으로 위치를 표시하는 좌표를 무엇이라고 하는가?

[2011년 기사 3회]

① 극좌표   ② 지리좌표
③ 평면직각좌표   ④ 3차원 직각좌표

해설

극좌표는 임의의 점의 위치를 정점(원점)으로부터의 거리(r)와 방향(θ)으로 정하는 좌표계이다.

21 경위도 좌표계에서 평균곡률반경을 구하는 식으로 옳은 것은? (단, M : 자오선곡률반경, N : 평행권 곡률반경)

[2012년 기사 1회]

① $\sqrt{MN}$ ② MN
③ $\dfrac{M}{N}$ ④ $\dfrac{(M+N)}{2}$

해설

기준타원체면 위로 투영된 어느 점의 위치를 경도, 위도 및 평균 해면으로부터의 높이로 표시하는 방법을 지리좌표(Geographic coordinates) 또는 측지좌표(Geodetic coordinates)라 한다.

경위도(經緯度) 좌표(座標)
평균곡률반경 $R = \sqrt{MN}$
*M : 자오선의 곡률반경
N : 횡(평행권 방향)의 묘유선 곡률 반경

22 다음의 설명이 옳지 않은 것은?

[2012년 기사 1회]

① 평균해수면에 의한 등퍼텐셜면(지오이드)으로부터 연직거리를 정표고라고 한다.
② 정표고는 수준측량에서 구한 높이에서 보정을 해야 하며, 이 보정을 오소메트릭(Orthometric) 보정이라고 한다.
③ 어떤 점의 역표고는 그 점과 지오이드 사이의 포텐셜 차이를 표준위도에서의 중력값으로 나눈 것이다.
④ 지구 중력의 크기는 적도지방이 크고, 극지방이 작다.

해설

지구중력의 크기는 적도지방이 작고, 극으로 갈수록 크다.

높이의 종류
- 표고(Elevation) : 지오이드면, 즉 정지된 평균해수면과 물리적 지표면 사이의 고저차
- 정표고(Orthometric height) : 물리적 지표면에서 지오이드까지의 고저차
- 지오이드고(Geoidal height) : 타원체와 지오이드 사이의 고저차
- 타원체고(Ellipsoidal height) : 준거 타원체상에서 물리적 지표면까지의 고저차를 말하며, 지구를 이상적인 타원체로 가정한 타원체면으로부터 관측지점까지의 거리이고, 실제 지구표면은 울퉁불퉁한 기복을 가지므로 실제높이(표고)는 타원체고가 아닌 평균해수면(지오이드)으로부터 연직선 거리임

정답 | 20 ①   21 ①   22 ④

23 지구조석에 대한 설명으로 틀린 것은?

[2012년 기사 1회]

① 지구조석의 해석으로도 지구 내부 구조를 어느 정도 알 수 있다.
② 지구는 완전강체이므로 기조력에 의한 탄성변화는 없는 것으로 가정한다.
③ 천체의 인력 때문에 발생하는 해면의 주기적인 승강을 조석이라 한다.
④ 달과 지구의 거리가 가까울수록 조차가 크다.

해설

• 조석보정 : 달과 태양의 인력에 의하여 지구 자체가 주기적으로 변형하는 지구조석 현상은 중력값에도 영향을 주게 되고 이 중력 효과를 보정하는 것을 조석보정이라 한다.
• 해양조석 : 해양조석은 주로 달과 태양의 만유인력에 의하여 해수면이 주기적으로 승강(昇降)하는 현상을 말한다.

24 회전타원체를 정의하기 위해서는 크기와 형상이 정의되어야 한다. 다음 중 회전타원체를 정의하기 위해 필요한 요소의 조합이 아닌 것은?

[2012년 기사 2회]

① 장반경, 단반경
② 장반경, 편평률
③ 단반경, 편평률
④ 편평률, 이심률

해설

회전타원체 요소(기본정수)
장반경, 단반경, 편평률을 기본정수 또는 타원체 파라미터(Ellipsoidal parameters)라 한다.

25 지구의 형상에 대한 설명 중 틀린 것은?

[2012년 기사 2회]

① 지오이드는 지구형상에 가장 가까운 등포텐셜면이다.
② 중력 방향은 등포텐셜면에 직교하는 방향으로 지구중심을 향한다.
③ 지오이드는 육지 부분에서의 대륙물질에 대한 인력으로 지구타원체보다 하부에 존재한다.
④ 지구타원체는 지표의 기복과 지하물질의 밀도차가 없다고 가정한 것으로 실제 등포텐셜면과 일치하지 않는다.

해설

지오이드의 특징
• 지오이드는 평균해수면과 일치하는 등포텐셜면으로 일종의 수면이다.
• 지오이드는 대륙에서는 지각의 인력 때문에 지구타원체보다 높고 해양에서는 낮다.
• 고저측량은 지오이드면을 표고 0으로 하여 관측한다.

26 균시차를 바르게 표시한 것은?

[2013년 기사 1회]

① 균시차＝세계시－태양시
② 균시차＝평균태양시－표준시
③ 균시차＝시태양시－평균태양시
④ 균시차＝항성시－세계시

해설

시태양시와 평균태양시 사이의 차를 균시차라 한다.

27 특정 지점의 지오이드고가 －20m이고 타원체고가 20m일 때 정표고는? (단, 연직선편차는 0으로 가정한다)

[2013년 기사 1회]

① 0m
② －40m
③ 40m
④ －400m

정답 | 23 ③　24 ④　25 ③　26 ③　27 ③

해설

정표고 = 타원체고 − 지오이드고
= 20 − (−20) = 40m

28 지구의 형상을 표현하는 지오이드(Geoid)에 대한 설명으로 옳지 않은 것은?

[2013년 기사 1회]

① 중력값에 영향을 받는다.
② 기하학적으로 정의할 수 있다.
③ 지하물질의 종류에 영향을 받는다.
④ 시간에 따라 변화한다.

해설

타원체의 특징
• 기하학적 타원체이므로 굴곡이 없는 매끈한 면
• 지구의 반경, 면적, 표면적, 부피, 삼각측량, 경위도결정, 지도제작 등의 기준
• 타원체의 크기는 삼각측량 등의 실측이나 중력측정값을 클레로 정리로 이용
• 지구타원체의 크기는 세계 각 나라별로 다르며 우리나라는 종래에는 Bessel의 타원체를 사용하였으나 최근 측량법 제5조의 개정에 따라 GRS80 타원체로 그값이 변경되었다.
• 지구의 형태는 극을 연결하는 직경이 적도방향의 직경보다 약 42.6km 짧은 회전타원체로 되어 있다.
• 지구타원체는 지구를 표현하는 수학적 방법으로서 타원체면의 장축 또는 단축을 중심으로 회전시켜 얻을 수 있는 모형이다.

지오이드(Geoid)
• 정지된 평균해수면을 육지로 연장하여 지구 전체를 둘러싸고 있다고 가정한 곡면이다.
• 지오이드면은 평균해수면과 일치하는 등포텐셜면으로 일종의 수면이다.
• 지오이드면은 대륙에서는 지각의 인력 때문에 지구타원체보다 높고 해양에서는 낮다.
• 고저측량은 지오이드면을 표고 0으로 하여 관측한다.
• 타원체의 법선과 지오이드 연직선의 불일치로 연직선 편차가 생긴다.
• 지형의 영향 또는 지각내부밀도의 불균일로 인하여 타원체에 비하여 다소의 기복이 있는 불규칙한 면이다.

• 어느 점에서나 표면을 통과하는 연직선은 중력 방향에 수직이다.
• 지오이드는 타원체 면에 대하여 다소 기복이 있는 불규칙한 면을 갖는다.
• 높이가 0이므로 위치에너지도 0이다.

29 타원체의 장반경이 6378137m, 단반경이 6356752m라고 가정한 경우 편평률(Flattening)은?

[2013년 기사 1회]

① 0.003353 ② 0.003364
③ 298.25 ④ 297.25

해설

편평률(P) : $\dfrac{a-b}{a}$

$$= \frac{6,378,137 - 6,356,782}{6,378,137}$$

$$= 0.0033528$$

30 다음 중 지구자전의 영향이 아닌 것은?

[2013년 기사 2회]

① 지구상 물체에 원심력이 생긴다.
② 조석이 하루에 두 번 생긴다.
③ 일조시간의 변화가 생긴다.
④ 전향력이 생긴다.

해설

자전과 공전
• 지구의 운동
지구의 운동에는 지구축의 주위를 회전하는 자전과 태양의 주위를 회전하는 공전 그리고 지구의 자전축이 황도면의 수직선에 대하여 23.5도의 각거리를 가지고 회전하는 세차 운동이 있으며 이러한 운동은 시간과 계절의 변화, 일조시간의 변화 등 여러 가지 현상의 원인이 되고 있다.

정답 | 28 ② 29 ① 30 ③

자전	공전
• 지구는 하루에 한 번씩 지축을 중심으로 회전하고 있고, 태양을 기준으로 한 번 자전하는 시간을 1태양일이라 하며 24시간으로 정한다. 지구가 항성을 기준으로 한 번 자전하는 시간을 1항성일이라 하고 23시간 56분 4초이며, 태양일과 차이가 나는 이유는 지구의 공전 때문이다. • 지구의 자전운동으로 밤과 낮이 생기고 천구의 일주운동이 생기게 되는 운동을 말한다. • 지구가 태양을 중심으로 한 번 자전하는 시간을 1태양일이라 하며 시간으로는 24시간을 말한다.	• 지구는 태양을 중심으로 지축이 궤도면에 대하여 기울어져서 회전운동을 하는데 그 결과 계절의 변화, 일조시간의 변화, 태양의 남중고도의 변화 등의 현상이 생긴다. • 공전으로 인하여 계절, 일조시간, 기온의 변화, 태양의 남중고도에 대한 변화가 발생 • 태양은 황도를 따라 이동하며 주기를 1년으로 하고 있으므로 태양의 적위는 +23.5도(하지)에서 −23.5도(동지) 사이를 매일 약간씩 이동한다.
• 지구가 항성을 기준으로 한 번 자전하는 시간을 1항성일이라 하며 시간으로는 23시간 56분 4초이다. • 지구의 공전으로 인하여 1태양일과 1항성일의 차이가 발생한다. • 지구의 자전은 뉴턴역학에 근거하는 방법이며 코리올리효과와 푸코진자로 입증될 수 있다. • 세차 : 지구의 자전축이 황도면의 수직방향 주위를 각반경과 주기를 가지고 회전하는 현상이다. • 장동 : 황도경사의 영향으로 태양과 달은 적도면의 위와 아래로 움직이므로 지구적도부의 융기부에 작용하는 회전능률도 주기적으로 변한다. 이처럼 자전축이 흔들리는 현상을 장동이라 한다.	• 공전운동은 항성의 연주시차, 별빛의 광행차, 별빛의 시선속도의 연주시차 등으로 증명된다. • 1항성년 : 지구의 공전주기를 말하며 태양이 황도를 한 바퀴 도는 시간을 1항성년이라 하며 365.2564일이고, 시간은 365일 6시간 9분 9.5초이다. • 1회귀년 : 태양이 춘분점을 출발하여 다시 춘분점으로 돌아오는 시간을 1회귀년이라 하며 365.2422일이고 시간으로는 365일 5시간 48분 46초이다. 1회귀년이 1항성년보다 짧은 원인은 지구의 세차운동으로 춘분점이 동쪽으로 약 50초 이동하기 때문이다. • 연주시차 : 지구공전궤도의 양 끝에서 항성에 그은 두 직선이 이루는 각과 동일한데 이것을 항성의 연주시차라 한다. • 광행차 : 운동하고 있는 관측자에게는 별이 있는 참된 방향보다 조금 기울어진 방향으로 별빛이 오는 것처럼 보이는 현상이다.

• **코리올리의 힘**
 − 지구가 자전하기 때문에 생기는 가상적인 힘을 코리올리의 힘 또는 전향력(轉向力)이라 한다.
 − 전향력은 물체의 운동방향에 대하여 북반구에서는 오른쪽으로, 남반구에서는 왼쪽으로 작용한다.
 − 코리올리는 전향력을 일으키는 가상적인 가속도를 유도해 냈다.

---

31 평균 표고가 800m인 두 점의 거리가 3000.902m이라면 이 두 점에 대한 평균 해수면상의 거리는? (단, 지구는 반지름 R＝6,370km인 구로 가정) [2013년 기사 2회]

① 3000.902m
② 3000.525m
③ 3000.180m
④ 299.098m

해설

$$L_0 = L - \frac{LH}{R}$$
$$= 3000.902 - \frac{3000.902 \times 800}{6,370,000}$$
$$= 3000.525m$$

32 우리나라의 수준원점의 높이로 옳은 것은? [2013년 기사 2회]

① 32.6871m
② 26.6871m
③ 15.6871m
④ 0.0000m

해설

수준원점(Original bench mark)
수준측량에 기준이 되는 점을 정해 놓고, 기준면으로부터 정확한 높이를 측정하여 정해 놓은 점(높이 26.6871m로 인천 인하대학교에 설치되어 있다)

33 지구상의 어느 한 점에서 타원체의 법선과 지오이드의 법선은 일치하지 않게 되는데 이 두 법선의 차이를 무엇이라 하는가? [2013년 기사 3회]

① 중력 편차
② 지오이드 편차
③ 중력 이상
④ 연직선 편차

해설

• 연직선 편차 : 지구상 어느 한 점에서 타원체의 법선(수직선)과 지오이드의 법선(연직선)과의 차이이다.
• 자오선 수차 : 평면직각좌표에서의 진북과 도북의 차이를 나타내는 것으로 어느 한 삼각점에서 그 삼각점을 통과하는 자오선과 그 삼각점에서 직각좌표 원점을 통과하는 자오선과 만들어지는 각을 자오선 수차라 한다.

정답 | 31 ② 32 ② 33 ④

34 그림과 같이 A지점에서 GPS로 관측한 타원체고(h)가 37.238m이고 지오이드고(N)는 21.524m를 얻었다. A점에서 취득한 높이 값을 이용하여 수준측량한 결과 C점의 표고는? (단, 거리는 타원체면상의 거리이고 A, B, C점의 지오이드는 동일하며 연직선편차는 0으로 가정한다)

[2013년 기사 3회]

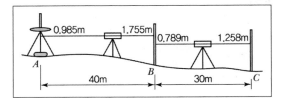

① 13.475m   ② 14.475m
③ 15.475m   ④ 16.475m

> 해설

• 정표고＝37.238－21.524＝15.714m
• C점의 표고
  ＝ 15.714＋0.985－1.755＋0.789－1.258
  ＝ 14.475m

35 지오이드에 대한 설명으로 옳지 않은 것은?

[2013년 기사 3회]

① 지오이드는 등포텐셜면이다.
② 지오이드는 표고의 기준면이다.
③ 지오이드는 평균 해수면을 육지까지 연장한 가상곡면이다.
④ 일반적으로 지오이드는 육지에서 회전타원체와 일치한다.

> 해설

지오이드

정의	정지된 해수면을 육지까지 연장하여 지구 전체를 둘러쌌다고 가상한 곡면을 지오이드(Geoid)라 한다. 지구타원체는 기하학적으로 정의한 데 비하여 지오이드는 중력장 이론에 따라 물리학적으로 정의한다.

특징	• 지오이드면은 평균해수면과 일치하는 등포텐셜면으로 일종의 수면이다. • 지오이드면은 대륙에서는 지각의 인력 때문에 지구타원체보다 높고 해양에서는 낮다. • 고저측량은 지오이드면을 표고 0으로 하여 관측한다. • 타원체의 법선과 지오이드 연직선의 불일치로 연직선 편차가 생긴다. • 지형의 영향 또는 지각내부밀도의 불균일로 인하여 타원체에 비하여 다소의 기복이 있는 불규칙한 면이다. • 지오이드는 어느 점에서나 표면을 통과하는 연직선은 중력방향에 수직이다. • 지오이드는 타원체 면에 대하여 다소 기복이 있는 불규칙한 면을 갖는다. • 높이가 0이므로 위치에너지도 0이다.

36 지오이드에 대한 설명 중 틀린 것은?

[2014년 기사 1회]

① 지오이드의 형상은 수학적 타원체로 정의될 수 있다.
② 지오이드에서는 중력의 크기가 동일하다.
③ 지오이드 접선에 직각은 중력 방향이다.
④ 지오이드는 정표고를 나타내는 기준면이다.

> 해설

지오이드의 특징
• 지오이드면은 평균해수면과 일치하는 등포텐셜면으로 일종의 수면이다.
• 지오이드면은 대륙에서는 지각의 인력 때문에 지구타원체보다 높고 해양에서는 낮다.
• 고저측량은 지오이드면을 표고 0으로 하여 관측한다.
• 타원체의 법선과 지오이드 연직선의 불일치로 연직선 편차가 생긴다.
• 지형의 영향 또는 지각내부밀도의 불균일로 인하여 타원체에 비하여 다소의 기복이 있는 불규칙한 면이다.
• 어느 점에서나 표면을 통과하는 연직선은 중력 방향에 수직이다.
• 지오이드는 타원체면에 대하여 다소 기복이 있는 불규칙한 면을 갖는다.
• 높이가 0이므로 위치에너지도 0이다.

정답 | 34 ② 35 ④ 36 ①

37 측지선(Geodetic line)에 대한 설명으로 옳지 않은 것은? [2015년 기사 2회]

① 지구면상 두 점을 잇는 최단거리가 되는 곡선을 측지선이라 한다.
② 타원체상 곡선과 측지선의 길이의 차는 극히 미소하여 일반적으로 무시할 수 있다.
③ 측지선은 미분기하학으로 구할 수 있으나 직접 관측하여 구하는 것이 더욱 정확하다.
④ 측지선은 두 개의 평면곡선의 교각을 2 : 1로 분할하는 성질이 있다.

해설

측지선(測地線, Geodetic line)
• 지표상 두 지점 간의 최단거리선으로서 두 지점과 지심을 포함하는 평면과 지표면의 교선, 즉 두 지점을 지나는 대원의 일부이다.
• 타원체 표면상에 주어진 두 점 사이에서 최단거리를 갖도록 그려지는 선을 측지선이라 한다.
• 타원체상의 측지선은 수직절선의 일종으로 볼 수 있으나 단순한 수직절선과는 달리 이중곡률(二重曲率, Double curvature)을 갖는 곡선이다. 대부분의 경우 측지선은 두 개의 수직절선 사이에 놓여 있게 되며 두 수직절선 사이의 각을 2 : 1의 비율로 분할한다.
• 측지선이 동일평행권 또는 동일자오선상에 있는 경우에는 그러하지 않다.
• 측지선은 직접 관측할 수 없으며 오직 측지선으로 이루어진 삼각형에 관한 계산을 행할 수 있다.

38 타원체에 대한 설명으로 옳지 않은 것은? [2015년 기사 2회]

① 회전타원체는 한 타원체의 지축을 중심으로 회전하여 생긴 입체타원체이다.
② 지구타원체는 지오이드를 회전시켜 지구의 형으로 규정한 타원체이다.
③ 준거타원체는 어느 지역의 측지측량계의 기준이 되는 타원체이다.
④ 국제타원체는 전 세계적으로 측지측량계를 통일하기 위한 지구타원체이다.

해설

타원체의 종류
• 회전타원체 : 한 타원의 주축을 중심으로 회전하여 생기는 입체타원체
• 지구타원체 : 부피와 모양이 실제 지구와 가장 가까운 회전타원체
• 준거타원체 : 어느 측량지역의 대지측량계의 기준이 되는 지구타원체
• 국제타원체 : 국제측지학회 및 지구물리학연합총회에서 결정된 타원체. 1979년 IUGG 총회에서 국제적인 측량 및 측지작업에는 하나의 통일된 지구타원체값을 사용하기로 의결

39 지구의 운동과 관련된 설명으로 옳지 않은 것은? [2015년 기사 3회]

① 지구가 태양을 기준으로 한 번 자전하는 시간을 1태양일이라 한다.
② 지구가 항성을 기준으로 한 번 자전하는 시간을 1항성일이라 한다.
③ 1태양일과 1항성일의 차이가 나는 것은 지구의 공전 때문이다.
④ 지구의 자전운동은 항성의 연주시차, 별빛의 광행차, 별빛의 시선속도의 연주변화 등으로 증명된다.

해설

• 지구의 운동 : 지구의 운동에는 지구축의 주위를 회전하는 자전과 태양의 주위를 회전하는 공전 그리고 지구의 자전축이 황도면의 수직선에 대하여 23.5도의 각거리를 가지고 회전하는 세차 운동이 있다.
• 자전 : 지구는 하루에 한 번씩 지축을 중심으로 회전하고 있고, 태양을 기준으로 한 번 자전하는 시간을 1태양일이라 하며, 24시간으로 정한다. 지구가 항성을 기준으로 한 번 자전하는 시간을 1항성일이라 하고, 23시간 56분 4초이며, 태양일과 차이가 나는 이유는 지구의 공전 때문이다. 지구의 자전운동으로 밤과 낮이 생기고, 천구의 일주운동이 생기게 된다.
• 공전 : 지구는 태양을 중심으로 지축이 궤도면에 대하여 기울어져 회전운동을 하는데, 그 결과 계절의 변화, 일조시간의 변화, 기온의 변화, 태양의 남중고도

의 변화 등의 현상이 생긴다. 공전운동은 항성의 연주
시차, 별빛의 광행차, 별빛의 시선속도의 연주시차 등
으로 증명된다.

40 지구 내부의 원인에 의하여 자기장이 오랜 세월을 두고 변화하는 것을 가리키는 용어는?

[2015년 기사 3회]

① 일변화   ② 영년변화
③ 자기변화   ④ 월변화

해설

지자기(地磁氣)의 변화(變化)
지자기는 쌍극자 자장과 비쌍극자 자장에 의한 지자기
이상 외에도 한 측점에서의 지자기는 오랜 세월을 두고
관측한 결과 일정하지 않고 시간에 따라 변화하고 있음
을 알 수 있다. 지자기의 변화는 하루를 주기로 하는 일
변화(日變化)와 수십 년 내지 수백 년에 걸친 영연변화
(永年變化) 및 갑작스럽고도 큰 변화인 자기풍으로 나
눌 수 있다.
- 일변화 : 일변화는 주로 태양에 의한 자외선, X선, 전
  자 등의 플라스마(Plasma)로 인하여 지구 상층부의
  대기권이 이온화되고, 전류가 생성되어 전자장이 유도
  됨으로써 생기는 변화로서 24시간 주기로 변환한다.
- 영년변화(永年變化, Secular variation) : 지구 내부의
  원인에 의하여 자기장이 오랜 세월을 두고 변화하는
  것을 영년변화라고 한다. 수 년에서 수백 년에 걸쳐
  자기장이 변하는 영년변화의 원인은 맨틀이나 외핵의
  운동에 의한 지구 내부의 자기장 변화에 있는 것으로
  생각된다.
- 자기풍(磁氣風) : 갑작스런 자기장의 변화로 수 시간
  내지 수 일간 지속되며, 자기풍은 주로 태양의 흑점의
  변화에 의하여 발생한다. 주기는 약 27일이다.

41 키가 1.7m인 사람이 표고 600m 산 위에서 볼 수 있는 최대 수평거리는? (단, 지구의 곡률반지름은 6,370km이고 대기굴절에 의한 영향은 무시한다)

[2015년 기사 3회]

① 약 59.7km   ② 약 79.9km
③ 약 80.4km   ④ 약 87.6km

해설

양차 : $(h) = \dfrac{S^2}{2R}(1-k)$ 에서

$$S = \sqrt{\frac{2Rh}{1-k}} = \sqrt{\frac{2 \times 6370 \times (0.6 + 0.0017)}{1}}$$
$$= 87.55\text{km}$$

42 지구타원체의 편평도가 1/300이면 이심률은 얼마인가?

[2010년 기사 1회]

① $\dfrac{\sqrt{599}}{300}$ ② $\dfrac{\sqrt{600}}{300}$

③ $\dfrac{\sqrt{600}}{300}$ ④ $\dfrac{\sqrt{700}}{300}$

해설

- 편평률

$$f = \frac{a-b}{a} = \frac{1}{300}$$
$$a = 300(a-b) = 300a - 300b$$
$$\therefore 300b = 299a$$
$$b = \frac{299}{300}a$$

- 이심률

$$e = \sqrt{\frac{a^2 - b^2}{a^2}} = \sqrt{\frac{a^2 - (\frac{299}{300}a)^2}{a^2}}$$
$$= \sqrt{1 - \frac{299^2}{300^2}} = \frac{\sqrt{300^2 - 299^2}}{300^2} = \frac{\sqrt{599}}{300}$$

정답 | 40 ②   41 ④   42 ①

43 어느 구면삼각형에서 구과량이 20″가 되었다. 이 구면삼각형의 면적이 0.349m²이라면 구의 반지름은?

[2010년 기사 1회]

① 39.8m　　　② 42.3m

③ 45.0m　　　④ 60.0m

 해설

$$\varepsilon'' = \frac{A}{r^2} \rho''$$

$$20 = \frac{0.349}{r^2} \times 206,265$$

$$r^2 = \frac{0.349}{20} \times 206265 = 3599m^2$$

$$\therefore r = 60m$$

44 측지선이 두 개의 평면곡선의 교각을 분할할 때의 비율로 옳은 것은?

[2010년 기사 1회]

① 1 : 1　　　② 2 : 1

③ 3 : 1　　　④ 4 : 1

해설

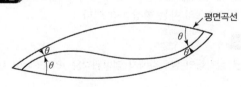

평면곡선

측지선(Geodetic line, Geodesic)

- 지표상(곡면상)의 두 점 간의 최단거리선으로서 지심과 지표상 두 점을 포함하는 평면과 지표면의 교선, 즉 지표상의 두 점을 포함하는 대원의 일부이다.
- 다면체 또는 곡면상의 2점 간의 최단경로를 측지선이라 한다.
- 측지선은 타원체 표면상의 주어진 두 점 사이에서 최단거리를 갖도록 그려지는 선이다.
- 타원체상의 측지선은 수직절선(평면곡선)의 일종으로 볼 수 있으나 단순한 수직절선과는 달리 이중곡률을 갖는 곡선이다.
- 측지선은 두 개의 수직절선 사이에 놓이며 두 수직절선 사이의 각을 2 : 1의 비율로 분할한다.

- 타원체면상에서 곡선 길이의 차이, 중점에서의 곡선의 간격, 방위각의 차이는 미소하여 무시할 수 있다.
- 측지선은 직접 관측할 수 없으며 오직 측지선으로 이루어진 삼각형에 관한 계산을 행할 수 있다.

45 측지경위도에 관한 설명으로 옳지 않은 것은?

[2010년 기사 1회]

① 본초자오면과 지표상 한 점을 지나는 자오면이 만드는 적도면상 각거리를 경도라고 한다.

② 지표면상 한 점에 세운 법선이 적도면과 이루는 각을 위도라고 한다.

③ 적도면에서 잰 본초자오선과 어느 지점의 천문자오선 사이의 각거리를 천문경도라 한다.

④ 지구상 한 점에서의 지오이드에 대한 연직선이 적도면과 이루는 각거리를 지심위도라 한다.

해설

- 위도(Latitude) : 위도(ϕ)란 지표면상의 한 점에서 세운 법선이 적도면을 0°로 하여 이루는 각으로서 남북위 0~90°로 표시한다. 위도는 자오선을 따라 적도에서 어느 지점까지 관측한 최소 각거리로서 어느 지점의 연직선 또는 타원체의 법선이 적도면과 이루는 각으로 정의되고, 0~90°까지 관측하며, 천문위도, 측지위도, 지심위도, 화성위도로 구분된다. 경도 1°에 대한 적도상 거리, 즉 위도 0°의 거리는 약 111km, 1′은 1.85km, 1″는 30.88m이다.
- 측지위도(ϕg) : 지구상 한 점에서 회전타원체의 법선이 적도면과 이루는 각으로 측지분야에서 많이 사용한다.
- 천문위도(ϕa) : 지구상 한 점에서 지오이드의 연직선(중력방향선)이 적도면과 이루는 각을 말한다.
- 지심위도(ϕb) : 지구상 한 점과 지구중심을 맺는 직선이 적도면과 이루는 각을 말한다.
- 화성위도($\phi \theta$) : 지구중심으로부터 장반경(a)을 반경으로 하는 원과 지구상 한 점을 지나는 종선의 연장선과 지구중심을 연결한 직선이 적도면과 이루는 각을 말한다.

정답 | 43 ④　44 ②　45 ④

46 다음 중 지구의 공전으로 인하여 발생하는 현상이 아닌 것은?
[2015년 기사 1회]

① 계절의 변화
② 일조 시간의 변화
③ 태양 남중고도의 변화
④ 인공위성의 궤도가 서편하는 현상

해설

지구의 자전 및 공전의 증거
지구가 하루에 한 번씩 지축을 중심으로 회전하는 것을 자전운동이라 하고, 이로 인해 밤과 낮이 생기고 천구의 일주운동이 생기게 된다. 지구가 태양을 중심으로 회전하는 운동을 지구의 공전이라 한다.

지구 자전의 증거	지구 공전의 증거
• 천구의 일주 운동 • 밤과 낮이 생김 • 운동하는 물체가 전향력이 생김(코리올리의 효과) • 자유낙체가 동편함 • 조석이 하루에 두 번씩 발생 • 인공위성 궤도 서편 • 푸코진자의 회전	• 계절변화 • 일조시간의 변화 • 태양남중고도 변화 • 1항성일과 1태양일의 차이 • 항성의 연주시차 • 별빛의 광행차 • 별빛의 시선속도의 연주변화 • 식운성의 광행시간 효과 • 균시차(시태양시 - 평균태양시)

47 임의 지점에서 GPS 관측을 수행하여 타원체고(h) 57.234m를 획득하였다. 그 지점의 지구 중력장 모델로부터 산정한 지오이드고(N)가 25.578m이었다면 정표고(H)는? [2011년 기사 3회]

① −31.656m
② 31.656m
③ 57.234m
④ 82.812m

해설

정표고 = 타원체고 − 지오이드고
= 57.234 − 25.578 = 31.656m

48 측지방위각과 천문방위각의 관계(Laplace 방정식)를 나타내는 식으로 옳은 것은?(단, 천문방위각 A_a, 천문경도 λ_a, 측지경도 λ_g, 위도 θ, 측지방위각 A_g이다)
[2010년 기사 1회]

① $A_g = A_a - (\lambda_\alpha - \lambda_g)\sin\theta$
② $A_g = A_a - (\lambda_\alpha + \lambda_g)\sin\theta$
③ $A_g = A_a - (\lambda_\alpha - \lambda_g)\cos\theta$
④ $A_g = A_a - (\lambda_\alpha + \lambda_g)\cos\theta$

해설

• Laplace 방정식 : $A_g = A_\alpha - (\lambda_\alpha - \lambda_g)\sin\theta$
• Laplace 점 : 연직선 편차가 0이 되는 점

49 구면 삼각형에 대한 설명으로 틀린 것은?
[2012년 기사 2회]

① 구면 삼각형의 내각의 합은 180°보다 크다.
② 구면 삼각형의 각 변은 대원의 호장이 된다.
③ 구과량은 구면 삼각형의 면적에 비례한다.
④ 구면 삼각형에서 AB측선에 대한 방위각 AB와 방위각 BA의 차는 항상 180°이다.

해설

구면 삼각형의 방위각에서 역방위각은 $180° + \varepsilon$ 이 된다.

50 지표면상의 구면 삼각형 △ABC의 세 각을 관측한 결과 ∠A = 51°30′, ∠B = 65°45′, ∠C = 64°35′ 이었다면 구면 삼각형의 면적은? (단, 지구반지름 R = 6,300km이며, 측각오차는 없는 것으로 가정한다)
[2012년 기사 2회]

① 1,118,633.4km²
② 1,269,987.6km²
③ 1,298,366.4km²
④ 1,596,427.4km²

정답 | 46 ④ 47 ② 48 ① 49 ④ 50 ②

해설

$\varepsilon'' = \dfrac{A}{r^2}\rho''$ 에서

$A = \dfrac{\varepsilon'' r^2}{\rho''}$

$= \dfrac{6600'' \times 6300^2}{206265''} = 1,269,987.64\text{km}^2$

$\varepsilon = (51°30' + 65°45' + 64°35') - 180°$

$= 1°50' = 110' \times 60 = 6600''$

51 위도 60°상에서 경도의 차가 1″인 경우에 위도평행권의 호장은 얼마인가?(단, 지구의 반지름은 6,370km라고 가정한다) [2012년 기사 2회]

① 14.40m
② 15.44m
③ 16.70m
④ 18.13m

해설

평행권의 호장의 계산은 동일 위도에서 호의 길이를 의미하며, 그 계산식은 아래와 같이 정의된다. 식에서 N은 묘유선 곡률반경(지구반지름), P는 평행권의 호장, $\Delta\lambda$는 평행권에 있어 경도의 차를 의미한다.

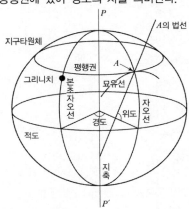

$L = P\Delta\lambda = N\cos\phi\Delta\lambda$

$P = N\cos\phi$

위도평행권의 호장을 구하는 방법

위도는 같고 경도가 1″ 차이가 나므로 같은 위도(X)에서 경도 1도의 길이는 2π r $\cos x \times 1/360$

= 경도 1′의 차이

= $2 \times 3.141592 \times 6370 \times \cos60 \times (1/360)$

  (1′ = 3600″)

= {2 × 3.141592 × 6370 × cos60 × (1/360)}/3600

= 15.441315743

52 우리가 일상적으로 사용하는 평균 태양시 단위로 1항성시(Sidereal time)는?

[2013년 기사 2회]

① 24시간 3분 5.06초
② 23시간 56분 4.09초
③ 12시간 46분 5초
④ 11시간 48분 26.4초

해설

• 항성시(Local Sidereal Time, LST) : 항성일은 춘분점이 연속해서 같은 자오선을 두 번 통과하는 데 걸리는 시간이다(23시간 56분 4초). 이 항성일을 24등분하면 항성시가 된다. 즉, 춘분점을 기준으로 관측된 시간을 항성시라 한다.
• 태양시(Solar time) : 지구에서의 시간법은 태양의 위치를 기준으로 한다.

시 태양시	춘분점 대신 시태양을 사용한 항성시이며 태양의 시간각에 12시간을 더한 것으로 하루의 기점은 자정이 된다. 시태양시 = 태양의 시간각+12시간
평균 태양시	• 시태양시의 불편을 없애기 위하여 천구적 도상을 1년간 일정한 평균각속도로 동쪽으로 운행하는 가상적인 태양. 즉 평균태양의 시간각으로 평균태양시를 정의하며, 이것이 우리가 쓰는 상용시이다. • 평균태양시=평균태양의 시간각+12시간인 관계가 있다.
균시차	• 시태양시와 평균태양시 사이의 차를 균시차라 한다. • 균시차=시태양시-평균태양시 • 균시차가 생기는 이유 - 태양이 황도상을 이동하는 속도가 일정치 않아 공전속도의 변동에 의한 것이다. - 지구의 공전궤도가 타원이다. - 천구의 적도면이 황도면에 대해서 약 23.5도 경사져 있기 때문이다.

53 구면 삼각형의 면적을 4525km², 지구의 곡률반경을 6370km라고 할 때 구과량은?

[2010년 기사 3회]

① 7″　　　　　② 16″

③ 23″　　　　　④ 30″

해설

$$\varepsilon'' = \frac{A}{R^2}\rho'' = \frac{4525}{6370^2} \times 206265 = 23''$$

지도직 군무원 한권으로 끝내기[측지학]

지구물리측량

CHAPTER 03

---

1. 개요

지자기측량은 중력측량과 함께 지하측량에 많이 이용되는 측량으로, 중력측량은 지하물질의 밀도 차이가 원인이 되지만, 지자기측량은 지하물질의 자성의 차이가 원인이 된다.

2. 지자기 3요소

① 편각(Declination) : 수평분력 H가 진북과 이루는 각. 지자기의 방향과 자오선이 이루는 각이다.
② 복각(Inclination) : 전자장 F와 수평분력 H가 이루는 각. 지자기의 방향과 수평면이 이루는 각이다.
③ 수평분력(Horizontla component) : 전자장 F의 수평성분. 수평면 내에서의 지자기장의 크기(지자기의 강도)를 말하며, 지자기의 강도는 전자력의 수평방향 성분을 수평분력, 연직방향의 성분을 연직분력(Vertical component)이라 한다.

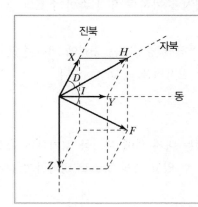

- F : 전자장
- H : 수평분력(X : 진북 방향 성분, Y : 동서 방향 성분)
- Z : 연직분력
- D : 편각
- I : 복각

3. 지자기측량

(1) 개요

① 지자기(地磁氣)는 그 방향과 크기를 구함으로써 결정되며 편각(偏角)은 자석을 수평으로 하여 공중에 매달았을 때 정지하는 방향과 진북방향을 비교하여 구할 수 있다.

② 지자기측량은 일반적으로 강도 관측에 의하며, 그 방법은 수평분력 및 연직분력을 관측하는 방법, 전자력을 관측하는 방법, 그리고 수평 및 연직분력의 1차 미분값인 자기 경사를 관측하는 방법이 있다[단위 : 가우스(Gauss), 테슬라(Tesla)].

(2) 수평분력(水平分力) 및 연직분력(鉛直分力) 관측

① 수평분력과 연직분력을 관측하는 자력계로는 Schmidt형이 있다.

② 연직분력의 관측은 자력계의 자침을 자기자오선에 직각으로 놓고 이를 무게 중심으로부터 벗어난 곳에서 지지시켜 중력에 대해 연직분력만이 회전력을 가지게 함으로써 평행상태가 되도록 한 방법이다.

③ 수평분력 및 연직분력관측은 심부에 있는 작은 자기 이상도 관측할 수 있는 장점이 있으나, 관측이 어렵고 지자기의 시간적 변화를 보정하여야 하며 가까운 곳에 철제물이 있으면 영향을 받는다는 단점도 있다.

(3) 전자력 관측

① 전자력의 관측은 핵자력계를 사용하며 이것은 원자의 핵이 갖는 자기모멘트를 이용하는 것이다.

② 플라스틱 용기에 물을 넣고 밖에서 코일에 의해 자장을 가하면 용기 속의 수소의 원자핵은 이 자장의 방향을 축으로 회전하게 된다.

② 이후 이 양성자를 분극시키는 자기장을 갑자기 제거하면 양성자는 중력에 의하여 세차운동을 하게 되는데 이 세차운동의 각속도로부터 전자력을 구할 수 있다.

(4) 야외 관측

① 육상관측 : 육상에서의 지자기 측정은 움직이지 않는 대지 위에 계기를 설치하여 측정하는 것으로, 측정 계기의 특성을 충분히 발휘시킬 수 있고 측정 장소도 명확하며 같은 장소에서의 반복 측정이 가능한 방법이다.

② 항공관측 : 항공관측의 항로는 격자망을 구성하며 동일 지점을 두 번 반복 관측하여 기계오차, 지자기장의 일변화 및 자기폭풍 등에 의한 시각에 따른 오차를 보정한다.

③ 해상관측 : 해상관측은 자력관측과 함께 중력측량이나 탄성파측량을 병행할 수 있는 장점이 있어 주로 석유탐사나 지구물리학적 연구와 관련된 대규모 해상탐사에 이용된다.

4. 지자기의 보정 및 이상

(1) 지자기 보정

① 지자기보정은 지자기장의 위치변화에 따른 보정과 지자기장의 일변화 및 기계오차의 의한 시간적 변화에 따른 보정 및 기준점보정, 온도보정 등이 있다.

② 자기장의 위치에 따른 보정 : 위도보정으로서 수학적인 표현은 복잡하기 때문에 전세계적으로 관측된 지자기장의 표준값을 등자기선으로 표시한 자기분포도를 사용한다.

③ 관측시간에 따른 보정 : 관측장소 부근의 일변화곡선을 작성하여 보정하는 것이다.

③ 기준점보정 : 관측장비에 충격을 가하거나 하면 자침의 평행위치가 쉽게 변하므로 관측구역 부근에 기준점을 설정하고 1일 수회 기준점에 돌아와 동일한 관측값을 얻는지 확인하여 보정을 하여야 한다.

(2) 지자기 이상

① 지구의 자장과 거의 일치하는 쌍극자를 지구 중심에 놓은 상태와 실측 결과의 차이를 비쌍극자장 또는 지자기 이상이라 한다.

② 현재 비쌍극자장의 원인은 정확하게 규명되지 않았으나, 코어와 맨틀 경계부에서의 유체의 운동에 의한 것으로 생각된다.

※ 쌍극자의 축이 지구의 자전축과 11.5°의 각을 이루고 있다.

5. 지자기의 변화

① 지자기의 변화는 하루를 주기로 하는 일변화와 수십 년 내지 수백 년에 걸친 영년변화 및 갑작스럽고도 큰 변화인 자기풍으로 나눌 수 있다.

② 일변화 : 주로 태양에 의한 자외선, X선, 전자 등의 플라즈마(Plasma)로 인하여 지구 상층부의 대기권이 이온화되고 전류가 생성되어 전자장이 유도됨으로써 생기는 변화로서, 24시간 주기로 변화한다.

③ 영년변화 : 일변화에 비해 변화량이 크며, 수십 년 내지 수백 년에 걸쳐 변화한다. 영년변화의 원인은 맨틀이나 외핵의 운동에 의한 지구 내부의 지자기장 변화에 있는 것으로 생각된다.

④ 자기풍(자기폭풍)

　⊙ 주로 태양의 흑점의 변화에 의하여 발생하며 주기가 약 27일

　ⓒ 자기풍은 극지방에서 발생하는 경우가 많으며 적도지방에서 보다 강도가 큼. 즉, 위도가 높아짐에 따라 지자력의 강도가 큼

제2장　탄성파(지진파) 측량

1. 개요

자원측량을 위한 물리탐사법은 지각을 구성하고 있는 물질의 물리적 또는 화학적 성질과 지구 물리학적 현상을 이용해서 지질구조의 연구와 광물 및 지하수 등의 지하자원 측량에 이용된다.

2. 탄성파 측량 방법

① 탄성파 측량은 자연지진이나 인공지진(화약에 의한 폭발로 발생)의 지진파로 지하구조를 탐사하는 것으로 굴절법과 반사법이 있다.

② 굴절법(Refraction) : 지표면으로부터 낮은 곳의 측정이다.

③ 반사법(Reflection) : 지표면으로부터 깊은 곳의 측정이다.

3. 탄성파(지진파)의 종류

① 탄성파는 탄성체에 충격으로 급격한 변형을 주었을 때 생기는 파로 종파, 횡파, 표면파의 3종류가 있다.

종류	진동 방향	속도 및 도달 시간	특징
P파(종파)	진행 방향과 일치	• 속도 7~8km/sec • 도달시간 0분	• 모든 물체에 전파 • 아주 작은 폭
S파(횡파)	진행 방향과 직각	• 속도 3~4km/sec • 도달시간 8분	• 고체 내에서만 전파 • 보통 폭
L파(표면파)	수평 및 수직	속도 3km/sec	• 지표면에 진동 • 아주 큰 폭

② 지진이 일어났을 때 지진계에 기록되는 순서 : P파 → S파 → L파

4. 탄성파의 주요 특징

① 탄성파는 탄성상수가 큰 물질에서 속도가 빠르다.
② 탄성파의 전파속도를 관측하여 유전조사, 탄광, 금속 및 비금속성의 복잡한 지질 구조 파악에 이용된다.
③ 지표면에서 얕은 곳은 굴절법, 깊은 곳에서는 반사법을 이용한다.
④ 지진계에 기록되는 순서 : P파 → S파 → L파

5. 지하자원 측량에 이용되는 물리 탐사법

전기측량, 전자파측량, 탄성파측량, 자력 탐사법, 물리 검층법, 방사능 탐사법 등이 있다.

제3장　중력 측량

1. 개요

① 지구의 표면이나 주위에서 측량을 하는 경우 그 기기들은 여러 가지 물리적인 힘의 영향을 받는다.
② 지구의 표면에서 존재하는 것으로 가장 쉽게 느낄 수 있는 힘의 중력이며 지구상의 모든 물체는 중력에 의해 지구의 중심 방향으로 끌리고 있다. 즉, 표고를 알고 있는 지점(수준점)에서 중력에 의한 변화현상(길이 또는 시간)을 측정하는 것이다.

2. 중력의 단위

$gal(cm/sec^2)$

3. 중력기준점

① 세계 기준점 : 독일 포츠담(981.274gal)
② 우리나라 기준점 : 국립지리원 내(979.943gal)

4. 중력보정(Gravity correction)

必 암기 고지에 조위를 대보계

구분	내용		
중력보정	실측된 중력값을 기준면(지오이드 또는 평균해수면)상의 중력값으로 보정하는 것		
고도보정(高度補正)	관측점 사이의 고도차가 중력에 미치는 영향을 제거하는 것		
	프리에어보정 (Freeair correction)	물질의 인력을 고려하지 않고 고도차만을 고려하여 보정, 즉 관측값으로부터 기준면 사이에 질량을 무시하고 기준면으로부터 높이(또는 깊이)의 영향을 고려하는 보정	
		관측된 중력값＋고도차＝프리에어보정	
	부게보정 (Bouguer correction)	• 관측점들의 고도차가 존재하는 물질의 인력이 중력에 미치는 영향을 보정하는 것, 즉 물질의 인력을 고려하는 보정 • 측정점과 지오이드면 사이에 존재하는 물질이 중력에 미치는 영향에 대한 보정	
		관측된 중력값＋고도차＋물질의 인력＝프리에어보정	
지형보정 (Topographic 또는 Terrain correction)	• 관측점과 기준면 사이에 일정한 밀도의 물질이 무한히 퍼져 있는 것으로 가정하여 보정하는 것이지만 실제 지형은 능선이나 계곡 등의 불규칙한 형태를 이루고 있으므로 이러한 지형 영향을 고려한 보정을 지형보정이라 함 • 지형보정은 측점 주위의 높음과 낮음에 관계없이 보정값을 관측값에 항상 ＋해주어야 함		
	관측된 중력값＋고도차＋물질의 인력＋실제 지형＝지형보정		
에트베스보정 (Eotvos correction)	선박이나 항공기 등의 이동체에서 중력을 관측하는 경우에 이동체 속도의 동, 서 방향성분은 지구자전축에 대한 자전각속도의 상대적인 증감효과를 일으켜서 원심가속도의 변화를 가져오는데, 이러한 지구에 대한 이동체의 상대운동의 영향에 의한 중력효과를 보정하는 것		
조석보정 (Earth tide correction)	달과 태양의 인력에 의하여 지구 자체가 주기적으로 변형하는 지구 조석현상은 중력값에도 영향을 주게 되는데 이것을 보정하는 것		
위도보정 (Latitude correction)	지구의 적도반경과 극반경 차이에 의하여 적도에서 극으로 갈수록 중력이 커지므로 위도차에 의한 영향을 제거하는 것		
대기보정 (Airmass correction)	대기에 의한 중력의 영향 보정		
지각균형보정 (Isostatic correction)	지각균형성에 의하면 밀도는 일정하지 않기 때문에 이를 보정하는 것		
	관측된 중력값＋고도차＋물질의 인력＋실제 지형＋지각균형설＝지각균형보정		
계기보정 (Drift correction)	스프링 크립 현상으로 생기는 중력의 시간에 따른 변화를 보정		

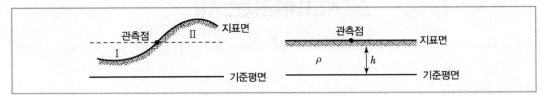

[지형보정과 부계보정의 비교]

5. 중력이상(重力異常, Gravity anomary)

① 중력이상이란 중력보정을 통하여 기준면에서의 중력값으로 보정된 중력값에서 표준중력 값을 뺀 값이다. 즉 실제 관측중력값에서 표준중력식에 의해 계산한 중력값을 뺀 것이다.
② 중력이상의 주 원인은 지하의 지질밀도가 고르게 분포되어 있지 않기 때문이다.

구분	내용
프리-에어이상 (Freeair anomaly)	• 관측된 중력값으로부터 위도보정과 프리-에어보정을 실시한 중력값에서 기준점에서의 표준중력값을 뺀 값이다. 　(프리-에어보정+위도보정)-표준중력값=Freeair anomaly • 프리-에어이상은 관측점과 지오이드 사이의 물질에 대한 영향을 고려하지 않았기 때문에 고도가 높은 점일수록 (+)로 증가한다.
부계이상 (Bouguer anomaly)	• 중력관측점과 지오이드면 사이의 질량을 고려한 중력 이상이다. • 부계이상은 지하의 물질 및 질량분포를 구하는 데 목적이 있다. • 프리-에어이상에 부계보정 및 지형보정을 더하여 얻는 이상이다. 　• 프리-에어이상+부계보정=Simple bouguer anomaly 　• 프리-에어이상+부계보정+지형보정=Bouguer anomaly • 고도가 높을수록 (−)로 감소한다.
지각균형이상 (地殼均衡異常)	• 지질광물의 분포상태에 따른 밀도차의 영향을 고려한 이상이다. • 부계이상에 지각균형보정을 더하여 얻는 이상이다. 　부계이상+지각균형보정=Isostatic anomaly

중력보정(Gravity correction)	중력이상(Gravity anomaly)
관측된 중력값+기준면상 값으로 보정=중력보정	관측된 중력값-표준중력값=Gravity anomaly
관측된 중력값+고도차=프리에어보정	(프리에어보정+위도보정) - 표준중력값 =Freeair anomaly
관측된 중력값+고도차+물질의 인력=부계보정	프리에어이상+부계보정=Simple bouguer anomaly
관측된 중력값+고도차+물질의 인력+실제지형=지형보정	프리에어이상+부계보정+지형보정=Bouguer anomaly
관측된 중력값+고도차+물질의 인력+실제지형+지각균형설=지각균형보정	부계이상+지각균형보정=Isostatic anomaly

01 중력이상에 대한 설명으로 옳지 않은 것은?

[2011년 기사 1회]

① 일반적으로 실측값과 계산식에 의한 이론적 중력값은 일치하지 않는다.
② 중력이상이 (+)이면 그 지점 부근에 무거운 물질이 있다.
③ 중력이상에 의한 계산값에서 실측값을 뺀 것이 중력이상의 값이다.
④ 중력이상에 의해 지표면 아래의 상태를 추정할 수 있다.

해설

중력이상
• 실측중력값에서 이론중력값을 뺀 값을 말한다.
• 중력계를 사용하여 지표면에 여러 지점에서 중력의 크기를 측정할 때, 측정중력값이 완만하면서도 규칙적으로 기복을 나타내는 것을 말한다.
 – 질량이 모자라는 지역에서 (−)값
 – 질량이 남는 지역에서 (+)값
 – 밀도가 큰 물질이 지표 가까이 있을 때는(+)값, 반대 경우는 (−)값

02 관측점들의 고도차가 존재하는 물질의 인력이 중력에 미치는 영향을 보정하는 중력보정을 무엇이라 하는가?

[2011년 기사 1회]

① 지형보정
② 부게보정
③ 기계보정
④ 프리−에어 보정

해설

• 고도보정 : 관측점 사이의 고도차가 중력에 미치는 영향을 제거하는 것
 – 프리에어보정 : 물질의 인력을 고려하지 않고 고도차만을 고려하여 보정

 – 부게보정 : 관측점들의 고도차가 존재하는 물질의 인력이 중력에 미치는 영향을 보정하는 것. 즉 물질의 인력을 고려하는 보정
• 지형보정 : 관측점과 기준면 사이에 일정한 밀도의 물질이 무한히 펴져 있는 것으로 가정하여 보정하는 것이지만 실제 지형은 능선이나 계곡 등의 불규칙한 형태를 이루고 있으므로 이러한 지형영향을 고려한 보정
• 에트뵈스보정(Eötvös crrection) : 지구에 대한 이동체의 상대운동의 영향에 의한 중력효과를 보정하는 것
• 조석보정(潮汐補正, Earth tide correction) : 달과 태양의 인력에 의하여 지구 자체가 주기적으로 변형하는 지구 조석현상은 중력값에도 영향을 주게 되므로 이 중력효과를 보정하는 것
• 위도보정(緯度補正, Latitude correction) : 위도차에 의한 영향을 제거하는 것
• 대기보정(大氣補正, Airmass correction) : 측점의 고도 변화에 따른 대기질량의 효과를 고려하여야 하는데 이를 대기보정이라 함
• 지각균형보정(地殼均衡補正, Isostatic correction) : 지각 균형설에 의하면 밀도는 일정하지 않기 때문에 이에 대한 보정이 필요하며 이것을 지각균형보정이라 함
• 계기보정(計器補正, Drift correction) : 스프링 크립 현상으로 생기는 중력의 시간에 따른 변화를 보정하는 것

03 수준측량에 의하여 측정한 높이에 대해 회전타원체로서의 지구형상에 기초한 근사적 중력식에 의하여 보정을 실시하는 것을 무엇이라 하는가?

[2012년 기사 2회]

① 지형보정
② 정사보정
③ 중력이상보정
④ 타원보정

해설

• 정사보정(正射補正) : 정표고(보통 표고)를 구하기 위해서는 수준측량에서 구하여진 높이에 중력치에 의한 보정을 하여야 하며, 이를 정사보정이라 한다.

정답 | 01 ③ 02 ② 03 ④

• 타원보정(楕圓補正) : 실측중력치에 의한 정사보정량을 계산할 수 없기 때문에 회전타원체로서의 지구의 형상에 기초한 중력식을 사용하여 근사적으로 보정을 한다. 이 보정을 정규보정(正規補正) 또는 타원보정(楕圓補正)이라 하고 이에 대응하는 높이를 정규정사표고(正規正射標高)라고 한다.

04 중력의 크기를 나타내는 단위로 CGS 단위의 cm/sec²와 같은 것은? [2012년 기사 2회]

① dyne
② gal
③ nano
④ mil

해설

gal은 지구상에서 중력을 나타내는 중력가속도의 단위로서 cm/sec²으로 표시된다. 지구상에서 가장 표준적인 중력을 측정할 수 있는 곳은 독일의 포츠담이며, g=981.2663cm/sec²이다. 지구상에서 지역적인 중력의 차이를 정밀히 조사할 때는 갈(gal)의 단위가 너무 크므로 보통 단위는 갈의 1/1000인 밀리갈(milligal)을 중력 측정단위로 사용한다.
① dyne : 힘의 CGS 단위. 질량 1g의 물체에 작용하여 1cm/s²의 가속도가 생기게 하는 힘이다. 임의 SI 단위인 뉴턴(N)과 비교하면, 1dyne＝10－5N이 된다.
③ nano : 10억분의 1을 나타내는 단위이다.
④ mil : 길이의 단위로, 1인치의 1,000분의 1을 나타낸다. 1밀은 0.0254mm. 기계의 정밀도에 관해서 0.01mm가 기준이 되기 때문에 밀(mil)도 쓰기 쉬운 단위로서 널리 사용되고 있다.

05 중력이상의 주된 원인에 대한 설명으로 옳은 것은? [2013년 기사 1회]

① 지하에 물질밀도가 고르게 분포되어 있지 않다.
② 대기의 분포가 수시로 변화되고 있다.
③ 태양과 달의 인력이 작용한다.
④ 화산의 폭발이 있다.

해설

중력이상(Gravity anomary)

• 중력보정을 통하여 기준면에서의 중력값으로 보정된 중력값에서 표준중력값을 뺀 값이다. 즉, 실제 관측중력값에서 표준중력식에 의해 계산한 중력값을 뺀 것이다.
• 중력이상의 주원인은 지하의 지질밀도가 고르게 분포되어 있지 않기 때문이다.
   －중력이상＝중력실측값－이론실측값
   －중력이상(＋)＝질량이 여유있는 지역
   －중력이상(－)＝질량이 부족한 지역
• 밀도가 큰 물질이 지표 가까이 있을 때는 (＋)값, 반대인 경우는 (－)값을 갖는다. 중력이상에 의해 지표 밑의 상태를 측정할 수 있다.

프리에어(Free－air)이상

• 프리에어이상은 관측된 중력값으로부터 위도보정과 프리에어보정을 실시한 중력값에서 기준점에서의 표준중력값을 뺀 값이다.
• 프리에어이상은 관측점과 지오이드 사이의 물질에 대한 영향을 고려하지 않았기 때문에 고도가 높은 점일수록 양(＋)으로 증가한다.

부게이상

• 중력관측점과 지오이드면 사이의 질량을 고려한 중력이상이다.
• 부게이상은 지하의 물질 및 질량분포를 구하는 것이 목적이다.
• 프리에어이상에 부게보정 및 지형보정을 더하여 얻는 이상이다.
• 고도가 높을수록 (－)로 감소한다.

지각균형이상

• 지각균형이상은 지질광물의 분포 상태에 따른 밀도차의 영향을 고려한 이상이다.
• 부게이상에 지각균형보정을 더하여 얻는 이상이다.

06 중력값이 지구상의 지점에 따라 차이가 나는 원인이나 현상에 대한 설명으로 옳지 않은 것은? [2013년 기사 1회]

① 위도에 따라 원심력이 다르다.
② 위도에 따라 중력의 크기가 다르다.
③ 높은 산 위의 관측점에서는 중력이 크다.
④ 관측점 지하의 밀도가 크면 중력이 크다.

정답 | 04 ② 05 ① 06 ③

해설

지구의 표면에서 존재하는 가장 쉽게 느낄 수 있는 힘이 중력(重力)이며, 지구상의 모든 물체는 중력에 의해 지구중심방향으로 끌리고 있다. 중력은 만유인력법칙에 의해 지구표면으로 낙하하는 물체의 낙하속도의 증가율로서 중력가속도(重力加速度)를 말하며, 이 중력이 미치는 범위를 중력장(重力場)이라 한다.

중력값이 지구상의 지점에 따라 차이가 나는 원인
• 위도에 따라 원심력이 다르다.
• 위도에 따라 중력의 크기가 다르다.
• 관측점 지하의 밀도가 크면 중력이 크다.
• 중력가속도값은 극지방에서 가장 크게, 적도지방에서 가장 작게 나타난다.

07 중력가속도 1mgal과 같은 것은?

[2011년 기사 3회]

① 10^{-1}cm/sec^2
② 10^{-2}cm/sec^2
③ 10^{-3}cm/sec^2
④ 10^{-4}cm/sec^2

해설

중력가속도(중력)의 단위
• 1Gal = 1cm/sec^2
• 1mGal = 10^{-3}Gal
• 지구의 중력값 : 약 980Gal

08 다음의 중력이상에 대한 설명으로 틀린 것은?

[2013년 기사 2회]

① 일반적으로 실측중력값과 계산식에 의한 이론적 중력값은 일치한다.
② 중력이상이 (+)이면 그 지점 부근에 무거운 물질이 있는 것으로 추정할 수 있다.
③ 중력이상값은 실측중력값에서 이론중력값을 뺀 값으로 계산된다.
④ 중력이상으로 지표면 밑의 상태를 추정할 수 있다.

해설

중력이상
• 중력이상이란 실제 관측중력값에서 표준중력식에 의해 계산한 중력값을 뺀 것이다.
• 실측 중력값－표준(이론) 중력값
　－중력이상 (+) : 질량이 여유인 지역으로 무거운 물질이 있다는 것을 의미한다.
　－중력이상 (−) : 질량이 부족한 지역으로 가벼운 물질이 있다는 것을 의미한다.
• 중력이상의 주된 원인 : 지하의 지질밀도가 고르게 분포되어 있지 않기 때문으로, 밀도가 큰 물질이 지표 가까이 있을 때는 (+)값, 반대인 경우는 (−)값을 갖는다. 중력 이상에 의해 지표 밑의 상태를 측정할 수 있다.

09 중력관측점과 지오이드면 사이의 질량을 고려한 중력 이상은?

[2011년 기사 2회]

① 고도이상
② 부게이상
③ 프리에어이상
④ 위도이상

해설

부게이상
• 중력관측점과 지오이드면 사이의 질량을 고려한 중력이상이다.
• 부게이상은 지하의 물질 및 질량분포를 구하는 것이 목적이다.
• 프리에어이상에 부게보정 및 지형보정을 더하여 얻는 이상이다.
• 고도가 높을수록 (−)로 감소한다.

10 지자기측량에 대한 설명 중 옳지 않은 것은?

[2011년 기사 1회]

① 지자기의 방향과 자오선과의 각은 편각이다.
② 지자기의 방향과 수평면과의 각은 복각이다.
③ 수평면 내에서 자기장의 크기는 수평분력이다.
④ 지자기는 그 크기만으로 정하여진다.

정답 | 07 ③　08 ①　09 ②　10 ④

해설

지자기측량은 중력측량과 함께 지하측량에 많이 이용되는 측량으로, 중력측량은 지하물질의 밀도 차이가 원인이 되지만, 지자기측량은 지하물질의 자성의 차이가 원인이 된다.

• 편각 : 지자기의 방향과 자오선이 이루는 각
• 복각 : 지자기의 방향과 수평면이 이루는 각
• 수평분력 : 수평면 내에서의 지자기장의 크기를 말하며, 지자기의 강도는 전자력의 수평 방향 성분을 수평분력, 연직 방향의 성분을 연직분력이라 한다.

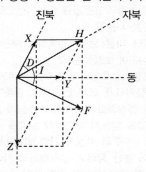

※ F : 전자장, H : 수평분력(X : 진북 방향 성분,
   Y : 동서 방향 성분), Z : 연직분력,
   D : 편각, I : 복각

11 어느 지점의 자침 편각이 W6.5도이고 복각은 N57도일 때 설명으로 옳은 것은?

[2010년 기사 3회]

① 이 지점에서 진북은 자침의 N극보다 서쪽으로 6.5도 방향이다.
② 이 지점에서 진북은 자침의 N극보다 동쪽으로 6.5도 방향이다.
③ 이 지점에서 자침의 N극은 수평선보다 6.5도 기운다.
④ 이 지점에서 자침의 S극은 수평선보다 6.5도 기운다.

해설

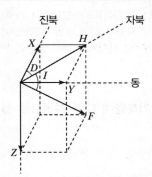

※ F : 전자장, H : 수평분력(X : 진북 방향 성분,
   Y : 동서 방향 성분), Z : 연직분력,
   D : 편각, I : 복각

12 지자기 관측에 대한 내용 중 틀린 것은?

[2010년 기사 2회]

① 지자기 방향이 자오선과 이루는 각을 편각이라 한다.
② 지자기 방향이 수평면과 이루는 각을 복각이라 한다.
③ 지자기 강도의 연직방향성분을 연직분력이라 한다.
④ 북을 향하여 아래쪽으로 기우는 복각을 (−)로 표시한다.

해설

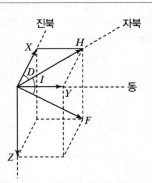

※ F : 전자장, H : 수평분력(X : 진북 방향 성분,
   Y : 동서 방향 성분), Z : 연직분력,
   D : 편각, I : 복각

정답 | 11 ② 12 ④

- 편각 : 수평분력과 진북이 이루는 각
- 복각 : 전자장(지자기)과 수평분력이 이루는 각
- 수평분력 : 지자기의 자북 방향(수평성분)의 분력
- 수직(연직)분력 : 지자기의 연직 방향의 분력

13 지자기측량에 대한 설명으로 틀린 것은?

[2013년 기사 1회]

① 지자기측량은 지하 물질의 자성의 차이를 이용한다.
② 편각이란 수평분력과 자북이 이루는 각이다.
③ 북각이란 전자(기)장과 수평분력 사이의 각이다.
④ 지자기이상이란 지구의 자장과 거의 일치하는 쌍극자를 지구 중심에 놓은 상태와 실측과의 차이를 말한다.

해설

지자기측량은 중력측량과 함께 지하측량에 많이 이용되는 측량으로, 중력측량은 지하물질의 밀도 차이가 원인이 되지만, 지자기측량은 지하물질의 자성의 차이가 원인이 된다.

지자기 3요소

- 편각 : 수평분력 H가 진북과 이루는 각. 지자기의 방향과 자오선이 이루는 각
- 복각 : 전자장 F와 수평분력 H가 이루는 각. 지자기의 방향과 수평면과 이루는 각
- 수평분력 : 전자장 F의 수평성분. 수평면 내에서의 지자기장의 크기(지자기의 강도)를 말하며, 지자기의 강도는 전자력의 수평 방향의 성분을 수평분력, 연직 방향의 성분을 연직분력이라 함

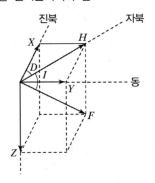

※ F : 전자장, H : 수평분력(X : 진북 방향 성분,
  Y : 동서 방향 성분), Z : 연직분력,
  D : 편각, I : 복각

지자기의 보정 및 이상

- 지자기 보정 : 지자기 보정은 지자기장의 위치변화에 따른 보정과 지자기장의 일변화 및 기계오차의 의한 시간적 변화에 따른 보정 및 기준점보정, 온도보정 등이 있다.
  - 지자기장의 위치에 따른 보정 : 위도보정으로서 수학적인 표현은 복잡하기 때문에 전 세계적으로 관측된 지자기장의 표준값을 등자기선으로 표시한 자기분포도를 사용함
  - 관측시간에 따른 보정 : 관측장소 부근의 일변화곡선을 작성하여 보정하는 것
  - 기준점보정 : 관측장비에 충격을 가하거나 하면 자침의 평행위치가 쉽게 변하므로 관측구역 부근에 기준점을 설정하고 1일 수회 기준점에 돌아와 동일한 관측값을 얻는지 확인하여 보정을 하여야 함
- 지자기이상 : 지구의 자장과 거의 일치하는 쌍극자를 지구 중심에 놓은 상태와 실측결과의 차이를 비쌍극자장 또는 지자기이상이라 한다. 현재, 비쌍극자장의 원인은 정확하게 규명되지 않았지만, 코어와 맨틀 경계부에서의 유체의 운동에 의한 것으로 생각하고 있다.
* 쌍극자의 축이 지구의 자전축과 11.5°의 각을 이루고 있다.

14 지구자기의 변화에 해당되지 않는 것은?

[2010년 기사 1회]

① 부게(Bouguer)이상
② 일변화
③ 영년변화
④ 자기 폭풍

해설

부게이상은 중력 이상의 하나로 프리에어이상에 부게 보정 및 지형 보정을 더하여 얻은 이상을 말한다.

지자기의 변화

지자기의 변화는 하루를 주기로 하는 일변화와 수십 년 내지 수백 년에 걸친 영년변화 및 갑작스럽고도 큰 변화인 자기풍으로 나눌 수 있다.

정답 | 13 ② 14 ①

- 일변화 : 주로 태양에 의한 자외선, X선, 전자 등의 플라즈마(Plasma)로 인하여 지구상층부의 대기권이 이온화되고 전류가 생성되어 전자장이 유도됨으로써 생기는 변화로서, 24시간 주기로 변화한다.
- 영년변화 : 일변화에 비해 변화량이 크며, 수십 년 내지 수백 년에 걸쳐 변화한다. 영년변화의 원인은 맨틀이나 외핵의 운동에 의한 지구 내부의 지자기장 변화에 있는 것으로 생각된다.
- 자기풍 : 주로 태양의 흑점의 변화에 의하여 발생하며 주기가 약 27일이다. 자기풍은 극지방에서 발생하는 경우가 많으며 적도지방에서보다 강도가 크다. 즉 위도가 높아짐에 따라 지자력의 강도가 크다.

15 자기 폭풍의 주요 원인에 대한 설명으로 옳은 것은?

[2013년 기사 1회]

① 달의 공전
② 태양면의 폭발
③ 해양 지각 변동
④ 지구 내부 물질의 분포

해설

지자기의 변화

지자기의 변화는 하루를 주기로 하는 일변화와 수십 년 내지 수백 년에 걸친 영년변화 및 갑작스럽고도 큰 변화인 자기풍으로 나눌 수 있다.

- 일변화 : 주로 태양에 의한 자외선, X선, 전자 등의 플라즈마(Plasma)로 인하여 지구 상층부의 대기권이 이온화되고 전류가 생성되어 전자장이 유도됨으로써 생기는 변화로서, 24시간 주기로 변화한다.
- 영년변화 : 일변화에 비해 변화량이 크며, 수십 년 내지 수백 년에 걸쳐 변화한다. 영년변화의 원인은 맨틀이나 외핵의 운동에 의한 지구 내부의 지자기장 변화에 있는 것으로 생각된다.
- 자기풍(자기폭풍) : 주로 태양의 흑점의 변화에 의하여 발생하며 주기가 약 27일이다. 자기풍은 극지방에서 발생하는 경우가 많으며 적도지방에서보다 강도가 크다. 즉, 위도가 높아짐에 따라 지자력의 강도가 크다.

16 지구 자기의 북반구에서는 북극으로 갈수록 자침의 남극 쪽을 무겁게 하거나 길게 하는데 그 이유로 가장 알맞은 것은?

[2011년 기사 2회]

① 북으로 갈수록 편각이 커지므로
② 북으로 갈수록 복각이 커지므로
③ 북으로 갈수록 복각이 작아지므로
④ 북으로 갈수록 편각이 작아지므로

해설

수평자기력(水平分力), 복각(伏角), 편각을 보통 지구자기의 3요소라고 한다.

- 수평자기력 : 어느 지역에서 자침의 N극에 작용하는 전자기력 중에서 수평성분의 힘. 지구자기는 항상 자침의 N극을 끌어당기는데 이를 전자기력이라 하고, 이 전자기력의 성분 중에서 수평 방향의 힘을 수평자기력이라고 한다. 그러므로 극지방에 가도 N침은 항상 자침의 북극을 가리킨다. 단, S침을 그만큼 무겁게 해줘야 한다. S침을 무겁게 하지 않으면 자침은 수직으로 서버리게 된다.
- 복각 : 지구자기장이 수평면과 이루는 각 자석의 바늘을 바늘의 한가운데 무게중심에서 받쳤을 때, 자침과 수평면이 이루는 각을 말한다. 북반구에서는 반드시 N바늘이 내려가고, 남반구에서는 S바늘이 내려간다. 자석의 북극에서는 자침 N이 수직이 되고, 자석의 남극에서는 자침 S가 수직이 된다. 물론 적도에서는 완전한 평행이다. 그러므로 우리나라에서는 N침이 약간 아래로 내려간다. 그런데 실제로 N침이 안 내려가는 이유는 보통 사용하는 자석의 바늘은 처음 나침판을 만들 때 S바늘을 무겁게 하여 복각이 나타나지 않도록 하고 있기 때문이다. 참고로 우리나라는 복각이 57도 정도 된다. 즉, S침을 무겁게 하지 않으면 N침이 수평에서 57도 내려가게 된다.
- 편각 : 지리상의 북과 자기의 북(나침판이 가리키는 북)이 이루는 각. 지구자기(地球磁氣)의 극은 정확하게 지구 지리상의 북극과 남극에는 없고 각각 북위 78.30°, 서경 69°(磁北極)와 남위 78.30°, 동경 111°(磁南極)에 있으며, 이 둘을 잇는 축은 지구의 회전축에서 약 11.30° 기울어져 있다. 그 때문에 자석의 바늘은 정확하게 남북의 방향을 가리키지 않는데 이 둘이 이루는 각을 편각이라 한다.

정답 | 15 ② 16 ②

17 지자기 3요소에 대한 설명으로 옳지 않은 것은?

[2013년 기사 2회]

① 자기장의 수평분력은 진북 방향 성분과 동서 방향 성분으로 나눌 수 있다.
② 지자기 3요소는 복각, 편각, 수평분력이다.
③ 편각은 수평분력과 진북이 이루는 각이다.
④ 복각은 전자장과 연직분력이 이루는 각이다.

해설

지자기 3요소

편각(偏角) (Declination, D)	• 수평분력 H가 진북과 이루는 각 • 지자기의 방향과 자오선이 이루는 각 • 진북을 기준으로 시계방향을 (+)로 함 • 우리나라의 경우 약 −5°~−6°의 편각을 가짐
복각(伏角) (Inclination, I)	• 전자장 F와 수평분력 H가 이루는 각 • 수평면을 기준으로 시계방향을 (+)로 함
수평분력(水平分力) (Horizontal Intensity)	• 전자장 F벡터를 수평면(XY) 내로 투영한 수평성분 • 전자장 F로부터 수평분력 H와 연직분력 Z로 나누어짐 • 수평분력은 진북 방향 성분 X와 동서 방향 성분 Y로 나누어짐

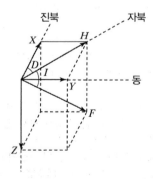

※ F : 전자장, I : 복각, Z : 연직분력, D : 편각,
H : 수평분력(X : 진북 방향 성분, Y : 동서 방향 성분)

18 지구의 질량을 계산하려면 지구의 반지름, 중력가속도 외에 또 무엇을 알아야 하는가? (단, 지구는 자전하지 않는 완전구체로 간주한다)

[2011년 기사 2회]

① 지구의 부피
② 지구 원심력의 크기
③ 만유인력 상수
④ 지구 자전 가속도

해설

$$g = \frac{F}{m} = G\frac{M}{R^2}$$

• G : 만유인력 상수
• M : 지구의 질량
• m : 물체의 질량
• R : 지구의 반경
• g : 중력 가속도

19 대류층 지연 보정 모델과 관련이 없는 것은?

[2010년 기사 3회]

① Niell 모델
② Hopfield 모델
③ Saastamoinen 모델
④ Stokes 모델

해설

Stokes 모델은 중력측량에 의해 지구형상을 결정한다.
• 전체지연모델 : Saastamoinen, Hopfield, Goad & goodman, Black and Eisner
• 화성함수모델 : Niell, Marini, Davis, Chao, Lanyi, Herring 등

20 석유탐사의 주요 방법으로, 일반적으로 지표면으로부터 깊은 곳의 탐사에 적합한 탄성파 측정방법은?

[2011년 기사 2회]

① 굴절법
② 반사법
③ 굴착법
④ 충격법

해설

탄성파 측량에 의한 지하물질탐사는 낮은 곳은 굴절법, 깊은 곳은 반사법을 이용한다.

정답 | 17 ④ 18 ③ 19 ④ 20 ②

탄성파 측량

- 물체에 외력을 가했다가 외력을 제거했을 때 원상태로 돌아올 수 있는 상태에서 변형의 비율은 외력에 비례한다(Hook의 법칙).
- Hook의 법칙이 적용되는 고체를 탄성체라 하며 탄성체에 충격을 주어 급격한 변형을 일으키면 변형은 파장이 되어 주위로 전파되는데 이 파를 탄성파라 한다.
- 실체파라고 하는 종파(縱波 : P파), 횡파(橫波 : S파), 지표상의 관측자에게는 탄성체 표면에만 전달되는 표면파(表面波 : L파)의 3종류가 있다.

21 탄성파 측량에 대한 설명으로 틀린 것은?

[2011년 기사 3회]

① 탄성파 측량은 굴절법과 반사법이 있다.
② 탄성파의 전파속도 관측으로 지반탐사가 가능하다.
③ 탄성파에는 전자기파와 내면파 2종류가 있다.
④ 탄성파는 탄성체에 충격으로 급격한 변형을 주었을 때 생기는 파이다.

해설

탄성파 측량에 의한 지하물질 탐사방법에서 낮은 곳은 굴절법, 깊은 곳은 반사법을 이용한다.

탄성파 측량

- 물체에 외력을 가했다가 외력을 제거했을 때 원상태로 돌아올 수 있는 상태에서 변형의 비율은 외력에 비례한다(Hook의 법칙). Hook의 법칙이 적용되는 고체를 탄성체라 하며 탄성체에 충격을 주어 급격한 변형을 일으키면 변형은 파장이 되어 주위로 전파되는데 이 파를 탄성파라 한다.
- 탄성파에는 실체파라고 하는 종파(縱波 : P파), 횡파(橫波 : S파), 지표상의 관측자에게는 탄성체 표면에만 전달되는 표면파(表面波 : L파)의 3종류가 있다.

22 우리나라에서 편각이 +30°인 어느 지점의 자침이 그림과 같을 때 진북 방향을 가리키는 것은?

[2012년 기사 1회]

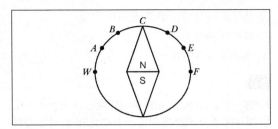

① A
② B
③ C
④ D

해설

지구자기의 극은 지구의 정확한 남극, 북극에 있지 않고 약간의 차이를 두고 있다. 따라서 자석의 방향과 자오선은 어떤 각을 이루게 된다. 이 각을 편각이라 하며, 지구자기의 3요소 중의 하나이다. 진북에서 자북에 이루는 방향각이다.

23 지진파의 종류가 아닌 것은?

[2012년 기사 2회]

① P파
② L파
③ S파
④ V파

해설

탄성파(지진파)의 종류
탄성체에 충격으로 급격한 변형을 주었을 때 생기는 파로 종파, 횡파, 표면파의 3종류가 있다.

종류	진동 방향	속도 및 도달시간	특징
P파 (종파)	진행 방향과 일치	속도 7~8km/sec, 도달시간 0분	모든 물체에 전파, 아주 작은 폭
S파 (횡파)	진행 방향과 직각	속도 3~8km/sec, 도달시간 8분	고체 내에서만 전파, 보통 폭
L파 (표면파)	수평 및 수직	속도 3km/sec	지표면에 진동, 아주 큰 폭

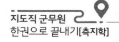

24 지구자기장의 생성 원인과 관련이 없는 것은?

[2010년 기사 2회]

① 지구의 자화
② 자이로 마그네틱 효과에 의한 설명
③ 외부의 자전전류
④ 내부의 자전전류

해설

자기장 내에 위치하는 모든 자성물체는 그 표면에 유도된 자극을 갖게 되는데 이를 자화(磁化)라고 하며 자화의 크기를 자화강도라고 한다.

04 지구의 기하학측량

CHAPTER

제1장 천문측량(Astronomical Surveying)

1. 개요

천문측량은 태양이나 별을 이용하여 경도, 위도 및 방위각을 모르는 지점의 위치와 방향을 고정하기 위한 측량으로, 관측대상은 주간에는 태양을, 야간에는 별을 관측하지만 태양관측은 별관측에 의한 것보다 정확도가 떨어진다.

2. 천문측량의 목적

① 경위도 원점 및 측지원자를 결정한다.
② 독립된 지역의 위치를 결정한다.
③ 측지 측량망의 방위각을 조정한다.
④ 연직선 편차를 결정한다.

3. 천문측량에 의한 경도 결정

(1) 자오선법

① 항성이 자오선을 통과하는 순간을 클리노미터로 읽어 지방항성시를 구한다.
② 지방항성시(LST) = 적경(a) + 시간각(H)
③ 이 경우 천체가 남중할 때는 H = 0이므로 지방항성시는 항성의 적경과 같게 되는 것을 이용하는 방법이다.

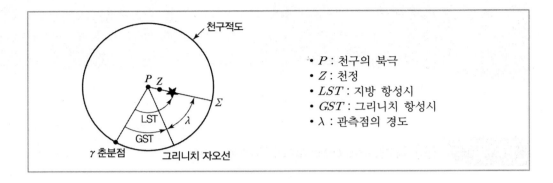

(2) 등고법

① 자오선을 사이에 두고 동서에 있어서 동일 고도에 달한 순간의 눈금을 읽어 이것을 평균하면 천체의 자오선 통과시간을 알 수 있다.

② 항성의 경우와 태양의 경우가 있다.

(3) 단고도법

① 임의의 위치에 있는 별 또는 태양의 고도를 관측하고 천문력에서 얻은 천체의 적위와 관측점의 위도를 가정하여 천문삼각법으로부터 시각(시각이 곧 경도)을 얻는다.

② 항성의 경우와 태양의 경우가 있다.

4. 천문측량에 의한 위도 결정

① 천문위도는 관측지점에서의 연직선 방향과 적도면 사잇각을 말하며 천정의 고도와 일치한다.

② 자오선 고도법

　㉠ 천체의 적위는 알 수 있으므로 고도 또는 천정각거리를 관측하면 위도 결정식으로부터 위도를 구할 수 있음

　㉡ 자오선 고도법은 북극성의 관측과 자오선상의 별을 관측하는 것으로 구분되며, 관측방법으로는 북극성관측, Sterneck법, 자오선상의 관측이 있음

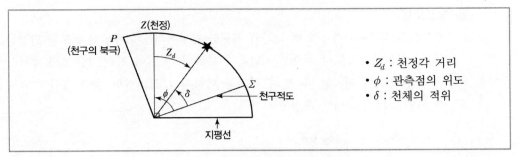

[자오선 고도법]

③ **주자오선법** : 별이 자오선을 통과하는 전후 수 분 동안 각각의 별에 대해 천정각 거리를 여러 번 관측하는 방법이다.

④ **자오선상에 있지 않은 별의 고도에 의한 방법** : 시(t)를 알고 있고 천체의 고도(h) 관측과 역표를 통해 적위(δ)를 구하면 천문삼각형의 두 변 $90° - \delta$, $90° - h$와 각 t를 이용하여 천문 삼각법으로 다른 변 $90° - \phi$를 결정할 수 있어 위도 ϕ를 최종적으로 구하는 방법이다.

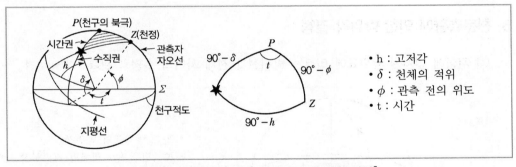

[자오선상에 있지 않은 별의 고도에 의한 방법]

⑤ **단고도법**(북극성 고도법)

ㄱ 적위가 $90°$에 가까운 북극성을 관측하여 위도를 구함

ㄴ ϕ(위도) $= 90° = Z_d$(천정각 거리)

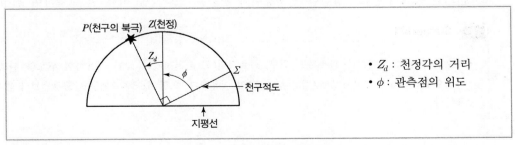

[단고도법]

⑥ 탈코트법

㉠ 고도의 두 변을 관측할 때 각각의 적위와 천정거리를 이용하여 위도를 결정하는 방법

㉡ 1등 천문관측으로서 자오선상 남쪽과 북쪽의 두 별이 거의 같은 천정각거리에 있을 때 관측자의 위도는 두 별의 적위를 더하여 1/2을 곱한 것과 같음

㉢ $\phi(위도) = \delta_N - \theta = \delta_S + \theta$

$$\therefore \phi(위도) = \frac{1}{2}(\delta_S + \delta_N)$$

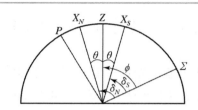

- θ : X_N, X_S의 천정각 거리
- δ_S : 별 X_S의 적위
- δ_N : 별 X_N의 적위
- ϕ : 관측점 위도

[탈코트법]

5. 천문측량에 의한 방위각 결정

① 지상에 설치된 방위표에 이르는 방위선과 천체 사이의 수평각 관측 : $A \star = A_m + K$

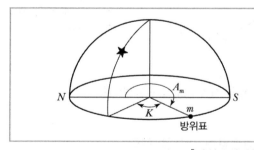

- A_m : 방위표의 방위각
- K : 방위표와 천체의 지평선상 사이각

[방위표에 의한 방위각 결정]

② 천체의 방위각 관측 : 정밀한 천문방위각 관측은 주극성을 여러 번 관측하여 결정한다.

TIP Sterneck법

- 자오선의 천정각 거리를 관측하고 위도(ϕ) = 적위(δ) ± 천정거리(z)를 이용하여 위도를 관측하는 방법으로 중저위도에서 Talccot법과 함께 많이 이용한다. 또한 위도관측에는 탈코트법보다 많이 이용한다.

• 특징
  - 관측기록 작성이 쉽다.
  - 번거로운 계산이 적다.
  - 경위도 동시 관측이 가능하다.

제2장 위성측량

1. 개요

위성측량은 관측자로부터 위성까지의 거리, 거리변화율, 방향을 전자공학적 또는 광학적으로 관측하여 관측지점의 위치, 관측지점들 간의 상대거리 및 위성궤도를 결정하는 측량이다.

2. 인공위성의 궤도운동 및 궤도요소

(1) 위성궤도운동의 특징

① 위성은 장반경(a)과 이심률의 제곱(e^2)에 의해 정의되는 타원운동을 하며 그 초점 중 하나가 지구중심이다.

② 위성운동은 지구중력장의 지배를 받아 지구까지의 거리, 속도, 각속도 등은 불규칙적이다.

③ 실제 위성의 궤도는 태양, 달, 혹성의 인력, 대기마찰, 지구의 자기장 등에 의해 균질한 지구모형에서 궤도와는 다른데, 이를 섭동이라 한다.

(2) 위성의 궤도요소(6개 : 케플러 요소)

① 승교점(위성궤도와 천구적도의 교점) 적경(h)

② 궤도의 경사각(i)

③ 근지점의 독립변수(또는 인수)(g)

④ 궤도의 장반경(A)

⑤ 이심률(e)

⑥ 궤도주기(T)

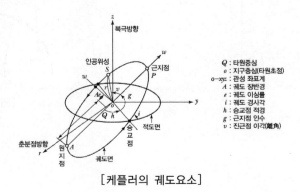

[케플러의 궤도요소]

3. 인공위성에 의한 관측방법

(1) 위성의 이용방법에 따른 분류

① 위성을 정지된 목표로 이용하는 정적인 방법이다.

② 궤도요소가 기지일 때 궤도상의 위상위치를 관측하여 관측점의 상호위치관계를 구하는 동역학적 방법이다.

(2) 관측대상에 따른 분류

① 방향관측 : 지상의 2지점에서 위성 S의 방향을 동시 관측하여 평면 A를 구하고, 지상 2점에서 위성 S′의 방향을 동시관측하여 평면 B를 구해 A, B의 교선을 구하면 기지점으로부터 미지점의 방향을 알 수 있다.

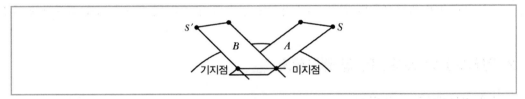

[방향관측]

② 거리관측 : 지상의 3지점으로 동시에 거리관측하여 위성의 공간위치를 결정하고 이것과 동시에 미지점으로부터 위성까지의 거리도 구한다. 이 작업을 3회 하면 미지점의 위치를 결정할 수 있다.

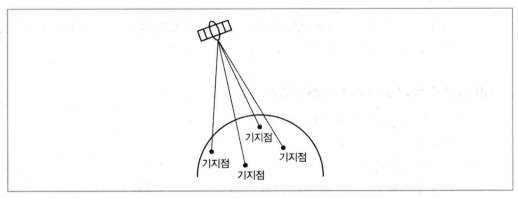

[거리관측]

CHAPTER **04** 출제예상문제

01 다음 중 VLBI에 대한 설명으로 틀린 것은?

[2015년 기사 1회]

① 전파간섭계를 이용한 것으로 전파망원경의 거리가 가까울수록 좋은 공간해상도를 갖는다.
② 공간해상도는 두 물체를 분리하여 볼 수 있는 최소각을 의미한다.
③ 일반적으로 수백 km 이상의 범위에서 직접 측정이 유효하다.
④ 높은 정확도를 가지며 정밀측량, 지각변동의 관측 등을 목적으로 이용된다.

해설

초장기선간섭계(超長基線干涉計)

• 초장기선간섭계는 동일 전파원으로부터 천체에서 복사되는 잡음 전파를 2개의 안테나에서 독립적으로 동시에 수신하여 전파가 도달되는 지연 시간차를 관측함으로써 두 점 사이의 거리를 구하는 것이다. 수십 광년의 거리에서 전파강도가 강한 점원이나, 부근 다른 전파원이 없는 준성을 선택한다.
• VLBI의 원리 : VLBI는 서로 연결되지 않은 전파 망원경을 이용한다. 즉 각각의 전파망원경이 수신한 전파신호를 특수한 자기테이프에 기록한 후 그 테이프를 한 곳에 모아 전파신호를 컴퓨터를 써서 간섭시킴으로써 천체의 정확한 위치 및 화상을 얻는다. 지구로부터 멀리 떨어져 있는 전파는 평행하게 2개의 안테나에 도달한다고 가정한다.
• VLBI의 활용
  － 전파관측망은 시시각각 변하는 지각운동을 밀리미터까지 분석할 수 있어 한반도, 제주도 및 일본 열도와의 거리, 한반도와 일본의 크기 등은 물론 지각변동에 따른 지진연구에 쓰인다.
  － VLBI는 전파망원경의 위치를 수mm 정도로 정확하게 측정할 수 있어, 지구자전의 측정, 대륙이동의 측정, 측지원점(測地原點) 결정 등 지구과학분야에서도 매우 중요한 위치를 차지하고 있다.

위성영상의 해상도

• 다양한 위성영상 데이터가 가지는 특징들은 해상도(Resolution)라는 기준을 사용하여 구분이 가능하다. 위성영상 해상도는 공간해상도, 분광해상도, 시간 또는 주기 해상도, 반사 또는 복사해상도로 분류된다.
• 공간해상도(Spatial resolution 또는 Geomatric resolution) : 인공위성영상을 통해 모양이나 배열의 식별이 가능한 하나의 영상소의 최소 지상면적을 뜻한다. 일반적으로 한 영상소의 실제 크기로 표현된다. 센서에 의해 하나의 화소(Pixel)가 나타낼 수 있는 지상면적, 또는 물체의 크기를 의미하는 개념으로서 공간해상도의 값이 작을수록 지형 지물의 세밀한 모습까지 확인이 가능하고 이 경우 해상도가 높다고 할 수 있다. 예를 들어 1m 해상도란 이미지의 한 pixel이 1m×1m의 가로, 세로 길이를 표현한다는 의미로 1m 정도 크기의 지상물체가 식별 가능함을 나타낸다. 따라서 숫자가 작아질수록 지형지물의 판독성이 향상됨을 의미한다.
• 분광해상도(Spectral resolution) : 가시광선에서 근적외선까지 구분할 수 있는 능력으로서 스펙트럼 내에서 센서가 반응하는 특정 전자기파장대의 수와 이 파장대의 크기를 말한다.
• 반사 또는 복사 해상도(Radiometric resolution) : 인공위성 관측센서에서 수집한 영상이 얼마나 다양한 값을 표현할 수 있는가를 나타낸다.
• 시간 또는 주기 해상도(Temporal resolution) : 지구 상 특정 지역을 얼마만큼 자주 촬영 가능한지를 나타낸다.

02 중력이상의 주된 원인은? [2010년 기사 1회]

① 화산폭발
② 태양과 달의 인력
③ 지구의 자전 및 공전
④ 지구 내부의 물질분포나 지형의 영향

정답 | 01 ① 02 ④

해설

증력이상(重力異常, Gravity anomary)

- 중력이상이란 중력보정을 통하여 기준면에서의 중력값으로 보정된 중력값에서 표준중력값을 뺀 값이다. 즉 실제 관측중력값에서 표준중력식에 의해 계산한 중력값을 뺀 것이다.
- 중력이상의 주원인은 지하의 지질밀도가 고르게 분포되어 있지 않기 때문이다.
  - 중력이상＝중력실측값－이론실측값
  - 중력이상(＋)＝질량이 여유있는 지역
  - 중력이상(－)＝질량이 부족한 지역
- 밀도가 큰 물질이 지표 가까이 있을 때는 (＋)값, 반대인 경우는 (－)값을 갖는다.
- 중력이상에 의해 지표 밑의 상태를 측정할 수 있다.
- 프리－에어(Free－air)이상
  - 프리에어이상은 관측된 중력값으로부터 위도 보정과 프리에어보정을 실시한 뒤 기준점에서의 표준중력값을 뺀 값이다.
  - 프리에어이상은 관측점과 지오이드 사이의 물질에 대한 영향을 고려하지 않았기 때문에 고도가 높은 점일수록 양(＋)으로 증가한다.

03 자기장(H)의 단위와 관계가 없는 것은?

[2010년 기사 1회]

① tesla
② oersted
③ gauss
④ gal

해설

gal(cm/sec^2)은 중력의 단위이다.

04 기하학적 측지학에 속하지 않는 것은?

[2010년 기사 1회]

① 탄성파측정
② 천문측량
③ 길이 및 각의 결정
④ 지도제작

해설

기하학적 측지학	물리학적 측지학
• 측지학적 3차원 위치결정	• 지구의 형상 해석
• 길이 및 시간의 결정	• 지구의 극운동 및 자전운동
• 수평위치 결정	• 지각변동 및 균형
• 높이의 결정	• 지구의 열측정
• 지도제작	• 대륙의 부동
• 면적 및 체적의 산정	• 해양의 조류
• 천문측량	• 지구의 조석 측량
• 위성측량	• 중력측량
• 해양측량	• 지자기측량
• 사진측량	• 탄성파측량

05 중력에 대한 설명으로 옳지 않은 것은?

[2010년 기사 1회]

① 지구 중력은 지구 질량에 의한 인력과 자전에 의한 원심력의 합력이다
② 표준중력은 $g_\theta = g_e(1 + \beta\sin^2\theta - \beta'\sin^2 2\theta)$의 식으로 효시된다(단, g_e : 적도상 평균해수면에서의 중력, β, β' : 상수, θ : 위도).
③ 절대측정에 의한 중력과 상대측정에 의한 중력의 차를 중력이상이라 하고 해양에서는 (－)를 나타낸다.
④ 중력이상을 해석하여 지하구조해석이나 지하자원탐사에 활용할 수 있다.

해설

증력이상(重力異常, Gravity anomary)

- 중력이상이란 중력보정을 통하여 기준면에서의 중력값으로 보정된 중력값에서 표준중력값을 뺀 값이다. 즉 실제 관측중력값에서 표준중력식에 의해 계산한 중력값을 뺀 것이다.
- 중력이상의 주원인은 지하의 지질밀도가 고르게 분포되어 있지 않기 때문이다.
  - 중력이상＝중력실측값－이론실측값
  - 중력이상(＋)＝질량이 여유있는 지역
  - 중력이상(－)＝질량이 부족한 지역
- 밀도가 큰 물질이 지표 가까이 있을 때는 (＋)값, 반대인 경우는 (－)값을 갖는다.
- 중력이상에 의해 지표 밑의 상태를 측정할 수 있다.

정답 | 03 ④ 04 ① 05 ③

• 프리 – 에어(Free – air)이상
  – 프리에어이상은 관측된 중력값으로부터 위도 보정
   과 프리에어보정을 실시한 뒤 기준점에서의 표준중
   력값을 뺀 값이다.
  – 프리에어이상은 관측점과 지오이드 사이의 물질에
   대한 영향을 고려하지 않았기 때문에 고도가 높은
   점일수록 양(+)으로 증가한다.
• 부게이상
  – 중력관측점과 지오이드면 사이의 질량을 고려한 중
   력이상이다.
  – 부게이상은 지하의 물질 및 질량분포를 구하는 것
   이 목적이다.
  – 프리에어이상에 부게보정 및 지형보정을 더하여 얻
   는 이상이다.
  – 고도가 높을수록 (–)로 감소한다.
• 지각균형이상
  – 지각균형이상은 지질광물의 분포상태에 따른 밀도
   차의 영향을 고려한 이상이다.
  – 부게이상에 지각균형보정을 더하여 얻는 이상이다.

06 중력이상(重力異常)에 대한 설명으로 옳지 않은 것은?

[2010년 기사 2회]

① 중력이상은 기준면에서의 관측중력값에서 표준
중력값을 뺀 값이다.
② 프리에어(Free air)이상은 고도가 높은 측정일수
록 음(–)으로 감소한다.
③ 부게(Bouguer)이상은 중력관측점과 지오이드
면 사이의 질량을 고려한 중력 이상이다.
④ 부게(Bouguer)이상은 고도가 높을수록 음(–)으
로 감소

해설

중력이상(重力異常, Gravity anomary)
• 중력이상이란 중력보정을 통하여 기준면에서의 중력
값으로 보정된 중력값에서 표준중력값을 뺀 값이다.
즉 실제 관측중력값에서 표준중력식에 의해 계산한
중력값을 뺀 것이다.
• 중력이상의 주원인은 지하의 지질밀도가 고르게 분포
되어 있지 않기 때문이다.
  – 중력이상 = 중력실측값 – 이론실측값
  – 중력이상(+) = 질량이 여유있는 지역

  – 중력이상(–) = 질량이 부족한 지역
• 밀도가 큰 물질이 지표 가까이 있을 때는 (+)값, 반대
인 경우는 (–)값을 갖는다.
• 중력이상에 의해 지표밑의 상태를 측정할 수 있다.
• 프리 – 에어(Free – air)이상
  – 프리에어이상은 관측된 중력값으로부터 위도 보정
   과 프리에어 보정을 실시한 뒤 기준점에서의 표준
   중력값을 뺀 값이다.
  – 프리에어이상은 관측점과 지오이드 사이의 물질에
   대한 영향을 고려하지 않았기 때문에 고도가 높은
   점일수록 양(+)으로 증가한다.
• 부게이상
  – 중력관측점과 지오이드면 사이의 질량을 고려한 중
   력이상이다.
  – 부게이상은 지하의 물질 및 질량분포를 구하는 것
   이 목적이다.
  – 프리에어이상에 부게 보정 및 지형보정을 더하여
   얻는 이상이다.
  – 고도가 높을수록 (–)로 감소한다.
• 지각균형이상
  – 지각균형이상은 지질광물의 분포상태에 따른 밀도
   차의 영향을 고려한 이상이다.
  – 부게이상에 지각균형보정을 더하여 얻는 이상이다.

07 측지학의 직접적 응용 분야에 해당되지 않는 것은?

[2010년 기사 2회]

① 지각변동 결정   ② 지구중력장 결정
③ 교통량 결정   ④ 지도 제작

해설

측지학의 분류

기하학적 측지학	물리학적 측지학
• 측지학적 3차원 위치결정	• 지구의 형상 해석
• 길이 및 시간의 결정	• 지구의 극운동 및 자전운동
• 수평위치 결정	• 지각변동 및 균형
• 높이의 결정	• 지구의 열측정
• 지도제작	• 대륙의 부동
• 면적 및 체적의 산정	• 해양의 조류
• 천문측량	• 지구의 조석 측량
• 위성측량	• 중력측량
• 해양측량	• 지자기측량
• 사진측량	• 탄성파측량

08 중력측지에 대한 설명으로 옳지 않은 것은?

[2010년 기사 3회]

① 중력은 만유인력에 의한 지구의 인력과 지구 자체에 의한 원심력 벡터의 합력이며 방향은 연직방향이다.
② 지구의 형상은 중력과 밀접한 관계가 있으며 적도에 가까울수록 중력은 증가한다.
③ 지하에 밀도가 큰 물질이 있는 경우에 중력이상이 정(+)으로 나타난다.
④ gal은 중력의 단위이다.

해설

극지방이 적도보다 중력의 영향을 더 받는다. 지구의 표면에서 존재하는 것으로 가장 쉽게 느낄 수 있는 힘이 중력이며, 지구상의 모든 물체는 중력에 의해 지구 중심 방향으로 끌리고 있다. 중력은 만유인력법칙에 의해 지구 표면으로 낙하하는 물체의 낙하속도의 증가율로서 중력가속도를 말하며, 이 중력이 미치는 범위를 중력장이라 한다. 중력측량은 지구의 형태를 연구하는 측지학적 분야, 지하구조 및 자원탐사에 이용되는 지질학적 분야, 태양계의 역학적 관계를 규명하는 천문학 분야 등에 중요 역할을 한다.

09 지자기측량에서 필요한 보정과 관계없는 것은?

[2010년 기사 3회]

① 시간적 변화에 따른 보정
② 기준점 보정
③ 온도 보정
④ 에트베스 보정

해설

지자기보정
지자기보정은 지자기장의 위치변화에 따른 보정과 지자기장의 일변화 및 기계오차의 의한 시간적 변화에 따른 보정 및 기준점보정, 온도보정 등이 있다.
• 지자기장의 위치에 따른 보정 : 위도보정으로서 수학적인 표현은 복잡하기 때문에 전 세계적으로 관측된 지자기장의 표준값을 등자기선으로 표시한 자기분포도를 사용한다.

• 관측시간에 따른 보정 : 관측장소 부근의 일변화곡선을 작성하여 보정하는 것이다.
• 기준점보정 : 관측장비에 충격을 가하면 자침의 평행위치는 쉽게 변하므로 관측구역부근에 기준점을 설정하고 1일 수회 기준점에 돌아와 동일한 관측값을 얻는지 확인하여 보정을 하여야 한다.

에트베스보정(Eotvos correction)
선박이나 항공기 등의 이동체에서 중력을 관측하는 경우에 이동체 속도의 동, 서 방향 성분은 지구자전축에 대한 자전각속도의 상대적인 증감효과를 일으켜서 원심가속도의 변화를 가져온다. 이와 같은 지구에 대한 이동체의 상대운동의 영향에 의한 중력효과를 보정하는 것이다.

10 GPS에서는 어떻게 위성과 수신기 사이의 거리를 측정하는가?

[2011년 기사 1회]

① 신호의 전달시간을 관측
② 신호의 형태를 관측
③ 신호의 세기를 관측
④ 신호대 잡음비를 관측

해설

GPS는 인공위성을 이용한 범세계적 위치결정체계로, 정확한 위치를 알고 있는 위성에서 발사한 전파를 수신하여 관측점까지의 소요시간을 관측함으로써 관측점의 위치를 구하는 체계이다.

11 GPS의 정확도가 1ppm이라면 기선의 길이가 10km일 때 GPS를 이용하여 어느 정도로 정확하게 위치를 알아낼 수 있다는 것을 의미하는가?

[2011년 기사 1회]

① 1km
② 1m
③ 1cm
④ 1mm

해설

$$1\text{ppm} = \frac{1}{1,000,000}$$

$$\frac{1}{1,000,000} \times 10000\text{m} = 0.01\text{m} = 1\text{cm}$$

정답 | 08 ② 09 ④ 10 ① 11 ③

12 지진파의 종류가 아닌 것은?

[2011년 기사 1회]

① S파　　　　　② L파
③ γ파　　　　　④ P파

해설

탄성파(지진파)의 종류

탄성파는 탄성체에 충격으로 급격한 변형을 주었을 때 생기는 파로 종파, 횡파, 표면파의 3종류가 있다.

종류	진동 방향	속도 및 도달시간	특징
P파 (종파)	진행 방향과 일치	속도 7~8km/sec, 도달시간 0분	모든 물체에 전파, 아주 작은 폭
S파 (횡파)	진행 방향과 직각	속도 3~8km/sec, 도달시간 8분	고체 내에서만 전파, 보통 폭
L파 (표면파)	수평 및 수직	속도 3km/sec	지표면에 진동, 아주 큰 폭

13 다음 중 국가기본도에서 쓰이는 좌표값이 아닌 것은?

[2011년 기사 2회]

① 경도
② 위도
③ 평균해수면으로부터의 고도
④ 타원체면으로부터의 고도

해설

공간정보의 구축 및 관리 등에 관한 법률 제6조(측량기준)

위치는 세계측지계에 따라 측정한 지리학적 경·위도와 높이(평균해수면으로부터의 높이를 말한다)로 표시한다.

14 지도 제작의 기준이 되는 기하학적인 지구의 형상은?

[2011년 기사 2회]

① 물리적 지구표면　　② 지구타원체
③ 지오이드　　　　　④ 구체

해설

지구의 형상은 물리적 지표면, 구, 타원체, 지오이드, 수학적 형상으로 대별되며 타원체는 회전, 지구, 준거, 국제타원체로 분류된다. 타원체는 지구를 표현하는 수학적 방법으로서 타원체면의 장축 또는 단축을 중심축으로 회전시켜 얻을 수 있는 모형이며 좌표를 표현하는 데 있어서 수학적 기준이 되는 모델이다.

타원체의 종류

- 회전타원체 : 한 타원의 지축을 중심으로 회전하여 생기는 입체 타원체
- 지구타원체 : 부피와 모양이 실제의 지구와 가장 가까운 회전타원체를 지구의 형으로 규정한 타원체
- 준거타원체 : 어느 지역의 대지측량계의 기준이 되는 지구타원체
- 국제타원체 : 전 세계적으로 대지측량계의 통일을 위해 IUGG(International Union of Geodesy and Geophysics) (국제측지학 및 지구물리학연합)에서 제정한 지구타원체

15 측량의 분류 중 측량구역이 상대적으로 협소하고 필요로 하는 정밀도에 따라 지구의 곡률을 고려하지 않아도 되는 측량을 무슨 측량이라고 하는가?

[2014년 기사 3회]

① 삼각측량　　　　② 측지측량
③ 천문측량　　　　④ 평면측량

해설

평면측량과 측지측량

- 평면측량(Plane surveying) : 평면측량은 지구의 곡률을 고려하지 않는 측량으로서 지구표면을 평면으로 간주하여 실시하는 측량을 말한다. 정확도 1/1,000,000 이하(3mm±ppm : 1km에 1mm의 오차)로 할 때, 거리오차 2.2cm, 반경 11km의 면적 약 400km^2 지역에서는 평면측량을 할 수 있다. 따라서 평면측량은 좁은 지역에서의 지적도, 임야도, 각종 계획도 등을 도면화하기 위하여 행해지는 측량으로서 평면직각좌표계를 채택하고 있다.
- 측지측량(Geodetic surveying) : 측지측량은 지구의 곡률을 고려한 정밀한 측량이어서 측량지역이 넓은 곳에 사용되며, 국가기준점인 측지기준점의 삼각점,

정답 | 12 ③　13 ④　14 ②　15 ④

수준점, 중력점 등을 설정하기 위한 측량이다. 평면측
량의 한계, 즉 정확도 1/1,000,000 이하일 때 직경
22km 이상의 지역을 말한다.

16 지상의 고정된 위치에서 중력측정을 할 때 측정결과를 보정할 사항이 아닌 것은?

[2015년 기사 3회]

① 고도보정　　　② 지형보정
③ 에트베스보정　④ 아이소스타시보정

해설

- 고도 보정 : 관측점 사이의 고도차가 중력에 미치는
  영향을 제거하는 보정
  - 프리-에어보정(Free air correction) : 관측점 사이에
    존재하는 물질의 인력을 고려하지 않고 고도차만을 고
    려하는 보정
  - 부게보정(Bouger correction) : 관측점들의 고도차
    가 존재하는 물질의 인력이 중력에 미치는 영향을
    보정하는 것
- 지형보정 : 실제지형은 능선이나 계곡 등의 불규칙한
  형태를 이루고 있으므로 이러한 지형영향을 고려한
  보정
- 에트베스보정 : 지구에 대한 동체의 상대운동의 영향
  에 의한 중력 효과를 보정하는 것
- 지각균형보정(아이소스타시보정) : 표준중력식은 지표
  면으로부터 같은 거리에 있는 지표면하의 밀도는 균일
  하다는 가정 아래 계산된 것이지만 지각균형설에 의
  하면 밀도는 일정하지 않기 때문에 이에 대한 보정이
  필요하며 이것을 지각균형보정이라 한다.

정답 | 16 ③

지도직
군무원
한권으로 끝내기

PART 02

측량학

지도직 군무원 한권으로 끝내기[측지학]

오차론

CHAPTER

측량 오차의 분류

1. 관측값과 기준값의 차이에 따른 오차의 분류

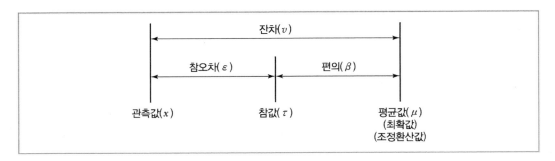

참오차(True error)	• 측량에서는 참값은 존재는 하나 계산할 수 있거나 절대 알 수 있는 것이 아니기 때문에 참오차도 계산 할 수 없음 • 참값은 계산할 수 없으나 잔차는 계산할 수 있음. 그러므로 측량에서는 오차 대신에 잔차(편차)를 사용 • $\varepsilon = x - \tau$(관측값 - 참값)
잔차(Residual error)	• 최확값은 참값에 가까운 값으로 조정환산값이라고도 함 • $v = x - \mu$(관측값 - 최확값)
편의(Bias)	$\beta = \mu - \tau$(최확값 - 참값)
상대오차 (Relative error)	• 참값에 대한 절대오차의 비율 즉 측정값의 크기와 오차의 크기와의 비를 말함 • $Re = \dfrac{\lvert v \rvert}{x}$
평균오차 (Mean error)	• 관측값들의 잔차를 절대값으로 취해 평균한 오차 • $Me = \dfrac{\sum \lvert v \rvert}{n}$
평균(Mean)	• 자료 전체의 특징을 하나의 수로 나타낸 것을 이 자료의 대푯값이라고 함 • 대표값에는 평균, 중앙값, 최빈값이 있으며, 이 중 평균이 가장 많이 쓰임 • 평균$(m) = \dfrac{x_1 + x_2 + x_3 + \ldots\ldots x_n}{n} = \dfrac{1}{n}\sum x_i$

분산(σ^2, variance)	• 각 측정값(x)을 평균값(μ)에서 뺀 잔차(v)를 각각 제곱한 후 더해서 산술 평균 한 값. 즉, 잔차의 제곱의 합을 산술 평균한 값 • 'n-1'을 나누는 이유는 n개의 측정값 중 참값을 모르기 때문에 n개 중 1개를 최적값으로 사용하고, n-1개에 대해서 평균 분산을 구한 것으로 이해하여 n-1 로 나누는 것을 의미함. 즉, 표본관측값의 수 n으로 나누어주면 모집단의 분산 정도를 실제보다 작게 나타나게 되므로 과소평가되는 경향을 갖기 때문 • $\sigma^2 = \pm \dfrac{[vv]}{n-1}$
평균제곱근오차 (RMSE ; Root Mean Square Error)	• 밀도함수(정규분포곡선 전체면적)의 68.26% • 잔차의 제곱을 산술평균한 값(분산)의 제곱근 • 평균제곱근오차는 표준편차와 같은 의미로 사용 • $\sigma = \pm \sqrt{\dfrac{[vv]}{n-1}}$
표준편차 (Standard deviation)	• 표준편차는 얼마나 흩어진 정도를 숫자로 표시한 것(산포도) • 독립관측값의 정밀도의 척도로 분산의 제곱근 • $\sigma = \pm \sqrt{\dfrac{[vv]}{n-1}}$
표준오차 (Standard error)	• 조정환산값(평균값)의 정밀도의 척도로 표준편차를 관측횟수의 제곱근($\sqrt{n}$)으로 나눈 값. 즉, 표본평균값들에 대한 표준편차는 단 측정에 대한 표준편차를 $\sqrt{n}$으로 나눈 값과 같으며 이 값을 표준오차 또는 평균에 대한 표준오차라 함 • $\sigma_m = \pm \dfrac{\sigma}{\sqrt{n}} = \pm \sqrt{\dfrac{[vv]}{n(n-1)}}$
확률오차 (Probable error)	• 밀도함수(정규분포곡선 전체면적)의 50%(표준편차의 67.45%) • $\gamma = \pm 0.6745 \sqrt{\dfrac{[vv]}{n(n-1)}}$

2. 수치 해석상의 오차의 분류

절단 오차 (Truncation error)	수치처리과정에서 무한급수가 유한급수로 처리될 때 발생되는 오차
마무리 오차 (Round-off error)	컴퓨터의 유한한 기억자리수를 표현할 때 생기는 오차
입력 오차 (Input error)	컴퓨터에 무한한 수를 유한한 수로 입력시킬 때 발생되는 오차
변환 오차 (Translation error)	컴퓨터의 기억장치에서 진법 환산 시 발생되는 오차

3. 성질에 의한 오차의 분류

과실(착오, 과대오차, Blunders, mistakes)	관측자의 미숙과 부주의에 의해 일어나는 오차로서 눈금읽기나 야장기입을 잘못한 경우를 포함하며 주의를 하면 방지할 수 있다.
정오차(계통오차, 누차, Constant, Systematic error)	• 일정한 관측값이 일정한 조건하에서 같은 크기와 같은 방향으로 발생되는 오차를 말하며 관측횟수에 따라 오차가 누적되므로 누차라고도 한다. 이는 원인과 상태를 알면 제거할 수 있다. • 정오차는 측정횟수에 비례한다. $$E_1 = n \cdot \delta$$ ※ δ : 1회 측정 시 누적오차, n : 측정 횟수 －기계적 오차 : 관측에 사용되는 기계의 불안전성 때문에 생기는 오차 －물리(자연)적 오차 : 관측 중 온도·습도의 변화, 광선굴절 등 자연현상에 의해 생기는 오차 －개인적 오차 : 관측자 개인의 숙련정도나 시각, 청각, 습관 등에 생기는 오차
부정오차(우연오차, 상차, Random error)	• 일어나는 원인이 확실치 않고 관측할 때 조건이 순간적으로 변화하기 때문에 원인을 찾기 힘들거나 알 수 없는 오차를 말한다. • 때때로 부정오차는 서로 상쇄되므로 상차라고도 하며, 부정오차는 대체로 확률법칙에 의해 처리되는데 이때 최소제곱법이 널리 이용된다. • 우연오차는 측정횟수의 제곱근에 비례한다. $$E_2 = \pm \delta \sqrt{n}$$

4. 원인에 의한 오차의 분류

개인적 오차 (Personal error)	관측자 개인의 시각, 청각, 습관 등으로 인하여 생기는 오차
기계적 오차 (Instrumental error)	관측에 사용되는 기계의 불안전성으로 생기는 오차
자연적 오차 (Natural error)	관측 중 온도변화, 광선굴절 등 자연현상에 의해 생기는 오차

예제

경중률에 의해서 최확값을 구하는 이유로 올바른 것은? [08년 경기도 9급]

① 우연 오차 처리 시 잔차가 최소화되는 값을 구하기 위해
② 정오차를 소거 정확한 값을 구하기 위해
③ 기계 오차 영향이 최소화된 최종값을 구하기 위해
④ 과대 오차를 제거하기 위해

정답 ①

2. 독립 관측

경중률이 일정할 때	$L_0 = \dfrac{L_1 + L_2 + L_3 + \cdots + L_n}{n}$ ※ L_o : 최확값 　$L_1, L_2, L_3, \cdots L_n$: 관측값
경중률을 고려할 때	$L_0 = \dfrac{P_1 L_1 + P_2 L_2 + P_3 L_3 + \cdots P_n L_n}{P_1 + P_2 + P_3 + \cdots P_n}$ ※ $P_1, P_2, P_3, \cdots, P_n$: 경중률

3. 조건부 관측

경중률이 일정할 때	관측값과 조건이론값의 차이를 등분배한다. • 조건 $= \alpha + \beta = \gamma$ • 오차 $= (\alpha + \beta) - \gamma$ • 조정 $= \dfrac{오차}{각의 수(3)}$ • 보정 = 큰 각(−), 작은 각(+)
경중률을 고려할 때	• 보정량을 경중률에 반비례하여 배분한다. • 관측횟수를 다르게 하였을 경우는 관측횟수에 반비례하여 배분한다. $P_1 : P_2 : P_3 = \dfrac{1}{n_1} : \dfrac{1}{n_2} : \dfrac{1}{n_3}$ 조정량 $= 오차 \times \dfrac{조정할 각의 경중률}{경중률의 합}$

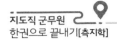
4. 경중률(무게, 중량값, 비중)

① 경중률이란 일반적으로 측정할 경우 동일한 정밀도로 측정하는 경우와 서로 상이한 정밀도로 측정하는 경우로 구분된다.

② 정밀도를 서로 상이하게 측정하는 경우에 최확값을 구할 때 정밀도를 고려하는 적용계수를 경중률(Weight)이라고 하는데, 관측값의 신뢰도를 나타내며 다음과 같은 성질을 가진다.

경중률과 관측횟수의 관계	• 경중률은 관측횟수(N)에 비례함 • $P_1 : P_2 : P_3 = N_1 : N_2 : N_3$
경중률과 노선거리의 관계	• 경중률은 노선거리(S)에 반비례함 • $P_1 : P_2 : P_3 = \dfrac{1}{S_1} : \dfrac{1}{S_2} : \dfrac{1}{S_3}$
경중률과 평균제곱근오차의 관계	• 경중률은 평균제곱근 오차(m)의 제곱에 반비례함 • $P_1 : P_2 P_3 = \dfrac{1}{m_1^2} : \dfrac{1}{m_2^2} : \dfrac{1}{m_3^2}$
경중률과 정밀도의 관계	• 경중률은 정밀도의 제곱에 비례함 • $(P_1 : P_2 : P_3 = R_1^2 : R_2^2 : R_3^2)$

직접 수준측량	• 오차
	  – 직접 수준측량에서 오차는 노선거리(S)의 제곱근 $\sqrt{S}$에 비례함
	  – $(m_1 : m_2 : m_3 = \sqrt{S_1} : \sqrt{S_2} : \sqrt{S_3})$
	• 경중률
	  – 직접 수준측량에서 경중률은 노선거리(S)에 반비례함
	  – $(P_1 : P_2 : P_3 = \dfrac{1}{S_1} : \dfrac{1}{S_2} : \dfrac{1}{S_3})$

간접 수준측량	• 오차
	  – 간접 수준측량에서 오차는 노선거리(S)에 비례함
	  – $(m_1 : m_2 : m_3 = S_1 : S_2 : S_3)$
	• 노선거리
	  – 간접 수준측량에서 경중률은 노선거리(S)의 제곱에 반비례함
	  – $(P_1 : P_2 : P_3 = \dfrac{1}{S_1^2} : \dfrac{1}{S_2^2} : \dfrac{1}{S_3^2})$

③ 즉, 경중률은 특정 측정값과 이와 연관된 다른 측정값에 대한 상대적인 신뢰성을 표현하는 척도이다.

예제

경중률(Weight)에 대한 설명으로 옳은 것은?

① 관측기계의 성능, 관측 시의 기상조건과 측량종목에 따라 정해져 있는 객관적인 값으로 부여된다.
② 관측횟수에 반비례한다.
③ 평균제곱근오차(RMSE)의 제곱에 반비례한다.
④ 관측거리에 비례한다.

정답 ③

TIP

- 관측기계의 성능, 관측 시의 기상조건과 측량종목에 따라 정해져 있는 주관적인 값으로 부여된다.
- 경중률은 관측횟수에 비례한다.
- 경중률은 평균제곱근오차(RMSE)의 제곱에 반비례한다.
- 경중률은 관측거리에 반비례한다.

제5장 정규분포(확률곡선)와 확률오차

1. 개요

① 측량에 있어서 미지량을 관측할 경우 부정오차가 일어날지 또는 일어나지 않을지가 확실하지 않을 때, 이 오차가 일어날 가능성의 정도를 확률(Probability)이라 한다. 이런 오차는 일정한 법칙을 갖고 분포하게 되며 분포 특성은 다음과 같다.

　㉠ 큰 오차가 생길 확률은 작은 오차가 생길 확률보다 매우 작음
　㉡ 같은 크기의 정(+) 오차와 부(-) 오차가 생길 확률은 같음
　㉢ 매우 큰 오차는 거의 생기지 않음

② 이와 같은 법칙을 오차의 법칙이라 하며 이러한 특성을 갖는 곡선을 확률곡선(오차곡선, 정규분포곡선, Normal curve)이라 한다.

③ 미지량 관측 시 부정오차의 발생 가능성 정도를 확률(Probability)이라 하고, 연속적인 확률변수 X가 분포할 때 평균 μ와 분산 σ^2을 갖는 분포를 정규분포(Normal distribution) 또는 가우스분포(Gaussian distribution)라고 하며, 이때의 곡선을 오차곡선(Error curve) 또는 확률곡선(Probability curve)이라고 한다.

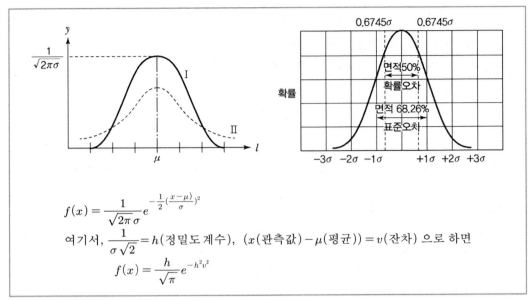

[오차곡선과 확률분포]

2. 특징

① Normal distribution curve는 종 모양이며 평균 μ의 대칭이다.

② 확률변수 X의 정규분포는 $N(\mu - \sigma^2)$으로 표기한다.

③ 확률변수 (X)가 평균$(\mu) = 0$이고 분산$(\sigma^2) = 1$인 분포를 할 때 X는 표준정규분포 (Standard normal distribution)를 이루게 된다.

④ 확률곡선이 하향하는 모양이 급경사이면 정밀도가 높고 완경사이면 정밀도는 낮아진다.

    ㉠ σ가 클 때 : 평균값으로부터 확률변수가 멀리 분포

    ㉡ σ가 작을 때 : 평균값을 기준으로 확률변수가 밀집하고 있음

⑤ 정밀한 측정일수록 잔차가 0 일 확률이 높다.

⑥ 확률곡선과 X축으로 둘러싸인 면적은 1이다.

⑦ 확률변수 X의 정규분포는 $N(\mu - \sigma^2)$으로 표기하며 X가 a와 b값 사이에 있을 확률은 다음과 같다.

$$P(a \le X \le b) = \int_a^b \frac{1}{\sqrt{2\pi}\,\sigma} e^{-\frac{1}{2}\left(\frac{x-\mu}{\sigma}\right)^2} dx$$

⑧ 확률변수 X가 $\mu = 0$이고 $\sigma^2 = 1$인 특수한 분포를 할 때 X는 표준정규분포(Standard normal distribution)을 이루게 된다. 표준정규분포함수는 다음과 같다.

$$f(x) = \frac{1}{\sqrt{2\pi}} e^{-\frac{x^2}{2}}$$

$$확률\, P[a \leq X \leq b] = \int_a^b \frac{1}{\sqrt{2\pi}} e^{-\frac{x^2}{2}} dx$$

⑨ 다음의 확률은 측량에서 많이 이용되는 확률이다.

    ㉠ $P[-0.6745\sigma \leq (x-\mu) \leq +0.6745\sigma] = 0.5(50\%)$ (확률오차)

    ㉡ $P[-\sigma \leq (x-\mu) \leq +\sigma] = 0.6826(68.27\%)$ (표준편차)

    ㉢ $P[-2\sigma \leq (x-\mu) \leq +2\sigma] = 0.9545(95.45\%)$

    ㉣ $P[-3\sigma \leq (x-\mu) \leq +3\sigma] = 0.9973(99.73\%)$

    ㉤ $P[-4\sigma \leq (x-\mu) \leq +4\sigma] = 1.0000(100\%)$

⑩ 정규분포곡선의 오차범위와 면적

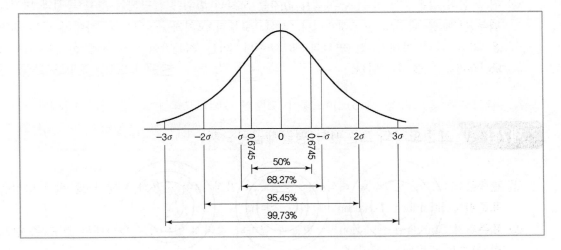

    ㉠ 전체면적의 50%가 되는 지점을 확률오차라 함

    ㉡ 확률오차는 표준편차의 0.6745배가 됨

    ㉢ 전체면적의 68.27% 지점을 표준편차라 함(정규분포곡선에서 변곡점이 됨)

    ㉣ 정규분포는 관측값의 부정오차에 대한 확률모델이며 이로부터 표준편차는 정밀도를 나타내는 척도임

    ㉤ 정밀도는 반복 관측일 경우 각 관측값 간의 편차를 의미

⑪ 평균값 중 개개의 측정치가 동일조건에서 얻어진 것이라면 산술평균값이며, 다른 조건에서 얻어진 것이라면 개개의 측정치의 신뢰도를 감안하여 평균값을 계산한다.

⑫ 이러한 부정오차는 정규분포를 이루므로 확률법칙에 의해 처리되는데, 잔차의 제곱의 합이 최소가 되도록 조정하는 최소제곱법의 원리를 이용하여 참값을 추정하게 된다.

제6장 확률오차(Probable error)

① 확률오차(Probable error)는 밀도 함수 전체의 50% 범위를 나타내는 오차로서 표준편차의 67.45%를 나타내며, 이것을 식으로 표시하면 다음과 같다.

$$r = \pm\, 0.6745\sigma = \pm\, 0.6745 \sqrt{\frac{\sum P_v^2}{\sum P(n-1)}}$$

② 최확값의 확률오차를 식으로 표시하면 다음과 같다.

$$r = \pm\, \frac{r}{\sqrt{n}} = \pm\, 0.6745 \sqrt{\frac{\sum_v^2}{(n-1)}}$$

③ 위 그림과 같은 (+) 또는 (−)값을 가지는 오차의 범위에 해당되는 확률 곡선과 면적의 백분율(%)을 나타내는 그래프이다. 곡선으로부터 오차가 $+\sigma$와 $-\sigma$ 사이에 있는 면적은 확률 곡선 아래의 전 면적의 68.3%이다. 이는 최확값이 $\pm\sigma$ 내에 존재할 확률이 68.3%라는 것을 의미한다.

제7장 표준오차와 표준편차(평균제곱근오차)

① 관측값으로부터 최확값을 해석하는 방법으로 가장 많이 사용하는 평가 및 비교 방법은 표준편차(Standard deviation)에 의한 것이다.
② 표준편차(Standard deviation)는 평균과 얼마나 떨어져 있는가를 나타내는 정도, 즉 산포의 정도를 나타내는 것이다.
③ 모집단의 크기가 클 때 모집단 전체를 조사하지 않고도 그 모집단을 대표하는 표본을 추출해서 그 분포를 이용해서 모집단을 추측하는 방법, 즉 표본 내 자료 간의 관계를 표준편차를 사용해서 알 수 있다.
④ 표준편차가 0일 때는 관측값의 모두가 동일한 크기이고 표준편차가 클수록 관측값 중에는 평균에서 떨어진 값이 많이 존재한다.
⑤ 잔차의 제곱을 산술평균한 값의 제곱근을 평균제곱근오차라 하며, 밀도함수 전체의 68.3%인 범위의 오차이다. 평균제곱근오차(R.M.S.E)는 표준편차와 같은 의미로 사용되며, 독립관측값인 경우의 분산(σ^2)의 제곱근이다. 계산식은 다음과 같다.

> - (분산) $\sigma^2 = \dfrac{\sum V^2}{(n-1)}$
>
> - (표준편차) $\sigma = \pm \sqrt{\dfrac{\sum V^2}{n-1}}$
>
> ※ σ : 표준편차(Standard deviation)
> v : 각 측정값에서 최확값을 뺀 잔차
> n : 측정 횟수

⑥ 표준편차는 독립 관측값의 정밀도를 의미하고, 최확값에 대한 정밀도는 표준오차로 나타낸다.

⑦ 측량분야에서는 최확값(조정 계산값)으로부터의 오차를 주로 다루게 되고, 넓은 의미에서 표준편차와 표준오차는 같이 사용하며, 표준오차(Standard error)는 표준편차를 관측 횟수의 제곱근으로 나누어 구한다.

⑧ 표준오차(Standard error)는 평균이 전체 평균과 얼마나 떨어져 있는가를 알려주는 것이다. 표본들이 실제 모집단과 얼마나 차이가 나는 가에 관한 것으로 평균의 정확도를 추정할 때 쓴다.

⑨ 표준오차는 추정량의 정도를 나타내는 측도로서 추정량에 관한 표본분포의 표준편차를 말한다.

> $\sigma_m = \pm \dfrac{\sigma}{\sqrt{n}} = \pm \sqrt{\dfrac{\sum_v^2}{n(n-1)}}$
>
> ※ σ_m : 표준오차(Standard error)

제8장   최확값, 평균제곱근오차, 확률오차, 정밀도 산정

구분	경중률(P)이 일정한 경우 (경중률을 고려하지 않은 경우)	경중률(P)이 다른 경우 (경중률을 고려한 경우)
최확값 (L_0)	$L_0 = \dfrac{l_1 + l_2 + \cdots + l_n}{n} = \dfrac{[l]}{n}$	$L_0 = \dfrac{P_1 l_1 + P_2 l_2 + \cdots + P_n l_n}{P_1 + P_2 + \cdots + P_n} = \dfrac{[Pl]}{[P]}$
잔차(v)	잔차 = 최확치 − 관측치 $v = L_0 - l$	잔차 = 최확치 − 관측치 $v = L_0 - l$
평균제곱근오차 (중등(표준)오차 (m_0)	• 1회 관측(개개의 관측값)에 대한 $m_0 = \pm \sqrt{\dfrac{[VV]}{n-1}}$ • n회 관측값(최확값)에 대한 $m_0 = \pm \sqrt{\dfrac{[VV]}{n(n-1)}}$	• 1회 관측(개개의 관측값)에 대한 $m_0 = \pm \sqrt{\dfrac{[PVV]}{n-1}}$ • n회 관측값(최확값)에 대한 $m_0 = \pm \sqrt{\dfrac{[PVV]}{[P](n-1)}}$
확률오차 (r_0)	• 1회 관측(개개의 관측값) $r_0 = \pm 0.6745 m_0$ • n회 관측값(최확값) $r_0 = \pm 0.6745 m_0$	• 1회 관측(개개의 관측값) $r_0 = \pm 0.6745 m_0$ • n회 관측(최확값) $r_0 = \pm 0.6745 m_0$
정밀도 ($R = \dfrac{1}{m}$)	• 1회 관측(개개의 관측값) $R = \dfrac{m_0}{l}$ or $\dfrac{r_o}{l}$ • n회 관측값(최확값) $R = \dfrac{m_0}{L_0}$ or $\dfrac{r_0}{L_0}$	• 1회 관측(개개의 관측값) $R = \dfrac{m_0}{l}$ or $\dfrac{r_o}{l}$ • n회 관측(최확값) $R = \dfrac{m_0}{L_0}$ or $\dfrac{r_0}{L_0}$

제9장   오차 전파

1. 정오차의 전파(Propagation of sysematic errors)

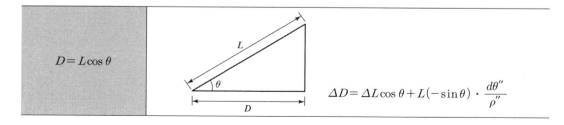

$$D = L \cos \theta$$

$$\Delta D = \Delta L \cos \theta + L(-\sin \theta) \cdot \dfrac{d\theta''}{\rho''}$$

2. 부정오차의 전파(Propagation of random errors)

(1) 부정오차의 전파 응용

$Y = X_1 + X_2 + \cdots X_n$인 경우	$M = \pm \sqrt{m_1^2 + m_2^2 + m_3^2 + \cdots + m_n^2}$ ※ M : 부정오차 총합 $m_1, m_2, \cdots, m_n$: 각 구간의 평균제곱근오차
$Y = X_1 \cdot X_2$인 경우	$M = \pm \sqrt{(X_2 \cdot m_1)^2 + (X_1 \cdot m_2)^2}$
$Y = \dfrac{X_1}{X_2}$인 경우	$M = \pm \dfrac{X_1}{X_2} \sqrt{\left(\dfrac{m_1}{X_1}\right)^2 + \left(\dfrac{m_2}{X_2}\right)^2}$
$Y = \sqrt{X_1^2 + X_2^2}$인 경우	$M = \pm \sqrt{\left(\dfrac{X_1}{\sqrt{X_1^2 + X_2^2}}\right)^2 m_1^2 + \left(\dfrac{X_2}{\sqrt{X_1^2 + X_2^2}}\right)^2 m_1^2}$

(2) 부정오차의 전파 예

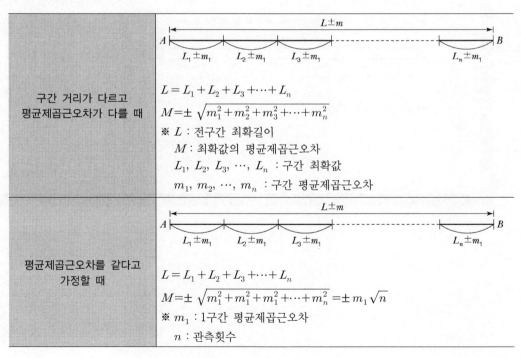

구간 거리가 다르고 평균제곱근오차가 다를 때	$L = L_1 + L_2 + L_3 + \cdots + L_n$ $M = \pm \sqrt{m_1^2 + m_2^2 + m_3^2 + \cdots + m_n^2}$ ※ L : 전구간 최확길이 M : 최확값의 평균제곱근오차 $L_1, L_2, L_3, \cdots, L_n$: 구간 최확값 $m_1, m_2, \cdots, m_n$: 구간 평균제곱근오차
평균제곱근오차를 같다고 가정할 때	$L = L_1 + L_2 + L_3 + \cdots + L_n$ $M = \pm \sqrt{m_1^2 + m_1^2 + m_1^2 + \cdots + m_n^2} = \pm m_1 \sqrt{n}$ ※ m_1 : 1구간 평균제곱근오차 n : 관측횟수

면적 관측 시 최확값 및 평균제곱근오차 합	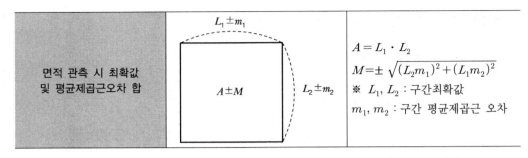	$A = L_1 \cdot L_2$ $M = \pm \sqrt{(L_2 m_1)^2 + (L_1 m_2)^2}$ ※ L_1, L_2 : 구간최확값 m_1, m_2 : 구간 평균제곱근 오차

예제

어떤 각을 9회 관측한 결과 $\pm 0.6''$의 평균제곱근오차(중등오차)를 얻었다. 같은 정확도로 해서 $\pm 0.3''$의 평균제곱근오차를 얻으려면 관측 횟수는?

① 18회   ② 24회

③ 30회   ④ 36회

해설 부정오차전파에서 평균제곱근오차는

$$M = \pm \sqrt{m_1^2 + m_2^2 + m_3^2 + \cdots + m_n^2}$$
$$= \pm m \sqrt{n}$$

※ m : 한 구간 평균제곱근오차, n : 관측 횟수

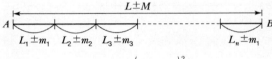

$m_1 \sqrt{n_1} = m_2 \sqrt{n_2}$ 에서 $n_2 = \left(\dfrac{m_1}{m_2} \sqrt{n_1} \right)^2$

$$= \left(\dfrac{0.6}{0.3} \times \sqrt{9} \right)^2$$
$$= 36회$$

정답 ④

제10장 최소제곱법

① 일반적으로 엄밀한 참값은 얻기 어려우므로 여러 번 관측하여 얻은 관측값으로부터 최확값을 구해서 참값 대신 이용하고 있다.

② 최확값을 얻기 위한 조정방법에는 간이법, 최소제곱법, 미정계수법 등이 있다. 특히 최소제곱법(Least square method)은 측량의 부정오차처리에 널리 이용되고 있는데, 최소제곱법의 기본 이론은 다음과 같다.

ㄱ 잔차 $(x-\mu)v_1, v_2 \cdots, v_n$이 발생할 확률 $P_1, P_2, \cdots, P_n$

$$P_i = \frac{h}{\sqrt{\pi}}e^{-h^2v^2} = Ce^{-h^2v^2}$$

$$※ \quad C = \frac{h}{\sqrt{\pi}})$$

ㄴ 이들 확률이 동시에 일어날 확률 P

$$P = P_1 \times P_2 \times \cdots P_n = Ce^{-(h_1^2v_1^2 + h_2^2v_2^2 + \cdots + h_2^2v_2^2)}$$

$$\frac{C}{e(h_1^2v_1^2 + h_1^2v_2^2 + \cdots + h_n^2v_n^2)}$$

ㄷ 여기서, P가 최대로 되기 위해서는 분모항이 최소가 되어야 하므로 잔차의 제곱의 합이 최소가 되는 값이 최확값임

$$h_1^2v_1^2 + h_2^2v_2^2 + \cdots + h_n^2v_n^2 = 최소$$

제11장 거리, 면적 및 체적의 정확도

면적측량의 정확도	관측된 수평거리 x, y의 거리오차를 dx, dy라 하고 거리관측의 정확도가 $\dfrac{dx}{x} = \dfrac{dy}{y} = k$ 로 동일하다고 할 때 면적오차 dA는 다음과 같다.

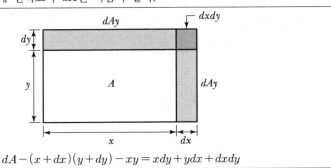

$$dA - (x+dx)(y+dy) - xy = xdy + ydx + dxdy$$

미소항의 3차식을 무시하고, 양변을 면적(A)으로 나누면 면적정확도는 다음과 같다.

$$\frac{dA}{A} = \frac{dy}{y} + \frac{dx}{x} = 2k$$

즉, 면적측량의 정확도는 거리측량 정확도의 2배이다.

체적측량의 정확도	관측된 수평 및 수직거리 x, y, z의 거리오차를 dx, dy, dz라 하고 거리관측의 정확도가 k 로 일정하다고 할 때 체적오차 dV는 다음과 같다.

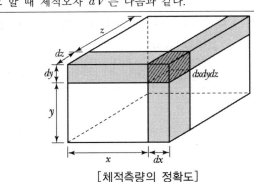

[체적측량의 정확도]

$$dV = (x+dx)(y+dy)(z+dz) - xyz$$
$$= xydz + xzdy + xdydz + yzdx + ydxdz + zdxdy + dxdydz$$

미소항의 2차식을 무시하고, 양변을 체적(V)으로 나누면 체적측량의 정확도는 다음과 같다.

$$\frac{dV}{V} = \frac{dz}{z} + \frac{dy}{y} + \frac{dx}{x} = 3k$$

즉, 체적측량의 정확도는 거리측량 정확도의 3배가 된다.

CHAPTER 01 출제예상문제

01 일필지의 가로, 세로 거리가 각각 10m인 토지의 면적을 0.1m²까지 구하기 위하여 정확하게 읽어야 하는 줄자의 눈금(cm)은?

① 0.05   ② 0.5

③ 1   ④ 5

해설

면적의 정도는 거리관측정도의 2배이다.

면적의 정도 : $\dfrac{dA}{A} = 2\dfrac{dl}{l}$ 에서

$dl = \dfrac{dA \cdot l}{2A} = \dfrac{0.1 \times 10}{2 \times 100} = \dfrac{1}{200} = 0.005m = 0.5cm$

02 표준길이와 비교하여 1.5cm가 줄어든 300m 줄자를 이용하여 면적을 측정할 경우 면적 정밀도는 얼마인가?   (14년 서울시 9급)

① $\dfrac{1.5}{30,000}$ ② $\dfrac{1}{10,000}$

③ $\dfrac{1.5}{40,000}$ ④ $\dfrac{3}{10,000}$

⑤ $\dfrac{1}{30,000}$

해설

면적의 정도는 거리 정도의 2배이므로

$\dfrac{dA}{A} = 2\dfrac{dl}{l} = 2 \times \dfrac{0.015}{300} = \dfrac{0.03}{300} = \dfrac{1}{10,000}$

03 평지의 면적을 구하기 위하여 직사각형의 토지를 가로 15.6m, 세로 12.5m를 측정하였다. 이때 측정 시의 정도가 가로, 세로 $\dfrac{1}{100}$ 이었다고 하면 면적의 정밀도는 얼마인가?

① $\dfrac{1}{10}$ ② $\dfrac{1}{20}$

③ $\dfrac{1}{30}$ ④ $\dfrac{1}{40}$

⑤ $\dfrac{1}{50}$

해설

면적의 정도는 거리 정도의 2배이므로

$\dfrac{dA}{A} = 2\dfrac{dl}{l}$ 에서

$\dfrac{\triangle A}{A} = 2\dfrac{\triangle l}{l} = 2\dfrac{1}{100} = \dfrac{1}{50}$

04 수평 및 수직거리를 동일한 정확도로 관측하여 육면체의 체적을 2,000m^3로 구하였다. 체적계산의 오차를 0.5m^3 이내로 하기 위해서는 수평 및 수직 거리관측의 정확도는 얼마로 해야 하는가?

① $\dfrac{1.5}{30,000}$ ② $\dfrac{1}{12,000}$

③ $\dfrac{1.5}{12,000}$ ④ $\dfrac{3}{10,000}$

⑤ $\dfrac{1}{30,000}$

정답 | 01 ②   02 ②   03 ⑤   04 ②

해설

체적의 정도는 거리 정도의 3배이므로

$\dfrac{dV}{V} = 3\dfrac{dl}{l}$ 에서

$\dfrac{0.5}{2,000} = 3 \times \dfrac{\triangle l}{l}$

$\therefore \dfrac{\triangle l}{l} = \dfrac{0.5}{3 \times 2,000} = \dfrac{0.5}{6,000} = \dfrac{1}{12,000}$

02 CHAPTER 거리측량

제1장 거리측량의 정의

① 거리측량은 두 점 간의 거리를 직접 또는 간접으로 측량하는 것을 말한다. 측량에서 사용되는 거리는 수평거리(D), 연직거리(H), 경사거리(L)로 구분된다.

② 일반적으로 측량에서 관측한 거리는 경사거리이므로 기준면(평균표고)에 대한 수평거리로 환산하여 사용한다.

③ **경사거리를 수평거리로 환산하는 방법** : 경사면이 일정할 경우 거리를 측정하여 수평거리로 환산하는 방법이다.

$$D = L\cos\theta = L - \frac{H^2}{2L}$$

[거리 측정]

④ 지도에 표현하기까지 거리 환산

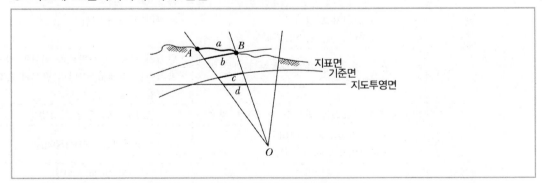

[거리의 환산]

제2장 거리측량의 분류

1. 직접 거리측량

Chain, Tape, Invar tape 등을 사용하여 직접 거리를 측량하는 방법으로 삼각구분법,수선구분법, 계선법 등이 있다.

2. 간접 거리측량

(1) EDM(전자기파 거리 측정기)

① 가시광선, 적외선, 레이저광선 및 극초단파 등의 전자기파를 이용하여 거리를 관측하는 방법이다.

② Geodimeter와 Tellurrometer의 비교

구분	광파거리 측량기	전파거리 측량기
정의	측점에서 세운 기계로부터 빛을 발사하여 이것을 목표점의 반사경에 반사하여 돌아오는 반사파의 위상을 이용하여 거리를 구하는 기계	측점에 세운 주국에서 극초단파를 발사하고 목표점의 종국에서는 이를 수신하여 변조고주파로 반사하여 각각의 위상차이로 거리를 구하는 기계
정확도	±(5mm+5ppm)	±(15mm+5ppm)
대표기종	Geodimeter	Tellurometer
장점	• 정확도가 높음 • 데오돌라이트나 트랜시트에 부착하여 사용이 가능하며, 무게가 가볍고 조작이 간편하고 신속함 • 움직이는 장애물의 영향을 받지 않음	• 안개, 비, 눈 등의 기상조건에 대한 영향을 받지 않음 • 장거리 측정에 적합
단점	안개, 비, 눈 등의 기상조건에 대한 영향을 받음	• 단거리 관측 시 정확도가 비교적 낮음 • 움직이는 장애물, 지면의 반사파 등의 영향을 받음
최소조작인원	1명(목표점에 반사경 설치했을 경우)	2명(주국, 종국 각 1명)
관측가능거리	• 단거리용 : 5km 이내 • 중거리용 : 60km 이내	장거리용 : 30~150km
조작시간	한 변 10~20분	한 변 20~30분

③ 전자파거리 측량기 오차

| 거리에 비례하는 오차 | 광속도의 오차, 광변조 주파수의 오차, 굴절률의 오차 |
| 거리에 비례하지 않는 오차 | 위상차 관측 오차, 기계정수 및 반사경 정수의 오차 |

(2) VLBI(Very Long Base Interferometer, 초장기선간섭계)

① 지구상에서 1,000~10,000km 정도 떨어진 1조의 전파간섭계를 설치하여 전파원으로부터 나온 전파를 수신하여 2개의 간섭계에 도달한 시간차를 관측하여 거리를 측정한다.
② 시간차로 인한 오차는 30cm 이하이며, 10,000km 긴 기선의 경우는 관측소의 위치로 인한 오차 15cm 이내가 가능하다.

(3) Total station

① 관측된 데이터를 직접 휴대용 컴퓨터기기(전자평판)에 저장하고 처리할 수 있으며 3차원 지형정보 획득 및 데이터 베이스의 구축 및 지형도 제작까지 일괄적으로 처리할 수 있는 측량기계이다.
② Total station의 특징
  ㉠ 거리, 수평각 및 연직각을 동시에 관측할 수 있음
  ㉡ 관측된 데이터가 전자평판에 자동 저장되고 직접처리가 가능함
  ㉢ 시간과 비용을 줄일 수 있고 정확도를 높일 수 있음
  ㉣ 지형도 제작이 가능함
  ㉤ 수치데이터를 얻을 수 있으므로 관측자료 계산 및 다양한 분야에 활용할 수 있음

(4) GPS(Global Positioning System, 범지구적 위치결정체계)

① 인공위성을 이용하여 정확하게 위치를 알고 있는 위성에서 발사한 전파를 수신하여 관측점까지의 소요시간을 관측함으로써 정확한 위치를 결정하는 위치결정 시스템이다.
② GPS의 특징

| 장점 | • 기후의 영향을 받지 않음
• 야간관측이 가능함
• 고밀도측량이 가능함
• 장거리측량에 이용됨
• 관측점 간의 시통이 필요하지 않음
• GPS 관측은 수신기에서 전산처리되므로 관측이 용이함 |

단점	• 위성의 궤도정보가 필요함 • 전리층 및 대류권의 영향에 대한 정보가 필요함 • 좌표변환을 해야 함 • 전파를 수신받지 못하는 곳에서는 측량이 불가능함

(5) 수평표척

① 수직표척의 눈금이 잘 보이지 않을 경우 또는 거리가 멀어지면 측각의 정밀도가 크게 떨어지므로 정밀 관측에서는 거의 사용하지 않는다.

$$\tan\frac{\theta}{2}=\frac{\frac{H}{2}}{D}\text{에서 } D=\frac{\frac{H}{2}}{\tan\frac{\theta}{2}}$$

$$\therefore D=\frac{H}{2}\cdot\cot\frac{\theta}{2}$$

※ D : 수평거리(m)
  H : 수평표척의 길이(m)
  θ : 양끝을 시준한 사이각(m)

[수평표척]

② 정밀도에 영향을 주는 인자
  ㉠ 트랜싯의 각 관측의 정도
  ㉡ 표척과 관측거리 방향의 직교성의 정도
  ㉢ 표척길이의 정도

제4장　거리측량의 방법

1. 측량의 순서

계획 → 답사 → 선점 → 조표 → 골격측량 → 세부측량 → 계산

2. 선점 시 주의사항

① 측점 간의 거리는 100m 이내가 적당하며 측점수는 되도록 적게 한다.
② 측점 간의 시준이 잘 되어야 한다.
③ 장애물이나 교통방해는 받지 말아야 한다.
④ 세부측량에 가장 편리하게 이용되는 곳이 좋다.

3. 골격측량

① 측점과 측점 사이의 관계위치를 정하는 작업이다.

② 종류 및 특징

구분	특징	관측방법
방사법	측량 구역 내에 장애물이 없고 한 측점에서 각 측점의 위치를 결정하는 방법이며 좁은 지역의 측량에 이용	
삼각구분법	측량 구역에 장애물이 없고 투시가 잘 되며 소규모지역에 이용	
수선구분법	측량구역의 경계선상에 장애물이 있을 때 이용하는 방법	
계선법 (전진법)	• 측량구역의 면적이 넓고 중앙에 장애물이 있을 때 정당하며 대각선 투시가 곤란할 때 이용하는 방법 • 계선은 길수록 좋으며 각은 예각으로 삼각형은 되도록 정삼각형으로 함	

4. 세부측량

① 지거측량(Offesetting method) : 측정하려고 하는 어떤 한 점에서 측선에 내린 수선의 길이를 지거(支距)라 한다.

   ㉠ 지거는 되도록 짧아야 함

   ㉡ 정밀을 요하는 경우는 사지거를 측정해 둠

   ㉢ 오차가 발생하므로 테이프보다 긴 지거는 좋지 않음

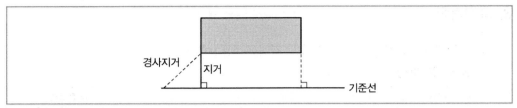

[지거측량]

② 장애물이 있는 경우의 측정방법

㉠ 두 측점에 접근할 수 없는 경우

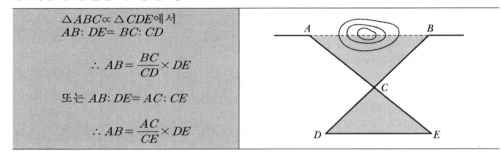

$\triangle ABC \varpropto \triangle CDE$에서
$AB : DE = BC : CD$

$$\therefore AB = \frac{BC}{CD} \times DE$$

또는 $AB : DE = AC : CE$

$$\therefore AB = \frac{AC}{CE} \times DE$$

㉡ 두 측점 중 한 측점에만 접근이 가능한 경우

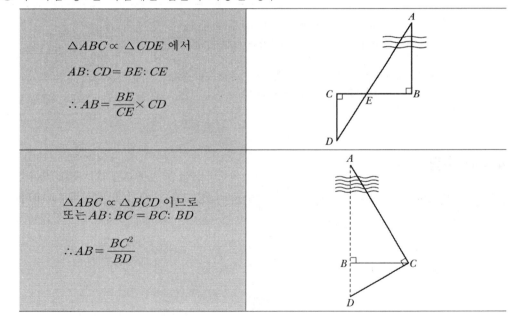

$\triangle ABC \varpropto \triangle CDE$ 에서

$AB : CD = BE : CE$

$$\therefore AB = \frac{BE}{CE} \times CD$$

$\triangle ABC \varpropto \triangle BCD$ 이므로
또는 $AB : BC = BC : BD$

$$\therefore AB = \frac{BC^2}{BD}$$

ⓒ 두 측점에 접근이 곤란한 경우

$AB : CD = AP : CP$ 에서

$\therefore AB = \dfrac{AP}{CP} \times CD$

또는 $AB : CD = BP : DP$ 이므로

$\therefore AB = \dfrac{BP}{DP} \times CD$

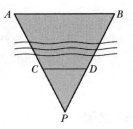

제5장   거리측정의 오차

1. 오차의 종류

(1) 정오차 또는 누차(Constant error ; 누적오차, 누차, 고정오차)

① 오차 발생 원인이 확실하여 일정한 크기와 일정한 방향으로 생기는 오차이다.
② 측량 후 조정이 가능하다.
③ 정오차는 측정 횟수에 비례한다.

$$E_1 = n \cdot \delta$$

(E_1 = 정오차, δ = 1회측정시 누적오차, n = 측정(관측)횟수)

(2) 우연오차(Accidental error ; 부정오차, 상차, 우차)

① 오차의 발생 원인이 명확하지 않아 소거 방법도 어렵다.
② 최소제곱법의 원리로 오차를 배분하며 오차론에서 다루는 오차를 우연오차라 한다.
③ 우연오차는 측정 횟수의 제곱근에 비례한다.

$$E_2 = \pm \delta \sqrt{n}$$

(E_2 = 우연오차, δ : 우연오차, n : 측정(관측)횟수)

(3) 착오(Mistake ; 과실)

① 관측자의 부주의에 의해서 발생하는 오차이다.
② 기록 및 계산의 착오, 눈금 읽기의 잘못, 숙련 부족 등이 원인이다.

2. 오차법칙

① 큰 오차가 생길 확률은 작은 오차가 생길 확률보다 매우 작다.
② 같은 크기의 정(+) 오차와 부(-) 오차가 생길 확률은 거의 같다.
③ 매우 큰 오차는 거의 발생하지 않는다.

3. 정오차의 보정

정오차의 보정	보정량	정확한 길이(실제 길이)	기호설명
줄자의 길이가 표준길이와 다를 경우(테이프의 특성값)	$C_u = \pm L \times \dfrac{\Delta l}{l}$	$\begin{aligned} L_o &= L \pm C_u \\ &= L \pm \left(L \times \dfrac{\Delta l}{l} \right) \end{aligned}$	• L : 관측 길이 • l : Tape의 길이 • Δl : Tape의 특성값(Tape의 늘음(+)과 줄음(-)량)
온도에 대한 보정	$C_t = L \cdot a(t - t_o)$	$L_o = L \pm C_t$	• L : 관측 길이 • a : 테이프의 팽창계수 • t_o : 표준온도(15℃) • t : 관측 시의 온도
경사에 대한 보정	$C_i = -\dfrac{h^2}{2L}$	$\begin{aligned} L_o &= L \pm C_i \\ &= L - \dfrac{h^2}{2L} \end{aligned}$	• L : 관측 길이 • h : 고저차
평균해수면에 대한 보정(표고보정)	$C_k = -\dfrac{L \cdot H}{R}$	$L_o = L - C_k$	• R : 지구의 곡률반경 • H : 표고 • L : 관측 길이
장력에 대한 보정	$C_p = \pm \dfrac{L}{A \cdot E}(P - P_O)$	$L_O = L \pm C_P$	• L : 관측 길이 • A : 테이프단면적(cm^2) • P : 관측시의 장력 • P_O : 표준장력(10kg) • E : 탄성계수(kg/cm^2)
처짐에 대한 보정	$C_s = -\dfrac{L}{24}\left(\dfrac{wl}{P} \right)^2$	$Lo = L - C_S$	• L : 관측 길이 • W : 테이프의 자중(cm^2) • P : 장력(kg) • l : 등간격 길이

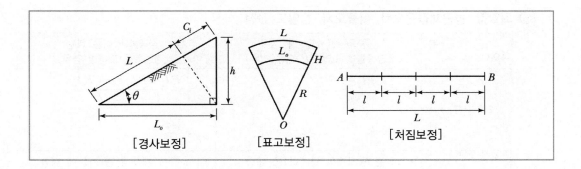

[경사보정]　　　[표고보정]　　　[처짐보정]

4. 관측값 처리

① **최확값** : 측량을 반복하여 참값(정확치)에 도달하는 값이다.
② **평균제곱근 오차**(표준오차, 중등오차) : 잔차의 제곱을 산술평균한 값의 제곱근을 평균제곱근 오차(R.M.S.E)라 하며 밀도함수 전체의 68.26%인 범위가 곧 평균제곱근 오차가 된다.
③ **확률오차**(Porbable error) : 밀도함수 전체의 50% 범위를 나타내는 오차로서 표준오차의 승수가 0.6745인 오차이다. 즉, 확률오차는 표준오차의 67.45%를 나타낸다.
④ **경중률**(무게 : P) : 관측값의 신뢰정도를 표시하는 값으로 관측 방법, 관측 횟수, 관측 거리등에 따른 가중치를 말한다.
　　㉠ 경중률은 관측횟수(n)에 비례함($P_1 : P_2 : P_3 = n_1 : n_2 : n_3$)
　　㉡ 경중률은 평균제곱오차(m)의 제곱에 반비례함($P_1 : P_2 : P_3 = \dfrac{1}{m_1^{\,2}} : \dfrac{1}{m_2^{\,2}} : \dfrac{1}{m_3^{\,2}}$)
　　㉢ 경중률은 정밀도(R)의 제곱에 비례함($P_1 : P_2 : P_3 = R_1^{\,2} : R_2^{\,2} : R_3^{\,2}$)
　　㉣ 직접수준측량에서 오차는 노선거리(S)의 제곱근($\sqrt{S}$)에 비례함
　　　($m_1 : m_2 : m_3 = \sqrt{S_1} : \sqrt{S_2} : \sqrt{S_3}$)
　　㉤ 직접수준측량에서 경중률은 노선거리(S)에 반비례함($P_1 : P_2 : P_3 = \dfrac{1}{S_1} : \dfrac{1}{S_2} : \dfrac{1}{S_3}$)
　　㉥ 간접수준측량에서 오차는 노선거리(S)에 비례함($m_1 : m_2 : m_3 = S_1 : S_2 : S_3$)
　　㉦ 간접수준측량에서 경중률은 노선거리(S)의 제곱에 반비례함
　　　($P_1 : P_2 : P_3 = \dfrac{1}{S_1^{\,2}} : \dfrac{1}{S_2^{\,2}} : \dfrac{1}{S_3^{\,2}}$)

⑤ 최확값, 평균제곱근오차, 확률오차, 정밀도 산정

구분 항목	경중률(P)이 일정한 경우 (경중률을 고려하지 않은 경우)	경중률(P)다른 경우 (경중률을 고려한 경우)
최확값(L_0)	$$L_0 = \frac{l_1 + l_2 + \dots + l_n}{n}$$ $$= \frac{[l]}{n}$$	$$L_0 = \frac{P_1 l_1 + P_2 l_2 + \dots + P_n l_n}{P_1 + P_2 \dots + P_n}$$ $$= \frac{[Pl]}{[P]}$$
평균제곱근오차, 중등(표준) 오차(m_0)	• 1회 관측(개개의 관측값)에 대한 $$m_0 = \pm\sqrt{\frac{VV}{n-1}}$$ • n개의 관측값(최확값)에 대한 $$m_0 = \pm\sqrt{\frac{VV}{n(n-1)}}$$	• 1회 관측(개개의 관측값)에 대한 $$m_0 = \pm\sqrt{\frac{PVV}{n-1}}$$ • n개의 관측값(최확값)에 대한 $$m_0 = \pm\sqrt{\frac{PVV}{[P](n-1)}}$$
확률오차(r_0)	• 1회 관측(개개의 관측값)에 대한 $r_0 = \pm 0.6745 \times m_0$ • n개의 관측값(최확값)에 대한 $r_0 = \pm 0.6745 \times m_0$	• 1회관측(개개의 관측값)에 대한 $r_0 = \pm 0.6745 \times m_0$ • n개의 관측값(최확값)에 대한 $r_0 = \pm 0.6745 \times m_0$
정밀도(R)	• 1회관측(개개의 관측값)에 대한 $$R = \frac{m_0}{l} \text{ or } \frac{r_0}{l}$$ • n개의 관측값(최확값)에 대한 $$R = \frac{m_0}{L_0} \text{ or } \frac{r_0}{L_0}$$	• 1회관측(개개의 관측값)에 대한 $$R = \frac{m_0}{l} \text{ or } \frac{r_0}{l}$$ • n개의 관측값(최확값)에 대한 $$R = \frac{m_0}{L_0} \text{ or } \frac{r_0}{L_0}$$

제6장 부정오차 전파 법칙

1. 각 구간거리가 다르고 평균제곱근오차가 다른 경우

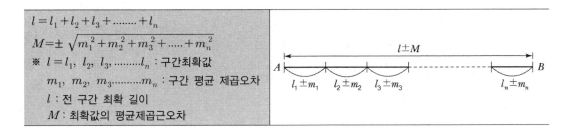

$$l = l_1 + l_2 + l_3 + \dots + l_n$$
$$M = \pm\sqrt{m_1^2 + m_2^2 + m_3^2 + \dots + m_n^2}$$
※ $l = l_1, l_2, l_3, \dots l_n$: 구간최확값
$m_1, m_2, m_3 \dots m_n$: 구간 평균 제곱오차
l : 전 구간 최확 길이
M : 최확값의 평균제곱근오차

2. 평균제곱근오차가 일정한 경우

$M = \pm \sqrt{m_1^2 + m_2^2 + m_3^2 + \cdots + m_n^2}$ $= \pm m \sqrt{n}$ ※ m : 한 구간 평균제곱근오차 n : 관측 횟수	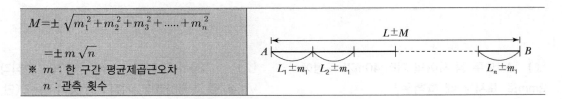

3. 면적 관측 시 최확치 및 평균제곱근오차의 합

$A = x \cdot y$ $M = \pm \sqrt{(y \cdot m_1)^2 + (x \cdot m_2)^2}$ ※ x, y : 구간 최확치 m_1, m_2 : 구간 편균제곱근오차	$A \pm M$ (정사각형, 가로 $x \pm m_1$, 세로 $y \pm m_2$)

제7장   실제거리, 도상거리, 축척, 면적과의 관계

축척과 거리와의 관계	$\dfrac{1}{M} = \dfrac{도상거리}{실제거리}$ 또는 $\dfrac{1}{M} = \dfrac{1}{L}$
축척과 면적과의 관계	$\left(\dfrac{1}{m}\right)^2 = \left(\dfrac{도상거리}{실제거리}\right)^2 = \dfrac{도상면적}{실제면적}$ $\therefore 도상면적 = \dfrac{실제면적}{m^2}$ $\therefore 실제면적 = 도상면적 \times m^2$
부정길이로 측정한 면적과 실제면적과의 관계	$실제면적 = \dfrac{(부정면적)^2}{(표준길이)^2} \times 부정면적$ $A_0 = \dfrac{(L + \Delta l)^2}{L^2} \times A$

CHAPTER  출제예상문제

01 실제 두 점 사이의 거리 40m가 도상에서 2mm로 표시될 때 축척은?

① 1/10,000
② 1/20,000
③ 1/25,000
④ 1/30,000

해설

$$M = \frac{1}{m} = \frac{도상거리}{실제거리} = \frac{0.002}{40} = \frac{1}{20,000}$$

02 어떤 기선을 4구간으로 나누어 측량한 결과가 다음과 같을 때 전체 거리에 대한 확률오차는?

> $L_1 = 29.5512 \pm 0.0014m$
> $L_2 = 29.8837 \pm 0.0012m$
> $L_3 = 29.3363 \pm 0.0015m$
> $L_4 = 29.4488 \pm 0.0015m$

① ± 0.0028m
② ± 0.0021m
③ ± 0.0015m
④ ± 0.0014m

해설

$$M = \pm \sqrt{m_1^2 + m_2^2 + \cdots m_n^2}$$
$$= \pm \sqrt{0.0014^2 + 0.0012^2 + 0.0015^2 + 0.0015^2}$$
$$= \pm 0.0028m$$

03 D=20m, 수평각 α=80°, β=70°, 연직각 V=40°를 측정하였다. 기점 P의 높이 H는? (단, A, B, C점은 동일 평면인 지상에 있고 P점은 목표점이다)

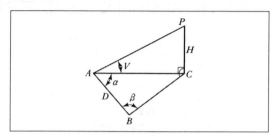

① 31.54m
② 44.80m
③ 49.07m
④ 58.48m

해설

$$\frac{20}{\sin 30°} = \frac{\overline{AC}}{\sin 70°} \quad \therefore \overline{AC} = 37.59m$$
$$\tan V = \frac{H}{\overline{AC}}$$
$$H = \overline{AC} \tan V = 37.59 \times \tan 40° = 31.54m$$

[별해]

$$\frac{H}{\sin 40} = \frac{37.59}{\sin 50}$$
$$H = \frac{\sin 40}{\sin 50} \times 37.59 = 31.54m$$

04 다각노선의 각 절점에서 기계점의 설치 오차는 없고 목표점의 설치 오차가 11mm, 방향관측 오차를 최대 10″로 한다면 절점 간의 거리는 최소 몇 m 이상이어야 하는가? (단, 각 절점 간의 거리는 동일한 것으로 한다)

① 110m
② 150m
③ 227m
④ 254m

정답 | 01 ② 02 ① 03 ① 04 ③

해설

$\dfrac{\Delta h}{D} = \dfrac{\theta''}{\rho''}$ 에서

$D = \dfrac{\rho''}{\theta''} \Delta h = \dfrac{206,265''}{10''} \times 0.011 = 227\text{m}$

05 다음 그림과 같이 관측된 거리를 최소제곱법으로 조정하기 위한 관측방정식으로 옳은 것은? (단, 단위는 m)

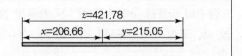

① $v_x = \hat{x} - 206.66$
   $v_y = \hat{y} - 215.05$
   $v_z = \hat{x} + \hat{y} - 421.78$

② $v_x = \hat{x} + 206.66$
   $v_y = \hat{y} + 215.05$
   $v_z = \hat{x} + \hat{y} - 421.78$

③ $v_x = \hat{x} - 206.66$
   $v_y = \hat{y} - 215.05$
   $v_z = \hat{x} + \hat{y} + 421.78$

④ $v_x = \hat{x} + 206.66$
   $v_y = \hat{y} + 215.05$
   $v_z = \hat{x} + \hat{y} + 421.78$

해설

$\overline{x_1} + \overline{x_2} = \overline{x_3}$ 에서 각각의 관측방정식은

$\overline{x} = x + v_x$

$\overline{y} = y + v_y$

$\overline{z} = z + v_z \rightarrow (\overline{x} + \overline{y})$

 $= z + v_z$, 잔차항으로 정리하면

$v_x = \overline{x} - 206.66$

$v_y = \overline{y} - 215.05$

$v_z = \overline{x} + \overline{y} - 421.78$

06 거리관측에서 경사면 60m의 거리를 측정한 경우 경사보정량이 2cm일 때 양끝의 고저차는?

① 1.55m
② 2.05m
③ 2.55m
④ 3.05m

해설

경사보정 $C_i = -\dfrac{h^2}{2L}$ 에서

$h = \sqrt{2L \times C_i} = \sqrt{2 \times 60 \times 0.02} = 1.55\text{m}$

07 강철테이프에 의한 거리측정값의 보정에 있어서 처짐에 대한 보정량 계산과 거리가 먼 것은?

① 단위중량
② 지점 간의 거리
③ 프아송 비
④ 장력

해설

보정량$(C_S) = -\dfrac{L}{24}\left(\dfrac{wl}{p}\right)^2$

※ L : 관측길이
   p : 장력(kg)
   w : 테이프의 자중(㎝²)
   l : 등간격 길이

08 전자파 거리측량기의 위상차 관측방법이 아닌 것은?

① 위상지연방법
② 위상변위방법
③ 진폭변조방법
④ 디지털 측정법

해설

전자파 거리측정기로 측정하고자 하는 2점 간에 전자파를 왕복시키면 반사하여 되돌아오는 전자파의 위상은 거리에 상응하여 현장에서 거리측량을 실시하는 것으로 지형에 좌우되는 일 없이 거리를 측정할 수 있다.

정답 | 05 ① 06 ① 07 ③ 08 ③

09 A점(−1750m, −2132m)에서 B점까지의 거리는 500m이고, 방향각이 135°라면 B점의 좌표는?

① (−354m, 354m)

② (354m, −354m)

③ (−1396m, −2133m)

④ (−2104m, −1778m)

해설

B점의 직각좌표(XB, YB)는
$$X_B = X_A + l\cos\theta = -1750 + 500 \times \cos 135°$$
$$\fallingdotseq -2104m$$
$$Y_B = Y_A + l\sin\theta = -2132 + 500 \times \sin 135°$$
$$\fallingdotseq -1778m$$

10 다음 중 마라톤 코스와 같은 표면거리를 측정할 수 있는 기기로 가장 적합한 것은?

① 중량이 작은 강철자

② 기선에서 검정된 자전거

③ 초장기선 간섭계(VLBI)

④ 유리섬유테이프

해설

① 수평, 수직, 경사거리 : 강철자, 테이프, EDM

② 곡면거리 : 커브미터, 윤정계

③ 기선 : 검정된 자전거

11 평균고도 300m의 두 지점 A, B 간의 기선의 길이를 관측하였더니 수평거리가 400.423m이었다면 평균해수면상에 투영한 $\overline{AB}$의 거리는? (단, 지구의 반경은 6,400km로 가정한다)

[2011년 기사 3회]

① 400.135m ② 400.235m

③ 400.335m ④ 400.404m

해설

표고보정$(C_n) = -\left(\dfrac{H}{R}\right)D$

여기서, H : 평균표고, R : 지구반경,
$\qquad\quad D$: 임의지역의 수평거리

$$C_n = -\left(\frac{300}{(6400 \times 1000)}\right) \times 400.423 = -0.019m$$
$$\therefore \overline{AB} = 400.423 - 0.019 = 400.404m$$

12 다음과 같이 기지점 A, B, C에서 출발하여 교점 P의 좌표를 구하기 위한 다각측량을 행하였을 때, 교점 P의 좌표의 최확값(X₀, Y₀)은?

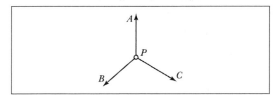

축선	거리(km)	X₀	Y₀
A → P	2.0	+25.28	−51.87
B → P	1.0	+25.39	−51.76
C → P	0.5	+25.35	−51.72

① X₀ = +25.34m, Y₀ = −51.78m

② X₀ = +25.35m, Y₀ = −51.75m

③ X₀ = +25.32m, Y₀ = −51.82m

④ X₀ = +25.32m, Y₀ = −51.75m

해설

$$P_1 : P_2 : P_3 = \frac{1}{S_1} : \frac{1}{S_2} : \frac{1}{S_3}$$
$$= \frac{1}{2.0} : \frac{1}{1.0} : \frac{1}{0.5} = 1 : 2 : 4$$

최확값$(H_P) = \dfrac{P_1 H_1 + P_2 H_2 + P_3 H_3}{P_1 + P_2 + P_3}$

$$X_0 = \frac{(1 \times 25.28) + (2 \times 25.39) + (4 \times 25.35)}{1 + 2 + 4}$$
$$= +25.35m$$
$$Y_0 = \frac{(1 \times 51.87) + (2 \times 51.76) + (4 \times 51.72)}{1 + 2 + 4}$$
$$= -51.75m$$

정답 | 09 ④ 10 ② 11 ④ 12 ②

13 광파거리측량기에 대한 설명으로 옳지 않은 것은?

① 광파거리측량기는 인바(Invar)척에 비하여 기복이 많은 지역의 거리관측에 유리하다.
② 광파거리측량기의 변조주파수의 변화에 따라 생기는 오차는 관측거리에 비례한다.
③ 광파거리측량기의 변조파장이 긴 것은 짧은 것에 비하여 정확도가 높다.
④ 광파거리측량기의 정수는 비교기선장에서 비교측량하여 구한다.

해설

광파거리측량기의 변조파장이 긴 것은 짧은 것에 비하여 정확도가 낮다.

광파거리측량기와 전파거리측량기의 비교

항목	광파거리측량기	전파거리측량기
정확도	±(5mm+5ppm)	±(5mm+5ppm)
최소 조작인원	1명 (목표점에 반사경 설치)	2명 (주국, 종국 각 1명)
기상조건	안개, 비, 눈 등 기후에 영향을 많이 받음	기후의 영향을 받지 않음
방해물	두 점간의 시준만 되면 가능	장애물(송전선, 자동차, 고압선 부근은 좋지 않음)
관측가능 거리	짧다(1m~4km)	길다(100m~60km)
한변조작 시간	10~20분	20~30분
대표기종	Geoidmeter	Tellurometer

14 50m에 대하여 11cm 늘어난 줄자로 두 점 간의 거리를 관측하여 42.48m의 관측값을 얻었다면 실제 거리는?

① 42.39m ② 42.43m
③ 42.57m ④ 42.63m

해설

$$실제길이 = \frac{관측길이 \times 부정길이}{표준길이}$$

$$= \frac{42.48 \times 50.11}{50} = 42.573m$$

15 거리측량을 줄자로 할 때 정오차로 볼 수 없는 것은?

① 줄자의 처짐으로 인한 오차
② 관측 시의 온도가 검정 시의 온도와 달라 발생하는 오차
③ 줄자의 길이가 표준길이와 달라 발생하는 오차
④ 관측 시 바람이 불어 줄자가 흔들려 발생하는 오차

해설

정오차의 원인
• 테이프의 길이가 표준 길이와 다를 때(줄자의 특성값 보정)
• 측정 시의 온도가 표준 온도와 다를 때(온도 보정)
• 측정 시의 장력이 표준 장력과 다를 때(장력 보정)
• 강철 테이프를 사용할 경우, 측점과 측점 사이의 간격이 너무 멀어서 자중으로 처질 때(처짐 보정)
• 줄자가 기준면상의 길이로 되어 있지 않을 경우(표고 보정)
• 경사지를 측정할 때에 테이프가 수평이 되지 않을 때(경사 보정)
• 테이프가 바람이나 초목에 걸려서 일직선이 되도록 당겨지지 못했을 때

16 전자파거리측량기(EDM)에서 발생되는 오차 중 거리에 비례하여 나타나는 것은?

① 위상차 측정오차
② 반사프리즘의 구심오차
③ 반사프리즘 정수의 오차
④ 변조주파수의 오차

해설

거리에 비례하는 오차	거리에 비례하지 않는 오차
• 광속도의 오차 • 광변조 주파수의 오차 • 굴절률의 오차	• 위상차 관측의 오차 • 기계정수 및 반사경 정수의 오차

정답 | 13 ③ 14 ③ 15 ④ 16 ④

17 거리를 측정할 때에 발생하는 오차 중에서 정오차가 아닌 것은?

① 눈금을 잘못 읽었을 때 발생하는 오차
② 표준온도와 관측 시 온도 차에 의해 발생하는 오차
③ 표준줄자와의 차이에 의하여 발생하는 오차
④ 줄자의 처짐(sag)으로 발생하는 오차

해설

정오차의 보정	보정량	정확한 길이 (실제길이)
줄자길이가 표준길이와 다를 경우	$C_u = \pm L \times \dfrac{\Delta l}{l}$	$L_o = L \pm C_u$ $= L \pm \left(L \times \dfrac{\Delta l}{l} \right)$
온도에 대한 보정	$C_t = L \cdot a (t - t_o)$	$L_o = L \pm C_t$
경사에 대한 보정	$C_i = -\dfrac{h^2}{2L}$	$L_o = L \pm C_i$ $= L - \dfrac{h^2}{2L}$
평균해수면에 대한 보정 (표고보정)	$C_k = -\dfrac{L \cdot H}{R}$	$L_o = L - C_k$
장력에 대한 보정	$C_p = \pm \dfrac{L}{A \cdot E}(P - P_o)$	$L_o = L \pm C_p$
처짐에 대한 보정	$C_s = -\dfrac{L}{24}\left(\dfrac{wl}{P} \right)^2$	$L_o = L - C_s$

- L : 관측길이
- l : Tape의 길이
- Δl : Tape의 특성값
  [Tape의 늘음(+)과 줄음(−)량]
- a : Tape의 팽창계수
- h : 고저차
- t_o : 표준온도(15℃)
- t : 관측 시의 온도
- R : 지구의 곡률반경
- H : 표고
- P : 관측 시의 장력
- A : 테이프 단면적(cm^2)
- P_o : 표준장력(10kg)
- E : 탄성계수(kg/cm^2)
- w : 테이프의 자중(cm^2)
- l : 등간격 길이

18 30m의 줄자로 잰 거리가 218.10m이었다. 그런데 이 줄자가 표준보다 5cm 늘어나 있는 것이었다면 실제거리는?

① 215.74m
② 217.74m
③ 218.46m
④ 219.46m

해설

$$실제거리 = \frac{부정길이}{표준길이} \times 관측길이$$

$$= \frac{30.05}{30} \times 218.10 = 218.46m$$

19 다음 오차에 대한 설명 중 옳지 않은 것은?

① 측량에 수반되는 오차는 정오차, 우연오차, 착오 등으로 분류할 수 있다.
② 줄자에서 장력에 의한 것과 온도변화에 의한 오차는 정오차이다.
③ 줄자를 잡아당길 때 수평으로 되지 않아 발생하는 오차는 정오차이다.
④ 확률오차 r_0와 표준편차 σ 사이에는 $\sigma = 0.6745 r_0$의 관계식이 성립된다.

해설

확률오차$(r_0) = 0.6745 m_0$
※ m_0 : 평균 제곱근 오차(표준오차)

20 측량의 오차를 최소화하기 위한 가장 좋은 방법은?

① 골조측량과 세부측량을 병행하여 하는 것이 좋다.
② 먼저 골조측량을 하고 세부측량을 하는 것이 좋다.
③ 먼저 세부측량을 하고 골조측량을 하는 것이 좋다.
④ 순서와는 무관하게 관측이 쉬운 것부터 하는 것이 좋다.

정답 | **17** ① **18** ③ **19** ④ **20** ②

해설

측량순서 : 계획 및 준비 → 답사 → 선점 및 조표 → 골조측량 → 세부측량 → 지형도

21 줄자에 의한 거리 관측 시 발생한 오차와 이를 보정하기 위한 조치로 옳지 않은 것은?

① 두 지점 사이의 경사오차 : 두 지점 사이의 높이 차를 관측한다.

② 줄자의 길이오차 : 표준척과 사용한 줄자의 길이를 비교한다.

③ 줄자의 처짐오차 : 거리 관측 시 관측지역의 중력을 관측한다.

④ 장력에 따른 오차 : 거리 관측 시 줄자 한쪽에 용수철 저울을 달아 장력을 관측한다.

해설

정오차 보정
• 줄자의 길이가 표준길이와 다를 경우(테이프의 특성값)
• 온도에 대한 보정
• 경사에 대한 보정
• 평균해수면에 대한 보정(표고보정)
• 장력에 대한 보정
• 처짐에 대한 보정(C_s)

$$C_s = \frac{L}{24} \cdot \frac{W^2 \ell^2}{P^2}$$

※ C_s : 처짐보정량
 L : 관측길이(m)
 P : 장력(kg)
 w : 줄자 자중(g/m)
 ℓ : 줄자 받침 간격 길이(m)

22 1회 거리측정에서의 정오차가 c라고 하면 같은 상황에서 같은 기기로 4회 측정하였을 경우 생기는 정오차의 크기는?

① c

② 2c

③ 4c

④ 16c

해설

정오차(E) $= \delta \cdot n$이므로 정오차는 4c이다.

23 경중률에 관한 설명으로 옳지 않은 것은?

① 경중률은 관측횟수에 비례한다.

② 경중률은 노선거리에 반비례한다.

③ 경중률은 확률오차의 제곱에 비례한다.

④ 경중률은 표준편차의 제곱에 반비례한다.

해설

경중률
• 정의 : 관측방법, 관측횟수 및 관측거리, 관측기계의 종류 등에 따른 가중치, 즉 무게의 정도를 말한다.
• 특징
 − 같은 구간을 관측횟수를 다르게 했을 경우의 경중률은 관측횟수에 비례한다.
 − 관측치에 대한 평균제곱근오차의 경중률은 평균제곱근오차(표준편차)의 제곱에 반비례한다.
 − 경중률은 정밀도(R)의 제곱에 비례한다.
  ($P_1 : P_2 : P_3 = R_1^2 : R_2^2 : R_3^2$)
 − 직접수준측량에서 오차는 노선거리(S)의 제곱근($\sqrt{S}$)에 비례한다.
  ($m_1 : m_2 : m_3 = \sqrt{S_1} : \sqrt{S_2} : \sqrt{S_3}$)
 − 직접수준측량에서 경중률은 노선거리(S)에 반비례한다. ($P_1 : P_2 : P_3 = \dfrac{1}{S_1} : \dfrac{1}{S_2} : \dfrac{1}{S_3}$)
 − 간접수준측량에서 오차는 노선거리(S)에 비례한다. ($m_1 : m_2 : m_3 = S_1 : S_2 : S_3$).
 − 간접수준측량에서 경중률은 노선거리(S)의 제곱에 반비례한다. ($P_1 : P_2 : P_3 = \dfrac{1}{S_1^2} : \dfrac{1}{S_2^2} : \dfrac{1}{S_3^2}$)

확률오차(Porbable error)
밀도함수 전체의 50% 범위를 나타내는 오차로서 표준오차의 승수가 0.6745인 오차이다. 즉, 확률오차는 표준오차의 67.45%를 나타낸다.

정답 | 21 ③ 22 ③ 23 ③

24 다음 그림과 같이 관측된 거리를 최소제곱 법으로 조정하기 위한 조건방정식으로 옳은 것은?

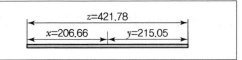

① $v_z = -v_x + v_y + 0.07$
② $v_z = v_x + v_y - 0.07$
③ $v_z = v_x - v_y + 0.07$
④ $v_z = -v_x - v_y - 0.07$

해설

- 관측오차 : $206.66 + 215.05 - 421.78 = -0.07$
- 보정 : $v_x + v_y - v_z = 0.07$
  $\therefore v_z = v_x + v_y - 0.07$

25 줄자를 사용하여 거리관측을 한 결과가 50m이었다. 이때 줄자의 중앙이 초목으로 인하여 직선으로부터 50cm 떨어지게 굽어졌다면 거리오차의 크기는?

① 0.05m   ② 0.04m
③ 0.02m   ④ 0.01m

해설

거리오차 : $\dfrac{0.5}{50} = 0.01m$

굴절보정 $= \dfrac{h^2}{2L} \times 2 = \dfrac{0.5^2}{2 \times 2.5} \times 2 = 0.01m$

26 직육면체인 저수탱크의 용적을 구하고자 한다. 밑변 a, b와 높이 h에 대한 측정결과가 다음과 같을 때 부피오차는?

a = 40.00±0.05m, b = 10.00±0.03m,
h = 20.00±0.02m

① $\pm 10m^3$ ② $\pm 21m^3$
③ $\pm 27m^3$ ④ $\pm 34m^3$

해설

$V = abh$
오차전파 법칙에 의해
$\Delta V = \pm \sqrt{(bh)^2 \times m_1^2 + (ah)^2 \times m_2^2 + (ab)^2 \times m_3^2}$
$= \pm \sqrt{(10 \times 20)^2 \times 0.05^2 + (40 \times 20)^2 \times 0.03^2 + (40 \times 10)^2 \times 0.02^2}$
$= 27.20m^3$

27 우연오차의 성질에 대한 설명으로 옳지 않은 것은?

① 큰 오차가 생길 확률은 작은 오차가 생길 확률보다 작다.
② 같은 크기의 정(+)오차와 부(-)오차의 발생 확률은 같다.
③ 우연오차는 부호와 크기가 규칙적으로 나타난다.
④ 매우 큰 오차는 거의 발생하지 않는다.

해설

오차의 종류
- 과실(착오, 과대오차) : 관측자의 미숙과 부주의에 의해 일어나는 오차로서 눈금읽기나 야장기입을 잘못한 경우에 주의를 하면 방지할 수 있다.
- 정오차(계통오차, 누차) : 일정한 관측값이 일정한 조건하에서 같은 크기와 같은 방향으로 발생되는 오차이다.
- 부정오차(우연오차, 상차) : 일어나는 원인이 확실치 않고 관측할 때 조건이 순간적으로 변화하기 때문에 원인을 알 수 없는 오차이다.

부정오차 가정 조건
- 극히 작은 오차는 발생하지 않는다.
- 작은 오차는 큰 오차보다 나타나는 빈도가 크다.
- 정오차(+)와 부오차(-)는 거의 같은 확률로 나타난다.
- 모든 오차들은 확률법칙을 따른다.

정답 | 24 ② 25 ④ 26 ③ 27 ③

28 측량성과에 대하여 조정 계산한 결과에서 좌표의 표준오차가 얼마라고 말할 때 이와 관련이 있는 오차는?

① 부정오차   ② 정오차
③ 착오   ④ 실수

> 해설

오차의 종류
- 과실(Mistake) : 잘못과 부주의로 측량작업에 과오를 초래하는 것
- 정오차(Systematic error) : 일정한 크기와 일정한 방향으로 나타나는 오차
- 부정오차(Random error) : 예측할 수 없이 불의로 일어나는 오차로서 확률법칙에 의하여 처리되는 오차

29 1회 관측에서 ±2mm의 우연오차가 발생하였다면 4회 관측하였을 때의 우연오차는?

① ±2.0mm   ② ±3.0mm
③ ±4.0mm   ④ ±8.0mm

> 해설

$M = \pm \delta \sqrt{n} = \pm 2\text{mm} \sqrt{4} = \pm 4.0\text{mm}$

30 30m 줄자를 사용하여 2점 간의 거리를 관측한 결과가 270m이었다. 30m에 대한 우연오차가 ±2mm라면 2점 간의 거리에 대한 우연오차는?

[2014년 기사 3회]

① ± 18″   ② ± 15″
③ ± 9″   ④ ± 6″

> 해설

우연오차 $E = \pm \delta \sqrt{n} = \pm 2 \sqrt{9} = \pm 6''$
$\therefore n = \dfrac{270}{30} = 9$회

31 직사각형 지역의 면적을 측량하기 위하여 X, Y의 길이를 관측한 결과가 X = 50.26m ± 0.016m, Y = 38.54m ± 0.005m일 때, 이 면적에 대한 표준오차(평균 제곱근 오차)는?

① ±0.33m^2 ② ±0.45m^2
③ ±0.56m^2 ④ ±0.67m^2

> 해설

$M = \pm \sqrt{(ym_1)^2 + (xm_2)^2}$
$= \pm \sqrt{(38.54 \times 0.016)^2 + (50.26 \times 0.005)^2}$
$= \pm 0.665\text{m}^2$

32 정밀도와 정확도에 대한 설명으로 옳지 않은 것은?

① 정확도는 관측값이 목표값에 얼마나 접근하느냐의 정도에 따라 결정된다.
② 정밀도는 관측집단의 편차 크기에 따라 결정된다.
③ 착오와 정오차가 없다면 정밀도를 정확도의 척도로 사용할 수 있다.
④ 확률오차(r_0)와 표준편차(m_0) 사이에는 $m_0 = \pm 0.6745 \, r_0$의 관계가 있다.

> 해설

① 표준편차(Standard deviation) : 독립관측값의 정밀도의 척도
$\sigma = \pm \sqrt{\dfrac{[vv]}{n-1}}$
② 표준오차(Standard error) : 조정환산값(평균값)의 정밀도의 척도
$\sigma = \pm \sqrt{\dfrac{[vv]}{n(n-1)}}$
③ 확률오차(Probable error) : 밀도함수의 50%(확률오차는 표준오차의 67.45%를 나타낸다)
$\gamma = \pm 0.6745 \sqrt{\dfrac{[vv]}{n(n-1)}}$

정답 | 28 ① 29 ③ 30 ④ 31 ④ 32 ④

33 길이 50m인 줄자를 사용하여 1,250m를 관측할 경우 50m에 대한 관측오차가 ±5mm라면 전체 거리에서 발생하는 오차는?

① ±10mm 　　　② ±20mm

③ ±25mm 　　　④ ±30mm

해설

- 측정횟수 $n = \dfrac{1250}{50} = 25$
- 우연오차 $= \pm \delta \sqrt{n} = \pm 5 \sqrt{25} = \pm 25\text{mm}$

34 직사각형인 지역의 각 변을 측량하여 a = 17.43±0.01m, b = 10.72±0.05m의 값을 얻었다. 면적오차는 얼마인가?

① ±0.01m^2 　　　② ±0.05m^2

③ ±0.88m^2 　　　④ ±0.99m^2

해설

오차전파법칙에서

$M = \pm \sqrt{(l_2 \cdot m_1)^2 + (l_1 \cdot m_2)^2}$

$= \pm \sqrt{(10.72 \times 0.01)^2 + (17.43 \times 0.05)^2}$

$= \pm 0.88\text{m}^2$

35 30m에 대하여 6mm 늘어나 있는 줄자로 정사각형의 지역을 측량한 결과 면적이 62,500m^{2}이였다. 실제면적은?

① 62,525 　　　② 62,513

③ 62,488 　　　④ 62,475

해설

실제면적

$(\dfrac{\text{부정길이}}{\text{표준길이}})^2 \times 관측면적$

$= (\dfrac{30.006}{30})^2 \times 62,500 = 62,525\text{m}^2$

36 정방형 토지의 면적을 구하기 위하여 30m 줄자로 변의 길이를 관측하고 면적을 계산한 결과 1,024m^{2}이었다. 그러나 줄자가 기준자와 비교하여 3cm 늘어나 있었다면 이 토지의 실제면적은?

① 1,025.05m^2 　　　② 1,026.05m^2

③ 1,027.05m^2 　　　④ 1,028.05m^2

해설

실제면적

$\dfrac{(\text{부정길이})^2 \times 관측면적}{(\text{표준길이})^2}$

$= \dfrac{(30.03)^2 \times 1,024}{(30)^2}$

$= 1,026.049\text{m}^2$

$= 1,026.05\text{m}^2$

37 최소제곱법의 관측방정식이 AX = L + V와 같은 행렬식의 형태로 표시될 때, 이 행렬식을 풀기 위한 정규방정식과 미지수 행렬 X로 옳은 것은? (단, 관측의 경중률은 동일하다)

① $A^{T}AX = L$, $X = (A^{T}A)^{-1}L$

② $AA^{T}X = L$, $X = (A^{T}A)^{-1}L$

③ $AA^{T}X = A^{T}L$, $X = (AA^{T})^{-1}A^{T}L$

④ $ATAX = ATL$, $X = (ATA) - 1ATL$

해설

중량이 단위중량(單位重量, Unit weight)이라고 하면 정규방정식은 다음과 같은 행렬로 표시할 수 있다.

$A^{T}AX = A^{T}L$

여기서, $A^{T}A$는 정규방정식에서 미지수에 대한 계수행렬이다. 양변에 $(A^{T}A)^{-1}$을 곱하고 정리하면 미지수 행렬 X를 다음과 같이 구할 수 있다.

$(A^{T}A)^{-1}(A^{T}A)X = (A^{T}A)^{-1}A^{T}L$

$IX = (A^{T}A)^{-1}A^{T}L$

$X = (A^{T}A)^{-1}A^{T}L$

만일, 측정값이 각각 다른 중량을 갖는다면 다음과 같다.

$X = (A^{T}WA)^{-1}A^{T}WL$

※ W : 중량행렬로서 대각선 행렬

정답 | 33 ③ **34** ③ **35** ① **36** ② **37** ④

03 각측량

CHAPTER

1. 각측량의 정의

① 어떤 점에서 시준한 두 방향선의 방향의 차이를 각이라 하며 그 사이각을 여러 가지 방법으로 구하는 측량을 각측량이라 한다.

② 공간을 기준으로 할 때 평면각, 공간각, 곡면각으로 구분하고 면을 기준으로 할 때 수직각, 수평각으로 구분할 수 있다.

② 수평각 관측법에는 단각법, 배각법, 방향관측법, 조합각관측법이 있다.

2. 각의 종류

① 평면각
  ㉠ 넓지 않은 지역에서의 위치결정을 위한 평면측량에 널리 사용되며 평면삼각법을 기초
  ㉡ 중력 방향과 직교하는 수평면 내에서 관측되는 수평각과 중력 방향면 내에서 관측되는 연직각으로 구분됨

수평각	교각	전 측선과 그 측선이 이루는 각
	편각	각 측선이 그 앞 측선의 연장선과 이루는 각
	방향각	도북방향을 기준으로 어느 측선까지 시계방향으로 잰 각
	방위각	• 자오선을 기준으로 어느 측선까지 시계방향으로 잰 각 • 방위각도 일종의 방향각임 • 자북방위각, 역방위각
	진북방향각 (자오선수차)	• 도북을 기준으로 한 도북과 자북의 사이각 • 진북방향각은 삼각점의 원점으로부터 동쪽에 위치 시(−), 서쪽에 위치 시(+)를 나타냄 • 좌표원점에서 동서로 멀어질수록 진북방향각이 커짐 • 방향각, 방위각, 진북방향각의 관계 : 방위각(α = 방향각(T) − 자오선수차($\pm\Delta\alpha$)
연직각	천정각	연직선 위쪽을 기준으로 목표점까지 내려 잰 각
	고저각	• 수평선을 기준으로 목표점까지 올려서 잰 각을 상향각(앙각), 내려 잰 각을 하향각(부각)이라 함 • 천문측량의 지평좌표계
	천저각	연직선 아래쪽을 기준으로 목표점까지 올려서 잰 각 − 항공사진측량

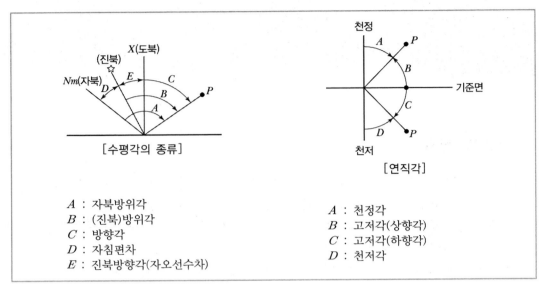

[수평각의 종류]

[연직각]

A : 자북방위각	A : 천정각
B : (진북)방위각	B : 고저각(상향각)
C : 방향각	C : 고저각(하향각)
D : 자침편차	D : 천저각
E : 진북방향각(자오선수차)	

② 곡면각 : 넓은 지역의 곡률을 고려한 각으로 지구를 구 또는 타원체로 가정할 때의 각
③ 공간각 : 스테라디안을 사용하는 각으로 천문측량, 해양측량, 사진측량, 원격탐측에서 사용

3. 각의 단위 및 상호관계

(1) 각의 단위

60진법	원주를 360등분할 때 그 한 호에 대한 중심각을 1도라 하며, 도, 분, 초로 표시 • 1 전원 $= 360°$ • $1° = 60'$ • $1' = 60''$
100진법 (그레이드법)	원주를 400등분할 때 그 한호에 대한 중심각을 1그레이드(Grade)로 하며 그레이드, 센티그레이드, 센티센티그레이드(혹은 밀리곤)로 표시 • 1 전원 $=400 \text{gon}$(또는 grade) • 1 grade $=100 \text{cgon}$(또는 cgrade) • 1 cgrade $=10 \text{mgon}$(또는 mgrade)
호도법 (라디안법)	원의 반경과 같은 호에 대한 중심각을 1라디안(Radian)으로 표시 • 1 전원 $= 2\pi rad = 360° = 400\,grade$ • 1 직각 $= \dfrac{\pi}{2} rad = 90° = 100\,grade$ • $1° = \dfrac{\pi}{180} rad = 1.74532925 \times 10^{-2}\,rad$

$$\cdot \, 1 \text{ grade} = \frac{\pi}{200} rad = 1.57079633 \times 10^{-2} rad$$

※ π : 원주율(3.141592...)

(2) 각의 상호관계

① 도와 그레이드(Grade)

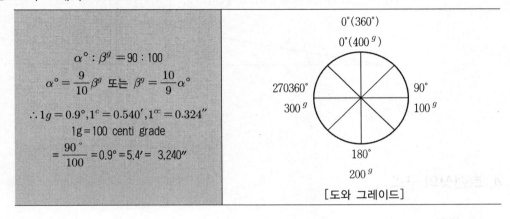

$$\alpha^\circ : \beta^g = 90 : 100$$

$$\alpha^\circ = \frac{9}{10}\beta^g \text{ 또는 } \beta^g = \frac{10}{9}\alpha^\circ$$

$$\therefore 1g = 0.9^\circ, 1^c = 0.540', 1^{cc} = 0.324''$$

$$1g = 100 \text{ centi grade}$$

$$= \frac{90^\circ}{100} = 0.9^\circ = 5.4' = 3,240''$$

0°(360°)
0°(400^g)
270360°
300^g
90°
100^g
180°
200^g

[도와 그레이드]

② 호도와 각도

㉠ 1개의 원에 있어서 중심각과 그것에 대한 호의 길이는 서로 비례하므로 반경 R과 같은 길이의 호 AB를 잡고 이것에 대한 중심각을 ρ로 잡으면

$$\frac{R}{2\pi R} = \frac{\rho^\circ}{360^\circ} \qquad \therefore \rho^\circ = \frac{180^\circ}{\pi}$$

$$\rho^\circ = \frac{180^\circ}{\pi} = 57.29578^\circ$$

$$\rho' = 60' \times \rho^\circ = 3437.7468'$$
$$\rho'' = 60'' \times \rho' = 206264.806''$$

반경 R인 원에 있어서 호의 길이 L에 대한

중심각 θ는 $\theta = \frac{L}{R} (Radian)$

이것을 도, 분, 초로 고치면

$$\theta^\circ = \frac{L}{R}\rho^\circ \qquad \theta' = \frac{L}{R}\rho' \qquad \theta'' = \frac{L}{R}\rho''$$

[각과 거리]

ⓛ 반경 R인 원에 있어서 호의 길이 L에 대한 중심각 θ는

$\theta = \dfrac{L}{R}(Radian)$ 이것을 도, 분, 초로 고치면

$\theta° = \dfrac{L}{R}\rho°,\ \theta' = \dfrac{L}{R}\rho',\ \theta'' = \dfrac{L}{R}\rho''$

∴ θ가 미소각인 경우에 L이 R에 비하여 현저하게 작아지므로

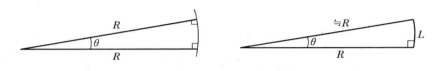

∴ $\theta'' = \dfrac{L}{R}\rho''$

4. 트랜싯의 구조

(1) 구조

수평축	수평축은 망원경의 중앙에서 직각으로 고정되어 지주 위에서 회전축의 구실을 하며 연직축과 수평축은 반드시 직교한다.
연직축	망원경은 연직축을 중심으로 회전한다.
분도원	트랜싯에는 연직축에 직각으로 장치된 수평각을 측정하는 수평분도원과 망원경의 수평축에 직각으로 장치된 연직각측정에 사용되는 연직분도원이 있다.
버니어(유표)	• 순아들자 : 어미자$(n-1)$ 눈금의 길이를 아들자로 n등분하는 것이며 보통 기계에 사용된다. $(n-1)S = nV$ $\therefore V = \dfrac{n-1}{n} \cdot S$ $\therefore C = S - V = S - \dfrac{n-1}{n}S = \dfrac{1}{n} \cdot S$ ※ S : 어미자 1눈금의 크기 　V : 아들자 1눈금의 크기 　n : 아들자의 등분수 　C : S와 V의 차(최소눈금) • 역아들자(역버니어) : 역아들자는 어미자(주척) $(n+1)$ 눈금을 n등분한 것이다. $(n+1)S = nV$ $V = \dfrac{n+1}{n} \cdot S$ $\therefore C = S - V = (1 - \dfrac{n+1}{n})S = \dfrac{1}{n} \cdot S$

(2) 트랜싯의 조정(구비)조건

① 기포관축과 연직축은 직교해야 한다. ($L \perp V$) : 1조정(연직축오차 : 평반기포관의 조정)

② 시준선과 수평축은 직교해야 한다. ($C \perp H$) : 2조정(시준축오차 : 십자종선의 조정)

③ 수평축과 연직축은 직교해야 한다. ($H \perp V$) : 3조정(수평축오차 : 수평축의 조정)

　※ 트랜싯의 3축 : 연직축, 수평축, 시준축

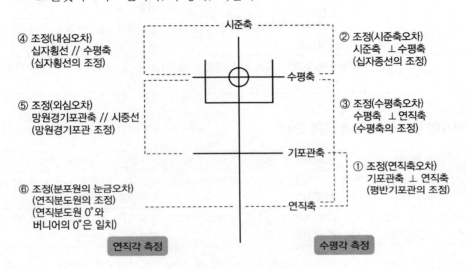

5. 트랜싯의 6조정

제1조정(평반기포관의 조정)	평반기포관축은 연직축에 직교해야 한다.
제2조정(십자종선의 조정)	십자종선은 수평축에 직교해야 한다.
제3조정(수평축의 조정)	수평축은 연직축에 직교해야 한다.
제4조정(십자횡선의 조정)	십자선의 교점은 정확하게 망원경의 중심(광축)과 일치하고 십자횡선은 수평축과 평행해야 한다.
제5조정(망원경기포관의 조정)	망원경에 장치된 기포관축과 시준선은 평행해야 한다.
제6조정(연직분도원 버니어조정)	시준선은 수평(기포관의 기포가 중앙)일때 연직분도원의 0°가 버니어의 0과 일치해야 한다.

① 수평각 측정 시 필요한 조정 : 제1조정~제3조정

② 연직각 측정 시 필요한 조정 : 제4조정~제6조정

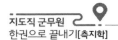

6. 기계(정)오차의 원인과 처리 방법

(1) 조정이 완전하지 않아 생기는 오차

오차의 종류	원인	처리 방법
시준축 오차	시준축과 수평축이 직교하지 않기 때문에 생기는 오차	망원경을 정·반위로 관측하여 평균을 취함
수평축 오차	수평축이 연직축에 직교하지 않기 때문에 생기는 오차	망원경을 정·반위로 관측하여 평균을 취함
연직축 오차	연직축이 연직이 되지 않기 때문에 생기는 오차	소거 불능(연직축과 수평 기포관 축의 직교를 조정)

(2) 기계의 구조상 결점에 따른 오차

오차의 종류	원인	처리 방법
회전축의 편심오차 (내심오차)	기계의 수평회전축과 수평분도원의 중심이 불일치	180° 차이가 있는 2개(A, B)의 버니어의 읽음값을 평균함
시준선의 편심오차 (외심오차)	시준선이 기계의 중심을 통과하지 않기 때문에 생기는 오차	망원경을 정·반위로 관측하여 평균을 취함
분도원의 눈금오차	눈금 간격이 균일하지 않기 때문에 생기는 오차	버니어의 0의 위치를 $\dfrac{180°}{n}$ 씩 옮겨가면서 대회관측을 함

7. 수평각측정 방법

단측법	• 1개의 각을 1회 관측하는 방법으로 수평각측정법 중 가장 간단하며 관측결과가 좋지 않다. • 방법 : $\angle AOB = \alpha_n - \alpha_0$ 　※ α_n : 나중 읽음값, α_0 : 처음 읽음값 • 정확도 　－1변의 시준·읽기오차 $M = \pm\sqrt{\alpha^2 + \beta^2}$ 　－1각에 대한 시준·읽기오차 $M = \pm\sqrt{2(\alpha^2 + \beta^2)}$ 　※ α : 시준오차, β : 읽음오차	
배각법	• 하나의 각을 2회 이상 반복 관측하여 누적된 값을 평균하는 방법으로 이중축을 가진 트랜싯의 연직축오차를 소거하는 데 좋고 아들자의 최소눈금 이하로 정밀하게 읽을 수 있다.	

배각법	• 방법 : 1개의 각을 2회 이상 관측하여 관측횟수로 나누어 구한다. $$\angle AOB = \frac{\alpha_n - \alpha_0}{n}$$ ※ α_n : 나중 읽음값 　α_0 : 처음 읽음값 　n : 관측횟수 • 정확도 　-n배각의 관측에 있어서 1각에 포함되는 시준오차(m_1) $$m_1 = \pm \sqrt{\frac{2\alpha^2}{n}}$$ 　-n배각의 관측에 있어서 1각에 포함되는 읽음오차(m_2) $$m_2 = \pm \sqrt{\frac{2\beta^2}{n^2}}$$ ※ a : 시준오차 , β : 읽음오차 　-1각에 생기는 배각법의 오차(M) $$M = \pm \sqrt{m_1{}^2 + m_2{}^2} = \pm \sqrt{\frac{2}{n}(\alpha^2 + \frac{\beta^2}{n})}$$	

배각법 그림:
0에서 A, B 두 방향으로 각 α_0, α_1, α_2, α_3 (위쪽 A), α_1, α_2, α_3, α_n (아래쪽 B)

방향각법	• 어떤 시준방향을 기준으로 하여 각 시준방향에 이르는 각을 차례로 관측하는 방법으로, 배각법에 비해 시간이 절약되고 3등삼각측량에 이용된다. • 1점에서 많은 각을 잴 때 이용 • 각 관측의 정도 　-1방향에 생기는 오차 $m_1 = \pm \sqrt{a^2 + \beta^2}$ 　-각 관측(2방향의 차)의 오차 $m_2 = \pm \sqrt{2(a^2 + \beta^2)}$ 　-n회 관측한 평균값에 있어서의 오차 $$m = \pm \sqrt{\frac{2}{n}(a^2 + \beta^2)}$$ ※ a : 시준오차, 　β : 읽기오차, 　n : 관측횟수	

방향각법 그림: 0에서 A, B, C, D 방향, 각 a, b, c

조합각 관측법	• 수평각 관측방법 중 가장 정확한 방법으로 1등삼각측량에 이용된다. • 방법 : 여러 개의 방향선의 각을 차례로 방향각법으로 관측하여 얻어진 여러개의 각을 최소제곱법에 의해 최확값을 결정한다. • 측각 총수, 조건식 총수 　-측각 총수 $= \dfrac{1}{2}N(N-1)$ 　-조건식 총수 $= \dfrac{1}{2}(N-1)(N-2)$ ※ N : 방향수	

조합각 관측법 그림: 0에서 A, B, C, D 방향, 각 a, b, c, d, e, f

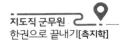

8. 각 관측의 오차

(1) 일정한 각관측의 최확값(L_0)

관측횟수(N)를 같게 하였을 경우	$\therefore L_0 = \dfrac{[\alpha]}{n}$ ※ n : 측각횟수 $[\alpha]$: $\alpha_1 + \alpha_2 + \cdots\cdots\alpha_n$
관측횟수(N)를 다르게 하였을 경우	경중률은 관측횟수(N)에 비례한다. $P_1 : P_2 : P_3 = N_1 : N_2 : N_3$ $\therefore L_0 = \dfrac{P_1 l_1 + P_2 l_2 + P_3 l_3}{P_1 + P_2 + P_3}$

(2) 조건부관측의 최확값

관측횟수(N)를 같게 하였을 경우	$\angle a_1 + \angle a_2 = \angle a_3$가 되어야 하므로 조건부의 최확값이다. $[(a_1 + a_2) - a_3 = \omega(각오차)]$ $\angle a_1 + \angle a_2 = \angle a_3$를 비교하여 큰 쪽에서 조경량($d$)만큼 빼주고 작은 쪽에는 더해주면 된다. $\therefore$ 조경량$(d) = \dfrac{\omega}{n} = \dfrac{\omega}{3}$
관측횟수(N)를 다르게 하였을 경우	경중률(P)은 관측횟수(N)에 반비례($\dfrac{1}{N}$)하므로 $P_1 : P_2 : P_3 = \dfrac{1}{N_1} : \dfrac{1}{N_2} : \dfrac{1}{N_3}$ $\therefore$ 조경량$(d) = \dfrac{오차}{경중률의 합} \times$ 조정할 각의 경중률

01 임의 지점 P_1의 좌표가 ($-2,000m$, $1,000m$) 이고, 다른 지점 P_2의 좌표가 ($-1,250m$, $2,299m$) 일 때 $\overline{P_1P_2}$의 방위각은?

① $30°00'03''$ ② $59°59'57''$
③ $210°00'03''$ ④ $239°59'57''$

해설

방위각

$$= \tan^{-1}\frac{Y_{P_2}-Y_{P_1}}{X_{P_2}-X_{P_1}}$$

$$= \tan^{-1}\frac{2299-1000}{-1250-(-2000)} = 59°59'57''$$

02 삼각망 구성에 있어서 가장 정밀도가 높은 삼각망은?

① 유심 삼각망   ② 사변형 삼각망
③ 단열 삼각망   ④ 종합 삼각망

해설

사변형 삼각망

• 정의 : 사각형의 형태로 삼각점을 설치하고, 대각선 방향으로 시준선을 설정하여, 한 변에 대한 기선과 각 관측점에서 2개 각, 즉 총 8개 각을 관측하는 삼각망 이다.
• 특징
 – 조건식의 수가 가장 많기 때문에 가장 높은 정확도 를 얻을 수 있다.
 – 이 망은 조정이 복잡하고 피복 면적이 적으며, 많은 노력과 시간, 경비가 요구된다는 단점이 있다.
 – 높은 정확도를 필요로 하는 삼각 측량이나 기선 삼 각망 등에 사용된다.

03 A점의 좌표가 ($-152.32m$, $-216.22m$), B점의 좌표가 ($231.11m$, $30.21m$)일 때 AB측선 의 방향각은?

① $32°43'44''$ ② $42°44'44''$
③ $57°15'44''$ ④ $57°16'16''$

해설

$$\theta = \tan^{-1}\frac{\Delta y}{\Delta x}$$

$$= \tan^{-1}\frac{246.43}{383.43} = 32°43'44''$$

(1상한)

04 B점에서 편심관측을 아래 그림과 같이 행 하였다. $\angle\gamma_1$, $\angle\gamma_2$는 얼마인가? (단, B : 기지 점, $S_1 = 2000m$, $S_2 = 1000m$, $e = 0.1m$, $T' = 80°$, $P = 330°$이다)

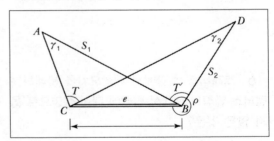

① $\gamma_1 = 3''$, $\gamma_2 = 6''$ ② $\gamma_1 = 5''$, $\gamma_2 = 19''$
③ $\gamma_1 = 10''$, $\gamma_2 = 20''$ ④ $\gamma_1 = 15''$, $\gamma_2 = 30''$

해설

sin 법칙에 의해

$$\gamma_1 = 206265'' \times \frac{0.1}{2000} \times \sin30°$$

$$= 5''$$

$$\gamma_2 = 206265'' \times \frac{0.1}{1000} \times \sin(360° - 330° + 80)$$
$$= 10''$$

05 각 측정기의 조정이 완전한 경우 성립조건이 아닌 것은?

① 시준선은 수평분도원과 직각이다.
② 시준선은 연직축과 직각을 이룬다.
③ 수평축은 연직분도원과 직각이다.
④ 연직축은 수평분도원과 직각이다.

해설

트랜싯의 구조는 수준기축, 수직축, 수평축, 시준선축이 직교가 되어야 한다.
• 연직축오차 : 기포관과 연직축이 수직(제1조정)
• 시준축오차 : 시준축과 수평축이 수직(제2조정)
• 수평축오차 : 수평축과 연직축이 수직(제3조정)

트랜싯의 3축(연직축, 수평축, 시준축)

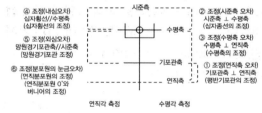

06 트래버스 측량에서 폐합오차를 분배하는 컴퍼스 법칙과 트랜싯 법칙에 대한 설명으로 옳지 않은 것은?

① 컴퍼스 법칙은 거리의 정도와 각 관측의 정밀도가 거의 같을 경우에 사용된다.
② 컴퍼스 법칙은 각 측선의 길이에 비례하여 배분하는 방법이다.
③ 트랜싯 법칙은 거리의 오차를 평균 배분하는 방법이다.
④ 트랜싯 법칙은 각 측량의 정밀도가 거리측량의 정도보다 좋을 경우에 이용된다.

해설

트랜싯 법칙

트랜싯 법칙은 위거, 경거의 오차를 각 측선의 위거 및 경거에 비례하여 배분하는 방법으로 각 측량의 정밀도가 거리의 정밀도보다 높을 때 이용된다.

07 다각측량에 대한 설명으로 옳지 않은 것은?

① 다각측량은 삼각측량과 같이 높은 정확도를 요하지는 않는다.
② 일반적으로 트래버스 중 결합트래버스의 정확도가 가장 높다.
③ 폐합오차 조정 시 각 관측의 정도가 거리관측의 정도보다 높으면 컴퍼스 법칙을 적용한다.
④ 횡거란 측선의 중점에서 자오선에 내린 수선의 길이이며 그 2배가 배횡거이다.

해설

트랜싯 법칙	각 관측의 정밀도가 거리의 정밀도보다 좋은 경우에는 트랜싯 법칙을 적용한다.
컴퍼스 법칙	각 관측의 정밀도와 거리의 정밀도가 같은 경우에 이용된다.

08 각 측량기에서 기계점검이나 테스트 시 직교의 조건을 확인하여야 하는 3개의 축에 속하지 않는 것은?

① 편심축
② 시준축
③ 수평축
④ 연직축

해설

트랜싯의 조정 조건
• 기포관축과 연직축은 직교해야 한다($L \perp V$).
• 시준선과 수평축은 직교해야 한다($C \perp H$).
• 수평축과 연직축은 직교해야 한다($H \perp V$).

정답 | 05 ① 06 ③ 07 ③ 08 ①

트랜싯의 3축(연직축, 수평축, 시준축)

④ 조정(내심오차)
십자횡선//수평축
(십자횡선의 조정)

⑤ 조정(외심오차)
망원경기포관축//시준축
(망원경기포관 조정)

⑥ 조정(분포원의 눈금오차)
(연직분포원의 조정)
(연직분포원 0°와
버니어의 조정)

② 조정(시준축 오차)
시준축 ⊥ 수평축
(십자종선의 조정)

③ 조정(수평축 오차)
수평축 ⊥ 연직축
(수평축의 조정)

① 조정(연직축 오차)
기포관축 ⊥ 연직축
(평반기포관의 조정)

연직각 측정   수평각 측정

09 각 측정기의 조정이 완전한 경우 성립조건이 아닌 것은?

① 시준선은 수평분도원과 직각이다.
② 시준선은 연직축과 직각을 이룬다.
③ 수평축은 연직분도원과 직각이다.
④ 연직축은 수평분도원과 직각이다.

해설

트랜싯의 6조정

• 수평각 측정 시 필요한 조정
  - 제1조정(평반기포관의 조정 : 연직축오차) : 평반기포관축은 연직축에 직교해야 한다.
  - 제2조정(십자종선의 조정 : 시준축오차) : 십자종선은 수평축에 직교해야 한다.
  - 제3조정(수평축의 조정 : 수평축오차) : 수평축은 연직축에 직교해야 한다.

• 연직각 측정 시 필요한 조정
  - 제4조정(십자횡선의 조정) : 십자선의 교점은 정확하게 망원경의 중심(광축)과 일치하고 십자횡선은 수평축과 평행해야 한다.
  - 제5조정(망원경기포관의 조정) : 망원경에 장치된 기포관축과 시준선은 평행해야 한다.
  - 제6조정(연직분도원 버니어 조정) : 시준선은 수평(기포관의 기포가 중앙)일 때 연직분도원의 0°가 버니어의 0과 일치해야 한다.

10 각측정기의 수평축이 연직축과 직교하지 않는 기계로 측정할 때의 오차소거법에 대한 설명으로 옳은 것은?

① 망원경의 정위 및 반위의 관측결과를 평균한다.
② 소거가 불가능하다.
③ 눈금판을 재조정한다.
④ 직교에 대한 편차를 구하여 더한다.

해설

망원경 정·반 관측으로 제거되는 오차에는 시준축오차, 수평축오차, 시준축 편심오차(외심오차)가 있다.

망원경 정·반 관측 시 소거 가능 오차

• 시준축 오차 : 시준축과 수평축이 직교하지 않기 때문에 생기는 오차
• 수평축 오차 : 수평축이 연직축에 직교하지 않기 때문에 생기는 오차
• 시준선 편심오차(외심오차) : 시준선이 기계의 중심을 통하지 않기 때문에 생기는 오차
  ※ 연직축 오차 : 연직축이 연직하지 않기 때문에 생기는 오차는 소거 불가능하다. 시준할 두 점의 고저차가 연직각으로 5° 이하일 때에는 큰 오차가 발생하지 않는다.

11 어느 지점의 각을 8회 관측하여 평균제곱근오차 ±0.7″를 얻었다. 같은 조건으로 관측하여 ±0.3″의 평균제곱근오차를 얻기 위해서는 몇 회 측정하여야 하는가?

① 18회   ② 24회
③ 32회   ④ 44회

해설

경중률은 평균제곱근오차의 제곱에 반비례하므로

$$8 : x = \frac{1}{0.7^2} : \frac{1}{0.3^2} = 2.04 : 11.11$$

$$\therefore x = \frac{8 \times 11.11}{2.04} = 43.56 ≒ 44회$$

12 어느 1개의 각을 10회 관측하여 표와 같이 오차가 발생하였다면 평균 제곱근 오차는?

번호	1	2	3	4	5	6	7	8	9	10
오차	3.8″	1.5″	-2.0″	0.0″	4.3″	-1.8″	-2.2″	0.7″	-3.9″	2.3″

① 1.75″   ② 2.75″

③ 3.75″   ④ 4.75″

해설

구분	관측값	v^2
1	3.8″	14.44
2	1.5	2.25
3	-2.0	4.0
4	0.0	0
5	4.3	18.49
6	-1.8	3.24
7	-2.2	4.84
8	0.7	0.49
9	-3.9	15.21
10	2.3	5.29
계		68.25

• 최확값(L_0)

$$= \frac{3.8+1.5-2.0+4.3-1.8-2.2+0.7-3.9+2.3}{10} = 2.7''$$

• 평균자승오차(M_0) $= \sqrt{\dfrac{v^2}{n-1}}$

$$= \sqrt{\frac{68.25}{10-1}} = 2.75$$

13 수평각 관측에서 수평축과 시준축이 직교하지 않음으로써 일어나는 각 오차의 소거방법으로 옳은 것은?

① 정 · 반위 관측   ② 반복법 관측

③ 방향각법 관측   ④ 조합각 관측

해설

조정이 완전하지 않기 때문에 생기는 오차

오차의 종류	원인	처리방법
시준축 오차	시준축과 수평축이 직교하지 않기 때문에 생기는 오차	망원경을 정·반위로 관측하여 평균을 취함
수평축 오차	수평축이 연직축에 직교하지 않기 때문에 생기는 오차	망원경을 정·반위로 관측하여 평균을 취함
연직축 오차	연직축이 연직이 되지 않기 때문에 생기는 오차	소거 불능

정답 | 12 ② 13 ①

04 CHAPTER
트래버스측량

1. 트래버스 다각측량의 특징

(1) 정의

여러 개의 측점을 연결하여 생긴 다각형의 각 변의 길이와 방위각을 순차로 측정하고, 그 결과에서 각 변의 위거, 경거를 계산하여 이 점들의 좌표를 결정하여 도상 기준점의 위치를 결정하는 측량을 말한다.

(2) 트래버스측량의 특징

① 삼각점이 멀리 배치되어 있어 좁은 지역에 세부측량의 기준이 되는 점을 추가 설치할 경우에 편리하다.
② 복잡한 시가지나 지형의 기복이 심하여 시준이 어려운 지역의 측량에 적합하다.
③ 선로(도로, 하천, 철도)와 같이 좁고 긴 곳의 측량에 적합하다.
④ 거리와 각을 관측하여 도식해법에 의하여 모든 점의 위치를 결정할 경우 편리하다.
⑤ 삼각측량과 같이 높은 정도를 요구하지 않는 골조측량에 이용한다.
⑥ 측선의 거리는 될 수 있으면 같게 하고, 측점 수는 적게 하는 것이 좋다.
⑦ 세부기준점의 결정과 세부측량의 기준이 되는 골조측량이다.

(3) 트래버스측량의 순서

① 외업 : 계획 → 답사 → 선점 → 조표 → 거리관측 → 각관측 → 거리와 각관측정확도의 균형 → 계산 및 측점의 전개
② 내업 : 방위각 계산 → 위거 및 경거 계산 → 결합오차 조정 → 좌표계산

2. 트래버스의 종류

결합트래버스	기지점에서 출발하여 다른 기지점으로 결합시키는 방법으로 대규모 지역의 정확성을 요하는 측량에 이용
폐합트래버스	기지점에서 출발하여 원래의 기지점으로 폐합시키는 트래버스로 측량결과가 검토는 되나 결합다각형보다 정확도가 낮아 소규모 지역의 측량에 좋음
개방트래버스	• 임의의 점에서 임의의 점으로 끝나는 트래버스로 측량결과의 점검이 안 되어 노선측량의 답사에는 편리한 방법 • 시작되는 점과 끝나는 점 간의 아무런 조건이 없음

3. 트래버스측량의 측각법

교각법	어떤 측선이 그 앞의 측선과 이루는 각을 관측하는 방법
편각법	각 측선이 그 앞 측선의 연장과 이루는 각을 관측하는 방법
방위각법	• 각 측선이 일정한 기준선인 자오선과 이루는 각을 우회로 관측하는 방법 • 방위각법은 직접방위각이 관측되어 편리하나 오차 발생 시 이후 측량에도 영향을 끼침

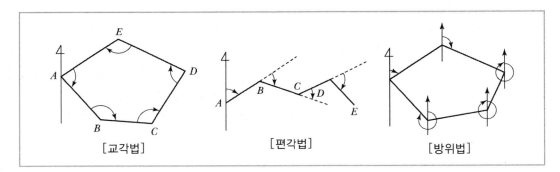

[교각법]　　　　　[편각법]　　　　　[방위법]

4. 측각오차의 조정

(1) 폐합트래버스의 경우

내각측정 시	다각형의 내각의 합은 $180°(n-2)$이므로 $\therefore E=[a]-180(n-2)$
외각측정 시	다각형에서 외각은$(360°-$내각$)$이므로 외각의 합은 $(360°\times n -$내각의 합$)$ 즉 $360°\times n-180°(n-2)=180°(n+2)$이 된다. $\therefore E=[a]-180(n+2)$

편각측정 시	편각은 $(180° - $내각$)$이므로 편각의 합은 $180° \times n - 180°(n-2) = 360°$ $\therefore E = [a] - 360°$ ※ E : 폐합트래버스오차 　$[a]$: 각의 총합 　n : 각의 수

(2) 결합트래버스의 경우

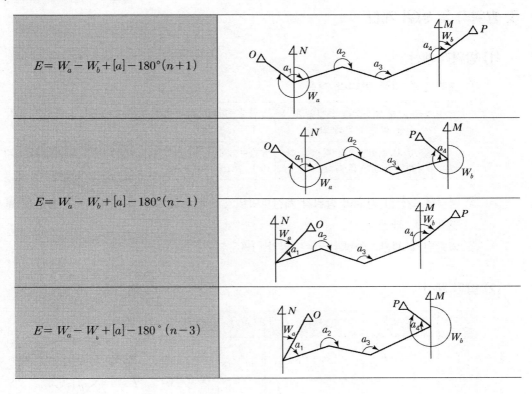

$E = W_a - W_b + [a] - 180°(n+1)$	
$E = W_a - W_b + [a] - 180°(n-1)$	
$E = W_a - W_b + [a] - 180°(n-3)$	

(3) 측각오차의 허용범위

임야지 또는 복잡한 경사지	$1.5\sqrt{n}\,(분) = 90''\sqrt{n}\,(초)$
완만한 경사지 또는 평탄지	$0.5\sqrt{n} \sim 1\sqrt{n}\,(분) = 30''\sqrt{n} \sim 60''\sqrt{n}\,(초)$
시가지	$0.3\sqrt{n} \sim 0.5\sqrt{n}\,(분) = 20''\sqrt{n} \sim 30''\sqrt{n}\,(초)$ ※ n : 트래버스의 변의 수

(4) 측각오차의 조정

오차 $E_a = \pm \varepsilon_a \sqrt{n}$

※ E_a : n개 각의 각오차

　ε_a : 1개 각의 각오차

　n : 측각수

5. 방위각 및 방위 계산

(1) 방위각 계산

① 교각법에 의한 방위각 계산

교각을 시계 방향으로 측정할 때 (진행 방향의 우측 각)	방위각=하나 앞 측선의 방위각+180°-그 측선의 교각 ∴ $V = \alpha + 180° - a_2$
교각을 반시계 방향으로 측정할 때 (진행 방향의 좌측 각)	방위각=하나 앞 측선의 방위각+180°+그 측선의 교각 ∴ $V = \alpha + 180° + a_2$

② 편각을 측정한 경우의 방위각 계산 : 방위각=하나 앞 측선의 방위각±그 측선의 편각[우편각(+), 좌편각(-)]

③ 역방위각 계산 : 역방위각=방위각+180°

(2) 방위 계산

상환	방위	방위각	위거	경거
I	$N \, \theta_1 \, E$	$a = \theta_1$	+	+
II	$S \, \theta_2 \, E$	$a = 180° - \theta_2$	-	+
III	$S \, \theta_3 \, W$	$a = 180° + \theta_3$	-	-
IV	$N \, \theta_4 \, W$	$a = 360° - \theta_4$	+	-

6. 위거 및 경거 계산

위거(Latitude)	측선에서 NS선의 차이 $L_{AB} = l \cdot \cos\theta$
경거(Departure)	측선에서 EW선의 차이 $D_{AB} = l \cdot \sin\theta$
AB의 거리	$AB = \sqrt{(X_B - X_A)^2 + (Y_B - Y_A)^2}$
방위	$\tan\theta = \dfrac{\triangle Y}{\triangle X} = \dfrac{Y_B - Y_A}{X_B - X_A}$ $\theta = \tan^{-1}\dfrac{\triangle Y}{\triangle X}$(상환)
방위각	1상환 $a = \theta_1$ 2상환 $a = 180° - \theta_2$ 3상환 $a = 180° + \theta_3$ 4상환 $a = 360° - \theta_4$

7. 폐합오차와 폐합비

(1) 폐합트래버스

① 폐합오차(E)는 다각측량에서 거리와 각을 관측하여 출발점에 돌아왔을 때 거리와 각의 오차로 위거의 대수합(ΣL)과 경거의 대수합(ΣD)이 0이 안 되며, 이때의 오차를 말한다.

② 폐합오차 및 폐합비를 계산하여 허용범위 내에 있을 경우에만 조정 계산한다.

폐합오차	$E = \sqrt{(\triangle L)^2 + (\triangle D)^2}$
폐합비(정도)	$\dfrac{1}{M} = \dfrac{\text{폐합오차}}{\text{총길이}} = \dfrac{\sqrt{(\triangle L)^2 + (\triangle D)^2}}{\Sigma l}$ ※ $\triangle l$: 위거오차 $\triangle D$: 경거오차

(2) 결합트래버스

시점 A의 좌표가 (X_A, Y_A), 종점 B의 좌표가 (X_B, Y_B)라 할 때 위거·경거의 오차는 다음 식으로 구한다.

위거오차	$\triangle l = (X_A + \Sigma L) - X_B$ ※ $\triangle l$: 위거의 오차 ΣL : 위거의 합	경거오차	$\triangle d = (Y_A + \Sigma D) - Y_B$ ※ $\triangle d$: 경거의 오차 ΣD : 경거의 합

(3) 폐합비의 허용범위

시가지	$\frac{1}{5,000} \sim \frac{1}{10,000}$
평지	$\frac{1}{1,000} \sim \frac{1}{2,000}$
산지 및 임야지	$\frac{1}{500} \sim \frac{1}{1,000}$
산악지 및 복잡한 지형	$\frac{1}{300} \sim \frac{1}{1,000}$

8. 트래버스의 조정

(1) 폐합오차의 조정

① 폐합오차를 합리적으로 배분하여 트래버스가 폐합하도록 한다.

② 오차의 배분방법

컴퍼스법칙	• 각관측과 거리관측의 정밀도가 같을 때 조정하는 방법으로 각측선길이에 비례하여 폐합오차를 배분 • 위거조정량 $= \dfrac{\text{그 측선거리}}{\text{전 측선거리}} \times \text{위거오차} = \dfrac{L}{\sum L} \times E_L$ • 경거조정량 $= \dfrac{\text{그 측선거리}}{\text{전 측선거리}} \times \text{경거오차} = \dfrac{L}{\sum L} \times E_D$
트랜싯법칙	• 각관측의 정밀도가 거리관측의 정밀도 보다 높을 때 조정하는 방법으로 위거, 경거의 크기에 비례하여 폐합오차를 배분 • 위거조정량 $= \dfrac{\text{그 측선의 위거}}{|\text{위거절대치의 합}|} \times \text{위거오차} = \dfrac{L}{\sum|L|} \times E_L$ • 경거조정량 $= \dfrac{\text{그 측선의 경거}}{|\text{경거절대치의 합}|} \times \text{경거오차} = \dfrac{D}{\sum|D|} \times E_D$

9. 합위거(X좌표) 및 합경거(Y좌표)의 계산

트래버스 측량의 좌표는 합위거 및 합경거를 의미하며 트래버스 측량의 목적은 점(X,Y) 좌표를 구하는 데 있다. 이때 위거는 X, 경거는 Y를 의미한다.

좌표계산	• 최초의 측점을 원점으로 함 • 임의 측선의 합위(경)거=앞 측선의 합위(경)거+그 측선의 조정 위(경)거 • 마지막 측선의 합위(경)거=그 측선의 조정 위(경)거와 같고 부호가 반대

A점 좌표	B점 좌표	C점 좌표
$x_1 = x_1$	$x_2 = x_1 + L_1$	$x_3 = x_1 + L_1 + L_2$
$y_1 = y_1$	$y_2 = y_1 + D_1$	$y_3 = y_1 + D_1 + D_2$

10. 면적계산

① 횡거 : 어떤 측선의 중심에서 어떤 시준선에 내린 수선의 길이를 횡거라 한다.

횡거	$\overline{NN'} = \overline{N'P} + \overline{PQ} + \overline{QN}$ $\qquad = \overline{MM'} + \dfrac{1}{2}\overline{BB'} + \dfrac{1}{2}\overline{CC''}$ ※ NN' : 측선 BC의 횡거 $\quad MM'$: 측선 AB의 횡거 $\quad BB'$: 측선 AB의 횡거 $\quad CC''$: 측선 BC의 경거
임의 측선의 횡거	$=$ 하나 앞 측선의 횡거 $+\dfrac{\text{하나 앞 측선의 경거}}{2} + \dfrac{\text{그 측선의 경거}}{2}$

② 배횡거 : 면적을 계산할 때 횡거를 그대로 사용하면 분수가 생겨서 불편하므로 계산의 편리상 횡거를 2배로 하는데 이를 배횡거라 한다.

제1 측선의 배횡거	그 측선의 경거
임의 측선의 배횡거	앞 측선의 배횡거+앞 측선의 경거+그측선의 경거
마지막 측선의 배횡거	그 측선의 경거(부호는 반대)

③ 면적

　㉠ 배면적 = 배횡거 × 위거

　㉡ 면적 = $\dfrac{\text{배면적}}{2}$

01 다각측량에서 1각의 오차가 10″인 5개의 각이 있을 경우 각 오차의 총합은?

① 10″   ② 22″
③ 25″   ④ 50″

해설

$M = \pm m\sqrt{n} = \pm 10\sqrt{5} = \pm 22''$

02 트래버스측량에서 거리와 각의 관측정확도를 균등하게 유지하려고 한다. 600m의 거리를 ±(5mm+10ppm XL)mm의 EDM으로 측량한 경우에 필요한 각의 오차한계는? (단, L은 km)

① ±1.5″   ② ±2.6″
③ ±5.3″   ④ ±7.4″

해설

광파측거기(EDM) 제작회사에서는 정확도 표현은 $\pm(a+bD)$ ppm으로 표시한다. 여기서, a는 거리에 비례하지 않는 오차이며, bD는 거리에 비례하는 오차의 표현이다. 그러므로 표준오차는

$M = \pm\sqrt{5^2+(10\times0.6)^2} = \pm7.8mm$

$\dfrac{\Delta h}{D} = \dfrac{\theta''}{\rho''}$ 에서 $\theta'' = \dfrac{\Delta h}{D}\rho''$

$= \dfrac{0.0078}{600}\times206,265'' = \pm2.6''$

03 다음 그림과 같은 결합트래버스의 측각오차식은?(단, [a] : 측각($a_1 \sim a_n$)의 총합)

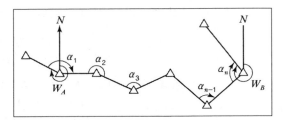

① $E_a = W_A - W_B + [a] - 180°(n-1)$
② $E_a = W_A - W_B + [a] - 180°(n+1)$
③ $E_a = W_A - W_B + [a] - 180°(n-3)$
④ $E_a = W_A - W_B + [a] - 180°(n+3)$

해설

Wa>180, Wb<180 Ea : Wa−Wb+[a]−180(n+1)
Wa<180, Wb>180 Ea : −180(n−3)
Wa>180, Wb>180
Wa<180, Wb<180 Ja : −180(n−1)

04 트래버스측량을 위한 선점 시 고려할 사항에 대한 설명으로 옳지 않은 것은?

① 각과 거리관측의 정확도가 균형을 이루도록 한다.
② 측점은 견고한 지반 위에 안전하게 보존토록 하고 세부측량 시 이용이 편리하도록 한다.
③ 측점 간의 거리는 될 수 있는 한 등거리로 한다.
④ 트래버스 노선은 될 수 있는 한 폐합 트래버스가 되도록 한다.

해설

선점 시 유의사항
• 지반이 튼튼한 장소일 것

정답 | 01 ② 02 ② 03 ① 04 ④

- 측점 간 거리는 가능한 한 같게 하고 큰 고저차가 없을 것
- 변의 길이는 될 수 있는 대로 길게 하고, 측점의 수를 적게 하는 것이 좋음(변의 길이는 30~200m 정도로 함)
- 측점을 찾기 쉽고 안전하게 보존될 수 있는 장소를 택할 것
- 세부측량 시 편리하도록 할 것
- 트래버스 노선은 현장상황과 요구하는 정확도를 고려하여 망을 구성하여야 함

05 결합트래버스측량에 있어서 노선상이 4km가 되는 장소에서 폐합비의 제한이 1/500,000일 경우 허용되는 폐합오차는?

① 1.25cm ② 1.00cm
③ 0.80cm ④ 0.60cm

해설

폐합비 $=\dfrac{폐합오차}{\sum L}$, $\dfrac{1}{500,000}=\dfrac{e}{4,000}$

그러므로 $e=\dfrac{4,000}{5,000,000}=0.008\text{m}=0.8\text{cm}$

06 트래버스에서 수평각 관측에 관한 설명으로 옳지 않은 것은? (여기서 n : 변의 수)

① 폐합 트래버스의 편각의 합은 $180°(n-2)$이다.
② 교각이란 어느 관측선이 그 앞의 관측선과 이루는 각을 말한다.
③ 편각이란 해당 측선이 앞 측선의 연장선과 이루는 각을 말한다.
④ 교각법은 한 각을 잘못을 발견하였을 경우에도 다른 각에 관계없이 재관측할 수 있다.

해설

폐합 트래버스 각오차(E_a)
- 내각 관측 시 : $E_a=[a]-180°(n-2)$
- 외각 관측 시 : $E_a=[a]-180°(n+2)$
- 편각 관측 시 : $E_a=[a]-360°$

07 외각의 합이 3600°인 폐합 트래버스의 변의 수는?

① 16변 ② 18변
③ 20변 ④ 22변

해설

외각의 합 $=180(n+2)$
$3600=180(n+2)$에서
∴$n=18$변

08 기지점 A, B 사이를 결합트래버스측량한 결과, X좌표의 폐합차=0.20m, Y좌표의 폐합차=+0.15m, 노선길이=2750.00m를 얻었다. 이 결합 트래버스의 정밀도는?

① 1/7857 ② 1/11000
③ 1/18333 ④ 1/19000

해설

폐합비 $=\dfrac{폐합오차}{전거리}=\dfrac{\sqrt{(\Delta l)^2+(\Delta d)^2}}{\sum l}$
$=\dfrac{\sqrt{0.2^2+0.15^2}}{27500}=\dfrac{1}{11,000}$

09 폐합트래버스측량에서 임의 측선에 대한 방위각을 계산하기 위한 방법으로 틀린 것은?

① 시계방향으로 진행할 경우 내각 관측 시 = 하나 앞 측선의 방위각+180-내각
② 시계방향으로 진행할 경우 외각 관측 시 = 하나 앞 측선의 방위각+180+외각
③ 반시계방향으로 진행할 경우 내각 관측 시 = 하나 앞 측선의 방위각+180-내각
④ 반시계방향으로 진행할 경우 외각 관측 시 = 하나 앞 측선의 방위각+180-외각

정답 | 05 ③ 06 ① 07 ② 08 ② 09 ③

해설

방위각의 계산

- 교각법에 의한 방위각 계산 : 임의의 측선의 방위각=
  전 측선의 방위각+180°±교각(우측각 : −, 좌측각 : +)
- 편각법에 의한 방위각 계산 : 임의의 측선의 방위각=
  전 측선의 방위각±편각(우회전 각 : +, 좌회전 각 : −)
- 역방위각법에 의한 방위각 계산 : 역방위각=방위각
  +180°

※ 주의

- 방위각 계산에서 방위각이 360°가 넘으면 360°를
  뺀다.
- 방위각 계산에서 방위각이 (−)값이 나오면 360°
  를 더한다.

10 어느 지역의 폐합트래버스측량에 있어서 아래와 같은 측량결과를 얻었을 때 측선 CD의 배횡거는 얼마인가?

측선	위거(m)	경거(m)
AB	+22.48	+35.72
BC	−18.94	+19.62
CD	−38.57	−35.15
DA	+35.03	−20.19

① 58.88m   ② 75.53m
③ 77.82m   ④ 97.45m

해설

- AB측선의 배횡거=35.72(그 측선의 경거)
- BC측선의 배횡거=35.72+35.72+19.62=91.06(전 측선의 배횡거+전 측선의 경거+그 측선의 경거)
- CD측선의 배횡거=91.06+19.62−35.15=75.53(전 측선의 배횡거+전 측선의 경거+그 측선의 경거)

11 노선길이 2km의 결합트래버스에서 폐합비의 제한을 1/5000로 할 때 허용되는 위치의 폐합차는?

① 0.2m   ② 0.4m
③ 0.6m   ④ 0.8m

해설

폐합비$=\dfrac{오차}{전거리}$에서

$\dfrac{1}{5000}=\dfrac{E}{2000}$

$E=0.4m$

12 트래버스측량에 있어서 어느 방향선의 자북방위각을 측정하여 216°25′을 얻고 이 지점의 자침의 편각이 서편 6°40′이었다. 이 방향선의 진방위각은?

① 116° 55′   ② 119° 45′
③ 209° 45′   ④ 223° 05′

해설

- 진북방위각$(a)=a_m$(자북방위각)−서편차
- 진북방위각=216°25′−6°40′=209°45′

13 트래버스측량에서 A, B, C점에 대하여 위거 (L)와 경거 (D)를 계산하여 $L_{AB}=80.0m$, $D_{AB}=20.0m$, $L_{BC}=-40.0m$, $D_{BC}=30.0m$ (단, L_{AB} : AB측선의 위거, D_{AB} : AB측선의 경거)의 결과를 얻었다. AC의 거리는?

① 61.454m   ② 61.789m
③ 62.073m   ④ 64.031m

정답ㅣ 10 ②   11 ②   12 ③   13 ④

해설

측선	위거(m)	경거(m)	합위거	합경거	측점
A - B	80	20			A
B - C	-40	30	80	20	B
A - C			40	50	C

AC의 거리 $= \sqrt{40^2 + 50^2} = 64.031\text{m}$

또는 AC $= \sqrt{(80-40)^2 + (20+30)^2} = 64.031\text{m}$

14 트래버스측량의 각 관측에서 오차가 생겼을 때, 허용범위 안에 있을 경우의 오차배분에 대한 설명으로 옳지 않은 것은?

① 각 관측의 정확도가 같을 때는 오차를 각의 대소에 관계없이 등분하여 배분한다.
② 각 관측의 경중률이 다를 경우에는 그 오차를 경중률을 고려하여 배분한다.
③ 각 관측은 경중률이 같을 경우에는 각의 크기에 비례하여 배분한다.
④ 변길이의 역수에 비례하여 각 관측각에 배분한다.

해설

경중률이 같을 때에는 오차를 각의 대소에 관계없이 등배분한다.

15 평탄한 지역에서 9변형의 트래버스측량을 행하여 2′40″의 측각오차가 있었다. 이 오차의 처리방법으로 옳은 것은 ? (단, 평탄지의 폐합오차를 60″$\sqrt{n}$ 으로 본다)

① 오차가 너무 크므로 재측한다.
② 각각의 각(角)에 등분으로 배분한다.
③ 각각의 변에 비례하여 배분한다.
④ 각각의 각의 크기에 비례하여 배분한다.

해설

평탄지의 폐합오차 $= 60''\sqrt{n} = 60''\sqrt{9}$
$\qquad\qquad\qquad = 180'' = 3'00''$

관측오차가 2′40″로 허용(폐합)오차 3′00″ 내에 있으므로 각관측 정도가 동일한 경우에는 각의 크기에 관계없이 등배분한다.

16 트래버스의 전측선장이 900m일 때 폐합비를 1/5000로 하기 위한 축척 1/500 도면에서의 폐합오차는?

① 0.36mm
② 0.46mm
③ 0.56mm
④ 0.66mm

해설

폐합오차 $E = \sqrt{(\Delta l)^2 + (\Delta d)^2}$

폐합비=정도$= \dfrac{E}{\sum L}$

$\dfrac{1}{5,000} = \dfrac{E}{900}$ 에서

$E = \dfrac{900}{5,000} = 0.18\text{m} = 180\text{mm}$

축척 $\dfrac{1}{500}$ 도면에서 폐합비

$M = \dfrac{도상거리}{실제거리}$

$\dfrac{1}{500} = \dfrac{도상거리}{180}$

$\therefore$ 도상거리(도상폐합비)$= \dfrac{180}{500} = 0.36\text{mm}$

17 트래버스측량에서 위거오차 +0.035m, 경거오차 -0.124m이고, 전 측선의 길이는 2680m이다. 폐합비의 허용범위를 1/20,000로 할 때 오차의 처리방법은?

① 각만 재측량하여야 한다.
② 거리만 재측량하여야 한다.
③ 각과 거리를 재측량하여야 한다.
④ 폐합오차의 조정으로 처리한다.

해설

폐합오차
$E = \sqrt{\Delta l^2 + \Delta d^2} = \sqrt{0.035^2 + 0.124^2}$
$\qquad = 0.1288\text{m}$

폐합비

$$R = \frac{E}{\sum L} = \frac{0.1288}{2,680} = \frac{1}{20,807} < \frac{1}{20,000}$$

폐합비가 허용치보다 작으므로 폐합오차의 조정으로 한다.

18 폐합트래버스측량의 결괏값이 아래 표와 같을 때 측선 CD의 배횡거는?

측선	위거(m)	경거(m)
AB	+65.39	+83.57
BC	-34.57	+19.68
CD	-65.43	-40.60
DA	+34.61	-62.65

① 83.57m
② 115.90m
③ 165.90m
④ 186.82m

해설

측선	위거(m)	경거(m)	배횡거
AB	+65.39	+83.57	83.57
BC	-34.57	+19.68	83.57+83.57+19.68=186.82
CD	-65.43	-40.60	186.82+19.68+(-40.60)=165.90
DA	+34.61	-62.65	165.90-40.60-62.65=62.65

19 트래버스측량을 실시하는 주요 목적으로 옳은 것은?

① 방위각 계산
② 좌표의 결정
③ 면적의 계산
④ 방향의 결정

해설

트래버스측량

여러 개의 측점을 연결하여 생긴 다각형의 각 변의 길이와 방위각을 순차로 측정하고, 그 결과에서 각 변의 위거, 경거를 계산하여 이 점들의 좌표를 결정하여 도상 기준점의 위치를 결정하는 측량을 말한다.

트래버스측량의 특징

- 삼각점이 멀리 배치되어 있어 좁은 지역에 세부측량의 기준이 되는 점을 추가 설치할 경우에 편리하다.
- 복잡한 시가지나 지형의 기복이 심하여 시준이 어려운 지역의 측량에 적합하다.
- 선로(도로, 하천, 철도)와 같이 좁고 긴 곳의 측량에 적합하다.
- 거리와 각을 관측하여 도식해법에 의하여 모든 점의 위치를 결정할 경우 편리하다.
- 삼각측량과 같이 높은 정도를 요구하지 않는 골조측량에 이용한다.

20 폐합트래버스측량 결과가 표와 같을 때, 폐합트래버스의 면적은?

측선	위거(m)	경거(m)
AB	212.83	180.41
BC	-385.47	206.27
CA	172.64	-386.68

① 56,721.54m^2
② 113,443.09m^2
③ 226,886.16m^2
④ 161,874.64m^2

해설

측선	위거(m)	경거(m)	배횡거	배면적
AB	212.83	180.41	180.41	180.41×212.83 =38,396.67
BC	-385.47	206.27	180.41+180.41 +206.27 =567.09	567.09×(-385.47) =-218,596.18
CA	172.64	-386.68	386.68	386.68×172.64 =66,756.44
				배면적 =-113,443.07
				면적 $=\frac{113,443.07}{2}$ =56,721.54

배횡거

- 면적을 계산할 때 횡거를 그대로 사용하면 분수가 생겨서 불편하므로 계산의 편리상 횡거를 2배로 하는데, 이를 배횡거라 한다.

정답 | 18 ③ 19 ② 20 ①

- 제1측선의 배횡거 : 그 측선의 경거
- 임의 측선의 배횡거 : 앞 측선의 배횡거+앞 측선의 경거+그 측선의 경거
- 마지막 측선의 배횡거 : 그 측선의 경거(부호는 반대)

면적
- 배면적=배횡거×위거
- 면적=$\dfrac{\text{배면적}}{2}$

21 트래버스측량에 있어서 어느 방향선의 자북방위각을 측정하여 216°25′을 얻고 이 지점의 자침 편각이 서편 6°40′이었다면 이 방향선의 진방위각은?

① 116°55′ ② 119°45′
③ 209°45′ ④ 223°05′

해설

진방위각=자북방위각−자침편각
　　　　　=216°25′−6°40′=209°45′

22 A점에서 B점을 연결하는 결합트래버스에서 A점의 좌표가 X_A=69.30m, Y_A=123.56m이고 B점의 좌표가 X_B=153.47m, Y_B=636.22m일 때 AB 간 위거의 총합이 +84.30m, 경거의 총합이 +512.60m일 때 폐합오차는?

① 0.14m ② 0.24m
③ 0.34m ④ 0.44m

해설

- 합위거의 차=$X_B-X_A=153.47-69.30=84.17$m
- 합경거의 차=$Y_B-Y_A=636.22-123.56=512.66$m
- 폐합오차=$\sqrt{(\Delta x)^2+(\Delta y)^2}$
　　　　=$\sqrt{(84.17-84.30)^2+(512.66-512.60)^2}$
　　　　=0.14m

정답 | 21 ③ 22 ①

05 CHAPTER 삼각측량

1. 삼각측량의 정의 및 특징

(1) 정의

① 삼각측량은 측량지역을 삼각형으로 된 망의 형태로 만들고 삼각형의 꼭짓점에서 내각과 한 변의 길이를 정밀하게 측정하여 나머지 변의 길이는 삼각함수(sin법칙)에 의하여 계산하고 각 점의 위치를 정하게 된다.

② 이때 삼각형의 꼭짓점을 삼각점(triangulation station), 삼각형들로 만들어진 형태를 삼각망(triangulation net), 직접 측정한 변을 기선(base line)이라 하며, 삼각형의 길이를 계산해 나가다가 그 계산값이 실제의 길이와 일치하는가를 검사하기 위하여 보통 15~20개의 삼각형마다 한 변을 실측하는데, 이 변을 검기선(check base)이라 한다.

(2) 삼각측량의 구분

측지 삼각측량 (geodetic triangulation)	지구의 곡률을 고려하여 지상 삼각측량과 천체 관측에 의하여 위도, 경도를 구한다. 지구 표면의 여러 점 사이의 지리적 위치와 지구의 형상 및 크기 등을 계산하는 데 이용된다.
평면 삼각측량 (plane triangulation)	지구의 표면을 평면으로 간주하고 실시하는 측량으로, 거리측량의 정밀도를 100만분의 1로 할 때 면적 380km^2(반경 약 11km) 이내의 측량이다.

(3) 삼각측량의 원리

한 변(a)과 세 각을 알 때 sin 법칙을 이용하면

$$\frac{a}{\sin\alpha} = \frac{b}{\sin\beta} = \frac{c}{\sin\gamma}$$

$$b = \frac{\sin\beta}{\sin\alpha} \times a$$

$$c = \frac{\sin\gamma}{\sin\alpha} \times a$$

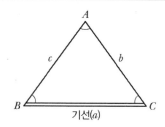

기선(a)

2. 삼각점 및 삼각망

(1) 삼각점(측량 정도의 높은 순서를 정하기 위해)

삼각점	평균변장	내각
대삼각본점(1등 삼각점)	30km	약 60°
대삼각보점(2등 삼각점)	10km	30~120°
소삼각 1등점(3등 삼각점)	5km	25~130°
소삼각 2등점(4등 삼각점)	2.5km	15° 이상

(2) 삼각망의 종류

단열삼각쇄(망) (Single chain of tringles)	• 폭이 좁고 길이가 긴 지역에 적합 • 노선, 하천, 터널 측량 등에 이용 • 거리에 비해 관측 수가 적음 • 측량이 신속하고 경비가 적게 듦 • 조건식의 수가 적어 정도가 낮음	기선 검기선
유심삼각쇄(망) (Chain of central points)	• 동일 측점에 비해 포함 면적이 가장 넓음 • 넓은 지역에 적합함 • 농지측량 및 평탄한 지역에 사용됨 • 정도는 단열삼각망보다 좋으나 사변형보다 적음	기선 검기선
사변형삼각쇄(망) (Chain of quadrilaterals)	• 조건식의 수가 가장 많아 정밀도가 가장 높음 • 기선삼각망에 이용됨 • 삼각점 수가 많아 측량 시간이 많이 걸리며 계산과 조정이 복잡함	기선 검기선
정밀도	삼각망의 정밀도 : 사변형 → 유심 → 단열 순	

3. 삼각측량의 순서

```
계획 및 준비
    ↓
   답사
    ↓
   선점
    ↓
   조표
    ↓
   관측
    ↓
   계산
```

기선 및 삼각점 선점 시 유의사항

기선	• 되도록 평탄할 것 • 기선의 양 끝이 서로 잘 보이고 기선 위의 모든 점이 잘 보일 것 • 부근의 삼각점에 연결하는 데 편리할 것 • 기선의 길이는 삼각망의 변장과 거의 같아야 하므로 만일 이러한 길이를 쉽게 얻을 수 없는 경우는 기선을 증대시키는 데 적당할 것
삼각점	• 각 점이 서로 잘 보일 것 • 삼각형의 내각은 60°에 가깝게 하는 것이 좋으나 1개의 내각은 0~120° 이내로 함 • 표지와 기계가 움직이지 않을 견고한 지점일 것 • 가능한 측점 수가 적고 세부측량에 이용가치가 클 것 • 벌목을 많이 하거나 높은 시준탑을 세우지 않아도 관측할 수 있는 점일 것

4. 편심(귀심) 계산

$\Delta P_1 CB$에서 sin법칙	$\Delta P_2 CB$에서 sin법칙	
$\dfrac{e}{\sin x_1} = \dfrac{S_1'}{\sin(360-\phi)}$ $\therefore x_1 = \dfrac{e}{S_1'}\sin(360-\phi)\rho''$	$\dfrac{e}{\sin x_2} = \dfrac{S_2'}{\sin(360-\phi+t)}$ $\therefore x_2 = \dfrac{e}{S_2'}\sin(360-\phi+t)\rho''$ $\therefore\ T + x_1 = t + x_2$ $T = t + x_2 - x_1$	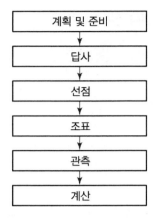

5. 삼각측량의 조정

(1) 관측각의 조정

각조건	• 삼각형의 내각의 합은 $180°$가 되어야 함 • 즉 다각형의 내각의 합은 $180°(n-2)$이어야 함
점조건	한 측점 주위에 있는 모든 각의 합은 반드시 $360°$가 되어야 함
변조건	삼각망 중에서 임의의 한 변의 길이는 계산 순서에 관계없이 항상 일정하여야 함

(2) 조건식의 수

각 조건식	$S-P+1$
변 조건식	$B-S-2P+2$
점 조건식	$w-l+1$
조건식의 총수	$B+a-2P+3$

※ w : 한 점 주위의 각 수

　l : 한 측점에서 나간 변의 수

　a : 관측각의 총수

　B : 기선 수

　S : 변의 총수

　P : 삼각점의 수

6. 삼각측량의 오차

구차(h_1)	지구의 곡률에 의한 오차이며 이 오차만큼 높게 조정	$h_1 = +\dfrac{S^2}{2R}$
기차(h_2)	지표면에 가까울수록 대기의 밀도가 커지면서 생기는 오차(굴절오차)를 말하며, 이 오차만큼 낮게 조정	$h_2 = -\dfrac{KS^2}{2R}$
양차	구차와 기차의 합을 말하며 연직각 관측값에서 이 양차를 보정하여 연직각을 구함	양차 $= \dfrac{S^2}{2R}+(-\dfrac{KS^2}{2R}) = \dfrac{S^2}{2R}(1-K)$

※ R : 지구의 곡률반경

　S : 수평거리

　K : 굴절계수($0.12 \sim 0.14$)

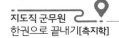

7. 삼변측량(trilateration)

(1) 정의

삼각측량은 삼각형의 세 각을 측정하고 측정된 각을 사용하여 세 변의 길이를 구하지만 삼변측량은 세 변을 먼저 측정하고 코사인 제2법칙 또는 반각법칙에 의해 세 각과 삼각점의 위치를 결정하는 측량 방법이다.

(2) 수평각의 계산

코사인 제2법칙	$\cos A = \dfrac{b^2 + C^2 - a^2}{2bc}$ $\cos B = \dfrac{c^2 - a^2 - b^2}{2ca}$ $\cos C = \dfrac{a^2 + b^2 + c^2}{2ab}$	
반각공식	$\sin \dfrac{A}{2} = \sqrt{\dfrac{(s-b)(s-c)}{bc}}$ $\cos \dfrac{A}{2} = \sqrt{\dfrac{s(s-a)}{bc}}$ $\tan \dfrac{A}{2} = \sqrt{\dfrac{(s-b)(s-c)}{s(s-a)}}$	[삼변 측량]

8. 삼각측량의 성과표 내용

① 삼각점의 등급과 내용
② 방위각
③ 평균거리의 대수
④ 측점 및 시준점의 명칭
⑤ 자북 방향각
⑥ 평면 직각좌표
⑦ 위도, 경도
⑧ 삼각점의 표고
⑨ 도엽 명칭 및 번호

CHAPTER **05** **출제예상문제**

01 삼각 및 삼변측량에 대한 설명으로 옳지 않은 것은?

① 삼각망의 조건식수는 삼변망의 조건식수보다 많다.
② 삼변측량의 계산에는 코사인(cos) 제2법칙을 사용한다.
③ 기하학적 도형조건으로 인해 삼변측량은 삼각측량 방법을 완전히 대신할 수 있다.
④ 삼각망의 조정 시 필요한 조건으로 측점조건, 각조건, 변조건 등이 있다.

해설

삼변측량

• 정의 : 삼각측량은 삼각형의 변과 각을 측정하여 삼각법의 이론에 의하여 제점의 평면위치를 결정하는 측량이며, 삼변측량은 수평각을 관측하는 대신 3변의 길이를 관측하여 삼각점의 위치를 결정하는 측량이다. 최근에는 거리 측정 기기가 발달하여 높은 정밀도의 삼변측량이 많이 이용되고 있다.
• 특징
  － 수평각 대신 변장을 관측하여 삼각점의 위치를 구하는 측량이다.
  － 기선장을 직접 관측함으로써 기선삼각망의 확대가 필요없다.
  － 조건식 수가 적고, 관측값의 기상 보정이 난해한 점이 있다.
  － 변장만을 측정하여 삼각망을 짤 수 있다.

02 삼각측량에서 삼각점을 설치할 때 내각이 60°에 가깝도록 범위를 정하는 이유는?

① 변의 길이를 sine 법칙에 의하여 계산하므로 각이 지니는 오차가 변에 미치는 영향을 작게 하기 위하여
② 정삼각형에서 각 조건의 가정이 성립되어 정확한 보정이 이루어지기 때문에
③ 정삼각형에 가깝게 배치를 해야 피복면적이 넓고 보기가 좋으므로
④ 과거에 삼각함수표 사용 시 60° 근방의 값을 구하기가 좋았으므로

해설

삼각형의 변장을 계산할 때 세 내각이 60°에 가까우면 측각 및 계산상 오차의 영향을 작게 할 수 있다.

sin	1초의 표차	sin	1초의 표차	sin	1초의 표차
5°	24	25°	4.5	60°	1.2
10°	12	30°	3.6	70°	0.7
15°	7.9	40°	2.6	80°	0.4
20°	5.8	50°	1.8	90°	0

03 삼각측량에서 C점의 좌표는 얼마인가? (단, AB의 거리＝10m, 좌표의 단위는 m)

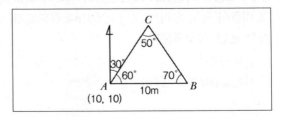

① (20.63, 17.14) ② (16.14, 20.63)
③ (20.63, 16.14) ④ (17.14, 16.14)

정답 | 01 ③ 02 ① 03 ③

해설

$$\frac{10}{\sin50}=\frac{x}{\sin70}$$

$$x=\frac{\sin70}{\sin50}\times10=12.27$$

$$C_x=10+12.27\times\cos30°=20.63$$

$$C_y=10+12.27\times\sin30°=16.14$$

04 삼각망 중에서 가장 정확도가 높은 망은?

① 유심삼각망

② 사변형삼각망

③ 단열삼각망

④ 망의 종류와 정확도는 무관하다.

해설

단열 삼각망	• 폭이 좁고 거리가 먼 지역에 적합 • 노선, 하천, 터널 측량 등에 이용 • 거리에 비해 관측 수가 적음 • 측량이 신속하고 경기가 적게 듦 • 조건식이 적어 정도가 가장 낮음
사변형 삼각망	• 조건식의 수가 가장 많아 정도가 가장 높음 • 시간과 비용이 많이 듦 • 조정이 복잡하고 포함면적이 적음 • 기선 삼각망에 이용함
유심 다각망	• 넓은 지역에 이용 • 동일 측점 수에 비해 포함면적이 가장 넓음 • 농지측량 및 평탄한 지역에 사용 • 정도는 단열삼각망보다는 높으나 사변형보다는 낮음

05 조정이 복잡하고 포괄면적이 작으며 시간과 비용이 많이 요하는 것이 단점이나 정확도가 가장 높은 삼각망은?

① 단열삼각망 ② 유심삼각망

③ 사변형삼각망 ④ 결합삼각망

해설

삼각망의 종류

• 단열삼각망 : 폭이 좁고 거리가 먼 지역에 적합, 조건 수가 적어 정확도가 낮다.

• 유심삼각망 : 동일 측정 수에 비해 표면적이 넓고, 단열 삼각망보다는 정확도가 높으나 사변형보다는 낮다.

• 사변형삼각망 : 기선 삼각망에 이용, 조정이 복잡하고 포함 면적이 적으며, 시간과 비용이 많이 든다.

06 다음 삼각망에서 조건식의 총 수는 얼마인가?

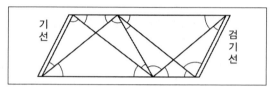

① 10 ② 9

③ 8 ④ 7

해설

조건식 총 수

a+B−2p+3=16+2−(2×6)+3=9개

07 삼각측량에서 1, 2, 3, 4등 삼각점 또는 기설의 기준삼각점으로부터 실시한 기준삼각측량의 기준삼각점 간 거리는 약 얼마 정도를 표준으로 하는가?

① 10km ② 1.5km

③ 500m ④ 200m

해설

정도가 서로 다른 삼각점을 이용하여 삼각측량을 실시할 경우 정도는 등급이 낮은 삼각점의 정도를 표준으로 하여야 한다.

• 1등 삼각점 : 30km 정도마다 설치

• 2등 삼각점 : 10km 정도마다 설치

• 3등 삼각점 : 5km 정도마다 설치

• 4등 삼각점 : 1.5km 정도마다 설치

08 삼변측량이 삼각측량방법을 완전히 대신하기 어려운 이유로 옳은 것은?

① 삼변측량에서 변의 수가 증가함에 따라 많은 양의 보조기선측량이 필요하다.

② 삼변측량에서 삼각형의 변만 관측되면 기하학적 도형조건이 성립하지 않는다.

③ 삼변측량에서 삼각측량에 비해 장거리를 관측하기 위해서는 관측탑과 같은 복잡한 시설이 필요하다.

④ 삼변측량은 관측장비의 정밀도를 확신하기 어렵다.

해설

삼변측량의 특징

• 정의 : 삼각측량은 삼각형의 변과 각을 측정하여 삼각법의 이론에 의하여 제점의 평면위치를 결정하는 측량이며, 삼변측량은 수평각을 관측하는 대신 3변의 길이를 관측하여 삼각점의 위치를 결정하는 측량이다. 최근에는 거리 측정 기기가 발달하여 높은 정밀도의 삼변측량이 많이 이용되고 있다.

• 특징
 – 대삼각망의 기선장을 기선삼각망에 의한 기선 확대 없이 직접 관측한다.
 – 각과 변장을 관측하여 삼각망을 형성한다.
 – 변장만으로 삼각망을 형성한다.
 – 수평각 대신 변장을 관측하여 삼각점의 위치를 구하는 측량이다.
 – 기선장을 직접 관측함으로써 기선삼각망의 확대가 필요없다.
 – 조건식 수가 적고, 관측값의 기상 보정이 난해한 점이 있다.
 – 변장만을 측정하여 삼각망을 짤 수 있다.

09 삼각망을 구성하는 데 있어서 내각을 작게 하는 것이 좋지 않은 이유를 가장 잘 설명한 것은?

① 한 삼각형에 있어서 작은 각이 있으면 반드시 다른 각 중에서 큰 각이 있기 때문이다.

② 경도, 위도 또는 좌표계산이 불편하기 때문이다.

③ 한 기지변으로부터 타변을 sine 법칙으로 구할 때 오차가 많이 생기기 때문이다.

④ 측각하기가 불편하기 때문이다.

해설

변의 길이를 sine 법칙에 의하여 계산하므로 각이 지니는 오차가 변에 미치는 영향을 작게 하기 위해 내각을 60도에 가깝게 한다. 삼각형의 변장을 계산할 때 세 내각이 60도에 가까우면 측각 및 계산상의 오차 영향을 작게 할 수 있다.

sin	1초의 표차	sin	1초의 표차	sin	1초의 표차
5°	24	25°	4.5	60°	1.2
10°	12	30°	3.6	70°	0.7
15°	7.9	40°	2.6	80°	0.4
20°	5.8	50°	1.8	90°	0

10 A, B, C 세 점에서 삼각수준측량에 의해 P점의 높이를 구한 결과 각각 365.13m, 365.19m, 365.02m이었다. 그 거리가 $\overline{AP} = \overline{BP} = 2\text{km}$, $\overline{CP} = 3\text{km}$ 일 때 P점의 최확값은?

① 365.125m
② 365.113m
③ 365.100m
④ 366.086m

해설

$$P_1 : P_2 : P_3 = \frac{1}{S_1} : \frac{1}{S_2} : \frac{1}{S_3}$$

$$= \frac{1}{2} : \frac{1}{2} : \frac{1}{3} = 3 : 3 : 2$$

최확값$(H_P) = \dfrac{P_1 H_1 + P_2 H_2 + P_1 H_2}{P_1 + P_2 + P_3}$

$$= \frac{(0.13 \times 3) + (0.19 \times 3) + (0.02 \times 2)}{3 + 3 + 2}$$

$$= 0.125$$

따라서 최확값은 $365 + 0.125 = 365.125\text{m}$

정답 | 08 ② **09** ③ **10** ①

11 그림과 같은 삼각망에서 CD의 방위는?

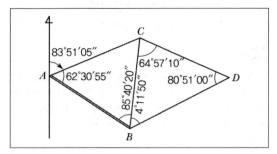

① S 12°51′50″ E   ② S 12°11′50″ W

③ S 23°51′10″ E   ④ S 23°45′30″ W

해설

AC 방위각 $= 83°54′05″$

CD 방위각 $= 83°54′05″ + 180° - (64°57′10″ + 31°48′45″)$
$\qquad\qquad = 167°8′10″$

2상한이므로

$180° - 167°8′10″ = S\,12°51′50″E$

12 다음 중 삼각망의 정확도가 높은 순서대로 나열된 것은?

① 단열삼각망 > 유심삼각망 > 사변형삼각망

② 사변형삼각망 > 유심삼각망 > 단열삼각망

③ 유심삼각망 > 단열삼각망 > 사변형삼각망

④ 사변형삼각망 > 단열삼각망 > 유심삼각망

해설

삼각망의 종류에는 폭이 좁고 거리가 먼 지역에 적합한 단열삼각망, 동일 측정 수에 비해 표면적이 넓고, 단열보다는 정도가 높으나 사변형보다는 낮은 유심망, 마지막으로 기선삼각망에 이용되고, 조정이 복잡하고 포함면적이 적으며, 시간과 비용이 많이 드는 사변형망이 있다.

13 삼변측량에 대한 설명으로 틀린 것은?

① 삼변측량에 의한 좌표계산 시 기지점이 2개 이상인 경우는 두 좌표로부터 방향각이 결정되기 때문에 좌표계산에는 편리하다.

② 삼변측량은 관측값에 비하여 조건식이 많아 조정이 복잡한 것이 단점이다.

③ 삼변측량은 코사인 제2법칙, 반각공식을 이용하여 변으로부터 각을 결정한다.

④ 삼변측량은 조건방정식과 관측방정식에 의하여 조정할 수 있다.

해설

삼변측량의 특징

• 수평각 대신 변장을 관측하여 삼각점의 위치를 구하는 측량이다.

• 기선장을 직접 관측함으로써 기선 삼각망의 확대가 필요없다.

• 관측기계는 Tellurometer 및 Geodimeter 등이 많이 쓰인다.

• 조건식 수가 적고, 관측값의 기상 보정이 난해한 점이 있다.

• 변장만을 측정하여 삼각망을 짤 수 있다.

14 삼각측량의 단열삼각망은 보통 어느 측량에 많이 사용되는가?

① 광대한 지역의 지형도를 작성하기 위한 골조측량

② 노선, 하천조사 측량을 하기 위한 골조측량

③ 복잡한 지형측량을 하기 위한 골조측량

④ 시가지와 같은 정밀을 요하는 골조측량

해설

• 단열삼각망 : 폭이 좁고 긴 지역에 적합. 도로, 하천, 철도 등에 이용

• 유심삼각망 : 측점수에 비해 포함 면적이 넓어 평야지에 많이 이용

• 사변형삼각망 : 조건수식이 많아 높은 정확도를 얻을 수 있으며 기선삼각망에 이용

정답 | 11 ①   12 ②   13 ②   14 ②

15 삼각망 구성에 있어서 가장 정밀도가 높은 삼각망은?

① 유심삼각망　　② 사변형삼각망
③ 단열삼각망　　④ 종합삼각망

해설

삼각망의 종류
- 단열삼각망 : 폭이 좁고 먼 거리의 두 점 간 위치 결정 또는 하천측량이나 노선측량에 적당하나, 조건수가 적어 정도가 낮다.
- 유심삼각망
  - 넓은 지역(농지측량)에 적당하다.
  - 동일 측정수에 비해 표면적이 넓고, 단열삼각망보다는 정도가 높으나 사변형보다는 낮다.
- 사변형망
  - 기선삼각망에 이용하고 시가지와 같은 정밀을 요하는 골격측량에 사용한다.
  - 조정이 복잡하고 포함면적이 작으며, 시간과 비용이 많이 든다.
  - 정밀도가 가장 높다.

16 삼각측량에서 각 관측의 오차가 같을 경우, 이 오차가 변의 길이에 미치는 영향에 대한 설명으로 옳은 것은?

① 각이 작을수록 영향이 작다.
② 각이 작을수록 영향이 크다.
③ 각의 크기에 관계없이 영향은 일정하다.
④ 각의 크기는 변 길이에 아무런 영향이 없다.

해설

삼각측량에서 각 관측의 오차가 같을 경우 각이 작을수록 변의 길이에 미치는 영향은 크다.

sin	1초의 표차	sin	1초의 표차	sin	1초의 표차
5°	24	25°	4.5	60°	1.2
10°	12	30°	3.6	70°	0.7
15°	7.9	40°	2.6	80°	0.4
20°	5.8	50°	1.8	90°	0

17 삼각망 조정계산의 조건에 대한 설명이 틀린 것은?

① 어느 한 측점 주위에 형성된 모든 각의 합은 360° 이어야 한다.
② 삼각망의 각 삼각형의 내각의 합은 180°이어야 한다.
③ 한 측점에서 측정한 여러 각의 합은 그 전체를 한 각으로 관측한 각과 같다.
④ 한 개 이상의 독립된 다른 경로에 따라 계산된 삼각형의 어느 한 변의 길이는 그 계산경로에 따라 달라야 한다.

해설

각관측 3조건

각 조건	삼각망 중 3각형의 내각의 합은 180°가 될 것
변 조건	삼각망 중 한 변의 길이는 계산 순서에 관계없이 동일할 것
측점조건	한 측점의 둘레에 있는 모든 각을 합한 것이 360°일 것

18 다음 중 삼각망 정확도가 높은 순서대로 나열된 것은?

① 단열삼각망 > 유심삼각망 > 사변형삼각망
② 사변형삼각망 > 유심삼각망 > 단열삼각망
③ 유심삼각망 > 단열삼각망 > 사변형삼각망
④ 사변형삼각망 > 단열삼각망 > 유심삼각망

해설

사변형 삼각망	• 조건식의 수가 가장 많아 정도가 가장 높다. • 시간과 비용이 많이 든다. • 조정이 복잡하고 포함 면적이 작다. • 기선 삼각망에 이용한다.
유심 다각망	• 넓은 지역에 이용한다. • 동일 측점수에 비해 포함 면적이 가장 넓다. • 농지 측량 및 평탄한 지역에 사용한다. • 정도는 단열삼각망보다는 높으나 사변형보다는 낮다.

정답 | 15 ② 16 ② 17 ④ 18 ②

단열 삼각망	• 폭이 좁고 거리가 먼 지역에 적합하다. • 노선, 하천, 터널 측량 등에 이용한다. • 거리에 비해 관측 수가 적다. • 측량이 신속하고 경비가 적게 든다. • 조건식이 적어 정도가 가장 낮다.

19 단열삼각망의 조정계산 과정에 속하지 않는 조정은 무엇인가?

① 각조건 조정
② 측점조건 조정
③ 변조건 조정
④ 방향각 조정

해설

단열삼각망의 조정계산은 각조건 조정 → 방향각 조건 조정 → 변조건 조정 순으로 한다.

관측각의 조정

각조건	삼각형의 내각의 합은 $180°$가 되어야 한다. 즉 다각형의 내각의 합은 $180°(n-2)$이어야 한다.
점조건	한 측점 주위에 있는 모든 각의 합은 반드시 $360°$가 되어야 한다.
변조건	삼각망 중에서 임의의 한 변의 길이는 계산 순서에 관계없이 항상 일정하여야 한다.

20 삼각측량에 의한 관측 결과가 그림과 같을 때, C점의 좌표는? (단, $\overline{AB}$의 거리=10m, 좌표의 단위 : m)

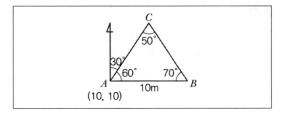

① $(20.63, 17.13)$
② $(16.13, 20.63)$
③ $(20.63, 16.13)$
④ $(17.13, 16.13)$

해설

$$\frac{10}{\sin 50°} = \frac{x}{\sin 70°}$$

$$x = \frac{\sin 70° \times 10}{\sin 50°} = 12.27\text{m}$$

$$X_C = X_A + l \times \cos V = 10 + 12.27 \times \cos 30° = 20.63\text{m}$$

$$Y_C = Y_A + l \times \sin V = 10 + 12.27 \times \sin 30° = 16.13m$$

21 그림과 같이 삼각측량을 실시하였다. 이때 P점의 좌표는? (단, A_x=81.847m, A_y=−30.460m, =163°20′00″, ∠BAP=60°, $\overline{AP}$=600.00m)

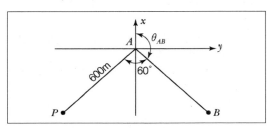

① $P_x = -354.577\text{m}$, $P_y = -442.205\text{m}$
② $P_x = -466.884\text{m}$, $P_y = -329.898\text{m}$
③ $P_x = -466.884\text{m}$, $P_y = -442.205\text{m}$
④ $P_x = -354.577\text{m}$, $P_y = -329.898\text{m}$

해설

$$P_x = A_x + 거리 \times \cos V_A^P$$
$$= 81.847 + 600 \times \cos 223°20'$$
$$= -354.577\text{m}$$

$$P_y = A_y + 거리 \times \sin V_A^P$$
$$= -30.460 + 600 \times \sin 223°20'$$
$$= -442.205\text{m}$$

정답 | 19 ② 20 ③ 21 ①

22 그림과 같은 삼각망에서 CD의 방위는?

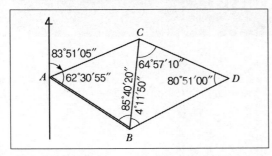

① S 12°51′50″ E
② S 12°11′50″ W
③ S 23°51′10″ E
④ S 23°45′30″ W

해설

$V_C^D = 83°54′05″ + 180° - (31°48′45″ + 64°57′10″)$
$\quad = 167°8′10″$
∴CD의 방위=S 12°51′50″E

23 삼각수준측량에 있어서 정밀도를 1:30,000로 제한하면 지구 곡률과 대기굴절을 고려하지 않아도 되는 최대 시준거리는 약 몇 m 이내인가? (단, 지구 곡률반지름 : 6,370km, 광선의 굴절계수 : 0.13)

① 22m
② 244m
③ 488m
④ 699m

해설

기차$=+\dfrac{S^2}{2R}$, 구차$=-\dfrac{KS^2}{2R}$

양차$=\dfrac{S^2(1-K)}{2R}$ 에서

정도$=\dfrac{오차}{수평거리}=\dfrac{양차(h)}{수평거리(S)}$

$\quad =\dfrac{\dfrac{S^2}{2R}(1-K)}{S}=\dfrac{1}{30,000}$

$\Rightarrow \dfrac{S}{2R}(1-K)=\dfrac{1}{30,000}$

$\therefore S=\dfrac{1}{30,000}\times\dfrac{2R}{1-K}$

$\quad =\dfrac{1}{30,000}\times\dfrac{2\times6,370\times1,000}{1-0.13}$

$\quad =488.12\text{m}$

24 삼각점에 대한 성과표에 기재되어야 할 내용이 아닌 것은?

① 경위도
② 점번호
③ 직각좌표
④ 표고 및 거리의 대수

해설

성과표 내용
• 삼각점의 등급과 내용
• 방위각
• 평균거리의 대수
• 측점 및 시준점의 명칭
• 자북 방향각
• 평면 직각좌표
• 위도, 경도
• 삼각점의 표고
• 도엽 명칭 및 번호

정답 | 22 ① 23 ③ 24 ④

06 CHAPTER 수준측량(Leveling)

1. 수준측량의 정의 및 용어

(1) 정의

수준측량(Leveling)이란 지구상에 있는 여러 점들 사이의 고저차를 관측하는 것으로 고저측량이라고도 한다.

(2) 용어

수직선 (Vertical line)	• 지표 위 어느 점으로부터 지구의 중심에 이르는 선 • 타원체면에 수직한 선으로 삼각(트래버스)측량에 이용됨
연직선 (Plumb line)	천체측량에 의한 측지좌표의 결정은 지오이드면에 수직한 연직선을 기준으로 하여 얻어짐
수평면 (Level surface)	모든 점에서 연직 방향과 수직인 면으로, 수평면은 곡면이며 회전타원체와 유사함 예 정지하고 있는 해수면
수평선(Level line)	• 수평면 안에 있는 하나의 선으로 곡선을 이룸 • 바다 위에 있어서 물과 하늘이 맞닿은 경계선
지평면(Horizontal plane)	어느 점에서 수평면에 접하는 평면 또는 연직선에 직교하는 평면
지평선(Horizontal Line)	• 지평면 위에 있는 한 선을 말하며, 지평선은 어느 한 점에서 수평선과 접하는 직선으로 연직선과 직교함 • 편평한 대지의 끝과 하늘이 맞닿아 경계를 이루는 선
기준면(Datum)	• 표고의 기준이 되는 수평면을 기준면이라 하며 표고는 0으로 정함 • 기준면은 계산을 위한 가상면이며 평균해면을 기준면으로 함
평균해면 (Mean sea level)	여러 해 동안 관측한 해수면의 평균값
지오이드(Geoid)	평균해수면으로 전 지구를 덮었다고 가정한 곡면
수준원점 (OBM ; Original Bench Mark)	수준측량의 기준이 되는 기준면으로부터 정확한 높이를 측정하여 기준이 되는 점
수준점 (BM ; Bench Mark)	• 수준원점을 기점으로 하여 전국 주요지점에 수준표석을 설치한 점 • 1등 수준점 : 4km마다 설치 • 2등 수준점 : 2km마다 설치
표고(Elevation)	국가 수준기준면으로부터 그 점 까지의 연직거리
전시(Fore sight)	표고를 알고자 하는 점(미지점)에 세운 표척의 읽음 값

후시(Back sight)	표고를 알고 있는 점(기지점)에 세운 표척의 읽음 값
기계고(Instrument height)	기준면에서 망원경 시준선까지의 높이
이기점(Turning point)	기계를 옮길 때 한 점에서 전시와 후시를 함께 취하는 점
중간점(Intermediate point)	표척을 세운 점의 표고만을 구하고자 전시만 취하는 점

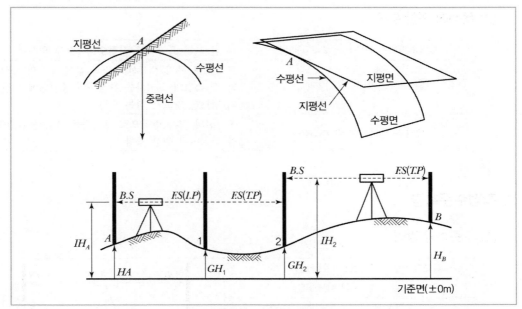

[직접수준측량의 원리]

2. 수준측량의 분류

(1) 측량 방법에 의한 분류

직접수준측량(Direct leveling)		Level을 사용하여 두 점에 세운 표척의 눈금차로부터 직접고저차를 구하는 측량
간접수준측량 (Indirect leveling)	삼각수준측량 (Trigonometrical leveling)	두 점 간의 연직각과 수평거리 또는 경사거리를 측정하여 삼각법에 의하여 고저차를 구하는 측량
	스타디아수준측량 (Stadia leveling)	스타디아측량으로 고저차를 구하는 방법
	기압수준측량 (Barometric leveling)	기압계나 그 외의 물리적 방법으로 기압차에 따라 고저차를 구하는 방법
	공중사진수준측량 (Aerial photographic leveling)	공중사진의 실체시에 의하여 고저차를 구하는 방법

교호수준측량(Reciprocal leveling)	하천이나 장애물 등이 있을 때 두 점 간의 고저차를 직접 또는 간접으로 구하는 방법
약수준측량 (Approximate leveling)	간단한 기구로서 고저차를 구하는 방법

(2) 목적에 의한 분류

고저수준측량(Differential leveling)	두 점 간의 표고차를 직접수준측량에 의하여 구함
종단수준측량(Profile leveling)	도로,철도 등의 중심선 측량과 같이 노선의 중심에 따라 각 측점의 표고차를 측정하여 종단면에 대한 지형의 형태를 알고자 하는 측량
횡단수준측량(cross leveling)	종단선의 직각 방향으로 고저차를 측량하여 횡단면도를 작성하기 위한 측량

3. 직접수준측량

(1) 수준측량 방법

기계고(IH)		$IH = GH + BS$
지반고(GH)		$GH = IH - FS$
고저차(H)	고차식	$H = \sum BS - \sum FS$
	기고식 승강식	$H = \sum BS - \sum TP$

[직접수준측량의 원리]

(2) 야장기입 방법

고차식	가장 간단한 방법으로 B.S와 F.S만 있으면 됨
기고식	가장 많이 사용하며, 중간점이 많을 경우 편리하나 완전한 검산을 할 수 없는 것이 결점임
승강식	• 완전한 검사로 정밀 측량에 적당하나, 중간점이 많으면 계산이 복잡하고, 시간과 비용이 많이 소요됨 • 후시값과 전시값의 차가 [+]이면 승란에 기입 • 후시값과 전시값의 차가 [−]이면 강란에 기입

(3) 전시와 후시의 거리를 같게 함으로써 제거되는 오차

① 레벨의 조정이 불완전(시준선이 기포관축과 평행하지 않을 때)할 때이다.

  ※ 시준축오차 : 오차가 가장 크다.

② 지구의 곡률오차(구차)와 빛의 굴절오차(기차)를 제거한다.

③ 초점나사를 움직이는 오차가 없으므로 그로 인해 생기는 오차를 제거한다.

(4) 직접수준측량의 주의사항

① 수준측량은 반드시 왕복측량을 원칙으로 하며, 노선은 다르게 한다.

② 정확도를 높이기 위하여 전시와 후시의 거리는 같게 한다.

③ 이기점(T. P)은 1mm까지 그 밖의 점에서는 5mm 또는 1cm 단위까지 읽는 것이 보통
   이다.

④ 직접수준측량의 시준 거리

  ㉠ 적당한 시준 거리 : 40~60m(60m가 표준)

  ㉡ 최단 거리 : 약 3m

  ㉢ 최장 거리 : 약 100~180m

⑤ 눈금오차(영점오차) 발생 시 소거 방법

  ㉠ 기계를 세운 표척이 짝수가 되도록 함

  ㉡ 이기점(T. P)이 홀수가 되도록 함

  ㉢ 출발점에 세운 표척을 도착점에 세움

(5) 수준척을 사용할 때 주의사항

① 수준척은 연직으로 세워야 한다.

② 관측자가 수준척의 눈금을 읽을 때에는 표척수로 하여금 수준척이 기계를 향하여 앞뒤
   로 조금씩 움직이게 하여 제일 작은 눈금을 읽어야 한다.

③ 표척수는 수준척의 밑바닥에 흙이 묻지 않도록 하여야 하며 수준척이 이음으로 되어
   있을 경우에는 측량 도중 이음매에서 오차가 발생하지 않도록 주의하여야 한다.

④ 정밀한 수준측량에서나 또는 다른 측량에 중대한 영향을 줄 수 있는 중요한 점에 수준
   척을 세울 때는 지반의 침하 여부에 주의하여야 하며 침하하기 쉬운 곳에는 표척대를
   놓고 그 위에 수준척을 세워야 한다.

4. 간접수준측량

(1) 앨리데이드에 의한 수준측량

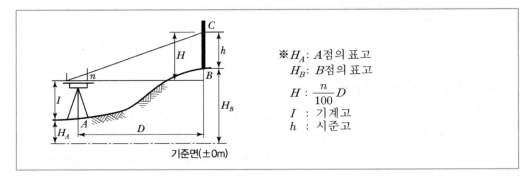

$※ H_A$: A점의 표고
H_B: B점의 표고
H : $\dfrac{n}{100}D$
I : 기계고
h : 시준고

기준면($\pm$0m)

① $H_B = H_A + I + H - h$(전시인 경우)
② 두 지점의 고저차 : $(H_B - H_A) = I + H - h$(전시인 경우)

(2) 교호수준측량

① 전시와 후시를 같게 취하는 것이 원칙이나 2점 간에 강·호수·하천 등이 있으면 중앙에 기계를 세울 수 없을 때 양지점에 세운 표척을 읽어 고저차를 2회 산출하여 평균하며, 높은 정밀도를 필요로 할 경우에 이용된다.

② 교호수준측량을 할 경우 소거되는 오차
    ㉠ 레벨의 기계오차(시준축 오차)
    ㉡ 관측자의 읽기 오차
    ㉢ 지구의 곡률에 의한 오차(구차)
    ㉣ 광선의 굴절에 의한 오차(기차)

③ 두 점의 고저차 : $H = \dfrac{(a_1 - b_1) + (a_2 - b_2)}{2} = \dfrac{(a_1 - b_2) + (a_1 - b_2)}{2}$

④ 임의점(B점)의 지반고 : $H_B = H_A \pm H$

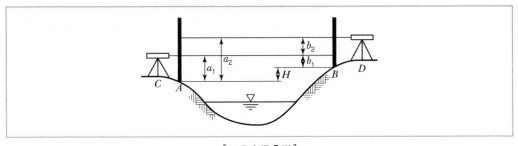

[교호수준측량]

5. 레벨의 구조

(1) 망원경

대물렌즈	• 목표물의 상은 망원경 통 속에 맺혀야 하고, 합성렌즈를 사용하여 구면수차와 색수차를 제거 • 구면수차 : 광선의 굴절 때문에 광선이 한 점에서 만나지 않아 상이 선명하게 되지 않는 현상 • 색수차 : 조준할 때 조정에 따라 여러 색(청색, 적색)이 나타나는 현상
접안렌즈	십자선 위에 와 있는 물체의 상을 확대하여 측정자의 눈에 선명하게 보이게 하는 역할을 함
망원경 배율	배율(확대율) = $\dfrac{대물렌즈의\ 초점거리}{접안렌즈의\ 초점거리}$ (망원경의 배율은 20~30배)

(2) 기포관

① 개요

기포관의 구조	알코올이나 에테르와 같은 액체를 넣어서 기포를 남기고 양단을 막은 것
기포관의 감도	감도란 기포 한 눈금(2mm)이 움직이는 데 대한 중심각을 말하며, 중심각이 작을수록 감도는 좋음
기포관이 구비해야 할 조건	• 곡률반지름이 클 것 • 관의 곡률이 일정해야 하고, 관의 내면이 매끈해야 함 • 액체의 점성 및 표면장력이 작을 것 • 기포의 길이가 클 것

② 감도측정

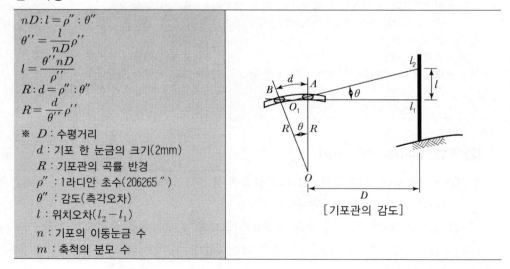

$nD : l = \rho'' : \theta''$

$\theta'' = \dfrac{l}{nD}\rho''$

$l = \dfrac{\theta'' nD}{\rho''}$

$R : d = \rho'' : \theta''$

$R = \dfrac{d}{\theta''}\rho''$

※ D : 수평거리
   d : 기포 한 눈금의 크기(2mm)
   R : 기포관의 곡률 반경
   ρ'' : 1라디안 초수(206265˝)
   θ'' : 감도(측각오차)
   l : 위치오차($l_2 - l_1$)
   n : 기포의 이동눈금 수
   m : 축척의 분모 수

[기포관의 감도]

(3) 레벨의 조정

① 가장 엄밀해야 할 것(가장 중요시해야 할 것)

  ㉠ 기포관축 // 시준선

  ㉡ 기포관축 // 시준선＝시준축오차(전시와 후시의 거리를 같게 취함으로써 소거)

② 기포관을 조정해야 하는 이유 : 기포관축을 연직축에 직각으로 해야 함

③ 항정법(레벨의 조정량) : 기포관이 중앙에 있을 때 시준선을 수평으로 하는 것(시준선//
기포관축)

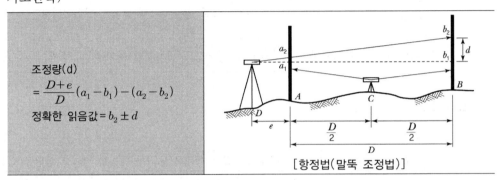

조정량(d)
$$= \frac{D+e}{D}(a_1 - b_1) - (a_2 - b_2)$$
정확한 읽음값 $= b_2 \pm d$

[항정법(말뚝 조정법)]

6. 수준측량의 오차 요인

(1) 기계오차(Instrumental error)

레벨의 오차	표척(標尺)의 오차
• 시준선축과 기포관축이 평행으로 되지 않아서 생기는 오차[재시(再視), 초시(初視)의 시준거리를 같게 하면 소거] • 측정 중 레벨의 침하로 인한 오차 • 태양의 직사광선으로 인한 오차(우산 등으로 기기를 가리면 됨) • 기포관의 감도(Sensitiveness)	• 표척의 영점 오차 • 표척에 부착된 기포관의 조정 불완전으로 인한 오차 • 표척의 침하나 경사로 인한 오차 • 표척 눈금의 불균등으로 인한 오차 • 표척의 이음새의 불량으로 인한 오차 • 표척의 읽음의 오차

(2) 자연오차(Natural error)

① 지구곡률에 의한 오차 : 표척의 읽음을 증가시키므로 재시(再視), 초시(初視)의 시준거리를 같게 하면 소거된다.

② 굴절에 의한 오차 : 광선은 지구표면에 대해서 시준선을 오목하게 만들므로 곡률에 의한 것과는 반대로 표척의 읽음을 감소시킨다. 재시(再視), 초시(初視)의 시준거리를 같게 하면 소거된다.

③ 온도변화에 의한 오차 : 열(Heat)은 표척을 팽창시키는 원인이며 정상적인 측량에는 큰 영향을 미치지 않는다.

④ 바람에 의한 오차 : 강한 바람은 기기를 흔들게 하고 표척을 불완전하게 하므로 정확한 수준측량을 할 때는 바람이 샌 날에는 실시하지 않는다.

⑤ 지구의 중력에 의한 오차

(3) 개인오차(Personal error)

① 기포가 중앙에 있지 않는 경우 : 시준할 때에 기포관의 기포가 중앙에 있지 않을 때의 오차는 어느 경우에나 심각한 결과를 가져오며 특히 먼 곳을 시준할 때에는 더욱 문제가 된다. 재시(再視), 초시(初視)를 할때에 기포는 반드시 중앙에 오도록 한다.

② 시차(視差)에 의한 오차 : 대물렌즈, 접안렌즈의 부적당한 초점에 의한 오차는 읽음의 잘못을 발생시킨다. 이는 초점을 조심스럽게 하면 이 오차를 제거할 수 있다.

③ 표척을 잘못 읽음으로 인한 오차 : 표척을 잘못 읽는 이유는 시차(視差), 나쁜기후조건, 시준거리가 너무 길 때 등 기타 다른 이유가 원인이다. 조준판(照準板)을 사용하는 경우에는 표척수가 그 재시(再視)를 읽고 다음 기기점(機器點)으로 가는 도중에 기기수(機器手)로 하여금 그 재시(再視)를 확인하게 한다.

④ 표척조정의 잘못에 의한 오차

⑤ 목표물 설치의 잘못에 의한 오차

7. 수준측량의 오차와 정밀도

(1) 오차의 분류

정오차	부정오차
• 표척눈금부정에 의한 오차 • 지구곡률에 의한 오차(구차) • 광선굴절에 의한 오차(기차) • 레벨 및 표척의 침하에 의한 오차 • 표척의 영눈금(0점) 오차 • 온도 변화에 대하 표척의 신축 • 표척의 기울기에 의한 오차	• 레벨 조정 불완전(표척의 읽음 오차) • 시차에 의한 오차(시차로 인해 정확한 표척값을 읽지 못할 때 발생) • 기상 변화에 의한 오차(바람이나 온도가 불규칙하게 변화하여 발생) • 기포관의 둔감 • 기포관의 곡률의 부등 • 진동, 지진에 의한 오차 • 대물경의 출입에 의한 오차

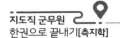
(2) 우리나라 기본 수준측량의 오차 허용 범위

구분	1등 수준측량	2등 수준측량	비고
왕복차	$2.5mm\sqrt{L}$	$5.0mm\sqrt{L}$	왕복했을 때
환폐합차	$2.0mm\sqrt{L}$	$5.0mm\sqrt{L}$	L : 노선거리(km)

(3) 하천측량

4km에 대한 오차허용범위	• 유조부 : 10mm • 무조부 : 15mm • 급류부 : 20mm

(4) 정밀도

오차는 노선거리의 제곱근에 비례한다.

$$E = C\sqrt{L}$$
$$C = \frac{E}{\sqrt{L}}$$

※ E : 수준측량 오차의 합
  C : $1km$에 대한 오차
  L : 노선거리(km)

(5) 직접수준측량의 오차 조정

① 동일기지점의 왕복관측 또는 다른 표고기준점에 폐합한 경우
  ㉠ 각 측점 간의 거리에 비례하여 배분함
  ㉡ 각 측점의 조정량 = $\dfrac{\text{조정할 측점까지의 추가거리}}{\text{총 거리}(\Sigma L)} \times$ 폐합오차
  ㉢ 각 측점의 최확값 = 각측점의 관측값 ± 조정량

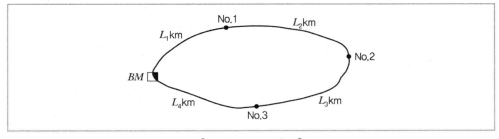

[환폐합의 수준측량]

② 두 점 간의 직접수준측량의 오차 조정(거리측량 참조)

    ㉠ 두 점 간의 거리를 2개 이상의 다른 노선을 따라 측량한 경우에는 경중률을 고려한 최확값을 산정

    ㉡ 경중률(P)은 거리에 반비례함 : $P_1 : P_2 : P_3 = \dfrac{1}{S_1} : \dfrac{1}{S_2} : \dfrac{1}{S_3}$

    ㉢ P점 표고의 최확값 : $(L_o) = \dfrac{P_1 H_1 + P_2 H_2 + P_3 H_3}{P_1 + P_2 + P_3} = \dfrac{\Sigma P \cdot H}{\Sigma P}$

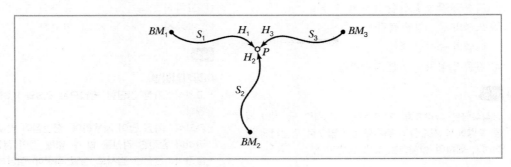

01 수준측량의 활용 분야에 해당하지 않는 것은?

① 지형도 작성을 위한 등고선 측량
② 노선의 종 · 횡단 측량
③ 터널의 중심선 측량
④ 기준점 설치를 위한 삼각측량

해설

삼각측량은 다각측량, 지형측량, 지적측량 등 기타 각종 측량에서 기준점의 위치를 삼각법으로 정밀하게 결정하기 위하여 실시하는 측량 방법이다.

02 수준측량의 관측값으로부터 표고계산을 한 결과이다. 각 측점의 표고 중 틀리게 계산된 측점은? (단, 측점 No.1의 표고는 10.000m)

측점	후시(m)	전시(m)	표고(m)
No.1	1.865		10.000
No.2		0.237	11.628
No.3	2.332	1.075	10.790
No.4		1.562	11.250

① No.1
② No.2
③ No.3
④ No.4

해설

기계고	지반고
10+1.865=11.865	10.000
	11.865-0.237=11.628
10.790+2.332=13.122	11.865-1.075=10.790
	13.122-1.526=11.560

$H_{NO.4} = N_{NO.1} + \Sigma$후시 $- \Sigma$전시
$= 10 + (1.865 + 2.332) - (1.075 + 1.562)$
$= 11.56$m

03 수준측량 시 중간점이 많은 경우 가장 많이 사용하는 야장기입법은?

① 고차식
② 승강식
③ 양차식
④ 기고식

해설

야장기입방법
• 고차식 : 가장 간단한 방법으로 B.S와 F.S만 있으면 된다.
• 기고식 : 가장 많이 사용하며, 중간점이 많을 경우 편리하나 완전한 검산을 할 수 없는 것이 결점이다.
• 승강식 : 완전한 검사로 정밀 측량에 적당하나, 중간점이 많으면 계산이 복잡하고, 시간과 비용이 많이 소요된다.

04 교호수준측량에 대한 설명 중 옳지 않은 것은?

① 교호수준측량은 도하수준측량 방법 중 하나이다.
② 표척에 목표판을 붙이고 이를 아래, 위로 움직여 레벨의 시준선과 일치시킨 후 눈금을 읽는다.
③ 교호수준측량이 가능한 양안의 거리는 2km 정도까지이다.
④ 시준선은 수면으로부터 약 3m 이상 떨어져야 한다.

해설

교호수준측량

전시와 후시를 같게 취하는 것이 원칙이나 2점 간에 강 · 호수 · 하천 등이 있으면 중앙에 기계를 세울 수 없을 때 양 지점에 세운 표척을 읽어 고저차를 2회 산출하여 평균하며 높은 정밀도를 필요로 할 경우에 이용된다.

교호수준측량을 할 경우 소거되는 오차
• 레벨의 기계 오차(시준축 오차)
• 관측자의 읽기 오차

정답 | 01 ④ 02 ④ 03 ④ 04 ③

- 지구의 곡률에 의한 오차(구차)
- 광선의 굴절에 의한 오차(기차)

05 아래 그림과 같이 4점($P_1 \sim P_4$)의 표고를 결정하기 위하여 2점의 기지수준점 (H_A, H_B)에 연결하는 8노선($x_1 \sim x_8$)의 수준측량을 실시하였다. 이때 조건식의 수는 몇 개인가?

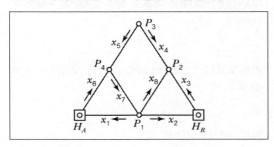

① 5개
② 4개
③ 3개
④ 2개

해설

조건식 수=관측 수-(측점 수-표고기지점 수)
　　　　 =8-(6-2)=4

06 레벨을 점검하기 위해 그림과 같이 C점에 설치하여 A, B 양 표척의 값을 읽었다. 그리고 레벨을 $\overline{BA}$ 연장선상의 D점에 세우고 A, B 양 표척의 값을 읽었다. 이 점검은 무엇을 알아보기 위한 것인가?

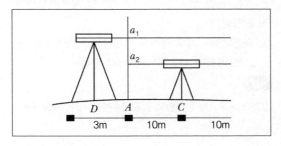

① 시준선과 연직선이 직교하는지의 여부
② 기포관축과 연직축이 수평한지의 여부
③ 시준선과 기포관축이 직교하는지의 여부
④ 시준선과 기포관축이 수평한지의 여부

해설

항정법(Peg Adjustment)
평탄한 지반을 골라 약 100mm 정도 떨어진 두 점에 말뚝을 박고 수준척을 세운 다음 두 점의 중간 및 연장선상에 레벨을 세우고 관측하여 레벨을 조정하는 방법이다. 즉 시준점과 기포관축이 수평한지 여부를 점검한다.

07 그림과 같은 수준측량에서 B점의 표고는? (단, $H_A = 50.0\text{m}$)

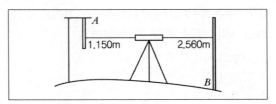

① 42.590m
② 46.290m
③ 48.590m
④ 51.410m

해설

$H_B = 50 + (-1.15) - 2.56 = 46.29\text{m}$

08 측량 결과가 표와 같을 때 P점의 표고는?

측점	측점의 표고	측량방향	고저차	거리
A	20.14m	A → P	+1.53m	2.5km
B	24.03m	B → P	−2.33m	4.0km
C	19.89m	C → P	+1.94m	2.0km

① 21.75m
② 21.72m
③ 21.70m
④ 21.68m

해설

$$P_1 : P_2 : P_3 = \frac{1}{P_1} : \frac{1}{P_2} : \frac{1}{P_3}$$
$$= \frac{1}{2.5} : \frac{1}{4.0} : \frac{1}{2.0} = 0.4 : 0.25 : 0.5$$

$M_A = 20.14 + 1.53 = 21.67$

$M_B = 24.03 - 2.33 = 21.70$

$M_C = 19.89 + 1.94 = 21.83$

$$H_0 = \frac{P_1 h_1 + P_2 h_2 + P_3 h_3}{P_1 + P_2 + P_3}$$
$$= \frac{0.67 \times 0.4 + 0.7 \times 0.25 + 0.83 \times 0.5}{0.4 + 0.25 + 0.5}$$
$$= 0.746$$

$\therefore 21 + 0.746 = 21.75$

09 수준측량에서 전시와 후시의 거리를 같게 하는 것이 좋은 가장 큰 이유는?

① 레벨의 시준선 오차 소거
② 망원경의 시야 변경
③ 표척의 눈금오차 소거
④ 표척의 기울기 오차 소거

해설

전시와 후시의 거리를 같게 함으로써 제거되는 오차
- 레벨의 조정 불완전(시준선이 기포관축과 평행하지 않을 때)
  ※ 시준축 오차 : 오차가 가장 큼
- 지구의 곡률오차(구차)와 빛의 굴절오차(기차)를 제거함
- 초점나사를 움직이는 오차가 없으므로 그로 인해 생기는 오차를 제거함

10 수준측량에 의해 관측되는 표고는 어떤 것을 기준으로 한 높이인가?

① 회전타원체   ② 구면
③ 지오이드   ④ 베셀타원체

해설

표고는 지오이드(평균해수면)를 기준으로 한다.

11 삼각수준측량에서 대기의 굴절에 의한 오차와 지구의 곡률에 의한 오차의 조정은?

① 관측치에 기차와 구차는 모두 낮게 조정한다.
② 관측치에 기차와 구차는 모두 높게 조정한다.
③ 관측치에 기차는 낮게 구차는 높게 조정한다.
④ 관측치에 기차는 높게 구차는 낮게 조정한다.

해설

- **구차(球差)** : 지구의 곡률에 의한 오차로서 +보정(높게)한다.

$$h_1 = +\frac{D^2}{2R}$$

- **기차(氣差)** : 광선(빛)의 굴절에 따른 오차로서 −보정(낮게)한다.

$$h_2 = -\frac{KD^2}{2R}$$

- **양차** : 구차와 기차를 합한 것

$$h = h_1 + h_2 = \frac{1-K}{2R}D^2$$

※ R : 지구 반경
   K : 빛의 굴절계수(0.12~0.14)

12 수준측량의 용어에 대한 설명으로 틀린 것은?

① 우리나라에서 기준면으로 사용하는 평균해수면은 남한 전체 해수면 높이를 평균한 값을 사용한다.
② 기준면으로부터의 연직거리를 표고라 한다.
③ 수준면은 정지된 해수면을 육지까지 연장하여 얻은 곡면으로 위치에너지가 0인 지오이드면과 동일하다.
④ 수준노선이 서로 연결되어 하나의 다각형 또는 원으로 폐합된 것을 수준환이라 한다.

해설

우리나라 표고는 인천만의 평균해수면을 기준면으로 한다.

정답 | 09 ① 10 ③ 11 ③ 12 ①

13 수준측량에서 전시와 후시의 시준거리를 같게 하여 관측하였을 경우에도 소거되지 않은 오차는?

① 지구곡률에 따른 오차
② 대기굴절에 따른 오차
③ 표척눈금 부정확에 의한 오차
④ 시준축이 기포관축에 평행하지 않을 때의 오차

해설

전시와 후시의 거리를 같게 함으로써 제거되는 오차
• 레벨의 조정 불완전(시준선이 기포관축과 평행하지 않을 때)
  ※ 시준축 오차 : 오차가 가장 큼
• 지구의 곡률오차(구차)와 빛의 굴절오차(기차)를 제거함
• 초점나사를 움직이는 오차가 없으므로 그로 인해 생기는 오차를 제거함

14 수준측량에 사용되는 용어에 대한 설명으로 옳은 것은?

① 전시는 전후의 측량을 연결할 때 사용한다.
② 후시는 기지의 측점에 세운 표척의 읽음값이다.
③ 기계고는 지면에서부터 망원경 중심까지의 높이이다.
④ 수준면은 각 측점에서 지오이드면과 직교하는 모든 점을 잇는 곡면이다.

해설

• **후시(B.S ; Back Sight)** : 표고를 알고 있는 점 A(기지점)에 세운 표척눈금의 읽음값
• **전시(F.S ; Fore Sight)** : 표고를 알고자 하는 점(미지점)에 세운 표척눈금의 읽음값
• **중간점(I.P ; Intermediate Point)** : 표척을 세운 점의 표고만을 구하고자 전시만 취하는 점
• **이기점(T.P ; Turning Point)** : 기계를 옮길 때 한 점에서 전시와 후시를 함께 취하는 점
• **지반고(G.H ; Ground Height)**
  – 지표면으로부터 어느 측점까지의 연직거리(HA, HB)

– G.H=I.H−F.S
• **기계고(I.H ; instrument Height)**
  – 지표면으로부터 망원경 시준선까지의 높이
  – I.H=G.H+B.S

15 정밀한 수준측량에서 수준표척의 전후 거리를 되도록 같게 하는 이유와 거리가 먼 것은?

① 지구의 곡률로 인한 오차를 소거한다.
② 광선의 굴절로 인한 오차를 소거한다.
③ 기계의 조정불량에 의한 오차를 소거한다.
④ 과대오차를 소거하여 계산을 용이하게 하기 위해서이다.

해설

전시와 후시의 거리를 같게 함으로써 제거되는 오차
• 시준축 오차 : 시준선이 기포관축과 평행하지 않을 때
• 구차 : 지구의 곡률오차
• 기차 : 빛의 굴절오차
• 초점나사를 움직이는 오차가 없음으로 인해 생기는 오차

16 수준측량에서 발생하는 기계적 오차가 아닌 것은?

① 표척눈금의 부정확
② 표척 이음부의 불완전
③ 삼각대의 느슨함에 따른 기기장치의 불완전
④ 표척의 기울기에 따른 오차

해설

기계오차
• 레벨의 오차
  – 레벨의 침하로 인한 오차
  – 시준선축과 기포관축이 평행이 아닐 때
  – 태양의 직사광선으로 인한 오차
  – 기포의 감도
• 표척의 오차
  – 표척의 영점 오차
  – 표척에 부착된 기포관의 굴절 불안정으로 인한 오차

정답 | 13 ③ 14 ② 15 ④ 16 ④

－표척의 침하나 경사로 인한 오차
－표척눈금의 불균등으로 인한 오차
－표척이음새의 불량으로 인한 오차
－표척 읽음의 오차

17 수준측량에 대한 설명 중 옳지 않은 것은?

① 레벨은 가능한 한 두 표척을 잇는 직선상에 세워야 한다.
② 레벨과 후시 및 전시 표척과의 거리는 되도록 같게 한다.
③ 1등 수준측량에서는 표척의 아래쪽 20cm 이하는 읽지 않는다.
④ 수준점 간의 편도관측의 측점 수는 홀수로 하는 것이 좋다.

해설

수준측량 시 주의사항
• 왕복측량을 원칙으로 한다.
• 왕복 시 노선은 다르게 한다.
• 전시와 후시의 거리는 같게 한다.
• 기계를 세운 표척이 짝수가 되도록 한다(눈금오차 소거).
• 이기점이 홀수가 되도록 한다.

18 직접수준측량의 용어에 대해 잘못 설명한 것은?

① 표고를 이미 알고 있는 점에 세운 수준척 눈금의 읽음을 후시라 한다.
② 표고를 알고자 하는 곳에 세운 수준척 눈금의 읽음을 전시라 한다.
③ 측량 도중 레벨을 옮겨 세우기 위하여 한 측점에서 전·후시를 동시에 읽을 때 그 측점을 이기점이라 한다.
④ 망원경의 시준선의 표고를 지반고라 한다.

해설

• **후시(B.S ; Back Sight)** : 표고를 알고 있는 점 A(기지점)에 세운 표척눈금의 읽음값
• **전시(F.S ; Fore Sight)** : 표고를 알고자 하는 점(미지점)에 세운 표척눈금의 읽음값
• **중간점(I.P ; Intermediate Point)** : 표척을 세운 점의 표고만을 구하고자 전시만 취하는 점
• **이기점(T.P ; Turning Point)** : 기계를 옮길 때 한 점에서 전시와 후시를 함께 취하는 점
• **지반고(G.H ; Ground Height)**
　－지표면으로부터 어느 측점까지의 연직거리(HA, HB)
　－G.H=I.H－F.S
• **기계고(I.H ; instrument Height)**
　－지표면으로부터 망원경 시준선까지의 높이
　－I.H=G.H+B.S

19 직접수준측량에 있어서 전시와 후시의 시준거리를 같게 하는 이유로 거리가 먼 것은?

① 시준선이 기포관축과 평행하지 않는 경우의 오차가 소거된다.
② 지구의 곡률오차가 소거된다.
③ 빛의 굴절오차가 소거된다.
④ 연직축 오차가 소거된다.

해설

전시와 후시의 거리를 같게 함으로써 제거되는 오차
• 레벨의 조정 불완전(시준선이 기포관축과 평행하지 않을 때)
　※ 시준축 오차 : 오차가 가장 큼
• 지구의 곡률오차(구차)와 빛의 굴절오차(기차)를 제거함
• 초점나사를 움직이는 오차가 없으므로 그로 인해 생기는 오차를 제거함

정답 | 17 ④　18 ④　19 ④

20 교호 수준측량 결과에 따른 B점의 표고는? (단, A점의 표고는 100.000m이고, $a_1 = 2.214$m, $a_2 = 4.324$m, $b_1 = 1.678$m, $b_2 = 3.860$m, $d_1 = d_2$)

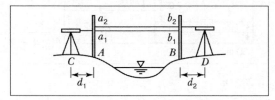

① 100.450m
② 100.500m
③ 101.000m
④ 101.500m

해설

$$\Delta H = \frac{1}{2}(a_1 - b_1) + (a_2 - b_2)$$
$$= \frac{1}{2}(2.214 - 1.678) + (4.324 - 3.860)$$
$$= 0.5\text{m}$$
$$H_B = H_A + \Delta H$$
$$= 100.00 + 0.5$$
$$= 100.500\text{m}$$
$$\Delta H = \frac{1}{2}(a_1 + a_2) - (b_1 + b_2) = 0.5\text{m}$$

21 수준측량의 결과가 표와 같을 때, No.3의 지반고(G)와 No.4의 기계고(h)는?

측점	후시	전시		비고
		이기점	중간점	
BM.1	0.243			
No.1	1.543	1.356		
No.2	2.483	1.020		BM.1의
No.3			1.324	지반고=10.000m
No.4	1.854	1.350		
No.5		2.435		

① G = 10.569m, h = 12.397m
② G = 10.569m, h = 12.423m
③ G = 9.106m, h = 13.052m
④ G = 9.203m, h = 9.052m

해설

측점	후시	전시		기계고	지반고
		이기점	중간점		
BM.1	0.243			10+0.243 =10.243	10m
No.1	1.543	1.356		8.887+1.543 =10.430	10+0.243−1.356 =8.887
No.2	2.483	1.020		9.41+2.483 =11.893	8.887+1.543−1.020 =9.41
No.3			1.324		9.41+2.483−1.324 =10.569
No.4	1.854	1.350		10.543+1.854 =12.397	9.41+2.483−1.350 =10.543
No.5		2.435			10.543+1.854−2.435 =9.962

22 수준측량과 관련된 설명으로 옳지 않은 것은?

① 수준점은 평균해수면을 기준으로 정확히 높이를 계산하여 표시한 점이다.
② 1등수준점은 10km마다, 2등수준점은 5km마다 국도변을 따라 설치한다.
③ 수준점은 높이에 대한 성과만을 갖는다.
④ 레벨을 사용하여 두 지점에 세운 표척의 눈금을 읽어 직접적으로 고저차를 구하는 방법을 직접수준측량이라 한다.

해설

1등수준점은 4km마다, 2등수준점은 약 2km마다 국도변을 따라 설치한다.

23 수준측량에서 발생하는 기계적 오차가 아닌 것은?

① 삼각대의 느슨함에 따른 기기장치의 불완전
② 표척의 기울기에 따른 오차
③ 표척 이음부의 불완전
④ 표척눈금의 부정확

해설

수준측량의 오차

기계오차 (Instrumental error)	레벨의 오차	• 레벨의 침하로 인한 오차 • 시준선축과 기포관축이 평행이 아닐 때 • 태양의 직사광선으로 인한 오차 • 기포의 감도
	표척의 오차	• 표척의 영점 오차 • 표척에 부착된 기포관의 굴절불안정으로 인한 오차 • 표척의 침하나 경사로 인한 오차 • 표척눈금의 불균등으로 인한 오차 • 표척이음새의 불량으로 인한 오차 • 표척 읽음의 오차
자연오차 (Natural error)		• 지구곡률에 의한 오차 • 굴절에 의한 오차 • 온도 변화에 의한 오차 • 바람에 의한 오차 • 지구의 중력에 의한 오차
개인오차 (Personal error)		• 기포가 중앙에 있지 않는 오차 • 시차(時差)에 의한 오차 • 표척을 잘못 읽음으로 인한 오차 • 표척 조정의 잘못에 의한 오차 • 목표물 설치의 잘못에 의한 오차

24 큰 계곡이나 하천을 횡단하여 수준측량을 할 경우에 사용하는 수준측량의 방법으로 가장 알맞은 것은?

① 간접수준측량 ② 교호수준측량
③ 시거수준측량 ④ 종단수준측량

해설

교호수준측량
노선 중에 강이나 하천, 계곡 등이 있어 레벨을 측점 중간에 설치할 수 없는 경우에 사용된다.

25 그림과 같은 수준측량 결과에 따른 B점의 지반고는? (단, A점의 지반고는 30m이다)

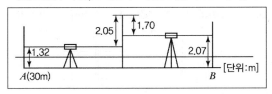

① 28.90m ② 29.60m
③ 33.74m ④ 37.14m

해설

$$H_B = 30 + 1.32 - (-2.05) + (-1.7) - 2.07$$
$$= 29.6m$$

26 수준측량을 한 결과로부터 아래와 같은 값을 얻었다. 각 측점의 계산된 표고 중 틀린 것은? (단, 측점 No.1의 표고는 10.000m이다)

측점	후시(m)	전시(m)	표고(m)
No.1	1.865		10.000
No.2		0.112	11.753
No.3		0.237	11.628
No.4	2.332	1.075	10.790
No.5		1.562	11.250

① No.2 ② No.3
③ No.4 ④ No.5

해설

측점	후시(m)	전시(m)	기계고	표고(m)
No.1	1.865		10.000 + 1.865 = 11.865	10.000
No.2		0.112		11.865 − 0.112 = 11.753
No.3		0.237		11.865 − 0.237 = 11.628
No.4	2.332	1.075	10.790 + 2.332 = 13.122	11.865 − 1.075 = 10.790
No.5		1.562		13.122 − 1.562 = 11.560

27 후시(B.S)=1.67m, 전시(F.S)=1.32m일 때 미지점이 310.50m의 지반고를 갖는다면 기지점의 지반고는?

① 309.18m
② 310.15m
③ 311.35m
④ 312.17m

$H_B = H_A + 후시 - 전시$에서
$H_A = H_B - 후시 + 전시$
$\quad = 310.5 - 1.67 + 1.32 = 310.15m$

28 교호수준측량을 실시하여 그림과 같은 결과를 얻었다면 B점의 표고는? (단, 단위는 m이다)

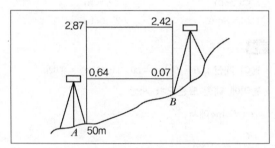

① 50.45m
② 50.51m
③ 50.57m
④ 50.58m

$h = \dfrac{(2.87 + 0.64) - (2.42 + 0.07)}{2} = 0.51$

$H_B = H_A + h = 50 + 0.51 = 50.51m$

29 수준측량에서 5m 표척 상단이 후방으로 30cm 기울어져 있다. 표척의 읽음값이 4m이었다면 이 관측값에 대한 오차는?

① 약 0.7cm
② 약 1.5cm
③ 약 3.0cm
④ 약 6.0cm

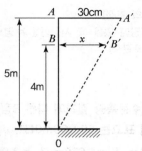

- 비례법에 의해 거리 x를 구하면
  $5 : 0.3 = 4 : x$
  $\therefore x = \dfrac{4}{5} \times 0.3 = 0.24m$
- 피타고라스 정리에 의하여 OB'를 구하면
  $OB' = \sqrt{OB^2 + x^2} = \sqrt{4^2 + 0.24^2}$
  $\quad\quad = 4.007m$
- 4m를 읽는 경우 거리오차는
  $OB' - OB = 4.007 - 4 = 0.007m = 0.7cm$

30 레벨을 점검하기 위해 그림과 같이 C점에 설치하여 A, B 양 표척의 값을 읽었다. 그리고 레벨을 BA 연장선상의 D점에 세우고 A, B 양 표척의 값을 읽었다. 이 점검은 무엇을 알아보기 위한 것인가?

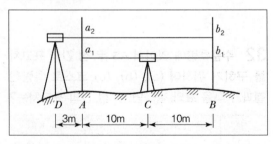

① 시준선과 연직선이 직교하는지의 여부
② 기포관축과 연직축이 수평한지의 여부
③ 시준선과 기포관축이 직교하는지의 여부
④ 시준선과 기포관축이 수평한지의 여부

해설

항정법(레벨의 조정)
기포관이 중앙에 있을 때 시준선을 수평으로 하는 것
(시준선//기포관축)

31 교호수준측량 결과에 따른 B점의 표고는?
(단, A점의 표고는 50.000m이고, $a_1 = 2.214$m,
$a_2 = 4.324$m, $b_1 = 1.678$m, $b_2 = 3.860$m, $d_1 = d_2$)

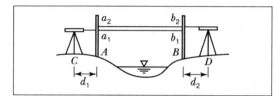

① 49.500m   ② 49.964m

③ 50.500m   ④ 52.146m

해설

$$h = \frac{(a_1 + a_2) - (b_1 + b_2)}{2}$$
$$= \frac{(2.214 + 4.324) - (1.678 + 3.860)}{2} = 0.500\text{m}$$
$$H_B = H_A + h = 50 + 0.500 = 50.500\text{m}$$

32 수준측량에 있어서 AB 두 점 간의 표고차를 구하기 위하여 (a), (b), (c) 코스로 측량한 결과가 다음 표와 같다면 두 점 간의 표고차는?

구분	관측 표고차(m)	거리(km)
(a)	18.584	4
(b)	18.588	2
(c)	18.582	4

① 18.582m   ② 18.584m

③ 18.586m   ④ 18.588m

해설

직접수준측량에서 경중률은 노선 거리에 반비례한다.

$$P_1 : P_2 : P_3 = \frac{1}{4} : \frac{1}{2} : \frac{1}{4} = 1 : 2 : 1$$

$$\text{최확값} = \frac{P_1 H_1 + P_2 H_2 + P_3 H_3}{P_1 + P_2 + P_3}$$
$$= \frac{18.584 \times 1 + 18.588 \times 2 + 18.582 \times 1}{1 + 2 + 1} = 18.586\text{m}$$

33 두 점 간의 고저차를 구하기 위하여 경사거리 30.0m±0.2m, 경사각 15°30′의 값을 얻었다. 경사거리와 경사각이 고저차 결정의 독립변수로 작용할 때 고저차의 오차는? (단, 각측량에는 오차가 없는 것으로 가정한다)

① ±5.3cm   ② ±10.5cm

③ ±15.8cm   ④ ±27.6cm

해설

- 높이 계산 : $H = D\sin a = 30 \times \sin 15°30′ = 8.02$m
- 높이에 대한 표준오차 계산

$$H = D\sin a \text{에서} \ \frac{\partial H}{\partial D} = \sin a$$

$$\frac{\partial H}{\partial a} = D \cdot \cos a$$

$$\therefore \Delta H = \sqrt{(\frac{\partial H}{\partial D})^2 \cdot md^2 + (\frac{\partial H}{\partial a})^2 \cdot ma^2}$$
$$= \sqrt{\sin a^2 \cdot md^2 + D \cdot \cos a^2 \cdot ma^2}$$
$$= \sqrt{(\sin 15°30′)^2 \times 0.2^2 + 30 \times (\cos 15°30′)^2}$$
$$= \pm 5.28\text{cm}$$

34 우리나라 2등 수준측량의 왕복관측값의 허용오차는 얼마인가? (단, L은 km 단위의 편도 거리이다)

① $2.5\sqrt{L}$ mm   ② $5.0\sqrt{L}$ mm

③ $10.0\sqrt{L}$ mm   ④ $20.0\sqrt{L}$ mm

해설

- 1등 수준측량 허용오차 $2.5mm\sqrt{S}$
- 2등 수준측량 허용오차 $5mm\sqrt{S}$

35 수준측량 야장에서 측점 5의 기계고와 지반고는? (단, 표의 단위는 m이다)

[2017년 2회 기사]

측점	B.S	F.S		I.H	G.H
		T.P	I.P		
A	1.14				80.00
1	2.41	1.16			
2	1.64	2.68			
3			0.11		
4			0.12		
5	0.30	0.50			
B			0.65		

① 81.35m, 80.85m ② 81.35m, 80.50m
③ 81.15m, 80.85m ④ 81.15m, 80.50m

해설

측점	B.S	F.S		I.H	G.H
		T.P	I.P		
A	1.14			80.00+1.14 =81.14	80.00
1	2.41	1.16		79.88+2.41 =82.39	81.14-1.16 =79.98
2	1.64	2.68		79.71+1.64 =81.35	82.39-2.68 =79.71
3			0.11		81.35-0.11 =81.24
4			1.23		81.35-1.23 =80.12
5	0.30	0.50		80.85+0.30 =81.15	81.35-0.50 =80.85
B		0.65			81.15-0.65 =80.50

36 레벨에서 기포관의 한 눈금의 길이가 4mm 이고, 기포가 한 눈금 움직일 때의 중심각 변화가 10 ″ 이라 하면 이 기포관의 곡률반지름은?

① 80.2m ② 81.5m
③ 82.5m ④ 84.2m

해설

$$R=\frac{d}{\theta''}\rho''$$
$$=\frac{0.004}{10''}\times206265''$$
$$=82.5m$$

감도 측정

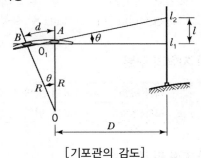

[기포관의 감도]

$$\theta''=\frac{l}{nD}\rho''$$
$$l=\frac{\theta''nD}{\rho''}$$
$$R=\frac{d}{\theta''}\rho''$$

※ D : 수평거리
  d : 기포 한 눈금의 크기(2mm)
  R : 기포관의 곡률반경
  ρ'' : 1라디안 초수(206265″)
  θ'' : 감도(측각오차)
  l : 위치오차(l_2-l_1)
  n : 기포의 이동눈금 수
  m : 축척의 분모 수

07 CHAPTER
지형측량

1. 개요

(1) 정의

지표면상의 자연 및 인공적인 지물·지모의 형태와 수평, 수직의 위치관계를 측정하여 일정한 축척과 도식으로 표현한 지도를 지형도(Topographic map)라 하며, 지형측량(Topographic surverying)은 지형도를 작성하기 위한 측량을 말한다.

(2) 지형의 구분

지물(地物)	지표면 위의 인공적인 시설물. 즉 교량, 도로, 철도, 하천, 호수, 건축물 등
지모(地貌)	지표면 위의 자연적인 토지의 기복 상태. 즉 산정, 구릉, 계곡, 평야 등

(3) 지도의 종류

일반도 (General map)	• 인문·자연·사회 사항을 정확하고 상세하게 표현한 지도 • 종류 　－국토기본도 : 1/5,000, 1/10,000, 1/25,000, 1/50,000 　　※ 우리나라의 대표적인 국토기본도 : 1/50,000(위도차 15′, 경도차 15′) 　－토지이용도 : 1/25,000 　－지세도 : 1/250,000 　－대한국민전도 : 1/1,000,000
주제도 (Thematic map)	• 어느 특정한 주제를 강조하여 표현한 지도로서 일반도를 기초로 함 • 도시계획도, 토지이용도, 지질도, 토양도, 산림도, 관광도, 교통도, 통계도, 국토 개발 계획도 등
특수도 (Specifc map)	• 특수한 목적에 사용되는 지도 • 분류 　－지도표현 방법에 의한 분류 : 사진지도, 입체모형지도, 지적도, 대권항법도, 항공도, 해도, 천기도 등 　－지도 제작 방법에 따른 분류 : 실측도, 편집도, 집성도로 구분

※ 공간정보의 구축 및 관리등에 관한 법률 제2조 및 시행령 제4조

지도 (地圖)	측량 결과에 따라 공간상의 위치와 지형 및 지명 등 여러 공간정보를 일정한 축척에 따라 기호나 문자 등으로 표시한 것을 말하며, 정보처리시스템을 이용하여 분석, 편집 및 입력·출력할 수 있도록 제작된 수치지형도[항공기나 인공위성 등을 통하여 얻은 영상정보를 이용하여 제작하는 정사영상지도(正射映像地圖)를 포함한다]와 이를 이용하여 특정한 주제에 관하여 제작된 지하시설물도·토지이용현황도 등 대통령령으로 정하는 수치주제도(數值主題圖)를 포함한다.

수치주제도 (數值主題圖)	**토**지이용현황도	**지**하시설물도	**도**시계획도	
	국토이용계획도	**토**지적성도	**도**로망도	
	지하수맥도	**하**천현황도	**수**계도	**산**림이용기본도
	자연공원현황도	**생**태·자연도	**지**질도	
	관광지도	**풍**수해보험관리**지도**	**재**해지도	**행**정구역도
	토양도	**임**상도	**토**지피복지도	**식**생도

	제1호부터 제21호까지에 규정된 것과 유사한 수치주제도 중 관련 법령상 정보유통 및 활용을 위하여 정확도의 확보가 필수적이거나 공공목적상 정확도의 확보가 필수적인 것으로서 국토교통부장관이 정하여 고시하는 수치주제도이다.

2. 지형도에 의한 지형표시법

자연적 도법	영선법(우모법) (Hachuring)	"게바"라 하는 단선상(短線上)의 선으로 지표의 기본을 나타내는 것으로서 게바의 사이, 굵기, 방향 등에 의하여 지표를 표시하는 방법
	음영법(명암법) (Shading)	태양광선이 서북쪽에서 45°로 비친다고 가정하여 지표의 기복을 도상에서 2~3색 이상으로 채색하여 지형을 표시하는 방법으로 지형의 입체감이 가장 잘 나타나는 방법
부호적 도법	점고법 (Spot height system)	지표면상의 표고 또는 수심을 숫자에 의하여 지표를 나타내는 방법으로 하천, 항만, 해양 등에 주로 이용
	등고선법 (Contour System)	동일 표고의 점을 연결한 등고선에 의하여 지표를 표시하는 방법으로 토목공사용으로 가장 널리 사용
	채색법 (Layer System)	같은 등고선의 지대를 같은색으로 채색하여 높을수록 진하게, 낮을수록 연하게 표시함으로써 높이의 변화를 나타내며 지리관계의 지도에 주로 사용

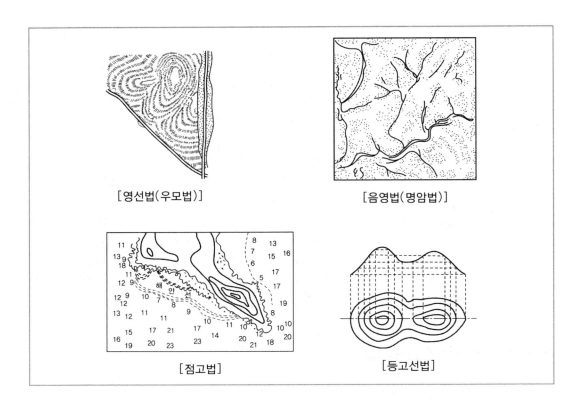

[영선법(우모법)]

[음영법(명암법)]

[점고법]

[등고선법]

3. 등고선(Contour Line)

(1) 등고선의 종류

주곡선	지형을 표시하는 데 가장 기본이 되는 곡선으로서 가는 실선으로 표시
간곡선	주곡선 간격의 $\frac{1}{2}$ 간격으로 그리는 곡선으로, 완경사지나 주곡선만으로 지모를 명시하기 곤란한 장소에 가는 파선으로 표시
조곡선	간곡선 간격의 $\frac{1}{2}$ 간격으로 그리는 곡선으로 불규칙한 지형을 표시 (주곡선 간격의 $\frac{1}{4}$ 간격으로 그리는 곡선)
계곡선	주곡선 5개마다 1개씩 그리는 곡선으로 표고의 읽음을 쉽게 하고 지모의 상태를 명시하기 위해 굵은 실선으로 표시

(2) 등고선의 간격

축척 등고선 종류	기호	1/5,000	1/10,000	1/25,000	1/50,000
주곡선	가는 실선	5	5	10	20
간곡선	가는 파선	2.5	2.5	5	10
조곡선 (보조곡선)	가는 점선	1.25	1.25	2.5	5
계곡선	굵은 실선	25	25	50	100

(3) 등고선의 성질

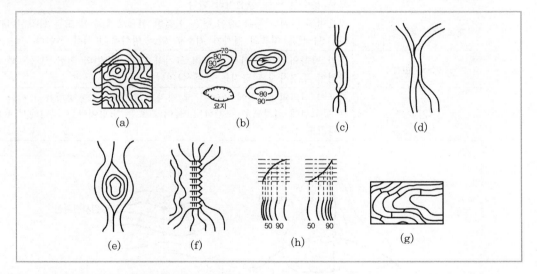

① 동일 등고선상에 있는 모든 점은 같은 높이이다.

② 등고선은 반드시 도면 안이나 밖에서 서로가 폐합한다[그림 (a)].

③ 지도의 도면 내에서 폐합되면 가장 가운데 부분은 산꼭대기(산정) 또는 끼지(요지)가 된다[그림 (b)].

④ 등고선은 도중에 없어지거나, 엇갈리거나[그림 (c)] 합쳐지거나[(그림 d)] 갈라지지 않는다[그림(e)].

⑤ 높이가 다른 두 등고선은 동굴이나 절벽의 지형이 아닌 곳에서는 교차하지 않는다.

⑥ 등고선은 경사가 급한 곳에서는 간격이 좁고 완만한 경사에서는 넓다[그림 (g)].

⑦ 최대경사의 방향은 등고선과 직각으로 교차한다[그림(h)].

⑧ 분수선(능선)과 곡선(유하선)은 등고선과 직각으로 만난다.

⑨ 2쌍의 등고선의 볼록부가 상대할 때는 볼록부를 나타낸다.

⑩ 동등한 경사의 지표에서 양 등고선의 수평거리는 같다.

⑪ 같은 경사의 평면일 때는 나란한 직선이 된다.

⑫ 등고선이 능선을 직각 방향으로 횡단한 다음 능선 다른 쪽을 따라 거슬러 올라간다.

⑬ 등고선의 수평거리는 산꼭대기 및 산밑에서는 크고 산 중턱에서는 작다.

(4) 지성선(Topographical line)

지표는 많은 凸선, 凹선, 경사변환선, 최대경사선으로 이루어졌으며, 지성선은 이 평면의 접합부, 즉 접선을 말한다. 지세선이라고도 한다.

능선(凸선), 분수선	지표면의 높은 곳을 연결한 선으로 빗물이 이것을 경계로 좌우로 흐르게 되므로 분수선 또는 능선이라 한다.
계곡선(凹선), 합수선	지표면이 낮거나 움푹 패인 점을 연결한 선으로 합수선 또는 합곡선이라 한다. (凹)선은 지표의 경사가 최소로 되는 방향을 표시한 선이다.
경사변환선	동일 방향의 경사면에서 경사의 크기가 다른 두 면의 접합선(등고선 수평 간격이 뚜렷하게 달라지는 경계선)이다.
최대경사선	지표의 임의의 한 점에 있어서 그 경사가 최대로 되는 방향을 표시한 선으로 등고선에 직각으로 교차하며, 물이 흐르는 방향이라는 의미에서 유하선이라고도 한다.

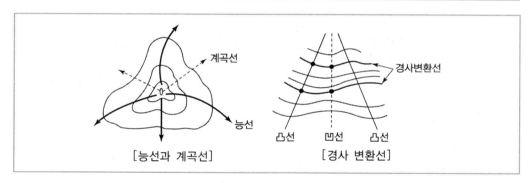

[능선과 계곡선]   [경사 변환선]

(5) 등고선에 의한 지형도 식별

산배(산능) [山背(山稜)]	산꼭대기와 산꼭대기 사이의 제일 높은 점을 이은 선으로 미근(尾根)이라고도 한다.
안부(鞍部)	서로 인접한 두 개의 산꼭대기가 서로 만나는 곳으로 좋은 교통로가 되는 고개 부분을 말한다.
계곡(溪谷)	계곡은 凹(요)선(곡선)으로 표시되며 계곡의 종단면은 상류가 급하고 하류가 완만하게 되므로 상류가 좁고 하류가 넓게 된다.
凹(요)지와 산정(山頂)	최대경사선의 방향에 화살표를 붙여서 표시한다.

대지(臺地)	대지에서 산꼭대기는 평탄하고 사면의 경사는 급하게 되므로 등고선 간격은 상부에서는 넓고 하부에선 좁다.
선상지(扇狀地)	산간부로부터 흐른 하천이 평지에 나타나면 급한 하천 경사가 완만하게 되며 그곳에 모래를 많이 쌓아두어 원추상(圓錐狀)의 경사지(傾斜地) 즉 삼각주를 구성하는 것을 말한다.
산급(山級)	산꼭대기 부근이나 凸선(능선)상에서 표시한 바와 같이 대지상(臺地狀)으로 되어있는 것을 말하며, 산급은 지형상의 요소로 기준선을 설치하기에 적당하다.
단구(段丘)	하안단구, 해안단구와 같이 계단상을 이룬 좁은 평지의 부분에서는 등고선 간격이 크게 된다. 단구는 여러 단으로 되어 있으나 급경사면과의 경계를 밝혀 식별되도록 등고선을 그린다.

4. 등고선의 측정 방법 및 지형도의 이용

(1) 지형측량의 작업 순서

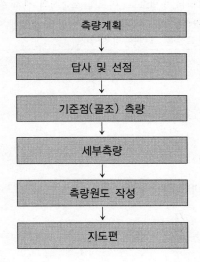

(2) 측량계획, 답사 및 선점 시 유의사항

① 측량 범위, 축척, 도식 등을 결정한다.

② 지형도 작성을 위해서 가능한 자료를 수집한다.

③ 작업의 용이성, 시간, 비용, 정밀도 등을 고려하여 선점한다.

④ 날씨 등의 외적 조건의 변화를 고려하여 여유 있는 작업 일지를 취한다.

⑤ 측량의 순서, 측량 지역의 배분 및 연결 방법 등에 대해 작업원 상호의 사전 조정을 한다.

⑥ 가능한 한 초기에 오차를 발견할 수 있는 작업 방법과 계산 방법을 택한다.

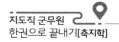

(3) 등고선의 측정 방법(기지점의 표고를 이용한 계산법)

기지점의 표고를 이용한 계산법	$D:H=d_1:h_1 \quad \therefore d_1 = \dfrac{D}{H} \times h_1$ $D:H=d_2:h_2 \quad \therefore d_2 = \dfrac{D}{H} \times h_2$ $D:H=d_3:h_3 \quad \therefore d_3 = \dfrac{D}{H} \times h_3$	
목측에 의한 방법	현장에서 목측에 의해 점의 위치를 대충 결정하여 그리는 방법으로 1/10,000 이하의 소축척의 지형 측량에 이용되며 많은 경험이 필요하다.	
방안법 (좌표점고법)	각 교점의 표고를 측정하고 그 결과로부터 등고선을 그리는 방법으로 지형이 복잡한 곳에 이용한다.	
종단점법	지형상 중요한 지성선 위의 여러 개의 측선에 대하여 거리와 표고를 측정하여 등고선을 그리는 방법으로, 비교적 소축척의 산지 등의 측량에 이용한다.	
횡단점법	노선측량의 평면도에 등고선을 삽입할 경우에 이용되며, 횡단측량의 결과를 이용하여 등고선을 그리는 방법이다.	

(4) 지형도의 이용

① 방향 결정

② 위치 결정

③ 경사 결정(구배 계산)

    ㉠ 경사$(i) = \dfrac{H}{D} \times 100\,(\%)$

    ㉡ 경사각$(\theta) = \tan^{-1}\dfrac{H}{D}$

④ 거리 결정

⑤ 단면도 제작

⑥ 면적 계산

⑦ 체적 계산(토공량 산정)

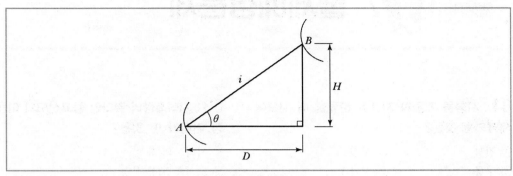

[등경사선의 계산]

5. 등고선의 오차

(1) 최대수직위치오차, 최대수평위치오차

최대수직위치오차	$\Delta H = dh + dl \cdot \tan\theta$	
최대수평위치오차	$\Delta D = dh \cdot \cot\theta + dl$	[등고선의 오차]

(2) 적당한 등고선 간격

거리(dl)및 높이(dh) 오차가 크게 될 경우 인접하는 등고선이 서로 겹치게 되므로 이를 방지하기 위하여 도상에서 관측한 표고오차의 최댓값은 등고선 간격의 1/2을 초과하지 않도록 규정한다.

적당한 등고선의 간격	$H \geq 2(dh + dl \cdot \tan\theta)$ ※ dh : 높이관측오차 dl : 수평위치오차(도상위치오차×m) θ : 토지의 경사
등고선의 최소간격	$d = 0.25M(mm)$

CHAPTER 07 출제예상문제

01 지형을 지물과 지모로 분류할 때 지모에 해당되는 것은?

① 건물　　　　　② 하천
③ 구릉　　　　　④ 시가지

해설

지모(Relief Features of Landform)
• 지모는 산악의 형상, 토지의 기복 상황 등과 같은 지표면의 형상을 말한다.
• 대축척지도에서는 일반적으로 수평곡선으로 표시하나 소축척지도에서는 등고선, 영선법, 음영법 등의 표현법이 쓰이기도 한다.
• 지형과 같은 의미로 쓰이기도 한다.

02 아래의 축척별 등고선 간격으로 옳지 않은 것은?

	축척	주곡선	계곡선	간곡선	조곡선
(1)	1 : 500	1.0m	5.0m	0.5m	0.25m
(2)	1 : 1,000	1.0m	5.0m	0.5m	0.25m
(3)	1 : 2,500	5.0m	25.0m	2.5m	1.25m
(4)	1 : 5,000	5.0m	25.0m	2.5m	1.25m

① (1)　　　　　② (2)
③ (3)　　　　　④ (4)

해설

축척	1/500	1/1,000	1/2,500	1/5,000	1/10,000	1/25,000	1/50,000
주곡선	1.0m	1.0m	2.0m	5.0m	5.0m	10.0m	20.0m
간곡선	0.5m	0.5m	1.0m	2.5m	2.5m	5.0m	10.0m
조곡선	0.25m	0.25m	0.5m	1.25m	1.25m	2.5m	5.0m
계곡선	5.0m	5.0m	10.0m	25.0m	25.0m	50.0m	100m

03 지형측량의 결과인 등고선도의 이용과 가장 거리가 먼 것은?

① 지적도의 작성
② 노선의 도상 선정
③ 성토, 절토의 범위 결정
④ 집수면적의 측정

해설

등고선도의 이용
• 노선의 도상 선정
• 성토, 절토의 범위 결정
• 집수면적의 측정
• 댐의 유수량
• 지형의 경사
• 산의 체적

04 등고선의 성질에 대한 설명으로 옳지 않은 것은?

① 등고선은 도면 내외에서 폐합하는 곡선이다.
② 높이가 다른 두 등고선은 동굴이나 절벽과 같은 지형에서는 교차한다.
③ 등고선은 최대경사방향과 직각으로 교차한다.
④ 등고선은 경사가 급한 곳에서는 간격이 넓고, 완만한 경사에서는 좁다.

해설

등고선의 성질
• 동일 등고선상에 있는 모든 점은 같은 높이이다.
• 등고선은 도면 내 · 외에서 폐합하는 폐곡선이다.
• 지도의 도면 내에서 폐합하는 경우 등고선의 내부에 산정 또는 분지가 있다.
• 두 쌍의 등고선의 볼록부가 상대할 때는 볼록부를 나타낸다.

정답 | 01 ③　02 ③　03 ①　04 ④

• 높이가 다른 두 등고선은 동굴이나 절벽의 지형이 아닌 곳에서는 교차하지 않으며, 동굴이나 절벽은 반드시 두 점에서 교차한다.

05 등고선의 성질에 대한 설명으로 옳지 않은 것은?

① 등고선과 최대 경사선은 수직을 이룬다.
② 등고선은 교차하거나 합쳐지지 않는다.
③ 경사가 같은 곳에서는 등고선 간의 간격도 같다.
④ 등고선은 도면의 안 또는 밖에서 반드시 폐합한다.

해설

등고선의 성질
• 동일 등고선상에 있는 모든 점은 같은 높이이다.
• 등고선은 반드시 도면 안이나 밖에서 서로가 폐합한다.
• 등고선은 도중에 없어지거나, 엇갈리거나, 합쳐지거나, 갈라지지 않는다.
• 등고선은 경사가 급한 곳에서는 간격이 좁고 완만한 경사에서는 넓다.
• 최대 경사의 방향은 등고선과 직각으로 교차한다.
• 동등한 경사의 지표에서 양 등고선의 수평거리는 같다.
• 같은 경사의 평면일 때는 나란한 직선이 된다.

06 등고선 간격이 2m인 지형도에서 94m 등고선상의 A점과 128m 등고선상의 B점을 연결하여 기울기 8/100의 도로를 개설하였다면 AB 간 도로의 실제길이는 약 얼마인가? [2010년 3회 기사]

① 420m
② 422m
③ 424m
④ 426m

해설

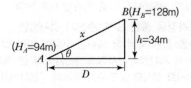

경사$(i) = \dfrac{H}{D}$, $\dfrac{8}{100} = \dfrac{34}{D}$

$\therefore D = \dfrac{34 \times 100}{8} = 425\text{m}$

경사각 $\tan\theta = \dfrac{H}{D}$에서

$\theta = \tan^{-1}\dfrac{H}{D} = \tan^{-1}\dfrac{34}{425} = 4°34'26.12''$

AB간 도로 실제거리

$x = \dfrac{D}{\cos\theta} = \dfrac{425}{\cos 4°34'26.12''}$

$= 426.357\text{m} ≒ 426\text{m}$

07 그림과 같이 사력댐을 건설하고자 한다. 사력댐 상단의 높이가 100m이고, 기울기는 상하류 방향 모두 1:1이라고 할 때, 대략적인 성토범위로 가장 적절히 표시된 것은? [2010년 3회 기사]

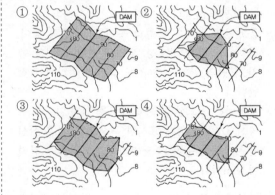

해설

등고선의 성질
• V자형 : 능선
• A자형 : 계곡선
• M자형 : 하천합류지점

정답 | 05 ② 06 ④ 07 ②

08 축척 1 : 500 지형도를 기초로 하여 축척 1 : 3,000의 지형도를 제작하고자 한다. 1 : 3,000 지형도 1도엽은 1 : 500 지형도를 몇 매 포함한 것인가?

① 45매 ② 40매
③ 36매 ④ 25매

해설

• 축척비 $= \dfrac{3000}{500} = 6$배

• 면적비 = 가로×세로 = $6×6 = 36$매

09 등고선의 종류와 지형도의 축척에 따른 등고선의 간격에 대한 설명으로 틀린 것은?

① 주곡선은 지형표시의 기본이 되는 곡선으로 가는 실선을 사용하여 나타낸다.
② 등고선의 간격은 측량의 목적 및 지역의 넓이, 작업에 관련한 경제성, 토지의 현황, 도면의 축척, 도면의 읽기 쉬운 정도 등을 고려하여 결정한다.
③ 계곡선은 등고선의 수 및 표고를 쉽게 읽도록 주곡선 5개마다 굵게 표시한 곡선으로, 굵은 실선을 사용하며 축척 1 : 50,000 지형도의 경우 간격이 50m이다.
④ 간곡선은 주곡선의 $\dfrac{1}{2}$ 간격으로 삽입한 곡선으로, 가는 파선으로 나타내며 축척 1 : 25,000 지형도에서는 5m 간격이다.

해설

구분	표시	1/5,000	1/10,000	1/25,000	1/50,000
주곡선	가는 실선	5	5	10	20
간곡선	가는 파선	2.5	2.5	5	10
조곡선	가는 짧은 파선	1.25	1.25	2.5	5
계곡선	굵은 실선	25	25	50	100

10 GPS 수신기의 검사방법으로 옳지 않은 것은?

① 검사는 국토지리정보원이 설치한 GPS 수신기의 비교기선장에서 한다.
② 측정은 단독측위 방식으로 실시한다.
③ GPS 위성의 최저관측 고도각은 15° 이상으로 한다.
④ 비교기선장의 양 측점에 GPS 수신기를 정치하고 측정한다.

해설

측량기기 성능검사 규정
제9조(GPS 수신기) GPS 수신기의 검사는 다음 방법에 의하다.
① GPS 수신기 검기선(檢基線) 성과의 산출 및 유지관리
  1. GPS 수신기 검사를 위한 측정은 별표 3의 지역별 GPS 검기선 중 1점과 검기선 인접 GPS 상시관측소 2점을 이용한다.
  2. GPS 수신기 검기선의 각 기선별 기선장과 3차원 직교좌표계의 값은 국가기준좌표계상에서 최신 버전의 GPS 정밀해석 소프트웨어(GIPSY, GAMIT, Bernese 등)를 이용하여 GPS 상시관측소의 성과(좌표 등)를 기준으로 산출한다.
  3. 상기의 GPS 수신기 검기선의 이용이 곤란할 경우 성능검사 대행자는 다음과 같이 GPS 수신기 검기선장을 설치하여 이용할 수 있다.
② GPS 수신기 검기선(檢基線)의 설치
  1. GPS 수신기 검기선의 설치는 지반침하가 없는 견고한 지점에 금속표 또는 화강석으로 별표 4의 매설방법을 참조하여 2점 이상 견고하게 설치한다.
  2. 검기선 설치 시 2점 간의 간격은 최소 100m 이상이어야 한다.
  3. 설치한 검기선의 성과는 상기의 제2항과 동일하게 산출한다.
  4. 성능검사 대행자는 GPS 수신기 검기선의 설치 후, 설치장소, 산출성과 등을 국토지리정보원장에게 보고하고, 이를 인증받아야 한다.
③ 실외측정을 통한 GPS 수신기 검사방법
  검사를 위한 측정 및 해석은 다음에 따라 실시한다.
  1. 동조 제1항의 검사장소 중 임의의 한 측점(A)에 검사를 실시할 GPS 수신기(이하 "검사기기"라 한다.)와 안테나를 정치하여 측정을 수행한다.

정답 | 08 ③ 09 ③ 10 ②

2. 측정은 정적 상대측위방식으로 실시하며, 상대측위의 해석 시 기준점으로는 인접한 2점의 GPS상시관측소(B, C)를 거리, 관측망의 강도 및 정상가동 유무를 고려하여 성능검사 대행자가 직접 선정하여 이용한다.

3. GPS 수신기는 국토지리정보원장에 의해 인증된 GPS 수신기 검기선장에서만 측정한다.

4. GPS 신호 취득간격은 30초 이내로 하고 3시간 이상의 연속적인 동시관측을 실시한다.

5. 측정에 사용하는 GPS 위성의 최저관측 고도각은 15° 이상으로 하고 동시에 4개 이상의 위성을 사용한다.

6. 기선벡터의 해석에 사용하는 GPS 위성의 궤도요소는 정밀력으로서 사이클 슬립(Cycle slip)의 편집은 자동편집을 원칙으로 하며, 해석에 사용되는 GPS 해석프로그램의 경우 해석 성능이 공히 인정된 프로그램 중 대행자가 임의로 선택하여 사용한다. 이 경우 해석에 사용한 프로그램의 명칭 및 버전을 성능검사기록부에 필히 표시하여야 한다.

7. 검사는 GPS 수신기 검기선 중 1개의 측점(A)에 GPS 수신기 및 안테나를 설치하고, 상기의 작업순서에 따라 관측을 시행하여 2점의 GPS 상시관측소(B, C)를 기준으로 다음 각각의 항목을 계산한 후 이를 국토지리정보원장이 제공하는 검정성과에 대하여 점검을 수행한다.

　가. 측점 A의 3차원 지심직각좌표(X, Y, Z)와 검정성과 간의 좌표차(ΔX, ΔY, ΔZ)가 25mm(1급인 경우 15mm) 이하인가를 검사한다.

　나. 단위 삼각망의 환폐합차 허용범위가 다음 표의 범위 내에 있는가를 검사한다.

폐합차	허용범위	비고
기선해석에 의한 ΔX, ΔY, ΔZ, 각 성분의 폐합차	10km 이상 : 1PPM×ΣD	D : 사거리 (km)
	10km 미만 : 2PPM×ΣD	

　다. 측점 A와 B를 연결하는 기선과 측점 A와 C를 연결하는 기선의 각 기선벡터 L1, L2와 동일 기선에 대한 검기선(檢基線) 성과 L1′, L2′과의 교차 ΔL1=L1−L1′, ΔL2=L2−L2′가 모두 25mm(1급인 경우 15mm) 이하인가를 검사한다.

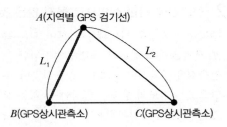

④ **GPS 수신기 관측자료의 제출**

　GPS 수신기 검사를 위하여 GPS 수신기 검기선 중 직접 관측을 수행한 측점(A)에 대한 GPS 관측자료(RINEX 관측파일)를 관리시스템에 업로드하여야 한다.

⑤ **종합검사의 판정**

　GPS 수신기의 성능은 위의 모든 사항에 의한 측정값의 해석결과를 이용하여 기선과의 차이, 좌표(삼차원 직교좌표계의 값) 차이, 제작사의 공칭성능 등을 고려하여 판정한다.

⑥ 검사기록은 별지5의 서식으로 작성하여 성능검사결과표와 같이 보관·교부한다.

11 등고선에 대한 설명으로 틀린 것은?

① 등고선 간의 최단거리 방향은 최대경사방향을 나타낸다.

② 높이가 다른 등고선은 절대로 서로 교차하지 않는다.

③ 등고선이 도면 내에서 폐합하는 경우 등고선의 내부에는 산꼭대기 또는 분지가 있다.

④ 등고선은 분수선과 직각으로 만난다.

해설

등고선의 성질

① 동일 등고선상에 있는 모든 점은 같은 높이이다.

② 등고선은 도면 내나 외에서 폐합하는 폐곡선이다.

③ 지도의 도면 내에서 폐합하는 경우 등고선의 내부에 산꼭대기(산정) 또는 분지가 있다.

④ 높이가 다른 두 등고선은 동굴이나 절벽을 제외하고는 교차하지 않는다.

⑤ 등고선은 급경사에서 간격이 좁고 완경사지에서 간격이 넓어진다.

정답 | 11 ②

12 등고선에 관한 설명으로 옳지 않은 것은?

① 주곡선은 지형을 나타내는 기본이 되는 곡선으로 간격은 축척에 따라 다르게 결정된다.
② 간곡선은 주곡선 간격의 1/2로 표시하며, 주곡선만으로는 지모의 상태를 명시할 수 없는 장소에 가는 파선으로 나타낸다.
③ 조곡선은 간곡선 간격의 1/2로 표시하는데, 표현이 부족한 곳에 가는 실선으로 나타낸다.
④ 계곡선은 지모의 상태를 파악하고 등고선의 고저차를 쉽게 판독할 수 있도록 주곡선 5개마다 굵은 실선으로 나타낸다.

해설

• 등고선의 종류 및 간격

축척 / 종류	1/5,000	1/10,000	1/25,000	1/50,000
주곡선	5	5	10	20
간곡선	2.5	2.5	5	10
조곡선	1.25	1.25	2.5	5
계곡선	25	25	50	100

• 표시방법
- 주곡선 : 가는 실선
- 간곡선 : 파선
- 조곡선 : 점선
- 계곡선 : 주곡선 5개마다 굵은 실선

13 1 : 25,000의 지형측량에서 등고선을 그리기 위하여 결정한 측점의 도상위치오차가 1.0mm, 높이의 오차가 2.5m, 그 지점의 경사각을 10°라 할 때 표고의 최대 이동량은 약 얼마인가?

① 17m
② 7m
③ 5m
④ 4m

해설

$$dl = 25,000 \times 0.001 = 25\text{m}$$

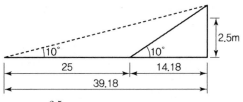

$$\tan10° = \frac{2.5}{x}$$

$$x = \frac{2.5}{\tan10°} = 14.18\text{m}$$

$$l = dl + x = 25 + 14.18$$
$$= 39.18$$

표고의 최대이동량은

$$\tan10° = \frac{dH}{39.18}$$

$$\therefore dH = \tan10° \times 39.18$$
$$= 6.9\text{m}$$
$$\fallingdotseq 7\text{m}$$

별해)

$$\frac{1}{25,000} = \frac{1.0\text{mm}}{\text{위치오차}}$$

위치오차 = 25mm

$$\text{최대높이오차}(dH) = h + \triangle H \cdot \tan\theta$$
$$= 2.5 + 25 \times \tan10°$$
$$= 7\text{m}$$

14 등고선의 특성에 관한 설명으로 옳은 것은?

① 최대경사선은 등고선과 직각 방향이다.
② 높이가 다른 등고선은 어떠한 경우에도 겹치지 않는다.
③ 등고선은 지도 안에서 폐합되지 않으면 지도의 밖에서도 만나지 않는다.
④ 등고선의 간격이 넓을수록 급한 경사를 이룬다.

해설

등고선의 성질
- 동일 등고선상에 있는 모든 점은 같은 높이이다.
- 등고선은 도면 내나 외에서 폐합하는 폐곡선이다.
- 지도의 도면 내에서 폐합하는 경우 등고선의 내부에 산꼭대기(산정) 또는 분지가 있다.
- 높이가 다른 두 등고선은 동굴이나 절벽을 제외하고는 교차하지 않는다.

정답 | 12 ③ 13 ② 14 ①

• 등고선은 급경사에서 간격이 좁고 완경사지에서 간격이 넓어진다.

지성선

• 지표는 많은 凸선, 凹선, 경사변환선, 최대경사선으로 이루어졌다고 생각할 때 이 평면의 접합부, 즉 접선을 말하며 지세선이라고도 한다.

• **능선(凸선), 분수선** : 지표면의 높은 곳을 연결한 선으로 빗물이 이것을 경계로 좌우로 흐르게 되므로 V자형으로 표시한다.

• **계곡선(凹선), 합수선** : 지표면이 낮거나 움푹 패인 점을 연결한 선으로 합수선, 곡선 또는 합곡선이라고 한다. Y자형으로 표시

• **경사변환선** : 동일 방향의 경사면에서 경사의 크기가 다른 두 면의 접합선(등고선 수평간격이 뚜렷하게 달라지는 경계선)을 말한다.

• **최대경사선**
  – 지표의 임의의 한 점에 있어서 그 경사가 최대로 되는 방향을 표시한 선을 말한다.
  – 등고선에 직각으로 교차한다.
  – 물이 흐르는 방향이라는 의미에서 유하선이라고도 한다.

15 일반적으로 주곡선의 등고선 간격을 결정하는 데 가장 중요한 요소는?

① 도면의 축척
② 지역의 넓이
③ 지형의 상태
④ 내업에 필요한 시간

해설

등고선 종류	기호	1/5,000	1/10,000	1/25,000	1/50,000
주곡선	가는 실선	5	5	10	20
간곡선	가는 파선	2.5	2.5	5	10
조곡선 (보조곡선)	가는 점선	1.25	1.25	2.5	5
계곡선	굵은 실선	25	25	50	100

* 주곡선의 등고선 간격을 결정하는 데는 도면의 축척이 가장 중요한 요소이다.

16 축척 1 : 5,000 지형도에서 그림과 같이 주곡선상의 두 점 A, B 사이의 도상거리가 2cm인 경우 이 두 점 사이의 실제 경사는?

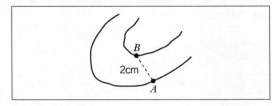

① 1%
② 5%
③ 10%
④ 25%

해설

$$\frac{1}{m} = \frac{l}{L}$$

$$L = m \cdot l = 5,000 \times 0.02 = 100m$$

$$\therefore 경사(i) = \frac{h}{D} \times 100\% = \frac{5}{100} \times 100\% = 5\%$$

17 1 : 5,000 지형도의 주곡선 간격은?

① 1m
② 5m
③ 10m
④ 20m

해설

1 : 5,000에서 주곡선 간격은 5m이다.

축척 / 등고선	1/5,000	1/10,000	1/25,000	1/50,000
주곡선	5	5	10	20
간곡선	2.5	2.5	5	10
조곡선	1.25	1.25	2.5	5
계곡선	25	25	50	100

18 지형측량에서 동일방향의 경사면에서 경사의 크기가 다른 두 면의 접선(평면교선)을 무엇이라 하는가?

① 능선
② 계곡선
③ 경사변환선
④ 최대경사선

정답 | 15 ① 16 ② 17 ② 18 ③

해설

지성선

지표가 많은 凸선, 凹선, 경사변환선, 최대경사선으로 이루어졌다고 할 때 지성선은 이 평면의 접합부, 즉 접선을 말하며 지세선이라고도 한다.

능선(凸선), 분수선	지표면의 높은 곳을 연결한 선으로 빗물이 이것을 경계로 좌우로 흐르게 되므로 V자형으로 표시한다.
계곡선(凹선), 합수선	지표면이 낮거나 움푹 패인 점을 연결한 선으로 합수선, 곡선 또는 합곡선이라고 한다. Y자형으로 표시한다.
경사변환선	동일 방향의 경사면에서 경사의 크기가 다른 두 면의 접합선(등고선 수평간격이 뚜렷하게 달라지는 경계선)을 말한다.
최대경사선	• 지표의 임의의 한 점에 있어서 그 경사가 최대로 되는 방향을 표시한 선이다. • 등고선에 직각으로 교차한다. • 물이 흐르는 방향이라는 의미에서 유하선이라고도 한다.

19 지형의 표시방법 중 부호적 도법에 속하지 않은 것은?

① 음영법(shading system)
② 단채법(layer system)
③ 점고법(spot system)
④ 등고선법(contour system)

해설

자연적 도법

• 영선법(우모법, Hachuring) : "게바"라 하는 단선상(短線上)의 선으로 지표의 기본을 나타내는 것으로, 게바의 사이, 굵기, 방향 등에 의하여 지표를 표시하는 방법
• 음영법(명암법, Shading) : 태양광선이 서북쪽에서 45°로 비친다고 가정하여 지표의 기복을 도상에서 2~3색 이상으로 채색하여 지형을 표시하는 방법으로, 지형의 입체감이 가장 잘 나타나는 방법

부호적 도법

• 점고법(Spot height system) : 지표면상의 표고 또는 수심을 숫자에 의하여 지표를 나타내는 방법으로 하천, 항만, 해양 등에 주로 이용

• 등고선법(Contour System) : 동일 표고의 점을 연결한 등고선에 의하여 지표를 표시하는 방법으로 토목공사용으로 가장 널리 사용
• 채색법(Layer System) : 같은 등고선의 지대를 같은 색으로 채색하여 높을수록 진하게, 낮을수록 연하게 표시함으로써 높이의 변화를 나타내며, 지리관계의 지도에 주로 사용

20 축척 1 : 25,000인 우리나라 지형도의 한 도엽의 크기(경도×위도)는?

① 1.25′×1.25′
② 2.5′×2.5′
③ 7.5′×7.5′
④ 15.0′×15.0′

해설

수치지도작성 작업규칙 제5조(도엽코드 및 도곽의 크기)

① 수치지도의 도엽코드 및 도곽의 크기는 수치지도의 위치검색, 다른 수치지도와의 접합 및 활용 등을 위하여 경위도(經緯度)를 기준으로 분할된 일정한 형태와 체계로 구성하여야 한다.
② 수치지도의 각 축척에 따른 도엽코드 및 도곽의 크기는 별표와 같다.

축척	도엽코드 및 도곽의 크기
1/50,000	• 도엽코드 : 경위도를 1° 간격으로 분할한 지역에 대하여 다시 15′씩 16등분하여 하단 위도 두 자리 숫자와 좌측경도의 끝자리 숫자를 합성한 뒤 해당 코드를 추가하여 구성한다. • 도곽의 크기 : 15′×15′
1/25,000	• 도엽코드 : 1/50,000 도엽을 4등분하여 1/50,000 도엽코드 끝에 한 자리 코드를 추가하여 구성한다. • 도곽의 크기 : 7′30″×7′30″
1/10,000	• 도엽코드 : 1/50,000 도엽을 25등분하여 1/50,000 도엽코드 끝에 두 자리 코드를 추가하여 구성한다. • 도곽의 크기 : 3′×3′
1/5,000	• 도엽코드 : 1/50,000 도엽을 100등분하여 1/50,000 도엽코드 끝에 세 자리 코드를 추가하여 구성한다. • 도곽의 크기 : 1′30″×1′30″

정답 | 19 ① 20 ③

1/2,500	• 도엽코드 : 1/25,000 도엽을 100등분하여 1/25,000 도엽코드 끝에 두 자리 코드를 추가하여 구성한다. • 도곽의 크기 : 45″×45″
1/1,000	• 도엽코드 : 1/10,000 도엽을 100등분하여 1/10,000 도엽코드 끝에 두 자리 코드를 추가하여 구성한다. • 도곽의 크기 : 18″×18″
1/500	• 도엽코드 : 1/1,000 도엽을 4등분하여 1/1,000 도엽코드 끝에 한 자리 코드를 추가하여 구성한다. • 도곽의 크기 : 9″×9″

21 등고선의 종류와 지형도의 축척에 따른 등고선의 간격에 대한 설명으로 틀린 것은?

① 주곡선은 지형표시의 기본이 되는 곡선으로 가는 실선을 사용한다.
② 등고선의 간격은 측량의 목적 및 지역의 넓이, 작업에 관련한 경제성, 토지의 현황, 도면의 축척, 도면의 읽기 쉬운 정도 등을 고려하여 결정한다.
③ 계곡선은 등고선의 수 및 표고를 쉽게 읽도록 주곡선 5개마다 굵게 표시한 곡선으로 굵은 실선을 사용하며, 축척 1 : 50,000 지형도의 경우에는 간격이 50m이다.
④ 간곡선은 주곡선의 1/2 간격으로 삽입한 곡선으로 가는 파선으로 나타내며 축척 1 : 25,000 지형도에서는 5m 간격이다.

해설

등고선의 종류
• 주곡선 : 지형을 표시하는 데 가장 기본이 되는 곡선으로서 가는 실선으로 표시
• 간곡선 : 주곡선 간격의 $\frac{1}{2}$ 간격으로 그리는 곡선으로, 완경사지나 주곡선만으로 지모를 명시하기 곤란한 장소에 가는 파선으로 표시
• 조곡선 : 간곡선 간격의 $\frac{1}{2}$ 간격으로 그리는 곡선으로, 불규칙한 지형을 표시(주곡선 간격의 $\frac{1}{4}$ 간격으로 그리는 곡선)

• 계곡선 : 주곡선 5개마다 1개씩 그리는 곡선으로, 표고의 읽음을 쉽게 하고 지모의 상태를 명시하기 위해 굵은 실선으로 표시

등고선의 간격

종류＼축척	기호	1/5,000	1/10,000	1/25,000	1/50,000
주곡선	가는 실선	5	5	10	20
간곡선	가는 파선	2.5	2.5	5	10
조곡선 (보조곡선)	가는 점선	1.25	1.25	2.5	5
계곡선	굵은 실선	25	25	50	100

22 등고선에 대한 설명으로 틀린 것은?

① 등고선은 절벽, 동굴과 같은 지형에서는 서로 교차하기도 한다.
② 경사가 급할수록 등고선의 간격이 좁다.
③ 경사가 같으면 등고선 간격이 같고 서로 평행하다.
④ 등고선은 최대경사선과는 직교하고 분수선과는 평행하다.

해설

등고선의 성질
• 동일 등고선상에 있는 모든 점은 같은 높이이다.
• 등고선은 반드시 도면 안이나 밖에서 서로 폐합한다.
• 지도의 도면 내에서 폐합되면 가장 가운데 부분은 산꼭대기(산정) 또는 凹지(요지)가 된다.
• 등고선은 도중에 없어지거나 엇갈리거나 합쳐지거나 갈라지지 않는다.
• 높이가 다른 두 등고선은 동굴이나 절벽의 지형이 아닌 곳에서는 교차하지 않는다.
• 등고선은 경사가 급한 곳에서는 간격이 좁고 완만한 경사에서는 넓다.
• 최대경사의 방향은 등고선과 직각으로 교차한다.
• 분수선(능선)과 곡선(유하선)은 등고선과 직각으로 만난다.
• 2쌍의 등고선의 볼록부가 상대할 때는 볼록부를 나타낸다.

정답 | 21 ③ 22 ④

- 동등한 경사의 지표에서 양 등고선의 수평거리는 같다.
- 같은 경사의 평면일 때는 나란한 직선이 된다.
- 등고선이 능선을 직각방향으로 횡단한 다음 능선 다른 쪽을 따라 거슬러 올라간다.

23 지형도 및 수치지형도에 대한 설명으로 옳지 않은 것은?

① 지형도는 지표면상의 자연적 또는 인공적인 지형의 수평 또는 수직의 상호위치관계를 관측하여 그 결과를 일정한 축척과 도식으로 도면에 나타낸 것이다.
② 지형도상에 표시되는 요소로 지형에는 지물과 지모가 있다.
③ 수치지형도의 축척은 일정하기 때문에 확대 및 축소하여 다양한 축척의 지형도를 만들 수 없다.
④ 수치지형도의 지형 및 지물은 레이어로 구분된다.

해설

- 수치지형도(數値地形圖) : 수치지도의 하나로서 등고선을 이용하여 땅의 기복, 형태, 수계의 배열 등의 지형을 정확하고 상세하게 나타낸 지도를 컴퓨터에서 사용할 수 있게 수치 형태로 변환한 것을 말한다. 수치지형도는 정보처리시스템을 이용하여 분석, 편집 및 입력 · 출력할 수 있도록 제작된 지도를 말한다.
- 수치지도(數値地圖) : 이러한 지도상의 지형 · 지물 · 지명 등의 각종 지형정보 기타 이와 관련된 사항을 수치화한 후 전산시스템을 이용하여 이를 분석 · 편집 및 입 · 출력할 수 있도록 제작된 수치지형도 · 수치주제도 등을 말한다.
- 수치지형도작성 : 수치지도작성작업규칙에 의거 컴퓨터를 이용한 지형도 입력 등 지형 · 지물을 수치데이터로 취득하고 목적에 따라 편집하는 것을 말한다.

24 등고선 간의 최단 거리 방향이 의미하는 것은?

① 최소 경사 방향을 표시한다.
② 최대 경사 방향을 표시한다.
③ 상향 경사를 표시한다.
④ 하향 경사를 표시한다.

해설

등고선 간의 최단 거리 방향은 최대 경사 방향을 표시한다.

25 1 : 50,000 국가기본도 1도엽이 차지하는 지상의 면적(범위)는?

① $1' \times 1'$
② $3' \times 3'$
③ $7.5' \times 7.5'$
④ $15' \times 15'$

해설

	1/50,000	1/25,000	1/10,000	1/5,000
도곽 크기	15′×15′	7′30″×7′30″	3′×3′	1′30″×1′30″
	1/2,500	1/1,000	1/500	
	45′×45′	8″×18″	9″×9″	-

26 축척 1 : 50,000 지형측량에서 등고선의 관측위치오차가 도상에서 0.5mm, 실제높이오차가 1.0m, 토지의 경사가 15° 일 때 표고의 최대오차는?

① 7.3m
② 7.5m
③ 7.7m
④ 7.9m

해설

$dl = 50,000 \times 0.5 = 25,000mm = 25m$

$\tan 15° = \dfrac{dh}{dl'} = \dfrac{1.0}{dl}$

$dl' = \dfrac{1.0}{\tan 15°} = 3.73m$

$\therefore \varepsilon = dl + dl' = 25 + 3.73 = 28.73m$

$\tan 15° = \dfrac{dh}{28.73}$

$\therefore dh = \tan 15° \times 28.73 = 7.7m$

정답 | 23 ③ 24 ② 25 ④ 26 ③

노선측량(Route survey)

08
CHAPTER

1. 정의

① 도로, 철도, 운하 등의 교통로의 측량, 수력발전의 도수로 측량, 상하수도의 도수관 부설에 따른 측량 등 폭이 좁고 길이가 긴 구역의 측량을 말한다.

② 그러므로 노선의 목적과 종류에 따라 측량도 약간 다르게 된다.

③ 삼각측량 또는 다각측량에 의하여 골조를 정하고 이를 기본으로 지형도를 작성하고 종횡단면도 작성, 토량등도 계산하게 되는 것이다.

2. 분류

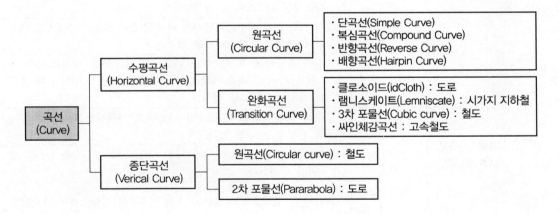

3. 순서

① 지형측량
② 중심선측량
③ 종단측량
④ 횡단측량
⑤ 용지측량
⑥ 시공측량

4. 노선측량의 작업 과정 및 방법 비교

(1) 노선측량 작업 과정

도상 계획	지형도상에서 한두 개의 계획노선을 선정한다.
현장 답사	도상 계획 노선에 따라 현장 답사를 한다.
예측	답사에 의하여 유망한 노선이 결정되면 그 노선을 더욱 자세히 조사하기 위하여 트래버스측량과 주변에 대한 측량을 실시한다.
도상 선정	예측이 끝나면 노선의 기울기, 곡선, 토공량, 터널과 같은 구조물의 위치와 크기, 공사비 등을 고려하여 가장 바람직한 노선을 지형도 위에 기입하는 단계이다.
현장 실측	도상에서 선정된 최적노선을 지상에 측설하는 것이다.

(2) 노선측량 세부 작업 과정

노선 선정 (路線選定)	도상 선정	국토지리정보원 발행의 1/50,000 지형도(또는 1/25,000 지형도, 필요에 따라 1/200,000 지형도)를 사용하여, 생각하는 노선은 전부 취하여 검토하고, 여러 개의 노선을 선정한다.
	종단면도 작성	도상 선정의 노선에 관하여 지형도에서부터 종단면도(축척 종 1/2,000, 횡단 1/25,000)를 작성한다.
	현지 답사	이상의 노선에 대하여 현지답사를 하여 수정할 개소는 수정하고 비교검토하여 개략의 노선(route)을 결정한다.
계획조사측량 (計劃調査測量)	지형도 작성	계획선의 중심에서, 폭 약 300m(비교선이 어느 정도 떨어져 있는 경우는 필요에 따라 폭을 넓힌다)에 대하여, 항공사진의 도화(축척 1/5,000 또는 1/2,500)를 한다.
	비교노선의 선정	1/5,000의 지형도상에 비교노선을 기입하고, 평면선형을 검토한다. 관측점의 간격은 100m로 한다.
	종단면도 작성	지형도에서 종단면도(축척 종 1/500, 횡1/5,000 또는 종 1/250, 횡 1/2,500)를 작성한다.
	횡단면도 작성	비교선의 각 관측점의 횡단면도(축척 1/200)를 지형도에서 작성한다.
	개략노선의 결정	이상의 결과를 현지답사에 의하여 수정하여, 개산공사비를 산출해서 비교검토하고 계획중심선을 결정한다.
실시설계측량 (實施設計測量)	지형도 작성	계획선의 중심에서 폭 약 100m(필요에 따라 폭을 넓힐 수 있다)에 대하여 항공사진의 도화(1/1,000)를 한다.
	중심선의 선정	중심선이 결정되지 않은 경우에는 1/1,000의 지형도상에 비교선을 기입하여, 종횡단면도를 작성하고, 필요하면 현지답사를 실시하여 중심선을 결정한다.
	중심선 설치(도상)	1/1,000의 지형도상에서, 다각형의 관측점의 위치를 결정하여 교각을 관측하고, 곡선표, 크로소이드표 등을 이용하여 도해법으로 중심선을 정하여, 보조말뚝 및 20m마다의 중심말뚝 위치를 지형도에 기입한다.

	다각측량		용지폭말뚝의 위치를 지적측량의 정확도로 얻어, 각 관측점 위치의 좌표를 정확히 구하여 측량의 정확도와 신속성을 향상시키기 위하여, IP(교점 ; Intersection point)점을 연결한 다각측량 혹은 노선을 따라서 다각측량을 실시한다. IP점 간에서 시준이 되지 않을 때는 적당한 중간에 절점을 설치한다.
	중심선 설치(현지)		다각측량의 결과 IP점에 있어서의 교각과 IP점 간의 거리가 직접 혹은 간접으로 정확히 구해지므로, 이것을 기초로 하여 완화곡선과 단곡선의 계산을 하여 직접 지형도에 기입하고, 다시 현지에 중심말뚝을 설치한다.
	고저측량	고저측량	중심선을 따라서 고저측량을 실시한다. 고저기준점(BM ; Bench Mark)의 간격은 500m~1,000m로 하고, 노선에서 약간 떨어진 곳에 설치한다.
		종단면도 작성	중심선을 따라서 종단측량과 횡단측량을 실시하여, 종단면도(축척 종 1/100, 횡 1/1,000)와 횡단면도(축척 1/100 또는 1/200)를 작성한다.
세부측량 (細部測量)			구조물의 장소에 대해서, 지형도(축척 종 1/500~1/100)와 종횡단면도(축적 종 1/100, 횡 1/500~1/100)를 작성한다.
용지측량 (用地測量)			횡단면도에 계획단면을 기입하여 용지폭을 정하고, 축척 1/500 또는 1/600로 용지도를 작성한다. 용지폭말뚝을 설치할 때는 중심선에 직각인 방향을 구하는 것에 주의해야 한다. 구점의 요구 정확도에 따라 직각기 혹은 트랜시트, 레벨(수평분도원이 부착된 것)을 이용하여 방향을 구하고, 관측에는 천줄자 또는 쇠줄자 등을 이용하거나, 시거측량이나 관측봉을 이용하는 방법을 취한다.
공사측량 (工事測量)	검사관측		중심말뚝의 검사관측, TBM(가고저기준점 ; Temporary Bench Mark)과 중심말뚝의 높이의 검사관측을 실시한다.
	가인조점 등의 설치		필요하면, TBM을 500m 이내에 1개 정도로 설치한다. 또한, 중요한 보조말뚝의 외측에 인조점을 설치하고, 토공의 기준틀, 콘크리트 구조물의 형간의 위치 측량 등을 실시한다.

(3) 노선조건

① 가능한 직선으로 할 것
② 가능한 한 경사가 완만할 것
③ 토공량이 적고 절토와 성토가 짧은 구간에서 균형을 이룰 것
④ 절토의 운반거리가 짧을 것
⑤ 배수가 완전할 것

5. 노선측량

(1) 종단측량

① 정의 : 중심선에 설치된 관측점 및 변화점에 박은 중심말뚝, 추가말뚝 및 보조말뚝을 기준으로 하여 준심선의 지반고를 측량하고 연직으로 토지를 절단하여 종단면도를 만드는 측량이다.

② 종단면도 작성
  ㉠ 외업이 끝나면 종단면도를 작성
  ㉡ 수직축척은 일반적으로 수평축척보다 크게 잡으며 고저차를 명확히 알아볼 수 있도록 함

③ 종단면도 기재사항
  ㉠ 관측점 위치
  ㉡ 관측점 간의 수평거리
  ㉢ 각 관측점의 기점에서의 누가거리
  ㉣ 각 관측점의 지반고 및 고저기준점(BM)의 높이
  ㉤ 관측점에서의 계획고
  ㉥ 지반고와 계획고의 차(성토의 절토별)
  ㉦ 계획선의 경사

(2) 횡단측량

중심말뚝이 설치되어 있는 지점에서 중심선의 접선에 대하여 직각 방향(법선 방향)으로 지표면을 절단한 면을 얻어야 하는데, 이때 중심말뚝을 기준으로 하여 좌우의 지반고가 변화하고 있는 점의 고저 및 중심말뚝에서의 거리를 관측하는 측량이 횡단측량이다.

6. 단곡선의 각부 명칭 및 공식

(1) 단곡선의 각부 명칭

B.C	곡선시점(Biginning of curve)
E.C	곡선종점(End of curve)
S.P	곡선중점(Secant Point)
I.P	교점(Intersection Point)
I	교각(Intersetion angle)
∠AOB	중심각(Central angl) : I
R	곡선반경(Radius of curve)
$\widehat{AB}$	곡선장(Curve length) : C.L
AB	현장(Long chord) : C
T.L	접선장(Tangent length) : AD, BD
M	중앙종거(Middle ordinate)
E	외할(External secant)
δ	편각(Deflection angle) : $\angle VAG$

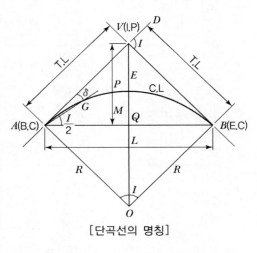

[단곡선의 명칭]

(2) 공식

접선장 (Tangent length)	$\tan\dfrac{I}{2}=\dfrac{TL}{R}$ 에서 $TL=R\cdot\tan\dfrac{I}{2}$, 따라서 $R=\dfrac{TL}{\tan\dfrac{I}{2}}=TL\cdot\cot\dfrac{I}{2}$	
곡선장 (Curve length)	원둘레 $2\pi R$, 중심각 $I°$에 대한 원둘레의 길이 : $\dfrac{2\pi R}{360°}$ $2\pi R : CL=360° : I°$ $\therefore CL=CL=\dfrac{\pi}{180°}\cdot R\cdot I°$ $\qquad =0.0174533\,RI°$ $\therefore CL=\dfrac{\pi}{180°\times 60'}RI'=0.0002909\,RI'$	

외할 또는 외거 (External secant)	$\sec\dfrac{I}{2}=\dfrac{OP}{R}$ 에서 $OP=R\cdot\sec\dfrac{I}{2}$ $E(S.L)=OP-R=R\cdot\sec\dfrac{1}{2}-R=R(\sec\dfrac{1}{2}-1)$	
중앙종거 (Middle ordinate)	$\cos\dfrac{I}{2}=\dfrac{OD}{R}$ 에서 $OD=R\cdot\cos\dfrac{1}{2}$ $M=R-OD$ $=R-R\cdot\cos\dfrac{1}{2}$ $=R(1=\cos\dfrac{1}{2})$	
현장 (Long chord)	$\sin\dfrac{I}{2}=\dfrac{\dfrac{C}{2}}{R}=\dfrac{C}{2R}$ $\therefore\ C=2R\cdot\sin\dfrac{1}{2}$	
편각 (Deflection angle)	$\overline{AP}\fallingdotseq\overparen{AP}=l$ 이라면 $l=R2\delta$ $\delta=\dfrac{l}{2R}$ 라디안 $=\dfrac{l}{2R}\left(\dfrac{180°\times60'}{\pi}\right)$ $=\dfrac{l}{2R}3437.75'$ $\therefore\ \delta=1718.87'\dfrac{l}{R}$	
호(장)길이(CL) 와 현(장)길이(L)의 차	$L=CL-\dfrac{L^3}{24R^2}$ $CL-L=\dfrac{CL^3}{24R^2}$	
중앙종거와 곡률반경의 관계	$R^2-(\dfrac{L}{2})^2=(R-M)^2$ $\therefore\ R=\dfrac{L^2}{8M}+\dfrac{M}{2}$ (여기서, M의 값이 L의 값에 비해 작으면 $\dfrac{M}{2}$은 무시한다)	

교각(I) = 중심각	$\angle AOB + \angle BPA = 180°$ $\angle I + \angle BPA = 180°$ $\therefore \angle I = \angle AOB$	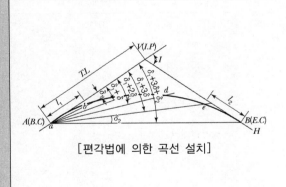
곡선시점	B.C = I.P − T.L	
곡선종점	E.C = B.C + C.L	
시단현	l1 = B.C점부터 B.C 다음 말뚝까지의 거리	
종단현	l2 = E.C점부터 E.C 바로 앞 말뚝까지의 거리	

7. 단곡선(Simple curve) 설치 방법

(1) 편각 설치법

철도, 도로 등의 곡선 설치에 가장 일반적인 방법이며, 다른 방법에 비해 정확하나 반경이 작을 때 오차가 많이 발생한다.

- 시단현 편각 : $\delta_1 = \dfrac{l_1}{R} \times \dfrac{90°}{\pi}$

  $= 1718.87' \times \dfrac{l_1}{R}$

- 종단현 편각 : $\delta_2 = \dfrac{l_2}{R} \times \dfrac{90°}{\pi}$

  $= 1718.87' \times \dfrac{l_2}{R}$

- 말뚝 간격에 대한 편각 : $\delta = \dfrac{l}{R} \times \dfrac{90°}{\pi}$

  $= 1718.87' \times \dfrac{l}{R}$

[편각법에 의한 곡선 설치]

(2) 중앙종거법

곡선 반경이 작은 도심지 곡선 설치에 유리하며 기설곡선의 검사나 정정에 편리하다. 일반적으로 1/4법이라고도 한다.

$$M_1 = R\left(1 - \cos\frac{I}{2}\right)$$

$$M_2 = R\left(1 - \cos\frac{I}{4}\right)$$

$$M_3 = R\left(1 - \cos\frac{I}{8}\right)$$

$$M_4 = R\left(1 - \cos\frac{I}{16}\right)$$

$$\therefore M_1 = 4M_2$$

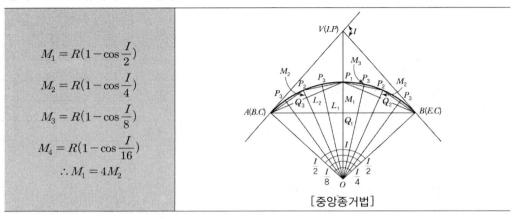

[중앙종거법]

(3) 접선편거 및 현편거법

트랜싯을 사용하지 못할 때 폴과 테이프로 설치하는 방법으로, 지방도로에 이용되며 정밀도는 다른 방법에 비해 낮다.

- 현편거(d) : $d = \dfrac{l_2}{R}$

- 접선편거(t) : $t = \dfrac{d}{2} = \dfrac{l^2}{2R}$

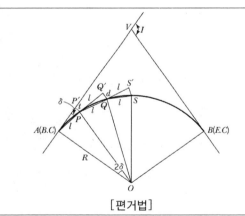

[편거법]

(4) 접선에서 지거를 이용하는 방법

양 접선에 지거를 내려 곡선을 설치하는 방법으로 터널 내의 곡선 설치와 산림지에서 벌채량을 줄일 경우에 적당한 방법이다.

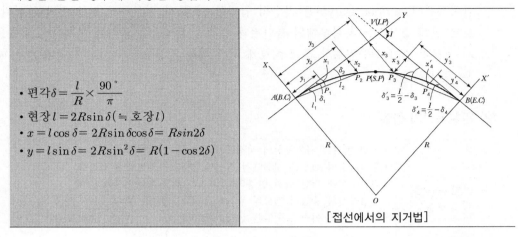

- 편각 $\delta = \dfrac{l}{R} \times \dfrac{90°}{\pi}$
- 현장 $l = 2R\sin\delta\,(\fallingdotseq 호장\, l)$
- $x = l\cos\delta = 2R\sin\delta\cos\delta = R\sin2\delta$
- $y = l\sin\delta = 2R\sin^2\delta = R(1-\cos2\delta)$

[접선에서의 지거법]

(5) 복심곡선 및 반향곡선

복심곡선 (Compound curve)	• 반경이 다른 2개의 원곡선이 1개의 공통접선을 갖고 접선의 같은 쪽에서 연결하는 곡선을 말함 • 복심곡선을 사용하면 그 접속점에서 곡률이 급격히 변화하므로 될 수 있는 한 피하는 것이 좋음
반향곡선 (Reverse curve)	• 반경이 같지 않은 2개의 원곡선이 1개의 공통접선의 양쪽에 서로 곡선 중심을 가지고 연결한 곡선 • 반향곡선을 사용하면 접속점에서 핸들의 급격한 회전이 생기므로 가급적 피하는 것이 좋음
배향곡선 (Hairpin curve)	• 반향곡선을 연속시켜 머리핀 같은 형태의 곡선으로 된 것 • 산지에서 기울기를 낮추기 위해 쓰이므로 철도에서 Switch Back에 적합하여 산허리를 누비듯이 나아가는 노선에 적용함

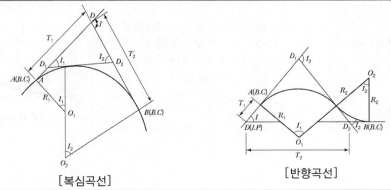

[복심곡선]   [반향곡선]

8. 완화곡선(Transition Curve)

(1) 개요

완화곡선(Transition Curve)은 차량의 급격한 회전 시 원심력에 의한 횡방향 힘의 작용으로 인해 발생하는 차량운행의 불안정과 승객의 불쾌감을 줄이는 목적으로 곡률을 0에서 조금씩 증가시켜 일정한 값에 이르게 하기 위해 직선부와 곡선부 사이에 넣는 매끄러운 곡선을 말한다.

(2) 완화곡선의 성질

완화곡선의 특징	• 곡선 반경은 완화곡선의 시점에서 무한대, 종점에서 원곡선 R로 된다. • 완화곡선의 접선은 시점에서 직선에, 종점에서 원호에 접한다. • 완화곡선에 연한 곡선 반경의 감소율은 캔트의 증가율과 같다. • 완화곡선의 종점의 캔트와 원곡선 시점의 캔트는 같다. • 완화곡선은 이정의 중앙을 통과한다. • 완화곡선의 곡률은 시점에서 0, 종점에서 $\dfrac{1}{R}$이다.
완화곡선의 길이	$L = \dfrac{N}{1,000} \cdot C = \dfrac{N}{1,000} \cdot \dfrac{SV^2}{gR}$ ※ C : Cant, g : 중력가속도, S : 궤간 거리 　　N : 완화곡선과 캔트와 비, V : 열차의 속도
이정(f)	이정량(Shift)은 클로소이드 곡선의 중심에서 주접선에 내린 수선의 길이와 접속되는 원곡선의 반지름 차이를 말한다. 즉 클로소이드 곡선 삽입으로 인한 주접선에서 원곡선의 이동량(移動量)이다. $f = \dfrac{L^2}{24R}$
완화곡선의 접선 길이	$TL = \dfrac{L}{2} + (R+f)\tan\dfrac{I}{2}$
완화곡선의 종류	• 클로소이드 : 고속도로에 많이 사용된다. • 렘니스케이트 : 시가지 철도에 많이 사용된다. • 3차 포물선 : 철도에 많이 사용된다. • sine 체감곡선 : 고속철도에 많이 사용된다. [완화곡선의 종류]

(3) 캔트(Cant)와 확폭(Slack)

① 캔트 : 곡선부를 통과하는 차량이 원심력이 발생하여 접선 방향으로 탈선하려는 것을 방지하기 위해 바깥쪽 노면을 안쪽 노면보다 높이는 정도를 말하며 편경사라고 한다.

② 슬랙 : 차량과 레일이 꼭 끼어서 서로 힘을 받게 되면 때로는 탈선의 위험도 생기는데, 이러한 위험을 막기 위하여 레일 안쪽을 움직여 곡선부에서는 궤간을 넓힐 필요가 있으며, 이 넓힌 치수를 말한다. 확폭이라고도 한다.

캔트 : $C = \dfrac{SV^2}{Rg}$ ※ C : 캔트, S : 궤간, V : 차량 속도 R : 곡선 반경, g : 중력가속도	슬랙 : $\varepsilon = \dfrac{L^2}{2R}$ ※ ε : 확폭량, L : 차량 앞바퀴에서 뒷바퀴까지의 거리, R : 차선 중심선의 반경

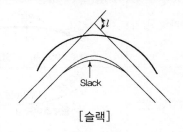

[슬랙]

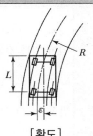

[확도]

9. 클로소이드(Clothoid) 곡선

(1) 개요

곡률이 곡선장에 비례하는 곡선을 클로소이드 곡선이라 한다. 곡선 길이가 일정할 때 곡선 반지름이 크면 접선각은 작아진다.

(2) 클로소이드 공식

매개변수(A)	$A = \sqrt{RL} = l \cdot R = L \cdot r = \dfrac{L}{\sqrt{2\tau}} = \sqrt{2\tau} \cdot R$ $A^2 = RL = \dfrac{L^2}{2\tau} = 2\tau R^2$
곡률반경(R)	$R = \dfrac{A^2}{L} = \dfrac{A}{l} = \dfrac{L}{2\tau} = \dfrac{A}{2\tau}$
곡선장(L)	$L = \dfrac{A^2}{R} = \dfrac{A}{r} = 2\tau R = A\sqrt{2\tau}$
접선각(τ)	$\tau = \dfrac{L}{2R} = \dfrac{L^2}{2A^2} = \dfrac{A^2}{2R^2}$

(3) 클로소이드 성질

① 클로소이드는 나선의 일종이다.
② 모든 클로소이드는 닮은꼴이다(상사성이다).
③ 단위가 있는 것도 있고 없는 것도 있다.
④ τ는 30°가 적당하다.
⑤ 확대율을 가지고 있다.
⑥ τ는 라디안으로 구한다.

(4) 클로소이드 형식

기본형	직선, 클로소이드, 원곡선 순으로 나란히 설치되어 있는 것	
S형	반향곡선의 사이에 클로소이드를 삽입한 것	
난형	복심곡선의 사이에 클로소이드를 삽입한 것	
凸형	같은 방향으로 구부러진 2개 이상의 클로소이드를 직선적으로 삽입한 것	
복합형	같은 방향으로 구부러진 2개 이상의 클로소이드를 이은 것으로 모든 접합부에서 곡률은 같음	

(5) 클로소이드 설치법

직각좌표에 의한 방법	• 주접선에서 직각좌표에 의한 설치법 • 현에서 직각좌표에 의한 설치법 • 접선으로부터 직각좌표에 의한 설치법
극좌표에 의한 방법	• 극각 동경법에 의한 설치법 • 극각 현장법에 의한 설치법 • 현각 현장법에 의한 설치법
기타에 의한 방법	• 2/8법에 의한 설치법 • 현다각으로부터의 설치법

10. 종단곡선(수직곡선)

(1) 개여

노선의 종단구배가 변하는 곳에 충격을 완화하고 충분한 시거를 확보해 줄 목적으로 적당한 곡선을 설치하여 차량이 원활하게 주행할 수 있도록 설치한 곡선을 말한다.

(2) 원곡선 및 2차 포물선에 의한 종단곡선

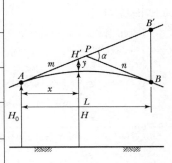

곡선 길이 (L)	도로		$L = \dfrac{(m-n)}{360} V^2$
	철도	원곡선	$L = \dfrac{R}{2}(m-n) = \dfrac{R}{2}\left(\dfrac{m}{1,000} - \dfrac{n}{1,000}\right)$
		포물선	$L = 4(m-n) = 4\left(\dfrac{m}{1,000} - \dfrac{n}{1,000}\right)$
종거 (y)	도로		$y = \dfrac{(m-(-n))}{2L} x^2$
	철도		$y = \dfrac{x^2}{2R}$
구배선 계획고(H')			$H' = H_0 + \dfrac{m}{100} \cdot x$
종곡선 계획고(H)			$H = H' - y = H_0 + \left(\dfrac{M}{100} \cdot x\right) - y$

※ L : 종곡선 길이

R : 곡선 반경

m과 n : 구배(상향+, 하향-)

y : 종거 길이

x : 곡선 시점에서 종거까지의 거리

H' : 구배선 계획고

H : 종곡선 계획고

H_0 : A점의 표고

V : 속도(km/h)

01 클로소이드의 형식 중 반향곡선 사이에 2개의 클로소이드를 삽입하는 것은?

① 복합형 ② 난형
③ 철형 ④ S형

해설

클로소이드 형식

기본형	직선, 클로소이드, 원곡선 순으로 나란히 설치되어 있는 것 직선 / 원곡선 / 직선 / 클로소이드 A_1 / 클로소이드 A_1
S형	반향곡선의 사이에 클로소이드를 삽입한 것 원곡선 R_1 / 클로소이드 A_1 / 클로소이드 A_2 / 원곡선 R_2
난형	복심곡선의 사이에 클로소이드를 삽입한 것 원곡선 클로소이드 A 원곡선
凸형	같은 방향으로 구부러진 2개 이상의 클로소이드를 직선적으로 삽입한 것 원곡선 / 클로소이드 A_1 클로소이드 A_1
복합형	같은 방향으로 구부러진 2개 이상의 클로소이드를 이은 것으로 모든 접합부에서 곡률은 같음 클로소이드 A_1 / 클로소이드 A_2 / 클로소이드 A_3

02 노선측량 중 공사측량에 속하지 않는 것은?

① 용지측량
② 토공의 기준틀 측량
③ 주요말뚝의 인조점 설치 측량
④ 중심말뚝의 검측

해설

공사측량(工事測量)

검사관측	중심말뚝의 검사관측, TBM(가고저기준점 : Temporary Bench Mark)과 중심말뚝의 높이의 검사관측을 실시한다.
가인조점 등의 설치	• 필요 시 TBM을 500m 이내에 1개 정도로 실시한다. • 중요한 보조말뚝의 외측에 인조점을 설치하고 토공의 기준틀, 콘크리트 구조물의 형간의 위치측량 등을 실시한다.

정답 | 01 ④ 02 ①

09 CHAPTER

면적 및 체적측량

1. 경계선이 직선으로 된 경우의 면적 계산

삼사법	밑변과 높이를 관측하여 면적을 구하는 방법	$A = \dfrac{1}{2}ah$	
이변법	두 변의 길이와 그 사잇각(협각)을 관측하여 면적을 구하는 방법	$A = \dfrac{1}{2}ab\sin\gamma$ $= \dfrac{1}{2}ac\sin\beta$ $= \dfrac{1}{2}bc\sin\alpha$	
삼변법	삼각변의 세 변 a, b, c를 관측하여 면적을 구하는 방법	$A = \sqrt{S(S-a)(S-b)(S-c)}$ $S = \dfrac{1}{2}(a+b+c)$	

	합위거(x)	합경거(y)	$(X_{i+1} - x_{i-1}) \times y$	배면적
좌표법	X_1	Y_1	$(x_2 - x_4) \times y_1 =$	
	X_2	Y_2	$(x_3 - x_1) \times y_2 =$	
	X_3	Y_3	$(x_4 - x_2) \times y_3 =$	
	X_4	Y_4	$(x_1 - x_3) \times y_4 =$	

$$A = \frac{1}{2}\Sigma y_i(x_{i+1} - x_{i-1}) = \frac{1}{2}\Sigma x_i(y_{i+1} - y_{i-1})$$

[좌표에 의한 면적 계산]

2. 경계선이 곡선으로 된 경우의 면적 계산

심프슨 제1법칙	• 지거간격을 2개씩 1개조로 하여 경계선을 2차 포물선으로 간주 • A = 사다리꼴(ABCD) + 포물선(BCD) $= \dfrac{d}{3} \left[y_0 + y_n + 4(y_1 + y_3 + \dots + y_{n-1}) + 2(y_2 + y_4 + \dots + y_{n-2}) \right]$ $= \dfrac{d}{3} \left[y_0 + y_n + 4(\Sigma_y \text{ 홀수}) + 2(\Sigma_y \text{ 짝수}) \right]$ $= \dfrac{d}{3} \left[y_1 + y_n + 4(\Sigma_y \text{ 짝수}) + 2(\Sigma_y \text{ 홀수}) \right]$ • n(지거의 수)은 짝수이어야 하며, 홀수인 경우 끝의 것은 사다리꼴 공식으로 계산하여 합산	 [심프슨 제1법칙]
심프슨 제2법칙	• 지거 간격을 3개씩 1개조로 하여 경계선을 3차 포물선으로 간주 $= \dfrac{3}{8} d \left[y_0 + y_n + 3(y_1 + y_2 + y_4 + y_5 + \dots + y_{n-2} + y_{n-1}) + 2(y_3 + y_6 + \dots + y_{n-3}) \right]$ • n−1이 3배수여야 하며, 3배수를 넘을 때에는 나머지는 사다리꼴 공식으로 계산하여 합산	 [심프슨 제2법칙]
지거법	경계선을 직선으로 간주 $A = d_1 \left(\dfrac{y_1 + y_2}{2} \right) + d_2 \left(\dfrac{y_2 + y_3}{2} \right) + \dots + d_{n-1} \left(\dfrac{y_{n-1} + y_n}{2} \right)$ $\therefore \ A = d \left[\dfrac{y_0 + y_n}{2} + y_1 + y_2 + y_3 + \dots\dots + y_{n-1} \right]$	 [지거법]

3. 구적기(Planimeter)에 의한 면적 계산

등고선과 같이 경계선이 매우 불규칙한 도형의 면적을 신속하고, 간단하게 구할 수 있어 건설공사에 매우 활용도가 높으며 극식과 무극식이 있다.

도면의 종(M_1)·횡(M_2) 축척이 같을 경우 ($M_1 = M_2$)	$A = (\dfrac{M}{m})^2 \cdot C \cdot n$
도면의 종(M_1)·횡(M_2) 축척이 다른 경우 ($M_1 \neq M_2$)	$A = (\dfrac{M_1 \times M_2}{m^2}) \cdot C \cdot n$
도면의 축척과 구적기의 축척이 같은 경우 ($M = m$)	$A = C \cdot n = C(a_1 - a_2)$

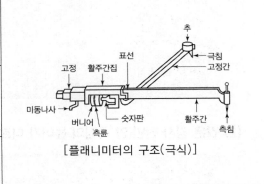

[플래니미터의 구조(극식)]

※ M : 도면의 축척 분모수

　m : 구적기의 축척 분모수

　C : 구적기의 계수

　n : 회전 눈금수(시계방향 : 제2읽기 - 제1읽기, 반시계방향 : 제1읽기 - 제2읽기)

　n_0 : 영원(Zero circle)의 면적

4. 축척과 단위면적과의 관계

$m_1^2 : a_1 = m_2^2 : a_2$ $\therefore a_2 = (\dfrac{m_2}{m_1})^2 a_1$ ※ a_1 : 축척 $\dfrac{1}{m_1}$ 인 도면의 단위면적 　a_2 : 축척 $\dfrac{1}{m_2}$ 인 도면의 단위면적	$a = \dfrac{m^2}{1,000} d\pi l$ $\therefore l = \dfrac{1,000 \cdot a}{m^2 d\pi}$ ※ a : 축척 $\dfrac{1}{m}$ 인 경우의 단위면적 　d : 측륜의 직경 　l : 측간의 길이 　$\dfrac{d\pi}{1,000}$: 측륜 한 눈금의 크기

5. 횡단면적 측정법

(1) 수평 단면(지반이 수평인 경우)

- 방법 1

$$d_1 = d_2 = \frac{w}{2} + sh$$

$$A = c(w + sh)$$

- 방법 2

  사다리꼴 공식

※ s : 경사

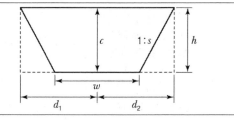

(2) 같은 경사 단면(양 측점의 높이가 다르고 그 사이가 일정한 경사로 되어 있는 경우)

$$d_1 = (c + \frac{w}{2s})(\frac{ns}{n+s})$$

$$d_2 = (c + \frac{w}{2s})(\frac{ns}{n-s})$$

$$A = \frac{d_1 d_2}{s} - \frac{w^2}{4s}$$

$$= sh_1 h_2 + \frac{w}{2}(h_1 + h_2)$$

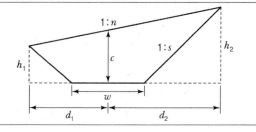

(3) 세 점의 높이가 다른 단면(세 점의 높이가 주어진 경우)

- 방법 1

$$d_1 = (c + \frac{w}{2s})(\frac{n_1 s}{n_1 + s})$$

$$d_2 = (c + \frac{w}{2s})(\frac{n_2 s}{n_2 - s})$$

$$A = \frac{d_1 + d_2}{2} \cdot (c + \frac{w}{2s}) - \frac{w^2}{4s}$$

$$= \frac{c(d_1 + d_2)}{2} + \frac{w}{4}(h_1 + h_2)$$

- 방법 2

$$좌측면적(A_1) = (\frac{h_1 + C}{2} \cdot d_1) - \diagdown 면적$$

$$우측면적(A_2) = (\frac{h_2 + C}{2} \cdot d_2) - \diagup 면적$$

$$\therefore A = A_1 + A_2$$

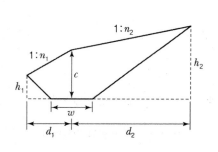

6. 면적 분할법

(1) 한 변에 평행한 직선에 따른 분할

$\triangle ADE : DBCE = m : n$ 으로 분할

$\dfrac{\triangle ADE}{\triangle ABC} = \dfrac{m}{m+n} = (\dfrac{DE}{BC})^2 = (\dfrac{AD}{AB})^2 = (\dfrac{AE}{AC})^2$

$\therefore AD = AB\sqrt{\dfrac{m}{m+n}}$

$\therefore AE = AC\sqrt{\dfrac{m}{m+n}}$

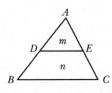

(2) 변상의 정점을 통하는 분할

$\triangle ABC : \triangle ADP = (m+n) : m$ 으로 분할

$\dfrac{\triangle ADP}{\triangle ABC} = \dfrac{m}{m+n} = \dfrac{AP \times AD}{AB \times AC}$

$\therefore AD = \dfrac{AB \times AC}{AP} \cdot \dfrac{m}{m+n}$

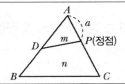

(3) 삼각형의 정점(꼭짓점)을 통하는 분할

$\triangle ABC : \triangle ABP = (m+n) : m$ 으로 분할

$\dfrac{\triangle ABP}{\triangle ABC} = \dfrac{m}{m+n} = \dfrac{BP}{BC}$

$\therefore BP = \dfrac{m}{m+n} \cdot BC$

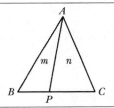

(4) 사변형의 분할(밑변의 평행 분할)

$EF = \sqrt{\dfrac{mAD^2 + nBC^2}{m+n}}$

$\therefore AE = AB \cdot \dfrac{AD - EF}{AD - BC}$

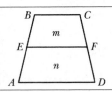

7. 체적측량

(1) 단면법 : 도로, 철도, 수로의 절·성토량

양단면평균법 (End area formula)	$V = \dfrac{1}{2}(A_1 + A_2) \cdot l$ $A_1 \cdot A_2$: 양끝단면적 A_m : 중앙단면적 l : A_1에서 A_2까지의길이	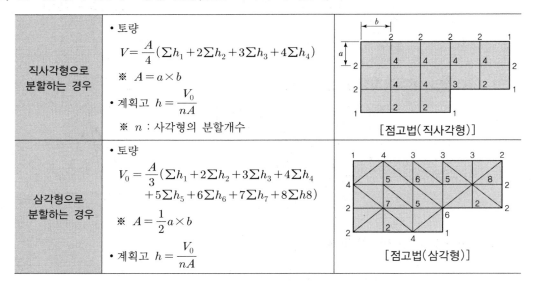
중앙단면법 (Middle area formula)	$V = A_m \cdot l$	
각주공식 (Prismoidal formula)	$V = \dfrac{l}{6}(A_1 + 4A_m + A_2)$	

(2) 점고법 정지작업의 토공량 산정(넓은 지역의 택지공사)

직사각형으로 분할하는 경우	• 토량 $V = \dfrac{A}{4}(\sum h_1 + 2\sum h_2 + 3\sum h_3 + 4\sum h_4)$ ※ $A = a \times b$ • 계획고 $h = \dfrac{V_0}{nA}$ ※ n : 사각형의 분할개수	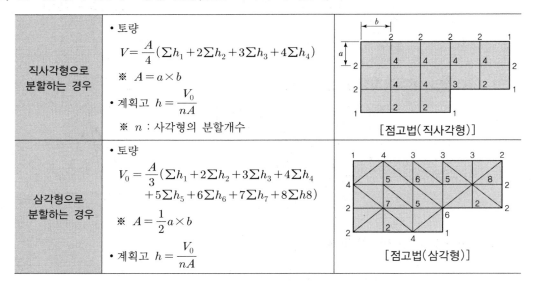 [점고법(직사각형)]
삼각형으로 분할하는 경우	• 토량 $V_0 = \dfrac{A}{3}(\sum h_1 + 2\sum h_2 + 3\sum h_3 + 4\sum h_4$ $+ 5\sum h_5 + 6\sum h_6 + 7\sum h_7 + 8\sum h8)$ ※ $A = \dfrac{1}{2}a \times b$ • 계획고 $h = \dfrac{V_0}{nA}$	[점고법(삼각형)]

(3) 등고선법

토량 산정, Dam, 저수지의 저수량 산정

$$V_0 = \dfrac{h}{3}\{A_0 + A_n + 4(A_1 + A_3) + 2(A_2 + A_4)\}$$
※ $A_0, A_1, A_2 \cdots$: 각 등고선 높이에 따른 면적
h : 등고선 간격

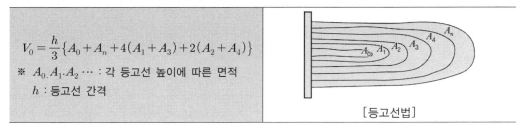

[등고선법]

8. 관측면적 및 체적의 정확도

(1) 관측면적의 정확도

• 거리관측이 동일한 정도가 아닌 경우
  - 면적$(A) = x \cdot y$
  - 면적오차$(dA) = y \cdot dx + x \cdot dy$
  - 면적의 정도$\left(\dfrac{dA}{A}\right) = \dfrac{y \cdot dx + x \cdot dy}{x \cdot y}$
  $$= \dfrac{dx}{x} + \dfrac{dy}{y}$$
  ※ 면적의 정도＝거리 정도의 합
• 거리관측이 동일한 경우(정방형)
  $$\dfrac{dx}{x} = \dfrac{dy}{y} = \dfrac{dl}{l} \ \text{일 때}$$
  면적의 정도 $\dfrac{dA}{A} = 2 \cdot \dfrac{dl}{l}$
  ※ 면적의 정도＝거리관측 정도의 2배

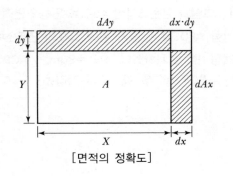

[면적의 정확도]

(2) 체적의 정확도

$$\dfrac{dv}{V} = \dfrac{dz}{Z} + \dfrac{dy}{Y} + \dfrac{dx}{X}$$

$$\left(\dfrac{dz}{Z} = \dfrac{dy}{Y} = \dfrac{dy}{X} = \dfrac{dl}{L} \ \text{이라고 할 때}\right)$$

체적의 정도 $\dfrac{dV}{V} = 3 \cdot \dfrac{dl}{l}$

※ V : 체적
  dV : 체적오차
  $\dfrac{dl}{l}$: 거리관측 허용 정확도
※ 체적의 정도는 거리관측 정도의 3배가 됨

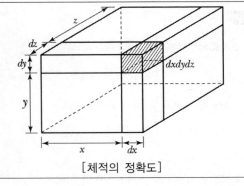

[체적의 정확도]

CHAPTER **09** 출제예상문제

01 그림과 같은 5각형 ABCDE를 동일면적의 사각형 AFDE로 만들기 위해 $\overline{DC}$ 의 연장선에 경계점 F를 설치하였다. $\overline{BC}=30$m, $\angle ACB=35°$, $\angle BCF=83°$일 때 CF의 거리는?

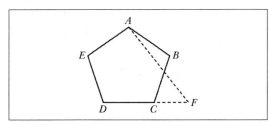

① 15.5m ② 19.5m
③ 20.0m ④ 23.3m

해설

㉠ △ABC의 면적$=\dfrac{1}{2}\times\overline{AC}\times\overline{BC}\times\sin35°$

$\qquad=\dfrac{1}{2}\times\overline{AC}\times30\times\sin35°=\overline{AC}\times8.6$

㉡ △ACF의 면적$=\dfrac{1}{2}\times\overline{AC}\times\overline{CF}\times\sin118°$

$\qquad=\dfrac{1}{2}\times\overline{AC}\times\overline{CF}\times\sin118°$

$\qquad=0.44\times\overline{CF}\times\overline{AC}$

㉢ △ABC와 △ACF의 면적이 같아야 하므로 ㉠=㉡에서 $\overline{AC}\times8.6=\overline{AC}\times\overline{CF}\times0.44$

$\qquad\therefore\overline{CF}=\dfrac{\overline{AC}\times8.6}{\overline{AC}\times0.44}=19.5m$

02 그림과 같은 5각형 토지 ABCDE를 동일 면적의 사각형 토지로 만들기 위해 DC의 연장선 상에 경계점 F를 설치하고자 한다. $\overline{AC}=40$m, $\overline{BC}=25$m, $\angle ACB=30°$, $\angle BCF=80°$라 할 때 $\overline{CF}$ 의 거리는?

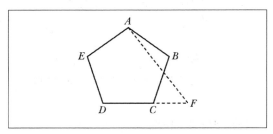

① 12.7m ② 12.9m
③ 13.1m ④ 13.3m

해설

㉠ △ABC의 면적$=\dfrac{1}{2}\times\overline{AC}\times\overline{BC}\times\sin30°$

$\qquad=\dfrac{1}{2}\times40\times25\times\sin30°=250$

㉡ △ACF의 면적$=\dfrac{1}{2}\times\overline{AC}\times\overline{CF}\times\sin110°$

$\qquad=\dfrac{1}{2}\times40\times\overline{CF}\times\sin110°=18.79\times\overline{CF}$

㉢ △ABC와 △ACF의 면적이 같아야 하므로 ㉠=㉡에서 $250=18.79\times\overline{CF}$

$\qquad\therefore\overline{CF}=\dfrac{250}{18.79}=13.3$m

정답 | 01 ② 02 ④

지도직
군무원
한권으로 끝내기

PART 03

사진측량

01 CHAPTER 사진측량

1. 정의

① 사진측량(Photogrammetry) : 사진영상을 이용하여 피사체에 대한 정량적(위치, 형상, 크기 등의 결정) 및 정성적(자원과 환경현상의 특성 조사 및 분석) 해석을 하는 학문이다.
② 정량적 해석과 정성적 해석
    ㉠ 정량적 해석 : 위치, 형상, 크기 등의 결정
    ㉡ 정성적 해석 : 자원과 환경현상의 특성 조사 및 분석

2. 사진측량의 역사

(1) 개요

사진측량은 1800년대부터 시작되어 기계식 사진측량시대를 거쳐 현재 해석식 사진측량시대를 맞이하였으며 1990년대부터 본격적으로 수치사진측량을 연구, 실용화하고 있다.

(2) 사진측량의 역사

① 개척기(1830~1900) – (사진측량의 개척)
    ㉠ 1839년 프랑스인 데갸르(Daeguerre)에 의해 사진술 발명
    ㉡ 1840년 프랑스인 로세다(Laussedat)에 의해 지형도 제작
    ㉢ 1892년 독일의 풀프리히(Pulfrich)에 의해 입체사진측량 개발
② 2세기(1900~1950) – (기계적 사진측량학) : 1900년대부터 기계식 사진측량 시작
③ 3세기(1950~현재) – (해석적 사진측량학) : 1960년대부터 해석사진측량 실용화
④ 4세기(1990~현재) – (수치사진측량학) : 1990년대부터 수치사진 실용화

(3) 우리나라 사진측량의 역사

① 1945년 미군에 의해 국내에 소개되었다.
② 6.25 전쟁 중 북위 40°까지 항공사진을 촬영하여 1/50,000 군용도를 제작하였다.
③ 1966년부터 우리 기술진에 의해 사진측량을 실용화하였다.

④ 1966년부터 1974년까지 항공사진측량에 의한 1/25,000 국토기본도를 제작하였다.

⑤ 1975년부터 1993년까지 1/5,000 국토기본도를 제작하였다.

⑥ 1977년 경기 안양시 평촌지구경지정리 확정 측량을 하였다.

⑦ 1980년 충남 청원군 성환지구 확정 측량에서 시험측량을 시행하였다.

3. 사진측량의 장·단점

장점	단점
• 정량적 및 정성적 측정이 가능하다. • 정확도가 균일하다. 　- 평면(X, Y) 정도 : $(10\sim30)\mu \times$ 촬영축척의 분모수(m) 　- 높이(H) 정도 : 　　$(\frac{1}{10,000} \sim \frac{1}{15,000}) \times$ 촬영고도(H) 　　여기서, $1\mu = \frac{1}{1,000}(mm)$ 　　　　　m : 촬영축척의 분모수 　　　　　H : 촬영고도 • 동체측정에 의한 현상 보존이 가능하다. • 접근하기 어려운 대상물의 측정도 가능하다. • 축척 변경도 가능하다. • 분업화로 작업을 능률적으로 할 수 있다. • 경제성이 높다. • 4차원의 측정이 가능하다. • 비지형측량이 가능하다. • 소축척의 측량일수록 경제적이다(대축척은 보다 높은 정확도를 요구하므로 소축척에 비해 지형도 제작이 고가이다).	• 좁은 지역에서는 비경제적이다. • 기자재가 고가이다(시설 비용이 많이 든다). • 피사체에 대한 식별의 난해가 있다(지명, 행정경제 건물명, 음영에 의하여 분별하기 힘든 곳 등의 측정은 현장의 작업으로 보충측량이 요구된다). • 기상조건에 영향을 받는다. • 태양고도 등에 영향을 받는다.

4. 사진측량의 분류

(1) 촬영 방향에 의한 분류

분류	특징
수직사진	• 광축이 연직선과 거의 일치하도록 카메라의 경사가 3° 이내의 기울기로 촬영된 사진 • 항공사진 측량에 의한 지형도 제작 시에는 거의 수직사진에 의한 촬영
경사사진	• 광축이 연직선 또는 수평선에 경사지도록 촬영한 경사각 3° 이상의 사진 • 지평선이 사진에 나타나는 고각도 경사사진과 사진이 나타나지 않는 저각도 경사사진 으로 구분 　- 고각도 경사사진 : 3° 이상으로 지평선이 나타난다. 　- 저각도 경사사진 : 3° 이상으로 지평선이 나타나지 않는다.
수평사진	광축이 수평선에 거의 일치하도록 지상에서 촬영한 사진

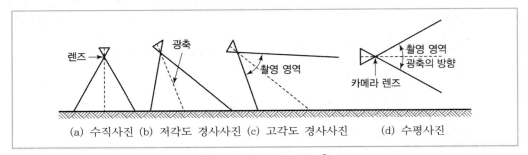

(a) 수직사진 (b) 저각도 경사사진 (c) 고각도 경사사진　　(d) 수평사진

[촬영 방향에 의한 분류]

(2) 사용 카메라의 의한 분류

종류	렌즈의 화각	초점거리 (mm)	화면크기 (cm)	필름의 길이(m)	용도	비고
초광각사진	120°	88	23×23	80	소축척도화용	완전 평지에이용
광각사진	90°	152~153	23×23	120	일반도화, 사진판독용	경제적 일반도화
보통각사진	60°	210	18×18	120	산림조사용	산악지대, 도심지 촬영 정면도 제작
협각사진	약 60° 이하	-	-	-	특수한 대축척 도화용	특수한 평면도 제작

(3) 측량 방법에 의한 분류

분류	특징
항공사진측량(Aerial Photogrammerty)	지형도 작성 및 판독에 주로 이용되며, 항공기 및 기구 등에 탑재된 측량용 사진기로 중복하여 연속촬영된 사진을 정성적 분석 및 정량적 분석을 하는 측량 방법이다.
지상사진측량 (Terrestrial Photogrammerty)	지상에서 촬영한 사진을 이용하여 건조물이나 시설물의 형태 및 변위 계측과 고산지대의 지형을 해석한다(건물의 정면도, 입면도 제작에 주로 이용된다).
수중사진측량 (Underwater Photogrammerty)	수중사진기에 의해 얻어진 영상을 해석함으로써 수중자원 및 환경을 조사하는 것으로, 플랑크톤량, 수질조사, 해저의 기복 상태, 해저의 유물 조사, 수중식물의 활력도 조사 등에 주로 이용된다.
원격탐측 (Remote Sensing)	지상에서 반사 또는 방사하는 각종 파장의 전자기파를 수집처리하여 환경 및 자원문제에 이용하는 사진측량의 새로운 기법 중의 하나이다.
비지형사진측량 (Non-Topography Photogrammerty)	지도 작성 이외의 목적으로 X선, 모아래사진, 홀로그래픽(레이저사진) 등을 이용하는 방법으로 의학, 고고학, 문화재 조사에 주로 이용된다.

(4) 촬영 축척에 의한 분류

분류	특징
대축척도화사진	촬영고도 800m(저공촬영) 이내에서 얻어진 사진을 도화 (축척 $\frac{1}{500} \sim \frac{1}{3,000}$)
중축척도화사진	촬영고도 800~3,000m(중공촬영) 이내에서 얻어진 사진을 도화 (축척 $\frac{1}{5,000} \sim \frac{1}{25,000}$)
소축척도화사진	촬영고도 3,000m(고공촬영) 이상에서 얻어진 사진을 도화 (축척 $\frac{1}{50,000} \sim \frac{1}{100,000}$)

(5) 필름에 의한 분류

분류	특징
팬크로 사진	일반적으로 가장 많이 사용되는 흑백사진이며 가시광선($0.4\mu \sim 0.75\mu$)에 해당하는 전자파로 이루어진 사진
적외선 사진	지도 작성, 지질·토양·수자원 및 산림조사 등의 판독에 이용
위색 사진	식물의 잎은 적색, 그 외는 청색으로 나타나며 생물 및 식물의 연구조사 등에 이용
팬인플러 사진	팬크로 사진과 적외선 사진의 중간에 속하며, 적외선용 필름과 황색 필터를 사용
천연색 사진	조사·판독용

CHAPTER **01** 출제예상문제

01 항공사진측량의 특성에 대한 설명으로 틀린 것은?

① 축척 변경이 용이하다.
② 동체 관측에 의한 보존 이용이 가능하다.
③ 분업화에 의해 능률적이다.
④ 대축척일수록 경제적이다.

해설

사진측량의 특성
• 사진측량의 장점
  − 정량적 및 정성적 측량이 가능하다.
  − 정확도의 균일성이 있다.
  − 동체 관측에 의한 보존 이용이 가능하다.
  − 관측 대상에 접근하지 않고도 관측이 가능하다.
  − 광역(廣域)일수록 경제성이 있다.
  − 분업화에 의한 작업능률성이 높다.
  − 축척 변경이 용이하다.
  − 4차원 측량이 가능하다.
• 사진측량의 단점
  − 사진기, 센서, 항공기, 정밀도화기, 편위수정기 등 고가의 장비가 필요하므로 많은 경비가 소요되어 소규모의 대상물에 적용 시에는 비경제적이다.
  − 사진에 나타나지 않는 피사체는 식별이 난해한 경우도 있다.
  − 항공사진 촬영 시는 기상조건 및 태양고도 등에 영향을 받는다.
  ※ 대축척 측량은 보다 높은 정확도를 요구하므로 소축척에 비해 지형도 제작이 고가이다.

02 항공사진에 대한 설명으로 틀린 것은?

① 항공사진으로 지도를 만들 수 없다.
② 항공사진은 지면에 비고가 있으면 그 상은 변형되어 찍힌다.

③ 항공사진은 지면에 비고가 있으면 연직사진이어도 렌즈의 중심과 지상점의 높이의 차가 다르고 축척은 변화한다.
④ 항공사진은 경사져 있으면 지면이 평탄하더라도 사진의 경사의 방향에 따라 한쪽은 크고 다른 쪽은 작게 되어 축척이 일정하지 않다.

해설

항공사진을 이용하여 지도를 제작할 때는 엄밀수직사진이 좋으나, 실제 엄밀사진을 촬영하기 어려우므로 2~3도의 경사를 허용한 거의 수직사진이 이용된다.

03 사진측량의 특징에 대한 설명으로 옳지 않은 것은?

① 피사체에 대한 식별이 어려우므로 현장작업으로서 보완할 필요도 있다.
② 움직이는 대상물의 상태를 분석할 수 있으며 낙하하는 돌의 추적 같은 4차원 측정도 가능하다.
③ 정량적, 정성적인 측정을 할 수 있으므로 환경 및 자원조사, 기상조사, 도시의 발전상황 등도 판단할 수 있다.
④ 사진측량은 작업이 간편하고 신속하여 촬영만으로 대상 물체의 특성 및 정량적인 분석을 정밀하게 할 수 있다.

해설

사진측량의 장점
• 정량적 및 정성적 측량이 가능하다.
  − 정량적 : 피사체에 대한 위치와 형상 해석
  − 정성적 : 환경 및 자원문제를 조사, 분석, 처리하는 특성 해석

정답 | 01 ④ 02 ① 03 ④

• 정확도의 균일성이 있다.
  – 평면(X, Y) 정도
  $(10\sim30)\mu\cdot m$(촬영축척의 분모수)=
  $(\dfrac{10}{1,000}\sim\dfrac{30}{1,000})$mm.M

  $(1\mu:\dfrac{1}{1,000}$mm, 도화축척인 경우
  촬영축척 분모수에 5배)
  – 높이(H) 정도
  $(\dfrac{1}{10,000}\sim\dfrac{2}{10,000})\times$촬영고도(H)

• 동체 관측에 의한 보존 이용이 가능하다.
• 관측 대상에 접근하지 않고도 관측이 가능하다.
• 광역(廣域)일수록 경제성이 있다.
• 분업화에 의한 작업능률성이 높다.
• 축척 변경이 용이하다.
• 4차원 측량이 가능하다.

사진측량의 단점
• 사진기, 센서, 항공기, 정밀도화기, 편위수정기 등 고가의 장비가 필요하므로 많은 경비가 소요되어 소규모의 대상물에 적용 시에는 비경제적이다.
• 사진에 나타나지 않는 피사체는 식별이 난해한 경우도 있다.
• 항공사진 촬영 시는 기상조건 및 태양고도 등에 영향을 받는다.
  *사진측량은 작업이 간편하고 신속하나 촬영 후 항공삼각측량 및 도화작업에 같은 다양한 기법이 이루어져야 물체의 특성 및 정략적인 분석을 정밀하게 할 수 있다.

04 사진측량에서 말하는 모형(Model)은 무엇을 뜻하는가?

① 촬영지역을 대표하는 부분
② 한 쌍의 중복된 사진으로 입체시되는 부분
③ 촬영사진 중 수정 모자이크된 부분
④ 촬영된 각각의 사진 한 장이 포괄하는 부분

해설

모형(Model) : 다른 위치로부터 촬영되는 2매 1조의 입체사진으로부터 만들어지는 지역

05 사진측량의 특징에 대한 설명으로 옳지 않은 것은?

① 초기 시설 비용이 많이 필요하다.
② 대상물이 움직이는 경우에는 적용하기 곤란하다.
③ 사진상에 나타나 있지 않은 대상물의 해석이 불가능하다.
④ 구름, 바람, 조도, 적설 등에 영향을 받는다.

해설

사진측량의 장 · 단점

장점	단점
• 정량, 정성적 측량 가능 • 동적 측량 가능(X, Y, Z, T) • 정확도 균일 • 접근하기 어려운 대상물 측량 가능 • 분업화에 의한 작업능률성 높음 • 축척 변경 용이 • 넓을수록 경제적	• 시설 비용이 많이 듦 • 피사체 식별이 난해한 경우도 있음 • 기상 영향 받음

06 항공사진의 특수 3점이 아닌 것은?

① 주점
② 연직점
③ 등각점
④ 수평점

해설

항공사진의 특수 3점은 주점, 연직점, 등각점이다.

07 사진측량의 특성에 관한 설명으로 옳지 않은 것은?

① 축척의 변경이 용이하다.
② 분업화에 의해 능률이 높다.
③ 넓지 않은 구역에서의 측량에 적합하다.
④ 접근하기 어려운 대상물을 측량할 수 있다.

정답 | 04 ② 05 ② 06 ④ 07 ③

해설

사진측량의 특징

- 장점
  - 정량적(지형, 지물의 위치 · 형상 · 크기) 및 정성적 측량이 가능하다.
  - 동적인 측량이 가능하다.
  - 시간을 포함한 4차원 측량이 가능하다.
  - 측량의 정확도가 균일하다.
  - 접근하기 어려운 대상물의 측량이 가능하다.
  - 분업화에 의한 작업능률성이 높다.
  - 축척 변경의 용이성이 있다.
- 단점
  - 소규모의 대상물에 대해서는 시설 비용이 많이 든다.
  - 사진에 나타나지 않는 피사체는 식별이 난해한 경우도 있다.
  - 항공사진 촬영 시는 기상조건 및 태양고도 등에 영향을 받는다.
  - 고가의 장비가 필요하므로 많은 경비가 소요된다.

08 사진측량의 표정점 종류가 아닌 것은?

① 접합점 ② 자침점
③ 등각점 ④ 자연점

해설

사진측량에 필요한 점
- 표정점 : 자연점, 지상기준점
- 보조기준점 : 종접합점, 횡접합점
- 대공표지
- 자침점

09 사진측량의 특징에 대한 설명으로 옳지 않은 것은?

① 지상측량에 비해 외업시간이 짧고 내업시간이 길다.
② 도상 각 부분과 기준점의 정밀도가 비슷하고 개인적인 원인에 의한 오차가 적게 발생한다.

③ 측량구역의 면적이 적을수록 경제적이며 소축척보다는 대축척이 더욱 경제적이다.
④ 지도는 정사투영상이나 사진은 중심투영상이다.

해설

사진측량의 특징

장점	단점
• 정량적 및 정성적 측정이 가능하다. • 정확도가 균일하다. • 동체측정에 의한 현상 보존이 가능하다. • 접근하기 어려운 대상물의 측정도 가능하다. • 축척 변경도 가능하다. • 분업화로 작업을 능률적으로 할 수 있다. • 경제성이 높다. • 4차원의 측정이 가능하다. • 비지형측량이 가능하다. • 대축척보다는 소축척이 경제적이다.	• 좁은 지역에서는 비경제적이다. • 기재가 고가이다(시설 비용이 많이 든다). • 피사체에 대한 식별의 난해가 있다(지명, 행정경계 건물명, 음영에 의하여 분별하기 힘든 곳 등의 측정은 현장의 작업으로 보충측량이 요구된다).

10 사진측량의 특징으로 옳지 않은 것은?

① 정량적이고 정성적인 관측이 가능하다.
② 대상지역의 면적과 관계없이 경제적이다.
③ 정확도의 균일성이 있다.
④ 축척 변경이 용이하다.

해설

- 사진측량의 장점
  - 정량적 및 정성적 측정이 가능하다.
  - 정확도가 균일하다.
  - 동체측정에 의한 현상 보존이 가능하다.
  - 접근하기 어려운 대상물의 측정도 가능하다.
  - 축척 변경도 가능하다.
  - 분업화로 작업을 능률적으로 할 수 있다.
  - 경제성이 높다.
  - 4차원의 측정이 가능하다.
  - 비지형 측량이 가능하다.

• 사진측량의 단점
  - 좁은 지역에서는 비경제적이다.
  - 기자재가 고가이다(시설 비용이 많이 든다).
  - 피사체에 대한 식별의 난해가 있다(지명, 행정경계 건물명, 음영에 의하여 분별하기 힘든 곳 등의 측정은 현장의 작업으로 보충측량이 요구된다).
  - 기상조건에 영향을 받는다.
  - 태양 고도 등에 영향을 받는다.

11 항공사진을 촬영 방향에 따라 분류할 때 수직사진과 경사사진의 구분 기준은?

① 광축과 연직선 사이의 경사각 3°
② 광축과 수평선 사이의 경사각 3°
③ 광축과 연직선 사이의 경사각 5°
④ 광축과 수평선 사이의 경사각 5°

해설

• 수직사진(垂直寫眞 ; Vertical Photography)
  - 수직사진 : 카메라의 중심축이 지표면과 직교되는 상태에서 촬영된 사진
  - 엄밀수직사진 : 카메라의 축이 연직선과 일치하도록 촬영한 사진
• 경사사진(傾斜寫眞 ; Obligue Photography)
  - 경사사진 : 촬영 시 카메라의 중심축이 직교하지 않고 경사된 상태에서 촬영된 사진
  - 광축이 연직선 또는 수평선에 경사지도록 촬영한 경사각 3° 이상의 사진으로, 지평선이 사진에 나타나는 고각도 경사사진과 사진이 나타나지 않는 저각도 경사사진이 있다.
• 수평사진(水平寫眞 ; Horizontal Photography) : 광축이 수평선에 거의 일치하도록 지상에서 촬영한 사진

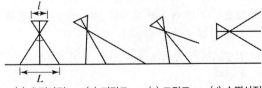

(a) 수직사진　(b) 저각도　(c) 고각도　(d) 수평사진
　　　　　　　경사사진　　경사사진

[촬영 방향에 따른 분류]

12 고도가 매우 높은 궤도상의 인공위성에 탑재한 프레임 사진기로 지구를 촬영할 경우와 가장 유사한 지도투영법은?

① TM 도법
② 원추도법
③ 정사방위도법
④ 심사방위도법

해설

고도가 매우 높은 궤도상의 인공위성에 탑재한 프레임 사진기로 지구를 촬영할 경우와 가장 유사한 지도투영법은 정사방위도법이다.

13 다음의 카메라 중 동일한 촬영고도에서 촬영했을 때 가장 많은 대상물을 포함할 수 있는 카메라는?

① 협각카메라
② 보통각카메라
③ 광각카메라
④ 초광각카메라

해설

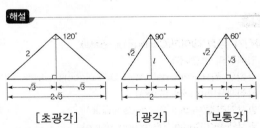

[초광각]　　　[광각]　　　[보통각]

A초:A광:A보 $= (2\sqrt{3})^2 : (2)^2 : (2)^2$
$= 3 : 1 : 1$

14 항공사진측량에 사용되는 광각 카메라에 대한 설명으로 옳지 않은 것은?

① 렌즈 피사각이 120° 정도이다.
② 초점거리가 152mm 정도이다.
③ 사진크기가 23cm×23cm이다.
④ 일반도화 및 판독에 적합하다.

해설

종류	렌즈의 피사각	초점 거리 (mm)	사진 크기 (cm)	필름의 길이 (m)	사용목적
초광각 사진기	120°	88	23×23	80	소축척 도화용
광각 사진기	90°	152~153	23×23	120	일반도화, 판독용
보통각 사진기	60°	210	18×18	120	산림 조사용
협각 사진기	60° 이하				특수한 대축척용, 판독용

15 사진기 검정 데이터(Calibration data)에 포함되는 것은?

① 사진지표의 좌표값 ② 연직점의 좌표
③ 대기 보정량 ④ 사진 축척

해설

사진기 검정 데이터(Calibration data)
• 카메라의 초점거리
• 주점의 좌표(Principal Point Of Autocollimation)
• 사진지표(Fiducial Marks)
• 방사거리값(Radial Distance Value)
• 방사왜곡값(Radial Distortion Value)

16 사진측량으로 도심지역의 수치지도를 작성할 경우 사진의 해상도를 일정하게 유지시키면서 고층건물에 의해 발생하는 폐색지역(conclusion area)을 감소시킬 수 있는 방법은?

① 촬영고도를 높게 한다.
② 촬영고도를 낮게 한다.
③ 동일한 촬영고도에서 사진의 중복도를 크게 한다.
④ 동일한 촬영고도에서 사진의 중복도를 작게 한다.

해설

산악지역이나 고층빌딩이 밀집된 시가지의 촬영은 10~20% 이상 중복도를 높여 촬영하거나 2단 촬영을 실시한다.

17 항공사진의 투영원리로 옳은 것은?

① 정사투영
② 평행투영
③ 등적투영
④ 중심투영

해설

항공사진은 중심투영이고, 지도는 정사투영이다.
• 중심투영 : 일반적인 사진의 상은 피사체(대상물)로부터 반사된 광선이 렌즈 중심으로 직진하여 평면인 필름면에 투영되어 상이 나타난다. 이와 같은 투영을 중심투영(central projection)이라 하며, 사진은 중심투영상(中心投影像)이다.
• 정사투영 : 항공사진과 지도는 지표면이 평탄한 곳에서는 지도와 사진이 같으나 지표면에 높낮이가 있는 경우는 사진의 형상이 다르다. 중심투영으로 인한 지형상의 왜곡을 보정하여 정사사진을 제작한다.

18 도화(Plotting)의 정확도에 대한 설명으로 옳지 않은 것은?

① 수직 위치의 정확도는 일반적으로 기선비 또는 중복도에 의해서 변화된다.
② 60% 중복의 경우를 표준으로 생각했을 때 표정 오차는 $0.15\sim0.20\%$H(H는 촬영고도) 정도이다.
③ 지적측량 등 대축척 도화의 경우에는 높은 정확도를 필요로 하지 않는다.
④ 입체모델의 중복도가 커지면 표고정확도는 낮아진다.

해설

사진측량의 정확도 : 정확도의 균일성이 있다.

정답 | 15 ① 16 ③ 17 ④ 18 ③

- 평면(X, Y) 정도

  (10~30)μ·m(촬영축척의 분모수)

  $$= (\frac{10}{1,000} \sim \frac{30}{1,000})mm \cdot m$$

  ($1\mu : \frac{1}{1,000}$mm, 도화축척인 경우 촬영축척 분모수

  에 5배)

- 높이(H) 정도

  $$(\frac{1}{10,000} \sim \frac{2}{10,000}) \times 촬영고도(H)$$

∴ 대축척일수록 높은 정확도가 필요하다.

02 사진의 일반성

CHAPTER

1. 사진측량용 사진기

(1) 프레임 사진기

① 프레임(Frame) 사진기에는 단일렌즈 방식과 다중렌즈 방식이 있다.

② 다중렌즈방식은 여러 개의 렌즈로 되어 있다.

③ 렌즈의 앞부분에 각각 다른 필터를 장치하여 동일 지역을 동일 시각에 각기 다른 분광
대의 영상으로 기록하는 방법이다.

(2) 파노라마(Panoramic : 장관도) 사진기

① 약 120°의 피사각을 가진 초광각렌즈와 렌즈 앞에 장치한 프리즘이 회전하거나 렌즈
자체의 회전에 의하여 비행 방향에 직각 방향으로 넓은 피사각을 촬영한다.

② 1회의 비행으로 광범위한 지역을 기록할 수 있는 장점이 있으므로 파노라마 사진은 넓
은 지역을 개괄적으로 판독하기 위해 사용된다.

(3) 스트립 사진기

① 항공기의 진행과 동시에 연속적으로 미소폭을 통하여 영상을 롤(Roll) 필름에 스트립
(Strip : 종접합모형)으로 기록하는 사진기이다.

② 촬영의 원리는 항공기상에서 바라본 지형의 이동 속도나 길이에 맞추어 필름을 움직이
거나 렌즈를 통한 영상을 가는 홈(Slit)을 통하여 필름에 분광하도록 설계되어 있다.

(4) 다중분광대 사진기(MSC ; Multi Spectral Camera)

다중분광대 사진기는 필터와 필름을 이용하여 여러 개의 파장 영역에서 분광하여 여러
분광대의 흑백사진을 촬영하는 사진기이다.

2. 측량용 및 디지털 사진기와 촬영용 항공기의 특징

분류	특징
측량용 사진기	• 초점 길이가 길다. • 화각이 크다. • 렌즈 지름이 크다. • 거대하고 중량이 크다. • 해상력과 선명도가 높다. • 셔터의 속도는 1/100~1/1,000초이다. • 파인더로 사진의 중복도를 조정한다. • 수차가 극히 적으며 왜곡수차가 있더라도 보정판을 이용하여 수차를 제거한다.
디지털 사진기	• 필름을 사용하지 않는다. • 현상 비용이나 시간이 절감된다. • 오차 발생을 방지한다(필름에서 영상 획득하기 위해 스캐닝 과정 생략). • 보관과 유지 관리가 편리하다. • 영상의 품질 관리가 용이하다. • 신속한 결과물을 이용할수 있다. • 재난재해분야, 사회간접자본시설, RS응용분야, GIS분야 등에 활용성이 높다.
촬영용 항공기	• 안정성이 좋을 것 • 조작성이 좋을 것 • 시계가 좋을 것 • 항공 거리가 길 것 • 이륙 거리가 짧을 것 • 상승 속도가 클 것 • 상승 한계가 높을 것 • 요구되는 속도를 얻을수 있을 것

3. 촬영 보조 기계

종류	특징
수평선 사진기 (horizontal camera)	주사진기의 광축에 직각 방향으로 광축이 향하도록 부착시킨 소형 사진기이다.
고도차계 (statoscope)	U자관을 이용하여 촬영점 간의 기압차를 관측함으로써 촬영점 간의 고차를 환산·기록하는 것이다.
A.P.R (airborne profile recorder)	비행고도자동기록계라고도하며 항공기에서 바로 밑으로 전파를 보내고 지상에서 반사되어 돌아오는 전파를 수신하여 촬영비행 중의 대지촬영고도를 연속적으로 기록하는 것이다.

항공망원경 (navigation telescope)	접안격자판에 비행 방향·횡중복도가 30%인 경우의 유효폭 및 인접촬영경로, 연직점위치 등이 새겨져 있어서, 예정 촬영 경로에서 항공기가 이탈되지 않고 항로를 유지하는 데 이용된다.
FMC(Forward Motion Compensation) : 떨림방지기구	Imagemotion Compensator라고도 하며 항공사진기에 부착되어 영상을 취득하는 동안 비행기의 흔들림이나 움직이는 물체의 촬영 등으로 인해 발생되는 Shifting 현상을 제거하는 장치이다.
자이로스코프 (gyroscope) : 자동평형경	• 회전체의 역학적인 운동을 관찰하는 실험기구로 회전의라고도 한다. 이를 이용하여 지구가 자전하는 것을 실험적으로 증명할 수 있다. • 한편 로켓의 관성유도장치로 사용되는 자이로스코프, 이 원리를 응용한 나침반인 자이로 컴퍼스, 선박의 안전장치로 사용되는 자이로 안정기 또는 비행기의 동요 등이 카메라에 주는 영향을 막기 위하여 이용되는 등 넓은 의미에서 응용되고 있다.

4. 항공사진의 보조자료

종류	특징
촬영 고도	사진측량의 정확한 축척 결정에 이용된다.
초점 거리	축척 결정이나 도화에 중요한 요소로 이용된다.
고도차	앞 고도와의 차를 기록
수준기	촬영 시 카메라의 경사 상태를 알아보기 위해 부착한다.
지표	여러 형태로 표시되어 있으며 필름 신축 보정 시 이용한다.
촬영 시간	셔터를 누르는 순간의 시각을 표시한다.
사진 번호	촬영 순서를 구분하는 데 이용한다.

5. Sensor(탐측기)

(1) 개요

감지기는 전자기파(electromagnetic wave)를 수집하는 장비로서 수동적 감지기와 능동적 감지기로 대별된다. 수동 방식(passive sensor)은 태양광의 반사 또는 대상물에서 복사되는 전자파를 수집하는 방식이고, 능동 방식(active sensor)은 대상물에 전자파를 쏘아 그 대상물에서 반사되어 오는 전자파를 수집하는 방식이다.

(2) 구분

수동적 탐측기	비주사 방식	비영상 방식	지자기측량		
			중력측량		
			기타		
		영상 방식	단일사진기	흑백 사진	
				천연색 사진	
				적외 사진	
				적외칼라 사진	
				기타 사진	
			다중파장대 사진기	단일 렌즈	단일 필름
					다중 필름
				다중 렌즈	단일 필름
					다중 필름
	주사 방식	영상면 주사 방식	TV사진기(vidicon 사진기)		
			고체 주사기		
		대상물면 주사 방식	다중파장대 주사기	Analogue 방식	
				Digital 방식	MSS
					TM
					HRV
			극초단파 주사기(microwave radiometer)		
능동적 탐측기	비주사 방식	Laser spectrometer			
		Laser 거리측량기			
	주사 방식	레이다			
		SLAR	RAR(Rear Aperture Radar)		
			SAR(Synthetic Aperture Radar)		

① LIDAR(Light Detection and Ranging) : 레이저에 의한 대상물 위치 결정 방법으로 기상 조건에 좌우되지 않고 산림이나 수목지대에서도 투과율이 높다.

② SLAR(Side Looking Airborne Radar) : 능동적 탐측기 중 극초단파, 그중에서도 레이더 파를 지표면에 주사하여 반사파로부터 2차원을 얻는 탐측기를 SLAR이라 한다. SLAR 에는 RAR과 SAR 등이 있다.

01 항공사진측량을 위한 촬영계획에서 종중 복도를 증가시킬 때 일어나는 현상으로 옳지 않은 것은?

① 주점기선 길이가 줄어든다.
② 사진매수가 늘어난다.
③ 사각부가 줄어든다.
④ 과고감이 증가한다.

해설

- 중복도를 증가시키면 사각부의 사각지대를 줄일 수 있다.
- 과고감은 촬영고도 H에 대한 촬영기선길이 B와의 비인 기선고도비 B/H에 비례한다.
- 기선고도비 $\dfrac{B}{H} = \dfrac{ma(1-P)}{H}$ 가 감소할수록 과고감은 줄어든다.
- 종중복도를 증가시킬 경우 촬영기선길이(B)가 줄어들므로 과고감은 줄어든다.

02 사진 크기 23cm×23cm인 항공사진에서 주점기선장이 10.5cm라면 인접사진과의 중복도는 얼마인가?

① 46%   ② 50%
③ 54%   ④ 60%

해설

주점기선 길이(b_0) $= a(1-\dfrac{P}{100})$에서

$p = (1-\dfrac{b_0}{a}) \times 100$

$= (1-\dfrac{10.5}{23}) \times 100 = 54.3$

∴ 종 중복도(p) $= 54\%$

03 항공사진측량 촬영용 항공기에 요구되는 조건으로 옳지 않은 것은?

① 안정성이 좋을 것
② 상승 속도가 클 것
③ 이착륙 거리가 길 것
④ 적재량이 많고 공간이 넓을 것

해설

- 안정성이 좋을 것
- 상승 속도가 클 것
- 이착륙 거리가 짧을 것
- 적재량이 많고 공간이 넓을 것

04 초점거리 15.3cm의 카메라로 촬영된 연직 사진의 평지사진축척은 1 : 25,000이었다. 주점으로부터의 거리가 60.4mm인 곳의 평지로부터의 비고 300m에 의한 기복변위는?

① 약 4.7mm
② 약 5.0mm
③ 약 5.3mm
④ 약 5.7mm

해설

$H = m \cdot f = 25,000 \times 0.153 = 3,825\text{m}$

$\Delta r = \dfrac{h}{H} \cdot r$

$= \dfrac{300}{3,825} \times 0.0604 = 0.0047\text{m} = 4.7\text{mm}$

05 평탄지를 촬영고도 1,500m로 촬영한 연직사진이 있다. 두 사진상에서 두 점 간의 시차차를 측정하니 4mm였다면 이 두 점 간의 비고는? (단, 카메라의 초점거리 153mm, 사진의 크기 23cm×23cm, 종중복도 60%)

① 19.6m   ② 32.6m
③ 39.2m   ④ 65.2m

해설

$$h = \frac{H}{b_0}\Delta P$$
$$= \frac{1,500}{0.23\left(1-\frac{60}{100}\right)} \times 0.004 = 65.2\text{m}$$

06 해발고도 3,000m에서 촬영한 연직사진이 있다. 이 사진상에서 표고 120m 지점에 길이 4.0mm로 찍혀 있는 교량의 실제 길이는? (단, 사용된 사진기의 초점거리는 150mm)

① 70.8m   ② 74.6m
③ 76.8m   ④ 80.0m

해설

$$\text{축척 } M = \frac{1}{m} = \frac{l}{L} = \frac{f}{H}$$
$$\therefore L = \frac{H}{f} \times l = \frac{(3000-120)}{0.15} \times 0.004$$
$$= 76.8\text{m}$$

07 초점거리 150mm, 지상고도 3,000m의 사진기로 촬영한 수직 항공사진에서 길이 60m인 교량의 사진상의 길이는?

① 0.2mm   ② 0.3mm
③ 2.0mm   ④ 3.0mm

해설

$$M = \frac{l}{L} = \frac{f}{H}\text{이므로 } \frac{0.15}{3,000} = \frac{l}{60}$$
$$\therefore l = 0.003\text{m} = 3\text{mm}$$

08 촬영고도 3,000m, 초점거리 20cm인 카메라로 평지를 촬영한 밀착사진의 크기가 23cm×23cm이고, 종중복도 54%, 횡중복도 30%인 연직사진의 스테레오 모델의 면적은?

① 6.83km^2 ② 5.83km^2
③ 4.83km^2 ④ 3.83km^2

해설

$$\frac{1}{m} = \frac{f}{H} = \frac{0.2}{3000} = \frac{1}{15,000}$$
$$A = (ma)^2\left(1-\frac{p}{100}\right)\left(1-\frac{q}{100}\right)$$
$$= (15,000 \times 0.23)^2\left(1-\frac{54}{100}\right)\left(1-\frac{30}{100}\right)$$
$$= 3.83\text{km}^2$$

09 초점거리가 200mm인 카메라로 해면고도 2,500m의 항공기에서 평균해발 300m의 지역을 촬영하였을 때 사진 축척은?

① 1 : 10,000   ② 1 : 11,000
③ 1 : 12,500   ④ 1 : 14,000

해설

해면고도 : 2,500m
산정의 높이 : 300m
∴ 비행고도 : 2,200m
$$\text{축척 } M = \frac{1}{m} = \frac{l}{L} = \frac{f}{H} = \frac{0.2}{2,200} = 11,000$$
or)
$$\frac{1}{m} = \frac{f}{H-h}$$
$$= \frac{0.2}{2500-300} = \frac{0.2}{2200} = \frac{1}{11,000}$$

정답 | 05 ④   06 ③   07 ④   08 ④   09 ②

10 인공위성을 이용하여 영상을 취득하는 경우에 대한 설명으로 옳지 않은 것은?

① 관측이 좁은 시야각으로 행하여지므로 얻어진 영상은 정사투영영상에 가깝다.
② 회전 주기가 일정하므로 반복적인 관측이 가능하다.
③ 다중 파장대 영상을 이용한 다양한 정보의 취득이 가능하다.
④ 필요한 시점의 영상을 신속하게 수신할 수 있다.

해설

인공위성 영상 취득
• 관측이 좁은 시야각으로 행하여지므로 얻어진 영상은 정사투영영상에 가깝다.
• 회전 주기가 일정하므로 반복적인 관측이 가능하다.
• 다중 파장대 영상을 이용한 다양한 정보의 취득이 가능하다.
• 필요한 시점의 영상을 신속하게 수신할 수 없다.

11 축척 1 : 10,000인 항공사진을 스캐닝하여 영상을 만들고자 한다. 스캐닝 해상력을 1,200dpi로 설정했다면 영상소(pixel) 하나의 지상에서의 공간해상력은 약 얼마인가?

① 10.6cm
② 21.2cm
③ 26.4cm
④ 42.4cm

해설

1inch=2.54cm, dpi ; dot per inch

∴ 지상에서의 공간해상력은 $\frac{2.54}{1,200} \times 10,000 = 21.2cm$

12 사진측량에서 말하는 모델(model)의 의미로 옳은 것은?

① 한 장의 사진이다.
② 편위수정된 사진이다.
③ 한 쌍의 사진으로 실체시되는 부분이다.
④ 어느 지역을 대표할 만한 사진이다.

해설

• 모델(Model) : 다른 위치로부터 촬영되는 2매 1조의 입체사진으로부터 만들어지는 지역
• 복합모델(Strip) : 서로 인접한 모델을 결합한 복합모델(종접합)
• 블록(Block) : 사진이나 모델의 종횡으로 접합된 모형 또는 스트립이 횡으로 접합된 형태

13 항공사진측량의 작업에 속하지 않는 것은?

① 대공표지 설치
② 세부도화
③ 사진기준점 측량
④ 천문측량

해설

천문측량은 태양이나 별을 이용하여 경도, 위도 및 방위각을 모르는 지점의 위치와 방향을 결정하기 위한 측량이다.

14 사진지표의 용도가 아닌 것은?

① 사진의 신축 측정
② 주점의 위치 결정
③ 해석적 내부 표정
④ 지구의 곡률 보정

해설

지구의 곡률 보정은 사진측량과 거리가 멀다.

15 대공표지(Air Target, Signal Point)에 대한 설명으로 옳은 것은?

① 사진상에 명확히 나타나고 정확히 측량할 수 있는 자연물로 이루어진 접합점
② 스트립을 인접 스트립에 연결시켜 블록을 형성하기 위해 사용되는 점
③ 항공사진에 표정용 기준점의 위치를 정확하게 표시하기 위해 촬영 전 지상에 설치하는 것
④ 사진상의 주점이나 표정점 등 제점의 위치를 인접한 사진상에 옮기는 것

정답 | 10 ④ 11 ② 12 ③ 13 ④ 14 ④ 15 ③

해설

대공표지
- 대공표지는 사진상에서 정확하게 그 위치를 결정하고 자 할 때 설치한다.
- 설치 장소의 상공은 45° 이상의 시계를 확보하여야 한다.
- 대공표지를 하고자 하는 점이 자연점으로 표지를 설치하지 않고도 사진상에 명료하게 확인되는 경우에는 생략할 수 있다.

16 공간분석 위상관계에 대한 설명으로 옳지 않은 것은?

① 위상관계란 공간자료의 상호관계를 정의한다.
② 위상관계란 인접한 점, 선, 면 사이의 공간적 대응관계를 나타낸다.
③ 위상관계란 연결성, 인접성의 특성을 포함한다.
④ 위상관계에서 한 노드(Node)를 공유하는 모든 아크(Arc)는 상호연결성 존재가 필요 없다.

해설

위상이란 전체의 벡터 구조를 각각의 점, 선, 면의 단위 원소로 분류하여 각각의 원소에 대하여 형상과 인접성, 연결성, 계급성에 관한 정보를 파악하고, 각종 도형 구조들의 관계를 정의함으로써, 각각 원소 간의 관계를 효율적으로 정리한 것이다.

17 도화기의 발달 과정을 옳게 나열한 것은?

① 기계식 도화기 – 해석식 도화기 – 수치도화기
② 수치도화기 – 해석식 도화기 – 기계식 도화기
③ 기계식 도화기 – 수치도화기 – 해석식 도화기
④ 수치도화기 – 기계식 도화기 – 해석식 도화기

해설

사진측량의 역사
- 제1세대(사진측량의 개척)
  - 1839년 프랑스의 Daeguerre가 사진기술 발명
  - 1840년 프랑스에서 사진을 이용한 지형도 제작

  - 1858년 프랑스에서 열기구를 이용하여 처음 항공사진을 촬영
  - 1889년 독일에서 사진측량에 관한 책이 출판
- 제2세대(기계적 사진측량)
  - 20C 전반(1900~1950) 항공사진기와 비행기의 사용
  - 기계적 편위수정기와 입체도화기 개발
- 제3세대(해석적 사진측량)
  - 1960년대부터 1970년대에 많은 연구 진행, 활용도 급증
  - 해석적 도화기의 개념의 도입과 컴퓨터의 지원으로 많은 발전
- 제4세대(수치사진측량)
  - 1980년대 디지털 영상처리기법의 연구가 활발히 진행
  - 입력 과정에서 기계영상을 해석하거나 수치영상처리에 의해 이루어진다.

18 항공사진측량에 의하여 제작된 수치지도의 위치 정확도에 영향을 주는 요소와 가장 거리가 먼 것은?

① 도화기의 정확도
② 지상기준점의 정확도
③ 사진의 축척
④ 지도 레이어의 개수

해설

정확도 향상 방안
- 지상기준점 밀도를 증가시킨다.
- 성능이 높은 도화기를 사용한다.
- 대축척 사진을 이용한다.

19 항공사진촬영에서 사진 축척이 1 : 20,000이고, 허용흔들림 0.02mm, 최장 노출시간을 1/125초로 할 때 항공기의 운항 속도는 얼마로 하는 것이 좋은가?

① 120km/h
② 180km/h
③ 240km/h
④ 300km/h

해설

$$T_l = \frac{\Delta s \cdot m}{V}$$

(여기서, V : 비행기속도(m/sec))

$$\frac{1}{125} = \frac{0.02 \times 20,000}{V}$$

$V = 0.02 \times 20,000 \times 125 = 50,000$

$V = 50,000 \times 3,600$초

$\quad = 180,000,000 \text{mm} = 180 \text{km}$

20 비행고도가 일정할 경우에 보통각, 광각, 초광각의 세 가지 카메라로 사진을 찍을 경우 사진축척이 가장 작은 것은?

① 보통각 사진
② 광각 사진
③ 초광각 사진
④ 축척은 모두 같다.

해설

초광각사진기가 포괄면적이 가장 넓고 초점거리가 짧으므로 축척이 가장 작다.

광각과 보통각 사진의 비교
• 같은 비행고도(H가 동일)
　－초점거리가 짧아지면(광각인 경우) 축척은 감소
　－초점거리가 짧아지면(광각인 경우) 면적은 증가
• 같은 축척(M이 동일)
　－초점거리가 짧아지면(광각인 경우) 촬영고도 감소
　－축척이 같으므로 면적은 일정
• 화각(렌즈각)에 따른 분류
　－초광각 카메라 : 화각 약 120°
　－광각 카메라 : 화각 약 90°
　－보통각 카메라 : 화각 약 60°
　－협각 카메라 : 화각 약 60° 이하

21 항공사진측량에서 촬영비행기가 200km/h의 속도로 촬영할 경우, 사진축척이 1 : 30,000, 사진상의 허용흔들림량이 0.02mm라면 최장노출시간은?　　　　　[2011년 2회 산업기사]

① 1/67초
② 1/77초
③ 1/83초
④ 1/93초

22 사진 내에서 축척의 변화가 없는 사진은?

① 경사사진
② 수직사진
③ 수렴사진
④ 정사사진

해설

① 경사사진 : 항공사진에서 연직 하방으로 3° 이상 경사지게 촬영된 사진
② 정사사진 : 비고에 따라 투영고도를 달리 하여 항상 동일한 축척이 되도록 만든 사진
③ 수직사진 : 항공기에서 사진기 축을 연직 방향으로 하여 촬영한 사진

23 종중복도 60%, 횡중복도 30%일 때 촬영종기선 길이와 촬영 횡기선 길이와의 비는? (단, 사진의 크기는 23cm×23cm이다)

① 7 : 4
② 4 : 7
③ 2 : 1
④ 3 : 1

해설

최장노출시간

$$T_l = \frac{\Delta s \cdot m}{V} = \frac{0.02\text{mm} \times 30,000}{200\text{km/sec}}$$

$$= \frac{0.02\text{mm} \times 30,000}{200 \times 1,000,000\text{mm} \times \frac{1}{3,600}}$$

$$= \frac{600}{55,555.56} = \frac{1}{92.59}$$

$$ma\left(1 - \frac{p}{100}\right) : ma\left(1 - \frac{q}{100}\right)$$

$$ma\left(1 - \frac{60}{100}\right) : ma\left(1 - \frac{30}{100}\right)$$

$$= 0.4 : 0.7 = 4 : 7$$

정답 | 20 ③　21 ④　22 ④　23 ②

24 초점거리 160mm의 카메라로 해면고도 3,000m의 비행기로부터 평균해면고도 1,000m 의 평지를 촬영한 사진의 축척은?

① 1 : 12,500
② 1 : 125,000
③ 1 : 22,500
④ 1 : 225,000

해설

$M= \dfrac{1}{m}= \dfrac{l}{L}= \dfrac{f}{H}$ 에서

$= \dfrac{0.160}{(3,000-1,000)}= \dfrac{1}{12,500}$

25 항공사진은 어떤 원리에 의한 지형지물의 상인가?

① 정사투영
② 평행투영
③ 중심투영
④ 등적투영

해설

항공사진은 중심투영이고, 지도는 정사투영이다.
• 중심투영 : 일반적인 사진의 상은 피사체(대상물)로부터 반사된 광선이 렌즈 중심으로 직진하여 평면인 필름면에 투영되어 상이 나타난다. 이와 같은 투영을 중심투영(central projection)이라 하며, 사진은 중심투영상(中心投影像)이다.
• 왜곡수차 : 이론적인 중심투영에 의해 만들어진 점과 실제 점의 변위를 왜곡수차라 하며 왜곡수차 보정에는 다음과 같은 방법이 있다.
  − 포로−코페 방법 : 촬영카메라와 동일 렌즈를 갖춘 투영기를 사용하는 방법
  − 보정판을 사용하는 방법 : 양화건판과 투영렌즈 사이에 렌즈(보정판)를 넣는 방법
  − 화면거리를 변화시키는 방법 : 연속적으로 화면거리를 움직이는 방법
• 정사투영 : 항공사진과 지도는 지표면이 평탄한 곳에서는 지도와 사진이 같으나 지표면에 높낮이가 있는 경우는 사진의 형상이 다르다. 중심투영으로 인한 지형상의 왜곡을 보정하여 정사사진을 제작한다.
  − 지도 : 정사투영
  − 항공사진 : 중심투영
  − 중심투영과 정사투영의 비교

평탄한 지표면	지도와 사진이 같음
기복이 있는 지형	정사투영인 지도와 중심투영인 사진에 차이가 생김

26 면적 600km^{2}의 장방형의 토지에 대하여 축척 1 : 20,000의 항공사진으로 종중복도 60%, 횡중복도 30%로 할 경우 사진의 매수는? (단, 사진의 크기는 23cm×23cm이고 안전율은 20% 로 한다)

① 110매
② 117매
③ 120매
④ 122매

해설

사진매수

$= \dfrac{F}{A_0}(1+안전율)$

$= \dfrac{600\times 1,000,000}{(20,000\times 0.23)^2\left(1-\dfrac{60}{100}\right)\left(1-\dfrac{30}{100}\right)}\times 1.2$

$= 122매$

27 항공삼각측량 중 사진을 기본단위로 사용하여 사진좌표와 지상좌표를 공선조건식을 이용하여 표정하는 방법으로 가장 정확한 성과물을 얻을 수 있는 방법은?

① 스트립 조정법
② 독립 모델법
③ 번들 조정법
④ 도해사선법

해설

조정의 기본단위로서 블록(block), 스트립(strip), 모델(model), 사진(photo)이 있으며 이것을 기본단위로 하는 항공삼각측량 조정 방법에는 다항식 조정법, 독립모델법, 광속조정법, DLT법 등이 있다.
• 다항식 조정법(Polynomial method) : 다항식 조정법은 촬영 경로, 즉 종접합모형(Strip)을 기본단위로 하여 종횡접합모형, 즉 블록을 조정하는 것으로, 촬영 경로마다 접합표정 또는 개략의 절대표정을 한 후 복수촬영경로에 포함된 기준점과 접합표정을 이용하여

각 촬영경로의 절대표정을 다항식에 의한 최소제곱법으로 결정하는 방법이다.

- 독립모델조정법(Independent Model Tri-angulation ; IMT) : 독립입체모형법은 입체모형(Model)을 기본단위로 하여 접합점과 기준점을 이용하여 여러 모델의 좌표를 조정하는 방법에 의하여 절대좌표를 환산하는 방법

- 광속조정법(Bundle Adjustment) : 광속조정법은 상좌표를 사진좌표로 변환시킨 다음 사진좌표(photo coordinate)로부터 직접 절대좌표(absolute coordinate)를 구하는 것으로, 종횡접합모형(block) 내의 각 사진상에 관측된 기준점, 접합점의 사진좌표를 이용하여 최소제곱법으로 각 사진의 외부표정요소 및 접합점의 최확값을 결정하는 방법이다.
  - 광속법은 사진(Photo)을 기본단위로 사용하여 다수의 광속(Bundle)을 공선조건에 따라 표정한다.
  - 각 점의 사진좌표가 관측값으로 이용되며, 이 방법은 세 가지 방법 중 가장 조정능력이 높은 방법이다.

- DLT법(Direct Linear Transformation) : 광속조정법의 변형인 DLT법은 상좌표로부터 사진좌표를 거치지 않고 11개의 변수를 이용하여 직접 절대좌표를 구할 수 있다.
  - 1972년 미국에서 최초의 지구관측위성(Landsat-1)을 발사한 후 급속히 발전
  - 모든 물체는 종류, 환경조건이 달라지면 서로 다른 고유한 전자파를 반사, 방사한다는 원리에 기초함
  - 실제로 센서에 입사되는 전자파는 도달 과정에서 대기의 산란 등 많은 잡음이 포함되어 있어 태양의 위치, 대기의 상태, 기상, 계절, 지표 상태, 센서의 위치, 센서의 성능 등을 종합적으로 고려하여야 함
  - 고해상도의 위성 영향으로 상세한 D/B 구축
  - 짧은 시간에 넓은 지역의 조사 및 반복 측정이 가능
  - 다중파장대 영상으로 지구표면 정조 획득 및 경관 분석 등 다양한 분야에 활용
  - GIS와의 연계로 다양한 공간분석이 가능

28 대공표지(Air Target, Singnal Point)에 대한 설명으로 옳은 것은?

① 사진상에 명확히 나타나고 정확히 측량할 수 있는 자연물로 이루어진 접합점

② 스트립을 인접스트립에 연결시켜 블록을 형성하기 위해 사용되는 점

③ 항공사진에 표정용 기준점의 위치를 정확하게 표시하기 위해 촬영 전 지상에 설치하는 것

④ 사진상의 주점이나 표정점 등 제점의 위치를 인접한 사진상에 옮기는 것

해설

대공표지는 항공사진에 관측용 기준점의 위치를 정확하게 표시하기 위하여 촬영 전에 지상에 설치한 표시이다.

대공표지의 선점 시 유의사항

- 사진상에 명확하게 보이기 위해서는 주위의 색상과 대조가 되어야 한다.
- 상공은 45° 이상의 각도를 열어두어야 한다.
- 사진상에 크기는 대공표지가 촬영 후 사진상에 30m 정도 나타나야 한다.

29 항공사진측량에서 주로 이용되는 사진은?

① 거의 수직사진

② 파노라마사진

③ 수렴 수평사진

④ 저각도 경사사진

해설

근사수직사진

- 카메라의 축을 연직선과 일치시켜 촬영하는 것은 현실적으로 불가능하다. 따라서 일반적으로 ±5grade 이내의 사진을 활용한다.
- 항공사진측량에 의한 지형도 제작 시 보통 근사수직사진에 의한 촬영이다.

30 그림은 측량용 항공사진기의 방사렌즈 왜곡을 나타내고 있다. 사진좌표가 x=3cm, y=4cm인 점에서 왜곡량은? (단, 주점의 사진좌표는 x=0, y=0이다)

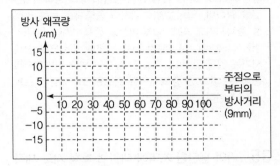

① 주점 방향으로 5μm
② 주점 방향으로 10μm
③ 주점 반대 방향으로 5μm
④ 주점 반대 방향으로 10μm

해설

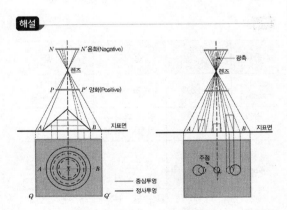

렌즈의 방사왜곡은 상의 위치가 주점으로부터 방사 방향(주점의 반대 방향)을 따라 왜곡되어 나타나는 것을 말한다. 주점의 사진 좌표가 (0, 0)이고 지도로 확대했을 때 A－B 중점에서 X축 3cm, Y축 4cm 방향으로 이동되었으므로 원점과의 거리, 즉 방사거리$(r) = \sqrt{3^2 + 4^2} =$ 5cm, 즉 50mm이다. 원점과 주점은 일치하므로 그래프에서 보면 50mm에 대해서 양의 주점 방향으로 5μm 벗어난 것이며, 따라서 왜곡량은 반대로 주점 반대 방향으로 5μm 이동하여야 한다.

31 대공표지에 관한 설명으로 틀린 것은?

① 대공표지의 재료로는 합판, 알루미늄, 합성수지, 직물 등으로 내구성이 강하여 후속작업이 완료될 때까지 보존될 수 있어야 한다.
② 대공표지는 항공사진에 표정용 기준점의 위치를 정확하게 표시하기 위하여 촬영 전에 설치한 표지를 말한다.
③ 대공표지의 설치 장소는 상공에서 보았을 때 30° 정도의 시계를 확보할 수 있어야 한다.
④ 지상에 적당한 장소가 없을 때에는 수목 또는 지붕 위에 설치할 수도 있다.

해설

대공표지
• 표지란 사진측량을 실시하는 데 있어 관측할 점이나 대상물을 사진상에서 쉽게 식별하기 위해 사진 촬영 전에 설치하는 것을 말한다. 대공표지는 자연점으로는 정확도를 얻을 수 없는 경우 지상의 표정기준점은 그 위치가 사진상에 명료하게 나타나도록 사진을 촬영하기 전에 대공표지(Air Target, Signal－Point)를 설치할 필요가 있다.
• 대공표지의 재질은 주로 내구성이 강한 베니어합판, 알루미늄판, 합성수지판을 이용한다.
• 대공표지 한 변의 최소크기는 d=M/T[m]이다.
  ※ T : 축척에 따른 상수
     M : 사진축척분모수
     m : 축척분모수
• 설치 장소는 천장으로부터 45° 이내에 장애물이 없어야 하며, 대공표지판에 그림자가 생기지 않게 하기 위하여 지면에서 30cm 높게 수평으로 고정한다.

32 항공사진 촬영 시 종중복촬영을 할 때 사각부분을 제거하기 위한 방법이 아닌 것은?

① 기선고도비를 크게 한다.
② 종중복도를 10~20% 정도 증가시킨다.
③ 기선 길이를 작게 하여 더 많이 촬영한다.
④ 같은 기선 길이 상태에서 촬영 고도를 높인다.

정답 | 30 ③ 31 ③ 32 ①

해설

산악지역이나 고층빌딩이 밀집한 시가지는 10~20% 이상 중복도를 높여서 촬영하거나, 2단 촬영을 함으로써 사진상에 가려서 안 보이는 부분(사각부분)을 줄일 수 있다. 즉, 기선 길이를 작게 하거나 촬영 고도를 높인다.

33 사진측량의 모델에 대한 정의로 옳은 것은?

① 편위수정된 사진이다.
② 한 장의 사진에 찍힌 면적이다.
③ 촬영 지역을 대표하는 사진이다.
④ 중복된 한 쌍의 사진으로 입체시할 수 있는 부분이다.

해설

- 모델(Model) : 한 쌍의 중복된 사진으로 입체시되는 부분
- 스트립(Strip) : 서로 인접한 모델을 결합한 복합모델(종접합), 즉 사진이 종방향으로 접합된 모형
- 블록(Block) : 사진이나 모델의 종횡으로 접합된 모형 또는 스트립이 횡으로 접합된 형태(즉, 사진이 종횡방향으로 접합된 모형)
- 번들(bundle) : 단사진

34 항공사진의 촬영계획 시 종중복도와 횡중복도의 목적에 대한 설명으로 옳은 것은?

① 종중복도는 코스 간 접합을 하기 위함이고, 횡중복도는 입체시를 얻기 위함이다.
② 종중복도는 코스 간 접합을 하기 위함이고, 횡중복도는 스트립을 얻기 위함이다.
③ 종중복도는 입체시를 얻기 위함이고, 횡중복도는 코스 간 접합을 하기 위함이다.
④ 종중복도는 입체시를 얻기 위함이고, 횡중복도는 스트립을 얻기 위함이다.

해설

중복도(Over Lap)

편류, 경사 변화, 촬영고도 변화, 지형기복 변화에 의해 중복도가 달라진다.

- 종중복(End Lap) : 촬영 진행 방향에 따라 중복시키는 것을 말하며, 입체촬영을 위하여 종중복은 보통 60%를 중복시키고 최소 50% 이상을 중복시켜야 한다.
- 횡중복(Side Lap) : 촬영 진행 방향에 직각으로 중복시키는 것을 말하며, 코스 간 접합을 위해 일반적으로 횡중복은 30%를 중복시키고 최소한 5% 이상은 중복시켜야 한다.

35 거의 평탄한 지역에 대한 소축척 지도 제작을 위하여 항공사진 촬영을 하고자 할 때 적합한 카메라는?

① 보통각 카메라
② 광각 카메라
③ 초광각 카메라
④ 다파장대 카메라

해설

종류	화각 (렌즈각)	용도	특징
초광각 카메라	약 120°	소축척 도화용	왜곡이 커서 평지에 이용
광각 카메라	약 90°	일반 판독용 지형도 제작	경제적
보통각 카메라	약 60°	산림조사용	사진 매수 증가로 비용 과다
협각 카메라	약 60° 이하	특수한 대축척 도화용	특수한 정면도 제작

36 항공사진에서 발생하는 현상이 아닌 것은?

① 기복변위
② 과고감
③ Image motion
④ 주파수 단절

해설

주파수 단절은 GPS의 오차이다.

정답 | 33 ④ 34 ③ 35 ③ 36 ④

37 사진측량의 촬영 방향에 의한 분류에 대한 설명으로 옳지 않은 것은?

① 수직사진 : 광축이 연직선과 일치하도록 공중에서 촬영한 사진
② 수렴사진 : 광축이 서로 평행하게 촬영한 사진
③ 수평사진 : 광축이 수평선과 거의 일치하도록 지상에서 촬영한 사진
④ 경사사진 : 광축이 연직선과 경사지도록 공중에서 촬영한 사진

해설

지상사진측량의 촬영
• 직각수평촬영 : 사진기 광축을 수평 또는 직각 방향으로 향하게 하여 평면촬영을 하는 방법
• 편각수평촬영 : 사진기축을 특정 각도만큼 좌우로 움직여 평행 촬영하는 기법
• 수렴수평촬영 : 서로 사진기의 광축을 교차시켜 촬영하는 기법

38 대공표지에 대한 설명으로 옳은 것은?

① 사진의 네 모서리 또는 네 변의 중앙에 있는 표지
② 평균해수면으로부터 높이를 정확히 구해 놓은 고정된 표지나 표식
③ 항공사진에 표정용 기준점의 위치를 정확하게 표시하기 위하여 촬영 전에 지상에 설치한 표지
④ 삼각점, 수준점 등의 기준점의 위치를 표시하기 위하여 돌로 설치된 측량표지

해설

대공표지
• 표지란 사진측량을 실시하는 데 있어 관측할 점이나 대상물을 사진상에서 쉽게 식별하기 위해 사진촬영 전에 설치하는 것을 말한다.
• 자연점으로는 정확도를 얻을 수 없는 경우 지상의 표정기준점은 그 위치가 사진상에 명료하게 나타나도록 사진을 촬영하기 전에 대공표지(Air Target, Signal - Point)를 설치할 필요가 있다.
• 대공표지의 재질은 주로 내구성이 강한 베니어 합판, 알루미늄판, 합성수지판을 이용한다.

• 대공표지 한 변의 최소크기 $d = \dfrac{M}{T}$[m]이다. 여기서, T : 축척에 따른 상수, M : 사진축척 분모수
• 설치 장소는 천장으로부터 45° 이내에 장애물이 없어야 하며, 대공표지판에 그림자가 생기지 않게 하기 위하여 지면에서 30cm 높게 수평으로 고정한다.

39 어떤 항공사진상에 실제 길이 150m의 교량이 5mm로 나타났다면 이 사진에 포함되는 실면적은?(단, 사진 크기=23cm×23cm)

① 15.87km²   ② 47.61km²
③ 158.7km²   ④ 476.1km²

해설

$M = \dfrac{1}{m} = \dfrac{l}{L} = \dfrac{0.005}{150} = \dfrac{1}{30,000}$

$A = (ma)^2 = (30,000 \times 0.23)^2$
$\quad = 47,610,000\text{m}^2 = 47.61\text{km}^2$

40 다음 탐측기(Sensor)의 종류 중 능동적 탐측기(active sensor)에 해당되는 것은?

① RBV(Return Beam Vidicon)
② MSS(Multi Spectral Scanner)
③ SAR(Synthetic Aperture Radar)
④ TM(Thematic Mapper)

해설

• 수동적 탐측기 : MSS, TM, HRV
• 능동적 탐측기 : 레이더, SLAR(RAR, Rear Aperture Radar), SAR(Synthetic Aperture Radar)

41 대공표지의 크기가 사진상에서 30μm 이상이어야 한다고 할 때, 사진 축척이 1 : 20,000 이라면 대공표지의 크기는 최소 얼마 이상이어야 하는가?

① 50cm 이상   ② 60cm 이상
③ 70cm 이상   ④ 80cm 이상

정답 | 37 ②   38 ③   39 ②   40 ③   41 ②

해설

$1\mu m$(마이크로미터)=0.001밀리미터이므로 축척 1/20,000
에서 $30\mu m$는 60cm 이상이다.

※ 대공표지의 크기(d)=$\dfrac{m}{T}=\dfrac{20,000}{30\times 1,000}$

42 항공사진촬영에 대한 설명으로 옳지 않은 것은?

① 횡중복은 인접 스트립 간의 접합을 위한 것이다.
② 종중복은 인접 사진과의 접합을 위한 것으로 보통 40% 정도를 중복시킨다.
③ 사진이 촬영 코스 방향으로 연결된 것을 스트립이라 한다.
④ 횡중복도를 보통 30% 정도로 한다.

해설

중복도(Over Lap)
편류, 경사변화, 촬영고도변화, 지형기복변화에 의해 중복도가 달라진다.

종중복 (End Lap)	촬영 진행 방향에 따라 중복시키는 것을 말하며 입체촬영을 위하여 종중복은 보통 60%를 중복시키고 최소 50% 이상을 중복시켜야 한다.
횡중복 (Side Lap)	촬영 진행 방향에 직각으로 중복시키는 것을 말하며 일반적으로 횡중복은 30%를 중복시키고 최소한 5% 이상은 중복시켜야 한다.

43 항공삼각측량에서 해석 및 수치법에 의한 해석법이 아닌 것은?

① 독립모델조정법
② 광속조정법
③ 도해사선법
④ 다항식 조정법

해설

항공삼각측량에는 조정의 기본 단위로서 블록(block), 스트립(strip), 모델(model), 사진(photo)이 있으며 이것을 기본 단위로 하는 항공삼각측량 조정 방법에는 다항식 조정법, 독립모델법, 광속조정법, DLT법 등이 있다.

• 다항식 조정법(Polynomial method) : 다항식 조정법은 촬영경로, 즉 종접합모형(Strip)을 기본 단위로 하여 종횡접합모형, 즉 블록을 조정하는 것으로, 촬영경로마다 접합표정 또는 개략의 절대표정을 한 후 복수 촬영경로에 포함된 기준점과 접합표정을 이용하여 각 촬영경로의 절대표정을 다항식에 의한 최소제곱법으로 결정하는 방법이다.

• 독립모델조정법(Independent Model Triangulation ; IMT) : 독립입체모형법은 입체모형(Model)을 기본 단위로 하여 접합점과 기준점을 이용, 여러 모델의 좌표를 조정하는 방법에 의하여 절대좌표를 환산하는 방법이다.

• 광속조정법(Bundle Adjustment) : 광속조정법은 상좌표를 사진좌표로 변환시킨 다음 사진좌표(photo coordinate)로부터 직접 절대좌표(absolute coordinate)를 구하는 것으로, 종횡접합모형(block) 내의 각 사진상에 관측된 기준점, 접합점의 사진좌표를 이용하여 최소제곱법으로 각 사진의 외부표정요소 및 접합점의 최확값을 결정하는 방법이다.

• DLT법(Direct Linear Transformation) : 광속조정법의 변형인 DLT법은 상좌표로부터 사진좌표를 거치지 않고 11개의 변수를 이용하여 직접 절대좌표를 구할 수 있다.
 – 직접선형변환은 공선조건식을 달리 표현한 것이다.
 – 정밀좌표관측기에서 지상좌표로 직접변환이 가능하다.
 – 선형 방정식이고 초기 추정값이 필요하지 않다.
 – 광속조정법에 비해 정확도가 다소 떨어진다.

44 일반 항공사진 촬영 시 지표면에 기복이 있을 경우 기복에 따른 변위가 발생하지만, 비고나 경사각에 관계없이 유일하게 기복변위가 발생하지 않는 점은?

① 주점
② 연직점
③ 등각점
④ 자침점

해설

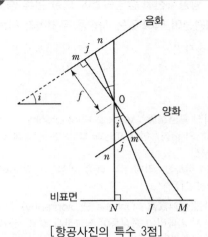

[항공사진의 특수 3점]

특수 3점의 특징
• 주점은 사진상에서 지표를 찾을 수 있는 점이다.
• 주점은 연직점과 등각점의 위치를 결정하는 기준이 된다.
• 등각점 및 연직점이 주점과 일치할 때는 사진의 경사각은 0°이다.
• 사진상에서 위치를 구하기 가장 쉬운 과정은 주점 → 연직점 → 등각점이다.
• 지형의 기복에 의한 사선 방향의 변위량의 크기는 주점 → 등각점 → 연직점이고 연직점에서는 0이다.

45 항공사진측량에서 A, B 두 지점의 시차차가 3.25mm, 촬영고도가 3,500m, 주점기선이 100mm의 상태라면 AB 두 지점의 비고차는?

① 107.7m
② 113.8m
③ 325m
④ 350m

해설

$\Delta P = \dfrac{h}{H} b_0$에서 $h = \dfrac{H}{b_0} \Delta P$이므로

$h = \dfrac{3,500}{0.1} \times 0.00325 = 113.75m$

46 항공사진의 촬영고도가 2,000m, 카메라의 초점거리가 210mm이고, 사진의 크기가 21cm× 21cm일 때 사진 1장에 포함되는 실제 면적은?

① $3.8km^2$
② $4.0km^2$
③ $4.2km^2$
④ $4.4km^2$

해설

$\dfrac{1}{m} = \dfrac{f}{H}$이므로 $\dfrac{0.21}{2000} = \dfrac{1}{9524}$

$A = (ma)^2 = (9524 \times 0.21)^2$
$\quad = 4,000,160.0m^2 = 4.0km^2$

47 도화기 또는 좌표측정기에 의하여 항공사진상에서 측정된 구점의 모델좌표 또는 사진좌표를 지상기준점 및 GPS/INS 외부표정요소를 기준으로 지상좌표로 전환시키는 작업을 무엇이라 하는가?

① 지상기준점측량
② 항공삼각측량
③ 세부도화
④ 가편집

해설

항공삼각측량
한 쌍의 중복된 사진으로부터 각 점의 3차원 절대좌표를 측정하기 위해서는 최소한 2개의 평면기준점과 3개의 표고기준점이 요구된다. 이들 기준점을 획득하기 위해 필요한 모든 점을 측량하는 것을 전면 지상기준점 측량(Full Ground Control Point Survey)이라고 하는데, 대규모의 항공사진들을 이용하여 작업을 수행하는 경우 이러한 전면 지상기준점 측량작업은 엄청난 시간과 노력, 비용의 소요를 가져온다. 따라서, 실제의 작업에서는 소수의 지상기준점에 대해서만 측량을 실시하고 나머지 점들에 대해서는 측정된 지상기준점의 좌표와 도화기 등의 정밀좌표측정기에서 얻어진 사진좌표나 모델좌표 또는 스트립 좌표들을 이용하여 수학적 계산으로 절대좌표를 결정하게 되는데 이러한 방식을 항공삼각측량이라고 한다.

정답 | 45 ② 46 ② 47 ②

48 다음 중 항공사진측량으로부터 얻을 수 없는 정보는?

① 수치지형데이터
② 산악지역의 경사도
③ 댐에 저수된 물의 양
④ 택지 건설 시 토공량

해설

항공사진측량으로부터 댐에 저수된 물의 양의 정보는 얻을 수 없다.

49 항공사진측량의 특징에 대한 설명으로 옳지 않은 것은?

① 정성적 측량이 가능하다.
② 성과의 보존이 용이하다.
③ 접근하기 어려운 지역의 조사가 가능하다.
④ 구름, 바람 등 기상에 영향을 받지 않는다.

해설

• 항공사진측량의 장점
 − 정량적 및 정성적 측정이 가능하다.
 − 정확도가 균일하다.
 − 동체 측정에 의한 현상 보존이 가능하다.
 − 접근하기 어려운 대상물의 측정도 가능하다.
 − 축척 변경도 가능하다.
 − 분업화로 작업을 능률적으로 할 수 있다.
 − 경제성이 높다.
 − 4차원의 측정이 가능하다.
 − 비지형측량이 가능하다.
• 항공사진측량의 단점
 − 좁은 지역에서는 비경제적이다.
 − 기재가 고가이다(시설 비용이 많이 든다).
 − 피사체에 대한 식별의 난해가 있다(지명, 행정경계 건물명, 음영에 의하여 분별하기 힘든 곳 등의 측정은 현장의 작업으로 보충측량이 요구된다).
 − 구름, 바람 등 기상에 영향을 받는다.

50 항공사진의 촬영방법에 의한 분류 중 화면에 지평선이 찍혀 있는 사진을 무엇이라 하는가?

① 수직사진
② 고각도 경사사진
③ 저각도 경사사진
④ 수렴사진

해설

수직사진(垂直寫眞 : Vertical Photography)
• 카메라의 중심축이 지표면과 직교되는 상태에서 촬영된 사진
• 엄밀수직사진 : 카메라의 축이 연직선과 일치하도록 촬영한 사진

경사사진(傾斜寫眞 : Oblique Photography)
• 촬영 시 카메라의 중심축이 직교하지 않고 경사된 상태에서 촬영된 사진
• 광축이 연직선 또는 수평선에 경사지도록 촬영한 경사각 3° 이상의 사진으로 지평선이 사진에 나타나는 고각도 경사사진과 사진이 나타나지 않는 저각도 경사사진으로 구분됨
 − 저각도 경사사진 : 3° 이상으로 지평선이 나타나지 않음
 − 고각도 경사사진 : 3° 이상으로 지평선이 나타남

수평사진(水平寫眞 : Horizontal Photography)
광축이 수평선에 거의 일치하도록 지상에서 촬영한 사진

51 항공사진측량에서 촬영기선 방향으로 중복하여 촬영하는 주된 이유로 옳은 것은?

① 주점을 구하기 위하여
② 물체 판독을 쉽게 하기 위하여
③ 촬영된 사진에 누락되는 부분이 없도록 하기 위하여
④ 사진의 주점이 인접사진의 사진에도 찍히도록 하여 입체시키기 위하여

해설

촬영은 모든 지역이 2매 이상의 사진이 중복되도록 촬영하여야 입체모델이 형성되어 도화가 가능하고 입체모델 간에도 서로 연결되어야 넓은 지역의 항공사진이 가능해지기 때문이다.

정답 | 48 ③ 49 ④ 50 ② 51 ④

• 종중복도(End lap) : 동일 코스 내의 인접 사진 간을 중복시키는 것으로 약 60%로 중복하여 촬영하는 것이 보통이나 최소한 50% 이상은 중복시켜야 한다. 이것은 도화할 때 인접하는 매 쌍마다 입체모델(Stereo Model)이 형성되어야 하고, 입체모델 간에도 20% 정도의 중복이 되어야 도면 제작이 가능하기 때문이다. 즉, 촬영기선 방향으로 중복촬영하는 주된 이유는 사진의 주점이 인접사진의 사진에도 찍히도록 하여 입체시하기 위함이다.

• 횡중복도(Side lap) : 촬영 진행 방향에 직각으로 중복시키는 것으로, 즉 코스 간의 중복을 말한다. 일반적으로 횡중복은 30%를 중복시키고 최소한 5% 이상은 중복시켜야 한다. 산악지역이나 고층빌딩이 밀집된 시가지 촬영 방법은 10~20% 이상 중복도를 높여 촬영하거나 2단 촬영한다.

52 항공사진측량에서 지상기준점 측량에 대한 설명으로 옳은 것은?

① 도화축척 1/10,000 이하의 축척에서의 평면기준점의 표준편차는 ±0.5m 이내이다.

② 기계를 설치할 수 없어서 편심요소를 측정할 경우 편심거리는 100m 미만으로 제한한다.

③ GPS 관측 시 데이터 수신 간격은 50초 이하로 한다.

④ 토털 스테이션을 이용한 연직각 관측 시 대회수는 2회로 한다.

해설

② 기계를 설치할 수 없어서 편심요소를 측정할 경우 편심거리는 50m 미만으로 제한한다.

③ GPS 관측 시 데이터 수신 간격은 30초 이하로 한다.

④ 토털 스테이션을 이용한 연직각 관측 시 대회수는 1회로 한다.

항공사진 측량작업규정(국토지리정보원)

1. 토털 스테이션을 이용한 평면기준점측량은 수평각, 연직각 및 거리관측의 경우 1시준마다 동시에 실시하는 것을 원칙으로 한다. 수평각 관측과 연직각 관측은 1시준 1회 측정, 데오돌라이트를 이용한 대회관측수는 정·반을 관측한 1대회 관측을 하며 거리관측은 1시준 2회 측정을 1세트로 하고 거리관측 시 기상관측은 거리관측 개시 직전 또는 종료 직후에 실시한다.

2. GPS를 이용한 평면기준점측량GPS를 이용한 평면기준점측량의 관측 망도에는 동시에 복수의 GPS측량기를 이용하는 관측계획을 기록한다. 관측은 기지점 및 구하는 점을 연결하는 노선이 폐합된 다각형을 구성하여 다른 세션의 조합에 의한 점검을 위하여 다각형을 형성한다. 다른 세션에 의한 점검을 위하여 1변 이상의 중복관측을 실시하고 관측방법은 정지측위로 관측시간은 30분 이상, 데이터수신 간격은 30초 이하로 한다. 이와 같은 관측은 1개의 세션을 1회 실시하며 GPS위성의 작동 상태, 비행정보 등을 고려하여 위성 배치가 한 곳으로 집중되어 있을 경우에는 관측을 피한다. 수신기의 고도각은 15°를 표준으로 하며 GPS위성의 수는 동시에 4개 이상을 사용한다. 하지만 최근에는 GNSS수신기를 사용하므로 최소한 6개 이상의 위성을 수신할 수 있다. 일반적으로 지상기준점측량의 평면측량은 GPS수신기를 설치하여 약 45분에서 2시간 동안 데이터를 수신한 다음 소프트웨어를 이용하여 후처리방식으로 처리하며 기선해석을 통해 평면기준점의 X, Y 위치를 결정한다.

3. 미지점의 위치가 건물 모서리 등으로 기계를 설치할 수 없거나 시통관계로 삼각망을 형성하지 못할 경우에는 편심요소를 측정하여 좌표를 산출할 수 있다. 편심을 할 경우 편심거리는 50m를 초과할 수 없으며 관측 장비로는 수평각 1″ 독이고 측정단위 또한 1″ 단위, 측각횟수는 2배각으로 측정한다. 거리측정 장비는 스틸 테이프를 이용하여 1mm 단위까지 측정하여야 한다.

※ 평면기준점 오차 한계

도화축척	표준편차
1/500~1/600	±0.1m 이내
1/1,000~1/1,200	±0.1m 이내
1/2,500~1/3,000	±0.2m 이내
1/5,000~1/6,000	±0.2m 이내
1/10,000 이하	±0.5m 이내

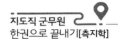

53 완벽한 수직사진에 있는 한 점의 사진좌표를 (x, y, z)이라 하고, z축을 기준으로 k만큼 회전할 때 얻어진 사진좌표를 (x_k, y_k, z_k)라고 할 때, 이 사진좌표의 관계를 올바르게 나타낸 것은?

① $\begin{bmatrix} x_k \\ y_k \\ z_k \end{bmatrix} = \begin{bmatrix} 1 & 0 & 0 \\ 0 & \cos k & \sin k \\ 0 & -\sin k & \cos k \end{bmatrix} \begin{bmatrix} x \\ y \\ z \end{bmatrix}$

② $\begin{bmatrix} x_k \\ y_k \\ z_k \end{bmatrix} = \begin{bmatrix} 1 & 0 & 0 \\ 0 & \cos k & -\sin k \\ 0 & \sin k & \cos k \end{bmatrix} \begin{bmatrix} x \\ y \\ z \end{bmatrix}$

③ $\begin{bmatrix} x_k \\ y_k \\ z_k \end{bmatrix} = \begin{bmatrix} \cos k & \sin k & 0 \\ -\sin k & \cos k & 0 \\ 0 & 0 & 1 \end{bmatrix} \begin{bmatrix} x \\ y \\ z \end{bmatrix}$

④ $\begin{bmatrix} x_k \\ y_k \\ z_k \end{bmatrix} = \begin{bmatrix} \cos k & \sin k & 0 \\ \sin k & \cos k & 0 \\ 0 & 0 & 1 \end{bmatrix} \begin{bmatrix} x \\ y \\ z \end{bmatrix}$

해설

3차원 등각사상변환(三次元 等角寫像變換)
3차원 등각사상은 하나의 3차원 좌표에서 다른 3차원 좌표로의 변환을 의미하며, 변환 후에도 원래의 모양은 유지하게 된다. 이 변환은 경사사진상의 점의 좌표에 대응하는 수직사진상의 좌표로 변환하는 경우와 독립입체모형(independent model)으로부터 연속적인 3차원 종접합입체모형(strip model)을 형성하려는 경우에 필요하다. 3차원 등각사상변환방정식은 회전과 축척변화 및 평행변위의 두 단계로 이루어진다.

※ 한 축에 대한 회전
3차원에 있어서 기본적인 변환의 하나는 3축(x, y, z) 중 하나에 대하여 회전하는 것이다.

분류	변환방정식
기본	$\begin{cases} X' = X + 0 + 0 \\ Y' = 0 + Y\cos w + Z\sin \omega \\ Z' = 0 - Y\sin \omega + Z\cos \omega \end{cases}$ 을 행렬 형태로 쓰면 아래와 같다.

분류	변환방정식
X축에서 ω (쌍곡선변형) 만큼 회전	$\begin{bmatrix} X' \\ Y' \\ Z' \end{bmatrix} = \begin{bmatrix} 1 & 0 & 0 \\ 0 & \cos\omega & \sin\omega \\ 0 & -\sin\omega & \cos\omega \end{bmatrix} \begin{bmatrix} X \\ Y \\ Z \end{bmatrix} = R_\omega \begin{bmatrix} X \\ Y \\ Z \end{bmatrix}$ 여기서, X, Y, Z는 회전 전 좌표 X', Y', Z'는 회전 후 좌표 이 경우는 쌍곡선형(ω)을 하며 전후요동(前後搖動, pitching) 효과를 나타낸다.
Y축에서 ϕ (포물선변형) 만큼 회전	$\begin{bmatrix} X' \\ Y' \\ Z' \end{bmatrix} = \begin{bmatrix} \cos\phi & 0 & -\sin\phi \\ 0 & 1 & 0 \\ \sin\phi & 0 & \cos\phi \end{bmatrix} \begin{bmatrix} X \\ Y \\ Z \end{bmatrix} = R\phi \begin{bmatrix} X \\ Y \\ Z \end{bmatrix}$ 이 경우는 ϕ(포물선변형)을 하며 좌우요동(左右搖動, rolling) 효과를 나타낸다.
Z축에서 κ (타원변형) 만큼 회전	$\begin{bmatrix} X' \\ Y' \\ Z' \end{bmatrix} = \begin{bmatrix} \cos\kappa & \sin\kappa & 0 \\ -\sin\kappa & \cos\kappa & 0 \\ 0 & 0 & 1 \end{bmatrix} \begin{bmatrix} X \\ Y \\ Z \end{bmatrix} = R_k \begin{bmatrix} X \\ Y \\ Z \end{bmatrix}$ 이 경우는 κ(타원변형)을 하며 수평회전요동(水平回轉搖動, yawing)효과를 나타낸다.

선형등각사상변환(linear conformal transformation)
2차원 등각사상변환은 변환 후에도 좌표계의 모양이 변하지 않으며 이 변환을 위해서는 최소한 2점 이상의 좌표를 알고 있어야 한다. 2차원 등각사상변환은 축척변환(scaling), 회전(rotation), 평행변위(translation)의 세 단계로 이루어진다.

54 초점거리 150mm인 카메라로 평지에서 축척 1 : 20,000의 사진을 촬영하였다. 사진에서 주점거리가 33mm일 때, 비고가 400m인 지점의 시차차는?

① 3.0mm
② 3.3mm
③ 4.0mm
④ 4.4mm

해설

$\dfrac{1}{m} = \dfrac{f}{H}$ 에서

$H = mf = 20,000 \times 0.15 = 3,000$ 이므로

$\Delta P = \dfrac{h}{H} \cdot b_o = \dfrac{400}{3,000} \times 0.033$

$= 0.0044 = 4.4mm$

정답 | 53 ③ 54 ④

55 사람이 두 눈으로 물체를 볼 때 멀리 볼 수 있는 수렴각의 최소한계를 20″이라 하고, 안기선장(eye base)을 65mm라 하면 원근감을 느낄 수 있는 최대한의 거리는?

① 670m　　　② 560m

③ 450m　　　④ 185m

해설

$\theta'' = \dfrac{\Delta h}{D}\rho''$ 에서

$D = \dfrac{\Delta h}{\theta''}\rho'' = \dfrac{65\text{mm}}{20''}\times 206265''$

　　$= 670,361\text{mm} ≒ 670\text{m}$

56 항공사진측량에 필요한 점들 중 점의 위치가 인접한 사진에 옮겨진 점을 무엇이라 하는가?

① 횡접합점(橫接合點)　② 종접합점(縱接合點)

③ 자침점(刺針點)　　④ 표정점(標定點)

해설

사진측량에 필요한 점
- 표정점
  - 자연점 : 자연점(Natural Point)은 자연물로서 명확히 구분되는 것을 선택한다.
  - 기준점(지상기준점) : 대상물의 수평위치(x, y)와 수직위치(z)의 기준이 되는 점을 말하며 사진상에 명확히 나타나도록 표시하여야 한다.
- 보조기준점
  - 종접합점 : 좌표해석이나 항공삼각측량과정에서 접합표정에 의한 스트립 형성(Strip Formation)을 위해 사용되는 점이다.
  - 횡접합점 : 좌표해석이나 항공삼각측량과정 중 종접합점(Strip)에 연결시켜 블록(Block, 종접합모형) 사이의 횡중복 부분 중심에 위치한다.
- 자침점(Prick Point) : 각 점들에 있어서 이들의 위치가 인접한 사진에 옮겨진 점을 말한다.
- 대공표지

57 편위수정법에 의하여 1 : 5,000의 지형도 측정을 계획하고 있다. 편위수정을 평면기준점을 기준으로 하여 실시하였을 때 허용되는 최대 비고(표고차)는? (단 초점거리는 150mm, 사진축척은 1 : 10000, 완성도상(1 : 5,000)에서의 허용오차는 0.3mm이며, 도화에 이용될 지역은 1 : 10,000의 사진에서 주점으로부터 3cm의 범위이다)

① 3.0m　　　② 5.7m

③ 7.5m　　　④ 11.2m

해설

$\dfrac{1}{5,000}$ 에서 0.3mm의 오차는 $\dfrac{1}{10,000}$ 에서는 0.15mm 이므로 0.15mm≥Δr 이다.

$\Delta r = \dfrac{h}{H}r$ 기복변위 공식에서 비고에 의한 변위량이 구해지므로

$0.15\text{mm} \geq \Delta r = \dfrac{h_{max}}{1,500}\times 30\text{mm}$

$\therefore h_{max} \leq \dfrac{0.15\times 1,500}{30} = 7.5\text{m}$

여기서, $H = m \cdot f = 10,000\times 0.15 = 1500\text{m}$

$\dfrac{1}{5,000} : 0.3 = \dfrac{1}{10,000} : x$

$x = \dfrac{\dfrac{1}{10,000}}{\dfrac{1}{5,000}}\times 0.3$

　$= \dfrac{5,000}{10,000}\times 0.3 = 0.15\text{mm}$

정답 | 55 ① 56 ③ 57 ③

CHAPTER 02 사진의 일반성 **273**

사진촬영 계획 및 기준점측량

1. 사진촬영 계획

① 사진축척

기준면에 대한 축척	$M = \dfrac{1}{m} = \dfrac{f}{H} = \dfrac{l}{L}$ 여기서, M : 축척분모수 H : 촬영고도 f : 초점거리	
비고가 있을 경우 축척	$M = \dfrac{1}{m} = \left(\dfrac{f}{H \pm h} \right)$	[기준면에 대한 축척]

② 중복도

종중복도 (end lap)	촬영 진행 방향에 따라 중복시키는 것으로 보통 60%, 최소한 50% 이상 중복을 주어야 한다. 종중복도$(p) = \dfrac{p_1 m_1 + m_1 m_2 + m_2 p_2}{a} \times 100 (\%)$ 여기서, $p_1 m_1 = p_1 m_2 - m_1 m_2$ m_1, m_2 : 주점기선 길이(b_0) a : 화면 크기(사진 크기)	
횡중복도 (side lap)	• 촬영 진행 방향에 직각으로 중복시키며 보통 30%, 최소한 5% 이상 중복을 주어 촬영한다. • 산악지역(사진상에 고저차가 촬영고도의 10% 이상인 지역)이나 고층빌딩이 밀접한 시가지는 10~20% 이상 중복도를 높여서 촬영하거나 2단 촬영을 한다(사각 부분을 없애기 위함).	[중복도]

③ 촬영기선장 : 하나의 촬영코스 중에 하나의 촬영점(셔터를 누른 점)으로부터 다음 촬영점까지의 거리를 촬영기선장이라 한다.

주점기선장((b_0))	$b_0 = a(1 - \dfrac{p}{100})$	여기서, a : 화면 크기
촬영종기선길이	$B = m \cdot b_0 = m \cdot a\left(1 - \dfrac{p}{100}\right)$	p : 종중복도 q : 횡중복도
촬영횡기선길이	$C = m \cdot a\left(1 - \dfrac{q}{100}\right)$	m : 축척분모수

④ 촬영고도 및 촬영코스 등

촬영고도	$H = C \times \Delta h$ 여기서, H : 촬영고도, C : C계수(도화기의 성능과 정도를 표시하는 상수), △h : 최소 등고선의 간격
촬영코스	• 촬영코스는 촬영지역을 완전히 덮고 코스 사이의 중복도를 고려하여 결정한다. • 일반적으로 넓은 지역을 촬영할 경우에는 동서 방향으로 직선코스를 취하여 계획한다. • 도로, 하천과 같은 선형 물체를 촬영할 때는 이것에 따른 직선코스를 조합하여 촬영한다. • 지역이 남북으로 긴 경우는 남북 방향으로 촬영코스를 계획하며 일반적으로 코스 길이의 연장은 보통 30km를 한도로 한다.
표정점 배치 (Distribntion of Points)	일반적으로 대지표정(절대표정)에 필요로 하는 최소 표정점은 삼각점(x, y) 2점과 수준점(z) 3점이며, 스트립 항공삼각측량인 경우 표정점은 각 코스 최초의 모델(중복부)에 4점, 최후의 모델이 최소한 2점, 중간에 4~5모델째마다 1점을 둔다.
촬영일시	촬영은 구름이 없는 쾌청일의 오전 10시부터 오후 2시경까지의 태양각이 45° 이상인 경우에 최적이며 계절별로는 늦가을부터 초봄까지가 최적기이다. 우리나라의 연평균 쾌청일수는 80일이다.
촬영카메라 선정	동일고도촬영의 경우 광각 사진기 쪽이 축척은 작지만 촬영 면적이 넓고 또한 일정한 구역을 촬영하기 위한 코스 수나 사진매수가 적게 되어 경제적이다.
촬영계획도 작성	기존의 소축척지도(일반적으로 $\dfrac{1}{50,000}$ 지형도)상에 촬영계획도를 작성하고 축척은 촬영 축척의 $\dfrac{1}{2}$ 정도 지형도로 택하는 것이 적당하다.

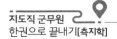

⑤ 사진 및 모델의 매수

실제 면적 (사진 1매의 경우)		$A = (m \times a)(m \times a) = m^2 a^2 = (ma)^2 = \dfrac{a^2 H^2}{f^2}$ 여기서, A : 1매 사진의 크기(a×a)상에 나타나 있는 면적 　　　　 m : 축척의 분모수 　　　　 a : 사진의 크기	[사진 면적]
유효면적의 계산	단코스의 경우	$A_0 = (ma)^2 \left(1 - \dfrac{p}{100}\right)$	
	복코스의 경우	$A_0 = (ma)^2 \left(1 - \dfrac{p}{100}\right)\left(1 - \dfrac{q}{100}\right)$	
사진의 매수	촬영지역의 면적에 의한 사진의 매수	사진의 매수 $N = \dfrac{F}{A_0}$ 여기서 F : 촬영대상지역의 면적, A_0 : 촬영유효면적	
	안전율을 고려할 때 사진의 매수	$N = \dfrac{F}{A_0} \times (1 + 안전율)$	
	모델수에 의한 사진 매수	종모델수 $= \dfrac{코스길이}{종기선길이} = \dfrac{S_1}{B} = \dfrac{S_1}{ma\left(1 - \dfrac{p}{100}\right)}$	
		횡모델수 $= \dfrac{코스횡길이}{횡기선길이} = \dfrac{S_2}{C_0} = \dfrac{S_2}{ma\left(1 - \dfrac{q}{100}\right)}$	
	총모델수	종모델수×횡모델수	
	사진의 매수	(종모델수+1)×횡모델수	
	삼각점수	총모델수×2	
	수준측량 총거리	$\left[\begin{array}{l}촬영경로의\ 종방향길이 \times \{2(촬영경로의\ 수)+1\} \\ +촬영경로의\ 횡방향길이 \times 2\end{array}\right]$ km	

⑥ 예시

초점거리 88mm인 초광각 사진기로 촬영고도 3,000m에서 종중복도 60%, 횡중복도 30%로 가로 50km, 세로 40km인 지역을 촬영하려고 한다. 사진 크기가 23×23cm일 때 촬영계획을 수립하라(단, 안전율 30%).

---

1. 사진축척$(M) = \dfrac{1}{m} = \dfrac{f}{H} = \dfrac{88mm}{3000m} = \dfrac{0.088}{3000} = \dfrac{1}{34,091}$

2. 촬영기선길이$(B) = ma\left(1 - \dfrac{p}{100}\right) = 34091 \times 0.23\left(1 - \dfrac{60}{100}\right) = 3136.37m$

3. 촬영횡기선길이$(c_0) = ma\left(1 - \dfrac{\delta}{100}\right) = 34091 \times 0.23\left(1 - \dfrac{30}{100}\right) = 5,488.65m$

---

1) 안전율을 고려한 경우

- 유효면적 $(A_0) = (ma)^2(1-\dfrac{\rho}{100})(1-\dfrac{\delta}{100}) = 17.21\text{km}^2$

- 사진매수 $(N) = \dfrac{F}{A_0} \times 1.3 = \dfrac{50 \times 40}{17.21} \times 1.3 = 157.07 ≒ 158\text{매}$

2) 안전율을 고려하지 않은 경우

- 종모델수 $(D) = \dfrac{S_1}{B} = \dfrac{50\text{km}}{3.136\text{km}} = 15.94 ≒ 16\text{모델}$

- 횡모델수 $(D') = \dfrac{S_2}{C_0} = \dfrac{40\text{km}}{5.488\text{km}} = 7.29 ≒ 8\text{코스}$

- 총모델수 $= D \times D' = 16 \times 8 = 128\text{모델}$
- 사진매수 $= (D+1) \times D' = (16+1) \times 8 = 136\text{매}$
- 삼각점수 $=$ 모델수 $\times 2 = 128 \times 2 = 256\text{점}$
- 수준측량거리 $= 50 \times (2 \times 9 + 1) + (40 \times 2) = 930\text{km}$

2. 사진촬영

사진촬영 시 고려할 사항	• 높은 고도에서 촬영할 경우는 고속기를 이용하는 것이 좋다. • 낮은 고도에서의 촬영에서는 노출 중의 편류에 의한 촬영에 주의할 필요가 있다. • 촬영은 지정된 촬영경로에서 촬영경로 간격의 10% 이상 차이가 없도록 한다. • 고도는 지정고도에서 5% 이상 낮게 혹은 10% 이상 높게 진동하지 않도록 직선상에서 일정한 거리를 유지하면서 촬영한다. • 앞뒤 사진 간의 회전각(편류각)은 5° 이내, 촬영 시의 사진기 경사(tilt)는 3° 이내로 한다.
노출시간	• $T_l = \dfrac{\Delta S \cdot m}{V}$ • $T_s = \dfrac{B}{V}$ 여기서, T_1 : 최장노출시간(sec) $\quad\quad\quad T_s$: 최소노출시간(sec) $\quad\quad\quad \Delta S$: 흔들림의 양(mm) $\quad\quad\quad V$: 항공기의 초속 $\quad\quad\quad B$: 촬영기선 길이 $(B) = ma(1-\dfrac{p}{100})$ $\quad\quad\quad m$: 축척분모수

3. 촬영사진의 성과 검사

항공사진이 사진측정학용으로 적당한지의 여부를 판정할 때는 중복도 이외에 사진의 경사, 편류, 축척, 구름의 유무 등에 대하여 검사하고, 부적당하다고 판단되면 전부 또는 일부를 재촬영해야 한다.

재촬영하여야 할 경우	양호한 사진이 갖추어야 할 요건
• 촬영 대상 구역의 일부분이라도 촬영 범위 외에 있는 경우 • 종중복도가 50% 이하인 경우 • 횡중복도가 5% 이하인 경우 • 스모그(smog), 수증기 등으로 사진상이 선명하지 못한 경우 • 구름 또는 구름의 그림자, 산의 그림자 등으로 지표면이 밝게 찍혀 있지 않은 부분이 상당히 많은 경우 • 적설 등으로 지표면의 상태가 명료하지 않은 경우	• 촬영사진기가 조정검사되어 있을 것 • 사진기 렌즈는 왜곡이 작을 것 • 노출시간이 짧을 것 • 필름은 신축, 변질의 위험성이 없을 것 • 도화하는 부분이 공백부가 없고 사진의 입체 부분으로 찍혀 있을 것 • 구름이나 구름의 그림자가 찍혀 있지 않을 것 • 적설, 홍수 등의 이상상태일 때의 사진이 아닐 것 • 촬영고도가 거의 일정할 것 • 중복도가 지정된 값에 가깝고 촬영경로 사이에 공백부가 없을 것 • 헐레이션이 없을 것

4. 기준점측량

(1) 개요

사진상에 나타난 점과 대응되는 실제의 점과의 상관성을 해석하기 위한 점을 표정점(Orientation Point) 또는 기준점이라 하며 자연점, 지상기준점, 대공표지, 종접합점, 횡접합점 및 자침점 등이 있다.

(2) 사진측량에 필요한 점

① 표정점 : 자연점, 지상기준점
② 보조기준점 : 종접합점, 횡접합점
③ 대공표지
④ 자침점

(3) 기준점(표정점)의 선점

① 표정점은 X, Y, H가 동시에 정확하게 결정되는 점을 선택한다.
② 상공에서 잘 보이면서 명료한 점을 선택한다.

③ 시간적 변화가 없는 점을 선택한다.

④ 급한 경사와 가상점을 사용하지 않는 점을 선택한다.

⑤ 헐레이션(Halation)이 발생하지 않는 점을 선택한다.

⑥ 지표면에서 기준이 되는 높이의 점을 선택한다.

(4) 표정점

① **자연점**(Natural Point) : 자연물로서 명확히 구분되는 것을 선택한다.

② **기준점(지상기준점)** : 대상물의 수평위치(x, y)와 수직위치(z)의 기준이 되는 점을 말하며, 사진상에 명확히 나타나도록 표시하여야 한다.

(5) 보조기준점

① **종접합점** : 좌표해석이나 항공삼각측량 과정에서 접합표정에 의한 스트립 형성(Strip Formation)을 위해 사용되는 점이다.

② **횡접합점** : 좌표해석이나 항공삼각측량 과정 중 종접합점(Strip)에 연결시켜 블록(Block, 종접합모형) 사이의 횡중복 부분 중심에 위치한다.

(6) 자침점(Prick Point)

각 점들에 있어서 이들의 위치가 인접한 사진에 옮겨진 점을 말한다.

(7) 대공표지

① 표지란 사진측량을 실시하는 데 있어 관측할 점이나 대상물을 사진상에서 쉽게 식별하기 위해 사진촬영 전에 설치하는 것을 말한다.

② 자연점으로는 정확도를 얻을 수 없는 경우 지상의 표정기준점은 그 위치가 사진상에 명료하게 나타나도록 사진을 촬영하기 전에 대공표지(Air Target, Signal-Point)를 설치할 필요가 있다.

③ 대공표지의 재질은 주로 내구성이 강한 베니어합판, 알루미늄판, 합성수지판을 이용한다.

④ 대공표지 한 변의 최소 크기 $d = \dfrac{M}{T}$[m]이다.

여기서 T : 축척에 따른 상수, M : 사진축척 분모수

⑤ 설치 장소는 천장으로부터 45° 이내에 장애물이 없어야 하며, 대공표지판에 그림자가 생기지 않게 하기 위하여 지면에서 30cm 높게 수평으로 고정한다.

5. 사진측량에 이용되는 좌표계

(1) 사진측량의 단위

① 광속(Bundle) : 각 사진의 광속을 처리 단위로 취급한다. 중심투영의 기하학적 원리인 공선조건식을 이용한 광속조정법은 사진을 단위로 하여 조정을 수행함으로써 사진기의 위치와 자세를 나타내는 6개의 외부표정요소 및 대상점의 3차원 좌표를 결정한다.

② 모델(Model) : 한 쌍의 중복된 사진으로 입체시되는 부분으로, 다른 위치로부터 촬영되는 2매 1조의 입체사진으로부터 만들어지는 모델을 처리 단위로 한다.

③ 복합모델(Strip) : 사진이 종방향으로 접합된 모형으로 서로 인접한 모델을 결합한 복합모델, 즉 Strip을 처리 단위로 한다.

④ 블록(Block) : 사진이 종횡방향으로 접합된 모형으로 사진이나 Model의 종횡으로 접합된 모형이거나 스트립이 횡으로 접합된 형태로 종·횡접합 모형이라고 한다.

(2) 사진측량 좌표계 규정

① 좌표계에 대한 정의는 1960년 열린 국제사진측정학회(ISPRS ; International Society for Photogrammetry and Remote Sensing)에서 통일하여 사용하고 있는 것을 원칙으로 하고 현재는 다음과 같은 규정을 택하고 있다.

　㉠ 오른손 좌표계(Right – Hand Coordinate System)를 사용한다.

　㉡ 좌표축의 회전각은 X, Y, Z축을 정방향으로 하여 시계 방향을 正(+)으로 하며 각 축에 대해 각각 ω, Φ, κ라는 기호를 사용한다.
- ω : rolling – 좌우흔들림
- Φ : pitching – 앞뒤흔들림
- κ : yawing – 편류흔들림

② x축은 비행 방향으로 놓아 제1축으로, y축은 x축의 직각 방향인 제2축으로, z축은 제3축으로서 상방향으로 한다.

③ 원칙적으로 필름면은 양화면(positive)으로 하나, 도화기의 구조에 따라 반드시 이에 따르지는 않는다.

(3) 사진측량에 이용되는 좌표계 종류

① 개요 : 해석사진측량에서 이용되는 좌표계는 기계좌표계(machine or comparator coordinate system), 지표좌표계(fiducil mark coordinate system), 사진좌표계(photo coordinate system), 사진기좌표계(camera coordinate system), 모델좌표계(model coordinate system), 절대 혹은 측지좌표계(absolute or object space coordinate system) 로 구분된다.

② **기계좌표계**(x'', y'') – Comparator **좌표계** : 평면좌표를 측정하는 comparator 등의 장치에 고정되어 있는 원점과 좌표축을 갖는 2차원 좌표계로서, 일반적으로 사진상의 모든 x, y 좌표가 (+)값을 갖도록 좌표계가 설치된다.

③ **지표좌표계**(x', y') – Helmert **변환, 내부표정** : 지표에 주어지는 고유의 좌표값을 기준으로 하여 정해지는 2차원 좌표계로서, 원점의 위치는 일반적으로 사진의 네 모퉁이 또는 네 변에 있는 지표중심이 원점이 되며 지표중심(사진중심)으로부터 비행방향 측의 X'(+)로 한다.

④ **사진좌표계**(x, y) – **대기굴절, 필름왜곡, 렌즈왜곡 보정** : 사진좌표계는 주점을 원점으로 하는 2차원 좌표계로서, x, y축은 지표좌표계의 x', y'축과 각각 평행을 이룬다. 일반적으로 지표중심과 주점 사이에는 약간의 변위가 생기는데 이러한 왜곡은 렌즈왜곡, 필름왜곡, 대기굴절, 지구곡률 등이 영향을 미친다.

⑤ **사진기좌표계**(x, y, z) – **회전변환** : 렌즈 중심(투영 중심)을 원점으로 하는 x, y축은 사진좌표계의 x, y축에 각각 평행하고, z축은 좌표계에 의해 얻어지며, 사진촬영 시 기울기(경사)는 일반적으로 z축, y축, x축의 좌표축을 각각 κ, Φ, ω의 순으로 축차 회전하는 것을 말한다.

⑥ **모델좌표계**(X, Y, Z) – **상호표정** : 2매 1조의 입체사진으로부터 형성되는 입체상을 정의하기 위한 3차원 좌표계로, 원점은 좌사진의 투영중심을 취하며 모델좌표계의 축척은 각 모델마다 임의로 구성된다.

⑦ **절대좌표계**(X, Y, Z) – **절대표정** : 모델의 실공간을 정하는 3차원 직교좌표계이다.

⑧ **측지좌표계**(e, n, h) – **곡률보정** : 지구상의 위치를 나타내기 위하여 통일적으로 설정되어 있는 좌표계로서 경도, 위도, 높이로 표시한다(3차원 직교좌표계가 아니다).

(4) 좌표 변환

① 2차원 Helmert **변환** : 기계좌표계로부터 지표좌표를 구하는 데 이용되며 2차원 회전, 원점의 평행이동량(x, y), 축척(m)을 보정한 변환이다.

[Helmert 변환식]
$$x' = ax'' - by'' + x_0$$
$$y' = bx'' + ay'' + y_0$$

② **2차원 등각사상변환**(Conformal transformation)

　㉠ 등각사상변환은 직교 기계 좌표에서 관측된 지표좌표계를 사진좌표계로 변환할 때 이용되며, 변환 후에도 좌표계의 모양이 변화하지 않고, 이 변환을 위해서는 최소한 2점 이상의 좌표를 알고 있어야 함

　㉡ 2차원 등각사상변환은 축척(Scaling), 회전(Rotation), 평행변위(Translation)의 세 단계로 이루어짐

> [Conformal transformation 변환식]
> $$x' = x\cos\theta + y\sin\theta$$
> $$y' = -x\sin\theta + y\cos\theta$$

③ **2차원 부등각사상변환**(Affine transformation)

　㉠ Affine 변환은 비직교인 기계좌표계에서 관측된 지표좌표계를 사진좌표계로 변환할 때 이용되며, Helmert 변환과 자주 사용되어 선형왜곡보정에 이용됨

　㉡ Affine transformation은 2차원 등각사상변환에 대한 축척에서 x, y 방향에 대해 축척인자가 다른 미소한 차이를 갖는 변환으로, 비록 실제 모양은 변화하지만 평행선은 부등각사상변환 후에도 평행을 유지함

> [affine transformation 변환식]
> $$x = a_1 x'' + a_2 y'' + x_0$$
> $$y = b_1 x'' + b_2 y'' + y_0$$

④ **3차원 회전변환**

　㉠ 회전변환은 경사사진사진기의 사진좌표계와 경사가 없는 사진기의 자표계 사이의 관계를 구하는 데 이용되며 사진기의 기울기를 표현하는 데 이용됨

　㉡ 기울어진 사진좌표계의 사진상의 점 $p(x, y, -f)$를 기울어지지 않은 사진기 좌표계로 변환하는 것이며, 기울어지지 않은 사진좌표계(편의상 모델좌표계)와 모델좌표계는 평행임

CHAPTER 03 출제예상문제

01 주점과 등각점의 거리가 6.55mm이고, 경사각이 5°, 축척이 1 : 20,000일 경우에 촬영고도는?

① 약 2,000m   ② 약 3,000m

③ 약 4,000m   ④ 약 5,000m

해설

$mj = f \cdot \tan\dfrac{i}{2}$ 에서

$f = \dfrac{mj}{\tan\dfrac{i}{2}} = \dfrac{6.55}{\tan\dfrac{5}{2}} = 150mm$

$M = \dfrac{1}{m} = \dfrac{f}{H} = \dfrac{l}{L}$ 에서

$H = mf = 20,000 \times 0.15 = 3,000m$

02 사진의 크기 23cm×23cm인 사진기로 촬영고도 3,000m에서 촬영하여 사진의 유효면적 21.16km²를 얻었다면 이 사진기의 초점거리는?

① 15cm   ② 21cm

③ 25cm   ④ 30cm

해설

$A_0 = (ma)^2 = \dfrac{a^2 H^2}{f^2}$ 에서

$f = \sqrt{\dfrac{a^2 H^2}{A_0}} = \sqrt{\dfrac{0.23^2 \times 3000^2}{2116}} = 15cm$

03 평균표고 120m인 지형을 초점거리 120mm인 사진기로 촬영고도 3,300m에서 촬영한 항공사진 1장이 포함하는 면적은?(단, 사진 크기는 23cm×23cm이다)

① 32.42km²   ② 37.15km²

③ 40.01km²   ④ 52.35km²

해설

사진의 실제 면적 계산
- 사진 한 매의 경우

$A = (m \cdot a)(m \cdot a) = a^2 \cdot m^2 = \dfrac{a^2 H^2}{f^2}$

$\qquad = \dfrac{0.23^2 \times (3300-120)^2}{0.12^2}$

$\qquad = 37149 = 37.15km^2$

- 단코스(Strip)의 경우 $A_0 = (ma)^2 (1 - \dfrac{\rho}{100})$

- 복코스(Block)의 경우 $A_0 = (ma)^2 (1 - \dfrac{\rho}{100})(1 - \dfrac{\delta}{100})$

04 촬영 종기선의 길이와 촬영 횡기선의 길이의 비가 4 : 7일 때 횡중복도가 30%였다면 종중복도는 얼마인가?

① 40%   ② 60%

③ 70%   ④ 84%

해설

$B : C_0 = ma(1 - \dfrac{p}{100}) : ma(1 - \dfrac{30}{100}) = 4 : 7$

$1 - \dfrac{p}{100} : 0.7 = 4 : 7$

$p = 60\%$

정답 | 01 ② 02 ① 03 ② 04 ②

05 표고 100m 삼각점 A, B를 사진상에서 관측하였더니 두 점 간의 거리가 8.4cm이고, 축척 1 : 25,000 지도상에서는 3.6cm이었다. 이 사진의 촬영고도(표고)는?(단, 사진기의 초점거리는 15cm이다)

① 약 1,600m

② 약 1,700m

③ 약 1,800m

④ 약 1,900m

해설

$$\frac{m}{25,000} = \frac{3.6}{8.4} \quad \therefore m = 10714.29$$

$$\frac{1}{m} = \frac{f}{H-h} \text{ 이므로} \quad \frac{1}{10714.29} = \frac{0.15}{H-100}$$

$$H = (10714.29 \times 0.15) + 100 = 1707.14\text{m}$$

$$\therefore H = 1707.14\text{m} \fallingdotseq 1700\text{m}$$

06 사진 축척을 결정하기 위하여 사진 주점을 지나는 직선상에 2점 A, B를 택하였다. 사진상에서 A, B의 길이가 16cm이고 축척 1 : 10,000 지형도에서는 20cm이었다. 이때 사진 축척은?

① 1 : 10,000

② 1 : 12,500

③ 1 : 15,000

④ 1 : 17,500

해설

$$\frac{1}{10,000} = \frac{도상거리}{실제거리} = \frac{20}{실제거리}$$

따라서, 실제거리 = 200,000cm

$$\frac{1}{m} = \frac{16}{200,000} = \frac{1}{12,500}$$

07 사진축척 1 : 20,000, 사진의 크기 23cm×23cm인 항공사진의 사진 한 장에 포괄되는 실제 면적은?

① 5.29km²

② 10.58km²

③ 21.16km²

④ 52.9km²

해설

$$A = (m \cdot a)^2$$
$$= (20,000 \times 0.00023)^2 = 21.16\text{km}^2$$

08 종중복도 70%, 횡중복도 40%일 때, 촬영 종기선 길이와 촬영 횡기선 길이의 비는?

① 7 : 4

② 4 : 7

③ 2 : 1

④ 1 : 2

해설

$$B : C = ma\left(1 - \frac{p}{100}\right) : ma\left(1 - \frac{q}{100}\right)$$
$$= 1 - \frac{70}{100} : 1 - \frac{40}{100} = 0.3 : 0.6 = 1 : 2$$

09 60%의 종중복도로 촬영된 5장의 연속된 항공사진 중 가운데(3번째) 사진에 나타나는 종접합점의 최대 개수는?

① 3점

② 6점

③ 9점

④ 12점

해설

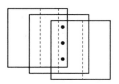

60%로 중복시키면 3번째 사진은 3번 중복되므로 종접합점의 개수는 3×3=9점이 된다.

10 항공사진측량에서의 항공사진의 축척에 대한 설명 중 옳은 것은?

① 항공사진카메라의 초점거리에 반비례하고, 촬영고도에 반비례한다.
② 항공사진카메라의 초점거리에 반비례하고, 촬영고도에 비례한다.
③ 항공사진카메라의 초점거리에 비례하고, 촬영고도에 비례한다.
④ 항공사진카메라의 초점거리에 비례하고, 촬영고도에 반비례한다.

해설

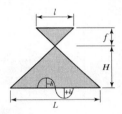

기준면에 대한 축척	$M=\dfrac{1}{m}=\dfrac{f}{H}=\dfrac{l}{L}$ 여기서, M : 축척분모수, H : 촬영고도, f : 초점거리
비고가 있을 경우 축척	$M=\dfrac{1}{m}=\left(\dfrac{f}{H\pm h}\right)$

항공사진카메라의 초점거리에 비례하고, 촬영고도에 반비례한다.

11 표정점 선점에 관한 설명으로 옳지 않은 것은?

① 굴뚝과 같이 지표면보다 뚜렷하게 높은 곳에 있는 점이어야 한다.
② 상공에서 보이지 않으면 안 된다.
③ 가상점, 가상상을 사용하지 않도록 한다.
④ 표정점은 X, Y, Z가 동시에 정확하게 결정될 수 있는 점이 이상적이다.

해설

표정점 선점에서 주의할 사항
• 사진상에서 명확하게 볼 수 있는 점이어야 한다.
• 상공에서 잘 볼 수 있고 평탄한 곳의 점이 좋다.
• 헐레이션(halation)이 발생하지 않아야 한다.
• 시간적으로는 변화하지 않는 점이어야 한다.
• 표정점은 X, Y, Z가 동시에 정확하게 결정될 수 있는 점이어야 한다.
• 표정점은 대상물에서 기준이 되는 높이의 점이어야 한다.

12 항공사진에 의한 지형도 제작의 주요과정이 옳게 나열된 것은?

① 기준점측량 → 세부도화 → 촬영
② 촬영 → 세부도화 → 기준점측량
③ 세부도화 → 촬영 → 기준점측량
④ 촬영 → 기준점측량 → 세부도화

해설

항공사진 측량 순서
계획 → 촬영 → 기준점측량 → 항공삼각측량 → 도화 → 편집 → 지형도 제작

13 항공사진측량의 공정 순서를 바르게 나열한 것은?

㉠ 기준점측량	㉡ 대공표지 설치
㉢ 편집	㉣ 항공삼각측량
㉤ 계획준비	㉥ 도화
㉦ 촬영	

① ㉤-㉠-㉣-㉦-㉡-㉥-㉢
② ㉤-㉠-㉡-㉦-㉣-㉢-㉥
③ ㉤-㉦-㉠-㉡-㉢-㉣-㉥
④ ㉤-㉡-㉦-㉠-㉣-㉥-㉢

해설

계획준비 → 대공표지 설치 → 촬영 → 기준점측량 → 항공삼각측량 → 도화 → 편집

정답 | 10 ④　11 ①　12 ④　13 ④

14 항공사진 촬영성과 중 재촬영하지 않아도 되는 것은?

① 항공기의 고도가 계획촬영고도를 10% 벗어날 때
② 인접 코스 간의 중복도가 표고의 최고점에서 3%일 때
③ 촬영 진행 방향의 중복도가 53% 미만인 경우가 전 코스 사진매수의 1/2일 때
④ 디지털항공사진 카메라의 경우 촬영코스당 지상표본거리가 당초 계획하였던 목표값보다 큰 값이 20% 발생했을 때

해설

재촬영하여야 할 경우
• 스모그, 수증기, 구름, 그림자 등의 영향으로 사진상이 선명하지 못하여 지형지물 식별에 지장이 있을 경우
• 필름의 불규칙한 신축 또는 노출 불량일 경우
• 촬영 시 노출의 과소, 연기 및 안개, 촬영셔터의 기능 불량, 현상처리의 부적당으로 사진의 영상이 선명하지 못한 경우
• 촬영 필요 구역의 일부분이라도 촬영 범위 외에 있는 경우
• 종중복도가 50% 이하이거나 횡중복도가 5% 이하인 경우
• 후속되는 작업 및 정확도에 지장이 있다고 인정되는 경우
• 촬영코스의 수평이탈이 계획촬영고도의 15% 이상일 때
• 인접한 사진의 축척이 현저한 차이가 있을 때

15 센서를 크게 수동 방식과 능동 방식의 센서로 분류할 때 능동 방식 센서에 속하는 것은?

① TV 카메라
② 광학스캐너
③ 레이다
④ 마이크로파 복사계

해설

수동적 탐측기	비주사 방식	비영상 방식	지자기 측량		
			중력측량		
			기타		
		영상 방식	단일 사진기	흑백 사진	
				천연색 사진	
				적외 사진	
				적외칼라 사진	
				기타 사진	
			다중파장대 사진기	단일 렌즈	단일 필름
					다중 필름
				다중 렌즈	단일 필름
					다중 필름
	주사 방식	영상면 주사 방식	TV 사진기(vidicon 사진기)		
			고체 주사기		
		대상물면 주사 방식	다중파장대 주사기	Analogue 방식	
				Digital 방식	MSS
					TM
					HRV
			극초단파 주사기 (microwave radiometer)		
능동적 탐측기	비주사 방식	Laser spectrometer			
		Laser 거리측량기			
	주사 방식	레이다			
		SLAR	RAR(Rear Aperture Radar)		
			SAR(Synthetic Aperture Radar)		

16 사진측량에서 말하는 모델(model)의 정의로 옳은 것은?

① 한 쌍의 중복된 사진으로 입체시되는 부분이다.
② 어느 지역을 대표할 만한 사진이다.
③ 촬영된 한 장의 사진이다.
④ 편위수정된 사진이다.

정답 | 14 ① 15 ③ 16 ①

해설

- 모델(Model) : 다른 위치로부터 촬영되는 2매 1조의 입체사진으로부터 만들어지는 지역
- 스트립(Strip) : 서로 인접한 모델을 결합한 복합모델 (종접합)
- 블록(Block) : 사진이나 모델의 종횡으로 접합된 모형 또는 스트립이 횡으로 접합된 형태
- 번들(bundle) : 단사진

17 도화를 행하기 위하여 사용한 밀착양화필름의 지표 간 거리를 관측하였더니 횡=221.39mm, 종=220.16mm이었다. 이 사진을 찍은 사진기의 지표 간 거리가 224.8mm, 초점거리 200mm이었다면 도화기의 초점거리는 얼마로 하면 좋은가?

① 194.4mm ② 196.4mm
③ 201.6mm ④ 203.6mm

해설

- 밀착양화필름의 지표 간 거리의 평균
  $\frac{221.39+220.16}{2}=220.8$mm
- 지표 간 거리 : 초점거리=밀착양화필름 지표 간 거리 : 도화기의 초점거리 = 224.8 : 200=220.8 : x
∴ $x=196.4$mm

18 촬영고도 700m에서 촬영한 사진상에 나타난 철탑의 상단 부분이 사진의 주점으로부터 6cm 떨어져 있으며, 철탑의 변위가 5mm로 나타날 때, 이 철탑의 높이는?

① 40.0m ② 58.3m
③ 61.3m ④ 92.5m

해설

$h=\frac{H}{b_0}\Delta P$

$=\frac{700}{0.06}\times0.005=58.3$m

19 평지를 촬영고도 1,500m로 촬영한 연직사진이 있다. 이 밀착 사진상에 있는 건물 상단과 하단, 두 점 간의 시차차를 관측한 결과 1mm이었다. 이 건물의 높이는? (단, 사진기의 초점거리는 15cm, 사진면의 크기는 23×23cm, 종중복도는 60%이다)

① 10m ② 12.3m
③ 15m ④ 16.3m

해설

$h=\frac{H}{b_0}\Delta P=\frac{H}{a(1-\frac{p}{100})}=\frac{1500}{0.23(1-\frac{60}{100})}$

$=16.3$m

20 항공사진촬영에서 사진축척 1/20,000, 허용흔들림을 0.02mm, 최장 노출시간을 1/125초로 할 때 항공기의 운항속도는 얼마로 하여야 하는가?

① 90km/h ② 180km/h
③ 270km/h ④ 360km/h

해설

$T_l=\frac{\Delta_s m}{V}$ (V : 비행기초속(m/sec))

$\frac{1}{125}=\frac{0.02\times20,000}{V}$

$V=50,000\times3,600$초$=180,000,000$mm

∴ 180km/sec

[검산] $T_l=\frac{\Delta_s m}{V}$

$\frac{1}{125}=\frac{0.02\times20000}{180\times1,000,000\times\frac{1}{3600}}$

정답 | 17 ② 18 ② 19 ④ 20 ②

21 초점거리 150mm, 촬영고도 4,500m인 항공사진에서 사진측량의 일반적인 평면 허용오차 범위는?

① 4.5~5.2m

② 1.5~3.0m

③ 1.0~2.0m

④ 0.3~0.9m

해설

항공사진측량의 정확도

- 평면(X, Y) 정도 $(10~30)\mu \cdot m$(촬영축척의 분모수)

$$=(\frac{10}{1,000} \sim \frac{30}{1,000})mm \cdot m$$

$(1\mu : \frac{1}{1,000}mm$, 도화축척인 경우 촬영축척 분모수에 5배)

- 높이(H) 정도 $(\frac{1}{10,000} \sim \frac{2}{10,000}) \times$촬영고도(H)

$$M = \frac{1}{m} = \frac{f}{H} = \frac{l}{L}$$

$\therefore$ 평면의 정도$= (\frac{10}{1000} \sim \frac{30}{1000}) \times 30000$

$$= 300mm \sim 900mm$$

22 C-계수 1,200인 도화기로 축척 1 : 30,000 항공사진을 도화작업할 때 신뢰할 수 있는 최소등고선 간격은? (단, 초점거리 180mm이다)

① 4.5m

② 5.0m

③ 5.5m

④ 6.0m

해설

$H = C \cdot \Delta h$에서

$$\Delta h = \frac{H}{C} = \frac{30,000 \times 0.18}{1,200} = 4.5m$$

23 초점거리 15cm인 카메라로 고도 1,800m에서 촬영한 연직사진에서 도로 교차점과 표고 300m의 산정이 찍혀 있다. 교차점은 사진 주점과 일치하고, 교차점과 산정의 거리는 밀착사진상에서 55mm이었다면 이 사진으로부터 작성된 축척 1 : 5,000 지형도상에서 두 점의 거리는?

① 110mm

② 130mm

③ 150mm

④ 170mm

해설

$M = \frac{1}{m} = \frac{l}{L} = \frac{f}{H(\pm h)}$ 에서 $M = \frac{0.15}{1800-300} = \frac{1}{10,000}$

실제 거리 $= 10,000 \times 0.055 = 550m$

지형도상 거리 $= \frac{L}{m} = \frac{550}{5,000} = 0.11m$

$$= 110mm$$

24 사진의 크기가 23cm×23cm이고, 두 사진의 주점기선의 길이가 8cm이었다면 이때의 종중복도는?

① 35%

② 48%

③ 56%

④ 65%

해설

주점기선 길이$(b_0) = a(1 - \frac{p}{100})$

$8 = 23 \times (1 - p)$

$p = \frac{23-8}{23} = 0.65$

따라서, 중복도$(p) = 65\%$

25 초점거리 150mm인 카메라로 찍은 축척 1:8,000의 연직사진을 c-factor가 1,200인 도화기로 도화하려고 할 때, 등고선의 최소간격은?

① 0.5m

② 1.0m

③ 1.5m

④ 2.0m

정답 | 21 ④ 22 ① 23 ① 24 ④ 25 ②

해설

$$H = C \cdot \Delta h$$

$$\Delta h = \frac{H}{C} = \frac{m \cdot f}{C}$$

$$= \frac{8,000 \times 0.15}{1,200} = 1m$$

26 축척 1 : 10,000으로 평탄한 토지를 촬영한 연직사진이 있다. 이 사진의 크기가 18cm×18cm, 종중복도가 60%라면 촬영기선장은 얼마인가?

① 520m
② 720m
③ 920m
④ 1,120m

해설

$$B = ma(1 - \frac{p}{100})$$

$$= 10,000 \times 0.18 \times (1 - \frac{60}{100})$$

$$= 720m$$

27 촬영고도 6,000m, 초점거리 25cm의 사진기로 촬영한 항공사진에서 실면적 3km²는 얼마의 넓이로 나타나는가?

① 5.2cm²
② 52cm²
③ 520cm²
④ 5200cm²

해설

$$축척(M) = \frac{1}{m} = \frac{f}{H}$$

$$\frac{0.25}{6,000} = \frac{1}{24,000}$$

$$(축척)^2 = (\frac{1}{m})^2 = \frac{도상면적}{실제면적}$$

$$(\frac{1}{24000})^2 = \frac{52cm^2}{실제면적}$$

$$실제면적 = \frac{52 \times 24,000^2}{100 \times 100 \times 1,000 \times 1,000} = 3km^2$$

$$도상면적 = \frac{100 \times 100 \times 1,000 \times 1,000 \times 3}{24,000^2}$$

$$= 52cm^2$$

28 카메라의 초점거리가 150mm이고, 사진 크기가 18cm×18cm인 연직사진측량을 하였을 때 기선고도비는? (단, 종중복 60%, 사진축척은 1/20,000이다)

① 0.18
② 0.28
③ 0.38
④ 0.48

해설

$$기선고도비 = \frac{B}{H}$$

$$B = ma(1 - \frac{p}{100})$$

$$= 20,000 \times 0.18 \times (1 - \frac{60}{100})$$

$$= 1,440m$$

$$H = m \cdot f = 20,000 \times 0.15 = 3,000m$$

따라서, $\frac{B}{H} = \frac{1,440}{3,000} = 0.48$

정답 | 26 ② 27 ② 28 ④

04 CHAPTER

사진의 특성

1. 중심투영과 정사투영

항공사진과 지도는 지표면이 평탄한 곳에서는 지도와 사진은 같으나 지표면의 높낮이가 있는 경우에는 사진의 형상이 틀린다. 항공사진은 중심투영이고 지도는 정사투영이다.

중심투영 (Central Projection)	사진의 상은 피사체로부터 반사된 광이 렌즈중심을 직진하여 평면인 필름면에 투영되어 나타나는 것을 말하며 사진을 제작할 때 사용한다(사진측량의 원리).	[정사투영과 중심투영의 비교]	
정사투영 (Orthoprojetcion)	항공사진과 지형도를 비교하면 같으나, 지표면의 높낮이가 있는 경우에는 평탄한 곳은 같으나 평탄치 않은 곳은 사진의 형상이 다르다. 정사투영은 지도를 제작할 때 사용한다.		
왜곡수차 (Distorion)	• 이론적인 중심투영에 의하여 만들어진 점과 실제점의 변위이다. • 왜곡수차의 보정 방법이다.		
	포로-코페(Porro Koppe)의 방법	촬영 카메라와 동일 렌즈를 갖춘 투영기를 사용하는 방법이다.	
	보정판을 사용하는 방법	양화건판과 투영렌즈사이에 렌즈(보정판)를 넣는 방법이다.	
	화면거리를 변화시키는 방법	연속적으로 화면거리를 움직이는 방법이다.	

2. 항공사진의 특수 3점

특수3점	특징	
주점 (Principal Point)	• 사진의 중심점이라고도 한다. • 렌즈중심으로부터 화면(사진면)에 내린 수선의 발을 말하며 렌즈의 광축과 화면이 교차하는 점이다.	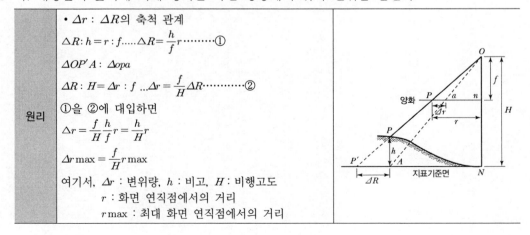
연직점 (Nadir Point)	• 렌즈 중심으로부터 지표면에 내린 수선의 발을 말한다. • N을 지상연직점(피사체연직점), 그 선을 연장하여 화면(사진면)과 만나는 점을 화면연직점(n)이라 한다. • 주점에서 연직점까지의 거리(mn) = $f\tan i$	
등각점 (Isocenter)	• 주점과 연직점이 이루는 각을 2등분한 점으로 사진면과 지표면에서 교차되는 점을 말한다. • 주점에서 등각점까지의 거리(mj) = $f\tan\dfrac{i}{2}$	[항공사진의 특수 3점]

3. 기복변위

① 대상물에 기복이 있는 경우 연직으로 촬영하여도 축척은 동일하지 않으며 사진면에서 연직점을 중심으로 방사상의 변위가 발생하는데 이를 기복변위라 한다.

② 즉, 대상물의 높이에 의해 생기는 사진 영상에의 위치 변위를 말한다.

| 원리 | • Δr : ΔR의 축척 관계
$\triangle R : h = r : f \ldots \triangle R = \dfrac{h}{f}r \cdots\cdots\cdots$ ①
$\triangle OP'A : \triangle opa$
$\triangle R : H = \triangle r : f \ldots \triangle r = \dfrac{f}{H}\triangle R \cdots\cdots\cdots$ ②
①을 ②에 대입하면
$\Delta r = \dfrac{f}{H}\dfrac{h}{f}r = \dfrac{h}{H}r$
$\Delta r\,\max = \dfrac{f}{H}r\,\max$
여기서, Δr : 변위량, h : 비고, H : 비행고도
　　　　r : 화면 연직점에서의 거리
　　　　$r\max$: 최대 화면 연직점에서의 거리 | |

특징	• 비행고도(H)가 증가하거나 비고(h)가 감소하면 변위량(Δr)이 감소한다. • 비고가 작아지기 위한 조건 : 비고 $h = \dfrac{H}{b_0}\Delta P = \dfrac{H}{a(1-\dfrac{p}{100})}\Delta P$이므로 비고는 중복도에 반비례한다. • 비행고도가 커지기 위한 조건 : 축척 $M = \dfrac{1}{m} = \dfrac{f}{H} \rightarrow H = f.m$이므로 초점거리가 증가할수록(협각사진으로 갈수록) 비행고도는 증가한다. • 그러므로 중복도가 증가하거나 초점거리가 증가할수록(광각에서 협각으로 갈수록) 기복변위가 감소한다.
활용	• 기복변위량을 고려하여 대축척도면 작성 시 중복도를 증가시키기도 한다. • 기복변위공식을 응용하면 사진면에 나타난 탑, 굴뚝, 건물 등의 높이를 구할 수 있다.

01 항공사진의 기복변위에 대한 설명으로 옳지 않은 것은?

① 촬영고도에 비례한다.
② 표고차가 있는 물체에 대한 사진 중심으로부터의 방사상 변위를 말한다.
③ 지형지의 높이에 비례한다.
④ 연직점으로부터 상점까지의 거리에 비례한다.

해설

• 기복변위 : 대상물에 기복이 있을 경우 연직으로 촬영하여도 축척은 동일하지 않으며 사진면에서 연직점을 중심으로 방사상의 변위가 생기는데 이를 기복변위라 한다.
• 기복변위의 특징
 −비고가 클수록 크게 발생한다.
 −비행고도가 낮을수록 크게 발생한다.
 −대축척도면 작성 시 기복변위량을 고려하여 중복도를 증가시키기도 한다.
 −기복변위는 비고에 비례한다.
 −기복변위는 비행고도에 반비례한다.

02 다음 중 기복변위의 원인이 아닌 것은?

① 지형지물의 비고
② 중심투영
③ 촬영고도
④ 태양각

해설

대상물에 기복이 있을 경우 연직으로 촬영하여도 축척은 동일하지 않으며 사진면에서 연직점을 중심으로 방사상의 변위가 생기는데 이를 기복변위라 한다.

기복변위의 특징($\Delta r = \dfrac{h}{H}r$)

• 비고가 클수록 크게 발생한다.

• 비행고도가 낮을수록 크게 발생한다.
• 대축척도면 작성 시 기본변량을 고려하여 중복도를 증가시키기도 한다.
• 기복변위는 비고에 비례한다.
• 기복변위는 비행고도에 반비례한다.

03 기복변위는 사진면에서 어느 점을 중심으로 발생하는가?

① 사진지표
② 기준점
③ 연직점
④ 표정점

해설

$$\Delta r = \frac{h}{H}r$$

여기서, h : 비고
  H : 촬영고도
  r : 연직점에서의 거리

04 카메라의 촬영경사(i)가 2°, 초점거리(f)가 153mm로 평탄한 토지를 촬영한 공중사진이 있다. 이 사진에서 주점(m)에서 등각점(i)까지의 거리는?

① 1.6mm
② 2.2mm
③ 2.7mm
④ 5.3mm

해설

$$\overline{mj} = f\tan\frac{i}{2} = 153\text{mm} \times \tan\left(\frac{2°}{2}\right)$$
$$= 2.7\,\text{mm}$$

정답 | 01 ① 02 ④ 03 ③ 04 ③

05 23cm×23cm 크기의 항공사진에서 주점
기선장이 밀착사진상에서 10cm이다. 인접사
진과의 중복도는?

① 약 50%　　　　② 약 57%

③ 약 60%　　　　④ 약 67%

해설

주점기선길이

$$b_0 = a(1 - \frac{p}{100})$$

$$p = (1 - \frac{b_0}{a}) \times 100 = (1 - \frac{10}{23}) \times 100 = 56.5$$

그러므로 약 57%

06 다음 사진측량에 대한 설명으로 옳은 것은?

① 엄밀수직 항공사진의 경우에는 주점, 연직점 및
등각점이 서로 일치한다.

② 등각점에서는 경사에 관계없이 연직사진의 축
척과 같은 축척으로 된다.

③ 주점에서 방사 왜곡량이 가장 크다.

④ 흑백필름을 사용하는 경우 렌즈의 색수차는 발
생하지 않는다.

해설

엄밀수직 항공사진은 주점, 연직점, 등각점이 서로 일
치한다.

사진의 특수 3점

• 주점(Principal Point) : 주점은 사진의 중심점이라고
도 한다. 주점은 렌즈 중심으로부터 화면(사진면)에
내린 수선의 발을 말하며 렌즈의 광축과 화면이 교차
하는 점이다.

• 연직점(Nadir Point)

　－렌즈 중심으로부터 지표면에 내린 수선의 발을 말
하고 N을 지상연직점(피사체연직점), 그 선을 연장
하여 화면(사진면)과 만나는 점을 화면 연직점(nP)
이라 한다.

　－주점에서 연직점까지의 거리($\overline{mn} = f\tan i$)

• 등각점(Isocenter)

　－주점과 연직점이 이루는 각을 2등분한 점으로 사진
면과 지표면에서 교차되는 점을 말한다.

　－등각점의 위치는 주점으로부터 최대경사 방향선상
으로 $\overline{mj} = f\tan\frac{i}{2}$ 만큼 떨어져 있다.

입체사진측정

1. 개요

중복사진을 명시거리에서 왼쪽의 사진을 왼쪽 눈, 오른쪽의 사진을 오른쪽 눈으로 보면 좌우의 상이 하나로 융합되면서 입체감을 얻게 된다. 이것을 입체시 또는 정입체시라 한다.

2. 입체시

어느 대상물을 택하여 찍은 중복사진을 명시거리(약 25cm 정도)에서 왼쪽의 사진을 왼쪽 눈으로, 오른쪽 사진을 오른쪽 눈으로 보면 좌우의 상이 하나로 융합되면서 입체감을 얻게 되는데 이 현상을 입체시 또는 정입체시라 한다.

3. 역입체시

① 입체시 과정에서 높은 것이 낮게, 낮은 것이 높게 보이는 현상이다.
② 역입체시의 요건
    ㉠ 정입체시할 수 있는 사진을 오른쪽과 왼쪽 위치를 바꿔 놓을 때
    ㉡ 여색입체사진을 볼 때 청색과 적색의 색안경을 좌우로 바꿔서 볼 때
    ㉢ 멀티플렉스의 모델을 좌우의 색안경을 교환해서 입체시할 때

4. 여색입체시

여색입체사진이 오른쪽은 적색, 왼쪽은 청색으로 인쇄되었을 때 왼쪽에 적색, 오른쪽에 청색의 안경으로 보아야 바른 입체시가 된다.

5. 입체사진의 조건

① 1쌍의 사진을 촬영한 카메라의 광축은 거의 동일 평면 내에 있어야 한다.

② 2매의 사진축척은 거의 같아야 한다.
③ 기선고도비가 적당해야 한다.

$$기선고도비 = \frac{B}{H} = \frac{m \cdot a \left(1 - \dfrac{p}{100}\right)}{m \cdot f}$$

6. 육안에 의한 입체시의 방법

손가락에 의한 방법, 스테레오그램에 의한 방법 등이 있다.

7. 기구에 의한 입체시

① 입체경렌즈식 입체경과 반사식 입체경이 있다.
② 여색입체시는 왼쪽에 적색, 오른쪽에 청색의 안경을 쓰고 보면 입체감을 얻는다.

8. 입체상의 변화

① 입체상(立体像)의 변화는 기선고도비(基線高度比) $\dfrac{B}{H}$에 영향을 받는다.
② **렌즈의 초점거리 변화에 의한 변화** : 렌즈의 초점거리가 긴 사진이 짧은 사진보다 더 낮게 보인다.
③ **눈을 옆으로 돌렸을 때의 변화** : 눈을 좌우로 움직여 옆에서 바라볼 때 항공기의 방향선상에서 움직이면 눈이 움직이는 쪽으로 기울어져 보인다.
④ **눈의 높이에 따른 변화** : 눈의 위치가 높아짐에 따라 입체상은 더 높게 보인다.
⑤ **촬영기선의 변화에 의한 변화** : 촬영기선이 긴 경우 짧은 때보다 높게 보인다.
⑥ **촬영고도의 차에 의한 변화** : 촬영고도가 낮은 사진이 높은 사진보다 더 높게 보인다.
⑦ 입체사진 위에서 이동한 물체(**예** 자동차 속도를 관측할 경우)를 입체시하면 그 운동 때문에 물체가 상(像)의 시차(視差)를 발생하고 그 운동이 기선 방향이면 물체가 뜨거나 가라앉아 보이는데 이 현상을 카메론 효과(Cameron Bright)라 한다.

9. 입체시에 의한 과고감(過高感 : Vertical exaggeration)

① 과고감은 인공입체시하는 경우 과장되어 보이는 정도이다. 항공사진을 입체시하여 보면 평면축척에 대하여 수직축척이 크게 되기 때문에 실제 조형보다 산이 더 높게 보인다.

② 과고감은 촬영고도 H에 대한 촬영기선길이 B와의 비인 기선고도비 $\dfrac{B}{H}$에 비례한다.

③ 촬영기선길이 B와 안기선(양쪽 눈의 간격) b(52~78mm 정도)의 비를 부상비(浮上比) n이라 하며 $n = \dfrac{B}{b}$이다.

10. 시차

① 두 장의 연속된 사진에서 발생하는 동일지점의 사진상 변위를 시차라 한다.

② 시차차에 의한 변위량

　㉠ $h : H = \Delta P : P_a$

　㉡ $h = \dfrac{H}{P_a} \Delta P$

　　　$= \dfrac{H}{P_r + \Delta P} \times \Delta P$

여기서, H : 비행고도, P_r : 기준면의 시차, h : 시차(굴뚝의 높이)

　　　　ΔP(시차차) : $P_a - P_r$: 건물정상의 시차

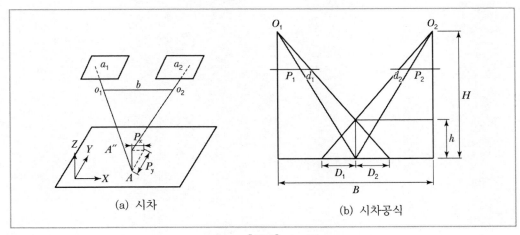

(a) 시차　　　　　　(b) 시차공식

[시차]

ⓒ ΔP가 Pr보다 무시할 정도로 작을 때

$$\therefore h = \frac{H}{P_r} \cdot \Delta P = \frac{H}{bo} \cdot \Delta P$$

$$\therefore \Delta P = \frac{h}{H} \cdot P_r = \frac{h}{H} \cdot bo$$

③ 주점기선장 대신 가준면의 시차를 적용할 경우 : $h = \dfrac{H}{P_r + \Delta P} \Delta P = \dfrac{H}{P_a} \Delta P$

CHAPTER 05 출제예상문제

01 입체사진 촬영 시 중복지역을 증가시킬 수 있는 방법이 아닌 것은?

① 보통각렌즈 대신 광각렌즈를 사용한다.
② 촬영시간 간격을 짧게 한다.
③ 비행속도를 느리게 한다.
④ 촬영고도를 낮춘다.

해설

촬영고도를 높여야 중복지역을 증가시킬 수 있다.

02 사진 크기 23cm×23cm, 축척 1 : 10,000, 종중복도 60%로 초점거리 210mm인 사진기를 사용하여 평탄한 지형을 촬영하였다. 이 사진의 기선고도비(B/H)는 얼마인가?

① 0.22
② 0.33
③ 0.44
④ 0.55

해설

입체상의 변화(과고감)
• 입체상의 변화는 기선고도비의 영향을 받는데, 기선고도비가 크면 과고감이 크고 기선고도비가 작으면 과고감이 낮다.
• 기선고도비 $\dfrac{B}{H} = \dfrac{ma\left(1-\dfrac{p}{100}\right)}{mf} = \dfrac{a\left(1-\dfrac{p}{100}\right)}{f}$

$$= \dfrac{0.23 \times \left(1-\dfrac{60}{100}\right)}{0.21}$$

$$= 0.44$$

03 60m 높이의 굴뚝을 촬영고도 3,000m의 높이에서 촬영한 항공사진이 있고, 그 사진의 주점기선길이가 10cm이었다면, 이 굴뚝의 시차차는?

① 1mm
② 2mm
③ 10mm
④ 20mm

해설

$h = \dfrac{H}{b_0}\Delta P$에서

$$\Delta P = \dfrac{b_0 \cdot h}{H} = \dfrac{0.1 \times 60}{3,000} = 0.002\text{m} = 2\text{mm}$$

04 비고 300m이고 20km×40km인 면적의 지역을 해발고도 3,300m에서 초점거리 150mm의 카메라로 촬영했을 때 사진의 매수는? (단, 종중복 60%, 횡중복 30%, 사진 크기 23cm×23cm, 안전율은 무시하고, 입체모델의 면적으로 간이법으로 계산한다)

① 136매
② 154매
③ 181매
④ 281매

해설

• 안전율을 고려하지 않았을 경우
$$-M = \dfrac{1}{m} = \dfrac{f}{H-h} = \dfrac{0.15}{3300-300} = \dfrac{1}{20,000}$$

$$-A_0 = (ma)^2\left(1-\dfrac{p}{100}\right)\left(1-\dfrac{q}{100}\right)$$

$$= 5,924,800\text{m}^2 = 5.925\text{km}^2$$

• 안전율을 고려하지 않고 간이법으로 할 경우의 사진

매수$= \dfrac{F}{A_0} = \dfrac{20 \times 40}{5.925} = 135.02 = 136$매

정답 | 01 ④ 02 ③ 03 ② 04 ①

05 입체시를 할 때 입체시가 되는 부분의 과고감을 크게 하기 위한 방법은?

① 종중복도를 감소시킨다.
② 종중복도를 증가시킨다.
③ 횡중복도를 감소시킨다.
④ 횡중복도를 증가시킨다.

해설

과고감
- 항공사진을 입체시하는 경우 산의 높이 등이 실제보다 과장되어 보이는 현상을 말한다. 평면축척에 대하여 수직축척이 크게 되기 때문에 실제 도형보다 산이 더 높게 보인다.
- 항공사진은 평면축척에 비해 수직축척이 크므로 다소 과장되어 나타난다.
- 대상물의 고도, 경사율 등을 반드시 고려해야 한다.
- 과고감은 필요에 따라 사진판독요소로 사용될 수 있다.
- 과고감은 사진의 기선고도비와 이에 상응하는 입체시의 기선고도비의 불일치에 의해서 발생한다.
- 과고감은 촬영고도 H에 대한 촬영기선길이 B와의 비인 기선고도비 B/H에 비례한다.

- $\dfrac{B}{H} = \dfrac{ma(1 - \dfrac{P}{100})}{H}$ 기선고도비가 크면 과고감이 크다.

06 항공사진상에 나타난 굴뚝 정상의 시차가 8.00mm이고 굴뚝 하단의 시차가 7.98mm 일 때 이 굴뚝의 높이는? (단, 촬영고도는 6,000m이다)

① 12m   ② 15m
③ 120m   ④ 150m

해설

$$비고(h) = \frac{H}{P_r + \Delta P} \cdot \Delta P$$
$$= \frac{6000}{7.98 + (8 - 7.98)} \cdot (8 - 7.98)$$
$$= 15\text{m}$$

[별해]

ΔP가 P_r보다 무시할 정도로 작을 때

$$h = \frac{H}{P_r} \cdot \Delta P$$
$$= \frac{6,000}{7.98} \cdot (8 - 7.98)$$
$$= 15.03\text{m}$$

07 다음의 조건을 가진 사진들 중에서 입체시가 가능한 것은?

① 50% 이상 중복 촬영된 사진 2매
② 광각사진기에 의하여 촬영된 사진 1매
③ 한 지점에서 반복 촬영된 사진 2매
④ 대상 지역 파노라마 사진 1매

해설

입체사진의 조건
- 1쌍의 사진을 촬영한 카메라의 광축은 거의 동일평면 내에 있어야 한다.
- B를 촬영 기선길이라 하고 H를 기선으로부터 피사체까지의 거리라 할 때 기선고도비(B/H)가 적당한 값이어야 하며 그 값은 약 0.25 정도이다.
- 2매의 사진 축척은 거의 같아야 한다. 축척차 15%까지는 어느 정도 입체시될 수 있지만 장시간 입체시할 경우에는 5% 이상의 축척차는 좋지 않다.

중복도(Overlap)
- 편류, 경사변화, 촬영고도변화, 지형기복변화에 의해 중복도가 달라진다.
- 종중복(Overlap) : 촬영 진행 방향에 따라 중복시키는 것을 말하며 입체촬영을 위하여 종중복은 보통 60%를 중복시키고 최소 50% 이상을 중복시켜야 한다.
- 횡중복(Sidelap) : 촬영 진행 방향에 직각으로 중복시키는 것을 말하며 일반적으로 횡중복은 30%를 중복시키고 최소한 5% 이상은 중복시켜야 한다.

정답 | 05 ① 06 ② 07 ①

08 축척 1/20,000의 엄밀수직사진에서 지상 사진 주점으로부터 500m 떨어진 곳에 있는 50m 높이 철탑의 사진상 기복변위량은? (단, 사진은 광학사진으로 초점거리는 150mm이다)

① 0.21mm   ② 0.42mm

③ 0.84mm   ④ 1.68mm

해설

지상사진 주점으로부터의 거리를 사진상의 거리로 환산

$\dfrac{1}{20,000} = \dfrac{r}{500}$, 여기서 $r = 0.025$m

$\dfrac{1}{20,000} = \dfrac{0.15}{H}$, 여기서 $H = 3,000$m

$\Delta r = \dfrac{h}{H} \cdot r$

$\quad = \dfrac{50}{3,000} \times 0.025 = 0.00042$m $= 0.42$mm

09 입체상의 변화에 대한 설명으로 틀린 것은?

① 입체상은 촬영기선이 긴 경우가 촬영기선이 짧은 경우보다 더 높게 보인다.

② 렌즈의 초점거리가 긴 사진이 짧은 사진보다 더 높게 보인다.

③ 같은 사진기로 촬영고도를 변경하며 같은 촬영기선에서 촬영할 때 낮은 촬영고도로 촬영한 사진이 촬영고도가 높은 경우보다 더 높게 보인다.

④ 눈의 위치가 높아질수록 입체상은 더 높게 보인다.

해설

입체상의 변화는 기선고도비($\dfrac{B}{H}$)의 영향을 받는다.

- 기선의 변화에 의한 경우 : 입체상의 변화는 촬영기선이 긴 경우가 짧은 경우보다 더 높게 보인다.
- 초점거리의 변화에 의한 경우 : 렌즈의 초점거리가 긴 쪽의 사진이 짧은 쪽 사진보다 더 낮게 보인다.
- 촬영고도차에 의한 경우 : 동일 사진기로 촬영한 경우 낮은 고도로 촬영한 사진이 높은 고도로 촬영한 사진보다 더 높게 보인다.

- 눈의 높이를 달리할 경우 : 눈의 위치가 높은 경우 입체상은 더 높게 보인다.
- 눈을 옆으로 돌렸을 경우 : 눈을 좌우로 움직일 경우 눈이 움직이는 쪽으로 비스듬히 기울어져 보인다.

10 촬영고도 1,000m에서 촬영된 항공사진에서 기선 길이가 90mm, 건물의 시차차가 1.62mm일 때 건물의 높이는?

① 5.5m   ② 18.0m

③ 26.0m   ④ 100.0m

해설

$h = \dfrac{H}{b_0} \Delta P$

$\quad = \dfrac{1000 \times 1000}{90} \times 1.62 = 18,000$mm

$\quad = 18$m

11 입체시에 대한 설명 중 옳지 않은 것은?

① 렌즈의 초점거리가 짧은 경우가 긴 경우보다 더 높게 보인다.

② 입체시 과정에서 본래의 고저가 반대가 되는 현상을 역입체시라 한다.

③ 2매의 사진이 입체감을 나타내기 위해서는 사진축척이 거의 같고 촬영한 사진기의 광축이 거의 동일 평면 내에 있어야 한다.

④ 여색입체사진이 오른쪽은 적색, 왼쪽은 청색으로 인쇄되었을 때 오른쪽은 적색, 왼쪽에 청색의 안경으로 보아야 바른 입체시가 된다.

해설

입체시(Stereoscopic viewing)

- 동일한 대상을 찍은 두 장의 입체사진을 왼쪽 눈은 왼쪽 영상을, 오른쪽 눈은 오른쪽 영상을 보게 되면 입체감이 느껴지게 되는데, 이렇게 입체로 물체를 보는 것을 입체시라고 하며, 입체로 보이는 대상을 "3차원 모델"이라고 한다.

정답 | 08 ②   **09** ②   **10** ②   **11** ④

- 사진을 좌우로 멀리하면 비고감이 커 보이고 가까이 하면 낮게 보인다. 입체시는 양쪽 눈으로 대상물을 주시할 때 대상이 3차원적으로 느껴지는 현상으로 입체시 표현은 정입체시와 역입체시로 구분된다.
- 일반적으로 입체시란 정입체시를 말하며, 입체시 방법에 따라 육안을 통한 자연입체시와 장비를 이용한 인공입체시로 구분한다.

입체시의 원리

- 어느 대상물을 택하여 찍은 중복사진을 명시거리(약 25cm)에서 왼쪽 사진은 왼쪽 눈으로, 오른쪽 사진은 오른쪽 눈으로 보면 좌우의 상이 하나로 융합되면서 입체감을 얻게 되는데, 이런 현상을 입체시라고 한다.
- 육안으로도 입체시가 가능하지만, 상을 해석하기 위하여 입체시에 사용되는 기구로는 렌즈 스테레오스코프(Lens Stereoscope), 미러(Mirror) 스테레오스코프, 프리즘 스테레오스코프 등이 있다.
- 이때 한 쌍의 입체사진을 좌우를 바꾼 경우나 정상적인 여색(餘色)입체시 과정에서 색안경의 빨강과 파랑을 좌우로 바꾸어보면 원래의 고저가 반대로 되어 역입체시가 된다.

정입체시	대상물의 기복이 그대로 보인다. • 중복사진을 명시거리(약 25cm 정도)에서 왼쪽 사진을 왼쪽 눈으로, 오른쪽 사진을 오른쪽 눈으로 보면 좌우가 하나의 상으로 융합되면서 입체감을 얻게 됨 • 즉, 높은 곳은 높게, 낮은 곳은 낮게 입체시되는 현상
역입체시	대상물의 기복이 반대로 보인다. 입체시 과정에서 높은 곳은 낮게, 낮은 곳은 높게 보이는 현상을 말한다. • 정입체시되는 한 쌍의 사진에 좌우 사진을 바꾸어 입체시하는 경우 • 정상적인 여색입체시 과정에서 색안경의 적과 청을 좌우로 바꾸어 볼 경우

12 동일한 조건에서 다음과 같은 차이가 있을 경우 입체시에 대한 설명으로 옳은 것은?

① 촬영기선이 긴 경우에는 짧은 경우보다 낮게 보인다.
② 초점거리가 긴 경우가 짧은 경우보다 높게 보인다.
③ 낮은 촬영고도로 촬영한 경우가 높은 경우보다 높게 보인다.
④ 입체시할 경우 눈의 위치가 높아짐에 따라 낮게 보인다.

해설

입체상의 변화

- 렌즈의 초점거리 변화에 의한 변화 : 렌즈의 초점거리가 긴 사진이 짧은 사진보다 더 낮게 보인다.
- 눈을 옆으로 돌렸을 때의 변화 : 눈을 좌우로 움직여 옆에서 바라볼 때 항공기의 방향선상에서 움직이면 눈이 움직이는 쪽으로 기울어져 보인다.
- 눈의 높이에 따른 변화 : 눈의 위치가 높아짐에 따라 입체상은 더 높게 보인다.
- 촬영기선의 변화에 의한 변화 : 촬영기선이 긴 경우 짧은 때보다 높게 보인다.
- 촬영고도의 차에 의한 변화 : 촬영고도가 낮은 사진이 높은 사진보다 더 높게 보인다.

정답 | 12 ③

06 표정

CHAPTER

1. 개요

① 사진상 임의의 점과 대응되는 땅의 점과의 상호관계를 정하는 방법으로 지형의 정확한 입체모델을 기하학적으로 재현하는 과정을 말한다. 표정은 가상값으로부터 소요의 최확값을 구하는 단계적인 해석 및 작업을 말한다.

② 사진측량에서는 사진기와 사진 촬영 당시의 주위 사정으로 엄밀 수직사진을 얻을 수 없으므로 촬영점의 위치, 사진기의 경사, 사진축척 등을 구하여 촬영 당시의 사진기와 대상물좌표계와의 관계를 재현하는 것으로 내부표정과 외부표정(상호표정, 절대표정, 접합표정)이 있다.

2. 표정의 순서

내부표정 → 상호표정 → 절대표정 → 접합표정

종류	특징
내부 표정	내부표정이란 도화기의 투영기에 촬영 당시와 똑같은 상태로 양화건판을 정착시키는 작업이다. ① 주점의 위치 결정 ② 화면거리(f)의 조정 ③ 건판의 신축측정, 대기굴절, 지구곡률보정, 렌즈수차 보정
상호 표정	• 상호표정은 비행기가 촬영 당시에 가지고 있던 기울기의 위치를 도화기상에서 그대로 재현하는 과정을 말하며 상호표정은 지상과의 관계는 고려하지 않고 좌우 사진의 양투영기에서 나오는 광속이 촬영 당시 촬영면에 이루어지는 종시차(ϕ)를 소거하여 목표 지형물의 상대위치를 맞추는 작업이다. • 상호표정은 사진의 경사 및 투영위치의 이동을 조정하여 입체상을 만드는 작업이다. • 상호표정이란 항공기가 촬영 당시에 가지고 있던 기울기를 도화기에 그대로 재현시키는 과정이다. 　① 비행기의 수평회전을 재현해 주는 (k, by) 　② 비행기의 전후 기울기를 재현해 주는 (ϕ, bz) 　③ 비행기의 좌우 기울기를 재현해 주는 (ω) 　④ 과잉수정계수 $(o, c, f) = \dfrac{1}{2}\left(\dfrac{h^2}{d^2} - 1\right)$

⑤ 상호표정인자 : (k, ϕ, w, by, bz)

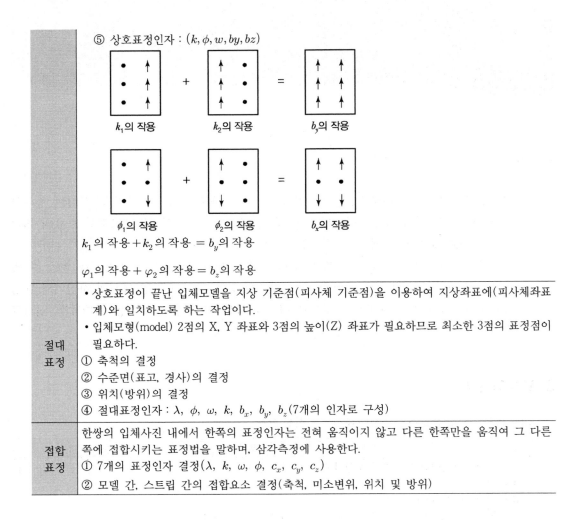

k_1의 작용 k_2의 작용 b_y의 작용

ϕ_1의 작용 ϕ_2의 작용 b_x의 작용

k_1의 작용 $+ k_2$의 작용 $= b_y$의 작용

φ_1의 작용 $+ \varphi_2$의 작용 $= b_z$의 작용

절대 표정	• 상호표정이 끝난 입체모델을 지상 기준점(피사체 기준점)을 이용하여 지상좌표에(피사체좌표계)와 일치하도록 하는 작업이다. • 입체모형(model) 2점의 X, Y 좌표와 3점의 높이(Z) 좌표가 필요하므로 최소한 3점의 표정점이 필요하다. ① 축척의 결정 ② 수준면(표고, 경사)의 결정 ③ 위치(방위)의 결정 ④ 절대표정인자 : λ, ϕ, ω, k, b_x, b_y, b_z(7개의 인자로 구성)
접합 표정	한쌍의 입체사진 내에서 한쪽의 표정인자는 전혀 움직이지 않고 다른 한쪽만을 움직여 그 다른 쪽에 접합시키는 표정법을 말하며, 삼각측정에 사용한다. ① 7개의 표정인자 결정(λ, k, ω, ϕ, c_x, c_y, c_z) ② 모델 간, 스트립 간의 접합요소 결정(축척, 미소변위, 위치 및 방위)

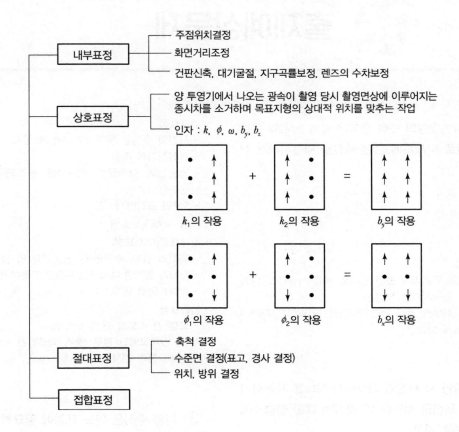

내부표정 ── 주점위치결정
         ── 화면거리조정
         ── 건판신축, 대기굴절, 지구곡률보정, 렌즈의 수차보정

상호표정 ── 양 투영기에서 나오는 광속이 촬영 당시 촬영면상에 이루어지는
            종시차를 소거하며 목표지형의 상대적 위치를 맞추는 작업
         ── 인자 : k, ϕ, ω, b_y, b_z

k_1의 작용 + k_2의 작용 = b_y의 작용

ϕ_1의 작용 + ϕ_2의 작용 = b_x의 작용

절대표정 ── 축척 결정
         ── 수준면 결정(표고, 경사 결정)
         ── 위치, 방위 결정

접합표정

01 사진측량의 표정 중에서 촬영 당시와 똑같은 상태로 피사체에 관한 사진을 재현시키는 작업은?

① 내부표정
② 상호표정
③ 접합표정
④ 절대표정

해설

내부표정
- 도화기의 투영기에 촬영 당시와 똑같은 상태로 양화건판을 정착시키는 작업
- 사진을 좌우로 멀리 하면 과고감이 커보이고 가까이 하면 낮게 보임

02 촬영 시 사진의 기하학적 상태를 재현하기 위하여 표정을 하는데 이 과정에 대한 설명으로 옳지 않은 것은?

① 내부표정은 사진의 주점과 초점거리를 조정하는 작업이다.
② 상호표정은 입체모델의 종시차를 소거시키는 작업이다.
③ 절대표정은 축척과 경사, 위치 등을 바로잡는 과정이다,
④ 접합표정은 한 개, 한 개의 사진만을 접합하는 작업이다.

해설

접합표정은 인접된 2개의 입체모형에 공통된 요소를 활용하여 입체모형의 경사와 축척 등을 통일시키고, 서로 독립된 입체모형좌표계로 표시되어 있는 입체모형좌표를 하나의 통일된 스트립좌표계로 순차적으로 변환하는 것을 말한다. 접합표정이란 연속된 입체사진을 접합시켜 공통된 좌표계를 형성하기 위한 표정법으로 표정인자는 축척(λ), 회전(K, ϕ, ω), 변위(S_x, S_y, S_z)가 있다.

- **내부표정**
  - 사진의 주점을 투영기의 중심에 일치
  - 초점거리의 조정
  - 건판신축, 대기굴절, 지구곡률, 렌즈왜곡의 보정
- **상호표정**
  - 5개의 표정인자 : K, ϕ, ω, b_y, b_z
  - 종 시차(b_y) 소거
- **절대표정(대지표정)**
  - 축척의 결정, 수준면의 결정, 위치의 결정
  - 시차가 생기면 다시 상호표정으로 돌아가 표정 수행
  - 절대표정의 인자 : λ, K, ϕ, ω, c_x, c_y, c_z
- **접합표정**
  - 모델 간 스트립 간의 접합요소
  - 단, 입체모형인 경우 생략, 좌표변환 시에만 필요
  - 절대표정의 인자 : λ, K, ϕ, ω, s_x, s_y, s_z

03 다음 수식은 어느 표정에 필요한 것인가?

$$\begin{pmatrix} X_G \\ Y_G \\ Z_G \end{pmatrix} = S \begin{pmatrix} r_{11} & r_{12} & r_{13} \\ r_{21} & r_{22} & r_{23} \\ r_{31} & r_{32} & r_{33} \end{pmatrix} \begin{pmatrix} X_m \\ Y_m \\ Z_m \end{pmatrix} + \begin{pmatrix} X_T \\ Y_T \\ Z_T \end{pmatrix}$$

여기서, (X_G, Y_G, Z_G)는 지상좌표, S는 축척,
$(r_{11}, r_{12}, \cdots r_{33})$은 회전행렬
(x_m, y_m, z_m)은 모델좌표
(X_T, Y_T, Z_T)는 원점이동량

① 내부표정
② 외부표정
③ 상호표정
④ 절대표정

해설

- **절대표정(대지표정)**
  - 사진좌표, 입체모형좌표, 스트립좌표 및 블록좌표로부터 표정기준점좌표를 이용하여 축척 및 경사 등을 조정함으로써 절대좌표를 얻는 과정
  - $$\begin{pmatrix} X_G \\ Y_G \\ Z_G \end{pmatrix} = SR \begin{pmatrix} X_m \\ Y_m \\ Z_m \end{pmatrix} + \begin{pmatrix} X_\gamma \\ Y_\gamma \\ Z_\gamma \end{pmatrix}$$

정답 | 01 ① 02 ④ 03 ④

−축척의 결정, 수준면의 결정, 위치의 결정
−시차가 생기면 다시 상호표정으로 돌아가 표정 수행
−절대표정의 인자 : λ, K, ϕ, ω, c, c, c_z
• 상호표정
−공선조건, 공면조건을 이용하여 3차원 모델좌표로 변환하는 작업
−5개의 표정인자 : K, ϕ, ω, b, b_z
− 종 시차(py) 소거
• 접합표정
−인접한 2개 사진 및 입체모형에 공통요소를 이용하여 입체모형의 경사와 축척을 통일시켜 1개의 통일된 스트림 좌표계로 변환하는 작업

$$\begin{pmatrix} X_1 \\ Y_1 \\ Z_1 \end{pmatrix} = S \begin{pmatrix} 1 & 0 & 0 \\ 0 & \cos\Omega & -\sin\Omega \\ 0 & \sin\Omega & \cos\Omega \end{pmatrix} \begin{pmatrix} \cos\phi & 0 & \sin\phi \\ 0 & 1 & 0 \\ -\sin\phi & 0 & \cos\phi \end{pmatrix}$$

※ X_1, Y_1, Z_1 : 왼쪽 입체모형좌표

−모델 간, 스트립 간의 접합요소
−단, 입체 모형인 경우 생략, 좌표변환 시에만 필요
−절대표정의 인자 : λ, K, ϕ, ω, S_x, S_y, S_z
• 내부표정
−정밀좌표관측기에 의해 관측된 상좌표로부터 사진좌표(x, y)로 변환하는 작업

$$\begin{pmatrix} x \\ y \end{pmatrix} = S \begin{pmatrix} \cos\theta & -\sin\theta \\ \sin\theta & \cos\theta \end{pmatrix} \begin{pmatrix} x' \\ y' \end{pmatrix} + \begin{pmatrix} x_0 \\ y_0 \end{pmatrix}$$

−사진의 주점을 투영기의 중심에 일치
−초점거리의 조정
−건판신축, 대기굴절, 지구곡률, 렌즈왜곡의 보정

04 항공삼각측량에서 접합표정에 의한 스트립을 구성하기 위해 사용되는 점은?

① 대공표지 　② 보조기준점
③ 자침점 　④ 자연점

해설

사진측량에 필요한 점
• 표정점
−자연점 : 자연점(Natural Point)은 자연물로서 명확히 구분되는 것을 선택한다.
−기준점(지상기준점) : 대상물의 수평위치(x, y)와 수직위치(z)의 기준이 되는 점을 말하며 사진상에 명확히 나타나도록 표시하여야 한다.

• 보조기준점
−종접합점 : 좌표해석이나 항공삼각측량 과정에서 접합표정에 의한 스트립 형성(Strip Formation)을 위해 사용되는 점이다.
−횡접합점 : 좌표해석이나 항공삼각측량 과정 중 종접합점(Strip)에 연결시켜 블록(Block, 종접합모형) 사이의 횡중복 부분 중심에 위치한다.
• 자침점(Prick Point) : 각 점들에 있어서 이들의 위치가 인접한 사진에 옮겨진 점
• 대공표지지표지란 사진측량을 실시하는 데 있어 관측할 점이나 대상물을 사진상에서 쉽게 식별하기 위해 사진촬영 전에 설치하는 것을 말한다. 자연점으로는 정확도를 얻을 수 없는 경우 지상의 표정기준점은 그 위치가 사진상에 명료하게 나타나도록 사진을 촬영하기 전에 대공표지(Air Target, Signal−Point)를 설치할 필요가 있다.

05 기계적 절대표정에 필요한 최소기준점의 수는?

① 3점의 x, y 좌표와 2점의 z 좌표
② 2점의 x, y 좌표와 1점의 z 좌표
③ 3점의 x, y, z 좌표와 2점의 z 좌표
④ 2점의 x, y, z 좌표와 1점의 z 좌표

해설

절대표정에 필요한 최소표정점은 삼각점(X, Y) 2점과 수준점(Z) 3점이다.

06 절대표정요소를 구할 수 있는 경우는?

① 동일 직선상에 위치한 5개의 수직기준점
② 동일 직선상에 위치한 3개의 3차원 지상기준점
③ 동일 직선상에 위치하지 않은 5개의 수직기준점
④ 동일 직선상에 위치하지 않은 4개의 3차원 지상기준점

해설

절대표정요소를 구하기 위해서는 지상기준점 4점(X, Y, Z)이 필요하다.

정답 | 04 ② 　05 ④ 　06 ④

07 상호표정에 대한 설명으로 옳은 것은?

① 횡시차를 소거하여 사진의 주점을 투영기의 중심에 맞추는 작업이다.
② 입체모델을 지상좌표계와 일치시키는 것이다.
③ 종시차 b_y를 소거하여 한 모델이 완전 입체시가 되게 하는 작업이다.
④ 대기굴절, 지구곡률, 렌즈수차 등을 보정하는 작업이다.

해설

상호표정
• 공선조건, 공면조건을 이용하여 3차원 모델좌표로 변환하는 작업이다.
• 5개의 표정인자 : K, ϕ, ω, b_y, b_z
• 종시차(p_y) 소거

08 표정점 측량에서 선점을 위한 유의사항에 대한 설명으로 옳지 않은 것은?

① 사진상에서 명확하게 볼 수 있는 점이어야 한다.
② 상공에서 잘 볼 수 있고 평탄한 곳의 점이 좋다.
③ 헐레이션(halation)이 발생하기 쉬운 점이어야 한다.
④ 시간적으로는 변화하지 않는 점이어야 한다.

해설

헐레이션(halation)이 발생하지 않아야 한다.
① 사진상에서 명확하게 볼 수 있는 점이어야 한다.
② 상공에서 잘 볼 수 있고 평탄한 곳의 점이 좋다.
④ 시간적으로는 변화하지 않는 점이어야 한다.

09 내부표정에 대한 설명으로 옳지 않은 것은?

① 사진의 주점을 조정한다.
② 사진의 초점거리를 조정한다.
③ 축척과 경사를 조정한다.
④ 렌즈의 왜곡을 보정한다.

해설

내부표정(Inner Orientation)
• 사진의 주점을 투영기의 중심에 일치
• 초점거리(f)의 조정
• 건판신축, 대기굴절, 지구곡률, 렌즈왜곡의 보정

10 표정점을 선점할 때의 유의사항으로 옳은 것은?

① 원판의 가장자리로부터 1cm 이내에 나타나는 점을 선택하여야 한다.
② 시간적이 일정하게 변하는 점을 선택해야 한다.
③ 표정점은 X, Y, H가 동시에 정확하게 결정될 수 있는 점을 선택하여야 한다.
④ 측선을 연장한 가상점을 선택하여야 한다.

해설

표정점
• 자연점(Natural Point) : 자연물로서 명확히 구분되는 것을 선택한다.
• 기준점(지상기준점) : 대상물의 수평위치(x, y)와 수직위치(z)의 기준이 되는 점을 말하며 사진상에 명확히 나타나도록 표시하여야 한다.

11 지상기준점이 반드시 필요한 표정은?

① 내부표정 ② 상호표정
③ 접합표정 ④ 절대표정

해설

절대표정은 대지표정이라고도 하며, 상호표정이 끝난 입체모형을 피사체 기준점 또는 지상기준점을 피사체 좌표계 또는 지상좌표계와 일치하도록 하는 작업이다. 축척의 결정, 수준면의 결정, 절대위치의 결정 순서로 한다.

정답 | 07 ③ 08 ③ 09 ③ 10 ③ 11 ④

12 절대표정을 위한 기준점의 개수와 배치로 가장 바람직한 것은? (단, ○는 수직기준점(Z), □는 수평기준점(X, Y), △는 3차원 기준점 (X, Y, Z)을 의미하고, 대상지역은 거의 평면에 가깝다고 가정한다)

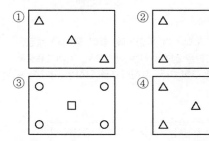

해설

절대표정(absolute orientation)
· 절대표정은 대지표정이라고도 한다.
· 상호표정이 끝난 입체모형을 대상물공간(또는 지상)의 기준점을 이용하여 대상물공간 좌표계와 일치하도록 하는 작업이다.
· 절대표정은 2차원이나 3차원 가상좌표로부터 절대좌표를 구함으로서 사진상의 상과 대상물공간이 상사관계를 이루게 하는 작업이다.
· 절대표정은 첫째, 축척의 결정, 둘째, 수준면의 결정, 셋째, 위치의 결정 순서로 한다.
· 절대표정에는 λ, K, ϕ, ω, S_x, S_y, S_z의 7개 표정인자가 필요하다.
· 2점의 X, Y 좌표와 3점의 높이(z) 좌표가 필요하므로 최소한 3점의 표정점이 필요하다.

13 해석적 표정에 있어서 관측된 상좌표로부터 사진좌표로 변환하는 작업은?

① 상호표정
② 내부표정
③ 절대표정
④ 접합표정

해설

표정은 가상값으로부터 소요의 최확값을 구하는 단계적인 해석 및 작업을 말한다. 사진측량에서는 사진기와 사진 촬영 당시의 주위 사정으로 엄밀 수직사진을 얻을 수 없으므로 촬영점의 위치, 사진기의 경사, 사진축척

등을 구하여 촬영 당시의 사진기와 대상물좌표계와의 관계를 재현하는 것으로 내부표정과 외부표정(상호표정, 절대표정, 접합표정)이 있다.

내부표정	· 상좌표로부터 사진좌표를 얻기 위한 좌표의 변환 · 종류 : Helmert변환, 등각사상변환, 부등각사상변환
외부표정	· 상호표정 　-기본조건 : 공선조건, 공면조건 　-5개의 표정인자(K, ϕ, ω, b_y, b_z) 사용 · 접합표정 　-모델과 모델, 스트립과 스트립 간 접합 　-7개의 표정인자(λ, K, ϕ, ω, C_x, C_y, C_z) · 절대(대지)표정 　-축척(방위), 표고(경사) 조정 　-7개의 표정인자(λ, K, ϕ, ω, S_x, S_y, S_z)

14 항공사진측량에서 항공기에 GPS(위성측위시스템) 수신기를 탑재하여 촬영할 경우에 GPS로부터 얻을 수 있는 정보는?

① 내부표정요소
② 상호표정요소
③ 절대표정요소
④ 외부표정요소

해설

항공사진측량에서 항공기에서 GPS수신기를 탑재할 경우 비행기의 위치(X_o, Y_o, Z_o)를 얻을 수 있고, 관성측량장비(1NS)까지 탑재한 경우 (K, ϕ, ω)를 얻을 수 있다. 즉, (X_o, Y_o, Z_o) 및 (K, ϕ, ω)를 사진측량의 외부표정요소라 한다.

15 다음 (　　)에 알맞은 용어로 가장 적합한 것은?

> 절대표정이 완전히 끝났을 때에는 사진모델과 실제 지형모델은 (　　)의 관계가 이루어진다.

① 상사
② 이동
③ 평행
④ 일치

해설

절대표정은 대지표정이라고도 하며 상호표정이 끝난 입체모형을 지상기준점을 이용하여 대상물의 공간상 좌표계와 일치시키는 작업이다. 모델좌표를 이용하여 절대좌표를 구하는 단계적 표정을 말한다.

대상물 3차원 좌표를 얻기 위한 조정법

대상물 3차원 좌표를 얻기 위한 조정의 기본단위로는 블록, 스트립, 모델, 광속이 이용되며 실공간 3차원 좌표를 얻기 위한 조정법에는 다항식법, 독립모델법, 광속법, DLT법 등이 있다.

- 다항식법(Polynomial Method) : 종접합모형(Strip)일 경우
- 독립모델법(Independent Model Triangulation ; IMT) : 입체모형(Model)일 경우
- 광속법(Bundle Adjustment) : 사진일 경우
- DLT법(Direct Liner Transformation)

16 기계적 상호표정의 인자는 몇 개인가?

① 3개
② 5개
③ 7개
④ 9개

해설

표정의 종류

내부표정 (Inner Orientation)	• 사진의 주점을 투영기의 중심에 일치 • 초점거리(f)의 조정 • 건판신축, 대기굴절, 지구곡률, 렌즈왜곡의 보정
외부표정 (Exterior Orientation)	• 상호표정(Relative Orientation) −5개의 표정인자($K, \phi, \omega, b_y, b_z$) 사용 −종시차($P_y$) 소거 • 절대표정(Absolute Orientation) −7개의 표정인자($\lambda, K, \phi, \omega, S_x, S_y, S_z$)사용 −축척 및 경사의 조정으로 위치 결정 −축척의 결정, 위치·방위의 결정, 표고·경사의 결정 • 접합표정(Succesive Orientation) −7개의 표정인자($\lambda, K, \phi, \omega, C_x, C_y, C_z$)사용 −모델 간, 스트립 간의 접합요소 −단, 입체 모형인 경우 생략, 좌표변환 시에만 필요

17 해석적 내부표정에서의 주된 작업 내용은?

① 관측된 상좌표로부터 사진 좌표로 변환하는 작업
② 3차원 가상 좌표를 계산하는 작업
③ 1개의 통일된 블록 좌표계로 변환하는 작업
④ 표고 결정 및 경사를 결정하는 작업

해설

내부표정이란 도화기의 투영기에 촬영 당시와 똑같은 상태로 양화건판을 정착시키는 작업으로, 기계좌표로부터 지표좌표를 구한 다음 사진좌표를 구하는 단계적 표정이다.

표정의 종류

내부표정 (Inner Orientation)	• 사진의 주점을 투영기의 중심에 일치 • 초점거리(f)의 조정 • 건판신축, 대기굴절, 지구곡률, 렌즈왜곡의 보정
외부표정 (Exterior Orientation)	• 상호표정(Relative Orientation) −5개의 표정인자($K, \phi, \omega, b_y, b_z$) 사용 −종시차($P_y$) 소거 • 절대표정(Absolute Orientation) −7개의 표정인자($\lambda, K, \phi, \omega, S_x, S_y, S_z$) 사용 −축척 및 경사의 조정으로 위치 결정 −축척의 결정, 위치·방위의 결정, 표고·경사의 결정 • 접합표정(Succesive Orientation) −7개의 표정인자($\lambda, K, \phi, \omega, C_x, C_y, C_z$) 사용 −모델 간, 스트립 간의 접합요소 −단, 입체 모형인 경우 생략, 좌표변환 시에만 필요

18 표정 중 종시차를 소거하여 목표지형물의 상대적 위치를 맞추는 작업은?

① 접합표정
② 내부표정
③ 절대표정
④ 상호표정

해설

상호표정(Relative Orientation)

상호표정은 대상물과의 관계를 고려하지 않고 좌우 사진의 양 투영기에서 나오는 광속이 이루는 종시차를 소거하여 입체모형 전체가 완전입체시되도록 하는 작업

정답 | 16 ② 17 ① 18 ④

으로 상호표정을 완료하면 3차원 입체모형좌표를 얻을 수 있다. 사진좌표로부터 사진기좌표를 구한 다음 모델좌표를 구하는 단계적 표정이다.

• 5개의 표정인자(κ, ϕ, ω, b_y, b_z) 사용
• 종시차(P_y) 소거

19 공선조건식에 포함되는 변수가 아닌 것은?

① 지상점의 좌표
② 상호표정요소
③ 내부표정요소
④ 외부표정요소

해설

공선조건식은 3점의 기상기준점을 이용하여 투영중심 0의 좌표(X_0, Y_0, Z_0)와 표정인자(κ, ϕ, ω)는 후방교회법에 의하여 구하고, 외부표정인자 6개와 상점(x, y)을 이용하여 새로운 지상점의 좌표(X, Y, Z)를 구하는 전방교회법에 이용된다.

20 기계좌표계로부터 사진좌표계로 변환하기 위해 필요한 좌표값은?

① 사진지표의 좌표값
② 공액점의 좌표값
③ 지상기준점의 좌표값
④ 접합점의 좌표값

해설

내부표정

내부표정이란 도화기의 투영기에 촬영 시와 동일한 광학관계를 갖도록 장착시키는 작업으로 기계좌표로부터 지표좌표를 구한 다음 사진좌표를 구하는 단계적 표정이다.

21 세부 도화 시 한 모델을 이루는 좌우 사진에서 나오는 광속이 촬영면상에 이루는 종시차를 소거하여 목표지형지물의 상대위치를 맞추는 작업을 무엇이라 하는가?

① 내부표정
② 상호표정
③ 절대표정
④ 도화

해설

내부표정

도화기의 투영기에 촬영 당시와 똑같은 상태로 양화 건판을 정착시키는 작업이다.

• 주점 위치 결정
• 화면거리(f)의 조정
• 건판 신축, 대기굴절, 지구곡률, 렌즈왜곡의 보정

외부표정

• 상호표정(Relative Orientation)
  − 대상물과의 관계는 고려하지 않고 좌우 사진의 양 투영기에서 나오는 광속이 촬영 당시 촬영면에 이루어지는 종시차(P_y : y−parallax)를 소거하여 목표지형물의 상대위치를 상호표정요소로 맞추는 작업
  − 상호표정인자 : K, ϕ, ω, b_y, b_z
  − 비행기의 수평회전을 재현해 주는 K, b_y
  − 비행기의 전후 기울기를 재현해 주는 ϕ, b_z
  − 비행기의 좌우 기울기를 재현해 주는 ω
  − 과잉수정계수 o, c, $f = \dfrac{1}{2}\left(\dfrac{h^2}{d^2}-1\right)$

• 절대표정(Absolute Orientation)
  − 상호표정이 끝난 입체모델을 지상기준점(피사체기준점)을 이용하여 지상좌표에 (피사체좌표계)와 일치하도록 하는 작업
  − 절대표정인자 : λ, ϕ, ω, K, s_x, s_y, s_z 7개의 인자로 구성)
  − 축척의 결정
  − 수준면(표고, 경사)의 결정
  − 위치(방위)의 결정

• 접합표정(Successive Orientation)
  − 한 쌍의 입체사진 내에서 한쪽의 표정인자는 전혀 움직이지 않고 다른 한쪽만을 움직여 그 다른 쪽에 접합시키는 표정법을 말하며, 삼각측정에 사용한다.
  − 7개의 표정인자 결정 : λ, K, ω, ϕ, c_x, c_y, c_z

22 절대표정(Absolute orientation) 작업에 대한 설명으로 옳지 않은 것은?

① 축척을 결정한다.
② 위치를 결정한다.
③ 초점거리 조정과 주점의 표정작업이다.
④ 표고와 경사의 결정작업이다.

해설

절대표정(Absolute Orientation)은 상호표정이 끝난 입체모델을 지상기준점(피사체기준점)을 이용하여 지상좌표에 (피사체좌표계)와 일치하도록 하는 작업이다.
• 절대표정인자 : λ, ϕ, ω, K, s_x, s_y, s_z 7개의 인자로 구성
• 축척의 결정
• 수준면(표고, 경사)의 결정
• 위치(방위)의 결정

23 상호표정 수행 후 형성되는 좌표계는?

① 사진좌표계   ② 절대좌표계
③ 모델좌표계   ④ 지도좌표계

해설

• 내부표정 : 기계좌표로부터 지표좌표를 구한 다음 사진좌표를 구하는 단계적 표정
• 상호표정 : 사진좌표로부터 사진기좌표를 구한 다음 모델좌표를 구하는 단계적 표정
• 절대표정 : 상호표정이 끝난 입체모형을 지상기준점을 이용하여 대상물의 공간좌표계와 일치시키는 작업으로, 모델좌표를 이용하여 절대좌표를 구하는 단계적 표정
• 접합표정 : 인접된 2개의 입체모형에 공통된 요소를 활용하여 입체모형의 경사와 축척 등을 통일시키고, 서로 독립된 입체모형좌표계로 표시되어 있는 입체모형좌표를 하나의 통일된 스트립좌표계로 순차적으로 변환하는 것

24 표정점을 선점할 때의 유의사항으로 옳은 것은?

① 측선을 연장한 가상점을 선택하여야 한다.
② 시간적으로 일정하게 변하는 점을 선택하여야 한다.
③ 원판의 가장자리로부터 1cm 이내에 나타나는 점을 선택하여야 한다.
④ 표정점은 X, Y, H가 동시에 정확하게 결정될 수 있는 점을 선택하여야 한다.

해설

표정점 선점 시 주의할 사항
• 사진상에서 명확하게 볼 수 있는 점이어야 한다.
• 상공에서 잘 볼 수 있고 평탄한 곳의 점이 좋다.
• 헐레이션(halation)이 발생하지 않아야 한다.
• 시간적으로는 변화하지 않는 점이어야 한다.
• 표정점은 X, Y, Z가 동시에 정확하게 결정될 수 있는 점이어야 한다.
• 표정점은 대상물에서 기준이 되는 높이의 점이어야 한다.

25 지상기준점이 반드시 필요한 표정은?

① 내부표정   ② 상호표정
③ 절대표정   ④ 접합표정

해설

절대표정은 지상좌표로 환산하는 과정이므로 반드시 소수의 지상기준점이 필요하다.

26 입체도화기에 의한 표정 작업에서 일반적으로 오차의 파급 효과가 가장 큰 것은?

① 절대표정   ② 접합표정
③ 상호표정   ④ 내부표정

해설

• 내부표정 : 촬영 당시의 광속의 기하 상태를 재현하는 작업으로 기준점 위치, 랜즈의 왜곡, 사진기의 초점거

리와 사진의 주점을 결정하여 부가적으로 사진의 오차를 보정하여 사진좌표의 정확도를 향상시키는 것을 말한다.

- 상호표정 : 상호표정은 양 투영기에서 나오는 광속이 촬영 당시 촬영면에 이루어지는 종시차를 소거하여 목표지형물의 상대위치를 맞추는 작업으로 종시차는 종접합점을 기준으로 제거한다. 상호표정은 내부표정에서 얻어진 사진좌표를 이용하여 모델좌표를 얻기 위한 과정이다. 그러므로 입체도화기에 의한 표정 작업에서 일반적으로 오차의 파급 효과가 가장 큰 것은 상호표정이다.
- 절대표정 : 절대표정(대지표정)은 상호표정이 끝난 한 쌍의 입체사진 모델에 대하여 축척의 결정, 수준면의 결정, 위치의 결정을 하는 작업이다.
- 접합표정 : 한 쌍의 입체사진 내에서 한 쪽의 표정인자는 전혀 움직이지 않고 다른 한쪽만 움직여 그 다른 쪽에 접속시키는 작업을 말한다.

27 내부표정에서 투영점을 찾기 위하여 설정하여야 하는 2가지 요소는?

① 카메라의 종류, 촬영고도
② 사진지표, 촬영고도
③ 촬영위치, 촬영고도
④ 주점, 초점거리

해설

내부표정에서 투영점을 찾기 위하여 설정하여야 하는 2가지 요소는 주점과 초점거리이다.

내부표정 시 고려사항
- 사진의 주점을 맞춘다.
- 화면거리(f)의 조정
- 건판신축, 대기굴절, 지구곡률보정, 렌즈수차보정

28 다음 중 상호표정인자가 아닌 것은?

① b_x　　　　　　② b_y
③ b_z　　　　　　④ ω

해설

상호표정
지상과의 관계는 고려하지 않고 좌우사진의 양 투영기에서 나오는 광속이 촬영 당시 촬영면에 이루어지는 종시차(ϕ)를 소거하여 목표지형물의 상대위치를 맞추는 작업

- 비행기의 수평회전을 재현해 주는 (K, b_y)
- 비행기의 전후 기울기를 재현해 주는 (ϕ, b_z)
- 비행기의 좌우 기울기를 재현해 주는 (ω)
- 과잉수정계수 (o, c, f) $= \dfrac{1}{2}\left(\dfrac{h^2}{d^2} - 1\right)$
- 상호표정인자 (K, ϕ, ω, b_y, b_z)

07 CHAPTER 사진판독

1. 개요

사진판독은 사진면으로부터 얻어진 여러 가지 피사체(대상물)의 정보 중 특성을 목적에 따라 적절히 해석하는 기술로서, 이것을 기초로 하여 대상체를 종합분석함으로써 피사체(대상물) 또는 지표면의 형상, 지질, 식생, 토양 등의 연구 수단으로 이용하고 있다.

2. 사진판독 요소

요소	분류	특징
주요소	색조	피사체(대상물)가 갖는 빛의 반사에 의한 것으로 수목의 종류를 판독하는 것을 말한다.
	모양	피사체(대상물)의 배열상황에 의하여 판별하는 것으로 사진상에서 볼 수 있는 식생, 지형 또는 지표상의 색조 등을 말한다.
	질감	색조, 형상, 크기, 음영 등의 여러 요소의 조합으로 구성된 조밀, 거칠음, 세밀함 등으로 표현하며 초목 및 식물의 구분을 나타낸다.
	형상	개체나 목표물의 구성, 배치 및 일반적인 형태를 나타낸다.
	크기	어느 피사체(대상물)가 갖는 입체적, 평면적인 넓이와 길이를 나타낸다.
	음영	판독 시 빛의 방향과 촬영 시의 빛의 방향을 일치시키는 것이 입체감을 얻는 데 용이하다.
보조요소	상호위치관계	어떤 사진상이 주위의 사진상과 어떠한 관계가 있는가 파악하는 것으로 주위의 사진상과 연관되어 성립되는 것이 일반적인 경우이다.
	과고감	과고감은 지표면의 기복을 과장하여 나타낸 것으로 낮고 평평한 지역에서의 지형 판독에 도움이 되는 반면 경사면의 경사는 실제보다 급하게 보이므로 오판에 주의해야 한다.

3. 사진판독의 장단점

장점	단점
• 단시간에 넓은 지역의 정보를 얻을 수 있다. • 대상지역의 여러 가지 정보를 종합적으로 획득할 수 있다. • 현지에 직접 들어가기 곤란한 경우도 정보 취득이 가능하다. • 정보가 사진에 의해 정확히 기록·보존된다.	• 상대적인 판별이 불가능하다. • 직접적으로 표면 또는 표면 근처에 있는 정보 취득이 불가능하다. • 색조, 모양, 입체감 등이 나타나지 않는 지역의 판독이 불가능하다. • 항공사진의 경우는 항공기를 사용하므로 기후 및 태양고도에 좌우된다.

4. 판독의 순서

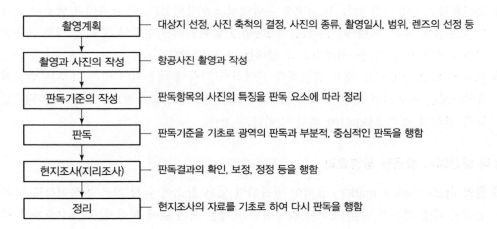

5. 판독의 응용

① 토지이용 및 도시계획조사
② 지형 및 지질 판독
③ 환경오염 및 재해 판독

6. 음영효과(陰影效果)

(1) 개요

① 사진판독에서 음영(Shadow)은 수직사진에 있어서 수직인 피사체의 크기 및 형태를 식
별하는 데 중요한 역할을 하게 된다. 공중사진은 태양의 각도가 가장 높은 정오를 중심
으로 한 시간에 촬영되어 음영이 가장 적다. 태양각도가 낮은 조석에 촬영하면 음영이
지표면에 크게 나타나게 되어 작은 토지의 기복 혹은 지질조건에 의한 미세한 식물의
성장차가 명확히 기록된다. 이와 같이 음영에 의한 효과를 음영효과(陰影效果)라 부르
며 이와 같이 강조된 음영을 음영 마크(Shadow mark), 식물성장의 적합 차에 기인해
서 사진상에 색조의 차위(差違) 혹은 그 차로 되어 기록된 경우에는 토양 마크(Soil
mark) 혹은 식물 마크(Plant mark)라 한다.

② 음영효과는 공중사진 판독 시 고고학 분야에서도 이용되었다. 미 대륙에서 발견된 인디
언의 토굴의 흔적, 이란에서는 기원전 200년경에 만들어진 수로의 흔적, 남미의 대초원
지대에 산재한 유적 등 세계적으로 실례는 수없이 많다.

③ 지표에 노출되어 있는 것은 별문제라 하더라도 지하에 매몰되어 있는 유적은 인간의
육안으로는 판별하기 곤란할 때가 많다. 이것을 어떻게 공중사진으로 발견하는가는 필
름과 필터의 매직(Magic)에 의한 것이라고 한다.

(2) 유적 발견에서 활용된 음영효과

① 음영 마크(Shadow mark) : 유적이 매몰되어 있는 장소에 극히 작은 기복이라도 남아
있다면 태양 각도가 낮은 조석에 촬영하면 낮에는 거의 눈에 보이지 않는 그림자가 지
면에 길게 나타나 유적 전체의 윤곽을 파악할 수가 있다. 이것을 새도우 마크라 한다.

② 토양 마크(Soil mark) : 지표면에 형태와는 하등 관계없는 경우라도 유적의 형태 주위
는 사진 색조의 농도가 변화되어 나타날 때가 있다. 이것은 유적이 흙에 묻혀 있을 때
그 유적을 덮고 있는 흙의 두께가 각각 틀리기 때문에 건조(乾燥)에 의해 토양에 함유
되어 있는 수분의 비율이 달라 사진상에는 각각의 색조로 나타나기 때문이다. 이와 같
은 현상을 토양 마크(Soil mark)라 한다.

③ 플랜트 마크(Flant mark) : 토양의 위에 식물이 있을 때는 토양에 함유되어 있는 수분
의 양에 의해 식물의 생장 상태가 다르게 된다. 수호(水濠)나 구(溝)가 있었던 곳에서는
식물의 생장이 눈에 띄게 좋으며, 돌이나 점토 등으로 덮여진 데서는 그 성장이 나쁘다.
이것을 공중사진으로 관찰하면 이 성장의 차가 음영 마크로 나타나는 경우도 있으나,
성장의 차 때문에 색깔의 변화로 색조가 달라지는 경우도 있다. 이와 같은 현상을 플랜
트 마크(Flant mark)라 한다.

7. 선 스폿(Sun spot)과 섀도우 스폿(Shadow spot)

(1) 개요

사진판독은 사진화면으로부터 얻어진 여러 가지 정보를 목적에 따라 적절히 해석하는 기술을 말한다. 이때, 태양고도, 즉 태양반사광에 의해 사진에서는 희게 혹은 검게 찍히는 경우가 있다. 이것은 토양 등의 색깔에 의한 것이 아니고 태양반사광에 의한 광휘작용(光輝作用)이라는 것을 알 수 있다. 태양광선에 의해 선 스폿이나 섀도우 스폿 현상이 나타난다.

(2) 선 스폿(sun spot)

① 태양광선의 반사지점에 연못이나 논과 같이 반사능이 강한 수면이 있으면 그 부근이 희게 반짝이는 광휘작용(光輝作用 : Halation)이 생긴다. 이와 같은 작용을 선 스폿이라 한다.
② 즉 사진상에서 태양광선의 반사에 의해 주위보다 밝게 촬영되는 부분을 말한다.

(3) 섀도우 스폿(Shadow spot)

① 사진기의 그림자가 찍혀지는 지점에 높은 수목 등이 있으면 그 부근의 원형 부분이 주위보다 밝게 된다.
② 이것은 마치 만월(滿月)이 가장 밝게 보이는 것과 같은 이유인 것으로 이 부근에서는 태양광선을 받아 밝은 부분만이 찍히게 되고 어두운 부분은 감추어지기 때문이다. 이와 같은 현상을 섀도우 스폿이라 한다.

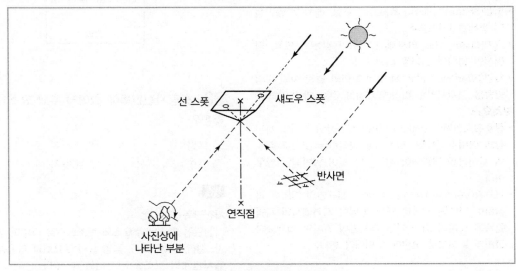

[선 스폿과 섀도우 스폿]

01 다음 중 사진판독의 요소에 해당하지 않는 것은?

① 색조, 모양
② 과고감, 상호위치관계
③ 형상, 음영
④ 촬영날짜, 촬영고도

해설

사진판독 요소는 주요소와 보조요소로 나누며 색조, 모양, 질감, 형상, 크기, 음영 등의 주요소와 과고감, 상호위치관계의 보조요소로 나눌 수 있다.

주요소

• 색조(Tone Color) : 피사체(대상물)가 갖는 빛의 반사에 의한 것으로 수목의 종류를 판독하는 것을 말한다.
• 모양(Pattern) : 피사체(대상물)의 배열상황에 의하여 판별하는 것으로 사진상에서 볼 수 있는 식생, 지형 또는 지표상의 색조 등을 말한다.
• 질감(Texture) : 색조, 형상, 크기, 음영 등 여러 요소의 조합으로 구성된 조밀, 거칠음, 세밀함 등으로 표현하며 초목 및 식물의 구분을 나타낸다.
• 형상(Shape) : 개체나 목표물의 구성, 배치 및 일반적인 형태를 나타낸다.
• 크기(Size) : 어느 피사체(대상물)가 갖는 입체적, 평면적인 넓이와 길이를 나타낸다.
• 음영(Shadow) : 판독 시 빛의 방향과 촬영 시의 빛의 방향을 일치시키는 것이 입체감을 얻는 데 용이하다.

보조요소

• 상호위치관계(Location) : 어떤 사진상이 주위의 사진상과 어떠한 관계가 있는지를 파악하는 것으로 주위의 사진상과 연관되어 성립되는 것이 일반적인 경우이다.
• 과고감(Vertical Exaggeration) : 지표면의 기복을 과장하여 나타낸 것으로 낮고 평평한 지역에서의 지형 판독에 도움이 되는 반면 경사면의 경사는 실제보다 급하게 보이므로 오판에 주의해야 한다.

02 항공사진의 판독 순서로 옳은 것은?

㉠ 판독	㉡ 촬영과 사진의 작성
㉢ 촬영계획	㉣ 정리
㉤ 판독기준의 작성	㉥ 지리조사

① ㉢ − ㉡ − ㉤ − ㉠ − ㉥ − ㉣
② ㉢ − ㉥ − ㉡ − ㉤ − ㉠ − ㉣
③ ㉢ − ㉤ − ㉡ − ㉠ − ㉥ − ㉣
④ ㉢ − ㉥ − ㉤ − ㉡ − ㉠ − ㉣

해설

판독의 순서

촬영계획
↓
촬영과 사진의 작성
↓
판독기준의 작성
↓
판독
↓
현지조사(지리조사)
↓
정리

03 항공사진판독에 있어서 주요 요소가 아닌 것은?

① 모양
② 색조
③ 음영
④ 표정점 배치

해설

사진판독 요소

사진판독 요소는 주요소와 보조요소로 나누며 색조, 모양, 질감, 형상, 크기, 음영 등의 주요소와 과고감, 상호위치관계의 보조요소로 나눌 수 있다.

정답 | 01 ④ 02 ① 03 ④

04 항공사진을 입체시할 경우 과고감 발생에 영향을 주는 요소와 거리가 먼 것은?

① 사진의 명암과 그림자
② 촬영고도와 기선길이
③ 중복도
④ 사진기의 초점거리

해설

과고감은 입체사진에서 수직스케일이 수평스케일보다 크게 나타나는 정도로서, 산의 높이 등이 실제보다 과장되어 보이는 현상을 말하며, 사진의 명암과 그림자는 과고감과는 무관하다. 과고감은 항공사진을 입체시하는 경우 산의 높이 등이 실제보다 과장되어 보이는 현상을 말한다. 평면축척에 대하여 수직 축척이 크게 되기 때문에 실제 도형보다 산이 더 높게 보인다.

• 항공사진은 평면축척에 비해 수직축척이 크므로 다소 과장되어 나타난다.
• 대상물의 고도, 경사율 등을 반드시 고려해야 한다.
• 과고감은 필요에 따라 사진판독요소로 사용될 수 있다.
• 과고감은 사진의 기선고도비와 이에 상응하는 입체시의 기선고도비의 불일치에 의해서 발생한다.
• 과고감은 촬영고도에 대한 촬영기선길이와의 비인 기선고도비에 비례한다.

05 다음 중 사진판독요소가 아닌 것은?

① 과고감   ② 상호위치관계
③ 질감   ④ 헐레이션

해설

사진판독요소에는 주요소(색조, 모양, 질감, 형상, 크기, 음영) 및 보조요소(상호위치관계, 과고감)가 있다.

06 사진판독에 관한 설명으로 옳지 않은 것은?

① 색조는 빛의 반사에 의한 것으로 식물의 집단이나 대상물의 판별에 도움이 된다.
② 질감은 사진축척에 따라 변하지 않는 판독요소이다.

③ 크기에 대한 육안의 분해능은 보통 0.2mm 정도이다.
④ 과고감은 평탄한 지역에서의 지형판독에 도움이 된다.

해설

사진판독요소는 주요소와 보조요소로 나누며 색조, 모양, 질감, 형상, 크기, 음영 등의 주요소와 과고감, 상호위치관계의 보조요소로 나눌 수 있다.

주요소

• 색조(Tone Color) : 피사체(대상물)가 갖는 빛의 반사에 의한 것으로 수목의 종류를 판독하는 것을 말한다.
• 모양(Pattern) : 피사체(대상물)의 배열 상황에 의하여 판별하는 것으로 사진상에서 볼 수 있는 식생, 지형 또는 지표상의 색조 등을 말한다.
• 질감(Texture) : 색조, 형상, 크기, 음영 등 여러 요소의 조합으로 구성된 조밀, 거칠음, 세밀함 등으로 표현하며 초목 및 식물의 구분을 나타낸다.
• 형상(Shape) : 개체나 목표물의 구성, 배치 및 일반적인 형태를 나타낸다.
• 크기(Size) : 어느 피사체(대상물)가 같은 입체적, 평면적인 넓이와 길이를 나타낸다.
• 음영(Shadow) : 판독 시 빛의 방향과 촬영 시의 빛의 방향을 일치시키는 것이 입체감을 얻는 데 용이하다.

보조요소

• 상호위치관계(Location) : 어떤 사진상이 주위의 사진상과 어떠한 관계가 있는지를 파악하는 것으로 주위의 사진상과 연관되어 성립되는 것이 일반적인 경우이다.
• 과고감(Vertical Exaggeration) : 지표면의 기복을 과장하여 나타낸 것으로 낮고 평평한 지역에서의 지형판독에 도움이 되는 반면 경사면의 경사는 실제보다 급하게 보이므로 오판에 주의해야 한다.

07 사진판독의 요소가 아닌 것은?

① 크기와 형태   ② 음영과 색조
③ 질감과 모양   ④ 날씨와 고도

해설

사진판독의 요소에는 주요소 및 보조요소가 있다.
• 주요소 : 색조, 모양, 질감, 형상, 크기, 음영
• 보조요소 : 상호위치관계, 과고감

정답 | 04 ① 05 ④ 06 ② 07 ④

08 사진판독에서 대상물이 갖는 빛의 반사에 의해 나타나는 판독요소로 낙엽수와 침엽수, 토양의 습윤도 등의 판독에 사용되는 요소는?

① 형상(Shape)
② 질감(Texture)
③ 색조(Tone, color)
④ 모양(Pattern)

해설

사진판독요소는 주요소와 보조요소로 나누며 색조, 모양, 질감, 형상, 크기, 음영 등은 주요소에, 과고감, 상호위치관계 등은 보조요소에 해당한다.

주요소
- 색조(Tone color) : 피사체(대상물)가 갖는 빛의 반사에 의한 것으로 수목의 종류를 판독하는 것을 말한다.
- 모양(Pattern) : 피사체(대상물)의 배열 상황에 의하여 판별하는 것으로 사진상에서 볼 수 있는 식생, 지형 또는 지표상의 색조 등을 말한다.
- 질감(Texture) : 색조, 형상, 크기, 음영 등 여러 요소의 조합으로 구성된 조밀, 거칠음, 세밀함 등으로 표현하며 초목 및 식물의 구분을 나타낸다.
- 형상(Shape) : 개체나 목표물의 구성, 배치 및 일반적인 형태를 나타낸다.
- 크기(Size) : 어느 피사체(대상물)가 같은 입체적, 평면적인 넓이와 길이를 나타낸다.
- 음영(Shadow) : 판독 시 빛의 방향과 촬영 시의 빛의 방향을 일치시키는 것이 입체감을 얻는 데 용이하다.

09 항공사진에서 사진의 판독요소와 거리가 먼 것은?

① 색조
② 날짜
③ 질감
④ 음영

해설

사진판독요소
사진판독요소는 주요소와 보조요소로 나누며 색조, 모양, 질감, 형상, 크기, 음영 등은 주요소에, 과고감, 상호위치관계 등은 보조요소에 해당한다.

10 항공사진판독에 의한 조사의 내용과 가장 거리가 먼 것은?

① 도시형태조사
② 토지이용현황조사
③ 해상교통량조사
④ 해저조사

해설

판독의 응용
- 토지이용 및 도시계획조사
- 지형 및 지질 판독
- 환경오염 및 재해 판독 – 농업 및 산림조사

11 항공사진의 판독순서로 옳은 것은?

```
1. 촬영 및 사진작성
2. 판독
3. 지리조사
4. 판독기준 작성
5. 정리
```

① 1 → 2 → 3 → 4 → 5
② 1 → 3 → 2 → 5 → 4
③ 1 → 5 → 4 → 2 → 3
④ 1 → 4 → 2 → 3 → 5

해설

사진판독 순서
촬영 및 사진작성 → 판독기준 작성 → 판독 → 지리조사 → 정리

12 항공사진의 주요 판독요소로만 짝지어진 것은?

① 색조, 크기, 촬영고도
② 질감, 모양, 촬영고도
③ 형상, 색조, 날짜
④ 음영, 크기, 색조

정답 | 08 ③ 09 ② 10 ④ 11 ④ 12 ④

해설

사진판독요소
- 주요소 : 색조, 모양, 질감, 형상, 크기, 음영
- 보조요소 : 과고감, 상호위치관계

13 사진판독의 기본요소와 거리가 먼 것은?

① 심도　　　　　② 형상
③ 음영　　　　　④ 색조

해설

사진판독요소
사진판독 요소는 주요소와 보조요소로 나누며 주요소는 색조, 모양, 질감, 형상, 크기, 음영으로, 보조요소는 과고감, 상호위치관계로 나눌 수 있다.

14 다음 중 한 장의 사진만으로 할 수 있는 작업은?

① 대상물의 정확한 3차원 좌표
② 사진판독
③ 수치표고모델(DEM) 생성
④ 수치지도 작성

해설

사진판독은 한 장의 사진만으로도 판독이 가능하다.

15 사진판독의 기본 요소가 아닌 것은?

① 색조　　　　　② 질감
③ 고도　　　　　④ 형상

해설

사진판독요소
사진판독요소는 주요소와 보조요소로 나누며 색조, 모양, 질감, 형상, 크기, 음영 등은 주요소로, 과고감, 상호위치관계 등은 보조요소로 나눌 수 있다.

16 사진판독에서 과고감에 대한 설명으로 옳은 것은?

① 산지는 실제보다 더 낮게 보인다.
② 기복이 심한 산지에서 더 큰 영향을 보인다.
③ 과고감은 초점거리나 중복도와는 무관하고 촬영고도에만 관련이 있다.
④ 촬영고도가 높을수록 크게 나타난다.

해설

과고감
항공사진을 입체시하는 경우 산의 높이 등이 실제보다 과장되어 보이는 현상을 말한다. 평면축척에 대하여 수직 축척이 크게 되기 때문에 실제 도형보다 산이 더 높게 보인다.
- 항공사진은 평면축척에 비해 수직축척이 크므로 다소 과장되어 나타난다.
- 대상물의 고도, 경사율 등을 반드시 고려해야 한다.
- 과고감은 필요에 따라 사진판독요소로 사용될 수 있다.
- 과고감은 사진의 기선고도비와 이에 상응하는 입체시의 기선고도비의 불일치에 의해서 발생한다.
- 과고감은 촬영고도 H에 대한 촬영기선길이 B와의 비인 기선고도비 B/H에 비례한다.

17 항공사진판독에 대한 설명 중 옳지 않은 것은?

① 사진판독은 사진면으로부터 얻어진 여러 가지 대상물의 정보 중 특성을 목적에 따라 해석하는 기술이다.
② 사진판독의 요소는 모양, 음영, 색조, 형상, 질감 등이 있다.
③ 사진의 정확도는 사진상의 변형, 색조, 형상 등 제반요소의 영향을 고려해야 한다.
④ 사진판독의 요소로서 위치 상호관계 및 과고감 등은 고려하여서는 안 된다.

정답 | 13 ① 　14 ② 　15 ③ 　16 ② 　17 ④

해설

사진판독요소

사진판독요소는 주요소와 보조요소로 나누며 색조, 모양, 질감, 형상, 크기, 음영 등은 주요소로, 과고감, 상호위치관계 등은 보조요소로 나눌 수 있다.

18 영상판독의 요소가 아닌 것은?

① 질감   ② 좌표
③ 크기   ④ 모양

해설

사진판독요소

사진판독요소는 주요소와 보조요소로 나누며 색조, 모양, 질감, 형상, 크기, 음영 등은 주요소로, 과고감, 상호위치관계 등은 보조요소로 나눌 수 있다.

정답 | 18 ②

편위수정과 사진지도

1. 편위수정(Rectification)

(1) 개요

① 편위수정은 비행기로 사진을 촬영할 때 항공기의 동요나 경사로 인하여 사진상에 생기는 약간의 변위와 축척이 일정하지 않은 경사, 축척 등을 수정하여 변위량이 없는 수직사진으로 작성하는 작업을 말한다.

② 즉 항공사진의 음화를 촬영할 때와 똑같은 상태(경사각과 촬영고도)로 놓고 지면과 평행한 면에 이것을 투영함으로써 수정하는 것이며, 이때 기하학적 조건, 광학적 조건, 샤임플러그 조건이 필요하다.

(2) 편위수정의 원리

① 편위수정기는 매우 정확한 대형 기계로서 배율(축척)을 변화시킬 수 있을 뿐만 아니라 원판과 투영판의 경사도 자유로이 변화시킬 수 있도록 되어 있으며, 보통 4개의 표정점이 필요하다.

② 편위수정기의 원리는 렌즈, 투영면, 화면(필름면)의 3가지 요소에서 항상 선명한 상을 갖도록 하는 조건을 만족시키는 방법이다.

(3) 편위수정을 하기 위한 조건

기하학적 조건 (소실점 조건)	필름을 경사지게 하면 필름의 중심과 편위수정기의 렌즈 중심이 달라지므로 이것을 바로잡기 위하여 필름을 움직여주지 않으면 안 된다. 이것을 소실점 조건이라 한다.
광학적 조건 (Newton의 조건)	광학적 경사 보정은 경사편위수정기(Rectifier)라는 특수한 장비를 사용하여 확대배율을 변경하여도 항상 예민한 영상을 얻을 수 있도록 1/a+1/b+1/f의 관계를 가지도록 하는 조건을 말하며, Newton의 조건이라고도 한다.
샤임플러그 조건 (Scheimpflug)	편위수정기는 사진면과 투영면이 나란하지 않으면 선명한 상을 맺지 못하며, 이것을 수정하여 화면과 렌즈 주점과 투영면의 연장이 항상 한 선에서 일치하도록 해야 투영면상의 상이 선명하게 상을 맺는다. 이것을 샤임플러그 조건이라 한다.

(4) 편위수정 방법

정밀수치편위수정은 직접법과 간접법으로 구분되는데, 인공위성이나 항공사진에서 수집된 영상자료와 수치고도모형자료를 이용하여 정사투영사진을 생성하는 방법이다.

직접법 (Direct Rectification)	인공위성이나 항공사진에서 수집된 영상자료를 관측하여 각각의 출력영상소의 위치를 결정하는 방법이다.
간접법 (Indirect Rectification)	• 수치고도모형자료에 의해 출력영상소의 위치가 이미 결정되어 있으므로, 입력영상에서 밝기값을 찾아 출력영상소 위치에 나타내는 방법이다. • 항공사진을 이용하여 정사투영 영상을 생성할 때 주로 이용된다.

2. 사진지도

(1) 사진지도의 종류

종류	특징
약조정집성사진지도	카메라의 경사에 의한 변위 및 지표면의 비고에 의한 변위를 수정하지 않고 사진 그대로 접합한 지도
반조정집성사진지도	일부만 수정한 지도
조정집성사진지도	카메라의 경사에 의한 변위를 수정하고 축척도 조정한 지도
정사투영사진지도	카메라의 경사, 지표면의 비고를 수정하고 등고선도 삽입된 지도

(2) 사진지도의 장단점

장점	단점
• 넓은 지역을 한눈에 알 수 있다. • 조사하는 데 편리하다. • 지표면에 있는 단속적인 징후도 경사로 되어 연속으로 보인다. • 지형, 지질이 다른 것을 사진상에서 추적할 수 있다.	• 산지와 평지에서는 지형이 일치하지 않는다. • 운반하는 데 불편하다. • 사진의 색조가 다르므로 오판할 경우가 많다. • 산의 사면이 실제보다 깊게 찍혀 있다.

01 편위수정 조건이 아닌 것은?

① 샤임플러그 조건　　② 광학적 조건
③ 로세다 조건　　④ 기하학적 조건

해설

편위수정(Rectification)
- 정의
 - 사진의 경사와 축척을 수정하여 통일된 축척과 변위 없는 연직사진을 제작하는 것
 - 일반적으로 4개의 표정점 필요
- 특징(편위수정 조건)
 - 기하학적 조건(소실점 조건) : 필름을 경사지게 하면 필름의 중심과 편위수정기의 렌즈 중심이 달라지므로 이것을 바로잡기 위하여 필름을 움직여주지 않으면 안 된다.
 - 광학적 조건(Newton의 렌즈 조건) : 경사편위수정기라는 특수한 장비를 사용하여 확대배율을 변경하여도 항상 예민한 영상을 얻을 수 있도록 $1/a + 1/b + 1/f$의 관계를 가지도록 하는 조건을 말한다.
 - 샤임플러그의 조건 : 화면의 렌즈 주점면과 투영면의 연장이 항상 한 선에 일치하도록 하면 투영면상의 상은 선명하게 상을 맺는다. 이것을 샤임플러그의 조건이라 한다. 편위수정기는 사진면과 투영면이 나란하지 않으면 선명한 상을 맺지 못하며, 이것을 수정하여 화면과 렌즈 주점과 투영면의 연장이 항상 한 선에서 일치하도록 하면 투영면상의 상은 선명하게 상을 맺는다.

02 편위수정기를 이용한 편위수정에 대한 설명으로 옳지 않은 것은?

① 편위수정을 거친 사진을 집성한 사진지도를 조정집성사진지도라 한다.
② 사진기의 경사에 의한 변위 및 지표면의 비고에 의한 기복변위를 수정하는 것이다.

③ 수평위치 기준점이 최소한 3점이 필요하고 정밀을 요하는 경우 4점 이상이 소요된다.
④ 편위수정기를 이용하는 기계적 편위수정과 수학적 좌표 변환을 이용하는 해석적 편위수정이 있다.

해설

편위수정
사진의 경사와 축척을 수정하여 통일된 축척과 변위 없는 연직사진을 제작하는 것으로, 일반적으로 4개의 표정점이 필요하다.

편위수정 조건
- 기하학적 조건 : 소실점 조건
- 광학적 조건 : Newton의 렌즈 조건
- 샤임플러그의 조건 : 화면의 렌즈 주면과 투영면의 연장이 항상 한 선에 일치하도록 하면 투영면상의 상은 선명하게 상을 맺는다.

03 카메라의 경사, 지표면의 비고를 수정하고 등고선이 삽입된 사진지도는?

① 중심투영사진지도
② 정사투영사진지도
③ 조정집성사진지도
④ 약집성사진지도

해설

편위수정
- 약조정집성사진지도 : 편위수정기에 의한 편위수정을 거치지 않은 단계
- 반조정집성사진지도 : 일부만 편위수정
- 조정집성사진지도 : 편위수정이 종료된 사진 집성
- 정사투영사진지도 : 촬영 시 사진기의 경사, 지표면의 비고 수정 및 등고선 삽입

정답 | 01 ③　02 ②　03 ②

04 사진지도 중 등고선을 기준으로 카메라의 경사, 지표면의 비교에 의한 기복변위까지 수정한 것은?

① 정사투영사진지도
② 반조정집성사진지도
③ 약조정집성사진지도
④ 조정집성사진지도

해설

정사투영사진지도는 사진기의 경사, 지표면의 비고를 수정하고 등고선이 삽입된 지도이다.
② 반조정집성사진지도 : 일부 수정만을 거친 사진지도
③ 약조정집성사진지도 : 사진기의 경사에 의한 변위, 지표면의 비교에 의한 변위를 수정하지 않고 사진을 그대로 집성한 사진지도
④ 조정집성사진지도 : 사진기의 경사에 의한 변위를 수정하고 축척도 조정된 사진을 집성한 사진지도

05 비고 70m의 구릉지에서 사진 크기 23cm×23cm, 초점거리 15.3cm인 사진기로 촬영한 축척 1 : 20,000의 연직사진이 있다. 이 사진의 비고에 의한 최대 편위는?

① 3.7mm
② 4.7mm
③ 7.3mm
④ 8.3mm

해설

축척(M) $= \dfrac{1}{m} = \dfrac{f}{H}$ 에서

$H = m \times f = 20,000 \times 0.153 = 3,060\text{m}$

$\Delta r_{max} = \dfrac{h}{H} r_{max} = \dfrac{70}{3,060} \times 0.1626$
$\qquad = 0.003719\text{m} = 3.7\text{mm}$

$r_{max} = \dfrac{\sqrt{2}}{2} a = \dfrac{\sqrt{2}}{2} \times 0.23 = 0.1626$

06 편위 수정기에서 사진면과 렌즈 주면과 투영면의 연장이 항상 한 선에서 일치하도록 하면 투영면상의 상이 선명하게 상을 맺는다. 이것을 무슨 조건이라 하는가?

① 샤임플러그의 조건
② Newton의 렌즈 조건
③ 소실점 조건
④ 광학적 조건

해설

편위수정
사진의 경사와 축척을 바로 수정하여 축척을 통일시키고 변위가 없는 연직사진으로 수정하는 작업이며, 일반적으로 4개의 표정점이 필요하다.

편위수정 조건
• 기하학적 조건 : 소실점 조건
• 광학적 조건 : Newton의 렌즈 조건
• 샤임플러그의 조건 : 화면과 렌즈 주면과 투영면의 연장이 항상 한 선에서 일치하도록 한다.

07 사진측량의 결과분석을 위한 현지점검에 관한 설명으로 옳지 않은 것은?

① 항공사진측량으로 제작된 지도의 정확도를 검사하기 위한 측량은 충분한 편의가 발생하도록 지도의 일부분에만 실시한다.
② 현지측량은 지도에 나타난 면적에 산재해 있는 충분히 많은 검사점들을 포함해야 한다.
③ 현장에서 조사된 항목은 되도록 조건에 모두 만족하는 것을 원칙으로 한다.
④ 그림자가 많고, 표면의 빛의 반사로 인해 영상의 명암이 제한된 지역의 경우는 편집 과정에서 오차가 생기기 쉬우므로, 오차가 의심되는 지역을 조사한다.

해설

사진측량의 결과분석을 위한 현지점검은 편위가 발생하지 않도록 지도에 나타난 면적에 분포되어 있는 많은 검사점을 포함해야 한다.

08 편위수정(rectification)을 거친 사진을 집성한 사진지도로 등고선이 삽입되어 있지 않은 것은?

① 중심투영사진지도
② 약조정집성사진지도
③ 정사사진지도
④ 조정집성사진지도

해설

사진지도의 종류
- 약조정집성사진지도 : 사진기의 경사에 의한 변위, 지표면의 비고에 의한 변위를 수정하지 않고 사진을 그대로 집성한 사진지도
- 반조정집성사진지도 : 일부 수정만을 거친 사진지도
- 조정집성사진지도 : 사진기의 경사에 의한 변위를 수정하고 축척도가 조정된 사진지도
- 정사투영사진지도 : 사진기의 경사, 지표면의 비고를 수정하고 등고선이 삽입된 지도

09 편위수정에 대한 설명으로 옳지 않은 것은?

① 사진지도 제작과 밀접한 관계가 있다.
② 경사사진을 엄밀수직사진으로 고치는 작업이다.
③ 지형의 기복에 의한 변위가 완전히 제거된다.
④ 4점의 평면좌표를 이용하여 편위수정을 할 수 있다.

해설

편위수정은 비행기로 사진을 촬영할 때 항공기의 동요나 경사로 인하여 사진상에 생기는 약간의 변위와 축척이 일정하지 않은 경사, 축척 등을 수정하여 변위량이 없는 수직사진으로 작성하는 작업을 말한다. 즉 항공사진의 음화를 촬영할 때와 똑같은 상태(경사각과 촬영고도)로 놓고 지면과 평행한 면에 이것을 투영함으로써 수정하는 것이며, 이때 기하학적 조건, 광학적 조건, 샤임플러그 조건이 필요하다. 일반적으로 4개의 표정점이 필요하다.

정답 | 08 ④   09 ③

09 CHAPTER 수치사진측량(Digital Photogrammetry)

1. 개요

① 수치사진측량은 아날로그 형태의 해석사진에서 컴퓨터 프로그래밍의 급속한 발달과 함께 발전적으로 변화되어 가는 사진측량기술로서, 컴퓨터 비전, 컴퓨터 그래픽, 영상처리 등 다양한 학문과 연계되어 있으며, 수치영상을 이용하므로 기존 사진측량의 많은 작업공정을 자동으로 처리할 수 있는 많은 가능성을 제시하고 있다.

② 수치사진측량이 새로운 사진측량의 한 분야로 개발된 배경은 다양한 수치영상의 이용 가능, 컴퓨터 하드웨어 및 소프트웨어의 발전, 실시간 처리 및 비용 절감에 대한 필요성 등이다.

2. 수치사진측량의 연혁

① 1970년대 중반 : 수치적 편위수정방법에 의해 수치정사투영 영상을 생성하기 위한 연구가 시작되었다.

② 1979년 : Konecny에 의해 구체적 방법이 제시되었다.

③ 1980년대 말 : 수치영상자료의 정량적 위치결정에 대한 활발한 연구(영상처리, 영상정합)가 이루어졌다.

④ 1990년대 : 입체영상의 동일점을 탐색하기 위한 영상정합 및 수치영상처리기법 등에 대하여 많은 연구가 이루어졌다.

3. 수치사진측량의 특징

수치사진측량은 기존 사진측량과 비교하면 다음과 같은 특징이 있다.

① 다양한 수치영상처리과정(Digital Image Processing)에 이용되므로 자료에 대한 처리 범위가 넓다.

② 기존 아날로그 형태의 자료보다 취급이 용이하다.

③ 기존 해석사진측량에서 처리가 곤란했던 광범위한 형태의 영상을 생성한다.

④ 수치 형태로 자료가 처리되므로 지형공간정보체계에 쉽게 적용할 수 있다.

⑤ 기존 해석사진측량보다 경제적이며 효율적이다.
⑥ 자료의 교환 및 유지관리가 용이하다.

4. 수치사진측량의 자료 취득 방법

① 인공위성 센서에 의한 직접 취득 방법
② 기존 사진을 주사(Scanning)하는 간접적 방법

5. 수치사진측량의 작업 과정

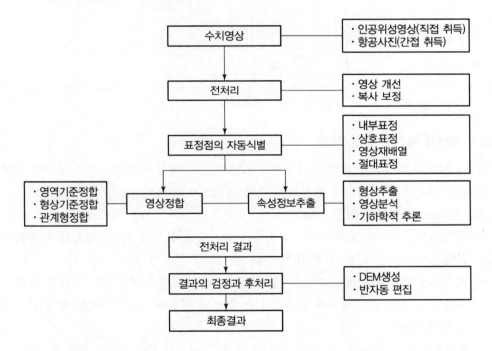

6. 수치영상처리

(1) 수치영상(Digital Image)

① 수치영상은 요소(element) g_{ij}를 가지는 2차원 행렬 G로 구성된다.
② 각 요소들은 영상소(pixel)로 불린다.
③ 행 방향 색인(row index) i는 1에서 I까지 1씩 증가한다. 즉, $i = 1(1)I$이다.
④ 열 방향 색인(column index)은 $j = 1(1)J$이다.

⑤ 수치 영상은 하나의 작은 셀을 영상요소(image element) 또는 I영상소(pixel)라 하며, 영상소의 크기는 영상소의 해상도에 해당하고, 지상에 대응하는 거리를 지상해상도라 한다.

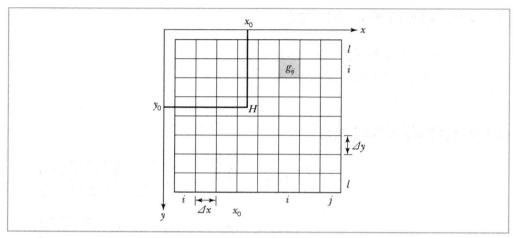

[수치사진영상]

(2) 영상의 개선과 복원을 위한 기법

① 개요 : 영상의 개선기술 목적은 관측자를 위한 영상의 외향을 향상시키는 것으로 이것은 보다 주관적인 처리인데 전형적인 대화 형식으로 수행된다.

② 영상의 개선과 복원을 위한 기법

    ㉠ 점연산기법(point operations) : 점연산은 밝기값의 확장과 초기기준값을 포함하며 점연산의 결과는 같은 점에 대한 입력 밝기값에 의존함

    ㉡ 지역연산기법(local operations) : 인접한 입력영상소는 출력영상소 결과에 영향을 주며 많은 기법들은 장소와 관련이 되는 것으로 평활화, 형상의 추출, 경계선의 개선 등이 있음

    ㉢ 전역연산기법(global operations) : 전체의 입력 영상은 출력정보에 영향을 주며 전역연산은 주파수 영역 안에서 수행됨

    ㉣ 기하학적 연산기법(geometric operations) : 기하학적 변환의 결과는 입력영상의 다양한 위치로부터의 밝기값에 따라 다르며, 축척, 회전, 평행변위, 그리고 편위수정 등이 기하학적 방법의 전형적인 예임

③ 영상의 개선과 복원의 세부기법

    ㉠ 평활화(smoothing) : 노이즈나 은폐된 상세 부분을 제거함으로써 매끄러운 외양의 영상을 만들어내는 기술을 포함함

　　ⓒ 선명화(sharpening) : 영상의 형상을 보다 뚜렷하게 하는 것

　　ⓒ 결함 보정화(correcting defect) : 영상 결함을 고치는 것을 목적으로, 즉 밝기값의
　　　큰 착오를 제거하는 것을 목적으로 함

　④ 히스토그램 수정

　　㉠ 대비 확장(contrast stretching) : 대비 확장에서 밝기값들은 광범위하게 적용할 수
　　　있는 값을 얻기 위해서 수정되어야 함

　　ⓒ 히스토그램의 균등화(histogram equalization) : 히스토그램 균등화는 밝기값 g_1으로
　　　부터 밝기값 g_2까지의 변환을 정의하는데, 이는 g_2의 분포를 평평하게 하기 위함임

　⑤ 영상보정(image correction)

　　㉠ 영상보정의 목적 : 사진기나 스캐너의 결함으로 발생한 가영상의 결함을 제거하기
　　　위한 것

　　ⓒ 방법

　　　• 중앙값 필터에 의한 잘못된 영상소의 제거
　　　• 중앙값 필터에 의한 잘못된 행이나 열의 제거

(3) 영상재배열(image resampling)

　① 개요

　　㉠ 일반적으로 원영상에 현존하는 밝기값을 할당하거나 인접영상의 밝기값들을 이용
　　　하여 보간하는 것을 말함

　　ⓒ 영상의 재배열은 수치영상의 기하학적 변환을 위해 수행되고, 원래의 수치영상과
　　　변환된 수치영상 관계에 있어 영상소의 중심이 정확히 일치하지 않으므로 영상소를
　　　일대일 대응관계로 재배열할 경우 영상의 왜곡이 발생함

　② 영상재배열 방법

　　㉠ 최근린보간법

　　　• 내삽점(보간점)에 가장 가까운 관측점의 영상소(화소) 값을 구하고자 하는 영상
　　　　소(화소) 값으로 함

　　　• 이 방법에서 위치 오차는 최대 1/2 픽셀 정도 생기나 원래 영상소 값을 흠내지
　　　　않으며 처리 속도가 빠르다는 이점이 있음

　　ⓒ 공일차내삽법

　　　• 내삽점 주위 4점의 영상소 값을 이용하여 구하고자 하는 영상소 값을 선형식으
　　　　로 내삽

　　　• 이 방식은 원자료가 흠이 나는 결점이 있으나 평균하기 때문에 Smoothing(평활
　　　　화) 효과가 있음

ⓒ 공삼차내삽법

- 내삽하고 싶은 점 주위의 16개 관측점의 영상소 값을 이용하여 구하는 영상소 값을 3차 함수를 이용하여 내삽
- 이 방식은 원자료가 흠이 나는 결점이 있으나 영상의 평활화와 동시에 선명성의 효과가 있어 고화질이 얻어짐

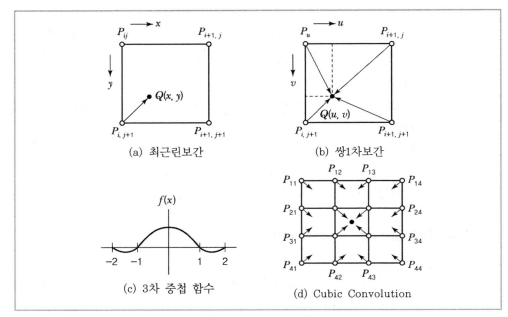

[영상데이터의 보간]

7. 사진의 기하학적 특성

(1) 개요

수치사진측량의 기하학적 특성은 기존 사진측량과 동일하며 본문에서는 공선조건, 공면조건, 에피폴라 기하학을 중심으로 기술하고자 한다.

(2) 공면조건(Coplanarity Condition)

① 한 쌍의 입체사진이 촬영된 시점과 상대적으로 동일한 공간적 관계를 재현하는 것을 공면조건이라고 하며, 대응하는 빛 묶음은 교회하여 입체상(Model)을 형성한다.

② 3차원 공간상에서 평면의 일반식은 $Ax + By + Cz + D = 0$이며 두 개의 투영중심 $O_1(X_{O1}, Y_{O1}, Z_{O1}), O_2(X_{O2}, Y_{O2}, Z_{O2})$과 공간상 임의점 p의 두 상점 $P_1(X_{p1}, Y_{p1},$

Z_{p1}), $P_2(X_{p2},\ Y_{p2},\ Z_{p2})$이 동일 평면상에 있기 위한 조건을 공면조건이라 한다.

특징	
• 한 쌍의 중복사진에 있어서 그 사진의 투영중심과 대응되는 상점이 동일 평면 내에 있기 위한 필요충분조건 • 이때 공유하는 평면을 공액평면(Epipolar Plane)이라 함 • 공액평면이 사진평면을 절단하여 얻어지는 선을 공액선(Epipolar Line)이라 함 • 공면조건은 상호표정, 절대표정, 항공삼각측량의 광속조정 등에 이용됨	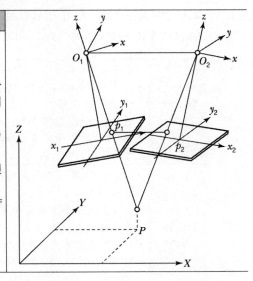

(3) 공선조건(Collinearity Condition)

사진상의 한 점$(x,\ y)$과 사진기의 투영중심(촬영중심)$(X_o,\ Y_o,\ Z_o)$ 및 대응하는 공간상(지상)의 한 점$(X_p,\ Y_p,\ Z_p)$이 동일직선상에 있어야 하는 조건을 공선조건이라 한다.

특징	
• 사진측량의 가장 기본이 되는 원리로서 대상물과 영상 사이의 수학적 관계 • 공선조건에는 사진기의 6개 자유도를 내포 : 세 개의 평행이동과 세 개의 회전 • 중심투영에서 벗어나는 상태는 공선조건의 계통적 오차로 모델링됨 • 공선조건은 상호표정, 절대표정, 항공삼각측량의 번들조정 등에 이용됨	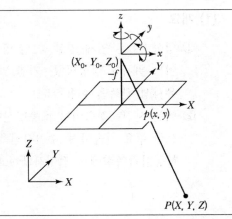

(4) 에피폴라 기하(Epipolar Geometry)

최근 수치사진측량기술이 발달함에 따라 입체사진에서 공액점을 찾는 공정은 점차 자동화되어 가고 있으며, 공액요소 결정에 에피폴라 기하(Epipolar Geometry)를 이용한다.

Epipolar Line	• 공액요소에 대한 중요한 제약은 에피폴라선 • 에피폴라선(e', e'')은 영상평면과 에피폴라 평면의 교차점 • 에피폴라선은 탐색공간을 많이 감소시킴 • 에피폴라선은 주로 사진좌표계의 X축에 평행하지 않음	
Epipolar Plane	• 에피폴라선과 에피폴라 평면은 공액요소 결정에 이용됨 • 에피폴라 평면은 투영중심 O_1, O_2와 지상점 P에 의해 정의됨 • 공액점 결정에 적용하기 위해서는 수치영상의 행(Row)과 에피폴라선이 평행이 되도록 하는데, 이러한 입체상(Stereo Pairs)을 정규화영상(Normalized Images)이라고 함	

8. 영상정합(Image Matching)

(1) 개요

① 영상정합은 입체 영상 중 한 영상의 한 위치에 해당하는 실제의 대상물이 다른 영상의 어느 위치에 형성되었는가를 발견하는 작업으로서, 상응하는 위치를 발견하기 위해서 유사성 관측을 이용한다.

② 이는 사진측정학이나 로봇비전(Robot Vision) 등에서 3차원 정보를 추출하기 위해 필요한 주요 기술이며, 수치사진측량학에서는 입체 영상에서 수치표고모형을 생성하거나 항공삼각측량에서 점이사(Point Transfer)를 위해 적용된다.

(2) 영상정합 방법

영역기준 정합 (Area Based Matching)	오른쪽 사진의 일정한 구역을 기준영역으로 설정한 후 이에 해당하는 왼쪽 사진의 동일 구역을 일정한 범위 내에서 이동시키면서 찾아내는 원리를 이용하는 기법으로, 밝기값 상관법과 최소제곱정합법이 있음	
	밝기값 상관법 (Gray Value Corelation)	• 한 영상에서 정의된 대상 영역(Target Area)을 다른 영상의 검색 (탐색)영역(Search Area)상에서 한 점씩 이동하면서 모든 점들에 대해 통계적 유사성 관측값(상관계수)을 계산하는 방법 • 입체정합을 수행하기 전에 두 영상에 대해 에피폴라 정렬을 수행 하여 검색(탐색)영역을 크게 줄임으로써 정합의 효율성을 높일 수 있음
	최소제곱정합법 (Least Square Matching)	• 탐색영역에서 대응점의 위치(x_s, y_s)를 대상영상 G_t와 탐색영역 G_s의 밝기값들의 함수로 정의하는 것 • $G_t(x_t y_t) = G_s(x_s y_s) + n(x y)$ 여기서, $(x_t y_t)$: 대상 영역에 주어진 좌표, $(x_s y_s)$: 찾고자 하는 대응점의 좌표, n : 노이즈
형상기준 정합 (Feature Matching)	• 대응점을 발견하기 위한 기본자료로서 특징(점, 선, 영역, 경계)적인 인자를 추출하는 기법 • 두 영상에서 대응하는 특징을 발견함으로써 대응점을 찾아냄 • 형상기준정합을 수행하기 위해서는 먼저 두 영상에서 모두 특징을 추출해야 함 • 이러한 특징 정보는 영상의 형태로 이루어지며 대응특징을 찾기 위한 탐색영역을 줄 이기 위하여 에피폴라 정렬을 수행함	
관계형 정합 (Relation Matching)	• 영상에 나타나는 특징들을 선이나 영역 등의 부호적 표현을 이용하여 묘사하고, 이러 한 관계대상들뿐만 아니라 관계대상들끼리의 관계까지도 포함하여 정합을 수행하는 것 • 점(Point), 희미한 것(Blobs), 선(Lines), 면 또는 영역(Region) 등과 같은 구성요소들 은 길이, 면적, 형상, 평균 밝기값 등의 속성을 이용하여 표현 • 이러한 구성요소들은 공간적 관계에 의해 도형으로 구성되며 두 영상에서 구성되는 그래프의 구성요소들의 속성들을 이용하여 두 영상을 정합함 • 관계형 정합은 아직 연구개발 초기 단계에 있으며 앞으로 많은 발전이 있어야만 실제 상황에서의 적용이 가능할 것	

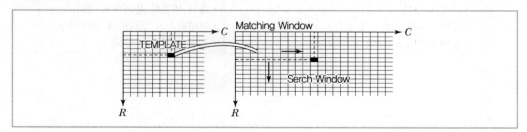

[영상정합]

9. 응용

① 3차원 위치결정
② 자동 항공삼각측량에 응용
③ 자동수치 표고모형에 응용
④ 수치정사투영 영상생성에 응용
⑤ 실시간 3차원 측량에 응용
⑥ 각종 주제도 작성에 응용

10. 지상사진측량

(1) 개요

① 사진측량은 전자기파를 이용하여 대상물에 대한 위치, 형상(정량적 해석) 및 특성(정성적 해석)을 해석하는 측량 방법으로 측량 방법에 의한 분류상 항공사진측량, 지상사진측량, 수중사진측량, 원격탐측, 비지형사진측량으로 분류된다.
② 이 중 지상사진측량은 촬영한 사진을 이용하여 건물 모양, 시설물로의 형태 및 변위 관측을 하기 위한 측량 방법이다.

(2) 지상사진측량의 특징

항공사진측량	지상사진측량
• 후방교회법	• 전방교회법
• 감광도에 중점을 둔다.	• 렌즈수차만 작으면 된다.
• 광각사진이 경제적이다.	• 보통각이 좋다.
• 대규모 지역이 경제적이다.	• 소규모 지역이 경제적이다.
• 지상 전역에 걸쳐 찍을 수 있다.	• 보충촬영이 필요하다.
• 축척 변경이 용이하다.	• 축척 변경이 용이하지 않다.
• 평면위치의 정확도가 높다.	• 평면위치의 정확도가 떨어진다.
• 높이의 정도는 낮다.	• 높이의 정도는 좋다.

(3) 지상측량 방법

구분	특징
직각수평촬영	• 양 사진기의 광축이 촬영기선 b에 대해 수평 또는 직각 방향으로 향하게 하여 평면(수평) 촬영하는 방법 • 기선길이는 대상물까지의 거리에 대하여 $\frac{1}{5} \sim \frac{1}{20}$ 정도로 택함
편각수평촬영	• 양 사진기의 촬영축이 촬영기에 대하여 일정한 각도만큼 좌 또는 우로 수평편차하며 촬영하는 방법 • 즉 사진기축을 특정한 각도만큼 좌, 우로 움직여 평행 촬영을 하는 방법 • 종래 댐 및 교량지점의 지상 사진 측량에 자주 사용했던 방법 • 초광각과 같은 렌즈 효과를 얻을 수 있음
수렴수평촬영	서로 사진기의 광축을 교차시켜 촬영하는 방법

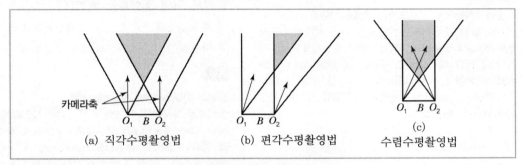

[지상사진의 촬영법]

01 항공삼각측량에서 조정방법에 따라 정확도가 높은 것부터 낮은 순서로 나열된 것은?

① 기계법 – 도해법 – 해석적 방법
② 도해법 – 기계법 – 해석적 방법
③ 해석적 방법 – 도해법 – 기계법
④ 해석적 방법 – 기계법 – 도해법

> 해설

공중삼각측량에는 실체도화기(實體圖化機)에 의하여 차례차례 촬영 카메라의 위치를 구해 가는 기계법과 콤퍼레이터(comparator)로 사진상 점의 평면좌표를 잰 다음 전자계산기로 계산하여 구하는 해석법이 있다. 또한 평면위치만을 도해적(圖解的)으로 구하는 데는 공중사진상에서 각 점으로의 방향선의 교차점을 정하는 사선법(射線法)이 이용된다.

02 항공삼각측량에 있어서 상좌표로부터 절대좌표를 얻기 위한 오차 조정 방법에 의한 분류가 아닌 것은?

① 해석적 방법
② 독립모형법
③ 기계법
④ 도해법

> 해설

조정 방법에 의한 분류
• 기계법(입체도화기)
 − 에어로폴리곤법(Aeropolygon)
 − 독립모델법(Independent Model)
 − 스트립 및 블록 조정(Strip/Block Adjustment)
• 해석법(정밀좌표 관측기)
 − 스트립 및 블록조정(Strip/Block Adjustment)
 − 독립모델법(Independent Model)
 − 광속법(Bundle Adjustment)

독립모델법(Independent Model)
• 통일된 연속모델의 모델형성 및 절대표정을 순계산식 또는 절충식 방법에 의해 산정하는 방법
• 내부표정을 거친 후 상호표정은 정밀도화기와 지형도화기 및 콤퍼레이터에 의해 좌표결정

03 다음 사진기준점 측량방법 중 사진을 기본단위로 하여 조정하는 방법은?

① 광속조정법
② 독립모형조정법
③ 다항식법
④ 스트립조정법

> 해설

광속조정법(Bundle Adjustment)
상좌표를 사진좌표로 변환시킨 다음 사진좌표(photo coordinate)로부터 직접절대좌표(absolute coordinate)를 구하는 것으로, 종횡접합모형(block) 내의 각 사진상에 관측된 기준점, 접합점의 사진좌표를 이용하여 최소제곱법으로 각 사진의 외부표정요소 및 접합점의 최확값을 결정하는 방법이다.

다항식 조정법(Polynomial method)
촬영경로, 즉 종접합 모형(Strip)을 기본단위로 하여 종횡접합모형, 즉 블록을 조정하는 것으로, 촬영경로마다 접합표정 또는 개략의 절대표정을 한 후 복수촬영경로에 포함된 기준점과 접합표정을 이용하여 각 촬영경로의 절대표정을 다항식에 의한 최소제곱법으로 결정하는 방법이다.

독립모델조정법(Independent Model Triangulation ; IMT)
입체모형(Model)을 기본단위로 하여 접합점과 기준점을 이용하여 여러 모델의 좌표를 조정하는 방법에 의하여 절대좌표를 환산하는 방법이다.

DTL법(Direct Linear Transformation ; DLT)
광속조정법의 변형으로, 상좌표로부터 사진좌표를 거치지 않고 11개의 변수를 이용하여 직접 절대좌표를 구할 수 있다.

정답 | 01 ④ 02 ② 03 ①

- 직접 선형변환(DLT ; Direct Linear Transformation)은 공선조건식을 달리 표현한 것이다.
- 정밀좌표관측기에서 지상좌표로 직접 변환이 가능하다.
- 선형방정식이고 초기 추정값이 필요치 않다.
- 광속조정법에 비해 정확도가 다소 떨어진다.

04 수치사진측량기법으로 DEM(Digital Elevation Model)을 자동으로 생성하려고 할 때, 다음 중 가장 적합한 영상은?

① 정사영상　　　　② 에피폴라 영상
③ 경사영상　　　　④ 모자이크 영상

해설

최근 수치사진측량기술이 발달함에 따라 입체사진에서 공액점을 찾는 공정은 점차 자동화되어 가고 있으며 공액요소 결정에 에피폴라 기하를 이용한다. 그러므로 DEM(Digital Elevation Model)을 자동으로 생성하려고 할 때, 가장 적합한 영상은 에피폴라 영상이다. 수치사진측량에서 DEM를 자동생성하려면 먼저 영상을 처리하고 에피폴라 기하를 이용하여 영상정합 후 DEM을 자동생성한다.

05 지도를 그리거나 생산해내는 전산기 체계, 도면 자동화를 의미하는 용어는?

① AM(Automated Mapping) System
② FM(Facilities Management) System
③ AML(Arc Macro Language) System
④ DML(Date Management Language) System

해설

소체계
- Land Information System : 지형분석, 토지이용, 개발, 행정, 다목적 지적 등 토지자원 관련문제해결을 위한 정보분석체계
- Geographic Information System : 지리에 관련된 위치 및 특성정보를 효율적으로 수집, 저장, 갱신, 분석하기 위한 정보분석체계

- Urban Information System : 도시지역의 위치 및 특성정보를 데이터베이스화하여 통일적으로 관리할 때 시정업무를 효율적으로 지원할 수 있는 전산체계
- 수치지도제작 및 지도정보체계(DM/MIS)
- 도면자동화 및 시설물관리(AM/FM)
- 측량정보체계(SIS)
- 도형 및 영상정보체계(GIIS)
- 교통정보체계(Transportation IS)
- 환경정보체계(Environmental IS)
- 재해정보체계(Disaster IS)
- 지하정보체계(Underground Is, UGIS)

06 수치지도로부터 수치지형모델(DTM)을 생성하려고 한다. 어떤 레이어가 필요한가?

① 건물 레이어
② 하천 레이어
③ 도로 레이어
④ 등고선 레이어

해설

수치지도로부터 수치지형모델을 생성하려면 등고선 레이어가 필요하다.

07 다음 중 정확도가 가장 높은 수치지도는?

① 30미터 크기의 해상도를 가진 인공위성영상을 이용한 수치지도
② 1 : 1,000 축척의 항공사진을 가지고 수치도화를 거친 수치지도
③ 1 : 50,000 축척의 종이지도를 디지타이징하여 만든 수치지도
④ 1 : 25,000 축척의 종이지도를 스캐닝하여 만든 수치지도

해설

30미터 크기의 해상도를 가진 인공위성영상을 이용한 수치지도보다 1 : 1,000 축척의 항공사진을 가지고 수치도화를 거친 수치지도가 정확도가 높다.

정답 | 04 ② 05 ① 06 ④ 07 ②

※ 해상도는 화면의 픽셀 수를 의미한다. 예를 들어 '내 휴대폰의 해상도가 480×800이다'라고 한다면 휴대폰 화면에 가로 480개, 세로 800개의 픽셀(점)이 사로 다른 색으로 빛나면서 화면을 보여주고 있는 것이다. 해상도가 높으면 그만큼 많은 점으로 표현되는 화면을 띄워줄 수 있다. 즉, '해상도＝픽셀의 수'로 이해하면 되고, 픽셀의 밀집도를 나타내는 PPI(pixcel per inch)는 1인치 안에 몇 개의 픽셀이 들어 있나로 픽셀(점)의 밀집도를 알 수 있다.

08 수치영상의 정합기법 중 하나의 영역기준 정합의 단점이 아닌 것은?

① 불연속 표면에 대한 처리가 어렵다.
② 계산량이 많아서 시간이 많이 소요된다.
③ 선형 경계를 따라서 중복된 정합점들이 발견될 수 있다.
④ 주변 픽셀들의 밝기값 차이가 뚜렷한 경우 영상정합이 어렵다.

해설

영역기준정합 또는 단순정합(Area Based Matching or single matching)
• 개요 : 영역기준정합은 오른쪽 사진의 일정한 구역을 기준영역으로 설정한 후 이에 해당하는 왼쪽 사진의 동일 구역을 일정한 범위 내에서 이동시키면서 찾아내는 원리를 이용하는 것으로, 밝기값 상관법(GVC ; Gray Value Correlation)과 최소제곱 정합법(LSM ; Least Square Matching)이 있다.
• 문제점
 - 반복적인 부형태(subpattern)가 있을 때 정합점이 여러 개 발견될 수 있다.
 - 이웃 영상소끼리 유사한 밝기값을 갖는 지역에서는 최적의 영상정합이 어렵다.
 - 선형경계 주변에서는 경계를 따라서 정합점이 발견될 수 있다.
 - 불연속적인 표면을 갖는 부분에 대한 처리가 어렵다.
 - 회전이나 크기 변화를 처리하지 못한다.
 - 계산량이 많다.

09 지형도, 항공사진을 이용하여 대상지의 3차원 좌표를 취득하여 불규칙한 지형을 기하학적으로 재현하고 수치적으로 해석하므로 경관해석, 노선선정, 택지조성, 환경설계 등에 이용되는 것은?

① 원격탐사
② 도시정보체계
③ 수치정사사진
④ 수치지형모델

해설

수치지형모형(Digital Terrain Model)
공간상에 나타난 불규칙한 지형의 변화를 수치적으로 표현하는 방법을 수치지형모형이라 한다. 수치지형모형(DTM)은 표고뿐만 아니라 지표의 다른 속성도 포함되어 있으나 표고에 관한 정보를 다루는 경우에는 수치고도모형이라 하는 차이점이 있다. 수치고도모형은 현장측량 및 사진측정학과 관련이 있고 수치지형모형은 측량뿐만 아니라 원격탐사 및 자연 사회과학과 밀접한 관련이 있다.

수치지형모형의 종류
• DEM : 수치표고모형(3차원 지모 표현)
• DSM : 수치표면모형(지모와 지물 표현)
• DTM : 수치지형모형(DEM＋속성)

10 수치사진측량의 장점에 대한 설명으로 옳지 않은 것은?

① 사진에 나타나지 않은 지형지물의 판독이 가능하다.
② 다양한 결과물의 생성이 가능하다.
③ 자동화에 의해 효율성이 증가한다.
④ 작업비용이 절감된다.

해설

수치사진측량은 필름 대신 수치영상을 이용하여 수치 영상처리에 의해 이루어진다.

수치사진측량의 장점
• 다양한 수치영상의 이용이 가능

정답 | 08 ④ 09 ④ 10 ①

• 작업 비용 절감
• 작업 속도 증가
• 자동화
• 일관된 결과물 산출이 가능

11 다음 중 넓은 지역에 대한 수치표고모델(DEM)을 가장 신속하게 얻을 수 있는 장비는?

① GPS   ② LiDAR
③ 항공사진기   ④ 토털 스테이션

해설

항공레이저측량(항공 LiDAR)은 항공레이저측량시스템(레이저 거리측정기, GPS 안테나와 수신기, INS 등으로 구성된 시스템)을 항공기에 탑재하여 레이저를 주사하고 그 지점에 대한 3차원 위치좌표를 취득하는 측량장비이다.
• 투과율이 좋기 때문에 산림, 수목, 늪지대 등의 지형도 제작에 유용하다.
• 기상의 영향이 적고 기존의 항공사진측량보다 작업속도가 빠르다.

12 수치표고모형(Digital Elevation Model)의 활용 분야가 아닌 것은?

① 가시권 분석   ② 토공량 산정
③ 등고선도와 시선도   ④ 토지피복 분류

해설

수치표고모형(Digital Elevation Model ; DEM)은 표고 데이터의 집합일 뿐만 아니라 임의의 위치에서 표고를 보간할 수 있는 모델을 말한다.

수치지형모형(DTM)의 응용
• 군사적 목적의 3차원 응용
• 경사도, 사면방향도, 경사 및 단면의 계산과 음영기복도 제작
• 절토량과 성토량 산정
• 수문정보체계 구축
• 등고선과 시선도

13 수치지도로부터 수치지형모델(DTM)을 생성하려고 한다. 어떤 레이어가 필요한가?

① 건물 레이어   ② 하천 레이어
③ 도로 레이어   ④ 등고선 레이어

해설

수치지형모델(DTM)은 지표면에 일정한 간격으로 분포된 지점의 높이를 수치화하였기 때문에 등고선 레이어가 필요하다. DTM은 컴퓨터를 이용한 다양한 분석에 용이하다.

14 수치사진측량 기법 중 내부표정의 자동화에 사용되는 것은?

① 좌표등록   ② 영상정합
③ 3차원 도화   ④ DEM

해설

• 내부표정 : 촬영 당시의 광속의 기하 상태를 재현하는 작업으로, 기준점 위치, 랜즈의 왜곡, 사진기의 초점거리와 사진의 주점을 결정하여 부가적으로 사진의 오차를 보정함으로써 사진좌표의 정확도를 향상시키는 것을 말한다.
• 영상정합 : Epipolar(공액) 기하를 사용하여 탐색영역의 기준을 설정하여 시간을 절약

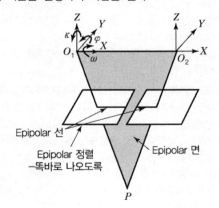

15 다음 중 제작 과정에서 수치표고모형(DEM)이 필요한 사진지도는?

① 정사투영사진지도
② 약조정집성사진지도
③ 반조정집성사진지도
④ 조정집성사진지도

해설

영상지도 제작에 관한 작업규정 제17조(작업방법)
정사영상제작은 다음 각 호와 같이 작업을 실시하여야 한다.
1. 정사영상제작에 사용될 초기영상의 지형지물 상태와 수치표고자료(DEM)의 일치성 여부를 검토하여야 한다.
2. 정사영상은 모델별 인접지역과 밝기 값의 차이가 나지 않도록 제작되어야 한다.
3. 정사영상의 정확도 확보에 필요한 최적의 작업방법으로 정사보정을 실시하여야 한다.

영상지도 제작에 관한 작업규정 제18조(자료의 점검)
작업지역에 필요한 수치영상과 수치지도 등 기타 자료를 확보하여 다음의 각 호와 같이 이상(異相) 유무를 점검하여야 한다.
1. 영상자료의 처리가능 여부를 점검한다.
2. 수치지도의 갱신, 벡터처리 가능 여부, 공간적 위치 정확성, 속성정확성 여부를 점검한다.

영상지도 제작에 관한 작업규정 제19조(영상의 평가)
① 영상은 인접영상의 색상과 명암, 대비, 잡음, 구름에 의한 지형의 가림 정도를 고려하여 영상의 면적을 4 내지 8등분하여 평가한다.
② 영상지도제작에 지장이 있을 때에는 재독취 또는 교체하여야 한다.

영상지도 제작에 관한 작업규정 제20조(수치표고자료)
① 정사영상제작에 이용하는 수치표고자료의 격자간격은 영상의 2화소 이내의 크기에 해당하는 간격이어야 하며, 그 정확도는 영상표정 결과의 2배 이내이어야 한다.
② 지형·지물이 변화된 수치지도를 이용하여 추출된 수치표고자료를 이용할 때에는 "항공레이저측량작업규정"에 따라 이를 보완하여야 한다.

16 다음 중 넓은 지역에 대한 수치표고모델(DEM)을 가장 신속하게 얻을 수 있는 장비는?

① GPS
② LiDAR
③ 토털 스테이션
④ 항공 아날로그 사진기

해설

항공레이저측량(LiDAR ; Light Detection And Ranging)
• 개요 : 항공레이저측량시스템은 지표(surface)에 있는 산이나 골짜기, 산림 등의 자연지형과 택지 및 도로, 빌딩이나 다리 등의 인공지물로 이루어지는 지형지물에 대하여 항공기의 위치 및 자세가 정확하게 얻어지는 센서로부터 레이저를 발사하여 거리를 측정하고 그 수치를 측량좌표계 등으로 나타내는 계측기라 할 수 있다. 항공레이저측량은 항공레이저측량시스템을 항공기에 탑재하여 레이저 펄스를 발사하고 반사된 레이저 펄스의 도달시간을 관측함으로써 반사지점의 3차원 공간위치좌표를 취득하는 측량방법을 말한다. Laser Radar 혹은 LIDAR, LiDAR이라고도 한다.
• 특징
  - 항공사진측량에 비하여 작업 속도나 경제적인 면에서 매우 유리하다.
  - 재래식 항측기법의 적용이 어려운 산림, 수목 및 늪지대 등의 지형도 제작에 유용하다.
  - 기상조건에 좌우되지 않는다.
  - 산림이나 수목지대에도 투과율이 높다.
  - 자료 취득 및 처리 과정이 수치 방식으로 이루어진다.
  - 저고도 비행에서만 가능하다.
  - 능선이나 계곡 및 등 지형의 경사가 심한 지역에서는 정확도가 저하되는 단점이 있다.

17 해석적 항공삼각측량에 주로 사용되는 방법으로 최소제곱법을 이용하여 각 사진의 외부표정요소 및 접합점의 최확값을 결정하는 방법은?

① 다항식 조정법 ② 독립입체모델법
③ 광속조정법   ④ 기본조정법

해설

광속법(Bundle Adjustment)은 상좌표를 사진좌표로 변환시킨 다음 사진좌표로부터 직접 절대좌표를 구하는 방법이다. 종접합모형(strip) 내에 있는 사진의 광속에 대하여 종접합모형 내에 포함된 기준점과 종접합점 및 변수를 사용하여 각 사진의 외부표정요소를 최소제곱법에 의해 동시에 결정하는 방법으로, 종접합점과 변수의 지상좌표값도 동시에 결정된다.

① 다항식법(Polynomial Method) : 스트립을 단위로 하여 블록을 조정하는 것으로, 스트립마다 접합표정 또는 개략적 절대표정을 한 후 복스트립에 포함된 기준점과 횡접합점을 이용하여 각 스트립의 절대표정에 해당되는 다항식을 이용하여 최소제곱법으로 결정하는 방법이다.

② 독립모델법(Independent Model Triangulation) : 각 모델을 단위로 하여 접합점과 기준점을 이용하여 여러 모델의 좌표를 조정하는 방법에 의하여 절대좌표로 환산하는 방법이다.

18 항공삼각측량의 조정방법으로 사진을 기본단위로 하며 정확도가 가장 높은 것은?

① DLT(Direct Linear Transformation)
② 광속조정법(Bundle Adjustment)
③ 독립모형법(Independent Model Triangulation)
④ 부등각사상변환법(Affine Transformation)

해설

항공삼각측량 조정방법

• 광속조정법(Bundle Adjustment) : 상좌표를 사진좌표로 변환시킨 다음 사진좌표(photo coordinate)로부터 직접 절대좌표(absolute coordinate)를 구하는 것으로, 종횡접합모형(block) 내의 각 사진상에 관측된 기준점, 접합점의 사진좌표를 이용하여 최소제곱법으로 각 사진의 외부표정요소 및 접합점의 최확값을 결정하는 방법이다.

• DLT법(Direct Linear Transformation) : 광속조정법의 변형인 DLT법은 상좌표로부터 사진좌표를 거치지 않고 11개의 변수를 이용하여 직접 절대좌표를 구할 수 있다.

• 독립모델조정법(Independent Model Triangulation ; IMT) : 입체모형(Model)을 기본단위로 하여 접합점과

기준점을 이용하여 여러 모델의 좌표를 조정하는 방법에 의하여 절대좌표를 환산하는 방법이다.

19 항공삼각측량기법과 특징에 대한 설명이 옳은 것은?

① 독립입체모형법 – 내부표정만으로 항공삼각측량이 가능한 간단한 방법이다.
② 다항식법 – 계산이 간단하고 정확도가 가장 높은 방법이다.
③ 번들조정법 – 수동적인 작업은 최소이나 계산과정이 매우 복잡한 방법이다.
④ 스트립조정법 – 상호표정을 실시하지 않아도 실시할 수 있는 방법이다.

해설

• 다항식 조정법(Polynomial method) : 촬영경로, 즉 종접합모형(Strip)을 기본단위로 하여 종횡접합모형, 즉 블록을 조정하는 것으로, 각 촬영경로의 절대표정을 다항식에 의한 최소제곱법으로 결정하는 방법이다.

• 독립모델조정법(Independent Model Triangulation ; IMT) : 입체모형(Model)을 기본단위로 하여 접합점과 기준점을 이용하여 여러 모델의 좌표를 조정하는 방법에 의하여 절대좌표를 환산하는 방법이다.

• 광속조정법(Bundle Adjustment) : 상좌표를 사진좌표로 변환시킨 다음 사진좌표(photo coordinate)로부터 직접 절대좌표(absolute coordinate)를 구하는 것으로, 종횡접합모형(block) 내의 각 사진상에 관측된 기준점, 접합점의 사진좌표를 이용하여 최소제곱법으로 각 사진의 외부표정요소 및 접합점의 최확값을 결정하는 방법이다.

• DLT법(Direct Linear Transformation) : 광속조정법의 변형인 DLT법은 상좌표로부터 사진좌표를 거치지 않고 11개의 변수를 이용하여 직접 절대좌표를 구할 수 있다.
  – 직접선형변환(DLT)은 공선조건식을 달리 표현한 것이다.
  – 정밀좌표관측기에서 지상좌표로 직접 변환이 가능하다.
  – 선형 방정식이고 초기 추정값이 필요치 않다.
  – 광속조정법에 비해 정확도가 다소 떨어진다.

20 수치항공영상을 이용한 상호표정 시 입체영상에서 공액점을 자동으로 측정하기 위해 사용되는 기법은?

① 영상 모자이크　　② 영상정합
③ 보간법　　　　　④ 편위수정

해설

영상정합(Image Matching)은 입체영상 중 한 영상의 한 위치에 해당하는 실제의 객체가 다른 영상의 어느 위치에 형성되어 있는가를 발견하는 작업으로서, 상응하는 위치를 발견하기 위해 유사성 측정을 하는 것이다.

21 항공레이저측량의 장점이 아닌 것은?

① 수치표고모형의 제작이 편리하다.
② 고밀도의 지상좌표를 취득할 수 있다.
③ 구름이나 대기 중의 부유물에 의한 반사가 없다.
④ 수목 사이를 관통하여 지면의 좌표를 취득할 수도 있다.

해설

- 항공사진측량에 비하여 작업속도나 경제적인 면에서 매우 유리하다.
- 재래식 항측기법의 적용이 어려운 산림, 수목 및 늪지대 등의 지형도 제작에 유용하다.
- 기상조건에 좌우되지 않는다.
- 산림이나 수목지대에도 투과율이 높다.
- 자료취득 및 처리 과정이 수치 방식으로 이루어진다.
- 저고도 비행에서만 가능하다.
- 능선이나 계곡 등 지형의 경사가 심한 지역에서는 정확도가 저하되는 단점이 있다.
- 대기 중의 부유물에 의한 반사는 정밀도 저하의 요인이 된다.

22 사진측량 중 건축물, 교량 등의 변위를 관측하고 문화재 및 건물의 정면도, 입면도 제작에 이용되는 사진측량은?

① 항공사진측량　　② 수치지형모형
③ 지상사진측량　　④ 원격탐측

해설

사진측량은 전자기파를 이용하여 대상물에 대한 위치, 형상(정량적 해석) 및 특성(정성적 해석)을 해석하는 측량방법으로, 지상사진측량은 촬영한 사진을 이용하여 건축물 모양, 시설물로의 형태 및 변위 관측을 하기 위한 측량방법이다.

정답 | 20 ② 21 ③ 22 ③

원격탐측(Remote sensing)

10
CHAPTER

1. 개요

① 원격 탐측(Remote Sensing)이란 원거리에서 직접 접촉하지 않고 대상물에서 반사(Reflection) 또는 방사(Emission)되는 각종 파장의 전자기파를 수집·처리하여 대상물의 성질이나 환경을 분석하는 기법을 말한다.

② 이때 전자파를 감지하는 장치를 센서(Sensor)라 하고 센서를 탑재한 이동체를 플랫폼(Platform)이라 한다. 통상 플랫폼에는 항공기나 인공위성이 사용된다.

2. 역사

(1) 연도별

① 1960년대 : 미국에서 원격탐사(RS)라는 명칭 출현
② 1972년대 : 최초의 지구관측위성인 Randsat-1호가 미국에서 발사됨
③ 1978년대 : NOAA Series 시작(미국)
④ 1978년대 : 최초의 SAR 위성 SEASAT 발사(미국)
⑤ 1982년대 : Randsat-4호에 30m 해상도의 Thematic Mapper(TM)가 탑재
⑥ 1986년대 : SPOT-1호 발사(프랑스)
⑦ 1987년대 : 일본의 해양관측위성(MOS-1)을 발사
⑧ 1988년대 : 인도가 인디안리모트센싱위성(IRS-1)을 발사
⑨ 1991년대 : 유럽우주국(ESA)이 레이더가 탑재된 ERS를 발사
⑩ 1992년대 : 국내 최초의 실험위성 KITSAT(한국), JERS-1(일본) 발사
⑪ 1995년대 : 캐나다가 RADARSAT 위성 발사
⑫ 1999년대 : 최초의 상업용 고해상도 지구관측위성(IKONOS-1) 발사(미국)
⑬ 1999년대 : KOMPSAT-1 위성 발사(한국)
⑭ 2000년대 : Quick Bird-1 위성 발사(미국)

(2) 세대별

세대	연대	특징
제1세대	1972~1985	• 미국 주도.실험 또는 연구적 이용 • Landsat-1(1972), Landsat-2(1975) • Landsat-3(1978), Landsat-4(1982) • Landsat-5(1984) • 해상도 : MSS(80m). TM(30m)
제2세대	1986~1997	• 국제화 · 실용화 모색 • SPOT-1(86 : 프). MOS-1(87 : 일) • JERS-1(92 : 일). IRS(88 : 인) • Radarsat(96 : 캐) • 해상도 : IRS-1C/1D 5.8m PAN
제3세대	1998~	• 민간기업 참여, 상업화 개시 • IKONOS(99 : 미) 등 • 해상도:1m PAN, 4m MSS

3. 특징 및 활용 분야

(1) 특징

① 짧은 시간에 넓은 지역을 동시에 측정할 수 있으며 반복 측정이 가능하다.

② 다중파장대에 의한 지구 표면 정보 획득이 용이하며 측정자료가 기록되어 판독이 자동적이고 정량화가 가능하다.

③ 회전주기가 일정하므로 원하는 지점 및 시기에 관측하기가 어렵다.

④ 관측이 좁은 시야각으로 얻어진 영상은 정사투영에 가깝다.

⑤ 탐사된 자료가 즉시 이용될 수 있으므로 재해, 환경문제 해결에 편리하다.

⑥ 다중파장대 영상으로 지구 표면 정보 획득 및 경관 분석 등 다양한 분야에 활용된다.

⑦ GIS와의 연계로 다양한 공간분석이 가능하다.

⑧ 1972년 미국에서 최초의 지구관측위성(Landsat-1)을 발사한 후 급속히 발전하였다.

⑨ 모든 물체는 종류, 환경 조건이 달라지면 서로 다른 고유한 전자파를 반사, 방사한다는 원리에 기초한다.

(2) 활용 분야

농림, 지질, 수문, 해양, 기상, 환경 등 많은 분야에서 활용되고 있다.

4. 전자파

(1) 개요

① 전자파의 원래 명칭은 전기자기파로서 이것을 줄여서 전자파라고 부른다.
② 전기 및 자기의 흐름에서 발생하는 일종의 전자기에너지로서 전기장과 자기장이 반복하여 파도처럼 퍼져나가기 때문에 전자파라 부른다.

(2) 전자파의 분류

γ선		• 원자핵 반응에서 생성된다. • 방사성 물질의 감마 방사는 저고도 항공기에 의해 감지된다(태양광으로부터의 입사광은 공기에 흡수).
x선		• 병원에서 진단을 목적으로 쓰인다. • 입사광은 공기에 의해 흡수되어 원격탐측에 이용되지 않는다.
ultraviolet (자외선)		• 피부를 그을리는 주요 원인이다. • 공기 중의 수증기에 흡수되기 쉬우므로 RS에서는 저고도 항공기에 의한 이용 외에는 거의 사용되지 않는다. • 가시광선의 보라색 부분을 벗어난 부분을 말한다. • 지표상의 몇몇 물질, 주로 바위 혹은 광물질은 자외선을 비출 경우 가시광선을 방사하거나 형광현상을 보인다.
visible (가시광선)		• 우리가 평소 빛이라고 칭한다. • 인간의 눈으로 감지할 수 있는 영역이다. • 인간의 눈에 파장이 긴 쪽으로부터 순서대로 빨강, 주황, 노랑, 녹색, 파랑, 남색, 보라색의 이른바 무지개색으로 보인다. • 파장 범위 : $0.4\mu m \sim 0.7\mu m$
적외선	근적외선	식물에 포함된 염록소(클로로필)에 매우 잘 반응하기 때문에 식물의 활성도 조사에 사용된다.
	단파장 적외선	• 식물의 함수량에 반응하기 때문에 근적외선과 함께 식생 조사에 사용된다. • 지질판독조사에 사용된다.
	중적외선	특수한 광물자원에 반응하기 때문에 지질조사에도 사용된다.
	열적외선	수온이나 지표 온도 등의 온도 측정에 사용된다.
전파	서브밀리메터파	–
	마이크로파	• 전자레인지에 쓰인다. • 레이더 또는 마이크로파 복사에 이용된다.
	초단파	• 구름이나 비를 투과하므로 이를 이용한 RS를 전천후형 RS라 한다. • 지표면의 평탄도, 함수량과 같은 표면의 성질에 관한 정보를 제공한다.
	단파	–
	중파	–
	장파	–
	초장파	–

(3) 전자파의 파장에 따른 분류

① 개요

리모트센싱은 이용하는 전자파의 스펙트럼 밴드에 따라 가시·반사적외 리모트센싱, 열적외 리모트센싱, 마이크로파 리모트센싱 등으로 분류할 수 있다.

② 파장대별 RS의 분류

구분	가시·반사적외 RS	열적외 RS	마이크로파(초단파) RS	
전자파의 복사원	태양	대상물	대상물(수동)	레이다(능동)
자료는지표대상물	반사율	열복사	마이크로파복사	후방산란계수
분광복사휘도	0.5μm에서 반사	10μm대상물복사	-	
전자파스펙트럼	가시광선	열적외선	마이크로파	
센스	카메라	검지소자	마이크로파센스	

(4) 전자파의 4요소

① 개요

㉠ 전자파(electromagnetic wave) : 진공 혹은 물질 속으로 전자장의 진동이 전파하여 전자에너지를 운반하는 파동

㉡ 전자파의 4요소 : 주파수(또는 파장), 전파 방향(transmission direction), 진폭(amplitude) 및 편파면(편광면 : plane of polarization)

② 주파수(파장)

㉠ 가시영역대상의 색깔과 관계되어 대상 물체에 관한 풍부한 정보를 담고 있음

㉡ 대상 물체로부터의 복사에너지 크기를 각 파장별로 나타내는 곡선은 그 물체 고유의 모양을 가짐

㉢ 마이크로 영역 대상 물체와 플랫폼의 상대적인 운동에 따라 주파수상에 나타나는 도플러 효과를 이용해서 지표물체의 정보를 얻음

③ 전파 방향 : 물체의 공간적인 배치와 형태 등은 전자파가 직선으로 전파한다는 성질에 기초한다.

④ 진폭

㉠ 진동하는 전기계의 세기, 즉 전파의 세기

㉡ 전자파로 운반되는 에너지의 크기는 진폭의 2승에 비례

㉢ 복사에너지 : 대상 물체에서 복사되는 전파에너지

㉣ 공간적인 배치와 형태 등을 명확하게 하는 데 이용됨

⑤ 편파면(편광면)

　㉠ 전기계의 방향을 포함한 면

　㉡ 편파면의 방향이 일정한 경우를 직선편파 또는 직선편광이라 함

　㉢ 전자파는 반사와 산란 때 편파 상태가 변화는 경우가 있는데, 거기에는 반사면과 산란체의 기하학적인 형태가 관계하고 있음

　㉣ 수평편파와 수직편파에서 얻어지는 화상은 서로 다르게 나타남

5. 원격탐측의 순서

1	자료수집	• 인공위성센서(MSS. TM, HRV, SAR……) • 수동적 센서 • 능동적 센서
2	기록	• 필름과 필터 • 필름의 AD 변환 • 필름의 DA 변환
3	영상전송	• 전송 • 변조 • 변환
4	영상처리	• 영상 보정 • 영상 강조
5	영상해석	• 영상 판독 • 파장대 해석 • 영상 강조
6	응용	• 각종 지도 제작 • 환경조사 • 재해조사 • 농업·수자원 관리

6. 기록 방법

① 분류 : 영상의 형을 기록하는 방식은 Hard Copy 방식과 Soft Copy 방식으로 분류된다.
  ㉠ Hard Copy 방식 : 사진과 같이 손으로 들거나 만질 수 있고, 장기간 보관이 가능한 방식
  ㉡ Soft Copy 방식 : 영상으로 처리되어 손으로 들거나 만질 수 없고 장기간 보관이 불가능
② 필름의 변환

필름의 AD 변환	• AD 변환 : 영상과 같은 기계적 정보를 수치정보로 변환하는 것 • 필름에 찍힌 영상을 수치화하여 처리할 경우 Digitizer를 이용하여 필름영상을 AD로 변환
필름의 DA 변환	• DA변환 : 수치적 자료를 영상정보로 변환하는 것 • 수치적으로 처리된 자료를 Hard Copy 방식으로 영상화하기 위해서는 Recorder를 이용하는 DA 변환을 하여야 함

7. 영상의 전송

① 영상의 형성, 기록 및 이 과정의 반복을 영상의 전송이라 하며, 전송되는 영상은 항상 최적화되지 않으므로 각 단계에서 발생하는 오차와 노이즈(Noise)를 정확히 파악하는 것이 매우 중요하다.
② 영상 전송의 종류

전송(Transfer)	원 영상이 그대로 전송되는 것
변조(Modulation)	원 영상과 비슷하지만 점 또는 선 등에 의해 분해되어 전송되는 것
변환(Transformation)	원 영상이 그대로 전송되지 않고 다른 형태로 전송되는 것

8. 영상처리

(1) 개요

원격 탐측에 의한 자료는 대부분 화상자료로 취급할 수 있으며 자료처리에 있어서도 디지털화상처리계에 의해 영상을 해석한다.

(2) 영상처리 순서

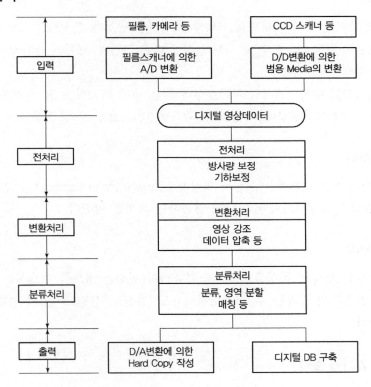

(3) 관측자료의 입력

① 수집자료에는 아날로그 자료와 디지털 자료의 종류 2종류가 있다.

② 사진과 같은 아날로그 자료의 경우, 처리계에 입력하기 위해 필름 스캐너 등으로 A/D 변환이 필요하다.

③ 디지털 자료의 경우, 일반적으로 고밀도 디지털 레코더(HDDT 등)에 기록되어 있는 경우가 많기 때문에, 일반적인 디지털 컴퓨터로도 읽어 낼 수 있는 CCT(Computer Compatible Tape) 등의 범용적인 미디어로 변환할 필요가 있다.

필름의 AD 변환	• AD 변환 : 영상과 같은 기계적 정보를 수치정보로 변환하는 것 • 필름에 찍힌 영상을 수치화하여 처리할 경우 Digitizer를 이용하여 필름영상을 AD로 변환
필름의 DA 변환	• DA변환 : 수치적 자료를 영상정보로 변환하는 것 • 수치적으로 처리된 자료를 Hard Copy 방식으로 영상화하기 위해서는 Recorder를 이용하는 DA 변환을 하여야 함

(4) 전처리

① 방사량 왜곡 및 기하학적 왜곡을 보정하는 공정을 전처리(Pre-processing)라고 한다.

② **방사량 보정** : 태양 고도, 지형 경사에 따른 그림자, 대기의 불안정 등으로 인한 왜곡을 보정하는 것이다.

③ **기하학적 보정** : 센서의 기하특성에 의한 내부 왜곡의 보정, 플랫폼 자세에 의한 왜곡 보정, 지구의 형상에 의한 외부 왜곡에 대한 보정 등을 말한다.

(5) 변환처리

농담이나 색을 변환하는 이른바 영상강조(Image Enhancement)를 함으로써 판독하기 쉬운 영상을 작성하거나 데이터를 압축하는 과정을 말한다.

(6) 분류처리

① 분류는 영상의 특징을 추출 및 분류하여 원하는 정보를 추출하는 공정이다.

② 분류처리의 결과는 주제도(토지이용도, 지질도, 산림도 등)의 형태를 취하는 경우가 많다.

(7) 처리 결과의 출력

처리 결과는 D/A 변환되어 표시장치나 필름에 아날로그 자료로 출력되는 경우와 지리정보시스템 등 다른 처리계의 입력 자료로 활용하도록 디지털 자료로 출력되는 경우가 있다.

01 원격탐사(Remote sensing)에 관한 설명 중 옳지 않은 것은?

① 센서에 의한 지구 표면의 정보 취득이 용이하며, 관측자료가 수치 기록되어 판독이 자동적이고 정량화가 가능하다.
② 정보수집장치인 센서는 MSS(Multispectral scanner), RBV(Return beam vidicon) 등이 있다.
③ 원격탐사는 원거리에 있는 대상물과 현상에 관한 정보(전자 스펙트럼)를 해석함으로써 토지, 환경 및 자원문제를 해결하는 학문이다.
④ 원격탐사는 인공위성에서만 이루어지는 특수한 기법이다.

해설

• 원격탐사 : 원거리에서 직접 접촉하지 않고 대상물로부터 반사 또는 복사되는 전자파를 측정함으로써 대상물의 성질이나 그 환경을 분석하는 기술을 말한다. 대상물로부터 반사 또는 복사되는 전자파를 수신하는 장치를 센서라고 하고 카메라, 스케너 등 센서를 탑재하는 이동체를 플랫폼이라 한다.
• 원격탐측의 특징
 - 짧은 시간에 넓은 지역을 동시에 측정할 수 있으며 반복측정이 가능하다.
 - 다중파장대에 의한 지구 표면 정보 획득이 용이하며 측정자료가 기록되어 판독이 자동적이고 정량화가 가능하다.
 - 회전주기가 일정하므로 원하는 지점 및 시기에 관측하기에 어려움이 있다.
 - 관측이 좁은 시야각으로 얻어진 영상은 정사투영에 가깝다.
 - 탐사된 자료가 즉시 이용될 수 있으며 재해, 환경문제 해결에 편리하다.
• 응용
 - 각종 지도 제작 : 지형도, 토지 이용도, 해도, 지질도, 토양도

 - 국토 개발에 필요한 제반요소의 수집 : 녹지 감소, 주거지 분포
 - 환경조사 : 도시 환경, 대기 및 수질오염
 - 농업·수자원 조사 : 농수산 자원, 산림 및 지하자원
 - 재해조사 : 홍수 피해
 - 군사적 목적 이용

02 원격탐사의 정보처리 흐름으로 옳은 것은?

① 자료수집 – 자료변환 – 방사보정 – 기하보정 – 판독응용 – 자료보관
② 자료수집 – 방사보정 – 기하보정 – 자료변환 – 판독응용 – 자료보관
③ 자료수집 – 자료변환 – 판독응용 – 기하보정 – 방사보정 – 자료보관
④ 자료수집 – 방사보정 – 자료변환 – 기하보정 – 판독응용 – 자료보관

해설

원격탐사의 정보처리 흐름
자료수집 – 자료변환 – 방사보정 – 기하보정 – 자료압축 – 판독 – 자료저장 및 재생

03 사진기의 경사, 지표면의 기복을 수정하고 등고선을 삽입하여 집성한 사진지도는?

① 반조정집성사진지도
② 조정집성사진지도
③ 정사사진지도
④ 약조정집성사진지도

정답 | 01 ④ 02 ① 03 ③

해설

편위수정단계에 따른 사진의 명칭

- 약조정집성사진지도 : 편위수정을 거치지 않은 사진 지도
- 반조정집성사진지도 : 일부 편위수정이 완료된 사진 지도
- 조정접성사진지도 : 편위수정이 완료된 사진지도
- 정사투영사진지도 : 편위수정이 완료된 후 등고선이 삽입된 지도

04 인공위성을 이용한 원격탐사의 특징으로 틀린 것은?

① 다중파장대에 의한 지구 표면 정보 획득이 용이하다.
② 회전주기가 일정하므로 원하는 지점 및 시기에 관측하기 쉽다.
③ 짧은 시간 내에 넓은 지역을 동시에 관측할 수 있으며, 반복 관측이 가능하다.
④ 관측이 좁은 시야각으로 행하여지므로 얻어진 영상은 정사투영에 가깝다.

해설

회전주기가 일정하므로 원하는 지점 및 시기에 관측하기에 어려움이 있다.

원격탐사의 특징

- 1972년 미국에서 최초의 지구관측위성(Landsat-1)을 발사한 후 급속히 발전하였다.
- 모든 물체는 종류, 환경조건이 달라지면 서로 다른 고유한 전자파를 반사, 방사한다는 원리에 기초한다.
- 실제로 센서에 입사되는 전자파는 도달 과정에서 대기의 산란 등 많은 잡음이 포함되어 있어 태양의 위치, 대기의 상태, 기상, 계절, 지표 상태, 센서의 위치, 센서의 성능 등을 종합적으로 고려하여야 한다.

05 원격탐사에 사용되는 센서 중 수동형 센서(Passive Sensor)에 해당되는 것은?

① 레이저 스캐너(Laser scanner)
② 다중분광스캐너(Multispectral scanner)
③ 레이더 고도계(Radar altimeter)
④ 영상 레이더(SLAR)

해설

- 수동적 센서 : MSS, TM, HRV
- 능동적 센서 : SLR(SLAR), LiDAR, Rader

06 원격탐사(Remote sensing)에 대한 설명 중 옳지 않은 것은?

① 자료가 대단히 많으며 불필요한 자료가 포함되는 경우가 있다.
② 물체의 반사 스펙트럼 특성을 이용하여 대상물의 정보 추출이 가능하다.
③ 고도에서 좁은 시야각에 의하여 촬영되므로 중심투영에 가까운 영상이 촬영된다.
④ 자료 취득 방법에 따라 수동적 센서에 의한 것과 능동적 센서에 의한 방법으로 분류할 수 있다.

해설

원격탐측(遠隔探測 : Remote Sensing)

- 원격탐측은 원거리에서 직접 접촉하지 않고 대상물에서 반사(Reflection) 또는 방사(Emission)되는 각종 파장의 전자기파를 수집, 처리하여 대상물의 성질이나 환경을 분석하는 기법을 말한다. 이때 전자파를 감지하는 장치를 센서(Sensor)라 하고 센서를 탑재한 이동체를 플랫폼(Platform)이라 한다. 통상 플랫폼에는 항공기나 인공위성이 사용된다.
- 특징
  - 단시간 내에 넓은 지역을 동시에 측정할 수 있으며 반복측정이 가능하다.
  - 관측이 좁은 시야각으로 행해지므로 얻어진 영상은 정사투영에 가깝다.
  - 탐사된 자료가 즉시 이용될 수 있으며 환경문제 해결 등에 유용하다

정답 | 04 ②   05 ②   06 ③

07 원격탐사의 자료변환시스템에 있어서 기하학적인 오차나 왜곡의 원인이 아닌 것은?

① 센서의 기하학적 특성에 기인한 오차
② 인공위성의 크기에 기인한 오차
③ 플랫폼의 자세에 기인한 오차
④ 지표의 기복에 기인한 오차

해설

원격탐사자료의 기하학적 오차나 왜곡의 원인에는 센서의 기하학적 특성에 기인한 오차, 플랫폼의 자세에 기인한 오차, 지표의 기복에 기인한 오차, 위성궤도에 기인한 오차가 있다.

08 지상이나 항공기 및 인공위성 등의 탑재기(platfrom)에 설치된 감지기(sensor)를 이용하여 지표, 지상, 지하, 대기권 및 우주공간의 대상물에서 반사 혹은 방사되는 전자기파를 탐지하고 이들 자료로부터 토지, 환경 및 자원에 대한 정보를 얻어 이를 해석하는 기법은?

① GPS   ② DTM
③ 원격탐사   ④ 토털 스테이션

해설

원격탐사(Remote Sensing)
• 대상체와 직접적인 물리적 접촉없이 정보를 획득하는 기술이며 과학, 지구상의 중요한 생물학적인 특성과 인간의 활동을 관측하며 모니터링하는 데 사용될 수 있는 과학기술이다.
• 원격탐사 위성 : SPOT, IKONOS, KOMSAT-2

09 원격탐사의 정보처리 흐름으로 옳은 것은?

① 자료수집 – 자료변환 – 방사보정 – 기하보정 – 판독응용 – 자료보관
② 자료수집 – 방사보정 – 기하보정 – 자료변환 – 판독응용 – 자료보관
③ 자료수집 – 자료변환 – 판독응용 – 기하보정 – 방사보정 – 자료보관
④ 자료수집 – 방사보정 – 자료변환 – 기하보정 – 판독응용 – 자료보관

해설

원격탐사의 정보처리흐름
자료수집 → 자료변환 → 방사보정 → 기하보정 → 자료압축 → 판독 → 자료저장 및 재생

10 원격탐사에 대한 설명으로 틀린 것은?

① 사용목적에 따라 적절한 영상을 선택할 필요가 있다.
② 한꺼번에 넓은 지역의 정보를 취득할 수 있다.
③ 지리적으로 접근이 곤란한 지역의 자료 수집에 용이하다.
④ 지리적인 속성정보의 파악은 현지조사보다 정확하다.

해설

원격탐사의 특징
• 1972년 미국에서 최초의 지구관측위성(Landsat-1)을 발사한 후 급속히 발전했다.
• 모든 물체는 종류, 환경조건이 달라지면 서로 다른 고유한 전자파를 반사, 방사한다는 원리에 기초한다.
• 실제로 센서에 입사되는 전자파는 도달 과정에서 대기의 산란 등 많은 잡음이 포함되어 있어 태양의 위치, 대기의 상태, 기상, 계절, 지표 상태, 센서의 위치, 센서의 성능 등을 종합적으로 고려하여야 한다.
• 회전주기가 일정하므로 원하는 지점 및 시기에 관측하기가 어렵다.

정답 | 07 ② 08 ③ 09 ① 10 ④

11 원격탐사 센서 중 플랫폼 진행의 직각 방향으로 신호를 발사하고 수신된 신호의 반사 강도와 위상을 관측하여 지표면의 2차원 영상을 얻는 방식은?

① TM(thematic mapper)
② RVB(return beam vidicon)
③ MSS(multispectral scanner)
④ SAR(synthetic aperture radar)

해설

SAR(Synthetic Apertrue Radar)
- 레이더 원리를 이용한 능동적 방식으로, 영상의 취득에 필요한 에너지를 감지기에서 직접 지표면 또는 대상물에 발사하여 반사되어 오는 마이크로파를 기록, 영상을 생성하는 능동적인 감지기이다.
- 고해상도영상레이더(SAR)는 반사파의 시간차를 관측하는 것뿐만 아니라 위상도를 관측하여 위상 조정 후에 해상도가 높은 2차원 영상을 생성한다.
- 장점
  - 기상조건과 시각적인 조건에 영향을 받지 않는다.
  - DEM 생성이 가능하다.
  - 측면 방향으로 데이터를 획득할 수 있다.
  - 야간에도 영상을 취득할 수 있다.
  - 능동적 센서이다.

12 원격탐사의 활용 분야와 가장 거리가 먼 것은?

① 정확한 토지 면적 산출
② 토지 이용 현황 파악
③ 환경오염
④ 해수면 온도 측정

해설

원격탐사는 농림, 지질, 수문, 해양, 기상, 환경 등 많은 분야에 활용된다. 단, 정확한 토지 면적 산출은 어렵다.

13 원격탐사 자료를 표준지도 투영에 맞춰 보정하는 것으로, 지표면에서 반사, 방사 및 산란된 측정값들을 평면위치에 투영하는 작업을 무엇이라 하는가?

[2012년 기사 3회]

① 굴절보정(Refraction correction)
② 기하보정(Geometric correction)
③ 방사보정(Radiometric correction)
④ 산란보정(Scattering correction)

해설

영상처리
- 방사보정(Radiometric Correction) : 센서의 감도 특성에 기인하는 주변 감광의 보정, 광전변환계의 특성에 기인하는 보정, 태양의 고도각 보정, 지형적 반사 특성 보정, 대기의 흡수, 산란 등에 의한 대기보정 등이 있다.
- 기하보정(Geometric Correction) : 영상에 포함되는 기하왜곡은 영상에서의 각 픽셀 위치좌표와 지도좌표계에서의 대상지물 좌표와의 차이로 알 수 있다. 기하보정은 센서의 기하특성에 의한 내부 왜곡, 탑재기의 자세에 의한 왜곡 및 지형 또는 지구의 형상에 의한 외부왜곡, 영상 투영면에 의한 왜곡 및 지도투영법 차이에 의한 왜곡 등을 보정하는 것을 말한다.

14 다음 중 원격탐사 영상을 이용하여 토지피복도를 제작할 때 가장 활용도가 높은 영상은?

① 적외선 영상(Infrared Image)
② 초미세분광 영상(Hyper-Spectral Image)
③ 열적외선 영상(Thermal Infrared Image)
④ 레이더 영상(Radar Image)

해설

토지피복이란 지표면의 물리적 상태를 말한다. 반면 토지이용(land use)이란 지표면의 사회적 이용 상태 혹은 이용이 규정된 상태를 말한다. 삼림, 초지, 콘크리트 등은 토지피복이고, 공업용지, 주택지 등은 토지이용이다. 일반적으로 토지이용 구분은 복수의 토지피복 구분으로 되어 있다. 리모트센싱에서 직접 얻어지는 것은 토지피복 정보이고, 토지이용 정보를 얻기 위해서는 토지

정답 | 11 ④ 12 ① 13 ② 14 ②

피복 정보 이외의 정보가 필요한 경우가 많다. 토지피복도를 제작할 때 활용도가 가장 높은 영상은 초미세분광영상(Hyper-Spectral Image)이다.

15 원격탐사의 일반적인 영상처리 순서로 옳게 나열된 것은?

① 데이터 입력 → 변환처리 → 전처리 → 분류처리 → 출력
② 데이터 입력 → 전처리 → 변환처리 → 분류처리 → 출력
③ 데이터 입력 → 분류처리 → 변환처리 → 전처리 → 출력
④ 데이터 입력 → 분류처리 → 전처리 → 변환처리 → 출력

해설

영상처리과정

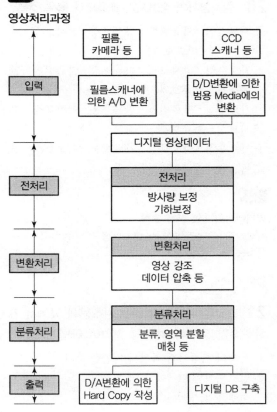

16 원격탐사(remote sensing)에 관한 설명으로 옳지 않은 것은?

① 원격탐사는 다중파장대에 의한 지구 표면의 정보 획득이 용이하며 측정자료가 수치로 기록되어 판독이 자동적이고 정량화가 가능하다.
② 원격탐사 자료는 물체의 반사 또는 방사 스펙트럼특성 및 광원의 특성 등에 의해 영향을 받는다.
③ 원격탐사의 자료는 대단히 양이 많으며 불필요한 자료가 포함되어 있어 보정이 필요하다.
④ 원격센서를 능동적 센서와 수동적 센서로 구분할 때 대상물에서 방사되는 전자기파를 수집하는 방식을 능동적 센서라 한다.

해설

• 수동적 센서 : 대상물에서 방사되는 전자기파를 수집하는 방식
• 능동적 센서 : 전자기파를 발사하여 대상물에서 반사되는 전자기파를 수집하는 방식

17 원격탐사에 이용되고 있는 센서의 측정 방식에 대한 설명으로 틀린 것은?

① 수동, 비주사, 비화상 방식으로 분류되는 것은 2차원 영상을 만들지 않는다.
② 수동 방식은 태양광의 반사 및 대상물에서 복사되는 전자파를 수집하는 방식이다.
③ 주사 방식에는 MSS와 같은 영상면 주사방식과 TV, 카메라와 같은 대상물면 주사방식이 있다.
④ 능동 방식은 대상물에 전자파를 쏘아 그 대상물에서 반사되어 오는 전자파를 수집하는 방식이다.

해설

Sensor(탐측기)

감지기는 전자기파(electromagnetic wave)를 수집하는 장비로서 수동적 감지기와 능동적 감지기로 대별된다. 수동방식(passive sensor)은 태양광의 반사 또는 대상물에서 복사되는 전자파를 수집하는 방식이고, 능동방식(active sensor)은 대상물에 전자파를 쏘아 그 대상물에서 반사되어 오는 전자파를 수집하는 방식이다.

정답 | 15 ② 16 ④ 17 ③

수동적 탐측기	비주사 방식 (非走査方式)	비영상 방식 (非映像方式)	지자기측량 (地磁氣測量)		
			중력측량 (重力測量)		
			기타		
		영상 방식 (映像方式)	단일(單一) 사진기	흑백 사진	
				천연색 사진	
				적외 사진	
				적외컬러 사진	
				기타 사진	
			다중파장대 (多重波長帶) 사진기	단일 렌즈	단일필름
					다중필름
				다중 렌즈	단일필름
					다중필름
	주사 방식 (走査方式)	영상면 주사 방식 (映像面 走査方式)	TV사진기(vidicon 사진기)		
			고체 주사기 (古體走査機)		
		대상물면 주사 방식 (對象物面 走査方式)	다중파장대 주사기 (多重波長帶 走査機)	Analogue 방식	
				Digita l방식	MSS
					TM
					HRV
			극초단파 주사기 (microwave radiometer)		
능동적 탐측기	비주사 방식 (非走査方式)	Laser spectrometer			
		Laser 거리측량기 (距離測量機)			
	주사 방식 (走査方式)	레이더			
		SLAR	RAR(Rear Aperture Radar)		
			SAR(Synthetic Aperture Radar)		

18 원격탐사(Remote sensing)에 대한 설명으로 옳지 않은 것은?

① 자료가 대단히 많으며 불필요한 자료가 포함되는 경우가 있다.
② 물체의 반사 스펙트럼 특성을 이용하여 대상물의 정보 추출이 가능하다.
③ 높은 고도에서 좁은 시야각에 의하여 촬영되므로 중심투영에 가까운 영상이 촬영된다.
④ 자료 취득 방법에 따라 수동적 센서에 의한 것과 능동적 센서에 의한 방법으로 분류할 수 있다.

해설

원격탐사(Remote sensing)는 높은 고도에서 좁은 시야각에 의하여 촬영되므로 정사투영에 가까운 영상이 촬영된다.

19 원격탐사 플랫폼에서 지상물체의 특성을 탐지하고 기록하기 위해 이용하는 전자기 복사에너지(Electromagnetic Radiation Energy) 중 파장이 긴 것부터 짧은 것 순으로 옳게 나열된 것은?

① Visible blue — Visible red — Visible Green
② Visible blue — Mid Infrared — Thermal Infrared
③ Visible red — Visible Green — Visible blue
④ Visible red — Mid Infrared — ThermalInfrared

해설

Visible(가시광)은 파장이 긴 쪽으로부터 순서대로 빨강(red), 주황(orange), 노랑(yellow), 녹색(green), 파랑(blue), 보라색(violet)의 이른바 무지개색으로 보인다.

20 원격탐사의 정보처리 흐름으로 옳은 것은?

① 자료수집 - 자료변환 - 방사보정 - 기하보정 - 판독응용 — 자료보관
② 자료수집 - 방사보정 - 기하보정 - 자료변환 - 판독응용 - 자료보관
③ 자료수집 - 자료변환 - 판독응용 - 기하보정 - 방사보정 - 자료보관
④ 자료수집 - 방사보정 - 자료변환 - 기하보정 - 판독응용 - 자료보관

해설

원격탐사의 정보처리 흐름
자료수집 → 자료변환 → 방사보정 → 기하보정 → 판독응용 → 자료보관

21 원격탐사의 자료변환 시스템에 있어서 기하학적인 오차나 왜곡의 원인이 아닌 것은?

① 센서의 기하학적 특성에 기인한 오차
② 인공위성의 크기에 기인한 오차
③ 플랫폼의 자세에 기인한 오차
④ 지표의 기복에 기인한 오차

정답 | 18 ③ 19 ③ 20 ① 21 ②

기하보정(Geometric Correction)

영상에 포함되는 기하학적 왜곡은 영상에서의 각 픽셀 위치좌표와 지도좌표계에서의 대상 좌표와의 차이로 알 수 있다. 기하보정은 센서의 기하특성에 의한 내부 왜곡, 탑재기의 자세에 의한 왜곡 및 지형 또는 지구의 형상에 의한 외부 왜곡, 영상투영면에 의한 왜곡 및 지도투영법 차이에 의한 왜곡 등을 보정하는 것을 말한다.

기하왜곡 요인

- 센서 내부 왜곡(Internal distortion)
  - 센서의 기하 특성에 의한 왜곡
  - 센서의 메커니즘에 의한 왜곡
- 센서 외부 왜곡(External distortion)
  - 플랫폼의 자세나 지구곡률 또는 지형에 의한 왜곡
  - 화상 투영 방식의 기하학에 기인하는 왜곡[플랫폼에 기인하는 왜곡과 대상물(지구의 자전 등)에 기인하는 왜곡으로 다시 구분됨]
- 영상투영면의 처리 방법에 기인하는 왜곡
  - 영상투영면의 처리 방법(영상좌표계의 정의 방법)에 의해 기하왜곡의 표현이 달라짐
  - 기계식 스캐너(mechanical scanner) 또는 레이다 영상의 왜곡
- 지도투영법의 기하학에 기인하는 왜곡 : 지도투영법에 따라 기하학적 왜곡의 표현이 달라짐

22 원격탐사센서의 기하학적 특성 중 순간시야각(IFOV) 2.0mRad의 의미는?

① 1,000m 고도에서 촬영한 화소의 지상 투영면적이 2.0×2.0m
② 1,000m 고도에서 촬영한 화소의 지상 투영면적이 2.0×2.0km
③ 10,000m 고도에서 촬영한 화소의 지상 투영면적이 2.0×2.0m
④ 10,000m 고도에서 촬영한 화소의 지상 투영면적이 2.0×2.0km

순간시야각(IFOV ; Instantaneous Field Of View, 瞬間視野角)

- 공간정보(공간분해능)를 파악하는 열화상 장비의 기능에 대해 설명하는 일종의 규격을 말한다. 일반적으로 IFOV는 mRad(밀리라디안) 단위의 각도로 표시된다.
- 렌즈를 통해 검출기에서 투사되면 IFOV가 주어진 거리에서 볼 수 있는 물체의 크기를 제시한다.
- IFOV 측정이란 주어진 거리에서 측정할 수 있는 가장 작은 물체를 설명하는 열화상 장비의 측정 분해능을 말한다. 주사기의 지상 분해능의 척도로서 자료를 기록하는 최소 관측 시야 단위로서 순간 시야각에 대응하는 지표의 관측 최소 면적 단위를 화소라 한다.
- 1회 주사로 얻어지는 전체 범위에 해당하는 각도는 시야각이라 부른다.

23 일반적 원격탐사영상의 해상도 중에 영상의 최소단위인 화소가 지상의 거리를 어느 정도 표현하는가를 나타내는 것을 무엇이라 하는가?

① 분광 해상도(Spectral Resolution)
② 방사 해상도(Radiometric Resolution)
③ 공간 해상도(Spatial Resolution)
④ 주기 해상도(Temporal Resolution)

위성영상의 해상도

다양한 위성영상데이터가 가지는 특징들은 해상도(Resolution)라는 기준을 사용하여 구분이 가능하다. 위성영상 해상도는 공간 해상도, 분광 해상도, 시간 또는 주기 해상도, 반사 또는 복사 해상도로 분류된다.

- 공간 해상도(Spatial Resolution or Geomatric Resolution)
  - 인공위성영상을 통해 모양이나 배열의 식별이 가능한 하나의 영상소의 최소 지상면적을 뜻한다. 일반적으로 한 영상소의 실제 크기로 표현된다.
  - 센서에 의해 하나의 화소(pixel)가 나타낼 수 있는 지상면적, 또는 물체의 크기를 의미하는 개념으로서, 공간 해상도의 값이 작을수록 지형지물의 세밀한 모습까지 확인이 가능하고 이 경우 해상도는 높다고 할 수 있다.

예 1m 해상도란 이미지의 한 pixel이 1m×1m의 가로, 세로 길이를 표현한다는 의미로 1m 정도 크기의 지상물체가 식별 가능함을 나타낸다. 따라서 숫자가 작아질수록 지형지물의 판독성이 향상됨을 의미한다.

- 분광 해상도(Spectral Resolution)
  - 가시광선에서 근적외선까지 구분할 수 있는 능력으로서 스펙트럼 내에서 센서가 반응하는 특정 전자기파장대의 수와 이 파장대의 크기를 말한다.
  - 센서가 감지하는 파장대의 수와 크기를 나타내는 말로서 좀 더 많은 밴드를 통해 물체에 대한 다양한 정보를 획득할수록 분광 해상도가 높다라고 표현된다. 즉, 인공위성에 탑재된 영상수집 센서가 얼마나 다양한 분광파장영역을 수집할 수 있는가를 나타낸다.
    예 어떤 위성은 Red, Green, Blue 영역에 해당하는 가시광선 영역의 영상만 얻지만 어떤 위성은 가시광선 영역을 포함하여 근적외, 중적외, 열적외 등 다양한 분광 영역의 영상을 수집할 수 있다. 그러므로 분광 해상도가 좋을수록 영상의 분석적 이용 가능성이 높아진다.
- 방사 또는 복사해상(Radiometric Resolution)
  - 인공위성 관측센서에서 수집한 영상이 얼마나 다양한 값을 표현할 수 있는가를 나타낸다.
    예 한 픽셀을 8bit로 표현하는 경우 그 픽셀이 내재하고 있는 정보를 총 256개로 분류할 수 있다는 의미가 된다.
    즉, 그 픽셀이 표현하는 지상물체가 물인지, 나무인지, 건축물인지 256개의 성질로 분류할 수 있다는 것이다.
    반면에 한 픽셀을 11bit로 표현한다면 그 픽셀이 내재하고 있는 정보를 총 2,048개로 분류할 수 있다는 것이므로 8bit인 경우 단순히 나무로 분류된 픽셀이 침엽수인지, 활엽수인지, 건강한지, 병충해가 있는지 등으로 자세하게 분류할 수 있다. 따라서 방사 해상도가 높으면 위성영상의 분석정밀도가 높다는 의미이다.
- 시간 또는 주기 해상도(Temporal Resolution)
  - 지구상 특정 지역을 얼마만큼 자주 촬영 가능한지를 나타낸다. 어떤 위성은 동일한 지역을 촬영하기 위해 돌아오는 데 16일이 걸리고 어떤 위성은 4일이 걸리기도 한다.
  - 주기 해상도가 짧을수록 지형 변이 양상을 주기적이고 빠르게 파악할 수 있으므로 데이터베이스 축척을 통해 향후의 예측을 위한 좋은 모델링 자료를 제공한다고 할 수 있다.

24 원격탐사자료의 재배열(Resampling) 방법 중 공일차내삽법(Bilinear Interpolation)의 특징으로 옳지 않은 것은?

① 원격탐사영상 내 데이터 값의 변질을 최대한 방지할 수 있으므로 토지피복의 분류 처리 등에 정확도를 확보할 수 있다.

② 최근린내삽법(Nearest Neighbour Interpolation)을 적용했을 때 나타나는 계층현상(Star Step)을 방지할 수 있다.

③ 서로 공간해상도가 다른 영상 간의 기하학적 보정에 적용했을 때 보다 공간적으로 정밀한 영상을 만들 수 있다.

④ 입방체내삽법(Cubic Convolution)을 적용했을 때보다 처리시간을 줄일 수 있다.

해설

기하보정을 위한 주요한 보간보정 방법에는 최근린 내삽법, 공일차 내삽법, 공삼차 내삽법이 있다.

- 최근린 보간법 : 내삽점(보간점)에 가장 가까운 관측점의 영상소(화소) 값을 구하고자 하는 영상소(화소) 값으로 한다. 이 방법에서 위치 오차는 최대 1/2 픽셀 정도 생기나 원래 영상소 값을 흠내지 않으며 처리속도가 빠르다는 이점이 있다.
- 공일차 내삽법 : 내삽점 주위 4점의 영상소 값을 이용하여 구하고자 하는 영상소 값을 선형식으로 내삽한다. 이 방식에는 원자료가 흠이 나는 결점이 있으나 평균하기 때문에 Smoothing(평활화) 효과가 있다.
- 공삼차 내삽법 : 내삽하고 싶은 점 주위의 16개 관측점의 영상소 값을 이용하여 구하는 영상소 값을 3차 함수를 이용하여 내삽한다. 이 방식에는 원자료가 흠이 나는 결점이 있으나 영상의 평활화와 동시에 선명성의 효과가 있어 고화질이 얻어진다.

정답 | 24 ①

25 인공위성에 의한 원격탐측(Remote Sensing)의 장점이 아닌 것은?

① 관측자료가 수치적으로 취득되므로 판독이 자동적이며 정량화가 가능하다.
② 관측 시각이 좁으므로 정사투영상에 가까워 탐사자료의 이용이 쉽다.
③ 자료수집의 광역성 및 광역 동시성, 수량적인 정확도가 크다.
④ 회전주기가 일정하므로 언제든지 원하는 지점 및 시기에 관측하기 쉽다.

해설

회전주기가 일정하므로 원하는 지점 및 시기에 관측하기 어렵다.

원격탐측의 장점
• 관측자료가 수치적으로 취득되므로 판독이 자동적이며 정량화가 가능하다.
• 관측시각이 좁으므로 정사투영상에 가까워 탐사자료의 이용이 쉽다.
• 자료수집의 광역성 및 광역 동시성, 수량적인 정확도가 크다.

26 원격탐사를 위한 위성과 관계없는 것은?

① KOMSAT−2 　　② GPS
③ SPOT 　　　　④ IKONOS

해설

• GPS(Global Positioning System) : 인공위성을 이용한 세계위치결정체계로, 정확한 위치를 알고 있는 위성에서 발사한 전파를 수신하여 관측점까지의 소요시간을 관측함으로써 관측점의 위치를 구하는 체계이다.
• 원격탐사(Remote Sensing)
　- 대상체와 직접적인 물리적 접촉없이 정보를 획득하는 기술이며 과학, 지구상의 중요한 생물학적인 특성과 인간의 활동을 관측하며 모니터링하는 데 사용될 수 있는 과학기술이다.
　- 원격탐사 위성 : SPOT, IKONOS, KOMSAT−2

27 원격탐사에 대한 설명으로 옳지 않은 것은?

① 원격탐사 자료는 물체의 반사 또는 방사의 스펙트럼 특성에 의존한다.
② 자료 수집 장비로는 수동적 센서와 능동적 센서가 있으며 Laser 거리관측기는 수동적 센서로 분류된다.
③ 자료의 양은 대단히 많으며 불필요한 자료가 포함되어 있을 수 있다.
④ 탐측된 자료가 즉시 이용될 수 있으며 재해 및 환경문제 해결에 편리하다.

해설

• 수동적 센서 : MSS, TM, HRV
• 능동적 센서 : SLR(SLAR), LiDAR, Rader

탐측기 종류 및 특징

수동적 센서	햇볕이 있을 때만 사용 가능	
	MSS	
	TM	
	MRV	
능동적 센서	Laser	LiDAR
	Ladae	도플러 데이터 방식
		위성 데이터 방식
	SLAR	RAR 영상
		SAR 영상

원격탐사
원거리에서 직접 접촉하지 않고 대상물로부터 반사 또는 복사되는 전자파를 측정함으로써 대상물의 성질이나 그 환경을 분석하는 기술을 말한다. 대상물로부터 반사 또는 복사되는 전자파를 수신하는 장치를 센서라 하고 카메라, 스캐너 등 센서를 탑재하는 이동체를 플랫폼이라 한다.

원격탐측의 특징
- 짧은 시간에 넓은 지역을 동시에 측정할 수 있으며 반복측정이 가능하다.
- 다중파장대에 의한 지구 표면 정보 획득이 용이하며 측정자료가 기록되어 판독이 자동적이고 정량화가 가능하다.
- 회전주기가 일정하므로 원하는 지점 및 시기에 관측하기에 어려움이 있다.

정답 | 25 ④ 26 ② 27 ②

−관측이 좁은 시야각으로 얻어진 영상은 정사투영에 가깝다.

−탐사된 자료가 즉시 이용될 수 있으며 재해, 환경문 제 해결에 편리하다.

28 위성이나 항공기 등에서 취득하는 원격탐사 자료는 여러 가지 원인에 따른 기하학적 오차를 내포하고 있다. 이 중 위성이나 항공기 자체의 기계적인 오차도 포함되는데, 이러한 기계적인 오차를 유발하는 원인이 아닌 것은?

① 광학시스템상의 오차
② 비선형 스캐닝 메커니즘에 의한 오차
③ 불균일 촬영 속도에 의한 오차
④ 지구 자전 속도에 따른 오차

해설

항공기 자체의 기계적 오차와 지구 자전 속도는 관계가 없다.

29 원격탐사 데이터 처리 중 전처리 과정에 해당되는 것은?

① 기하보정
② 영상분류
③ DEM 생성
④ 영상지도 제작

해설

영상처리과정

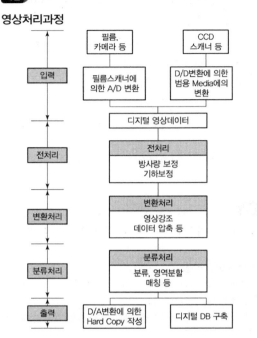

30 원격탐사(Remote Sensing)에 대한 설명으로 틀린 것은?

① 인공위성에 의한 원격탐사는 짧은 시간 내에 넓은 지역을 동시에 관측할 수 있다.
② 다중파장대에 의하여 자료를 수집하므로 원하는 목적에 적합한 자료의 취득이 용이하다.
③ 관측자료가 수치적으로 기록되어 판독이 자동적이며, 정성적 분석이 가능하다.
④ 반복 측정은 불가능하나 좁은 지역의 정밀 측정에 적당하다.

해설

원격탐측이란 지상이나 항공기 및 인공위성 등의 탑재기(Platform)에 설치된 탐측기(Sensor)를 이용하여 지표, 지상, 지하, 대기권 및 우주공간의 대상들에서 반사 혹은 방사되는 전자기파를 탐지하고 이들 자료로부터 토지, 환경 및 자원에 대한 정보를 얻어 이를 해석하는 기법이다.

정답 | 28 ④ 29 ① 30 ④

원격탐사의 특징

• 짧은 시간에 넓은 지역을 동시에 측정할 수 있으며 반복측정이 가능하다.
• 다중파장대에 의한 지구표면 정보획득이 용이하며 측정자료가 기록되어 판독이 자동적이고 정량화가 가능하다.
• 회전주기가 일정하므로 원하는 지점 및 시기에 관측하기가 어렵다.
• 관측이 좁은 시야각으로 얻어진 영상은 정사투영에 가깝다.
• 탐사된 자료가 즉시 이용될 수 있으므로 재해, 환경문제 해결에 편리하다.

31 원격탐사에서 영상자료의 기하보정을 필요로 하는 경우가 아닌 것은?

① 다른 파장대의 영상을 중첩하고자 할 때
② 지리적인 위치를 정확히 구하고자 할 때
③ 다른 일시 또는 센서로 취한 같은 장소의 영상을 중첩하고자 할 때
④ 영상의 질을 높이거나 태양입사각 및 시야각에 의한 영향을 보정할 때

해설

• 방사량 보정 : 방사량 보정(Radiometric Correction)에는 센서의 감도 특성에 기인하는 주변 감광의 보정, 광전변환계의 특성에 기인하는 보정, 태양의 고도 각 보정, 지형적 반사특성 보정, 대기의 흡수, 산란 등에 의한 대기보정 등이 있다.
• 기하보정(Geometric Correction) : 영상에 포함되는 기하왜곡은 영상에서의 각 픽셀 위치좌표와 지도좌표계에서의 대상지물 좌표와의 차이로 알 수 있다. 기하보정은 센서의 기하특성에 의한 내부 왜곡, 탑재기의 자세에 의한 왜곡 및 지형 또는 지구의 형상에 의한 외부 왜곡, 영상투영면에 의한 왜곡 및 지도투영법 차이에 의한 왜곡 등을 보정하는 것을 말한다.

32 원격탐사에서 화상자료 전체 자료량(byte)을 나타낸 것으로 옳은 것은?

① (라인 수)×(화소 수)×(채널 수)×(비트 수/8)
② (라인 수)×(화소 수)×(채널 수)×(바이트 수/8)
③ (라인 수)×(화소 수)×(채널 수/2)×(비트 수/8)
④ (라인 수)×(화소 수)×(채널 수/2)×(바이트 수/8)

해설

자료량
(라인 수)×(화소 수)×(채널 수)×(비트 수/8)

33 원격탐사 센서에 대한 설명으로 옳지 않은 것은?

① 선주사 방식에는 Vidicon(TV)방식이 있다.
② 화상센서와 비화상센서가 있다.
③ 수동적 센서에는 선주사 방식과 카메라 방식이 있다.
④ 능동적 센서에는 Radar 방식과 Laser 방식이 있다.

해설

수동적 탐측기	비주사 방식	비영상 방식	지자기측량		
			중력측량		
			기타		
		영상 방식	단일사진기	흑백 사진	
				천연색 사진	
				적외 사진	
				적외컬러 사진	
				기타 사진	
			다중파장대 사진기	단일렌즈	단일필름
					다중필름
				다중렌즈	단일필름
					다중필름
	주사 방식	영상면 주사 방식	TV사진기(vidicon 사진기)		
			고체 주사기		
		대상물면 주사 방식	다중파장대 주사기	Analogue방식	
				Digital방식	MSS
					TM
					HRV
			극초단파 주사기(microwave radiometer)		
능동적 탐측기	비주사 방식	Laser spectrometer			
		Laser 거리측량기			
	주사 방식	레이더			
		SLAR	RAR(Rear Aperture Radar)		
			SAR(Synthetic Aperture Radar)		

정답 | 31 ④ 32 ① 33 ①

34 원격탐사 자료처리 중 기하학적 보정인 것은?

① 영상대조비 개선
② 영상의 밝기 조절
③ 화소의 노이즈 제거
④ 지표기복에 의한 왜곡 제거

해설

전처리	복사량보정	센서보정	광학계 특성기인보정
			광전변환계 특성기인 보정
		태양고도보정	
		지형보정	지표면의 법선벡터와 광로복사성분을 이용
		대기보정	복사전달방정식을 이용
			현장참자료를 이용
			기타 방법
	기하보정	기하왜곡	센서내부왜곡
			센서외부왜곡
			화상투영면처리방법
			지도투영법의 기하학

35 원격탐사시스템의 해상도 중 파장대역의 전자파 에너지를 측정하는 해상도로 옳은 것은?

① 주기해상도
② 방사해상도
③ 공간해상도
④ 분광해상도

해설

위성영상의 해상도

다양한 위성영상데이터가 가지는 특징들은 해상도(Resolution)라는 기준을 사용하여 구분이 가능하다. 위성영상 해상도에는 공간 해상도, 분광 해상도, 시간 또는 주기 해상도, 반사 또는 복사 해상도로 분류된다.

• 공간 해상도(Spatial Resolution or Geomatric Resolution)
  – 인공위성영상을 통해 모양이나 배열의 식별이 가능한 하나의 영상소의 최소 지상면적을 뜻한다. 일반적으로 한 영상소의 실제 크기로 표현된다.
  – 센서에 의해 하나의 화소(pixel)가 나타낼 수 있는 지상면적, 또는 물체의 크기를 의미하는 개념으로서, 공간 해상도의 값이 작을수록 지형지물의 세밀

한 모습까지 확인이 가능하고 이 경우 해상도는 높다고 할 수 있다.
  예 1m 해상도란 이미지의 한 pixel이 1m×1m의 가로, 세로 길이를 표현한다는 의미로 1m 정도 크기의 지상물체가 식별가능함을 나타낸다. 따라서 숫자가 작아질수록 지형지물의 판독성이 향상됨을 의미한다.
• 분광 해상도(Spectral Resolution)
  – 가시광선에서 근적외선까지 구분할 수 있는 능력으로서 스펙트럼 내에서 센서가 반응하는 특정 전자기파장대의 수와 이 파장대의 크기를 말한다.
  – 센서가 감지하는 파장대의 수와 크기를 나타내는 말로서 좀 더 많은 밴드를 통해 물체에 대한 다양한 정보를 획득할수록 분광 해상도가 높다라고 표현된다. 즉, 인공위성에 탑재된 영상수집 센서가 얼마나 다양한 분광파장영역을 수집할 수 있는가를 나타낸다.
  예 어떤 위성은 Red, Green, Blue 영역에 해당하는 가시광선 영역의 영상만 얻지만 어떤 위성은 가시광선 영역을 포함하여 근적외, 중적외, 열적외 등 다양한 분광 영역의 영상을 수집할 수 있다. 그러므로 분광 해상도가 좋을수록 영상의 분석적 이용 가능성이 높아진다.
• 방사 또는 복사해상(Radiometric Resolution)
  – 인공위성 관측센서에서 수집한 영상이 얼마나 다양한 값을 표현할 수 있는가를 나타낸다.
  예 한 픽셀을 8bit로 표현하는 경우 그 픽셀이 내재하고 있는 정보를 총 256개로 분류할 수 있다는 의미가 된다.
    즉, 그 픽셀이 표현하는 지상물체가 물인지, 나무인지, 건축물인지 256개의 성질로 분류할 수 있다는 것이다.
    반면에 한 픽셀을 11bit로 표현한다면 그 픽셀이 내재하고 있는 정보를 총 2,048개로 분류할 수 있다는 것이므로 8bit인 경우 단순히 나무로 분류된 픽셀이 침엽수인지, 활엽수인지, 건강한지, 병충해가 있는지 등으로 자세하게 분류할 수 있다. 따라서 방사 해상도가 높으면 위성영상의 분석정밀도가 높다는 의미이다.
• 시간 또는 주기 해상도(Temporal Resolution)
  – 지구상 특정 지역을 얼마만큼 자주 촬영 가능한지를 나타낸다. 어떤 위성은 동일한 지역을 촬영하기 위해 돌아오는 데 16일이 걸리고 어떤 위성은 4일이 걸리기도 한다.

정답 | 34 ④ 35 ④

－주기 해상도가 짧을수록 지형 변이 양상을 주기적이고 빠르게 파악할 수 있으므로, 데이터베이스 축척을 통해 향후의 예측을 위한 좋은 모델링 자료를 제공한다고 할 수 있다.

36 원격탐사에 대한 설명으로 옳지 않은 것은?

① 자료수집 장비로는 수동적 센서와 능동적 센서가 있으며 Laser 거리관측기는 수동적 센서로 분류된다.

② 원격탐사자료는 물체의 반사 또는 방사의 스펙트럼 특성에 의존한다.

③ 자료의 양은 대단히 많으며 불필요한 자료가 포함되어 있을 수 있다.

④ 탐측된 자료가 즉시 이용될 수 있으며 재해 및 환경문제 해결에 편리하다.

해설

원격탐사의 특징
• 모든 물체는 종류, 환경조건이 달라지면 서로 다른 고유한 전자파를 반사, 방사한다는 원리에 기초한다.
• 실제로 센서에 입사되는 전자파는 도달 과정에서 대기의 산란 등 많은 잡음이 포함되어 있어 태양의 위치, 대기의 상태, 기상, 계절, 지표 상태, 센서의 위치, 센서의 성능 등을 종합적으로 고려하여야 한다.
• 고해상도의 위성영상으로 상세한 D/B를 구축할 수 있다.
• 짧은 시간에 넓은 지역의 조사 및 반복측정이 가능하다.
• 다중파장대 영상으로 지구 표면 정보 획득 및 경관분석 등 다양한 분야에 활용된다.
• GIS와의 연계로 다양한 공간분석이 가능하다.

37 원격탐사 데이터 처리 중 전처리 과정에 해당되는 것은?

① 기하보정　　　　② 영상분류
③ DEM 생성　　　　④ 영상지도제작

해설

위성영상처리순서
• 전처리 : 방사량보정, 기하보정
• 변환처리 : 영상 강조, 데이터 압축
• 분류처리 : 분류, 영상분할/매칭

38 원격탐사의 분류기법 중 감독분류기법에 대한 설명으로 옳은 것은?

① 작업자가 분류단계에서 개입이 불필요하다.

② 대상지역에 대한 샘플 자료가 없을 경우에 적당한 분류기법이다.

③ 영상의 스펙트럼 특성만을 가지고 분류하는 기법이다.

④ 수치지도, 현장자료 등 지상검증자료를 샘플로 이용하여 분류한다.

해설

감독분류와 무감독분류
• 원격탐사로 얻어지는 다중스펙트럼 영상의 특정 공간을 영역 분할하여 분류하면 토지이용, 식생, 토양, 지질 등의 주제도가 얻어진다.
• 감독분류(Supervised classification)
　－지상검증자료(Ground Truth Data)를 샘플로 이용하여 분류하는 방법이다.
　－대표적인 것에는 최대우도(확률)법(maximum likelihood estimation)이 있다.
　－최대우도추정법(最大尤度推定法)이란 특정 공간에서 모집단을 확률밀도 함수형으로 가정한 다음 그 트레이닝 자료가 추출되는 확률(우도)을 가장 높일 수 있는 분포밀도의 통계량(평균이나 분산 등)을 모집단의 통계량으로 하는 방법이다.
　－모집단의 특성을 편중되지 않고 나타낼 수 있는 트레이닝자료를 추출할 필요가 있다.
　－화상에 어떠한 대상물이 포함되고 있는가를 사전에 알아둘 필요가 있다.
• 무감독분류(Unsupervised classification)
　－화상에 포함되는 대상물이 별로 분명하지 않을 때 이용한다.
　－영상의 스펙트럼 특징만을 이용하고 현지 자료조사를 사용하지 않고 분류하는 방법이다.

정답 | 36 ① 37 ① 38 ④

－무작위 추출된 화소자료를 클러스터링 등의 방법으로 비교적 균질하다고 생각될 수 있는 그룹으로 분할하고 각각을 분류 클래스로 한다.
－이를 트레이닝 자료로 하여 클래스 모집단의 특징을 추정하는 것을 무감독추정이라 하고 이것을 이용하는 방법을 무감독분류라 한다.
－대표적인 것은 클러스터(cluster) 분석이 있다.
－클러스터링이란 유사한 특징을 가진 자료를 "비슷한 동지"로서 그룹화하는 방법이다.

39 위성을 이용한 원격탐사(Remote Sensing)에 대한 설명으로 옳지 않은 것은?

① 회전주기가 일정하므로 원하는 지점 및 시기에 관측이 용이하다.
② 탐사된 자료는 다양한 처리과정을 거쳐 재해 및 환경문제 해결에 활용할 수 있다.
③ 관측이 좁은 시야각으로 실시되므로, 얻어진 영상은 정사투영에 가깝다.
④ 짧은 시간 내에 넓은 지역을 동시에 측정할 수 있으며, 반복관측이 가능하다.

해설

회전주기가 일정하므로 원하는 지점 및 시기에 관측하기에 어려움이 있다.

원격탐측(Remote Sensing)
원거리에서 직접 접촉하지 않고 대상물에서 반사(Reflection) 또는 방사(Emission)되는 각종 파장의 전자기파를 수집, 처리하여 대상물의 성질이나 환경을 분석하는 기법을 말한다. 이때 전자파를 감지하는 장치를 센서라 하고 센서를 탑재한 이동체를 플랫폼이라 한다. 통상 플랫폼에는 항공기나 인공위성이 사용된다.

40 공간해상도가 높은 전정색영상과 공간해상도가 낮은 컬러(다중분광)영상을 합성하여 공간해상도가 높은 컬러영상을 만드는 데 사용하는 영상처리방법은?

① Fourier 변환
② 영상융합(Image Fusion) 또는 해상도 융합(Resolution Merge) 변환
③ NDVI(Normal Difference Vegetation Index) 변환
④ 공간 필터링(Spatial Filtering)

해설

영상융합은 일반적으로 둘 혹은 그 이상의 서로 다른 영상면들을 이용하여 새로운 영상면을 생성함으로써 영상의 효과를 극대화시켜 영상분류의 정확도를 향상시키는데 사용되는 기법이다.

해상도병합(Resolution Fusion) 기법
• 색상공간모형 변환방법(Color Space Model) : RGB로 세분화된 세 밴드의 다중분광 영상을 IHS요소로 변환시킨 후 고해상도의 전정색 영상을 I영상과 치환하여 다시 RGB 영상으로 역변환한다.
• 주성분 분석(Principal Component Analysis) : RGB로 세분화된 세 밴드의 다중분광 영상으로 주성분 분석을 실시하여 1차 주성분(PC 1), 2차 주성분(PC 2), 3차 주성분(PC 3) 요소로 변환한 다음 1차 주성분 영상을 고해상도의 전정색 영상으로 치환시켜 다시 R, G, B 영상으로 역변환시키는 방법이다.
• 최소상관변환(Decorrelation Stretching) : 컬러 영상에서 발견되는 색의 차이를 증가시키기 위해 사용되는 과정이다.
• 태슬드 캡 변환(Tasseled Cap Transform) : 입력 영상이 Landsat TM, MSS, ETM+인 경우에만 지원되는 영상변환 기능으로 영상의 밴드를 활용하여 녹지도(Greenness), 밝기도(Bright-ness), 습기도(Wetness)를 생성한다.
• 색변환(LUT Trasform) : 흑백영상으로 도시된 경우 해당 영상을 흑백의 색 이외의 다양한 색 단계로 표현할 수 있는 기능이다.
• 브로비 변환(Brovey Transform)

지도직
군무원
한권으로 끝내기

PART 04

GNSS

총론

01 총론

CHAPTER

제1장　GPS의 개요

1. GPS의 정의

① GPS는 인공위성을 이용한 범세계적 위치결정체계로, 정확한 위치를 알고 있는 위성에서 발사한 전파를 수신한 후 관측점까지의 소요 시간을 관측함으로써 관측점의 위치를 구하는 체계이다.

② GPS 측량은 위치가 알려진 다수의 위성을 기지점으로 하여 수신기를 설치한 미지점의 위치를 결정하는 후방교회법(Resection methoid)에 의한 측량방법이다.

2. GPS의 특징

① 지구상 어느 곳에서나 이용할 수 있다.

② 기상에 관계없이 위치 결정이 가능하다.

③ 다양한 측량 기법에 따라 수 mm~수십 m까지 측정 가능하다.

④ 측량 거리에 비하여 상대적으로 높은 정확도를 지니고 있다.

⑤ 24시간 동안 자유로운 이용이 가능하다.

⑥ 사용자가 무제한 사용할 수 있으며 신호 사용에 따른 부담이 없다.

⑦ 다양한 측량 기법이 제공되어 목적에 따라 적당한 기법을 선택할 수 있으므로 경제적이다.

⑧ 3차원 측량을 동시에 할 수 있다.

⑨ 기선 결정의 경우 두 측점 간의 시통에 관계가 없다.

⑩ 세계측지기준계(WGS84) 좌표계를 사용하므로 지역기준계를 사용할 경우 다소 번거로움이 있다.

3. GPS의 구성

(1) 우주 부문

① 구성 : 31개의 GPS 위성
② 기능 : 측위용 전파 상시 방송, 위성궤도 정보, 시각신호 등 측위계산에 필요한 정보 방송
　㉠ 궤도 형상 : 원궤도
　㉡ 궤도면 수 : 6개
　㉢ 위성 수 : 1궤도면당 4개 위성(24개)+보조위성(7개)=31개
　㉣ 궤도 경사각 : 55°
　㉤ 궤도 고도 : 20,183km
　㉥ 사용좌표계 : WGS84(지심좌표계)
　㉦ 회전 주기 : 11시간 58분(0.5 항성일)
　　※ 1 항성일은 23시간 56분 4초
　㉧ 궤도 간 이격 : 60°
　㉨ 기준발진기 : 10.23MHz(세슘원자시계 2대, 류비듐원자시계 2대)

(2) 제어 부문

① 구성 : 1개의 주제어국, 5개의 추적국, 3개의 지상안테나(Up Link 안테나 : 전송국)
② 기능
　㉠ 주제어국 : 추적국에서 전송된 정보를 사용하여 궤도요소를 분석한 후 신규궤도 요소, 시계보정, 항법 메시지 및 콘트롤 명령 정보, 전리층 및 대류층의 주기적모형화 등을 지상안테나를 통해 위성으로 전송함
　㉡ 추적국 : GPS 위성의 신호를 수신하고 위성의 추적 및 작동 상태를 감독하여 위성에 대한 정보를 주제어국으로 전송함
　㉢ 전송국 : 주관제소에서 계산된 결과치로서 시각보정값, 궤도보정치를 사용자에게 전달할 메시지 등을 위성에 송신하는 역할
　㉣ 주제어국 : 콜로라도 스프링스(Colorad Springs) - 미국 콜로라도주
　㉤ 추적국

어세션(Ascension Is)	대서양
디에고 가르시아(Diego Garcia)	인도양
쿠에제린(Kwajalein Is)	태평양
하와이(Hawaii)	

　㉥ 3개의 지상안테나(전송국) : 갱신자료 송신

(3) 사용자 부문

① 구성 : GPS 수신기 및 자료처리 S/W
② 기능

 ㉠ 위성으로부터 전파를 수신하여 수신점의 좌표 또는 수신점 간의 상대적인 위치관계를 구함

 ㉡ 사용자 부문에서는 위성으로부터 전송되는 신호정보를 수신할 수 있는 GPS 수신기와 자료처리를 위한 소프트웨어를 통해 위성으로부터 전송되는 시간과 위치정보를 처리하여 정확한 위치와 속도를 구함

 ㉢ GPS 수신기 : 위성으로부터 수신한 항법 데이터를 사용하여 사용자의 위치, 속도를 계산

 ㉣ 수신기에 연결되는 GPS 안테나 : 하나의 GPS 위성신호를 추적한 후 그 위성으로부터 다른 위성들의 상대적인 위치에 관한 정보를 얻을 수 있음

(4) 태양일, 항성일

① 1태양일 : 지구가 태양을 중심으로 한 번 자전하는 시간(24시간)
② 1항성일 : 지구가 항성을 중심으로 한 번 자전하는 시간(23시간 56분 4초)

우주 부문(Space Segment)	연속적 다중위치 결정체계 GPS는 55° 궤도 경사각, 위도 60°의 6개 궤도 고도 20,183km → 약 12시간 주기로 운행 3차원 후방 교회법으로 위치 결정
제어 부문(Control Segment)	궤도와 시각 결정을 위한 위성의 추척 전리층 및 대류층의 주기적 모형화(방송궤도력) 위성 시간의 동일화 위성으로의 자료 전송
사용자 부문(User Segment)	위성으로부터 보내진 전파를 수신해 원하는 위치 두 점 사이의 거리를 계산

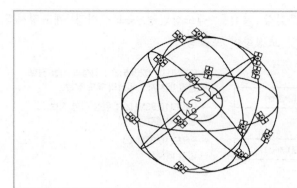

궤도 형상 : 원궤도
궤도 수 : 6개
위성 수 : 31개
궤도 경사각 : 55°
높이 : 20,000km
사용좌표계 : WGS-84

[GPS 위성궤도]

4. GPS 신호

(1) 개요

① GPS 신호는 C/A코드, P코드 및 항법메시지 등의 측위 계산용 신호가 각기 다른 주파수를 가진 L_1 및 L_2 파의 2개 전파에 실려 지상으로 방송되며 L_1, L_2파는 코드신호 및 항법 메시지를 운반한다고 하여 반송파(Carrier Wave)라 한다.

② 반송파(Carrier)

L_1	• 주파수 1,575.42MHz(154×10.23MHz), 파장 19cm • C/A code와 P code 변조 가능
L_2	• 주파수 1,227.60MHz(120×10.23MHz), 파장 24cm • P code만 변조 가능

③ 코드(Code)

P code	• 반복주기가 7일인 PRN code(Pseudo Random Noise code) • 주파수 10.23MHz, 파장 30m(29.3m)
C/A code	• 반복주기는 1ms(milli-second)이며, 1.023Mbps로 구성된 PPN code • 주파수 1.023MHz, 파장 300m(293m)

④ Navigation Message
 ㉠ GPS 위성의 궤도, 시간, 기타 System Parameter들을 포함하는 Data bit
 ㉡ 측위 계산에 필요한 정보
  • 위성이 탑재된 원자시계 및 전리층 보정을 위한 Parameter 값
  • 위성궤도 정보
  • 타위성의 항법 메시지 등을 포함

ⓒ 위성궤도 정보에는 평균근점각, 이심률, 궤도장반경, 승교점적경, 궤도경사각, 근지
점인수 등 기본적 인량 및 보정항이 포함됨

(2) GPS 위성의 코드 형태와 항법 메시지

구분 \ 코드	C/A	P(Y)	항법 데이터
전송률	1.023Mbps	10.23Mbps	50bps
펄스당 길이	293m	29.3m	5950 km
반복	1ms	1주	N/A
코드의 형태	Gold	Pseudo random	N/A
반송파	L_1	L_1, L_2	L_1, L_2
특징	포착하기가 용이함	정확한 위치 추적 가능, 고장률이 적음	시간, 위치 추산표

5. GPS 측위 원리

(1) 개요

① GPS를 이용한 측위 방법에는 코드 신호 측정 방식과 반송파 신호 측정 방식이 있다.
② 코드 신호에 의한 방법 : 위성과 수신 기간의 전파 도달 시간차를 이용하여 위성과 수신
기간의 거리를 구한다.
③ 반송파 신호에 의한 방법 : 위성으로부터 수신기에 도달되는 전파의 위상을 측정하는
간섭법을 이용하여 거리를 구한다.

(2) 코드 신호 측정 방식

① 위성에서 발사한 코드와 수신기에서 미리 복사된 코드를 비교하여 두 코드가 완전히
일치할 때까지 걸리는 시간을 관측하고 여기에 전파속도를 곱하여 거리를 구한다.
② 이때 시간에 오차가 포함되어 있으므로 의사거리(Pseudo range)라 한다.

$$R = [(X_R - X_S)^2 + (Y_R - Y_S)^2 + (-Z_S)^2]^{1/2} + \delta t.c$$

※ R : 위성과 수신기 사이의 거리

　　$X,\ Y,\ Z$: 위성의 좌표값

　　$X_R,\ Y_R,\ Z_R$: 수신기의 좌표값

　　δt : GPS와 수신 기간의 시각 동기오차

　　C : 전파 속도

③ 특징

　　㉠ 동시에 4개 이상의 위성신호를 수신해야 함

　　㉡ 단독 측위(1점 측위, 절대 측위)에 사용되며 이때 허용오차는 5~15m

　　㉢ 2대 이상의 GPS를 사용하는 상대 측위 중, 코드 신호만을 해석하여 측정하는 DGPS

　　(Differential GPS) 측위 시 사용되며 허용오차는 약 1m 내외임

(3) 반송파 신호 측정 방식

① 위성에서 보낸 파장과 지상에서 수신된 파장의 위상차를 관측하여 거리를 계산한다.

$$R = (N + \frac{\phi}{2\pi}) \cdot \lambda + C(dT + dt)$$

※ R : 위성과 수신기 사이의 거리

　　λ : 반송파의 파장

　　N : 위성과 수신기간의 반송파의 개수

　　ϕ : 위상각

　　C : 전파 속도

　　$dT + dt$: 위성과 수신기의 시계오차

② 특징

　　㉠ 반송파 신호 측정 방식은 일명 간섭측위로 전파의 위상차를 관측하는 방식이며, 수신기에 마지막으로 수신되는 파장의 위상을 정확히 알 수 없어 모호정수(Ambiguity) 또는 정수치편기(Bias)로도 불림

　　㉡ 본 방식은 위상차를 정확히 계산하는 방법이 매우 중요하며, 1중차, 2중차, 3중차의 단계를 거침

　　㉢ 일반적으로 수신기 1대만으로는 정확한 Ambiguity를 결정할 수 없으며 최소 2대 이상의 수신기로부터 정확한 위상차를 관측함

　　㉣ 후처리용 정밀 기준점 측량 및 RTK법과 같은 실시간 이동측량에 사용됨

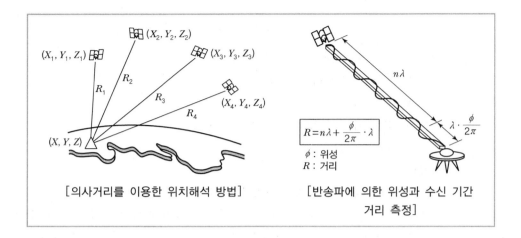

$$R = n\lambda + \frac{\phi}{2\pi} \cdot \lambda$$

ϕ : 위성
R : 거리

[의사거리를 이용한 위치해석 방법]   [반송파에 의한 위성과 수신 기간
거리 측정]

6. 궤도 정보(Ephemeris, 위성력)

(1) 개요

① 궤도 정보는 GPS 측위 정확도를 좌우하는 중요한 사항으로서 크게 방송력과 정밀력으로 구분되며 Almanac(달력, 역서, 연감)과 같은 뜻이다.

② 시간에 따른 천체의 궤적을 기록한 것으로 각각의 GPS 위성으로부터 송신되는 항법 메시지에는 향후 궤도에 대한 예측치가 들어 있다.

③ 형식은 30초마다 기록되어 있으며 Keplerian Element로 구성되어 있다.

(2) 방송력(Broadcast Ephemeris) : 방송 궤도 정보

① GPS 위성이 타정보와 마찬가지로 지상으로 송신하는 궤도 정보이다.

② GPS 위성은 주관제국에서 예측한 궤도력, 즉 방송 궤도력을 항법 메시지의 형태로 사용자에게 전달하는데 이 방송 궤도력은 1996년 당시 약 3m의 예측에 의한 오차가 포함되어 있었다.

③ 사전에 계산되어 위성에 입력한 예보 궤도로서 실제 운행 궤도에 비해 정확도가 떨어진다.

④ 향후의 궤도에 대한 예측치가 들어 있으며, 형식은 매 30초마다 기록되고 16개의 Keplerian element로 구성되어 있다.

⑤ 방송 궤도력은 정밀 궤도력에 비해 기선결정의 정밀도가 떨어지지만 위성전파를 수신하지 않고도 획득 가능하며 수신하는 순간부터 사용이 가능하므로 측위 결과를 신속하게 확인할 수 있다.

(3) 정밀력(Precise Ephemeris) : 정밀 궤도 정보

① 실제 위성의 궤적으로서 지상추적국에서 위성전파를 수신하여 계산된 궤도 정보이다.

② 방송력에 비해 정확도가 위성관측 후에 정보를 취득하므로 주로 후처리 방식의 정밀기준점 측량 시 적용된다.

③ 방송 궤도력은 GPS 수신기에서 곧바로 취득이 되지만, 정밀 궤도력은 별도의 컴퓨터 네트워크를 통하여 IGS(GPS 관측망)로부터 수집하여야 하고 약 11일의 시간이 걸린다.

④ GPS 위성의 정밀 궤도력을 산출하기 위한 국제적인 공동 연구가 활발히 진행되고 있다.

⑤ 전세계 약 110개 관측소가 참여하고 있는 국제 GPS 관측망(IGS)이 1994년 1월 발족하여 GPS 위성의 정밀 궤도력을 산출하여 공급하고 있다.

⑥ 대덕연구단지 내 천문대 GPS 관측소와 국토지리정보원 내 GPS 관측소가 IGS 관측소로 공식 지정되어 우리나라 대표로 활동하고 있다.

7. 간섭 측위에 의한 위상차 측정

(1) 개요

① 정적간섭측위(Static Positioning)를 통하여 기선해석을 하는 데 사용하는 방법이다.

② 두 개의 기지점에 GPS 수신기를 설치한 후 위상차를 측정하여 기선의 길이와 방향을 3차원 백터량으로 결정하며, 위상차 차분 기법을 통하여 기선해석의 품질을 높인다.

(2) 위상차 차분 기법

① 일중위상차(Single Phace Difference)
   ㉠ 한 개의 위성과 두 대의 수신기를 이용한 위성과 수신기 간의 거리 측정차(행로차)
   ㉡ 동일 위성에 대한 측정치이므로 위성의 궤도오차와 원자시계에 의한 오차가 소거된 상태
   ㉢ 수신기의 시계오차는 포함되어 있는 상태임

② 이중이상차(Double Phace Difference)
   ㉠ 두 개의 위성과 두 대의 수신기를 이용하여 각각의 위성에 대한 수신기 간 1중차끼리의 차이값
   ㉡ 두 개의 위성에 대하여 두 대의 수신기로 관측함으로써 같은 양으로 존재하는 수신기의 시계오차를 소거한 상태

ⓒ 일반적으로 최소 4개의 위성을 관측하여 3회의 이중차를 측정하여 기선해석을 하는 것이 통례임

③ **삼중위상차**(Triple Phace Difference)

ㄱ 한 개의 위성에 대하여 계산한 어떤 시각의 위상적 산치(측정치) 및 그 다음 시각의 적산치와의 차이값으로, 적분위상차라고도 함

ㄴ 반송파의 모호정수(불명확상수)를 소거하기 위하여 일정시간 간격으로 이중차의 차이값을 측정하는 것을 말함

ㄷ 일정 시간 동안의 위성 거리의 변화를 뜻하며 파장의 정수배의 불명확성을 해결하는 방법으로 이용됨

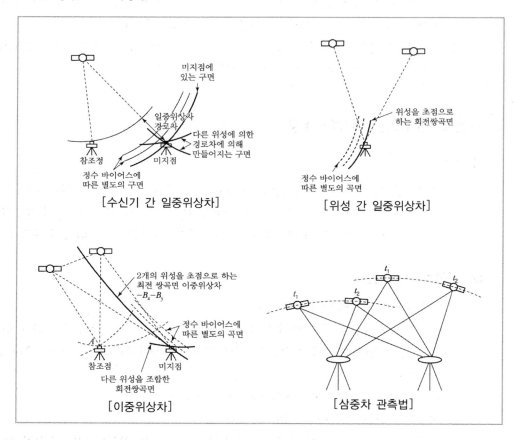

[수신기 간 일중위상차]

[위성 간 일중위상차]

[이중위상차]

[삼중차 관측법]

제2장 GPS의 오차

1. 구조적인 오차

(1) 위성에서 발생하는 오차

① 위성시계 오차

② 위성궤도 오차

(2) 대기권 전파 지연

① 위성신호가 전리층을 통과할 때의 전파 지연 오차

② 수신기에서 발생하는 오차

ⓐ 수신기 자체의 전파적 잡음에 의한 오차

ⓑ 안테나의 구심 오차, 높이 오차 등

ⓒ 전파의 다중 경로(Multipath)에 의한 오차

위성시계오차	GPS 위성에 내장되어 있는 시계의 부정확성으로 인해 발생
위성궤도오차	위성궤도 정보의 부정확성으로 인해 발생
대기권 전파 지연	위성신호가 전리층과 대류권을 통과할 때의 전파지연오차(약 2m)
전파적 잡음	수신기 자체에서 발생하며 PRN 코드 잡음과 수신기 잡음이 합쳐져서 발생
다중 경로 (Multipath)	• 다중 경로오차는 GPS 위성으로 직접 수신된 전파 이외에 부가적으로 주위의 지형, 지물에 의한 반사된 전파로 인해 발생하는 오차로서 측위에 영향을 미침 • 다중 경로는 금속제건물, 구조물과 같은 커다란 반사적 표면이 있을 때 일어남 • 다중 경로의 결과로서 수신된 GPS 신호는 GPS 위치의 부정확성을 제공 • 다중 경로가 일어나는 경우를 최소화하기 위하여 미션 설정, 수신기, 안테나 설계 시에 고려 • GPS 신호 시간의 기간을 평균하는 것도 다중 경로의 영향을 감소시킴 • 가장 이상적인 방법은 다중 경로의 원인이 되는 장애물로부터 멀리 떨어져서 관측하는 것임

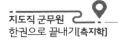

2. 위성의 배치 상태에 따른 오차 : 정밀도 저하율(DOP ; Dilution Of Precision)

① GPS 관측 지역의 상공을 지나는 위성의 기하학적 배치 상태에 따라 측위의 정확도가 달라지는데 이를 정밀도 저하율(DOP ; Dilution of Precision)이라 한다.

② 종류
  ㉠ GDOP : 기하학적 정밀도 저하율
  ㉡ PDOP : 위치 정밀도 저하율
  ㉢ HDOP : 수평 정밀도 저하율
  ㉣ VDOP : 수직 정밀도 저하율
  ㉤ RDOP : 상대 정밀도 저하율
  ㉥ TDOP : 시간 정밀도 저하율

③ 특징
  ㉠ 3차원 위치의 정확도는 PDOP에 따라 달라짐. PDOP은 4개의 관측위성들이 이루는 사면체의 체적이 최대일 때 가장 정확도가 높으며 이는 관측자의 머리 위에 다른 3개의 위성이 각각 120°를 이룰 때를 의미함
  ㉡ DOP은 값이 작을수록 정확함(1이 가장 정확하고 5까지는 실용상 지장이 없음)

3. 선택적 가용성에 따른 오차 : SA(Selective Abailability)/AS(Anti-Spoofing)

① 미국방성의 정책적 판단에 의해 인위적으로 GPS 측량의 정확도를 저하시키기 위한 조치로 위성의 시각정보 및 궤도정보 등에 임의의 오차를 부여하거나 송신, 신호 형태를 임의 변경하는 것을 SA라 하며, 군사적 목적으로 P코드를 암호하는 것을 AS라 한다.

② SA의 해제 : 2000년 5월 1일 해제

③ AS(Anti Spoofing : 코드의 암호화, 신호차단) : 군사 목적의 P코드를 적의 교란으로부터 방지하기 위하여 암호화시키는 기법

4. 사이클 슬립(Cycle Slip)

(1) 개요

① 사이클 슬립은 GPS 반송파 위상 추적회로에서 반송파 위상치의 값을 순간적으로 놓침으로 인해 발생하는 오차이다.

② 반송파 위상데이터를 사용하는 정밀위치측정 분야에서는 매우 큰 영향을 미칠 수 있으므로 사이클슬립의 검출은 매우 중요하다.

(2) 원인

① GPS 안테나 주위의 지형·지물에 의한 신호가 단절된다.
② 높은 신호의 잡음이 있다.
③ 신호 강도가 낮다
④ 위성의 고도각이 낮다.
⑤ 사이클 슬립은 이동측량에서 많이 발생한다.

(3) 처리

① 수신회로의 특성에 의해 파장의 정수배만큼 점프하는 특성이 있다.
② 데이터 전처리 단계에서 사이클 슬립을 발견할 경우 편집이 가능하다.
③ 기선해석 소프트웨어에서 자동 처리한다.

5. 오차 소거방법

① 구조적 요인에 의한 오차 소거 방법 : 두 대 이상의 GPS 수신기를 이용하여 동일한 오차 성분을 동시에 소거하는 상대측위 방식을 통해 정확도를 높일 수 있다.
② 위성의 배치 상태에 따른 오차 : 소거 방법이 없으며 측량지역 상공의 위성배치가 좋아질 때까지 기다려야 한다.
③ S/A에 의한 오차 : 상대측위 방식으로 소거할 수 있다.

6. GPS 위치 결정 방법

(1) 절대 관측 방법(1점 측위)

① 4개 이상의 위성으로부터 수신한 신호 가운데 C/A코드를 이용해 실시간 처리로 수신 기의 위치를 결정하는 방법이다.
② 지구상에 있는 사용자의 위치를 관측하는 방법이다.
③ 위성신호 수신 즉시 수신기의 위치를 계산한다.
④ GPS의 가장 일반적이고 기초적인 응용 단계이다.
⑤ 계산된 위치의 정확도가 낮다(15~25m의 오차).
⑥ 선박, 자동차, 항공기 등의 항법에 이용한다.

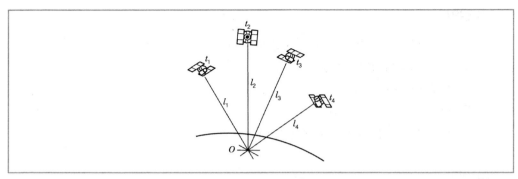

[절대 관측 방법]

(2) 상대 관측 방법(간섭계 측위)

① 두 점 간에 도달하는 전파의 시간적 지연을 측정하고 두 점 간의 거리를 정확히 측정하여 관측하는 방법이다.

② 스태틱(Static) 측량

ㄱ 2개 이상의 수신기를 각 측점에 고정하고 양 측점에서 동시에 4개 이상의 위성으로부터 신호를 30분 이상 수신하는 방식

ㄴ VLBI의 보완 또는 대체 가능

ㄷ 수신 완료 후 컴퓨터로 각 수신기의 위치, 거리 계산(후처리 방식)

ㄹ 계산된 위치 및 거리 정확도가 높음

ㅁ 지적삼각측량 방법에 주로 사용됨

ㅂ 정도 : 약 수 cm(1ppm~0.01ppm)

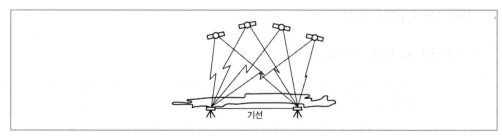

[스태틱 관측 방법]

③ 키네마틱(Kinematic) 측량

　　㉠ 기지점에 1대의 수신기를 고정국으로, 다른 수신기는 이동국으로 하여 이동국을 순
　　　차로 이동하면서 각 측점에 놓고 4대 이상의 위성으로부터 신호를 수 초~수 분 동안
　　　수신하는 방식

　　㉡ 이동 차량의 위치 결정에 이용됨

　　㉢ 도근 측량에 사용

　　㉣ 기지점 성과가 가장 양호한 삼각점을 선정하여 고정점으로 이용

　　㉤ 정도 : 약 5~10mm

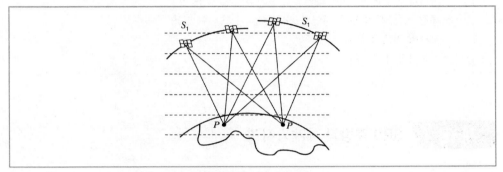

[키네마틱 관측 방법]

④ DGPS(Differential GPS) : DGPS는 이미 알고 있는 기지점 좌표를 이용하여 오차를 최
　　대한 줄여서 이용하기 위한 위치 결정 방식으로 기지점에서 기준국용 GPS 수신기를
　　설치한 후 위성을 관측하여 각 위성의 의사거리 보정값을 구하고 이 보정값을 이용하
　　여 이동국용 GPS 수신기의 위치 결정 오차를 개선하는 방식이다.

⑤ RTK(Real Time Kinematic) : 실시간 이동측량이라고도 하고 현장에서 직접 관측데이
　　터를 확인할 수 있으며 일필지 확정측량의 경계관측에 매우 양호한 측량 방법으로 경
　　지정리, 구획정리 측량에 많이 사용된다.

TIP

• RTK 측량의 특징
　- 실시간으로 좌표의 결과값을 알 수 있으며 2~3cm의 정확도를 가지므로 일필지의 확정측량에
　　적합
　- RTK 측량 방식은 일필지 측량에 많이 이용됨
　- 일필지의 경계점 관측 시간은 2~3초 정도 소요
　- 일필지 측량 시 경계점마다 관측하므로 정확도가 높음
　- 초기화를 시작한 때는 L1, L2 신호의 추적을 확인 후 시작
　- 코드보다는 반송파를 이용하며 RTK의 초기화 과정은 매우 중요함

　　　－정확한 기준점을 고정국으로 하고 미지점을 이동국으로 하여 위치를 결정함
- RTK 측량의 장점
　－과학적이고 합리적인 위치 표시 가능
　－기준점의 위치 정보는 높은 정밀도를 가짐
　－고효율의 신속, 정확한 측량 성과 획득이 가능
　－측량 비용이 감소될 수 있음
- RTK 측량의 단점
　－RTK로 경계측량 성과를 결정할 경우 기준점측량 방식과 상이한 결과가 도출될 수 있음
　－시가지 등 장애물이 있는 경우 RTK 측량이 불가능함
　－장비사에 따라 S/W가 다르므로 표준화된 S/W가 없음
　－통신 장애 시 업무가 지연될 가능성을 배제할 수 없음
　－고가의 장비 필요
　－전문인력 양성 필요

제3장　GPS 측량과 세계측지계

1. GPS 측량과 지오이드 관계

① 정표고는 평균해수면에 가장 근사한 중력 등포텐셜면으로 정의되는 지오이드를 기준으로 측정된다.

② GPS에 의해 측정되는 타원체고는 지오이드에 대하여 수학적으로 가장 근사한 가상면의 지심타원체(GRS80)를 기준으로 측정된다.

③ 수준측량에 있어 GPS를 실용화하기 위해서는 정확한 지오이드고가 산정되어야 한다.

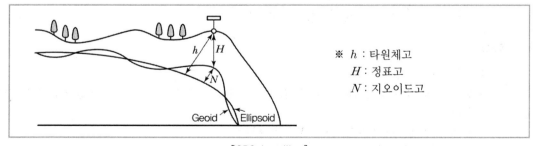

[GPS Levelling]

TIP **GPS 측량에서 Geoid를 고려해야 하는 이유**

- 종래 삼각점의 좌표는 지역적인 준거타원체나 범지구타원체에 준거하여 삼각, 삼변 및 트래버스측량으로 결정하고 수준점의 좌표인 표고는 지오이드와 일치한다고 가정한 평균해수면에 준거하여 Spirit Levelling에 의한 역표고, 정표고 및 정규표고를 결정한다.
- GPS에 의해 측정되는 타원체고는 지오이드에 대하여 수학적으로 가장 근사한 가상적인 면인 지심타원체를 기준으로 관측한다.
- GPS 측량으로부터 결정된 좌표들은 기존의 평면직각좌표로 변환하기 위하여 파라미터들을 사용하지만 표고는 등포텐셜면의 지오이드에 준거하지 않으므로 일반적으로 표고값이 일치하지 않는다.
- 따라서, GPS에 의한 표고의 결정은 지오이드가 결정되지 않은 지역에서는 적용할 수 없으며 GPS Levelling을 실용화하기 위해서는 정밀한 지오이드의 결정이 필요하다.

2. GPS 기준망(Reference Network) 및 GPS 상시관측소

(1) 개요

① GPS 기준망(Reference Network)은 현재 전세계적으로 운영되고 있는 약 400개의 GPS 기준점으로 구성되었으며, 약 1,400개의 GPS 기준점 설치 및 운영을 계획 중에 있다.

② GPS 기준망은 항법, 측지측량, 지형공간정보체계(GSIS : Geo Spatial Information System) 등 여러 가지 목적으로 이용되고 있으며, 활용도가 급속히 확대될 전망이다.

③ 전세계적으로 볼 때 광역기준망은 현재 기준점의 수가 75개이지만 앞으로 125개로 확대될 예정이다.

④ 각국은 전국토에 걸쳐 일정한 밀도로 GPS 상시관측소를 설치하여 시간, 거리, 장소, 기상 등의 제한 없이 실시간으로 정확한 위치 정보를 제공하고 있다.

(2) GPS 상시관측소 시스템의 구성

① 무인원격관측소
  ㉠ GPS 수신기 및 안테나
  ㉡ 안테나 설치탑
  ㉢ 통신장치
  ㉣ 전력 공급 장치
② GPS 관측 센터
  ㉠ GPS 관측망의 통제 및 관리 시스템
  ㉡ 데이터의 수신, 저장, 처리 및 분석 시스템

(3) 상시관측망 시스템의 기대 효과

① GPS 위성궤도의 정보를 제공한다.

② 측량 시 전자기준점으로서의 역할을 수행한다.

③ 차량항법시스템 및 지능형 교통관제시스템 기준국의 역할을 수행한다.

④ 상시관측소의 위치변동량을 측정하여 지작변동량 조사, 사전지진 감지, 재난방재 시스템의 역할을 수행한다.

3. 좌표변환

(1) 개요

① GPS가 실용화되기 위해서는 Bessel 타원체에 기준한 우리나라의 측지계와 GPS에서 사용하는 세계측지계(WGS84) 간의 좌표변환이 선결과제이다.

② 좌표변환 방법에는 변환요소 방법과 MRE 방법, Molodensky 방법이 있다.

(2) 좌표변환 방법

① 7Parameter(변환요소 방법) : 측지계산의 변환관계를 나타내는 7개의 변환요소를 최소제곱법으로 산출하여 좌표변환하는 방법이며 직각좌표계에서만 가능하다.

$$X_{KD} = S[R]X_{84} + \Delta x$$

※ XKD : 우리나라 측지계의 직각좌표계 성분 벡터

X84 : 세계측지계의 직각좌표계 성분 벡터

Δx : 우리나라 측지계와 세계측지계의 원점 편차량에 의한 직각 좌표계 성분 벡터

S : 두 측지계 간의 Scale 차이

[R] : 두 측지계 간의 회전을 나타내는 횡렬로 벡터

② MRE 방법 : Tokyo Datum을 WGS84로 변환하는 식으로, 좌표보정량을 구한 후 Tokyo Datum에 기준한 좌표값에 더하여 WGS84 좌표계를 얻는다.

$$X_{KD} = X_{84} + \Delta x'$$
$$Y_{KD} = Y_{84} + \Delta y'$$
$$Z_{KD} = Z_{84} + \Delta z'$$

※ X_{KD}, Y_{KD}, Z_{KD} : 우리나라 측지계의 직각좌표

X_{84}, Y_{84}, Z_{84} : WGS84 좌표계의 직각좌표

$\Delta x'$, $\Delta y'$, $\Delta z'$: 회귀계수로부터 산출된 보정량

③ Molodensky 방법

㉠ 국부좌표계를 WGS84로 변환하는 방식이다.

㉡ 두 기준계상의 위성관측점에 대한 WGS84 및 Bwssel 타원체에 준거한 측지좌표의 편차량을 Molodensky 변환식으로 도출하고 이를 보정하여 변환을 수행한다.

$$\lambda_{KD} = \lambda_{84} + \Delta\lambda''$$
$$\phi_{KD} = \phi_{84} + \Delta\phi''$$
$$H_{KD} = H_{84} + \Delta h''$$

※ λ_{KD}, ϕ_{KD}, H_{KD} : 우리나라 측지계의 경도, 위도, 높이

λ_{84}, ϕ_{KD}, H_{KD} : WGS84 좌표계의 경도, 위도, 높이

$\Delta\lambda$, $\Delta\phi$, Δh : 두 측지계 간의 보정량

4. 세계측지계(WGS84와 ITRF)

(1) 개요

최근 GPS 측위기술의 발달과 함께 세계공통의 경도 위도를 정의하는 것이 가능해짐에 따라 전세계적으로 공통의 측지계 사용이 제창되고 있어 향후 ITRF 좌표계와 WGS 좌표계와 같은 세계측지계의 적용이 구체화될 것으로 예상된다.

(2) 세계측지계의 기준 조건

① TRF(Terrestrial Reference Frames)라 불리며 지구의 자전축에 대한 기준 체계를 정한다.

② 시간에 따라 순간적으로 변하는 지구의 자전축과 원초자오선에 대하여 균일한 밀도와 일정한 회전율 시간에 대한 고정된 자전축을 갖는 기준 체계이다.

③ 좌표계의 원점 : 지구질량의 중심점

④ Z축(좌표축의 단점) : 지구자전축과 일치

⑤ X축 : 그리니치 자오면과 적도면과의 교차선

⑥ Y축 : 적도면에서 X축에 직각인 축

(3) WGS84

① GPS는 WGS84(World Geodetic System, 1984년)라고 불리는 기준좌표계를 이용하며, 여러 가지 관측장비를 가지고 전세계적으로 측정해 온 지구의 중력장과 지구 모양을 근거로 해서 만들어진 좌표계이다.

② WGS84는 WGS60, 66, 72를 거쳐 개발되어 온 위성에서 사용하는 자료체계로 지구의 질량 중심에 위치한 좌표원점과 X, Y, Z축으로 정의되는 좌표계이다.

③ 지구중심지구 고정좌표계(ECEF ; Earth Centered Earth Fixed)로서 지구 전체를 대상으로 하는 세계 공통좌표계이다.

③ 좌표축

㉠ X축 : WGS84의 기준자오선면과 CTP의 적도면과 교차선으로 이 기준자오선은 BIH 관측소들에 의해 채택된 경도좌표를 기준하여 BIH에서 정의한 영점자오선(Zero meridian)과 평행함

㉡ Y축 : 지구중심 지구고정 직각좌표계의 오른쪽에 해당하며 CTP 적도면상에서 X축의 90도 동쪽으로 측정함

㉢ Z축 : 원점에서 지구의 극운동을 위하여 국제 시보국(BIH ; Bureau International De L'heure)에서 정의한 CTP(Conventional Terrestrial Pole)의 방향에 평행함

㉣ CTP는 BIH에서 관장하는 관측소들에 의해 채택된 위도좌표를 기준으로 하여 정의되며 이 축이 WGS84 타원체의 회전축이 됨

㉤ Y축은 X축과 Z축이 이루는 평면에 동쪽으로 수직인 방향으로 정의됨

㉥ WGS84 좌표계의 원점과 축은 WGS84 타원체의 기하학적 중심과 X, Y, Z축으로 쓰임

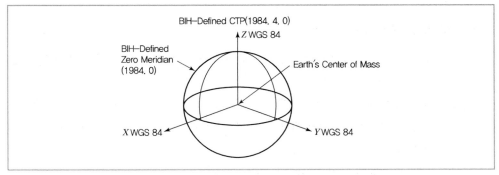

[WGS 84 좌표계]

(4) ITRF 좌표계

① **국제기관**(IERS : International Earth Rotation Service) : 국제지구회전관측기관에서 구축한 세계측지계이다.
② 세계각국의 VLBI(Very Long Baseline Interferometry, 초장기선간섭계)와 SLR(Satellite Laser Ranging) 및 GPS 상시관측망 등의 관측자료를 종합해서 해석한 결과에 의해 좌표계가 설정된다.
③ 좌표체계는 WGS84와 거의 흡사하지만 수 cm로서 지각변동, 조석변위와 같은 지구의 순간변화까지도 고려하여 결정되고 수정 보완되므로 WGS84보다 더 정확한 기준계로서 각국에서 사용되고 있다.
④ 1999년부터 ITRF97을 사용해 왔으나 최근에는 ITRF2000을 사용하고 있다.

5. 측지좌표계

① 측지좌표계는 지상에서 위치관계를 표시하는 가장 일반적인 좌표계이다.
② 지표상의 자오선(경선)은 북극과 남극을 지나는 큰 원의 두 극에서 끝나는 반원이다.
③ 본초자오선은 영국의 그리니치 천문대를 지나는 자오선이며 본초자오선과 적도의 교점이 원점이다.
④ 경도는 본초자오선으로부터 적도를 따라 그 지점의 자오선까지 잰 각으로, 동서로 0~180° 까지이다.
⑤ 위도는 어떤 지점에서 준거타원체의 법선이 적도면과 만나는 각으로, 남북으로 0~90°까지이다.
⑥ 연직선과 준거타원체의 법선은 일반적으로 일치하지 않고 또 정의하는 방법에 따라 측지, 천문, 지심, 화성위도로 구분한다.
⑦ 적도에 평행한 평면이 지표와 만나 이루는 작은 원이 평행권(위선)이다.

6. 종래 측량과 GPS 측량

종래 측량	GPS 측량
1차원 또는 2차원 측지 (평면측량과 수준측량이 별도)	3차원 측지
정확도 1/100,000	정확도 1/1,000,000
기상 조건에 좌우됨	기상 조건에 무관(천둥번개는 영향을 미침)

상호 관측기선이 가시구역 내 위치	가시구역이 필요 없음, 위성을 추적할 수 있는 공간 필요
관측 시간의 제약	24개 위성, 24시간 관측 가능
좌표계가 통일되지 않음	좌표계가 통일
다수 인원 필요	수신기 1대당 1인 필요
-	장비설치 용이
-	고속 관측자료 처리
-	수치적 결과 산출(지도제작과 조정 용이)

7. 측량에 이용되는 위성측위시스템

(1) 위성항법시스템 구축 현황

〈전세계 위성항법시스템 현황〉

소유국	시스템 명	목적	운용 연도	운용궤도	위성 수
미국	GPS	전지구 위성항법	1995	중궤도	31기 운용 중
러시아	GLONASS	전지구 위성항법	2011	중궤도	24
EU	Galileo	전지구 위성항법	2012	중궤도	30
중국	COMPASS (Beidou, 北斗)	중국 지역 위성항법	2011	중궤도 정지궤도	30 5
일본	QZSS	일본 주변 지역 위성항법	2010	고타원궤도	3
인도	IRNSS	인도 주변 지역 위성항법	2010	정지궤도 고타원궤도	3 4

(2) 보강시스템 구축 현황

① 위성 기반 보강시스템(SBAS : Satellite-Based Augmentation System) : 항공항법용 보정정보 제공을 주된 목적으로 하며 미국, 유럽 등 다수 국가가 구축·운용한다.

〈국가별 위성 기반 보강시스템 구축운용 현황〉

국가	구축 시스템	용도 및 제공정보	구축비용	운용 연도
미국	WAAS (Wide Area Augmentation System)	항공항법용 GPS 보정정보 방송	약 2조원	2007
EU	EGNOS (European Geostationary Navigation Overlay Service)	항공항법용 GPS, GLONASS 보정정보 방송	미공개	2008

일본	MSAS (Multi-functional Satellite-based Augmentation System)	항공항법용 GPS 보정정보 방송	약 2조원	2005
인도	GAGAN (GPS and Geo Augmented Navigation system)	항공항법용 GPS 보정정보 방송	미공개	2010
캐나다	CWAAS (Canada Wide Area Augmentation System)	항공항법용 GPS 보정정보 방송	미공개	미정

(3) 지상 기반 보강시스템(GBAS ; Ground-Based Augmentation System)

① 해양용 보강시스템 : 국제해사기구(IMO ; International Maritime Organization)의 해상 항법 권고에 따라 GPS 보정 정보를 제공하는 시스템으로, 현재 40여 개국 이상이 구축·운용한다.

② 항공용 보강시스템 : 국제민간항공기구(ICAO ; International Civil Aviation Organization)의 권고로 각국이 항공용 항로비행(GRAS) 및 이착륙(GBAS)을 위한 보강시스템을 개발 중이다.

    ㉠ GRAS : Ground-based Regional Augmentation System

    ㉡ GBAS : Ground Based Augmentation System

8. GPS 응용 분야

(1) 개요

GPS는 위치나 시간정보를 필요로 하는 모든 분야에 이용될 수 있기 때문에 매우 광범위하게 응용되고 있으며 그 범위가 확산되고 있는 추세이다.

(2) 응용 분야

① 측지측량 분야

    ㉠ 종래의 측량기에 의한 지상측량에서 위성을 이용한 효율적인 측량으로 발전됨

    ㉡ 정밀기준점측량, 중력측량, 항공사진측량, 노선측량 등

    ㉢ 국토의 수평변형 조사, 지진 예고, 지질구조 해석 및 파악 등의 지구물리학 부문에도 이용

② 해상측량 분야

   ㉠ 해상의 공사용 측량, 심천측량(배의 위치) 등

   ㉡ 해운, 해양관측, 해로(Navigation) 등

③ 교통 분야

   ㉠ GIS-T(교통 부문 지리정보체계) : GIS 중 각종 교통 관련 속성정보를 위상 구조화하여 교통정책을 수립하고 의사결정 지원시스템에 이용함

   ㉡ ITS(인공지능 교통정보체계) : 기존의 교통시스템에 GPS, 전자, 통신 등 첨단기술을 접목시켜 차세대 교통체계에 이용

   ㉢ CNS(차량항법시스템) : 차량의 위치 또는 운항에 이용

④ 지도제작 분야(GPS-VAN) : GPS 수신기, 관성항법체계, 입체영상체계를 탑재한 이동 차량으로 실시간 수치지도를 제작·갱신

⑤ 항공 분야 : 항공 Navigation(운항), 항공기 이착륙 유도 등

⑥ 우주 분야 : GPS 위성을 이용, 다른 위성의 Positioning(위치)과 Navigation(운항)

⑦ 레저 스포츠 분야 : 개인용 수신기로서 바다, 산, 차에서의 위치 확인

⑧ 군사용 : 미사일 추적, 각종 군사장비의 항법 장치, 원격 조정, 무인 자동화 등

⑨ GSIS의 DB 구축

⑩ 기타 : 구조물 변위 계측, GPS를 시각동기 장치로 이용

TIP

GPS 측량의 장·단점

장점	단점
• 기상조건에 영향을 받지 않는다. • 야간 관측이 가능하다. • 관측점 간의 시통이 필요하지 않는다. • 장거리를 신속하게 측정할 수 있다. • X, Y, Z(3차원) 측정이 가능하다. • 움직이는 대상물의 측정이 가능하다.	• 우리나라 좌표계에 맞도록 변환하여야 한다. • 위성의 궤도정보가 필요하다. • 전리층 및 대류권에 관한 정보를 필요로 한다.

GPS

측지위성 (GNSS)	궤도위성	GPS(미국), GLONASS(러시아), GALILEO(유럽), COMPASS(중국), QZSS(일본)
	정지위성	WAAS, EGNOS, MSAS, GAGAN
지구관측위성	저해상도위성	LANDSAT, SPOT
	고해상도위성	IKONOS

용어정리

- 지적위성측량 : GPS측량기를 사용하여 실시하는 지적측량을 말한다.
- 지적위성좌표계 : 국제적으로 정한 회전타원체의 수치, 좌표의 원점, 좌표축 등으로 정의된 것으로서 지적위성측량에 사용하는 세계좌표계를 말한다.
- 지적좌표계 : 지적측량에 사용하고 있는 우리나라의 좌표계를 말한다.
- 지적위성기준점 : 국토교통부장관이 설치한 GPS상시관측시설의 안테나의 참조점을 말한다.
- 고정점 : 조정 계산 시 이용하는 경·위도좌표, 평면직각종횡선좌표 및 높이의 기지점을 말한다.
- 표고점 : 수준점으로부터 직접 또는 간접수준측량에 의하여 표고를 결정하여 지적위성측량 시 표고의 기지점으로 사용할 수 있는 점을 말한다.
- 세션 : 당해 측량을 위하여 일정한 관측간격을 두고 동시에 지적위성측량을 실시하는 작업단위를 말한다.

CHAPTER **출제예상문제**

01 GPS 관측 도중 장애물 등으로 인하여 GPS 신호의 수신이 일시적으로 단절되는 현상을 무엇이라고 하는가?

① 사이클 슬립(Cycle slip)
② SA(Selective Availability)
③ AS(Anti Spoofing)
④ 모호 정수(Ambiguity)

해설

불명확 상수(Ambignity : 모호정수, 미지정수)
• 반송파 신호측정방식은(일명 간섭측량) 전파의 위상차를 관측하는 방식으로 수신기에 마지막으로 수신되는 파장의 위상을 정확히 알 수 없어 모호정수, 미지정수라고도 한다.
• 반송파 위상란 위성과 수신기 간의 거리에 해당하는 양을 파수로 표시한 것이다.
• 반송파를 이용한 거리 계산 : 지상에서 수신된 파장, 위성에서 보낸 파장의 위상차를 계산한다.
• 불명확한 상수의 정확한 결정이 GPS 정확도를 좌우하며 위상차 최초의 문제 해결을 위해 OTF 기법을 사용한다.

선택적 가용성에 의한 오차(SA ; Selective Abaility)
미국 국방성의 정책적 판단에 의해 인위적으로 GPS 측량의 정확도를 저하시키기 위한 조치로 위성의 시각정보, 궤도정보 등에 임의 오차를 부여하거나 송신, 신호형태를 임의 변경하는 것을 SA라 하며 군사적 목적으로 P코드를 암호화하는 것을 AS라 한다.

GPS의 Cycle slip
• GPS의 반송파 위성추적회로(PLL ; Phase Lock Loop)에서 반송파 위상치의 값을 순간적으로 놓침으로 인해 발생하는 오차로, 반송파 위상데이터를 사용하는 정밀위치측정 분야에서 매우 큰 영향을 미칠 수 있으므로 Cycle slip의 검출은 매우 중요하다.
• Cycle slip의 원인
  - GPS 안테나 주위의 지형, 지물에 의한 신호차단으로 발생

  - 비행기의 커브 회전 시 동체에 의한 위성시야의 차단
  - 높은 신호 잡음
  - 낮은 신호 강도(Signal strength)
  - 낮은 위성의 고도각
  - 사이클 슬립은 이동측량에서 많이 발생함

02 GPS 측량에 있어 기준점을 선점할 때의 고려사항과 가장 거리가 먼 것은?

① 전파의 다중경로 발생 예상 지점 회피
② 주파 단절 예상 지점 회피
③ 임계 고도각의 유지 가능 지역 선정
④ 인접 기준점과 시통이 잘 되는 지점 선정

해설

GPS 측량은 인접 기준점과의 시통이 필요 없으며 GPS 위성 관측이 용이한 지역에 선정해야 한다.

03 GPS 위성으로부터 전송되는 L₁ 신호의 주파수는 1,575.42MHz이다. 광속 c=299,792,458m/s일 때 L₁ 신호 100,000 파장의 거리는 얼마인가?

① 10,230.000m   ② 12,276.000m
③ 15,754.200m   ④ 19,029.367m

해설

MHz를 Hz 단위로 환산하면 다음과 같다.
• $\lambda = \dfrac{c}{f} = \dfrac{299,792,458}{1,575.42 \times 10^6} = 0.190293672$
• L_1 신호 100,000 파장거리
  $= 100000 \times 0.190293672$
  $= 19,029.36728$m
  (λ : 파장, c : 광속도, f : 주파수)

정답 | 01 ① 02 ④ 03 ④

04 위성측위시스템의 인공위성의 궤도 형태로 옳은 것은?

① 타원

② 쌍곡선

③ 포물선

④ 직선

해설

케플러의 법칙(위성의 운동에 관한 법칙)
- 법칙 – 타원궤도의 법칙
- 법칙 – 면적속도일정의 법칙
- 법칙 – $a^3 \propto T^2$

05 UTM 좌표에 대한 설명으로 옳지 않은 것은?

① UTM 좌표는 적도를 횡축으로, 측지선을 종축으로 한다.

② UTM 좌표에서 종좌표는 N으로, 횡자표는 E를 붙인다.

③ 80°N과 80°S 간 전지역의 지도는 UTM 좌표로 표시할 수 있다.

④ UTM 좌표는 제2차 세계대전 말기 연합군의 군용거리 좌표로 고안된 것이다.

해설

- UTM 좌표는 국제 횡메르카토르 투영법에 의하여 표현되는 좌표계이다.
- 적도를 횡축, 자오선을 종축으로 하였다.
- 투영방식, 좌표변환식은 TM과 동일하나 원점에서 축척계수를 0.9996으로 하여 적용 범위를 넓혔다.
- 지구전체를 경도 6°씩 60개 구역으로 나누고, 각 종대의 중앙자오선과 적도의 교점을 원점으로 하여 원통도법인 횡메르카토르 투영법으로 등각투영한다.
- 각 종대는 180°W 자오선에서 동쪽으로 6° 간격으로 1~60까지 번호를 붙인다.
- 중앙자오선에서의 축척계수는 0.9996m이다(축척계수 : $\dfrac{평면거리}{구면거리} = \dfrac{s}{S} = 0.9996$).
- 종대에서 위도는 남북 80°까지만 포함시킨다.
- 횡대는 8°씩 20개 구역으로 나누어 C(80°S ~72°S) ~X(72°N~80°N)까지(단, I, O는 제외) 20개의 알파벳 문자로 표현한다.

- 결국 종대 및 횡대는 경도 6°×위도 8°의 구형구역으로 구분된다.
- 2차 대전 말기 연합군의 군용거리 좌표로 고안된 것으로 주로 군용좌표로 사용한다.

06 GNSS(Global Navigational Satellite System) 위성과 관련 없는 것은?

① GPS

② KH-11

③ GLONASS

④ Galileo

해설

① GPS : 미국

③ GLONASS : 러시아

④ Galileo : 유럽 연합

07 GPS를 이용한 위치결정에 사용되지 않는 것은?

① 후방교회법

② 최소제곱법

③ 차분법

④ 구면조화함수

해설

간섭측위에 의한 위상차 측정
- 정적간섭측위(Static Positioning)를 통한 기선해석에 사용하는 방법으로서 두 개의 기지점에 GPS 수신기를 설치하고 위상차를 측정하여 기선의 길이와 방향을 3차원 백터량으로 결정하며 다음과 같은 위상차 차분기법을 통하여 기선해석 품질을 높인다.
- 일중차(일중위상차, Single Phase Difference)
  - 한 개의 위성과 두 대의 수신기를 이용한 위성과 수신기 간의 거리측정차(행로차)
  - 동일위성에 대한 측정치이므로 위성의 궤도오차와 원자시계에 의한 오차가 소거된 상태
  - 수신기의 시계오차는 포함되어 있는 상태임
- 이중차(이중위상차, Double Phase Difference)
  - 두 개의 위성과 두 대의 수신기를 이용하여 각각의 위성에 대한 수신기 간 1중차끼리의 차이 값
  - 두 개의 위성에 대하여 두 대의 수신기로 관측함으로써 같은 양으로 존재하는 수신기의 시계오차를 소거한 상태

정답 | 04 ① 05 ① 06 ② 07 ④

－일반적으로 최소 4개의 위성을 관측하여 3회의 이중차를 측정하여 기선해석을 하는 것이 통례임
- 삼중차(삼중위상차, Triple Phase Difference)
  －한 개의 위성에 대하여 어떤 시각의 위상적산치(측정치)와 다음 시각의 적산치와의 차이 값으로 적분 위상차라고도 함
  －반송파의 모호정수(불명확상수)를 소거하기 위하여 일정시간 간격으로 이중차의 차이 값을 측정하는 것을 말함
  －일정 시간 동안의 위성거리 변화를 뜻하며 파장의 정수배의 불명확을 해결하는 방법으로 이용됨

08 GPS 측량에서 시간의 기준에 대한 설명 중 옳지 않은 것은?

① 2006년 10월 기준, 협정세계시(UTC)와 국제원자시(TAI)의 차는 3초 정도이다.
② MJD(Modified Julian Date)＝Julian Date-2400000.5days다.
③ 국제원자시(TAI)는 전 세계 세슘원자시계의 평균으로 설정된 것이다.
④ GPS시(GPS time)는 국제원자시(TAI)와 19초 차이가 난다.

해설

GPS Time 설정

- 1980년 1월 6일 UTC(세계시)와 동일하게 설정된다.
- 지구 자전주기의 변환에 의해 세계시보다 약 10초, 국제원자시보다는 약 19초 지연된다.
- 우리나라 표준시와 약 9시간의 정수차가 있으며 정수는 지구 자전의 감속에 의한 윤초로 인해 수시로 변경된다.

09 기준점측량과 같이 매우 높은 정밀도를 필요로 할 때 사용하는 방법으로서 두 개 또는 그 이상의 수신기를 사용하여 보통 1시간 이상 관측하는 GPS 현장 관측방법은 무엇인가?

① 정지측량(스태틱 관측 방법)
② 이동측량(키네마틱 관측 방법)
③ 고속 스태틱 관측방법
④ RTK(Real Time Kinematic)

해설

정지측량(스태틱 관측 방법)

- 2대의 수신기를 각각 관측점에 고정하고 4대 이상의 위성으로부터 동시에 60분에서 수 시간 동안 연속 전파신호를 관측하여, 모호정수를 소거함으로써 각 지점 간의 기선벡터를 구하는 방법
- 정확도가 좋아서 측지측량 및 정밀기준점측량에 이용됨

10 고정점으로부터 50km 떨어져 있는 미지점의 좌표를 GPS 관측으로 결정하려고 한다. 다음 중 가장 우수한 결과를 확보할 수 있는 조건은?

① 고정국 및 미지점에 각각 1주파용 수신기 및 안테나로 관측하고 위성궤도력은 보통력을 사용한다.
② 고정국 및 미지점에 각각 2주파용 수신기 및 안테나로 관측하고 위성궤도력은 정밀력을 사용한다.
③ 고정국 및 미지점에 각각 2주파용 수신기 및 안테나로 관측하고 위성궤도력은 보통력을 사용한다.
④ 고정국은 2주파용 수신기 및 안테나, 미지점은 1주파용 수신기 및 안테나로 관측하며 위성궤도력은 정밀력을 사용한다.

해설

궤도정보는 GPS 측위 정확도를 좌우하는 기준은 방송력과 정밀력으로 구별된다. 이 중 정밀력은 실제 위성의 궤적으로서 지상추적국에서 위성전파를 수신하여 계산된 궤도정보로서 방송력에 비해 정확도가 높다.

11 시간오차를 제거한 3차원 위치결정에 필요한 최소 위성수는 몇 대인가?

① 1대　　　　② 2대
③ 3대　　　　④ 4대

해설

- 항법, 근사적인 위치결정, 실시간 위치결정 등에 이용된다.
- GPS 측량은 위성에서 발사한 코드와 수신기에서 미리 복사된 코드를 비교하여 두 코드가 완전히 일치할 때까지 걸리는 시간을 관측하여 여기에 전파 속도를 곱하여 거리를 구하는데 이때 시간오차가 포함되어 있으므로 4개 이상의 위성을 관측하여 원하는 수신기의 위치와 시각동기오차를 결정한다.
- GPS에서 위도, 경도, 고도, 시간에 대한 차분해를 얻기 위한 위성의 최소 개수는 4개이다.
- 3차원 위치결정은 위치(x, y, z)+시간(t)으로 4개의 미지수 결정을 위해 4개의 위성이 필요하다.

12 위성측량에서 위성의 궤도와 임의 시각의 궤도상의 위치를 결정할 수 있는 위성의 궤도요소가 아닌 것은?

① 궤도의 장반경
② 승교점(Ascending node)의 적위
③ 궤도 경사각
④ 궤도 이심률(Eccentricity)

해설

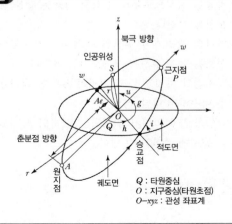

Q : 타원중심
O : 지구중심(타원초점)
$O-xyz$: 관성 좌표계

13 GPS 신호에서 C/A 코드는 1.023Mbps로 이루어져 있다. GPS 신호의 전파속도를 300,000km/sec로 가정했을 때 코드 1비트 사이의 간격은 약 몇 m인가?

① 약 2.93m　　② 약 29.3m
③ 약 293m　　④ 약 2930m

해설

$$1비트 사이 간격(S) = V \cdot T = V \times \frac{1}{f}$$
$$= 300,000,000 \times \frac{1}{1.023 \times 10^6}$$
$$= 293.25m$$

14 GPS 위성 시스템에 관한 설명 중 옳지 않은 것은?

① 위성의 고도는 지표면상 평균 약 20,200km이다.
② 기준계는 GRS80을 사용한다.
③ 각 위성들은 모두 상이한 코드정보를 전송한다.
④ 위성의 궤도주기는 약 11시간 58분이다.

해설

GPS 측지기준계는 WGS84이다.

15 상대측위 방법(간섭계측)에 대한 설명으로 옳지 않은 것은?

① 전파의 위상차를 관측하는 방식으로 정밀측량에 주로 사용된다.
② 위상차의 계산은 단순차, 2중차, 3중차의 차분기법을 적용할 수 있다.
③ 수신기 1대를 사용하여 모호 정수를 구한 뒤 측위를 실시한다.
④ 위성과 수신기 간 전파의 파장 개수를 측정하여 거리를 계산한다.

정답 | 11 ④　12 ②　13 ③　14 ②　15 ③

해설

상대측위는 2대 이상의 수신기로 상대적인 위치관계를 이용하여 측위하는 방식이다.

16 GPS의 구성에서 GPS 위성의 궤도를 추적하고 운영 · 관리하는 지휘 통제소의 역할을 하는 부문은?

① 사용자 부문　　　② 우주 부문
③ 제어 부문　　　　④ 송신 부문

해설

제어 부문(Control Segment)

• 제어 부문은 모니터와 위성체계의 연속적인 제어, GPS의 시간 결정, 위성 시간값 예측, 각각의 위성에 대해 주기적인 항법신호 갱신 등의 역할을 담당한다.
• 1개의 주관제국(주제어국), 5개의 추적국(무인 부관제국) 및 3개의 지상 안테나로 구성되어 있다.
• 주관제국은 미국 콜로라도 스프링스(Colorado Springs)의 팔콘 공군기지(Falcon Air Force Station)에 위치하고 있으며, 부관제국에서 전송된 자료를 사용하여 방송 궤도력(Broadcast Ephemeris)과 원자시계오차(Atomic Clock Bias)를 추정하여 이 결과를 지상 안테나를 통하여 GPS 위성으로 전송하는 역할을 담당한다.
• 부관제국은 전 세계에 나뉘어 배치되어 있으며 각 부관제국들을 목표로 하는 모든 위성들을 추적하고 정보를 수집하여 주관제국으로 보낸다.

17 UTM 좌표계에 대한 설명으로 옳지 않은 것은?

① 세계를 하나의 통일된 좌표로 표시하기 위한 목적으로 고안되었다.
② 좌표지역대의 분할을 위해 위도는 8도, 경도는 6도 간격으로 분할하였다.
③ 우리나라의 UTM 좌표는 경도 127도와 극지방을 좌표계의 원점으로 하는 55S와 56S 지역대에 속한다.
④ 중앙자오선에서 축척계수는 0.9996이다.

해설

• UTM 좌표는 국제횡메르카토르 투영법에 의하여 표현되는 좌표계이다.
• 적도를 횡축, 자오선을 종축으로 하였다.
• 투영방식, 좌표변환식은 TM과 동일하나 원점에서 축척계수를 0.9996으로 하여 적용범위를 넓혔다.
• 지구전체를 경도 6°씩 60개 구역으로 나누고, 각 종대의 중앙자오선과 적도의 교점을 원점으로 하여 원통도법인 횡메르카토르 투영법으로 등각투영한다.
• 각 종대는 180°W 자오선에서 동쪽으로 6° 간격으로 1~60까지 번호를 붙인다.
• 중앙자오선에서의 축척계수는 0.9996m이다.

（축척계수 : $\dfrac{평면거리}{구면거리} = \dfrac{s}{S} = 0.9996$）

• 종대에서 위도는 남북 80°까지만 포함시킨다.
• 횡대는 8°씩 20개 구역으로 나누어 C(80°S~72°S)~X(72°N~80°N)까지(단, I, O는 제외) 20개의 알파벳문자로 표현한다.
• 결국 종대 및 횡대는 경도 6°×위도 8°의 구형구역으로 구분된다.
• 우리나라는 51~52종대와 S~T횡대에 속한다.

51 : 120°~126°E(중앙자오선 123°E)	S : 32°~40°N
52 : 126°~132°E(중앙자오선 129°E)	T : 40°~48°N

• UTM좌표에서 거리좌표는 m단위로 표시하며 종좌표는 N, 횡좌표는 E를 붙인다.

18 차분(Differencing)을 이용한 측위에 대한 설명으로 옳지 않은 것은?

① 공통된 위성으로부터 수신된 신호는 같은 궤도오차를 가진다.
② 하나의 수신기에 수신된 여러 위성으로부터의 신호는 같은 수신기 시계오차를 가진다.
③ 기지점과 미지점 간의 거리가 짧다면 대기효과는 비슷하게 나타난다.
④ 단일차분에 의해서 위성과 수신기의 시계오차를 동시에 제거할 수 있다.

정답 | 16 ③　17 ③　18 ④

해설

상대측위방법
- 모호정수치를 구하기 위한 상대측위방법에는 단일차분(Single Difference), 이중차분(Double Difference), 삼중차분(Triple Difference)이 있다.
- 단일차분(Single difference) : 1위성/2수신기 간의 차분의 위상관측식을 계산함으로써 위성시계의 오차항을 제거하거나, 2위성/1수신기 간(위성 간 차분)의 위상관측식을 계산함으로써 수신기 시계의 오차항을 제거한다.
- 이중차분(Double difference) : 2개 이상의 Single difference를 계산하여 수신기 및 위성시계의 오차항을 모두 제거하고, 미지항은 모호정수항만을 남기게 된다.
- 삼중차분(Triple difference) : 삼중차분을 연속된 시간에 따라 빼주는 것으로는 정보의 내용이 부족하므로 Double difference를 이용하는 것보다 부정확하다. 따라서 관측 도중 발생하는 사이클 슬립(Cycle slip)을 보정하는 데 이용한다.

일중차(일중위상차 : Single Phase Difference)
- 간섭측위에 의한 기선해석의 1단계로서 1개의 위성을 2개의 수신기를 이용하여 관측한 반송파의 위상차를 말한다.
- 동일위성에 대한 측정치이므로 일중위상차를 계산하면 위성의 궤도오차와 원자시계에 의한 오차가 소거된 상태이지만 수신기의 시계오차는 포함되어 있다.

19 우리나라가 속해 있는 UTM 좌표구역 52S에서 좌표원점의 위치는?

① 동경 125°와 적도
② 동경 127°와 적도
③ 동경 129°와 적도
④ 동경 132°와 적도

해설

- UTM 좌표구역 52S를 경위도 좌표계로 환산하면 동경 126°~132°에 위치하게 되며 원점은 중앙에 위치되므로 동경 129°가 된다.
- UTM 좌표구역에서 우리나라는 51~52 종대(column), S~T 횡대(row)에 속한다.

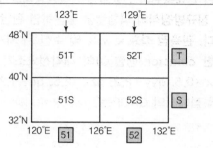

| 51 : 120°~126°E (중앙자오선 123°E) | S : 32°~40°N |
| 52 : 126°~132°E (중앙자오선 129°E) | T : 40°~48°N |

20 천문좌표계에 속하지 않는 것은?

① 지평좌표
② 적도좌표
③ 경위도좌표
④ 황도좌표

해설

천문좌표계는 지오이드를 기준으로 하여 측정된 위도, 경도, 표고로 표시된 좌표로서 지평, 적도, 황도, 은하 좌표계가 포함된다.

21 GPS의 활용 분야와 가장 관계가 먼 것은?

① 측지 측량기준망의 설정
② 지각변동 관측
③ 지형공간정보 획득 및 시설물 유지관리
④ 실내 건축인테리어

해설

실내 건축인테리어분야와 GPS 측위체계는 무관하다. GPS는 현재 단순한 위치정보 제공에서부터 항공기, 선박, 자동차의 자동항법 및 교통 관제, 유조선의 충돌 방지, 대형 토목공사의 정밀 측량, 지도제작 등 광범위한 분야에 응용되고 있으며, GPS 수신기는 개인 휴대용에서부터 위성 탑재용까지 다양하게 개발되어 있다.

정답 | 19 ③ 20 ③ 21 ④

22 위성의 기하학적 분포상태는 의사거리에 의한 단독측위의 선형화된 관측방정식을 구성하고 정규방정식의 역행렬을 활용하면 판단할 수 있다. 관측점 좌표 x, y, z 및 수신 시 시계 L에 대한 cofactor 행렬(Q)의 대각선요소가 각각 qxx = 0.5, qyy = 2.2, gzz = 2.5, qtt = 1.2일 때 관측점에서의 GDOP는? [2011년 기사 1회]

① 3.575
② 3.609
③ 6.500
④ 13.030

해설

$$GDOP = \sqrt{0.5^2 + 2.2^2 + 2.5^2 + 1.2^2} = 3.5749$$

23 GPS(Global Positioning System)에 관한 설명으로 옳은 것은?

① GPS의 위치결정법에는 반송파 위상관측법만이 있다.
② L_1파는 P코드만을 변조한다.
③ GPS의 구성은 우주 부문, 제어 부문, 사용자 부문으로 나뉜다.
④ L2파는 P코드와 C/A코드를 변조한다.

해설

• GPS 코드

L_1대 (1,575.42MHz)	• C/A코드(1.023MHz) : 위성의 식별 정보 • 항법 메시지 : 위성의 궤도 정보
	• P코드(10.23(MHz) : 위성의 식별 정보 • 항법 메시지
L_2대 (1,227.60MHz)	• P코드(10.23MHz) • 항법 메시지

 - L_1 : C/A코드와 P코드 변조 가능
 - L_2 : P코드만 변조 가능
• GPS의 구성
 우주 부문, 제어 부문, 사용자 부문

• GPS의 위치 결정 방법
 - 코드신호 측정방식 : 위성에서 발사한 코드와 수신기에서 미리 복사된 코드를 비교하여 두 코드가 완전히 일치할 때까지 걸리는 시간을 관측하여 여기에 전파속도를 곱하여 거리를 구하는 방식
 - 반송파신호 측정방식 : 위성에서 보낸 파장과 지상에서 수신된 파장의 위상차를 관측하여 거리를 계산

24 전송파(Carrier)에 대한 미지의 수로서, 위성과 수신기안테나 간 온전한 파장의 전체 개수를 무엇이라 하는가?

① 모호정수
② AS
③ 다중경로
④ 삼중차

해설

측량 개시 시 위성과 GPS 수신기 사이에 존재했던 반송파의 정현파수를 모호정수라 한다.

25 GPS를 이용하여 위치를 결정하는 경우에 대한 설명으로 틀린 것은?

① 반송파를 이용한 위치결정이 코드를 이용한 경우보다 정확하다.
② 단독측위보다 상대측위가 정확하다.
③ 위성의 대수가 많은 것이 정확하다.
④ 위성의 고도각이 낮을수록 정확하다.

해설

위성의 고도각이 낮을수록 Cycle slip이 발생한다.

Cycle slip의 원인
• GPS 안테나 주위의 지형, 지물에 의한 신호 차단으로 발생
• 비행기의 커브 회전 시 동체에 의한 위성시야의 차단
• 높은 신호 잡음
• 낮은 신호 강도(Signal strength)
• 낮은 위성의 고도각
• 사이클 슬립은 이동측량에서 많이 발생

정답 | 22 ① 23 ③ 24 ① 25 ④

26 GPS에 의한 기준점측량 작업 시의 기선해석에 대한 설명으로 옳지 않은 것은?

① GPS 위성의 궤도요소는 정밀력 또는 방송력에 의한다.
② 기선해석의 방법은 세션(Session)마다 단일기선해석에 의한다.
③ 사이클 슬립(Cycle slip)의 편집은 원칙적으로 기선해석 프로그램에 의하여 자동편집이나 수동편집을 할 수도 있다.
④ 기선해석의 결과는 FLOAT해에 의한다.

해설

GPS에 의한 기준점측량 작업규정
제17조(기선해석) ① GPS 측량의 계산에 있어서는 두 관측점 간의 기선벡터 성분을 정해진 계산식에 의하여 산출한다(이하 「기선해석」이라 한다.). 계산의 단위 및 자리수는 다음 표와 같다.

구분	단위	자리수
거리	m	0.001
기선벡터	m	0.001
표고	m	0.001

② 기선해석은 다음과 같이 실시한다.
1. GPS 위성의 궤도요소는 정밀력 또는 방송력에 의한다.
2. 당해 관측지역과 가장 가까운 국립지리원GPS상시관측소 2점 이상의 WGS84 좌표값을 기지로 하여 실시한다. 그 다음의 기선해석은 바로 전의 기선해석에서 구하여진 WGS84 좌표값을 사용하여 순차해석한다.
3. ITRF 좌표계나 실용성과로부터 WGS84 좌표로의 변환은 원칙적으로 국립지리원의 국가좌표변환계수를 사용한다. 다만, 낙도 등 실용성과를 변환하는 것이 기선해석용의 좌표값으로 충분하지 못 한때에는 GPS 또는 VLBI 관측 등에서 구해진 변환값을 사용할 수 있다.
4. 기선해석의 방법은 Session마다의 단일기선해석에 의한다.
5. 기선해석은 Session도에 있는 전 기선벡터를 산출한다.
6. 사이클슬립의 편집은 원칙적으로 기선해석프로그램에 의하여 자동편집이나 수동편집을 할 수

도 있다. 또한 수동으로 편집한 경우는 GPS관측기록부에 기재한다.
7. 기선해석의 결과는 FIX해에 의한다.
③ 기선해석의 결과를 기초로 GPS 관측기록부를 작성한다.
④ 편심을 시행한 경우는 다음의 방법에 의하여 편심량을 보정하고 삼각점 간의 기선벡터를 구한다.
1. WGS84 좌표계에 준거한 3차원 직각좌표계로의 편심계산을 하여 기선해석의 결과에 보정한다.
2. 편심계산에 사용하는 방위각(삼각점을 영방향으로 하는 경우를 포함)은 기선해석에 의하여 구한 WGS84 좌표계에 의한 방위각을 사용한다.

27 GPS 측량에 관한 설명으로 틀린 것은?

① 인공위성의 전파를 수신해서 위치를 결정하는 시스템이다.
② 수신점의 위치를 계산할 때는 인공위성의 궤도정보가 필요하다.
③ 두 점 이상의 점을 동시에 관측할 경우, 측점 간에 시통(視通)이 안 되면 위치 결정을 할 수 없다.
④ 관측 시 상공의 시계를 확보할 필요가 있다.

해설

GPS 측량은 시통과는 무관하다.

28 GPS 위성시스템의 우주 부문에 대한 설명으로 틀린 것은?

① GPS 위성의 궤도면 수는 6개이다.
② 각 궤도면의 경사각은 적도에 대해 55° 경사로 배치되어 있다.
③ GPS 위성은 하루에 약 1번씩 지구 주위를 회전하고 있다.
④ 각 궤도 간 경사각은 60°이다.

해설

우주 부문(Space segment)
우주 부문은 24개의 위성과 3개의 예비위성으로 구성되어 전파신호를 보내는 역할을 담당한다.

정답 | 26 ④ 27 ③ 28 ③

① GPS 위성은 적도면과 55°의 궤도경사를 이루는 6개의 궤도면으로 이루어져 있으며 궤도 간 이격은 60°이다. 고도는 약 20,200km(장반경 26,000km)에서 궤도면에 4개의 위성이 배치하고 있다.

② 공전주기를 11시간 58분으로 하여 위성이 하루에 지구를 두 번씩 돌도록 하여 지상의 어느 위치에서나 항상 동시에 5개에서 최대 8개까지 위성을 볼 수 있도록 하기 위해 배치되어 있다.

29 GPS 위성신호에 대한 설명으로 옳지 않은 것은?

① 위성신호가 전리층을 통과할 때 위상(carrier)은 광속보다 빨리 진행된다.

② 위성신호가 전리층을 통과할 때 코드(code)는 광속보다 느리게 진행된다.

③ 위성신호가 대류층을 통과할 때 코드(code)는 광속보다 느리게 진행된다.

④ 위성신호가 대류층을 통과할 때 위상(carrier)은 광속보다 빨리 진행된다.

해설

• GPS 전파는 전리층을 지나면서 Code 신호는 느려지고 반송파는 빨라지는 등 속도가 변화하므로 측량오차를 일으키게 된다. 전리층 오차는 이주파 수신기 사용으로 소거된다.

• GPS 전파는 대류층을 지나면서 코드신호와 반송파는 둘 다 지연된다. 즉 대류층 오차는 차분기법에 의해 소거된다.

30 다음 중 반송파(carrier)의 모호정수(ambiguity)가 포함되어 있지 않은 관측치는?

① 일중위상차　　　② 이중위상차
③ 삼중위상차　　　④ 무차분 위상

해설

일중차(일중위상차 : Single Phase Difference)

• 1개의 위성을 2개의 수신기를 이용하여 관측한 반송파의 위상차를 말한다.

• 수신기 간 일중위상차를 계산하면 위성 시계오차를 소거할 수 있다.

• 위성 간 일중위상차를 계산하면 수신기 시계오차를 소거할 수 있다.

이중차(이중위상차 : Double Phase Difference)

• 2개의 위성을 2개의 수신기를 이용하여 관측한 반송파의 위상차를 말한다.

• 위성 간 혹은 수신기 간 일중위상차의 차를 구하여 위성시계오차와 수신기시계오차를 동시에 소거한다.

• 일반적으로 기선 해석 시 이중위상차를 이용한다.

삼중차(삼중위상차 : Triple Phase Difference)

• 이중위상차를 누적하는 형태를 취하기 때문에 적분위상차라고도 한다.

• 일정시간 동안의 이중위상차를 측정하며 장시간 관측해야 하므로 위성의 움직임에 대한 계산의 정확도 저하가 발생할 우려가 있다.

• 주로 장거리 측량에 사용되며 위성과 수신기의 시계오차뿐만 아니라 Cycle Slip(신호단절)만 없다면 정수바이어스(위성을 중심으로 한 구면은 동심원 형태가 되어 발생)의 처리까지 가능하다.

• 반송파의 모호정수(Ambiguity)를 소거한다.

31 DGPS 측위에 대한 설명 중 틀린 것은?

① 위치를 알고 있는 기지점과 위치를 모르는 미지점에서 동시에 관측한다.

② 최소한 4개의 위성이 필요하다.

③ 기지점과 미지점의 거리가 길수록 측위정확도가 높다.

④ 기지점과 미지점에서의 오차가 유사할 것이라는 가정을 이용한다.

해설

• DGPS는 이미 알고 있는 기지점 좌표를 이용하여 오차를 최대한 줄여서 이용하기 위한 상대측위방식의 위치결정방식으로 기지점에 기준국용 GPS 수신기를 설치하고 위성을 관측하여 각 위성의 의사거리 보정값을 구한 뒤 이를 이용하여 이동국용 GPS 수신기의 위치결정 오차를 개선하는 위치결정 형태이다.

- DGPS의 원리
  - 기지국 GPS(Reference station) : 기지점에 설치하는 GPS로서 인공위성에 의해 측정된 위치데이터와 기지점의 위치데이터와의 차이값을 계산, 위치보정데이터를 생성하여 이동국 GPS로 송신하는 기능을 수행한다.
  - 이동국 GPS(Mobile station) : 기지국으로부터 송신된 위치보정데이터와 인공위성에 의해 측정된 위치데이터를 합성하여 현 지점의 정확한 위치를 표시한다.

32 GPS 위성과 수신기 간의 거리를 측정할 수 있는 재원과 거리가 먼 것은?

① P코드
② C/A코드
③ L_1반송파
④ E_1반송파

해설

GPS 신호의 종류
- 반송파신호 : L_1, L_2, L_5반송파
- 코드신호 : C/A코드, P코드
- 항법 메시지

33 GPS의 신호가 단절될 때 연속적인 위치 및 자세 결정을 위하여 GPS와 결합하여 활용하는 시스템은?

① 전자파거리 측량기(EDM)
② 관성항법장치(INS)
③ 속도계
④ 나침반

해설

관성항법시스템(INS ; Inertial Navigation System)
차량, 항공기 등에 관성측량기를 장착해 관측자의 현재 위치를 측량하고 진로를 알려주는 정밀항법장치로서 각(角)가속도를 측정하여 시간에 대한 연속적인 적분을 수행해 위치와 속도, 진행방향을 계산해내는 시스템으로서 GPS와 달리 본체에 설치된 센서를 통해 측량하는 방법이다.

34 위성측위시스템(GPS)에 대한 설명 중 틀린 것은?

① GPS 측량에 의한 위치결정은 비교적 복잡한 시가지 지역에서 용이하다.
② 인공위성의 섭동을 해석함으로써 지구의 물리적인 특성을 규명할 수 있다.
③ 위성의 위치, 거리, 변화 등의 관측이 가능하다.
④ GPS 수신기를 이용한 방향 측정은 두 대 이상의 다중안테나 시스템에 의해서 가능하다.

해설

GPS 측량의 장 · 단점
- 장점
  - 기상 조건에 영향을 받지 않는다.
  - 야간 관측도 가능하다.
  - 관측점 간 시통이 필요없다.
  - 장거리를 신속하게 측정할 수 있다.
  - 3차원 측정이 가능하다.
  - 움직이는 대상물도 측정이 가능하다.
- 단점
  - 우리나라 좌표계에 맞도록 변환하여야 한다.
  - 위성궤도 정보가 필요하다.
  - 전기층 및 대류전에 관한 정보가 필요하다.

35 다음 중 위치기반서비스(LBS)를 위한 실시간 위치결정과 관련이 가장 적은 것은?

① GPS
② GLONASS
③ GALILEO
④ LANDSAT

해설

측량용 위성
- 측지위성(GNSS)
  - 궤도위성 : GPS, GLONASS, GALILEO 등
  - 정지위성 : WASS, EGNOS, MASA 등
- 지구관측위성
  - 저해상도 위성 : LANDSAT, SPOT, KOMPSAT-1 등
  - 고해상도 위성 : IKONOS, KOMPSAT-2, Quick Bird 등

정답 | 32 ④ 33 ② 34 ① 35 ④

36 GPS 방송궤도력에서 제공하는 정보로 옳은 것은?

① 위성과 수신기 사이의 거리
② 위성의 위치 정보
③ 대기 중 습도 정보
④ 수신기의 시계오차

해설

방송궤도력

시간에 따른 천체의 궤적을 기록한 것으로, 각각의 GPS 위성으로부터 송신되는 항법 메시지에는 차후의 궤도에 대한 예측값이 들어 있다. 형식은 매 30초마다 기록되어 있으며 16개의 Keplerian element로 구성되어 있다.

37 세계 각국에서는 보다 정확하고 시공을 초월한 측위환경에 대한 수요가 증가함에 따라 각국 고유의 측위위성시스템(GNSS ; Global Navigation Satellite System)을 개발·구축하고 있다. 이와 관련 없는 것은?

① Galileo ② QZSS
③ SPOT ④ GLONASS

해설

GNSS(위성항법시스템)

• GNSS는 인공위성에 발신하는 전파를 이용해 지구 전역에서 움직이는 물체의 위치·고도치·속도를 계산하는 위성항법시스템으로, 현재 미사일 유도 같은 군사적 용도뿐 아니라 측량이나 항공기, 선박, 자동차 등의 항법장치에 많이 이용되고 있다.
• 미국의 GPS, 러시아의 GLONASS, 유럽의 Galileo, 중국의 Beidou, 일본의 QZSS가 대표적인 GNSS 시스템이며 현재 정상 가동되어 활발하게 서비스를 제공하는 위성측위시스템으로 GPS와 GLONASS가 있다.

38 일반적으로 GPS의 구성 요소를 3가지로 구분할 때, 이에 속하지 않는 것은?

① 우주 부문 ② 사용자 부문
③ 제어(관제) 부문 ④ 장비 부문

해설

GPS의 구성 요소
우주 부문, 제어 부문, 사용자 부문

39 기준점 측량과 같이 매우 높은 정밀도를 필요로 할 때 사용하는 방법으로서 두 개 또는 그 이상의 수신기를 사용하여 보통 1시간 이상 관측하는 GPS 현장 관측 방법은 무엇인가?

① 정지측량(Static 관측 방법)
② 이동측량(Kinematic 관측 방법)
③ 신속정지측량(Rapid static 관측 방법)
④ RTK(Real Time Kinematic)

해설

정지측량(Static 관측 방법)
2대의 수신기를 각각 관측점에 고정하고 4대 이상의 위성으로부터 동시에 60분에서 수 시간 동안 연속 전파신호를 관측하여 모호정수를 소거함으로써 각 지점 간의 기선벡터를 구하는 방법으로 정확도가 높아 측지 측량 및 정밀기준점 측량에 이용된다.

40 현재 운용 중인 GPS에서 사용할 수 있는 수신자료가 아닌 것은?

① C/A ② L_1
③ L_2 ④ E_5

해설

GPS 신호의 종류
• 반송파신호 : L_1, L_2, L_5반송파
• 코드신호 : C/A코드, P코드
• 항법 메시지

정답 | 36 ② 37 ③ 38 ④ 39 ① 40 ④

41 GPS 신호의 품질에 대한 설명으로 틀린 것은?

① 건물이나 지형지물에 의해 반사된 신호는 품질이 좋지 않다.
② 대기층에 수증기 양이 많을수록 품질이 좋지 않다.
③ 전리층의 전자수가 많을수록 품질이 좋지 않다.
④ 위성의 고도가 높을수록 품질이 좋지 않다.

해설

신호 전달
- 전리층 편의 : 전리층은 지표면으로부터 50~1,000km 사이의 지역이다. 이 영역을 통과한 전자기 GPS 신호 전파가 이온층을 통과하는 시간이 길면 길수록, 이온화된 입자들이 많을수록 오차가 커지게 된다. 이 코드의 전파신호는 실제보다 관측거리를 길게 만든다.
- 대류권 지연 : 대류권은 지표면으로부터 약 80km까지의 영역이며 신호가 전리층을 통과하고 나서 대류권을 통과하게 되는데 이 층은 지구의 기후형태에 의한 것이다. 이 층에 구름과 같이 수증기가 있어 굴절오차의 원인이 되지만 대부분 대류권 지연에 따른 오차는 표준보정식에 의하여 소거될 수 있다.
- 다중 경로 : 다중경로 영향은 바다 표면이나 빌딩과 같은 곳으로부터 반사신호에 의한 직접신호의 간섭으로 발생한다. 이 효과를 줄이는 효과적인 방법은 특별히 제작된 안테나와 적절한 위치선정을 포함한다.

42 GPS의 군사용 신호를 이용할 수 없도록 제한하는 제도적 장치는?

① Anti-Spoofing
② Delta Process
③ Epsilon Process
④ Selective Availability

해설

선택적 가용성에 의한 오차(SA ; Selective Abailability)
- 미국 국방성의 정책적 판단에 의해 인위적으로 GPS 측량의 정확도를 저하시키기 위한 조치로 위성의 시각정보, 궤도정보 등에 임의 오차를 부여하거나 송신, 신호 형태를 임의 변경하는 것을 SA라 하며 군사적 목적으로 P코드를 암호화하는 것을 AS라 한다.

- SA(Selective Abailability)
  - 천체의 위치표에 의한 자료와 위성시계 자료를 조작하여 위성, 수신기 사이에 거리오차가 생기도록 하는 방법
  - SA 작동 중 오차 : 약 100m
  - 1990년 3월에 선택적 사용으로 SA가 공식명칭으로 등장
  - SA는 단순하게 블록II 위성신호에 대한 궤도오차, 시간오차를 항법 메시지에 추가한 것
  - SA에 의한 오차는 DGPS 기법, 상대위치 해석에 의해 감소시킬 수 있음
- SA의 해제
  - 2000. 5. 1. 미국 클린턴 대통령에 의해 해제
  - SA가 해제되면서 5~15m 정밀도로 위치파악 가능
  - SA가 해제되면서 항공, 교통, 선박, 물류 등 다양한 분야 이용
  - SA가 해제되었지만 정밀을 요하는 GPS 측량에서는 여전히 정밀도에 대한 연구가 필요
- AS(Anti Spoofing : 코드의 암호화, 신호 차단)
  - 군사목적의 P코드를 적의 교란으로부터 방지하기 위해 암호화시키는 기법
  - 암호를 풀 수 있는 수신기를 가진 사용자만이 위성신호 수신 가능
  - SA를 해제함으로써 AS는 유명무실하게 됨

43 GPS 측량 방법 중 〈보기〉가 설명하고 있는 방법은?

실시간 키네마틱(RTK) 측량을 이용하면 실시간으로 정확한 위치정보를 획득할 수 있다. 하지만 기준국과 이동국에 설치할 2대의 GPS 수신기가 필요하다. 이 방법은 기준국 수신기로는 상시관측소를 이용하고, 이동국수신기 1대로 RTK 측량이 가능하다.

① DGPS
② SLR
③ Pseudo Kinematic
④ VRS

해설

VRS(Virtual Reference Stations : 가상기지국)
VRS는 위치기반서비스를 하기 위해 GPS 위성수신방식과 GPS 기지국으로부터 얻은 정보를 통합하여 임의

의 지점에서 단말기 또는 휴대폰을 통하여 그 지점에서 정보를 얻기 위한 가상의 기지국을 말한다.

44 GPS 측량에 있어 기준점 선점 시 고려사항으로 거리가 먼 것은?

① 인접 기준점과 시통이 잘 되는 지점 선정
② 전파의 다중 경로 발생 예상 지점 회피
③ 임계 고도각 유지가 가능한 지역 선정
④ 주파단절 예상 지점 회피

해설

기준점 선점 시 고려사항
• 삼각점, 수준점 및 표고점의 상공시계는 15° 이상을 표준으로 하여 확보한다.
• 삼각점, 수준점에서 지상구조물 또는 수목 등에 의한 전파수신의 장애가 발생되는 경우에는 장애물 제거 및 안테나 타워 등의 일시표지를 설치한다.
• 전파의 다중 경로 발생 예상 지점을 회피한다.
• 주파단절 예상 지점을 회피한다.
• 인접기준점과 시통은 무관하다.

45 GPS 측량에 대한 설명 중 옳지 않은 것은?

① GPS의 측위 원리는 위치를 알고 있는 위성에서 발사한 전파를 수신하여 관측점까지 소요시간을 관측함으로써 미지점의 위치를 구하는 인공위성을 이용한 범지구 위치결정 체계이다.
② GPS의 구성은 우주 부문, 제어 부문, 사용자 부문으로 나눌 수 있다.
③ GPS 위치결정 정확도는 정밀도 저하율(DOP)의 수치가 클수록 정확하다.
④ GPS에 이용되는 좌표체계는 WGS84를 이용하고 있으며 WGS84의 원점은 지구 질량 중심이다.

해설

DOP의 종류
• Geometric DOP : 기하학적 정밀도 저하율
• Positon DOP : 위치 정밀도 저하율(위도, 경도, 높이)
• Horizontal DOP : 수평 정밀도 저하율(위도, 경도)

• Vertical DOP : 수직 정밀도 저하율(높이)
• Relative DOP : 상대 정밀도 저하율
• Time DOP : 시간

DOP의 특징
• 수치가 작을수록 정확하다.
• 지표에서 가장 좋은 배치 상태를 1로 한다.
• 5까지는 실용상 지장이 없으나 10 이상인 경우 좋지 않다.
• 수신기를 중심으로 4개 이상의 위성이 정사면체를 이룰 때 최적의 체적이 되며 GDOP, PDOP가 최소가 된다.

46 다음 중 실시간으로 얻을 수 있는 GPS 궤도 정보는 무엇인가?

① 초신속궤도력
② 신속궤도력
③ 방송궤도력
④ 정밀궤도력

해설

• 궤도정보는 GPS 측위 정확도를 좌우하는 중요한 사항으로 방송력과 정밀력으로 구별된다.
• 정밀력은 실제 위성의 궤적으로서 지상추적국에서 위성전파를 수신하여 계산된 궤도정보로서 방송력에 비해 정확도가 높다.
• 방송력은 GPS 위성이 지상으로 송신하는 궤도정보이다.
• 방송궤도력은 시간에 따른 천체의 궤적을 기록한 것으로, 각각의 GPS 위성으로부터 송신되는 항법 메시지에는 앞으로의 궤도에 대한 예측값이 들어 있다. 형식은 매 30초마다 기록되어 있으며 16개의 Keplerian element로 구성되어 있다.

47 위성 측위시스템에서 위성으로부터 송신되어 측위에 이용되는 신호는?

① 전파
② 음파
③ 가시광선
④ 적외선

해설

GPS는 인공위성을 이용한 범세계적 위치결정 체계로 정확한 위치를 알고 있는 위성에서 발사한 전파를 수신하여 관측점까지의 소요 시간을 관측함으로써 관측점의 위치를 구하는 체계이다.

정답 | 44 ① 45 ③ 46 ③ 47 ①

48 위성의 배치에 따른 정확도의 영향을 DOP 라는 수치로 나타낸다. 다음 설명 중 틀린 것은?

① GDOP : 중력 정밀도 저하율
② HDOP : 수평 정밀도 저하율
③ VDOP : 수직 정밀도 저하율
④ TDOP : 시각 정밀도 저하율

해설

DOP의 종류
• Geometric DOP : 기하학적 정밀도 저하율
• Positon DOP : 위치 정밀도 저하율(위도, 경도, 높이)
• Horizontal DOP : 수평 정밀도 저하율(위도, 경도)
• Vertical DOP : 수직 정밀도 저하율(높이)
• Relative DOP : 상대 정밀도 저하율
• Time DOP : 시간 정밀도 저하율

49 다음 중 정밀측위용 GPS 수신기를 사용하여야 하는 분야는?

① 측량 및 측지
② 해상 운행
③ 통신
④ 카내비게이션

해설

측지 및 측량 분야에서는 정확한 위치를 결정하기 때문에 정밀 측위용 GPS 수신기를 사용하여야 한다.

50 UTM 좌표에 대한 설명으로 옳지 않은 것은?

① UTM 좌표는 경도를 10° 간격으로 분할하여 사용한다.
② UTM 좌표는 적도를 횡축으로, 자오선을 종축으로 한다.
③ 80°N과 80°S 간 전 지역의 지도는 UTM 좌표로 표시할 수 있다.
④ UTM 좌표는 제2차 세계대전 말기 연합군의 군사용 좌표로 고안된 것이다.

해설

UTM 좌표계
• 의의
 – UTM 좌표는 국제횡메르카토르 투영법에 의하여 표현되는 좌표계이다.
 – 적도를 횡축, 자오선을 종축으로 하였다.
 – 투영방식, 좌표변환식은 TM과 동일하나 원점에서 축척계수를 0.9996으로 하여 적용범위를 넓혔다.
• 종대
 – 지구전체를 경도 6°씩 60개 구역으로 나누고, 각 종대의 중앙자오선과 적도의 교점을 원점으로 하여 원통도법인 횡메르카토르 투영법으로 등각 투영한다.
 – 각 종대는 180°W자오선에서 동쪽으로 6° 간격으로 1~60까지 번호를 붙인다.
 – 중앙자오선에서의 축척계수는 0.9996m이다.

 (축척계수 : $\dfrac{평면거리}{구면거리} = \dfrac{s}{S} = 0.9996$)

• 횡대
 – 횡대에서 위도는 남북 80°까지만 포함시킨다.
 – 횡대는 8°씩 20개 구역으로 나누어 C(80°S ~72°S)~X(72°N~80°N)까지(단 I, O는 제외) 20개의 알파벳 문자로 표현한다.
 – 결국 종대 및 횡대는 경도 6°×위도 8°의 구형구역으로 구분된다.
• 좌표
 – UTM에서 거리좌표는 m단위로 표시하며 종좌표에는 N, 횡좌표에는 E를 붙인다.
 – 각 종대마다 좌표원점의 값을 북반구에서 횡좌표 500,000mE, 종좌표 0mN(남반구에서는 10,000,000 mN)으로 한다.
 – 남반구에서 종좌표는 80°S에서 0mN이며, 적도에서 10,000,000mN이다.
 – 북반구에서 종좌표는 80°N에서 10,000,000mN이며, 적도에서 0mN이다.
 – 따라서 80°S에서 적도까지의 거리는 10,000,000m이다.

51 다음 중 모호정수(Ambiguity)를 제거하기 위한 GPS 측위 관측신호는?

① 차분되지 않은 방송파
② 단일차분된 반송파
③ 이중차분된 반송파
④ 삼중차분된 반송파

해설

일중차(일중위상차 : Single Phase Difference)
- 1개의 위성을 2개의 수신기를 이용하여 관측한 반송파의 위상차를 말한다.
- 수신기 간 일중위상차를 계산하면 위성 시계오차를 소거할 수 있다.
- 위성 간 일중위상차를 계산하면 수신기 시계오차를 소거할 수 있다.

이중차(이중위상차 : Double Phase Difference)
- 2개의 위성을 2개의 수신기를 이용하여 관측한 반송파의 위상차를 말한다.
- 위성 간 혹은 수신기 간 일중위상차의 차를 구하여 위성시계오차와 수신기시계오차를 동시에 소거한다.
- 일반적으로 기선 해석 시 이중위상차를 이용한다.

삼중차(삼중위상차 : Triple Phase Difference)
- 이중위상차를 누적하는 형태를 취하기 때문에 적분위상차라고도 한다.
- 일정시간 동안의 이중위상차를 측정하며 장시간 관측해야 하므로 위성의 움직임에 대한 계산의 정확도 저하가 발생할 우려가 있다.
- 주로 장거리 측량에 사용되며 위성과 수신기의 시계오차뿐만 아니라 Cycle Slip(신호단절)만 없다면 정수바이어스(위성을 중심으로 한 구면은 동심원 형태가 되어 발생)의 처리까지 가능하다.
- 반송파의 모호정수(Ambiguity)를 소거한다.

52 GPS 측량의 특징에 대한 설명으로 옳지 않은 것은?

① 밤낮에 관계없이 측량이 가능하다.
② 기상에 관계없이 측량이 가능하다.
③ 실시간 위치 결정이 가능하다.
④ 직접적인 실내측위가 가능하다.

해설

- 기상 상태가 좋지 않아도 관측 가능
- 시통이 되지 않아도 관측 가능
- 밤낮에 관계없이 측량이 가능
- 실시간 위치 결정이 가능
- 건물전파 방해 시 정밀관측이 안 됨
- 위성관측 시야각이 15° 이상 되어야 함

53 GPS로부터 획득할 수 있는 정보와 가장 거리가 먼 것은?

① 공간상 한 점의 위치
② 지각의 변동
③ 해수면의 온도
④ 정확한 시간

해설

GPS로부터 획득할 수 있는 정보
- 공간상의 한 점의 위치
- 지각의 변동
- 정확한 시간
※ 해수면의 온도는 GPS로부터 획득할 수 있는 정보가 아니다.

54 GPS의 상대측위법 중 단일차분(Single Difference)을 두 번 반복하는 2중차분(Double Difference) 과정에서 소거되지 않은 오차는?

① 다중파장경로 오차
② 위성 시계 오차
③ 수신기 시계 오차
④ 정수 바이어스

해설

구분	시계오차		정수 바이어스	전리층 대류권
	위성	수신기		
반송파위상	○	○	○	○
수신기 간 일중위상차	×	○	○	△
위성 간 일중위상차	○	×	○	△
이중위상차	×	×	○	△
삼중위상차	×	×	×	△

정답 | 51 ④ 52 ④ 53 ③ 54 ④

○ : 계산 시 고려해야 할 항
× : 상대관측에서 소거되는 항
△ : 상대관측에서 작아지는 항. 기선이 짧은 경우 △는
무시할 수 있다.

55 GPS 측량을 통해 수집된 공통 데이터 형식인 RINEX 파일에 포함되지 않은 사항은?

① 관측 데이터　　　② 항법 메시지
③ 기상 관측 자료　　④ 측량 작업자

해설

• RINEX 파일에는 관측 데이터(O파일), 항법 메시지(N파일), 기상 관측 데이터(M파일)의 3가지 종류가 있다.
• RINEX 파일명은 MS−DOS 형식으로 ssssdddf. yyt라고 쓴다. ssssdddf는 최대 8문자의 파일명이고 yyt는 확장자(extension)이다.
• RINEX는 관용적으로 다음과 같은 형태를 사용한다.

ssss	측점명	
ddd	1월 1일부터 경과 일수	
f	관측의 세션 번호	
yy	서기 연도의 뒤 2자리(例 1998년의 경우 98)	
t	O	관측데이터
	N	항법메시지
	M	기상데이터

56 GPS 단독측위에서 정확도와 관련된 설명 중 틀린 것은?

① 대류권의 수증기 양이 적을수록 정확도가 높다.
② 전리층의 전하량이 적을수록 정확도가 높다.
③ 위성의 궤도가 정확할수록 정확도가 높다.
④ 위성의 배치가 천정 방향에 집중될수록 정확도가 높다.

해설

위성의 배치 상태에 의한 오차
• GPS 관측지역의 상공을 지나는 위성의 기하학적 배치 상태에 따라 측위의 정확도가 달라지는데 이를 DOP(Dilution of Precision)라 한다(정밀도 저하율).

• 3차원 위치의 정확도는 PDOP에 따라 달라지는데 PDOP은 4개의 관측위성들이 이루는 사면체의 체적이 최대일 때 가장 정확도가 높으며 이때는 관측자의 머리 위에 다른 3개의 위성이 각각 120°를 이룰 때이다.
• DOP은 값이 작을수록 정확한데 1이 가장 정확하고 5까지는 실용상 지장이 없다.
• DOP의 종류
−GDOP : 기하학적 정밀도 저하율
−PDOP : 위치 정밀도 저하율
−HDOP : 수평 정밀도 저하율
−VDOP : 수직 정밀도 저하율
−RDOP : 상대 정밀도 저하율
−TDOP : 시간 정밀도 저하율

57 GPS에 의한 기준점 측량 작업규정에 의해 GPS 관측을 실시할 경우에 대한 설명으로 옳지 않은 것은?

① GPS 측량은 Session 모두 정적간섭측위방법으로 실시한다.
② 위성 고도각은 15° 이상의 것을 사용한다.
③ 위성의 작동 상태가 정상적인 것을 사용한다.
④ 동시 수신 위성수는 최소 6개 이상이 되도록 한다.

해설

관측의 실시
• GPS 측량은 Session 모두 정적간섭측위방법으로 실시한다.
• GPS 측량에 사용하는 위성은 다음과 같다.
−고도각은 원칙적으로 15° 이상일 것
−위성의 작동 상태가 정상일 것
−동시 수신 위성수는 4개 이상일 것

58 GPS에서 이중주파수(Dual Frequency)를 채택하고 있는 가장 큰 이유는?

① 다중경로(Multipath) 오차를 제거할 수 있다.
② 전리층 지연 효과를 제거할 수 있다.
③ 대기 온도의 영향을 제거할 수 있다.
④ 전파 방해에 대응할 수 있다.

정답 | 55 ④　56 ④　57 ④　58 ②

해설

2개의 주파수로 방송이 되는 이유는 위성궤도와 지표면 중간에 있는 전리층의 영향을 보정하기 위함이다.

59 우리나라의 좌표계(한국측지계)가 세계측지계로 변경된 후의 설명으로 틀린 것은?

① 모든 지도를 좌표변환 없이 세계측지계 기준으로 재제작하여야 한다.
② 법령에 의한 지표상의 위치는 해당법령을 개정하여 그 수치를 변경하여야 한다.
③ 지상목표물의 위치는 수치(좌표)상의 변화(평행이동)만 있고 실제 지형, 지물의 위치 변동은 없다.
④ GPS 측량성과를 변환 과정 없이 직접 사용할 수 있다.

해설

한국측지계가 세계측지계로 변경된 후 설명한다.

60 신속정지측위(Rapid static positoning)에 대한 설명으로 옳은 것은?

① 신속하게 이동하여 측위하는 기법을 말한다.
② 수신기를 자동차에 탑재하여 이동하며 측위하는 것을 말한다.
③ 짧은 시간 동안 수신된 데이터를 이용하여 측위하는 기법을 말한다.
④ 일반적으로 단독측위 기법을 기반으로 한다.

해설

정지측위는 장시간 관측하는 것으로 신속정지측위는 짧은 시간 동안 수신된 데이터를 이용하여 측위하는 기법을 말한다.

61 인공위성 궤도의 섭동(Perturbation)에 영향을 미치는 요인이 아닌 것은?

① 지구중력장   ② 인공위성의 크기
③ 달과 태양의 인력   ④ 태양의 복사압

해설

인공위성 궤도의 섭동(Perturbation)에 영향을 미치는 요인
• 지구중력장
• 달과 태양의 인력
• 태양의 복사압

섭동(Perturbation)
• 섭동(Perturbation) 이론은 식이 너무 복잡해서 계산하기 어려울 때 계산에 큰 영향을 미치지 않는 요소들을 배제하여 근사값을 구하는 것을 의미한다.
• 섭동 이론을 설명하는 대표적인 예는 지구의 궤도를 구하는 것으로, 지구는 아주 큰 질량을 가진 태양, 아주 가까운 거리에 있는 달, 그 외에 여러 행성들로부터 중력을 받는다. 태양과 달이 지구에 미치는 중력의 영향은 매우 큰 데 반해, 수성, 금성, 화성 등의 행성들이 지구에 미치는 영향은 매우 작다. 지구에 미치는 영향이 큰 태양과 달의 중력만을 고려하면 실제 궤도에 매우 근접한 지구의 공전궤도를 구할 수 있다. 이렇게 특정한 요인들을 배제해도 결과값에 큰 변화를 주지 않는다고 여겨질 때 그 요인들을 배제하여 계산을 단순하게 하는 것을 섭동이라고 한다.

62 GPS 신호 관측 시 발생하는 대류층 지연과 관련된 대기의 요소가 아닌 것은?

① 온도   ② 속도
③ 습도   ④ 압력

해설

대류층 지연과 관련된 대기의 요소
• 온도
• 습도
• 압력

정답 | 59 ① 60 ③ 61 ② 62 ②

63 GPS 단독측위에서 4개 위성의 관측점 좌표 x, y에 대한 Cofactor 행렬의 대각선 요소가 각각 σ_{xx} =0.75, σ_{yy} =1.13일 때, 관측점의 수평정확도 저하율(HDOP)은?

① 0.86   ② 1.36
③ 1.51   ④ 1.88

해설

수평정확도 저하율(HDOP) $= \sqrt{0.75^2 + 1.13^2} = 1.356$

64 GPS 반송파 상대측위 기법에 대한 설명 중 옳지 않은 것은?

① 전파의 위상차를 관측하는 방식으로서 정밀측량에 사용한다.
② 오차 보정을 위하여 단일차분, 이중차분, 삼중차분의 기법을 적용할 수 있다.
③ 수신기 1대를 사용하여 모호 정수를 구한 뒤 측위를 실시한다.
④ 위성과 수신기 간 전파의 파장 개수를 측정하여 거리를 계산한다.

해설

반송파 신호(반송파 위상) 측정 방법
• 기본 원리 : 위성에서 송신된 코드신호를 운반하는 반송파의 위상변화를 이용하는 방법이다. 즉, 위상차를 관측하여 위성과 수신기 간의 거리를 측정한다.
• 특징
 − 반송파 신호(반송파 위상) 측정 방식은 일명 간섭측위라 하며 전파의 위상차를 관측하는 방식으로, 수신기의 마지막으로 수신되는 파장의 위상을 정확히 알 수 없으므로 이를 모호정수(Ambiguity) 또는 정수치 편기라고 한다.
 − 위상차를 정확히 계산하는 방법이 매우 중요하며 1중차, 2중차, 3중차의 단계를 거친다.
 − 일반적으로 수신기 1대만으로는 정확한 Ambiguity를 결정할 수 없으며 최소 2대 이상의 수신기로부터 정확한 위상차를 관측한다.

−후처리용 정밀 기준점측량 및 RTK법과 같은 실시간 이동측량에 사용된다.

65 UTM 좌표에 대한 설명으로 옳지 않은 것은?

① 전 세계를 60×20의 격자망으로 형성한다.
② 우리나라는 51S와 52S의 지역대에 속한다.
③ 경도는 8°, 위도는 6°로 분할하여 나타낸다.
④ 위도 80°S부터 84°N까지의 지역을 나타낸다.

해설

U.T.M 좌표(Universal Transvers Mercator)
• 종대
 −지구전체를 경도 6°씩 60개 구역으로 나누고, 각 종대의 중앙자오선과 적도의 교점을 원점으로 하여 원통도법인 횡메르카토르 투영법으로 등각투영한다.
 −각 종대는 180°W 자오선에서 동쪽으로 6° 간격으로 1~60까지 번호를 붙인다.
 −중앙자오선에서의 축척계수는 0.9996m이다.
• 횡대
 −종대에서 위도는 남북 80°까지만 포함시킨다.
 −횡대는 8°씩 20개 구역으로 나누어 C(80°S~72°S)~X(72°N~80°N)까지(단 I, O는 제외) 20개의 알파벳 문자로 표현한다.
 −결국 종대 및 횡대는 경도 6°×위도 8°의 구형구역으로 구분된다.
 −우리나라는 51~52종대와 S~T횡대에 속한다.

| 51 : 120°~126°E(중앙자오선 123°E) | S : 32°~40°N |
| 52 : 126°~132°E(중앙자오선 129°E) | T : 40°~48°N |

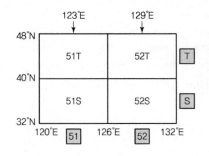

UPS 좌표계
- 위도 80° 이상의 양극 지역의 좌표를 표시하는 데 사용되며, 극심입체투영법에 의한 것으로 UTM 좌표의 상사투영법과 같은 특징을 가진다.
- 남북위 80~90°의 양극지역의 좌표 표시에 사용한다.
- 극심 입체 투영법에 의한다.
- 양극을 원점으로 하는 평면직각좌표계를 사용한다.
- 축척계수는 극에서 0.9994m이다.
- 거리좌표는 m 단위로 나타낸다.
- 좌표의 종축은 경도 0° 및 180°인 자오선이고 횡축은 90°W 및 90°E인 자오선이다.
- 원점의 좌표값은 횡좌표 2,000,000mE, 종좌표 2,000,000mN이며 도북은 북극을 지나는 180° 자오선(남극에서는 0° 자오선)과 일치한다.

66 GPS 절대측위에서 HDOP와 VDOP가 2.3과 3.7이고 예상되는 관측데이터의 정확도(σ)가 2.5m일 때 예상할 수 있는 수평위치 정확도(σ_H)와 수직위치 정확도(σ_V)는?

① $\sigma_H = \pm 0.92m$, $\sigma_V = \pm 1.48m$
② $\sigma_H = \pm 1.48m$, $\sigma_V = \pm 8.51m$
③ $\sigma_H = \pm 4.8m$, $\sigma_V = \pm 6.20m$
④ $\sigma_H = \pm 5.75m$, $\sigma_V = \pm 9.25m$

해설

- $GDOP = \sqrt{(\sigma_{xx}^2 + \sigma_{yy}^2 + \sigma_{zz}^2 + \sigma_{tt}^2)}$
- $PDOP = \sqrt{(\sigma_{xx}^2 + \sigma_{yy}^2 + \sigma_{zz}^2)}$
- $TDOP = \sigma_{tt}$
- $HDOP = \sqrt{(\sigma_{xx}^2 + \sigma_{yy}^2)}$
- $VDOP = \sigma_{zz}$
- $HDOP = 2.3$, $VDOP = 3.7$
- 관측데이터 정확도(σ) = 2.5m
- 수평위치 정확도(σ_H) = 2.3×2.5 = ±5.75m
- 수직위치 정확도(σ_V) = 3.7×2.5 = ±9.25m

67 GPS 활용 분야로 가장 거리가 먼 것은?

① 수심해저 지형도 판독 기기로 활용
② 차량용 내비게이션 시스템에 활용
③ 등산, 캠핑 등의 여가선용에 활용
④ 유도무기, 정밀폭격, 정찰 등 군사용으로 이용

해설

GPS 활용 분야
- 측지측량 분야
- 해상측량 분야
- 교통 분야
- 지도제작 분야(GPS-VAN)
- 항공 분야
- 우주 분야
- 레저 스포츠 분야
- 군사용
- GSIS의 DB 구축
- 기타 : 구조물 변위 계측, GPS를 시각동기장치로 이용 등

68 GPS를 이용한 기준점측량의 계획을 수립하려고 한다. 이때 위성의 이용 가능 시간대와 배치 상황도를 참고하여 관측계획을 수립할 때 고려하여야 할 사항과 거리가 먼 것은?

① 상공 시계 확보를 위한 선점 위치의 지상 장애물 분포 상황
② 임계 고도각 이상에 존재하는 사용 위성의 개수
③ 관측 예정 시간대의 DOP 수치 파악
④ 수신에 사용할 각 위성의 번호

해설

관측 시 위성의 조건과 주의사항

위성의 조건	주의사항
• 관측점으로부터 위성에 대한 고도각이 15° 이상에 위치할 것 • 위성의 작동상태가 정상일 것	• 안테나 주위의 10미터 이내에는 자동차 등의 접근을 피할 것 • 관측 중에는 무전기 등 전파발신기의 사용을 금함

• 관측점에서 동시에 수신 가능한 위성수는 정지측량에 의하는 경우에는 4개 이상, 이동측량에 의하는 경우에는 5개 이상일 것

(다만, 부득이한 경우에는 안테나로부터 100미터 이상의 거리에서 사용할 것)
• 발전기를 사용하는 경우에는 안테나로부터 20미터 이상 떨어진 곳에서 사용할 것
• 관측 중에는 수신기 표시장치 등을 통하여 관측상태를 수시로 확인하고 이상 발생 시에는 재관측을 실시할 것

69 다음 중 사이클 슬립(Cycle slip)의 발생과 관련이 없는 경우는?

① 높은 지대로 주변에 장애물이 없는 곳에서 측량을 하는 경우
② 태양폭풍에 의해 전리층이 교란된 경우
③ 수신기를 갑자기 이동한 경우
④ 신호가 단절된 경우

해설

Cycle Slip

사이클 슬립은 GPS 반송파위상 추적회로에서 반송파위상치의 값을 순간적으로 놓침으로 인해 발생하는 오차이다. 반송파 위상데이터를 사용하는 정밀위치측정 분야에서는 매우 큰 영향을 미칠 수 있으므로 사이클 슬립의 검출이 매우 중요하다.

원인	처리
• GPS안테나 주위의 지형지물에 의한 신호 단절 • 높은 신호 잡음 • 낮은 신호 강도 • 낮은 위성의 고도각 • 이동측량에서 많이 발생	• 수신회로의 특성에 의해 파장의 정수배만큼 점프하는 특성 • 데이터 전처리 단계에서 사이클 슬립을 발견한 경우 편집가능 • 기선 해석 소프트웨어에서 자동 처리

70 항정선(Rhumb line)에 대한 설명으로 옳은 것은?

① 자오선과 항상 일정한 각도를 유지하는 지표의 선
② 양극을 지나는 대원의 북극과 남극 사이의 절반으로 중심각이 180°의 대원호
③ 지표상 두 점 간의 최단거리로 지심과 지표상 두 점을 포함하는 평면과 지표면의 교선
④ 지구타원체상 한 점의 법선을 포함하며 그 점을 지나는 자오면과 직교하는 평면과 타원체면과의 교선

해설

항정선(航程線 : Rhumb Line)

• 항정선은 자오선과 항상 일정한 각도를 유지하는 지표의 선으로서 그 선 내의 각 점에서 방위각이 일정한 곡선이다.
• 선박이 나침반의 침로를 항상 일정하게 유지하면서 항해하는 것은 가장 간편한 항법이다.
• 나침반의 침로를 일정하게 유지했을 경우 배의 항적은 '그 선 내의 어느 곳에서든 항상 자오선에 대하여 일정한 방위각을 갖는 선형'이 되는데 이것을 항정선이라 한다.
• 항해용 해도로 많이 사용되는 메르카토로도법에서는 자오선이 평행하게 나타나므로 항정선이 직선으로 표시된다.
• 해도상에서 두 지점을 직선으로 연결하면 항로를 정할 수 있으며 그 직선항로의 방위각을 침로로 잡으면 된다.
• 항정선은 실제로 지구상의 최단거리인 대원이 되지는 않으며 계속 연장해 나갈 경우 극쪽을 향해 휘어 감기는 나선형을 이룬다.

71 GNSS 측량 시 측위정확도에 영향을 주지 않는 것은?

① 기선 길이
② 수신기의 안테나 높이
③ 가시위성(Visible satellite)
④ 위성의 기하학적 배치

해설

수신기의 안테나 높이는 측위정확도에 크게 영향을 주지 않는다.

72 지심좌표방식으로 GPS 위성측량에서 쓰이는 좌표계는?

① UTM 좌표
② WGS84 좌표
③ 천문 좌표
④ 베셀 좌표

해설

[GPS 위성궤도]

• 궤도 : 대략 원궤도
• 궤도수 : 6개
• 위성수 : 31개
• 궤도경사각 : 55 °
• 높이 : 20,000km
• 사용좌표계 : WGS-84

73 GPS 위성궤도력(Ephemeris)에 대한 설명 중 옳은 것은?

① 정밀 궤도력은 위성으로부터 실시간으로 수신할 수 있다.
② 국토지리정보원에서는 정밀 궤도력을 생산한다.
③ 정확한 위치 결정을 위해서는 정밀 궤도력을 사용한다.
④ 방송 궤도력에는 위성시계오차 보정항이 포함되지 않는다.

해설

방송력(Broadcast Ephemeris) : 방송 궤도 정보
• GPS 위성이 타 정보와 마찬가지로 지상으로 송신하는 궤도 정보이다.
• GPS 위성은 주관제국에서 예측한 궤도력, 즉 방송궤도력을 항법 메시지의 형태로 사용자에게 전달하는데 이 방송 궤도력은 1996년 당시 약 3m의 예측에 의한 오차가 포함되어 있었다.

• 사전에 계산되어 위성에 입력한 예보 궤도로서 실제 운행궤도에 비해 정확도가 떨어진다.
• 향후의 궤도에 대한 예측치가 들어 있으며, 형식은 매 30초마다 기록되어 있고 16개의 Keplerian element로 구성되어 있다.
• 방송 궤도력을 적용하면 정밀 궤도력을 적용하는 것에 비해 기선 결정의 정밀도가 떨어지지만 위성전파를 수신하지 않고도 획득 가능하며 수신하는 순간부터도 사용이 가능하므로 측위 결과를 신속하고 간편하게 알 수 있다.

정밀력(Precise Ephemeris) : 정밀궤도정보
• 실제 위성의 궤적으로서 지상추적국에서 위성전파를 수신하여 계산된 궤도정보이다.
• 방송력에 비해 정확도가 높으며 위성관측 후에 정보를 취득하므로 주로 후처리 방식의 정밀기준점 측량 시 적용된다.
• 방송궤도력은 GPS 수신기에서 곧바로 취득이 되지만, 정밀궤도력은 별도의 컴퓨터 네트워크를 통하여 IGS(GPS 관측망)로부터 수집하여야 하고 약 11일의 시간이 걸린다.
• GPS 위성의 정밀궤도력을 산출하기 위한 국제적인 공동연구가 활발히 진행되고 있다.
• 전세계 약 110개 관측소가 참여하고 있는 국제 GPS 관측망(IGS)이 1994년 1월 발족하여 GPS 위성의 정밀궤도력을 산출하여 공급하고 있다.
• 대덕연구단지 내 천문대 GPS 관측소와 국토지리정보원 내 GPS 관측소가 IGS 관측소로 공식 지정되어 우리나라 대표로 활동하고 있다.

74 다음 중 GPS 측량을 실시할 때, 멀티패스(Multipath) 현상의 영향이 가장 적은 곳은?

① 고층 빌딩 사이
② 고압송전탑 밑
③ 수풀이 우거진 숲 속
④ 비가 많이 내리는 폭이 넓은 하천가

해설

다중 경로(Multipath)
• 다중 경로 오차는 GPS 위성으로부터 직접 수신된 전파 이외에 부가적으로 주위의 지형, 지물에 의해 반사된 전파로 인해 발생하는 오차로서 측위에 영향을 미친다.

정답 | 72 ② 73 ③ 74 ④

- 다중 경로는 금속제 건물, 구조물과 같은 커다란 반사적 표면이 있을 때 일어난다.
- 다중 경로의 결과로서 수신된 GPS 신호는 처리될 때 GPS 위치의 부정확성을 제공한다.
- 다중경로가 일어나는 경우를 최소화하기 위하여 미션 설정, 수신기, 안테나 설계 시에 고려한다.
- GPS 신호 시간의 기간을 평균하는 것도 다중 경로의 영향을 감소시킨다.
- 가장 이상적인 방법은 다중 경로의 원인이 되는 장애물로부터 멀리 떨어져서 관측하는 것이다.

75 GNSS를 이용한 위치 결정과 관련이 없는 것은?

① 후방교회법
② 최소제곱법
③ 교각법
④ 차분법

해설

트래버스 측량의 수평각 관측으로 교각법, 편각법, 방위각법이 있다.

76 GPS 위성의 궤도를 계산하기 위한 궤도 정보에 포함되지 않는 것은?

① 궤도의 장반경
② 궤도의 경사각
③ 궤도의 원지점 인수
④ 궤도의 승교점 적경

해설

케플러의 6요소

- 궤도의 모양과 크기를 결정하는 요소
  - 궤도장반경(軌道長半徑, semi-major axis : A) : 궤도타원의 장반경
  - 궤도이심률(軌道離心率, eccentricity : e) : 궤도타원의 이심률
- 궤도면의 방향(공간위치)을 결정하는 요소
  - 궤도경사각(軌道傾斜角, inclination angle : i) : 궤도면과 적도면의 교각

- 승교점적경(昇交點赤經, right ascension of acsending node : h) : 궤도가 남에서 북으로 지나는 점의 적경(승교점 : 위성이 남에서 북으로 갈 때의 천구적도와 천구상 인공위성궤도의 교점)
- 궤도면의 장축 방향을 결정하는 요소 : 근지점 인수(近地點引數, argument of perigee : g) 또는 근지점 적경 : 승교점에서 근지점까지 궤도면을 따라 천구북극에서 볼 때 반시계방향으로 잰 각거리
- 기타(궤도상 위성의 위치 결정) : 근점이각(近點離角, satellite anomaly : v)은 근지점에서 위성까지의 각거리, 진근점이각, 이심근점이각, 평균근점이각의 세 가지로 구분된다.

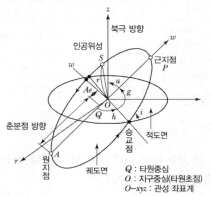

77 통합기준점 설치를 위한 GPS 기준점 측량 시 연속 관측 시간은? [2015년 기사 1회]

① 2시간
② 4시간
③ 6시간
④ 8시간

해설

GPS 작업규정 제12조(관측의 실시)

GPS 측량은 다음과 같은 관측 조건으로 실시한다.

- GPS 측량은 Session 모두 정적간섭측위방법으로 실시한다.
- GPS 측량에 사용하는 위성은 다음과 같다.
  - 고도각은 원칙적으로 15° 이상일 것
  - 위성의 작동 상태가 정상일 것
  - 동시 수신 위성수는 4개 이상일 것
- GPS 측량은 관측 착수 전에 최신의 위성궤도정보를 기초로 관측 계획표를 작성한다.

정답 | 75 ③ 76 ③ 77 ④

- GPS 측량의 입력단위 및 자리수는 다음 표와 같으며, 표고점 및 편심점의 GPS 측량을 포함한다.

항목	단위	자리수	비고
경·위도	도·분·초 (WGS-84)	1	자동입력기능이 있는 기종은 자동입력
표고	m (WGS-84)	1	자동입력기능이 있는 기종은 자동입력
안테나고	m	0.001	-

- GPS 측량은 Session 단위로 실시한다.
- GPS 측량시간 등은 다음과 같다.

구분	2등 기준점 측량	3등 기준점 측량
Session 수	1 이상	1 이상
Session 관측 시간	8시간 이상	4시간 이상
데이터 취득 간격	30초	30초
Session의 중복	2점 이상	2점 이상

78 인공위성과 관측점 간의 거리를 결정하는 데 사용되는 주요 원리는?

① 다각법
② 세차운동의 원리
③ 음향관측법
④ 도플러 효과

해설

도플러 효과(Doppler Effect)
- 도플러 효과는 수신된 전파신호가 송수신기 간의 상대적인 운동에 의해 주파수가 변위하는 현상으로 흔히 차량이나 비행기의 위치와 속도 등을 측정하는 데 유용하게 사용된다.
- 도플러 효과의 원리
  - 일정한 소리나 전파에서 발생하는 주파수가 '파원'에 대하여 상대속도를 가진 관측자에게 파동의 주파수가 파원에서 나온 수치와는 다르게 관측되는 현상을 말한다.
  - 전파, 광, 음의 발생점과 이것을 관측하는 관측점의 어느 한 지점 또는 양쪽 지점이 이동함에 따라 전파거리가 변화될 경우, 측정되는 주파수가 변화하는 현상이다.
  - 발생점과 관측점이 가까워질 때는 주파수가 높아지고, 멀어질 때는 주파수가 낮아진다.

- 구급차가 관측자에게 다가오면 사이렌 소리가 높게 들리다가 멀어질수록 소리가 낮게 들리는 경우 등에서 경험할 수 있다.
- 도플러 효과의 활용
  - GPS 측량은 위성에서 송신되는 전파의 도플러 효과를 이용하여 거리를 측정한다.
  - L_1과 L_2 두 개의 반송파를 동시에 수신하여 도플러 관측법을 이용함으로써 전리층과 대류층에 의한 굴절 등의 영향을 제거한다.
  - 도플러 효과는 GPS 위성의 반송파는 물론이고 Code 신호에서도 나타나지만 속도를 측정할 경우 주파수가 높은 반송파를 측정해야 한다. Code에 의한 도플러 효과의 측정은 정확도가 떨어진다.

79 기준점 측량과 같이 매우 높은 정밀도를 필요로 할 때 사용하는 방법으로 두 개 또는 그 이상의 수신기를 사용하여 보통 1시간 이상 관측하는 GPS 현장 관측 방법은?

① 정지측량(Static 관측 방법)
② 이동측량(Kinematic 관측 방법)
③ 신속정지측량(Rapid static 관측 방법)
④ RTK(Real Time Kinematic)

해설

정지측량(Static Survey)
- 가장 일반적인 방법으로 하나의 GPS 기선을 두 개의 수신기로 측정하는 방법이다.
- 측점 간의 좌표차이는 WGS84 지심좌표계에 기초한 3차원 X, Y, Z를 사용하여 계산되며, 지역 좌표계에 맞추기 위하여 변환하여야 한다.
- 수신기 중 한 대는 기지점에 설치, 나머지 한 대는 미지점에 설치하여 위성신호를 동시에 수신하여야 하는데 관측시간은 관측 조건과 요구 정밀도에 달려 있다.
- 관측시간이 최저 45분 이상 소요되고 10km±2ppm 정도의 측량정밀도를 가지고 있으며 적어도 4개 이상의 관측위성이 동시에 관측될 수 있어야 한다.
- 장거리 기선장의 정밀측량 및 기준점측량에 주로 이용된다.
- 정지측량에서는 반송파의 위상을 이용하여 관측점 간의 기선벡터를 계산한다.
- 장시간의 관측을 하여야 하며 장거리 정밀측정에 정확도가 높고 효과적이다.

정답 | 78 ④ 79 ①

80 고정밀 GPS 측위에서 이중 주파수 관측데이터를 사용하는 주요 이유는?

① 다중경로의 최소화
② 대류권 지연의 최소화
③ 전리층 효과의 최소화
④ 수신기 시간오차의 최소화

해설

GPS 오차 원인 중 L_1 신호와 L_2 신호의 굴절 비율의 상이함을 이용하여 L_1, L_2의 선형 조합을 통해 보정이 가능하도록 하는 것은 전리층 지연오차를 최소화하기 위함이다.

81 GPS 신호에 포함된 항법 메시지에서 제공되는 정보가 아닌 것은?

① 궤도 정보
② 위성시계 보정계수
③ 위성 상태
④ 전리층 지연량

해설

GPS에서 측위계산에 필요한 위성궤도 정보와 관련된 데이터를 항법 메시지라고 한다. GPS 신호에 포함된 항법메시지에서 제공되는 정보는 자기 자신의 궤도 정보, 모든 위성의 궤도 정보, 전리층 보정계수, 위성시계의 보정계수, 위성 상태 등이 있다.

82 GPS 측위 방식에 관한 설명으로 옳지 않은 것은?

① 단독측위 시 많은 수의 위성을 동시에 관측할 때 위성의 궤도정보 오차는 측위결과에 영향이 거의 없다.
② DGPS는 미지점과 기지점에서 동시에 관측을 실시하여 양 측점에서 관측한 정보를 모두 해석함으로써 미지점의 위치를 결정한다.

③ RTK-GPS는 관측하는 전 과정 동안 모든 수신기에서 최소 4개 이상의 위성들로부터 송신되는 위성신호를 모두 동시에 수신하여야 한다.
④ RTK-GPS는 공공측량 시 3, 4급 기준점측량에 적용할 수 있다.

해설

단독측위 시 많은 수의 위성을 동시에 관측할 때 위성의 궤도정보 오차는 측위결과에 영향을 미친다.

83 GNSS 측량에서 수평측위정밀도와 관련되는 위성의 기하학적 배치는 다음 중 어느 것인가?

[2014년 기사 1회]

① PDOP
② TDOP
③ HDOP
④ VDOP

해설

정밀도 저하율(DOP, Dilution of Precision)
GPS 관측지역의 상공을 지나는 위성의 기하학적 배치상태에 따라 측위의 정확도가 달라지는데 이를 정밀도 저하율(DOP)이라 한다.

종류	특징
• GDOP : 기하학적 정밀도 저하율 • PDOP : 위치 정밀도 저하율 • HDOP : 수평 정밀도 저하율 • VDOP : 수직 정밀도 저하율 • RDOP : 상대 정밀도 저하율 • TDOP : 시간 정밀도 저하율	• 3차원 위치의 정확도는 PDOP에 따라 달라지는데, PDOP은 4개의 관측위성들이 이루는 사면체의 체적이 최대일 때 가장 정확도가 좋으며 이때는 관측자의 머리 위에 다른 3개의 위성이 각각 120°를 이룰 때이다. • DOP는 값이 작을수록 정확하며, 1이 가장 정확하고 5까지는 실용상 지장이 없다.

정답 | 80 ③ 81 ④ 82 ① 83 ③

84 GPS의 활용 분야와 가장 관계가 먼 것은?

① 지각변동 관측
② 실내 건축인테리어
③ 측지기준망의 설정
④ 지형공간정보 획득 및 시설물 유지관리

해설

GPS의 활용 분야
• 측지측량 분야
• 해상측량 분야
• 교통 분야
• 지도제작 분야
• 항공 분야
• 우주 분야
• 레저 스포츠 분야
• 군사용
• GIS 및 DB 구축 등

85 단독 측위, DGPS, RTK-GPS 등에 관한 설명으로 옳지 않은 것은?

① 단독측위 시 많은 수의 위성을 동시에 관측할 때 위성의 궤도정보에 대한 오차는 측위 결과에 영향이 없다.
② DGPS는 신점과 기지점에서 동시에 관측을 실시하여 양 점에서 관측한 정보를 모두 해석함으로써 신점의 위치를 결정한다.
③ RTK-GPS는 위성신호 중 반송파 신호를 해석하기 때문에 코드 신호를 해석하여 사용하는 DGPS보다 정확도가 높다.
④ RTK-GPS는 공공측량 시 3, 4급 기준점측량에 적용할 수 있다.

해설

단독 측위
절대관측방법인 단독 측위는 4개 이상의 위성으로부터 수신한 신호 가운데 C/A-code를 이용해 실시간 처리로 수신기의 위치를 결정하는 방법으로 궤도정보 등에 의한 구조적 오차가 발생한다.

86 도심지와 같이 장애물이 많은 경우 특히 증대되는 GPS 관측오차는?

① 다중경로오차
② 궤도오차
③ 시계오차
④ 대기오차

해설

다중경로오차
• GPS 위성으로부터 직접 수신된 전파 이외에 부가적으로 주위의 지형, 지물에 의한 반사된 전파로 인해 발생하는 오차이다.
• 다중경로는 보통 금속제 건물, 구조물과 같은 커다란 반사적 표면이 있을 때 일어난다.
• 다중경로의 결과로서 수신된 GPS의 신호는 GPS 위치의 부정확성을 제공한다.
• 다중경로가 일어나는 경우를 최소화하기 위하여 미션 설정, 안테나, 수신기 설계 시에 고려한다면 다중경로의 영향을 최소화할 수 있다.
• GPS 신호시간의 기간을 평균하는 것도 다중경로의 영향을 감소시킨다.
• 가장 이상적인 방법은 다중경로의 원인이 되는 장애물에서 멀리 떨어져 관측하는 것이다.

87 GPS에서 두 개의 주파수를 사용하는 주된 이유는?

① 전리층의 효과를 제거(보정)하기 위해
② 수신기 오차를 제거(보정)하기 위해
③ 시계오차를 제거(보정)하기 위해
④ 다중 반사를 제거(보정)하기 위해

해설

2주파(L_1, L_2) 수신기를 이용하는 경우 전리층 오차를 제거할 수 있다.

정답 | 84 ② 85 ① 86 ① 87 ①

88 준성(Quasar)으로부터 발생되는 전파를 이용하여 수평위치를 결정하는 측량 방법은?

① GPS(Global Positioning System)
② SLR(Satellite Laser Ranging)
③ VLBI(Very Long Baseline Interferometry)
④ LLR(Lunar Laser Ranging)

해설

VLBI(Very Long Baseline Interferometry)
지구상에서 1,000~10,000km 정도 떨어진 1조의 전파 간섭계를 설치하여 전파원으로부터 나온 전파를 수신하고 2개의 간섭계에 도달하는 전파의 시간차를 관측하여 거리를 관측한다. 무한거리에 있는 준성에서의 전파는 거리 S만큼 떨어진 2개의 안테나와 평행하게 입사하므로 도착 시간차는 기하학적 지연시간(Geometrical Delay Time)이다.

① GPS(Global Positioning System) : 인공위성을 이용한 세계위치결정체계로 정확한 위치를 알고 있는 위성에서 발사한 전파를 수신하여 관측점까지 소요 시간을 관측함으로써 관측점의 위치를 구하는 체계이다.

② SLR(Satellite Laser Ranging : 위성레이저 거리측정기) : 지상에서 레이저 광선을 인공위성으로 발사하고 인공위성과 관측 지점의 거리를 측정하는 것으로 지상의 위치를 고정밀도로 관측한다.

④ LLR(Lunar Laser Ranging) : 레이저측정시스템 기술(Lunar Laser Ranging)에서 최신의 개량은 지구와 지구위성 사이의 거리를 밀리미터 이하까지 정밀한 측정이 가능하도록 한다. 이 분야의 작업은 최초의 CCR(corner cube reflectors)이 달 표면에 설치되기 시작한, 35년보다 더 이전에 "Apollo era programmes"와 함께 시작되었다. 각육면체 반사경을 달에 설치 φ Apollo 11, 14, 15호의 우주인과 소련의 두 우주인이 설치 장기간의 관측이 소요(예 1달)된다(사용주파수 : Optical Band).

89 GPS에 관한 설명으로 옳지 않은 것은?

① 3차원 측량을 동시에 할 수 있다.
② 두 개의 주파수를 사용하여 신호를 전송한다.

③ 지구를 크게 3개의 지역으로 분할한 지역 기준계를 사용한다.
④ 약 0.5 항성일의 궤도 주기를 가지고 있다.

해설

• GPS 측위기술이 발달됨에 따라 세계 공통의 경도, 위도를 정의하였으며, 전세계적으로 공통의 측지계 사용이 가능한 지구질량의 중심점을 좌표계의 원점으로 정해 하나의 통일된 좌표계(기준계)를 사용한다.
• 관측점 좌표(X, Y, Z)와 시간(T)의 4차원 좌표 결정방식으로 4개 이상의 위성에서 전파를 수신하여 관측점의 위치를 구한다.
• L_1파와 L_2파 2개의 주파수로 방송되는 이유는 위성궤도와 지표면 중간에 있는 전리층의 영향을 보정하기 위함이다.
• 궤도주기는 약 11시간 58분이다(0.5항성일).

90 위성의 기하학적 배치상태에 따른 정밀도 저하율을 뜻하는 것은? [2010년 기사 2회]

① 멀티패스(Multipath)
② DOP
③ 사이클 슬립(Cycle slip)
④ S/A

해설

DOP
• 후방교회법에 있어서 기준점의 배치가 정확도에 영향을 주는 것과 마찬가지로 GPS의 오차는 수신기, 위성들 간의 기하학적 배치에 따라 영향을 받는데, 이때 측량정확도의 영향을 표시하는 계수로 DOP (Dilution of precision ; 정밀도 저하율)이 사용된다.
• DOP의 종류
  −Geometric DOP : 기하학적 정밀도 저하율
  −Positon DOP : 위치 정밀도 저하율(위도, 경도, 높이)
  −Horizontal DOP : 수평정밀도 저하율(위도, 경도)
  −Vertical DOP : 수직 정밀도 저하율(높이)
  −Relative DOP : 상대 정밀도 저하율
  −Time DOP : 시간 정밀도 저하율

정답 | 88 ③ 89 ③ 90 ②

- DOP의 특징
  - 수치가 작을수록 정확하다.
  - 지표에서 가장 좋은 배치상태는 1로 한다.
  - 5까지는 실용상 지장이 없으나 10 이상인 경우 좋지 않다.
  - 수신기를 중심으로 4개 이상의 위성이 정사면체를 이룰 때 최적의 체적이 되며 GBOP, PDOP가 최소가 된다.
- 시통성(Visibility) : 양호한 GDOP라 하더라도 산, 건물 등으로 인해 위성의 전파경로로 시계 확보가 되지 않는 경우 좋은 측량 결과를 얻을 수 없는데, 이처럼 위성의 시계 확보와 관련된 문제를 시통성이라 한다.

91 GPS를 이용한 기준점측량의 계획을 수립하려고 한다. 이때 위성의 이용 가능 시간대와 배치 상황도를 참고하여 관측계획을 수립할 때 고려하지 않아도 되는 것은?

① 상공 시계 확보를 위한 선점 위치의 지상 장애물 분포상황
② 임계 고도각 이상에 존재하는 사용 위성의 개수
③ 수신에 사용할 각 위성의 번호
④ 관측 예정 시간대의 DOP 수치 파악

해설

관측계획 수립 시 위성의 번호는 고려하지 않아도 된다.

92 DGPS에 대한 설명으로 옳지 않은 것은?

① 일반적으로 DGPS가 단독측위보다 정확하다.
② DGPS에서는 2개의 수신기에 관측된 자료를 사용한다.
③ DGPS에서는 2개의 수신기의 위치를 동시에 계산한다.
④ 기선의 길이가 길수록 DGPS의 정확도는 낮다.

해설

- DGPS는 이미 알고 있는 기지점 좌표를 이용하여 오차를 최대한 줄여서 이용하기 위한 상대측위 방식의 위치결정 방식으로 기지점에 기준국용 GPS 수신기를 설치하고 위성을 관측하여 각 위성의 의사거리 보정값을 구한 뒤 이를 이용하여 이동국용 GPS 수신기의 위치결정 오차를 개선하는 위치결정 형태이다.
- DGPS의 원리
  - 기지국 GPS(Reference Station) : 기지점에 설치하는 GPS로서 인공위성에 의해 측정된 위치데이터와 기지점의 위치데이터와의 차이값을 구한 후 계산, 위치, 보정데이터를 생성하여 이동국 GPS로 송신하는 기능을 수행한다.
  - 이동국 GPS(Mobile Station) : 기지국으로부터 송신된 위치보정데이터와 인공위성에 의해 측정된 위치데이터를 합성하여 현 지점의 정확한 위치를 표시한다.

93 다음 중 대류층과 전리층에 의한 지연효과가 가장 작은 관측치는?

① 일중위상차 ② 이중위상차
③ 삼중위상차 ④ 무차분 위상

해설

정적 간섭측위(Static Positioning)를 통한 기선해석에 사용하는 방법을 통해 두 개의 기지점에 GPS 수신기를 설치하고 위상차를 측정하여 기선의 길이와 방향을 3차원 벡터량으로 결정한다. 이 경우 다음과 같은 위상차 차분기법을 통하여 기선해석 품질을 높인다.
- 일중차(일중위상차 : Single Phase Difference)
  - 한 개의 위성과 두 대의 수신기를 이용한 위성과 수신기 간의 거리 측정차(행로차)
  - 동일위성에 대한 측정치이므로 위성의 궤도오차와 원자시계에 의한 오차가 소거된 상태
  - 수신기의 시계오차는 포함되어 있는 상태임
- 이중차(이중위상차 : Double Phase Difference)
  - 두 개의 위성과 두 대의 수신기를 이용하여 각각의 위성에 대한 수신기 간 1중차끼리의 차이값
  - 두 개의 위성에 대하여 두 대의 수신기로 관측함으로써 같은 양으로 존재하는 수신기의 시계오차를 소거한 상태

정답 | 91 ③ 92 ③ 93 ③

– 일반적으로 최소 4개의 위성을 관측하여 3회의 이 중차를 측정하여 기선해석을 하는 것이 통례임
• 삼중차(삼중위상차 : Triple Phase Difference)
  – 한 개의 위성에 대하여 어떤 시각의 위상적산치(측 정치)와 다음 시각의 적산치와의 차이값으로 적분 위상차라고도 함
  – 반송파의 모호정수(불명확상수)를 소거하기 위하여 일정시간 간격으로 이중차의 차이값을 측정하는 것을 말함
  – 일정시간 동안의 위성거리 변화를 뜻하며 파장의 정수배의 불명확을 해결하는 방법으로 이용됨

94 P코드의 특성에 대한 설명으로 옳지 않은 것은?

① L_1 신호에만 실려서 들어온다.
② P코드는 비트율이 높아 의사거리의 정확도가 높다.
③ P코드는 10.23Mbps의 비트율을 가지며, C/A코 드는 1.023Mbps의 비트율을 가진다.
④ P코드는 주기의 길이 때문에 P코드 전체를 이용 한 측위는 불가능하다.

해설

코드(Code)

P code	• 반복주기 7일인 PRN code(Pseudo Random Noise code) • 주파수 10.23MHz, 파장 30m(29.3m) • AS mode로 동작하기 위해 Y-code로 암호화되어 PPS 사용자에게 제공 • PPS(Precise Positioning Service : 정밀측위서비스) – 군사용
C/A code (coarse/ Acquisition)	• 반복주기 : 1ms(milli-second)로 1.023 Mbps 로 구성된 PPN code • 주파수 1.023MHz, 파장 300m(293m) • L_1 반송파에 변조되어 SPS 사용자에게 제공 • SPS(Standard Positioning Service : 표준 측위서비스) – 민간용

95 GPS 신호는 두 개의 주파수를 가진 반송파에 의해 전송된다. 이때 두 개의 주파수를 쓰는 가장 큰 이유는?

① 수신기 시계 오차 제거
② 대류권 오차 제거
③ 전리층 오차 제거
④ 다중경로 제거

해설

전리층 오차를 제거할 수 있는 것은 2주파(L_1, L_2) 수신 기를 이용하기 때문이다.

96 기준국과 이동국 간의 거리가 짧을 경우 상대측위를 수행하면 절대측위에 비해 정확도가 현격히 향상되는 이유로 거리가 먼 것은?

① 위성궤도오차가 제거된다.
② 다중 경로(Multipath) 오차를 완전히 제거할 수 있다.
③ 전리층에 의한 신호의 전파지연이 보정된다.
④ 위성시계오차가 제거된다.

해설

기준국과 이동국 간 거리가 짧을 경우 신호의 세기도 약 해지므로 대부분 수신기는 신호의 세기를 비교해서 약한 신호를 제거함으로써 다중 경로오차를 줄일 수 있다.

97 위성의 고도가 낮아지면서 증대되는 오차는?

① Anti-Spoofing
② Selective Availability
③ 시계오차
④ 대기오차

해설

전리층과 대류권에 의한 전파지연오차는 수신기 2대를 이용한 차분기법으로 보정할 수 있다.

정답 | 94 ① 95 ③ 96 ② 97 ④

구조적 원인에 의한 오차

- 위성시계오차
  - 위성에 장착된 정밀한 원자시계의 미세한 오차
  - 잘못된 시간에 신호를 송신함으로써 오차 발생
- 위성궤도오차
  - 항법메시지에 의한 예상궤도, 실제궤도의 불일치
  - 위성의 예상 위치를 사용하는 실시간 위치 결정에 의한 영향
- 전리층과 대류권의 전파 지연
  - 전리층 : 지표면에서 70~100km 사이의 충전된 입자들이 포함된 층
  - 대류권 : 지표면상 10km까지 이르는 것으로 지구의 기후 형태에 의한 층
  - 전리층, 대류권에서 위성신호의 전파속도 지연과 경로의 굴절오차
- 수신기에서 발생하는 오차
  - 전파적 잡음 : 한정되어 있는 시간 차이를 측정하는 GPS 수신기의 능력과 관련된 다양한 오차를 포함
  - 다중 경로오차 : GPS위성으로부터 직접 수신된 전파 이외에 부가적으로 주위의 지형, 지물에 의해 반사된 전파로 인해 발생하는 오차
  - 다중 경로의 결과로서 수신된 GPS의 신호는 GPS 위치의 부정확성 제공
  - 다중 경로가 일어나는 경우를 최소화하기 위하여 미션 설정, 안테나, 수신기 설계 시에 고려
  - GPS신호시간의 기간을 평균하는 것도 다중 경로의 영향을 감소시킴
  - 가장 이상적인 방법은 다중 경로의 원인이 되는 장해물에서 멀리 떨어져 관측하는 것

98 GPS 오차요인 중 위성전파가 장해물로 인해 차단되는 이유 등으로 위상측정이 중단되어 발생하는 오차는 무엇인가?

① SA(Selecive availability)
② AS(Anti-spoofing)
③ 사이클 슬립(Cycle slip)
④ 멀티패스(Multipath)

해설

사이클 슬립은 나무와 같은 장애물을 통과하거나 전리층의 활발한 활동 또는 전파가 많이 일어나는 지역에서 전자파 장애로 인하여 생긴다.

99 다음 중 DGPS에 의해서 소거되지 않는 오차는?

① 전리층오차　② 위성시계오차
③ 사이클 슬립　④ 위성궤도오차

해설

GPS의 오차
- 구조적 오차 : 위성시계오차, 위성궤도오차, 대기권(전리층, 대류권) 전파지연오차, 다중경로 오차, 전자파적 잡음
- 위성 배치 상황에 따른 오차(DOP) : GDOP, PDOP(3차원 위치), HDOP(수평), VDOP(수직), RDOP, TDOP
- 사이클 슬립(Cycleslip)은 장애물 등에 의한 GPS 신호단절로 DGPS 방법에 의해 소거되지 않음

100 GPS의 오차에 대한 설명으로 틀린 것은?

① GPS의 오차에는 위성시계오차, 대기굴절오차, 수신기오차 등이 있다.
② 위성의 위치오차는 위성의 배치 상태의 오차를 말하며 측점의 좌표계산에는 영향을 주지 않는다.
③ 안테나 위상 중심오차는 안테나의 중심과 위상 중심의 차이에서 발생하는 오차를 말한다.
④ 위성의 기하학적 배치 상태가 정밀도에 어떻게 영향을 주는가를 추정할 수 있는 하나의 척도로 DOP(Dilution Of Precision)를 사용한다.

해설

기하학적(위성의 배치 상황) 원인에 의한 오차는 후방교회법에 있어서 기준점의 배치가 정확도에 영향을 주는 것과 마찬가지로 GPS의 오차는 수신기, 위성들 간의 기하학적 배치에 따라 영향을 받는데, 이때 측량정확도의 영향을 표시하는 계수로 DOP(Dilution of precision : 정밀도 저하율)가 사용된다.

정답 | 98 ③　99 ③　100 ②

101 GPS 측위의 계통적 오차(정오차) 요인이 아닌 것은?

① 위성의 시계오차　　② 위성의 궤도오차
③ 전리층 지연오차　　④ 관측 잡음오차

해설

구조적 오차는 위성궤도오차, 위성시계오차, 다중경로, 전리층, 대류층 지연오차 및 정밀도 저하율(DOP), 선택적 가용성(SA), Cycleslip 등이 있다.

102 반송파의 정확도가 1mm일 때 이중차분된 반송파의 정확도는?

① 1mm　　　　　　② 2mm
③ 4mm　　　　　　④ 8mm

해설

반송파의 오차는 파장개수에 비례한다.

103 GPS 위성으로부터의 신호가 어떠한 오차도 포함되어 있지 않고 수신기의 시계도 오차가 없다면, 3차원 위치 결정을 위하여 최소한 몇 개의 GPS 위성으로부터의 신호가 필요한가?

① 3개　　　　　　② 4개
③ 5개　　　　　　④ 6개

해설

목적에 따라 GPS를 이용할 경우 최소 위성수는 다음과 같다.

목적	개수
단독측위	4
단독측위(높이가 필요하지 않을 경우)	3
DGPS	4
GPS 측량	4
시각동기(자신의 시계를 GPS시에 맞추는 것)	1

104 다음에 열거한 GPS의 오차요인 중에서 DGPS 기법으로 상쇄되는 오차가 아닌 것은?

① 위성의 궤도 정보 오차
② 전리층에 의한 신호지연
③ 대류권에 의한 신호지연
④ 전파의 혼선

해설

DGPS(Differential Global Positioning System)
• DGPS는 상대측위 방식의 GPS 측량 기법으로 이미 알고 있는 기지점 좌표를 이용하여 오차를 최대한 줄여서 이용하기 위한 위치 결정 방식이다.
• 기지점에 기준국용 GPS 수신기를 설치하며 위성을 관측하여 각 위성의 의사거리 보정값을 구한 뒤 이를 이용하여 이동국용 GPS수신기의 위치오차를 개선하는 위치 결정 형태이다.
• DGPS 기법으로 상쇄되는 오차
　－위성의 궤도 정보 오차
　－전리층에 의한 신호 지연
　－대류권에 의한 신호 지연

105 도심지와 같이 장애물이 많은 경우 특히 증대되는 GPS 관측오차는?

① 궤도오차　　　　② 대기굴절오차
③ 다중경로오차　　④ 전리층 지연오차

해설

GPS의 오차－구조적 요인에 의한 오차

위성에서 발생하는 오차	• 위성시계오차 • 위성궤도오차
대기권전파 지연오차	위성신호의 전리층, 대류권 통과 시 전파지연오차(약 2m)
수신기에서 발생하는 오차	• 수신기 자체의 전파적 잡음에 의한 오차 • 전파의 다중경로(Multipath)에 의한 오차 : 다중경로오차는 GPS 위성으로 직접 수신된 전파 이외에 부가적으로 주위의 지형, 지물에 의한 반사된 전파로 인해 발생하는 오차로서 측위에 영향을 미침

정답 | 101 ④　102 ②　103 ①　104 ④　105 ③

106 GPS에서 두 개의 주파수를 사용하는 주된 이유는?

① 전리층의 효과를 제거(보정)하기 위해
② 수신기오차를 제거(보정)하기 위해
③ 시계오차를 제거(보정)하기 위해
④ 다중 반사를 제거(보정)하기 위해

해설

반송파(Carrier)
• 반송파의 정보는 PRN 부호와 항법 메시지로 이루어지며 각 위성마다 신호가 다른 이진부호로 구성되는데 매우 길고 복잡하기 때문에 신호 자체만 보았을 때 의미를 파악할 수 없다.
  – L_1 : 주파수 1,575.42MHz(154×10.23MHz), 파장 19cm, C/A code와 P code 변조 가능
  – L_2 : 주파수 1,227.60MHz(120×10.23MHz), 파장 24cm, P code만 변조 가능
• 2개의 주파수로 방송이 되는 이유는 위성궤도와 지표면 중간에 있는 전리층의 영향을 보정하기 위해서이다.

107 GPS 측량에 대한 설명으로 옳지 않은 것은?

① 기상의 영향을 받지 않는다.
② 동시에 3차원 측량을 할 수 있다.
③ 신호 사용자에게 비용에 대한 부담이 있다.
④ 지구상 어느 곳에서나 24시간 이용할 수 있다.

해설

GPS 측량의 장 · 단점

장점	• 기상조건에 영향을 받지 않는다. • 야간에 관측도 가능하다. • 관측점 간의 시통이 필요하지 않다. • 장거리를 신속하게 측정할 수 있다. • X, Y, Z(3차원) 측정이 가능하다. • 움직이는 대상물도 측정이 가능하다.
단점	• 우리나라 좌표계에 맞도록 변환하여야 한다. • 위성의 궤도 정보가 필요하다. • 전리층 및 대류권에 관한 정보를 필요로 한다.

108 GNSS(Global Navigation Satellite System) 측량의 오차에 관한 설명 중 틀린 것은?

① 전리층 통과 시 전파 굴절오차는 기온, 기압, 습도 등의 기상 측정에 의해 보정될 수 있다.
② 기선해석에서 기지점의 좌표 정확도는 미지점의 위치 정확도에 영향을 미친다.
③ 일중차의 해석 처리만으로는 GNSS 위성과 GNSS 수신기 모두의 시계오차가 소거되지 않는다.
④ 동일 기종의 GNSS 안테나는 동일 방향을 향하도록 설치함으로써 안테나 위상중심 변동에 의한 영향을 줄일 수 있다.

해설

구조적인 오차
• 전파의 전리층 통과 시 전파속도 지연오차
• GPS 수신기에 탑재된 시계오차
• 위성궤도 운동오차
• 수신기 자체의 전파적 잡음에 의한 오차

오차 소거 방법
• 양측에서 동일하게 발생되는 오차를 2대의 수신기를 동시에 사용하여 상대적으로 소거하는 상대측위(DGPS)를 실시하여 정확도를 향상시킬 수 있다.
• 오차 처리 방법에 따라 DGPS(Differential GPS) 방법은 좌표차 방식의 DGPS와 의사거리 보정방식의 DGPS 방법 등이 있다.
• DGPS 방법에 의해 오차를 소거할 경우 : 코드를 사용하는 Code DGPS(DGPS)는 1m 이내, 반송파 신호를 사용하는 Carrier Phase DGPS(RTK)는 1cm 이내까지 정확도를 높일 수 있다.

109 다음 중 DGPS에 의해서 보정되지 않는 오차는?

① 전리층 지연오차
② 위성시계오차
③ 사이클 슬립
④ 위성궤도오차

해설

Cycle slip(신호 단절)
- Cycle slip은 GPS 측량 중 반송파 신호가 순간적으로 단절됨으로써 위상관측에 오류가 발생되는 것을 말한다. 수신회로의 특성에 의해 파장의 정수배만큼 점프한다는 특성이 있으며 정밀측량 시 매우 중요한 오차 원인이 될 수 있으므로 유의하여야 한다.
- Cycle slip의 원인
  - GPS 수신기 주변의 고층빌딩, 고압선 등 지형지물
  - 위성의 신호가 매우 약하거나 신호잡음이 많은 경우
  - 위성의 고도각이 낮을 경우
  - 터널이나 나무 아래 또는 고층빌딩 등의 지역을 통과하는 경우 등 주로 Kinematic(이동측량) 시에 주로 발생
- Cycle slip의 처리
  - 자료 전처리 단계에서 검출하여 처리
  - 정밀 기선처리 프로그램을 이용하여 처리
  - 관성항법장치(INS) 등의 보조장치를 활용
  - OTF(On The Fly) 기법을 활용

오차 소거 방법
- 구조적 요인에 의한 오차 소거 방법 : 두 대 이상의 GPS 수신기를 이용하여 동일한 오차 성분을 동시에 소거하는 상대측위 방식을 통해 정확도를 높일 수 있다.
- 위성의 배치상태에 따른 오차 : 소거 방법이 없으며 측량지역 상공의 위성 배치가 좋아질 때까지 기다려야 한다.
- S/A에 의한 오차 : 상대측위 방식으로 소거할 수 있다.

110 다음 중 GPS 다중경로 오차를 줄이기 위한 측량방법으로 거리가 먼 것은?

① 이중 주파수 수신기를 설치한다.
② 관측 시간을 길게 설정한다.
③ 오차 요인을 가진 장소를 피해 안테나를 설치한다.
④ 각 위성 신호에 대하여 칼만 필터를 적용한다.

해설

구조적 원인에 의한 오차
- 위성시계오차
  - 위성에 장착된 정밀한 원자시계의 미세한 오차
  - 위성시계오차로서 잘못된 시간에 신호를 송신함으로써 오차 발생
- 위성궤도오차
  - 항법메시지에 의한 예상궤도, 실제궤도의 불일치
  - 위성의 예상위치를 사용하는 실시간 위치결정에 의한 영향
- 전리층과 대류권의 전파 지연
  - 전리층 : 지표면에서 70~1000km 사이의 충전된 입자들이 포함된 층
  - 대류권 : 지표면상 10km까지 이르는 것으로 지구의 기후형태에 의한 층
  - 전리층, 대류권에서 위성신호의 전파속도지연과 경로의 굴절오차
- 수신기에서 발생하는 오차
  - 전파적 잡음 한정되어 있는 시간 차이를 측정하는 GPS 수신기의 능력과 관련된 다양한 오차를 포함
  - 다중경로오차 GPS 위성으로부터 직접 수신된 전파 이외에 부가적으로 주위의 지형, 지물에 의한 반사된 전파로 인해 발생하는 오차
  - 다중경로는 보통 금속제 건물, 구조물과 같은 커다란 반사적 표면이 있을 때 발생
  - 다중경로의 결과로서 수신된 GPS의 신호는 GPS 위치의 부정확성을 제공
  - 다중경로가 일어나는 경우를 최소화하기 위하여 미션 설정, 안테나, 수신기 설계 시에 고려
  - GPS 신호시간의 기간을 평균하는 것도 다중경로의 영향을 감소시킬 수 있음
  - 각 위성 신호에 대하여 칼만 필터를 적용
  - 가장 이상적인 방법은 다중경로의 원인이 되는 장애물에서 멀리 떨어져 관측하는 것임

칼만 필터(Kalman filter)
- 칼만 필터는 잡음이 포함되어 있는 선형 역학계의 상태를 추적하는 재귀 필터로 루돌프 칼만이 개발하였다.
- 컴퓨터 비전, 로봇 공학, 레이더 등의 여러 분야에 사용되며, 많은 경우에 매우 효율적인 성능을 보여준다. 이 알고리즘은 시간에 따라 진행한 측정을 기반으로 하며 해당 순간에 측정한 결과만 사용한 것보다는 좀 더 정확한 결과를 기대할 수 있다.
- 잡음까지 포함된 입력 데이터를 재귀적으로 처리하는 필터로써, 현재 상태에 대한 최적의 통계적 예측을 진행할 수 있다.
- 알고리즘 전체는 예측과 업데이트의 두 가지로 나눌 수 있다. 예측은 현재 상태의 예측을 말하며, 업데이트는 현재 상태에서 관측된 측정까지 포함한 값을 통해서 더 정확한 예측을 할 수 있는 것을 말한다.

정답 | 110 ①

111 GPS 오차 원인 중 L_1 신호와 L_2 신호의 굴절 비율이 상이함을 이용하여 L_1/L_2의 선형 조합을 통해 보정이 가능한 것은?

① 전리층 지연오차
② 위성시계오차
③ GPS 안테나의 구심오차
④ 다중경로오차

해설

L_1 및 L_2 신호는 위성의 계산을 위한 케플러(Keplerian) 요소와 형식화된 자료신호를 포함하며, 2개의 주파수로 방송되는 이유는 위성궤도와 지표면 중간에 있는 전리층의 영향을 보정하기 위함이다.

112 GPS의 오차에 대한 설명으로 틀린 것은?

① GPS의 오차에는 위성시계오차, 대기굴절오차, 수신기 오차 등이 있다.
② 위성의 위치오차는 위성의 배치상태의 오차를 말하며 측점의 좌표계산에는 영향을 주지 않는다.
③ 안테나의 높이 측정오차와 구심오차는 안테나의 중심과 위상중심의 차이에서 발생하는 오차를 말한다.
④ 위성의 기하학적 배치상태가 정밀도에 어떻게 영향을 주는가를 추정할 수 있는 하나의 척도로 DOP(Dilution Of Precision)를 사용한다.

해설

위성의 배치상태에 의한 오차
- GPS 관측지역의 상공을 지나는 위성의 기하학적 배치상태에 따라 측위의 정확도가 달라지는데 이를 정밀도 저하율(DOP ; Dilution of Precision)이라 한다.
- 3차원 위치의 정확도는 PDOP에 따라 달라지는데 PDOP는 4개의 관측위성들이 이루는 사면체의 체적이 최대일 때 가장 정확도가 좋으며 이때는 관측자의 머리 위에 다른 3개의 위성이 각각 120°를 이룰 때이다.
- DOP는 값이 작을수록 정확한데 1이 가장 정확하고 5까지는 실용상 지장이 없다.

- DOP의 종류
  - GDOP : 기하학적 정밀도 저하율
  - PDOP : 위치 정밀도 저하율
  - HDOP : 수평 정밀도 저하율
  - VDOP : 수직 정밀도 저하율
  - RDOP : 상대 정밀도 저하율
  - TDOP : 시간 정밀도 저하율

113 GPS 신호의 오차에 관한 설명이 틀린 것은?

① 대류권 오차는 수학적 모델링을 통하여 감소시킬 수 있다.
② 안테나 위상중심 변동은 차분법을 통해 감소시킬 수 있다.
③ 높은 건물이나 나무에서 떨어져 관측함으로써 다중경로 오차를 줄일 수 있다.
④ 전리층 오차는 이중주파수의 사용으로 감소시킬 수 있다.

해설

- 대류권 오차 : GPS 관측데이터로부터 기선벡터, 정수 바이어스 등의 미지수(파라미터)를 추정하기 위해서는 관측데이터와 파라미터의 수학적인 관계를 알고 있어야 한다. 이 관계를 수학적 모델(Mathematical model)이라고 한다. 대류권 지연은 표준적인 대기를 가정한 이론식을 사용하는 방법 또는 천정방향의 지연량을 미지수로 두고 관측점별로 적당한 간격으로 추정 계산하는 방법 등을 사용하여 제거할 수 있다. 즉 대류권 오차는 수학적 모델링을 통하여 감소시킬 수 있다.
- 전리층 오차 : 이중주파수의 사용으로 감소시킬 수 있다. 즉 2개의 주파수로 방송되는 이유는 위성궤도와 지표면 중간에 있는 전리층의 영향을 보정하기 위함이다(L_2파 : 전리층 지연량 보정 기능).
- 다중경로 오차 : 높은 건물이나 나무에서 떨어져 관측함으로써 다중경로 오차를 줄일 수 있다.
- 위상중심(Phase Center) : 위성과 안테나 간의 거리를 관측하는 안테나의 기준점을 말하는데 실제 안테나 패치가 설치된 물리적 위상중심의 위치와 위상측정이 이루어지는 전기적 위상중심점의 위치는 위성의 고도와 수신신호의 방위각에 따라 변화하게 되므로 이를 PCV(위상신호 가변성)라 하며, 이로부터 얻은

정답 | 111 ① 112 ② 113 ②

안테나 오프셋 값을 실측에 적용함으로써 고정밀 GPS 측량이 가능하다.

114 GPS 오차 중 DGPS 기법으로 제거되지 않는 것은?

① 의사거리 측정오차
② 위성의 궤도정보 오차
③ 전리층에 의한 지연
④ 대류권에 의한 지연

해설

DGPS 방식은 기준국 GPS에서 방송되는 위치보정신호를 각 이동국에서 단순 수신하는 것으로 DGPS를 적용하면 정확도가 좋아지는 이유는 기지점과 미지점에서 측정한 결과로부터 공통오차를 상쇄시킬 수 있기 때문이다. 상쇄되는 오차는 다음과 같다.

- GPS 위성의 궤도정보 오차
- SA에 의해 코드에 부여된 오차(2000년 이전)
- 전리층 신호지연
- 대류권 신호지연

Pseudo range(의사거리)

위성과 수신기 시계 간의 시각오차에서 구해지는 거리의 편의량(base)을 말한다.

115 다음의 인공위성 측량 시스템 중 그 성격이 다른 하나는?

① SPOT
② IKONOS
③ KOMSAT-2
④ GPS

해설

원격탐사(Remote Sensing)

대상체와 직접적인 물리적 접촉없이 정보를 획득하는 기술이며 과학, 지구상의 중요한 생물학적인 특성과 인간의 활동을 관측하며 모니터링하는 데 사용될 수 있는 과학기술이다.

예 원격탐사 위성 : SPOT, IKONOS, KOMSAT-2

정답 | 114 ① 115 ④

PART **05**

항공레이저측량 작업규정

지도직 군무원 한권으로 끝내기 [측지학]

항공레이저측량 작업규정

CHAPTER

[시행 2019. 7. 1.] [국토지리정보원고시 제2019-148호, 2019. 5. 23., 일부개정]

제1장 총칙

제1조(목적)

이 규정은 공간정보 구축 및 관리 등에 관한 법률 제12조 및 같은법 시행규칙 제8조에 의하여 수치표고모델 등의 제작을 위한 항공레이저측량의 작업방법 및 기준 등을 정하여 성과의 정확도와 활용성을 확보함을 그 목적으로 한다.

제2조(용어의 정의)

이 작업규정에서 사용하는 용어의 정의는 다음 각 호와 같다.

항공레이저측량	"항공레이저측량"이라 함은 항공레이저측량시스템을 항공기에 탑재하여 레이저를 주사하고, 그 지점에 대한 3차원 위치좌표를 취득하는 측량방법을 말한다.
항공레이저측량시스템	"항공레이저측량시스템"이라 함은 레이저 거리측정기, GPS 안테나와 수신기, INS(관성항법장치) 등으로 구성된 시스템을 말한다.
기준점측량	"기준점측량"이라 함은 항공레이저측량 원시자료의 정확도를 점검하고, 기준좌표계에 의한 3차원 좌표로 조정하기 위하여 현장에서 실시하는 측량을 말한다.
코스검사점	"코스검사점"이라 함은 비행코스별 항공레이저측량 원시자료의 정확도를 점검하기 위하여 비행코스의 중복부분에서 선정한 점을 말한다.
인접접합점	"인접접합점"이라 함은 작업지역과 인접하고 있는 지역에 항공레이저측량에 의해 제작된 기존 수치지면자료(또는 수치표고모델)가 존재하는 경우에 기존 수치지면자료(또는 수치표고모델)와 정확도를 점검하고 일치시키기 위하여 선정한 점을 말한다.
점자료	"점자료"라 함은 3차원 좌표를 가지고 있는 점들로 불규칙하게 구성된 자료를 말한다.
격자자료	"격자자료"라 함은 종(X)·횡(Y) 방향으로 동일한 크기의 간격으로 나누어진 격자 형태의 자료로서, 보간을 통해 각 격자점에 높이값을 가지고 있는 자료를 말한다.
보간	"보간"이라 함은 미지점 주변의 자료를 이용하여 미지점의 값을 결정하는 방법을 말한다.
원시자료	"원시자료(Mass Points)"라 함은 항공레이저측량에 의하여 취득한 최초의 점자료를 말한다.

수치표면자료	"수치표면자료(Digital Surface Data)"라 함은 원시자료를 기준점을 이용하여 기준좌표계에 의한 3차원 좌표로 조정한 자료로써 지면 및 지표 피복물에 대한 점자료를 말한다.
수치지면자료	"수치지면자료(Digital Terrain Data)"라 함은 수치표면자료에서 인공지물 및 식생 등과 같이 표면의 높이가 지면의 높이와 다른 지표 피복물에 해당하는 점자료를 제거(이하 '필터링'이라고 한다.)한 점자료를 말한다.
불규칙삼각망자료	"불규칙삼각망자료"라 함은 수치지면자료를 이용하여 불규칙삼각망을 구성하여 제작한 3차원 자료를 말한다.
수치표고모델	"수치표고모델(Digital Elevation Model)"이라 함은 수치지면자료(또는 불규칙삼각망자료)를 이용하여 격자형태로 제작한 지표모형을 말한다.

제3조(적용기준)

수치표고모델 등의 제작을 위한 항공레이저측량은 이 작업규정에서 정한 바에 따르는 것을 원칙으로 한다.

제4조(항공레이저측량의 기준)

① 위치의 기준은 공간정보의 구축 및 관리 등에 관한 법률 제6조에 의한다.
② 좌표의 기준은 공간정보의 구축 및 관리 등에 관한 법률 시행령 제7조의3항에 의한 직각좌표의 기준에 의한다.

「공간정보의 구축 및 관리 등에 관한 법률」 제6조(측량기준)
① 측량의 기준은 다음 각 호와 같다. 〈개정 2013. 3. 23.〉
  1. 위치는 세계측지계(世界測地系)에 따라 측정한 지리학적 경위도와 높이(평균해수면으로부터의 높이를 말한다. 이하 이 항에서 같다)로 표시한다. 다만, 지도 제작 등을 위하여 필요한 경우에는 직각좌표와 높이, 극좌표와 높이, 지구중심 직교좌표 및 그 밖의 다른 좌표로 표시할 수 있다.
  2. 측량의 원점은 대한민국 경위도원점(經緯度原點) 및 수준원점(水準原點)으로 한다. 다만, 섬 등 대통령령으로 정하는 지역에 대하여는 국토교통부장관이 따로 정하여 고시하는 원점을 사용할 수 있다.
  3. 삭제 〈2020. 2. 18.〉
  4. 삭제 〈2020. 2. 18.〉
② 삭제 〈2020. 2. 18.〉
③ 제1항에 따른 세계측지계, 측량의 원점 값의 결정 및 직각좌표의 기준 등에 필요한 사항은 대통령령으로 정한다.

■ 공간정보의 구축 및 관리 등에 관한 법률 시행령 [별표 2] 〈개정 2015.6.1.〉

직각좌표의 기준(제7조제3항 관련)

1. 직각좌표계 원점

명칭	원점의 경위도	투영원점의 가산(加算)수치	원점축척 계수	적용 구역
서부좌표계	경도 : 동경 125° 00′ 위도 : 북위 38° 00′	X(N) 600,000m Y(E) 200,000m	1.0000	동경 124°~126°
중부좌표계	경도 : 동경 127° 00′ 위도 : 북위 38° 00′	X(N) 600,000m Y(E) 200,000m	1.0000	동경 126°~128°
동부좌표계	경도 : 동경 129° 00′ 위도 : 북위 38° 00′	X(N) 600,000m Y(E) 200,000m	1.0000	동경 128°~130°
동해좌표계	경도 : 동경 131° 00′ 위도 : 북위 38° 00′	X(N) 600,000m Y(E) 200,000m	1.0000	동경 130°~132°

※ 비고

가. 각 좌표계에서의 직각좌표는 다음의 조건에 따라 T·M(Transverse Mercator, 횡단 머케이터) 방법으로 표시하고, 원점의 좌표는 (X=0, Y=0)으로 한다.

  1) X축은 좌표계 원점의 자오선에 일치하여야 하고, 진북방향을 정(+)으로 표시하며, Y축은 X축에 직교하는 축으로서 진동방향을 정(+)으로 한다.

  2) 세계측지계에 따르지 아니하는 지적측량의 경우에는 가우스상사이중투영법으로 표시하되, 직각좌표계 투영원점의 가산(加算)수치를 각각 X(N) 500,000미터(제주도지역 550,000미터), Y(E) 200,000m로 하여 사용할 수 있다.

나. 국토교통부장관은 지리정보의 위치측정을 위하여 필요하다고 인정할 때에는 직각좌표의 기준을 따로 정할 수 있다. 이 경우 국토교통부장관은 그 내용을 고시하여야 한다.

2. 지적측량에 사용되는 구소삼각지역의 직각좌표계 원점

명칭	원점의 경위도
망산원점	경도 : 동경 126°22′24″. 596 / 위도 : 북위 37°43′07″. 060
계양원점	경도 : 동경 126°42′49″. 685 / 위도 : 북위 37°33′01″. 124
조본원점	경도 : 동경 127°14′07″. 397 / 위도 : 북위 37°26′35″. 262
가리원점	경도 : 동경 126°51′59″. 430 / 위도 : 북위 37°25′30″. 532
등경원점	경도 : 동경 126°51′32″. 845 / 위도 : 북위 37°11′52″. 885
고초원점	경도 : 동경 127°14′41″. 585 / 위도 : 북위 37°09′03″. 530
율곡원점	경도 : 동경 128°57′30″. 916 / 위도 : 북위 35°57′21″. 322
현창원점	경도 : 동경 128°46′03″. 947 / 위도 : 북위 35°51′46″. 967
구암원점	경도 : 동경 128°35′46″. 186 / 위도 : 북위 35°51′30″. 878
금산원점	경도 : 동경 128°17′26″. 070 / 위도 : 북위 35°43′46″. 532
소라원점	경도 : 동경 128°43′36″. 841 / 위도 : 북위 35°39′58″. 199

※ 비고

가. 조본원점·고초원점·율곡원점·현창원점 및 소라원점의 평면직각종횡선수치의 단위는 미터로 하고, 망산원점·계양원점·가리원점·등경원점·구암원점 및 금산원점의 평면직각종횡선수치의 단위는 간(間)으로 한다. 이 경우 각각의 원점에 대한 평면직각종횡선수치는 0으로 한다.

나. 특별소삼각측량지역(전주, 강경, 마산, 진주, 광주(光州), 나주(羅州), 목포, 군산, 울릉도 등)에 분포된 소삼각측량지역은 별도의 원점을 사용할 수 있다.

제5조(사용장비의 성능기준 등)

사용하고자 하는 장비는 이 규정에서 정한 성과품의 정확도를 확보할 수 있어야 한다.

1. 항공레이저측량시스템을 구성하는 장비의 성능기준은 별표1과 같다.
2. 항공레이저측량시스템은 작업착수일 6개월 이내에 점검 및 조정을 실시한 것을 사용해야 한다. 또한, 작업 기간 중 장비를 탈부착하거나 부착상태에 변위가 발생하는 충격을 받았을 경우에도 점검 및 조정을 실시하여야 한다.
3. 2호와 동일 기간 내에 장비제작자에 의한 점검 및 조정을 실시한 경우에는 관련 보고서로 대체할 수 있다.
4. 항공기에 탑재한 GPS 안테나 및 INS 위치와 레이저 주사기 렌즈의 상대위치는 직접측량(광파거리측량기 등) 방법으로 관측하여 GPS/INS 자료 처리 시에 적용하여야 한다.

제6조(작업순서)

수치표고모델 제작을 위한 작업순서는 다음 각 호와 같다.

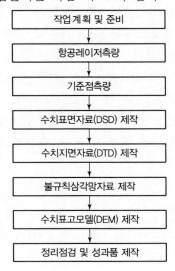

작업계획 및 준비

항공레이저측량

기준점측량

수치표면자료(DSD) 제작

수치지면자료(DTD) 제작

불규칙삼각망자료 제작

수치표고모델(DEM) 제작

정리점검 및 성과품 제작

제7조(작업시행계획서 작성)

작업기관은 착수 전에 다음 각 호의 내용이 포함된 작업시행계획서를 작성하여야 하며 이를
변경할 때에도 또한 같다.
1. 투입인원 계획
2. 투입장비 현황
3. 항공레이저측량 계획
4. 기준점측량 계획
5. 작업예정공정표
6. 보안안전 계획
7. 품질관리 계획

제2장　항공레이저측량

제8조(계획수립)

① 항공레이저측량 대상지역은 작업지역 외곽으로 최소 100m 이상을 연장하여 측량하도록
　계획하여야 한다. 다만, 대상 지역이 선형(노선, 하천 등)일 경우는 예외로 한다.
② 항공레이저측량을 위한 비행코스 배치 시 코스별 교차를 최소화하기 위하여 주요 비행코
　스방향의 수직방향으로 대상지역의 중앙에 왕복 비행코스를 배치하여야 한다. 다만, 대상
　지역의 모양이 사각형이 아닌 경우에는 적절한 방향으로 변경할 수 있으며, 대상지역이
　선형(노선, 하천 등)인 경우에는 예외로 한다.
③ 측량계획은 측량제원, 비행코스계획, GPS 기준국 설치 및 GPS 위성 배치 상태를 고려하
　여 관측계획을 수립하여야 한다.
④ 비행코스의 설계는 데이터의 점밀도가 균일하게 취득되도록 대상지역의 지형조건 등을
　고려하여 비행고도, 비행속도, 레이저 주사율, 주사각, 스캔주기 등을 설계하여야 한다. 이
　때, 비행코스 중복도는 최소 30% 이상을 표준으로 한다.
⑤ 비행코스 설계 제원은 별표2에 따라 비행 및 측량제원계획표를 작성한다.

제9조(GPS 기준국 설치)

① 항공레이저측량 기간 중에는 지상에 1개 이상의 GPS 기준국을 설치하여 운영하여야 한다.

② GPS 기준국은 데이터 취득이 양호한 곳에 선점하여야 하며, 상공에 장애물이 없는 시계를 확보할 수 있는 곳이어야 한다.

③ GPS 기준국은 항공기 GPS와의 기선거리가 30km 이내인 지점에 설치하여야 한다.

④ GPS 기준국에서의 관측 수신간격은 1초 이하(0.1~1.0초)로 하고, 항공기 GPS와 동일한 수신간격을 최대한 유지하여야 한다.

⑤ GPS 기준국을 운영할 때 수신하는 GPS 위성의 수는 5개 이상, GPS 위성의 PDOP(Positional Dilution of Precision)는 3.5 이하, GPS의 수신 앙각(angle of elevation)은 15도 이상을 유지하여야 한다.

⑥ GPS 기준국의 좌표는 GPS 상시관측소 자료를 사용하여 기준타원체 기반의 3차원좌표로 결정하고 별표3에 따라 점의 조서를 작성하여야 한다. 다만, GPS 기준국으로 GPS 상시관측소를 사용하는 경우에는 점의 조서 작성을 생략할 수 있다.

제10조(항공레이저측량)

항공레이저측량은 다음 각 호와 같이 수행하여야 한다.

1. 제작하고자 하는 수치표고모델 격자규격에 따른 점밀도는 다음과 같으며 이 외의 규격은 발주처와 협의하여 정한다.

격자간격	1m	2m	5m	비고
점밀도(m²당)	2.5점	1.0점	0.5점	-

2. 비행코스 간 취득데이터에 공백이 발생하지 않도록 측량을 수행하여야 한다.

3. 안개, 구름, 적설 등 레이저 펄스의 흡수, 반사, 산란 등이 발생할 수 있는 기상일 경우에는 측량을 중단하여야 한다.

4. 계획된 비행고도와 속도를 준수하여야 한다.

5. 다른 비행코스로의 진입을 위한 항공기 회전각은 20° 이하로 유지하여야 한다. 다만, 항공기 운항 안전과 관련된 경우에는 예외로 한다.

6. 항공기용 GPS 자료 수신간격은 1초 이하(0.1~1.0초), 수신하는 GPS 위성은 5개 이상, GPS 위성의 PDOP는 3.5 이하를 유지해야 한다.

7. 항공레이저측량 시 개별 펄스(Pulse)에 대한 반사파의 수는 4개 이상을 표준으로 한다.

8. 항공레이저측량 관측기록은 별표4에 따라 기록하여야 한다.

9. 이 규정에서 정하지 않은 항공기에 부착된 GPS/INS의 운영에 관한 사항은 항공사진측량 작업내규에 의한다.

제11조(수치영상자료의 취득)

① 항공레이저측량성과의 점검 및 보완을 위한 지형지물의 식별, 분류 등에 참고하기 위하여 항공레이저측량과 동 시기에 수치영상자료를 취득하여야 한다. 다만, 발주처와 협의하여 수치영상자료가 필요 없거나 이미 촬영된 수치영상의 사용이 가능한 경우에는 생략할 수 있다.

② 수치영상자료는 측량 작업지역의 외곽을 최소 100m 이상 연장하여 촬영하여야 한다. 다만, 대상지역이 선형(노선, 하천 등)인 경우에는 예외로 한다.

③ 수치영상자료의 해상도는 지형지물의 식별이 가능하여야 하며 지상표본거리(Ground Sample Distance) 1m 이상(0.1~1m)을 표준으로 한다.

제12조(수치영상자료의 점검)

수치영상자료는 다음 각 호의 사항을 만족하여야 한다.
1. 항공레이저측량자료를 이용한 지형지물의 식별 및 분류가 가능한 선명도
2. 1m 이상(0.1~1m)의 지상표본거리
3. 측량 작업지역의 공백 없이 외곽을 최소 100m 이상 연장 촬영
4. 위 사항이 만족되지 않을 경우에는 수치영상자료를 재촬영하여야 한다

제13조(전처리)

항공레이저측량 원시자료에서 대기 중의 입자나 다른 원인에 의해 발생한 잡음을 제거하여야 한다.

제14조(결측 확인)

제작하고자 하는 수치표고모델의 격자 간격마다 항공레이저측량 원시자료가 존재하는지를 확인하여야 한다.
1. 수치표고모델의 격자단위로 항공레이저측량 원시자료가 없는 격자를 결측이라 한다. 다만, 하천, 저수지 등과 같이 레이저가 반사하지 않는 지역은 제외한다.
2. 결측률은 결측 격자수에 대한 전체 격자수의 비로써, 1/25,000 지형도 도엽단위로 계산한다.

제15조(점밀도 확인)

① 항공레이저측량 원시자료가 제10조 1호에서 정의된 점밀도를 만족하는지 확인하여야 한다.

② 취득 점밀도는 하천, 저수지 등과 같이 레이저가 반사되지 않는 지역을 제외하고 계산한다.

③ 다음 각 호에 대한 취득 점밀도를 계산하고 확인한다.

> 1. 비행코스별 점밀도
> 2. 작업지역 전체에 대한 점밀도
> 3. 1/25,000지형도 도엽단위별 점밀도

제16조(점검 및 기록)

항공레이저측량을 종료한 후에 다음 각 호에 대한 점검을 실시하고 그 결과를 작성하여야 한다.

1. 비행 및 측량제원계획표(별표2)
2. GPS 기준국 점의 조서(별표3)
3. 항공레이저측량 관측기록부(별표4)
4. 항공레이저측량 작업일지(별표5)
5. GPS/INS 처리결과 및 정밀도(GPS 자료의 수신상태 포함)에 대한 보고서
6. 비행계획 및 비행코스도(별표6)
7. 비행코스 중복도(별표7)
8. 결측 검사표(별표8)
9. 비행코스별 점밀도 검사표(별표9)
10. 도엽단위별 점밀도 검사표(별표10)
11. 비행코스 궤적파일(별표11)

제17조(재측량 요인의 판정기준)

다음의 각 호에 해당하는 경우에는 재측량을 하여야 한다.

1. 항공기의 고도가 계획측량 고도의 15% 이상 또는 이하로 이탈한 비행코스가 존재하는 경우
2. 비행코스 중복도가 30% 미만이 전체 비행코스의 1/4 이상인 경우
3. 비행코스간에 공백이 발생한 경우
4. 원시자료의 결측률이 10% 이상인 경우
5. 취득 점밀도와 목표 점밀도의 차이가 10% 이상인 경우

6. 비행코스 간의 점밀도가 30% 이상 차이가 발생하여 균일한 성과를 확보하기 어려운 경우
7. GPS 기준국과 항공기에서 수신한 GPS 신호가 단절되어 GPS 자료의 처리가 불가능한 경우
8. 항공기의 과도한 회전 등으로 인하여 INS 신호가 부정확하게 취득된 경우
9. 기준점 타원체고와 원시자료 타원체고의 평균제곱근오차(RMSE)가 25cm 이상인 경우

제3장 기준점측량

제18조(기준점측량)

항공레이저측량 원시자료의 점검 및 조정을 위하여 다음 각 호에 따라 기준점측량을 하여야 한다.
1. 기준점측량은 GPS에 의한 4급 기준점측량방법으로 실시하는 것을 원칙으로 한다.
2. 기준점은 급격한 높이 차이가 없는 지형의 모든 방향에 대해 평탄한 장소를 선정하여야 한다.
3. 기준점측량 중 평면위치는 GPS 상시관측소와 직접 연결하여 관측하여야 하며, 수직위치는 간접수준측량방법을 이용하여 1등 또는 2등 수준점과 직접 연결하여 측량하여야 한다. 이 때, 높이값은 타원체고와 정표고를 각각 산출하여야 한다.

제19조(기준점 및 검사점 개수 및 배치)

수치표면자료를 제작하기 전에 항공레이저측량 원시자료의 점검 및 조정에 필요한 기준점의 수와 배치는 다음 각 호에 따른다.
1. 기준점은 4~5km 간격으로 배치하고, 최소 10점 이상을 표준으로 한다. 다만, 기준점 개수가 현저히 적어 항공레이저측량 원시자료를 점검 및 조정할 수 없는 경우에는 발주처와 협의하여 결정한다.
2. 기준점은 작업지역 전역에 고르게 분포하도록 배치하고, 특히 작업지역의 각 모서리와 중앙 부분에는 기준점이 반드시 배치되도록 하여야 한다. 다만, 기준점은 교량 위에 배치해서는 안 된다.
3. 측량된 기준점 중 30% 이상(최소 3점)은 점검이나 조정에 사용할 수 없으며, 정확도를 검증하기 위한 검사점으로만 사용하여야 한다. 다만, 작업지역의 각 모서리와 중앙 부분에 배치된 기준점을 검사점으로 사용하여서는 안 된다.

제20조(기준점측량 결과의 작성)

기준점측량 성과는 다음 각 호에 따라 작성한다.
1. 기준점/검사점의 조서(별표12)
2. 기준점/검사점 배치도(별표13)
3. 기준점측량 성과(별표14)

제4장　원시자료의 점검 및 조정

제21조(원시자료의 기록)

기준점을 이용하여 조정되지 않은 원시자료는 별표15에 따라 비행코스별로 기록하여야 한다.

제22조(원시자료의 점검 및 조정)

항공레이저측량 원시자료는 코스검사점과 실측된 기준점을 이용하여 점검 및 조정을 하여야 한다.

제23조(코스검사점 선점, 개수 및 배치)

비행코스 간 항공레이저측량 원시자료의 점검을 위하여 코스검사점을 배치하여야 하며, 코스검사점의 선점, 개수와 배치방법은 다음 각 호에 따른다.
1. 코스검사점은 급격한 높이 차이가 없고 지형의 모든 방향에 대해 평탄한 장소를 선정하여야 한다.
2. 코스검사점은 인접한 비행코스마다 중복되는 부분에 대하여 4~5km 간격으로 최소 5점 이상을 배치하여야 한다. 다만, 비행코스 길이 또는 지형조건에 따라 코스검사점 개수를 발주처와 협의하여 변경할 수 있다.
3. 코스검사점은 별표13의 기준점/검사점 배치도에 함께 표시한다.

제24조(코스검사점을 이용한 점검)

① 코스검사점의 표고는 선점된 코스검사점을 중심으로 제작하고자 하는 수치표고모델의 격자간격과 동일한 반경 내에 있는 원시자료의 표고 평균으로 한다.

② 코스검사점 표고 차이의 최대값, 최소값, 평균, 표준편차 및 코스검사점 표고의 RMSE를 구한다. 이때, RMSE의 한계는 25cm 이내로 한다.

③ RMSE가 25cm 이상인 경우에는 코스검사점을 재선정 또는 점검결과로부터 항공레이저 측량 시스템의 검정(Calibration) 값을 재보정하여 원시자료를 재작성하여야 한다.

제25조(기준점을 이용한 점검 및 조정)

① 기준점을 중심으로 제작하고자 하는 수치표고모델의 격자간격과 동일한 반경 내에 있는 항공레이저측량 원시자료의 표고 평균과 기준점 표고와의 차이를 계산한다.

② 표고 차이의 최대값, 최소값, 평균, 표준편차 및 기준점 표고의 RMSE를 구한다. 이때, RMSE의 한계는 25cm 이내로 한다.

③ RMSE가 25cm 이상인 경우에는 기준점 성과, 항공레이저측량 시스템의 검정(Calibration) 값, 표고 차이의 평균과 표준편차 등 원인을 조사하여 재계산을 하고, 발주처와 협의하여 재측량 여부를 결정한다.

④ RMSE가 25cm 이내인 경우는 기준점 성과를 이용하여 항공레이저측량 원시자료를 조정한다.

제26조(검사점을 이용한 정확도 검증)

기준점을 이용하여 조정된 원시자료는 제25조와 동일한 방법으로 제19조 3호의 검사점을 이용하여 정확도를 검증한다.

1. 표고 차이의 최대값, 최소값, 평균, 표준편차 및 검사점 표고의 RMSE를 구한다. 이때, RMSE의 한계는 25cm 이내로 한다.

2. RMSE가 25cm 이상인 경우는 검사점 성과, 항공레이저측량 시스템의 검정(캘리브레이션) 값, 표고 차이의 평균과 표준편차 등 원인을 조사하여 재계산을 하고, 발주처와 협의하여 재측량 여부를 결정한다.

제27조(검사결과의 작성)

원시자료의 점검 및 조정에 대한 결과는 다음 각 호에 따라 작성하여야 한다.
1. 원시자료 검사표(별표16)
2. 코스검사점 검사표(별표17)
3. 기준점/검사점 검사표(별표18)
4. 원시자료 조정 결과보고서(별표19)
5. 코스검사점 좌표(별표20)

제28조(수치표면자료의 제작)

수치표면자료는 조정된 원시자료의 정확도를 검증 완료한 후, 정확도 기준 이내인 경우에 제작한다.

제5장　수치표면자료의 제작

제29조(정표고 변환)

① 조정이 완료된 항공레이저측량 원시자료의 타원체고를 정표고로 변환하여야 한다.
② 정표고 변환은 발주처와 협의하여 기준점 및 검사점 성과 또는 별도 성과를 이용하여 산출된 작업지역에 대한 지오이드 모델을 정하여 사용할 수 있다.
③ 정표고 변환한 결과를 보고서로 작성하여야 한다.

제30조(수치표면자료의 기록)

수치표면자료는 비행코스별로 타원체고 자료와 정표고 자료로 분리하고 별표21에 따라 기록하여야 한다.

제6장   수치지면자료의 제작

제31조(수치지면자료의 제작)

수치지면자료는 수치표면자료를 다음 각 호에 따라 필터링하여 제작한다.
1. 필터링은 작업지역의 범위를 100m까지 연장하여 수행한다.
2. 필터링은 자동 또는 수동 방식으로 수행할 수 있다.
3. 자동 방식으로 분류하기 어려운 교량, 고가도로, 낮은 공장지대, 하천, 건물밀집지역, 수목이 우거진 산림지역 등의 지형지물은 수동 방식으로 하여야 한다.
4. 필터링을 수행할 때에는 수치영상과 비교(또는 중첩)하여 식별, 분류작업을 실시하여야 한다.
5. 수치표면자료의 용량이 큰 경우에는 작업지역을 분할하여 실시할 수 있다. 이때, 작업 단위 간에 인접부분은 20m 이상 중복되도록 하여야 한다.
6. 수치지면자료는 지면과 지표 피복물로 구분되어야 한다.

제32조(수치지면자료의 점검 및 수정)

수치지면자료의 점검 및 수정은 다음 각 호에 따라서 수행하여야 한다.
1. 단면검사에 의해 오류의 유무를 점검하고 수정한다.
2. 동일한 시기에 촬영된 수치영상자료와 비교(또는 중첩)하여 오류의 유무를 점검하고 수정한다.

제33조(인접처리)

작업지역과 인접되는 지역에 항공레이저측량에 의한 기존 수치지면자료(또는 수치표고모델)가 있는 경우에는 인접접합점을 이용하여 두 자료를 일치시켜야 한다.

제34조(인접접합점 선점, 개수 및 배치)

인접접합점은 작업지역과 인접지역 자료의 점검 및 조정을 위하여 배치하며, 인접접합점의 선점, 개수와 배치방법은 다음 각 호에 의한다.
1. 인접접합점은 급격한 높이 차이가 없고 지형의 모든 방향에 대해 평탄한 장소를 선정하여야 한다.

2. 인접접합점의 수는 인접선에 대해 [인접선길이(km)/2+1] 이상으로 하며, 인접접합 1개소에 최소 10점 이상을 표준으로 한다.

3. 인접접합점은 중복되는 인접 부분에 고르게 분포되어야 한다.

4. 중복되는 인접 부분에 기준점이 존재하는 경우에는 기준점을 인접접합점으로 사용하여야 한다.

5. 수치지면자료가 없는 경우에는 수치표고모델의 격자점을 인접접합점으로 사용하여야 한다.

제35조(인접접합점을 이용한 점검 및 조정)

① 인접접합점의 표고는 선점된 인접접합점을 중심으로 제작하고자 하는 수치표고모델의 격자간격과 동일한 반경 내에 있는 수치지면자료의 표고 평균으로 한다.

② 표고 차이의 최대값, 최소값, 평균, 표준편차, RMSE를 구한다. 이때, RMSE의 한계는 25cm 이내로 한다.

③ RMSE가 25cm 이내인 경우에는 두 자료를 조정한다.

④ RMSE가 25cm 이상인 경우에는 인접접합점을 재선정하여 표고 차이를 재계산하고, 필요한 경우 발주처와 협의하여 검사점 측량 여부를 결정한다.

제36조(수치지면자료의 기록)

수치지면자료는 1/25,000 지형도 도엽단위로 타원체고 자료와 정표고 자료로 분리하여 별표 21에 따라 기록하여야 한다.

제37조(검사결과의 작성)

수치지면자료의 오류와 인접지역과의 점검 및 조정에 대한 결과는 다음 각 호에 따라 작성하여야 한다.

1. 수치지면자료 오류 정정표(별표22)

2. 인접지역 점검 결과표(별표23)

3. 인접접합점 좌표(별표24)

제7장 불규칙삼각망자료의 제작

제38조(불규칙삼각망자료의 제작)

불규칙삼각망자료의 제작은 정표고로 변환된 수치지면자료를 이용하여 제작한다.

제39조(불규칙삼각망자료의 정확도 점검)

실측된 기준점 및 검사점과 불규칙삼각망자료와의 표고 차이에 대한 최대값, 최소값, 평균, 표준편차 및 불규칙삼각망자료의 RMSE를 구하여 제44조를 기준으로 정확도를 점검한다.

제40조(불규칙삼각망자료의 오류확인 및 수정)

생성된 불규칙삼각망자료를 화면상에서 육안으로 검사하고 오류를 확인하여 수정한다.

제41조(검사결과의 작성)

불규칙삼각망자료의 정확도와 오류의 점검 및 수정에 대한 결과는 다음 각 호에 따라 작성하여야 한다.
1. 불규칙삼각망자료 검사표(별표25)
2. 불규칙삼각망자료 오류 정정표(별표26)

제8장 수치표고모델의 제작

제42조(수치표고모델의 제작)

수치표고모델은 정표고로 변환된 수치지면자료를 이용하여 격자자료로 제작하여야 한다.

제43조(격자자료의 제작)

격자자료는 사용목적 및 점밀도를 고려하여 불규칙삼각망, 크리깅(Kriging)보간 또는 공삼차 보간 등 제44조에 규정된 정확도를 확보할 수 있는 보간방법으로 제작하여야 한다.

제44조(수치표고모델 규격 및 정확도)

수치표고모델의 격자 규격에 따른 평면 및 수직 위치 정확도의 한계는 다음 각 호와 같다. 다만, 수치표고모델의 활용분야 및 제작목적에 따라 정확도를 별도로 정할 수 있다.
1. 평면위치 정확도 : H(비행고도)/1,000
2. 수직위치 정확도

격자규격	1m × 1m	2m × 2m	5m × 5m	비고
수치지도축척	1/1,000	1/2,500	1/5,000	-
RMSE	0.5m 이내	0.7m 이내	1.0m 이내	-
최대오차	0.75m 이내	1m 이내	1.5m 이내	-

제45조(수치표고모델의 정확도 점검)

실측된 기준점 및 검사점과 수치표고모델과의 표고 차이에 대한 최대값, 최소값, 평균, 표준편차 및 수치표고모델의 RMSE를 구하여 제44조를 기준으로 정확도를 점검한다.

제46조(수치표고모델 오류 확인 및 수정)

수치표고모델로 음영기복도를 생성하여 화면상에서 육안으로 검사하고 오류를 확인하여 수정한다.

제47조(음영기복도 제작)

음영기복도는 수치표고모델을 이용하여 지형의 표고에 따라 음영효과를 시각적으로 표현하여야 하며, 발주처가 정하는 축척의 수치지도 도엽단위로 제작한다.

제48조(수치표고모델의 기록)

① 수치표고모델의 좌표는 미터(m) 단위로 하고, 소수 2자리(소수점 3자리에서 반올림)까지 표시하여야 한다.
② 생성된 수치표고모델은 발주처가 정하는 축척의 수치지도 도엽 단위로 분할하여 저장하고, 도곽보다 50m 크게 제작한다.
③ 수치표고모델의 최종 성과는 별표27에 의하여 기록한다.

제49조(검사결과의 작성)

수치표고모델의 정확도 검증과 오류 점검 및 수정에 대한 결과는 다음 각 호에 따라 작성하여야 한다.
1. 수치표고모델 검사표(별표28)
2. 수치표고모델 오류 정정표(별표29)

제10장   성과정리 및 납품

제50조(성과정리 및 성과품)

① 최종 납품하여야 할 성과품은 다음 각 호와 같다.
  1. 비행코스 궤적파일(별표11)
  2. GPS/INS, GPS 기준국 자료
  3. 기준점측량 성과(별표14)
  4. 원시자료(별표15)
  5. 코스검사점 좌표(별표20)
  6. 수치표면자료(별표21)
  7. 수치지면자료(별표21)
  8. 인접접합점 좌표(별표24)
  9. 수치표고모델(별표27)
  10. 수치영상 외부표정요소(별표 30)
  11. 수치영상자료 관리파일(별표31)
  12. 도엽별 수치표고모델 관리파일(별표32)
② 최종 제출해야 하는 작업기록은 다음 각 호와 같다.
  1. 작업시행계획서
  2. 비행 및 측량제원계획표(별표2)
  3. GPS 기준국 점의 조서(별표3)
  4. 항공레이저측량 관측기록부(별표4)
  5. 항공레이저측량 작업일지(별표5)
  6. GPS/INS 처리결과 및 정밀도(GPS 자료의 수신상태 포함)에 대한 보고서
  7. 비행계획 및 비행코스도(별표6)
  8. 비행코스 중복도(별표7)

9. 결측 검사표(별표8)

10. 비행코스별 점밀도 검사표(별표9)

11. 도엽단위별 점밀도 검사표(별표10)

12. 기준점/검사점의 조서(별표12)

13. 기준점/검사점 배치도(별표13)

14. 원시자료 검사표(별표16)

15. 코스검사점 검사표(별표17)

16. 기준점/검사점 검사표(별표18)

17. 원시자료 조정 결과보고서(별표19)

18. 정표고 변환 보고서

19. 수치지면자료 오류 정정표(별표22)

20. 인접지역 점검 결과표(별표23)

21. 불규칙삼각망자료 검사표(별표25)

22. 불규칙삼각망자료 오류 정정표(별표26)

23. 수치표고모델 검사표(별표28)

24. 수치표고모델 오류 정정표(별표29)

③ 전산기록 매체에 의한 자료의 저장방법은 별표33에 의한다.

제51조(재검토기한)

국토지리정보원장은 「행정규제기본법」 및 「훈령·예규 등의 발령 및 관리에 관한 규정」에 따라 이 고시에 대하여 2019년 7월 1일을 기준으로 매 3년이 되는 시점(매 3년째의 6월 30일까지를 말한다)마다 그 타당성을 검토하여 개선 등의 조치를 하여야 한다.

PART **06**

부록

01 CHAPTER

공식 모음

1. 측량학개론

거리허용오차		$\left(\dfrac{d-D}{D}\right)=\dfrac{1}{12}\left(\dfrac{D}{r}\right)^2=\dfrac{1}{m}, \ \ r=6{,}370\text{km}$
평면거리		$D=\sqrt{\dfrac{12r^2}{m}}$
거리오차		$(d-D)=\dfrac{D^3}{12r^2}$
지자기측량의 3요소		편각, 복각, 수평분력
탄성파측량 (지진파측량)	지표면이 낮은 곳	굴절법
	지표면이 깊은 곳	반사법
지구의 형상('구'로 간주 시)		$R=\dfrac{a+a+b}{3}=\dfrac{2a+b}{3}$
지구의 형상('회전타원체'로 간주 시)		$\dfrac{x^2}{a^2}+\dfrac{y^2}{b^2}=1, \ P=\dfrac{a-b}{a}=1-\sqrt{1-e^2}, \ e=\sqrt{\dfrac{a^2-b^2}{a^2}}$ $p=$편평율, $e=$이심율
구과량		$\varepsilon''=\dfrac{F\cdot\rho''}{r^2}, \ \ F=\dfrac{1}{2}ab\sin\alpha, \ \rho''=206265'', \ r=6{,}370\text{km}$
측량원점	서부도원점	38°N, 125°E
	중부도원점	38°N, 127°E
	동부도원점	38°N, 129°E
	동해도원점	38°N, 131°E
축척, 축척^2		$\text{축척}=\dfrac{\text{도상거리}}{\text{실제거리}}, \ \ \text{축척}^2=\dfrac{\text{도상면적}}{\text{실제면적}}$

2. 거리측량

누차	$n\delta$ $n=$관측횟수$=\dfrac{L}{l}$ (L : 관측길이, l : 줄자길이), $\delta=$1회 관측오차

우차	$\pm\delta\sqrt{n}$
정오차와 우연오차가 공존할 경우 평균제곱오차	$M_0=\sqrt{정오차^2+우연오차^2}$
줄자에 대한 보정	$C=n\delta,\ L_0=L\pm C$
온도보정	$C=L\cdot\alpha(t-15),\ L_0=L\pm C$ $\alpha=$ 팽창계수, $t=$ 측정 시 온도
경사보정	$C=-\dfrac{h^2}{2L},\ L_0=L-\dfrac{h^2}{2L}$
평균해수면상에 대한 보정	$C=-\dfrac{LH}{R},\ L_0=L-\dfrac{LH}{R}$
장력에 대한 보정	$C=\dfrac{PL}{EA}=\dfrac{(P_0-P_s)L}{EA},\ L_0=L\pm C$
처짐에 대한 보정	$C=-\dfrac{L}{24}\left(\dfrac{Wl}{P_0}\right)^2,\ L_0=L-\dfrac{L}{24}\left(\dfrac{Wl}{P_0}\right)^2$
거리측정의 최확치	$\dfrac{\sum l}{n}$
경중률이 다를 때의 최확치	$L_0=\dfrac{\sum P_i l_i}{\sum P_i}=\dfrac{P_1 l_1+P_2 l_2+\cdots+P_n l_n}{P_1+P_2+\cdots+P_n}$
중등오차(평균제곱오차)	$M_0=\pm\sqrt{\dfrac{\sum V^2}{n(n-1)}}$ 1회 측정 시 : $M_0=\pm\sqrt{\dfrac{\sum V^2}{n-1}}$
확률오차	$r_0=\pm 0.6745\sqrt{\dfrac{\sum V^2}{n(n-1)}}$ 1회 측정 시 : $r_0=\pm 0.6745\sqrt{\dfrac{\sum V^2}{n-1}}$
정도	$\dfrac{r_0}{L_0}$
경중률의 관계	$P_1:P_2:P_3=\dfrac{1}{m_1^2}:\dfrac{1}{m_2^2}:\dfrac{1}{m_3^2}$ $P_1:P_2:P_3=\dfrac{1}{L_1}:\dfrac{1}{L_2}:\dfrac{1}{L_3}$ $P_1:P_2:P_3=n_1:n_2:n_3$
오차전파법칙	$M_0=\pm\sqrt{m_1^2+m_2^2+m_3^2+\cdots+m_n^2}$
면적의 평균제곱오차	$x=l_x\pm m_x,\ y=l_y\pm m_y$ $M_0=\pm\sqrt{(l_y m_x)^2+(l_x m_y)^2}$
면적의 보정	$A_0=A(1+\varepsilon)^2$

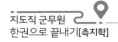

3. 평판측량

평판측량의 3요소		정준, 구심, 표정
외심오차(표정오차)		$e = qm, \quad q = 0.2\text{mm}$
구심오차		$e = \dfrac{qm}{2}$
정준오차(평판경사에 의한 오차)		$e = \dfrac{2a}{r} \cdot \dfrac{n}{100} \cdot l = \dfrac{b}{r} \cdot \dfrac{n}{100} \cdot l$ ※ $a =$ 기포이동 눈금수, $r =$ 기포관의 곡률반경, $b =$ 기포변위량 $n =$ 경사분획, $l =$ 방향선의 길이(시준선 길이), $\dfrac{b}{r} =$ 경사허용도
시준공, 시준사에 의한 오차		$q = \dfrac{\sqrt{d^2 + t^2}}{2s} \times l$ ※ $d =$ 시준공 직경, $t =$ 시준사 두께, $l =$ 방향선 길이, $s =$ 앨리데이드 길이
전진법에 의한 오차		$e = \pm 0.3\sqrt{n}\,(\text{mm})$ $n =$ 측선수
교회법에 의한 오차		$e = \pm\sqrt{2} \cdot \dfrac{0.2}{\sin\phi}\,(\text{mm})$
평판측량의 정도(허용오차)	평지	$\dfrac{1}{1000}$
	경사지	$\dfrac{1}{1000} \sim \dfrac{1}{500}$
	산지	$\dfrac{1}{500} \sim \dfrac{1}{300}$
앨리데이드를 이용한 수평거리 관측	경사거리 l을 알 때	$D : 100 = l : \sqrt{100^2 + n^2}$
	시준판의 눈금과 Pole의 높이를 알 때	$D : 100 = h : (n_1 - n_2)$

4. 수준측량(고저측량)

전후 시거리를 같게 함으로써 제거되는 오차	• 시준축오차(전후 시거리를 같게 하는 가장 큰 이유) • 지구의 곡률오차 • 빛의 굴절오차 • 초점나사로 인한 오차

교호수준측량	고저차	$H=\dfrac{1}{2}[(a_1-b_1)+(a_2-b_2)]$
	지반고	$H_B=H_A\pm H$
기포관의 감도		$\alpha''=\dfrac{\rho''l}{nD}=\dfrac{s\rho''}{R}$ ※ $l=$ 기포가 수평일 때와 움직였을 때의 높이차, $n=$ 이동 눈금수 $s=2\text{mm}$, $D=$ 수평거리, $R=$ 기포관의 곡률반경
망원경의 배율		$\dfrac{\text{대물렌즈 초점거리}}{\text{접안렌즈 초점거리}}$
직접수준측량에서 오차의 비례관계		오차는 노선거리의 평방근에 비례 $e_1:e_2=\sqrt{L_1}:\sqrt{L_2}$

5. 각측량

호도법		$\theta''=\dfrac{\rho''l}{S}$ $\theta''=$ 사잇각(각오차), $S=$ 수평거리 $l=$ 위치오차, $\dfrac{l}{S}=$ 정도
버니어 (유표)	최소눈금	$\dfrac{s}{n}$ $s=$ 주척의 한눈금, $n=$ 버니어 한눈금
	순버니어	주척의 $(n-1)$ 눈금을 유표로 n 등분
	역버니어	주척의 $(n+1)$ 눈금을 유표로 n 등분
1각에 생기는 배각법 오차		$M=\pm\sqrt{\dfrac{2}{n}\left(\alpha^2+\dfrac{\beta^2}{n}\right)}$ $\alpha=$ 시준오차, $\beta=$ 읽기오차
방향각법	1방향에 생기는 오차	$m_1=\pm\sqrt{\alpha^2+\beta^2}$
	2방향에 생기는 오차 (각 관측오차)	$m_2=\pm\sqrt{2(\alpha^2+\beta^2)}$
	n회 관측한 평균값에 대한 오차	$M=\pm\sqrt{\dfrac{2}{n}(\alpha^2+\beta^2)}$
측각해야 할 각의 수		$\dfrac{1}{2}n(n-1)$, $n=$ 측선수
n대회 관측각		$\dfrac{180°}{n}$

각오차 처리방법	시준축오차	망원경을 정, 반으로 취하여 평균값을 냄
	수평축오차	망원경을 정, 반으로 취하여 평균값을 냄
	외심오차	망원경을 정, 반으로 취하여 평균값을 냄
	연직축오차	연직축과 수평기포축과의 직교조정(정, 반으로 불가)
	내심오차	180°의 차이가 있는 2개의 버어니어를 읽어 평균함
	분도원 눈금오차	분도원의 위치변화를 무수히 함
	측점 또는 시준 축편심에 의한 오차	편심 보정
관측시기	수평각	'조석'이 적당
	연직각	'정오'가 적당

6. 다각측량(트래버스 측량)

각 관측값의 오차		$e = \pm \delta \sqrt{n}$　　$n = $ 측각수
결합트래버스의 오차조정	L, M점 모두 자오선 밖에 있을 경우	$\Delta \alpha = \Sigma \alpha + w_a - w_b - 180(n+1)$
	L, M점 중 한 점만 자오선 밖에 있을 경우	$\Delta \alpha = \Sigma \alpha + w_a - w_b - 180(n-1)$
	L, M점이 모두 자오선 안에 있을 경우	$\Delta \alpha = \Sigma \alpha + w_a - w_b - 180(n-3)$
폐합트래버스의 오차조정	내각 관측 시	내각의 합이 '$180(n-2)$'인지 확인
	외각 관측 시	외각의 합이 '$180(n+2)$'인지 확인
	편각 관측 시	편각의 합이 360°인지 확인
폐합오차		$e = \sqrt{위거오차^2 + 경거오차^2}$
폐합비(정도)		$R = \dfrac{e}{\Sigma l}$
폐합오차 조정 방법	트랜싯 법칙	각측정정도 〉 거리측정정도
	컴퍼스 법칙	각측정정도 = 거리측정정도
다각측량의 정도(허용오차)	시가지	$20\sqrt{n} \sim 30\sqrt{n}$ (초)
	평지	$30\sqrt{n} \sim 60\sqrt{n}$ (초)
	산지, 들	$90\sqrt{n}$ (초)

배횡거에 의한 면적 계산	배횡거	배횡거＝전측선의 배횡거＋전측선의 경거＋그 측선의 경거 제1측선의 경거＝제1측선의 배횡거
	배면적	배면적＝배횡거×위거 실면적＝배면적의 1/2
다각측량 시 기준점과 기준점을 연결시키는 가장 이상적인 방법		삼각점에서 다른 삼각점으로 연결시킴

7. 시거측량(스타디아 측량)

수평시준일 경우 수평거리		$D= Kl + C$ $K=$ 곱정수, $C=$ 가정수, $l=$ 협장(상시거 − 하시거)
경사시준일 경우	수평거리	$D= Kl\cos^2\alpha + C\cos\alpha$
	고저차	$H= \dfrac{1}{2}Kl\sin 2\alpha + C\sin\alpha$
시거선의 읽음오차		$dl = 0.2 + 0.05\sqrt{S}\,(\mathrm{cm})$, $S=$ 시준거리(m)
거리오차(C＝0인 경우)		$dD= Kdl\cos^2\alpha$
고저차의 오차(C＝0인 경우)		$dH= \dfrac{1}{2}Kdl\sin 2\alpha$
시거정수가 거리에 미치는 영향		$dD= dK\cdot l\cos^2\alpha$
시거측량에서 가장 중요한 오차		협장오차
시거선의 상하간격 결정 기준		대물렌즈의 초점 거리
시거측량 시 시준고와 기계고를 같이 하는 이유		간단한 계산을 위해

8. 삼각측량

삼각망의 종류 및 용도		단열삼각망 : 폭이 좁고 거리가 먼 지역측량(노선 및 하천측량)			
		유심삼각망 : 넓은 지역 측량			
		사변형 삼각형 – 정도가 가장 좋음, 시간·비용이 많이 듦(기선삼각망에 이용)			

삼각점의 등급		삼각점	평균변장	내각	비 고
		1등 삼각본점	30km	약 60°	
		1등 삼각보점	10km	30~120°	
		3등 삼각점	5km	25~130°	1/50,000 지형도 제작 시 사용
		4등 삼각점	2.5km	15° 이상	1/10,000 지형도 제작 시 사용
		지적삼각점	2~5km	30~120°	
		지적삼각보조점	1~3km (0.5~1km)	30~120°	
		지적도근점	50~300m (500m)		

조건식	각 조건식 수	$s - p + 1$ ※ s : 측점할 변의 수, p : 측점수
	변 조건식 수	기선의 수(검기선 제외)
	측점 조건식 수	유심삼각망일 경우만 생기면 보통 '1'임
	조건식 총수	각+변+측점 조건식의 수

구차(지구곡률에 의한 오차)		$e_1 = +\dfrac{S^2}{2R}$ $S =$ 두 점 간의 구면 거리
기차(빛의 굴절에 의한 오차)		$e_2 = +\dfrac{KS^2}{2R}$ $K =$ 굴절계수
양차	공식	$e = e_1 + e_2 = \dfrac{S^2}{2R} + \left(-\dfrac{KS^2}{2R}\right) = \dfrac{S^2}{2R}(1-K)$
	조정 방법	구차는 높게, 기차는 낮게 조정
진북방향각		측점의 위치가 원점의 서쪽에 있을 경우 (+), 동쪽에 있으면 (−)
삼각측량에서 얻어진 거리		평균해수면상에 투영된 거리
우리나라의 검기선	검기선 수	13개
	가장 긴 것	평양기선
	가장 짧은 것	안동기선

9. 지형측량 – 등고선의 간격 표시

등고선의 종류	표시방법	1/10,000 지형도	1/25,000 지형도	1/50,000 지형도
주곡선	가는 실선	5m	10m	20m
간곡선	가는 파선	2.5m	5m	10m
보조곡선(조곡선)	가는 점선	1.25m	2.5m	5m
계곡선	굵은 실선	25m	50m	100m

경사	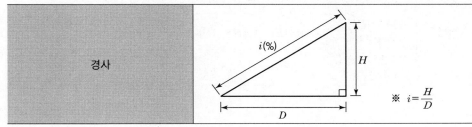 ※ $i = \dfrac{H}{D}$

10. 면적 및 체적

삼변법	$A = \sqrt{s(s-a)(s-b)(s-c)}, \quad s = \dfrac{1}{2}(a+b+c)$
Simpson의 제1법칙	$A = \dfrac{d}{3}[y_0 + y_n + 4(y_1 + y_3 + y_5) + 2(y_2 + y_4 + y_6)]$
Simpson의 제2법칙	$A = \dfrac{3}{8}d[y_0 + y_n + 3(y_1 + y_3 + y_4 + y_5 + \cdots) + 2(y_3 + y_6 + \cdots)]$
구적기에 의한 면적 계산	$A = (\alpha_2 - \alpha_1) \cdot C \left(\dfrac{M}{m}\right)^2, \quad A = (\alpha_2 - \alpha_1) \cdot C \left(\dfrac{M_1 \times M_2}{m^2}\right)$ ※ M = 도면의 축척분수, m = 구적기의 축척분수 C = 구적기계수, 단위면적
축척과 단위면적과의 관계	$a_2 = \left(\dfrac{m_2}{m_1}\right)^2 \cdot a_1$
세점의 높이가 다른 횡단면적	$A = \dfrac{c}{2}(d_1 + d_2) + \dfrac{w}{4}(h_1 + h_2)$
각주공식	$V = \dfrac{A_1 + 4A_m + A_2}{6} \cdot l$
양단면 평균법	$V = \dfrac{A_1 + A_2}{2} \cdot l$
중앙단면법	$V = A_m \cdot l$

사각형으로 나누었을 때		$V = \dfrac{A}{4}(h_1 + h_2 + h_3 + h_4)$
삼각형으로 나누었을 때		$V = \dfrac{A}{6}(h_1 + h_2 + h_3)$
등고선법		$V = \dfrac{h}{3}[A_0 + A_n + 4(A_1 + A_3 + A_5 + \cdots) + 2(A_2 + A_4 + \cdots)]$ ※ $h =$ 등고선간격
토지분할법	한 변에 평행한 직선에 따른 분할	$x^2 : (\overline{AB})^2 = m : (m + n)$
	변상의 정점을 통하는 분할	$(x \times \overline{AE}) : (\overline{AB} \times \overline{AC}) = m : (m + n)$
	삼각형의 정점을 통하는 분할	$x : \overline{BC} = m : (m + n)$

11. 노선측량

접선 길이	$TL = R\tan\dfrac{I}{2}$
곡선 길이	$C = \dfrac{\pi}{180}RI$
외할	$E = R\left(\sec\dfrac{I}{2} - 1\right) = R\left(\dfrac{1}{\cos\dfrac{I}{2}} - 1\right)$
중앙종거	$M = R\left(1 - \cos\dfrac{I}{2}\right)$
편각	$\delta = 1718.87'\dfrac{l}{R}$
호길이와 현길이의 차	$C - L = \dfrac{C^3}{24R^2}$
M과 R의 관계	$R = \dfrac{L^2}{8M} + \dfrac{M}{2}$
종거	$y = \dfrac{1}{2L}(m - n)x^2$
종단곡선상의 표고계산	$H_1' = H_0 + mx, \quad \therefore H_1 = H_1' - y$
종곡선장	$l = \dfrac{R}{2}(m - n)$
원곡선일 경우 종거	$y = \dfrac{x^2}{2R}$

캔트(Cant)	$c = \dfrac{SV^2}{gR}$ $S=$ 궤간, $V=$ 열차속도, $R=$ 곡선반경
확폭(Slack)	$\varepsilon = \dfrac{L^2}{2R}$ $L=$ 차량전면에서 뒷바퀴까지의 거리, $R=$ 차선중심반경
완화곡선의 길이	$L = \dfrac{N}{100} \cdot c \,(N : 300 \sim 800)$
이정	$f = \dfrac{L^2}{24R}$
완화곡선의 접선길이	$TL = \dfrac{L}{2} + (R+f)\tan\dfrac{I}{2}$
완화곡선의 성질	• 곡선반경 : 완화곡선의 시작점은 무한대이고, 종점은 원곡선임 • 접선 : 시점은 직선에 접하고 종점은 원호에 접함 • 완화곡선에 연한 곡선반경의 감소율은 캔트의 가동률과 동률(다른 부호)로 됨
클로소이드 곡선	$A^2 = RL$ $L=$ 곡선장, $R=$ 곡률반경
최급구배	$\sqrt{횡구배^2 + 종구배^2}$

12. 하천측량 – 평균유속 산정 공식

1점법		$V_m = V_{0.6}$
2점법		$V_m = \dfrac{1}{2}(V_{0.2} + V_{0.8})$
3점법		$V_m = \dfrac{1}{4}(V_{0.2} + 2V_{0.6} + V_{0.8})$
하천의 수위	최고, 최저수위	어떤 기간에 있어서의 최고, 최저수위
	평수위	185일 이상 이보다 저하되지 않는 수위
	저수위	275일 이상 이보다 저하되지 않는 수위
	갈수위	355일 이상 이보다 저하되지 않는 수위
	지정수위	홍수 시 매시 수위를 관측하는 수위
	통보수위	지정된 통보를 개시하는 수위
	경계수위	수방요원의 출동을 필요로 하는 수위
건설부 하천측량 종단면도 축척 규정	종	1/1,000~1/10,000
	횡	1/100~1/200

13. 터널측량

고저차	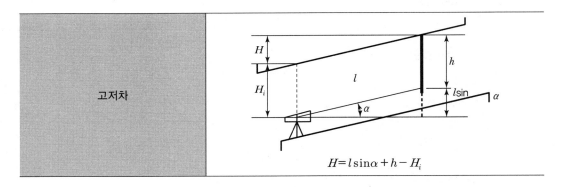 $H = l\sin\alpha + h - H_i$

14. 사진측량

평면오차		$\left(\dfrac{10}{1000} \sim \dfrac{30}{1000}\right) \times m\,(\text{mm})$
고도오차		$\left(\dfrac{1}{10,000} \sim \dfrac{2}{10,000}\right) \times H$
사진축척		$M = \dfrac{1}{m} = \dfrac{f}{H} = \dfrac{l}{S}$ ※ $H =$ 고도, $f =$ 초점 거리(화면거리), $\quad l =$ 화면상의 두 점간 거리, $S =$ 실제 지상 거리
촬영고도		$H = C \cdot \Delta h \;\; \Delta h =$ 등고선 간격
촬영기선길이(주점간의 실제 길이)		$B = mb = ma\left(1 - \dfrac{p}{100}\right)$ ※ $b =$ 주점기선 길이, $a =$ 화면의 크기, $p =$ 종중복도
유효 면적 계산	단코스(Strip)	$A_0 = (ma)^2\left(1 - \dfrac{p}{100}\right)$
	복코스(Block)	$A_0 = (ma)^2\left(1 - \dfrac{p}{100}\right)\left(1 - \dfrac{q}{100}\right)$ ※ $q =$ 횡중복도
사진매수		$\dfrac{F}{A_0} \times (1 + \text{안전율})$ ※ $F =$ 촬영 대상 지역의 전체 면적
노출 시간	최장 노출 시간	$T_l = \dfrac{\Delta s \cdot m}{V}$ ※ $\Delta s =$ 흔들림 양, $V =$ 항공기의 초속
	최소 노출 시간	$T_s = \dfrac{B}{V}$

비고에 의한 변위량	$\Delta r = \dfrac{h}{H} \cdot r$ ※ h = 비고, r = 화면연직점에서의 거리		
최대 변위량	$\Delta r_{\max} = \dfrac{h}{H} \cdot \dfrac{\sqrt{2}}{2} \cdot a$ a = 화면상의 거리		
시차차	$\Delta P = \dfrac{h}{H} \cdot P_r = \dfrac{h}{H} \cdot b, \ \ b = a\left(1 - \dfrac{P}{100}\right), \ \ P_r = 기준면시차\left(\dfrac{I+H}{2}\right)$		
사진기	초광각 사진기	소축척도화용, 렌즈의 피사각 120°	
	광각 사진기	일반도화용, 렌즈의 피사각 90°	
	보통각 사진기	삼림조사용, 렌즈의 피사각 60°(과고감이 가장 큼)	
	협각 사진기	특수한 대축척도화용	
표정	내부표정	양화필름을 정착시키는 작업	
	상호표정	종시차를 소거하여 1모델 전체가 완전 입체가 되도록 하는 작업	
	절대표정(대지표정)	축척 결정, 수준면 결정, 위치 결정으로 세분화	
	접합표정	모델 간, 스트립 간의 접합요소 결정	

02
CHAPTER

각종 요소

측량의 3요소 ㉮㉯㉰	거리	• 평면거리 : 수평거리, 평면거리, 수직거리 • 곡면거리 : 측지선, 자오선, 항정선, 묘유선, 평행권 • 공간거리 : 공간상의 두 점을 잇는 선형을 경로로 하여 측량한 거리	
	방향	• 공간상 한 점의 위치 : 원점(Origin)과 기준점(Reference surface), 기준선(Reference line)이 정해졌다면 원점에서 그 점을 향하는 직선의 방향과 길이로 결정됨 • 두 방향선의 방향의 차이는 각(Angle)으로 표시함	
	높이	• 수평면으로부터 어떤 점까지의 연직거리, 고저각이라고도 한다. • 평균해수면으로부터 어느 지점까지의 높이, 표고라고도 한다.	
측량의 4요소 ㉮㉯㉰㉱	거리	• 평면거리 : 수평거리, 평면거리, 수직거리 • 곡면거리 : 측지선, 자오선, 항정선, 묘유선, 평행권 • 공간거리 : 공간상의 두 점을 잇는 선형을 경로로 하여 측량한 거리	
	방향	• 공간상 한 점의 위치는 원점(Origin)과 기준점(Reference surface), 기준선(Reference line)이 정해졌다면 원점에서 그 점을 향하는 직선의 방향과 길이로 결정됨 • 두 방향선의 방향의 차이는 각(Angle)으로 표시함	
	높이	표고 (標高, Elevation)	지오이드면, 즉 정지된 평균해수면과 물리적 지표면 사이의 고저차
		정표고 (正標高, Orthometric Height)	물리적 지표면에서 지오이드까지의 고저차
		지오이드고 (Geoidal Height)	타원체와 지오이드와 사이의 고저차
		타원체고 (楕圓體高, Ellipsoidal Height)	• 준거 타원체상에서 물리적 지표면까지의 고저차 • 지구를 이상적인 타원체로 가정한 타원체면으로부터 관측 지점까지의 거리 • 실제 지구표면은 울퉁불퉁한 기복을 가지므로 실제높이(표고)는 타원체고가 아닌 평균해수면(지오이드)으로부터 연직선 거리임
	시간	• 시는 지구의 자전 및 공전 때문에 관측자의 지구상 절대적위치가 주기적으로 변화함을 표시하는 것 • 본래 하루의 길이는 지구의 자전, 1년은 지구의 공전, 주나 한달은 달의 공전으로부터 정의 • 시와 경도 사이에는 1hr=15°의 관계가 있음	

측지학적 3차원 위치 결정 요소 ㉝㉗ ㉢㉭	경도	측지경도	본초자오선과 타원체상의 임의 자오선이 이루는 적도상 각거리
		천문경도	본초자오선과 지오이드상의 임의 자오선이 이루는 적도상 각거리
	위도	측지위도	• 지구상 한 점에서 회전타원체의 법선이 적도면과 이루는 각 • 측지분야에서 많이 활용
		천문위도	지구상 한 점에서 지오이드의 연직선(중력방향선)이 적도면과 이루는 각
		지심위도	지구상 한 점과 지구중심을 맺는 직선이 적도면과 이루는 각
		화성위도	지구중심으로부터 장반경(a)을 반경으로 하는 원과 지구상 한 점을 지나는 종선의 연장선과 지구중심을 연결한 직선이 적도면과 이루는 각
	높이 (평균해수면)		• 수평면으로부터 어떤 점까지의 연직거리, 고저각이라고도 함 • 평균해수면으로부터 어느 지점까지의 높이, 표고라고도 함
측지원점요소 (測地原点要素), 측지원자 (測地原子) ㉓㉕㉖㉗㉚	경도		• 경도는 본초자오선과 적도의 교점을 원점(0, 0)으로 함 • 경도는 본초자오선으로부터 적도를 따라 그 지점의 자오선까지 잰 최소 각거리로 동서쪽으로 0~180°까지 나타내며, 측지경도와 천문경도로 구분
	위도		• 위도(φ)란 지표면상의 한 점에서 세운 법선이 적도면을 0°로 하여 이루는 각으로서 남북위 0~90°로 표시함 • 자오선을 따라 적도에서 어느 지점까지 관측한 최소 각거리로서 어느 지점의 연직선 또는 타원체의 법선이 적도면과 이루는 각으로 정의됨 • 0~90°까지 관측하며, 경도 1°에 대한 적도상 거리, 즉 위도 0°의 거리는 약 111km, 1′은 1.85km, 1′′는 30.88m이 됨
	방위각 (Azimuth)		• 자오선을 기준으로 어느 측선까지 시계방향으로 잰 수평각 • 진북방위각, 도북방위각(도북기준), 자북방위각(자북기준) 등
	지오이드고		타원체와 지오이드와 사이의 고저차
	기준타원체 요소		-
타원체의 요소	편평률		$P=\dfrac{a-b}{a}=1-\sqrt{1-e^2}$
	이심률		$e_1=\sqrt{\dfrac{a^2-b^2}{a^2}}$
	자오선곡률 반경		$R=\dfrac{a(1-e^2)}{W^3}$ $W=\sqrt{1-e^2\sin^2\phi}$ ※ ϕ : 축지위도

	묘유선곡률 반경	$N = \dfrac{a}{W} = \dfrac{a}{\sqrt{1 - e^2 \sin^2 \phi}}$
	중등곡률 반경	$r = \sqrt{M \cdot N}$
	평균곡률 반경	$R = \dfrac{2a + b}{3}$
	타원방정식 표현	$\dfrac{X^2}{a^2} + \dfrac{Y^2}{b^2} = 1$
지자기의 3요소	편각	• 수평분력 H가 진북과 이루는 각 • 지자기의 방향과 자오선이 이루는 각
	복각	• 전자장 F와 수평분력 H가 이루는 각 • 지자기의 방향과 수평면과 이루는 각
	수평분력	• 전자장 F의 수평성분. 수평면 내에서의 지자기장의 크기(지자기의 강도) • 지자기의 강도를 전자력의 수평방향의 성분을 수평분력, 연직방향의 성분을 연직분력이라 함
지평좌표계 위치요소	방위각	자오선의 북점으로부터 지평선을 따라, 천체를 지나 수직권의 발 X′ 까지 잰 각거리
	고저각	지평선으로부터 천체까지 수직권을 따라 잰 각거리
적도좌표계 위치요소	적경	본초시간권(춘분점을 지나는 시간권)에서 적도면을 따라 동쪽으로 잰 각거리($0^h \sim 24^h$)
	적위	적도상 0도에서, 적도 남북 $0 \sim \pm 90$도로 표시하며, 적도면에서 천체까지 시간권을 따라 잰 각거리
	시간각	관측자의 자오선 PZ∑에서 천체의 시간권까지 적도를 따라 서쪽으로 잰 각거리
황도좌표계 위치요소	황경	춘분점을 원점으로 하여 황도를 따라 동쪽으로 잰 각거리($0 \sim 360°$)
	황위	황도면에서 떨어진 각거리($0 \sim \pm 90°$)
은하좌표계 위치요소	은경	은하 중심방향으로부터 은하적도를 따라 동쪽으로 잰 각($0 \sim 360°$)
	은위	은하적도로부터 잰 각거리($0 \sim \pm 90°$)
트랜싯축의 3요소	시준축	망원경 대물렌즈의 광심과 십자선 교점을 잇는 선
	수평축	• 트랜싯 토탈스테이션 등의 망원경을 지지하는 수평한 축을 말함 • 망원경은 이축에 고정되어 있으며 축받이 위에서 회전함 • 시준축과 연직축과는 서로 직교하고 있어야 함
	연직축	• 트랜싯 등에서 회전의 중심축으로 관측할 때 이것이 연직이 되도록 조정함 • 수준기에 따라서 하게 되는 것이므로 그 조정을 충분히 하여야 할 필요가 있음
오차타원의 요소		• 타원의 장축 • 타원의 단축 • 타원의 회전각

편심요소	편심각	• 관측의 기본방향에서 편심점 방향까지의 협각을 말한다. • 각 방향의 편심방향각은 360°에서 편심각을 뺀 것에 관측방향각을 가해서 산출한다.
	편심거리	3각점의 중심에서 시준점 또는 관측점의 중심까지의 거리이다.
다목적 지적의 5대 구성요소	Geodetic reference network	• 토지의 경계선과 측지측량이나 그 밖의 토지 및 토지관련 자료와 지형 간의 상관관계형성이다. • 지상에 영구적으로 표시되어 지적도상에 등록된 경계선을 현지에 복원할 수 있는 정확도를 유지할 수 있는 기준점 표지의 연결망을 말한다. • 서로 관련 있는 모든 지역의 기준점이 단일의 통합된 네트워크여야 한다.
	Base map	• 측지기본망을 기초로 하여 작성된 도면으로서 지도작성에 기본적으로 필요한 정보를 일정한 축척의 도면 위에 등록한 것이다. • 변동사항과 자료를 수시로 정비하여 최신화시켜 사용될 수 있어야 한다.
	Cadastral overlay	측지기본망과 기본도와 연계하여 활용할 수 있고 토지소유권에 관한 현재 상태의 경계를 식별할 수 있도록 일필지 단위로 등록한 지적도, 시설물, 토지이용, 지역구도 등을 결합한 상태의 도면을 말한다.
	Unique parcel identification number	각 필지별 등록사항의 조직적인 저장과 수정을 용이하게 각 정보를 <u>인식·선정·식별·조정하는 가변성(Variability : 일정한 조건에서 변할 수 있는 성질)이 없는 토지</u>의 고유번호를 말한다. • 지적도의 등록사항과 도면의 등록사항을 연결시켜 자료파일의 검색 등 색인번호의 역할을 한다. • 이러한 필지식별번호는 **토지평가, 토지의 과세, 토지의 래, 토지이용** 계획 등에서 활용되고 있다.
	Land data file	• 토지에 대한 정보검색이나 다른 자료철에 있는 정보를 연결시키기 위한 목적으로 만들어진 각 필지의 식별번호를 포함한 일련의 공부 또는 토지자료철을 말한다. • <u>**과세대장, 건축물대장, 천연자원기록, 토지이용·도로·시설물대장**</u> 등 토지관련자료를 등록한 대장을 뜻한다.
LIS의 구성요소	Hardware	• 지형공간정보체계를 운용하는 데 필요한 컴퓨터와 각종 입·출력장치 및 자료관리 장치를 말한다. • 하드웨어의 범주에는 데스크탑 PC, 워크스테이션뿐만 아니라 스캐너, 프린터, 플로터, 디지타이저를 비롯한 각종 주변 장치들을 포함한다.
	Software	• 지리정보체계의 자료를 입력, 출력, 관리하기 위해 프로그램인 소프트웨어가 필요하다. • 크게 세종류로 구분하면 먼저 하드웨어를 구동시키고 각종 주변 장치를 제어할 수 있는 <u>운영체계(OS : Operating System)</u>, 지리정보체계의 자료구축과 자료 입력 및 검색을 위한 <u>입력 소프트웨어</u>, 지리정보체계의 엔진을 탑재하고 있는 <u>자료처리 및 분석 소프트웨어</u>로 구성된다. • 소프트웨어는 각종 정보를 저장·분석·출력할 수 있는 기능을 지원하는 도구로서 <u>정보의 입력 및 중첩기능, 데이터 베이스 관리기능, 질의 분석, 시각화 기능</u> 등의 주요 기능을 갖는다.

	Database		• 지리정보체계는 많은 자료를 입력하거나 관리하는 것이다. • 이루어지고 입력된 자료를 활용하여 토지정보체계의 응용시스템을 구축할 수 있다. • 구축된 자료들은 속성정보(각종 공부와 대장)와 도형정보(지적도, 임야도, 지하시설물도, 도시계획도 등)로 분류된다.
	Man Power		• 전문 인력은 지리정보체계의 구성요소 중에서 가장 중요한 요소이다. • 전문 인력은 데이터(Data)를 구축하고 실제 업무에 활용하는 사람을 말한다. • 전문적인 기술을 필요로 하므로 이에 전념할 수 있는 숙련된 전담 요원과 기관을 요구한다. • 시스템을 설계하고 관리하는 전문 인력과 일상 업무에 지리정보체계를 활용하는 사용자 모두가 포함된다.
		GIS 일반 사용자	단순히 정보를 찾아보는 일반 사용자 • 교통정보나 기상정보 참조 • 부동산 가격에 대한 정보 참조 • 기업이나 서비스업체 찾기 • 여행계획수립 • 위락시설 정보 찾기 • 교육
		GIS 활용가	기업활동, 전문서비스 공급, 의사 결정을 위한 목적으로 GIS를 사용하는 사람 • 엔지니어/계획가 • 시설물 관리자 • 자원 계획가 • 토지 행정가 • 법률가 • 과학자
		GIS 전문가	실제로 GIS가 구현되도록 일하는 사람 • 데이터베이스 관리 • 응용 프로그램 • 프로젝트 관리 • 시스템 분석 • 프로그래머
	Application		• 특정한 사용자 요구를 지원하기 위해 자료를 처리하고 조작하는 활동 즉 응용 프로그램을 총칭하는 것으로 특정 작업을 처리하기 위해 만든 컴퓨터프로그램을 의미한다. • 하나의 공간 문제를 해결하고 지역 및 공간 관련 계획 수립에 대한 솔루션을 제공하기 위한 GIS 시스템은 그 목표 및 구체적인 목적에 따라 적용되는 방법론 또는 절차, 구성, 내용 등이 달라진다.

메타데이터의 기본요소 자료공구조 보조	개요 및 <u>자료 소개</u>	수록된 데이터의 명칭, 개발자, 데이터의 지리적 영역 및 내용, 다른 이용자의 이용가능성, 가능한 데이터의 획득방법 등을 위한 규칙이 포함된다.
	자료품질	자료가 가진 위치 및 속성의 정확도, 완전성, 일관성, 정보의 출처, 자료의 생성방법 등을 나타낸다.
	자료의 구성	자료의 코드화(Encoding)에 이용된 데이터 모형(백터나 격자 모형 등), 공간상의 위치 표시방법(위도나 경도를 이용하는 직접적인 방법이나 거리의 주소나 우편번호 등을 이용하는 간접적인 방법 등)에 관한 정보가 서술된다.
	공간참조를 위한 정보	사용된 지도 투영법, 변수 좌표계에 관련된 제반 정보를 포함한다.
	형상 및 속성 정보	수록된 공간 객체와 관련된 지리정보와 수록방식에 관하여 설명한다.
	정보를 얻는 방법	정보의 획득과 관련된 기관, 획득 형태, 정보의 가격에 대한 사항을 설명한다.
	참조정보	메타데이터의 작성자 및 일시 등을 포함한다.
메타데이터의 기본요소	Identification information	인용, 자료에 대한 묘사, 제작 시기, 공간영역, 키워드, 접근 제한, 사용 제한, 연락처 등
	개요 및 자료소개 (Identification)	수록된 데이터의 명칭, 개발자, 데이터의 지리적 영역 및 내용, 다른 이용자의 이용 가능성, 가능한 데이터의 획득방법 등을 위한 규칙이 포함된다.
	Data quality information	속성정보 정확도, 논리적 일관성, 완결성, 위치정보 정확도, 계통(lineage) 정보 등
	자료 품질 (Quality)	자료가 가진 위치 및 속성의 정확도, 완전성, 일관성, 정보의 출처, 자료의 생성방법 등을 나타낸다.
	Spatial data organization information	간접 공간참조자료(주소체계), 직접 공간참조자료, 점과 벡터객체 정보, 위상관계, 래스터 객체 정보 등을 나타낸다.
	자료의 구성 (Organization)	자료의 코드화(Encoding)에 이용된 데이터 모형(백터나 격자 모형 등), 공간상의 위치 표시방법(위도나 경도를 이용하는 직접적인 방법이나 거리의 주소나 우편번호 등을 이용하는 간접적인 방법 등)에 관한 정보가 서술된다.
	Spatial reference information	평면 및 수직 좌표계를 나타낸다.
	공간참조를 위한 정보 (Spatial Reference)	사용된 지도 투영법, 변수 좌표계에 관련된 제반 정보를 포함한다.
	Entity & Attribute information	사상타입, 속성 등을 포함한다.

	형상 및 속성 정보 (Entity & Attribute Informatioin)	수록된 공간 객체와 관련된 지리정보와 수록방식에 관하여 설명한다.
	Distribution Information	배포자, 주문방법, 법적 의무, 디지털 자료형태 등을 포함한다.
	정보 획득 방법	정보의 획득과 관련된 기관, 획득 형태, 정보의 가격에 대한 사항을 설명한다.
	Metadata reference information	메타데이타 작성 시기, 버전, 메타데이터 표준 이름, 사용 제한, 접근 제한 등
	참조정보 (Metadata Reference)	메타데이터의 작성자 및 일시 등을 포함한다.
	Citation	출판일, 출판시기, 원 제작자, 제목, 시리즈 정보 등을 포함한다.
	Time period	일정시점, 다중시점, 일정 시기 등을 포함한다.
	Contact	연락자, 연락기관, 주소 등을 포함한다.
ISO19113 (지리정보-품 질원칙)의 품질 개요 요소	목적	데이터셋을 생성하는 근본적인 이유를 설명하고 그 본래 의도한 용도에 관한 정보를 제공하여야 한다.
	용도	• 데이터셋이 사용되는 어플리케이션을 설명하여야 한다. • 용도는 데이터생산자나 다른 개별 데이터 사용자가 데이터셋을 사용하는 예를 설명하여야 한다.
	연혁	• 데이터셋의 이력을 설명하여야 하고 수집, 획득에서부터 편집이나 파생을 통해 현재 형태에 도달하게 된 데이터셋의 생명 주기를 알려주어야 한다. • 연혁에는 데이터셋의 부모들을 설명하여야 하는 출력 정보와 데이터셋 주기상의 사건 또는 변환 기록을 설명하는 프로세스 단계 또는 이력정보의 두 가지 구성요소가 있다.
품질요소 및 세부요소	완전성	초과, 누락
	논리적 일관성	개념일관성, 영역일관성, 포맷일관성, 위상일관성
	위치정확성	절대적 또는 외적 정확성, 상대적 또는 내적 정확성, 그리드데이터 위치정확성
	시간정확성	시간측정정확성, 시간일관성, 시간타당성
	주제정확성	분류 정확성, 비정량적 속성 정확성, 정량적 속성 정확성
GIS 데이터 표준화 요소	Data Model	공간데이터의 개념적이고 논리적인 틀이 정의된다.
	Data Content	다양한 공간 현상에 대하여 데이터 교환에 대해 필요한 데이터를 얻기 위한 공간 현상과 관련 속성 자료들이 정의된다.
	Meta data	사용되는 공간 데이터의 의미, 맥락, 내외부적 관계 등에 대한 정보로 정의된다.
	Data Collection	공간데이터를 수집하기 위한 방법을 정의한다.

	Location Reference	공간데이터의 정확성, 의미, 공간적 관계 등이 객관적인 기준(좌표체계, 투영법, 기준점 등)에 의해 정의된다.
	Data Quality	만들어진 공간데이터가 얼마나 유용하고 정확한지, 의미가 있는지에 대한 검증 과정으로 정의된다.
	Data Exchange	만들어진 공간데이터가 Exchange 또는 Transfer 되기 위한 데이터 모델구조, 전환방식 등으로 정의된다.
SDTS의 구성요소	logical specification	세 개의 주요 장(section)으로 구성되어 있으며 SDTS의 개념적 모델과 SDTS 공간객체 타입, 자료의 질에 관한 보고서에서 담아야 할 구성요소, SDTS 전체 모듈에 대한 설계(layout)를 담고 있다.
	spatial features	• 공간객체들에 관한 카달로그와 관련된 속성에 관한 내용을 담고 있다. • 범용 공간객체에 관한 용어정의를 포함하는데 이는 자료의 교환 시 적합성(compatibility)을 향상시키기 위한 것이다. • 내용은 주로 중-소 축척의 지형도 및 수자원도에서 통상 이용되는 공간객체에 국한되어 있다.
	ISO 8211 encoding	• 일반 목적의 파일 교환표준(ISO 8211) 이용에 대한 설명을 하고 있다. • 이는 교환을 위한 SDTS 파일세트(filesets)의 생성에 이용된다.
	topological vector profile, TVP)	• TVP는 SDTS 프로파일 중에서 가장 처음 고안된 것으로서 기본규정(1-3 부문)이 어떻게 특정 타입의 데이터에 적용되는지를 정하고 있다. • 위상학적 구조를 갖는 선형(linear)/면형(area) 자료의 이용에 국한되어 있다.
	raster profile & extensions, RP	• RP는 2차원의 래스터 형식 영상과 그리드 자료에 이용된다. • ISO의 BIIF(Basic Image Interchange Format), GeoTIFF(Georeferenced Tagged Information File Format) 형식과 같은 또 다른 이미지 파일 포맷도 수용한다.
	point profile, PP	• PP는 지리학적 점 자료에 관한 규정을 제공한다. • 이는 제4부문 TVP를 일부 수정하여 적용한 것으로서 TVP의 규정과 유사하다.
	CAD and draft profiles	• CAD는 벡터 기반의 지리자료가 CAD 소프트웨어에서 표현될 때 사용하는 규정이다. • CAD와 GIS 간의 자료의 호환 시 자료의 손실을 막기 위하여 고안된 규정이다. 가장 최근에 추가된 프로파일이다.
ISO Technical Committee 211의 구성요소	WG1 (Framework and Reference Model)	업무 구조 및 참조 모델을 담당하는 작업반이다.
	WG2 (Geospatial Data Models and Operators)	지리공간데이터 모델과 운영자를 담당한다.

	WG3 (Geospatial Data Administration)	지리공간데이터를 담당한다.
	WG4 (Geospatial Services)	지리공간 서비스를 담당한다.
	WG5 (Profiles and Functional Standards)	프로파일 및 기능에 관한 제반 표준을 담당한다.
벡터 자료구조의 기본요소	Point	• 기하학적 위치를 나타내는 0차원 또는 무차원 정보이다. • 절점(node)은 점의 특수한 형태로 0차원이고 위상적 연결이나 끝점을 나타낸다. • 최근린 방법 : 점 사이의 물리적 거리를 관측한다. • 사지수(quadrat) 방법 : 대상영역의 하부면적에 존재하는 점의 변이를 분석한다.
	Line	• 1차원 표현으로 두 점 사이 최단거리를 의미이다. • 형태 : 문자열(string), 호(arc), 사슬(chain) 등 • 문자열(string) : 연속적인 line segment(두 점을 연결한 선)를 의미하며 1차원적 요소이다. • 호(arc) : 수학적 함수로 정의 되는 곡선을 형성하는 점의 궤적을 의미한다. • 사슬(chain) : 각 끝점이나 호가 상관성이 없을 경우 직접적인 연결 즉 체인은 시작 노드와 끝 노드에 대한 위상정보를 가지며 자치꼬임이 허용되지 않은 위상기본요소를 의미한다.
	Area	• 면(面, area) 또는 면적(面積)은 한정되고 연속적인 2차원적 표현을 의미한다. • 모든 면적은 다각형으로 표현한다.
Data Mining의 기본요소	예측	특정 개체의 미래 동작을 예측한다(Predictive Model).
	묘사	사용자가 이용 가능한 형태로 표현한다(Descriptive Model).
	검증	사용자 시스템의 가설을 검증한다.
	발견	자율적. 자동적으로 새로운 패턴을 발견한다.
Big Data의 5요소	Velocity	대용량 데이터를 빠르게 처리·분석할 수 있는 속성이다.
	Volume	비즈니스 및 IT 환경에 따른 대용량 데이터의 크기가 서로 상이한 속성이다.
	Variety	빅데이터는 정형화되어 데이터베이스에 관리되는 데이터뿐 아니라 다양한 형태의 데이터의 모든 유형을 관리하고 분석한다.
	Value	단순히 데이터를 수집하고 쌓는 게 목적이 아니라 사람을 이해하고 사람에게 필요한 가치를 창출하면서 개인의 권리를 침해하지 않고 신뢰 가능한 진실성을 가질 때, 진정한 데이터 자원으로 기능할 수 있다는 의미이다.
	Veracity	개인의 권리를 침해하지 않고 신뢰 가능한 진실성을 가질 때, 진정한 데이터 자원으로 기능할 수 있다는 의미이다.

Database의 개념적 구성요소 (E-R model의 구성요소)	Entity	• 데이터베이스에 표현하려고 하는 유·무형의 객체(Object)로서 서로 구별되는 것으로 현실 세계에 대해 사람이 생각하는 개념이나 의미를 가지는 정보의 단위이다. • Entity는 단독으로 존재할 수 있으며, 정보로서의 역할을 한다. • Entity는 컴퓨터가 취급하는 파일의 레코드(Record)에 해당하며, 하나 이상의 속성(Attribute)로 구성된다.
	Attribute	• Attribute는 개체가 가지고 있는 특성을 나타내고 데이터의 가장 작은 논리적 단위이다. • 파일구조에서는 데이터 항목(data item) 또는 필드(fild)라고도 한다. • 정보 측면에서는 그 자체만으로는 중요한 의미를 표현하지 못해 단독으로 존재하지 못한다.
	Relationship	• 개체 집합과 개체 집합 간에는 여러 가지 유형의 관계가 존재하므로 데이터베이스에 저장할 대상이 된다. • 속성 관계(Attribute relationship) : 한 개체를 기술하는 속성관계는 한 개체 내에서만 존재하기 때문에 개체 내 관계(Intra-entity relationship)라 한다. • 개체 관계(Entity relationship) : 개체 집합과 개체 집합 사이의 관계를 나타내는 개체 관계는 개체 외부에 존재 하기에 개체 간 관계(Inter-enety relationship)라 한다.
Geocoding (위치정보지정) 요소	Input dataset	• 지오코딩을 위해 입력하는 자료를 의미한다. • 입력자료는 대체로 주소가 된다.
	Output dataset	• 입력자료에 대한 지리참조코드를 포함한다. • 출력자료의 정확도는 입력자료의 정확성에 좌우되므로 입력자료는 가능한 정확해야 한다.
	Processing algorithm	공간 속성을 참조자료를 통하여 입력자료의 공간적 위치를 결정한다.
	Reference dataset	정확한 위치를 결정하는 지리정보를 담고 있다.참조자료는 대체로 지오코딩 참조 데이터베이스(Geocoding reference dataset)가 사용된다.
DEM(Digital Elevation Model) 요소	블록 또는 타일	블록 또는 타일은 DEM의 지리적 범위를 나타내는 것으로 일반적으로 지형도와 연계되어 있다.
	단면(profile)	일반적으로 단면은 표본으로 추출된 표고점들의 선형 배열을, 단면 사이의 공간은 DEM의 공간적 해상도를 1차원으로 나타낸다. 또 다른 차원은 표고점 간의 공간을 나타낸다.
	표고점	• 일반적으로 세 가지 유형의 표고점이 있다. -규칙적인 점들 -단면을 따르는 첫 번째 점들 -네 코너의 점들 • 이러한 세 가지 유형의 점들 가운데 네 코너의 점은 좌표로 기록되어 저장된다.

GIS자료검수 항목요소 (자료)(정확) (경계)(논리) (완전)	자료 입력과정 및 생성연혁 관리	• 구축된 자료에 대한 정확한 원시자료의 추출과정 및 추출방법에 관한 설명을 통하여 적합한 검수방법을 선택할 수 있다. • 기록된 원시자료에 관한 사항과 원시자료의 추출·입력방법, 추출·입력에 사용된 장비의 정확도 및 기타요소와 함께 투영방법의 변환 내용을 포함한다. • 독취성과의 해상도를 검수하며 독취성과의 잡음(Noise)과 좌표값의 단위는 미터로서 소수점 2자리까지의 표현 여부, 도곽 좌표값의 정확성 유무 등을 검수한다. • 그래픽소프트웨어를 이용한 화면 프로그램 검수가 주를 이룬다.
	자료 포맷	• 구축된 수치자료의 포맷에 대한 형식 검증 및 검수를 위한 자료의 전달이 제대로 되었는지 여부를 검수한다. • 그래픽소프트웨어를 이용한 화면검사가 주를 이룬다. • 검수를 위해서 구축 대상 자료목록이 사전에 테이블로 작성되어야 하며, 준비된 목록과 공급된 자료를 비교하여 오류가 발견된 경우에는 모두 수정되어야 한다.
	자료 최신성	• 자료의 변화 내용이 반영되었는가를 검수하는 것이다. • 최신 위성영상이나 다양한 방식의 자료 갱신을 통한 대상지역의 자료 최신성의 유지 여부를 검수하며, 필요에 따라 현지조사를 통한 갱신이 이루어지기도 한다.
	위치의 정확성	• 수치자료가 현실세계의 위치와 일치하는가를 파악하는 것으로 모든 요소의 위치가 허용오차를 벗어나는지 여부를 검수한다. • 격자자료와 벡터자료의 입력오차를 검수하고 확인용 출력도면과 지도원판을 비교하여 검수한다. • 출력중첩 검수를 통해 오류를 검사하고, 화면프로그램 검수나 자동프로그램 검수를 통해 오류의 정밀도를 검수한다.
	속성의 정확성	• 데이터베이스 내의 속성자료의 정확성을 검수하는 것으로 원시대장과 속성자료로 등록된 각 레코드값을 비교하여 속성자료의 누락 여부와 범위값, 형식코드의 정확성 등을 주요 대상으로 한다. • 전수검사 또는 통계적 표본검수를 원칙으로 하고, 출력중첩검수와 화면검수를 겸해야 한다.
	문자 정확성	수치지도에 있어서 문자 표기와 크기, 위치의 정확도, 폰트의 적정 여부를 검수한다.
	기하구조의 적합성	• 각 객체들의 특성에 따른 연결 상태를 검수하는 것으로 현실세계의 배열상태 또는 형태가 수치자료로 정확히 반영되어야 한다. • 폴리곤의 폐합 여부와 선의 계획된 지점에서 교차여부, 선의 중복이나 언더슈트, 오브슈트 문제를 포함한다.
	경계정합	인접도엽 간 도형의 연결과 연결된 도형의 유연성 및 속성값의 일치 여부를 검수한다.
	논리적 일관성	자료의 신뢰성을 검수하는 것으로 입력된 객체 및 속성자료의 관계를 조사하여 논리적으로 일치하는가를 파악한다.
	완전성	데이터베이스 전반에 대한 품질을 점검하는 것으로 자료가 현실세계를 얼마나 충실히 표현하고 있는가를 검수한다.

지리데이터의 품질 구성요소	지리데이터의 계통성 (Lineage)	계통성은 특정 지리데이터가 추출된 자료원에 관한 문서로서 최종 데이터 파일들이 만들어지기까지의 관련된 모든 변환 방법 및 추출 방법을 기술한다.
	지리데이터의 위치정확도 (Positional accuracy)	위치정확도는 지리데이터가 표현하는 실세계의 실제 위치에 대한 지리 데이터베이스 내의 좌표의 근접함(Closeness)으로서 정의되는데 전통적으로 지도는 대략 한 선의 폭 혹은 0.5mm의 정확도이다.
	지리데이터의 속성정확도 (Attribute accuracy)	• 속성정확도는 데이터가 표현하는 실세계 사상에 대한 참값 또는 추정값과 지리 데이터베이스 내의 기술 데이터 사이의 근접함(Closeness)으로 정의된다. • 속성정확도는 데이터의 성질에 따라 다른 방법으로 결정된다.
	지리데이터의 논리적 일관성 (Logical consistency)	논리적 일관성은 실세계와 기호화된 지리 데이터 간의 관계충실도에 대한 설명으로 본질적으로 지리데이터의 논리적 일관성은 다음 요소들을 포함한다. • 실세계에 대한 데이터 모델의 일관성 • 실세계에 대한 속성과 위치 데이터의 일관성 • 데이터 모델 내의 일관성 • 시스템 내부 일관성 • 한 데이터 집합의 각기 다른 부분 간의 일관성 • 데이터 파일 간의 일관성
	지리데이터의 완전성 (Completeness)	지리데이터의 완전성은 데이터가 실세계의 모든 가능한 항목을 철저히 규명하는 정도를 표시한다.
	시간정확도 (Temporal accuracy)	시간정확도는 지리 데이터베이스에서 시간 표현에 관련된 자료의 품질 척도이다.
	의미정확도 (Semantic accuracy)	의미정확도는 공간 대상물이 얼마만큼 정확하게 표시되었거나 명명되었는지를 나타내는 것이다.
파일처리 방식의 구성요소	Record	• 하나의 주제에 관한 자료를 저장한다. • 기록은 아래 표에서 행(Row)이라고 하며 학생 개개인에 관한 정보를 보여주고 성명, 학년, 전공, 학점의 네 개 필드로 구성되어 있다.
	Field	• 레코드를 구성하는 각각의 항목에 관한 것을 의미한다. • 필드는 성명, 학년, 전공, 학점의 네 개 필드로 구성된다.
	Key	• 파일에서 정보를 추출할 때 쓰이는 필드로서 키로써 사용되는 필드를 키필드라 한다. • 표에서는 이름을 검색자로 볼 수 있으며 그 외의 영역들은 속성 영역(Attribute field)이라고 한다.
DBMS의 기능적 구성요소	Query Processor	터미널을 통해 사용자가 제출한 고급 질의문을 처리하고 질의문을 파싱(Parsing)하고 분석해서 컴파일한다.
	DML Preprocessor	호스트 프로그래밍 언어로 작성된 응용프로그램 속에 삽입된 DML 명령문들을 추출하고 그 자리에는 함수 호출문(Call statement)을 삽입한다.

	DDL Compiler 또는 DDL Processor	DDL로 명세된 스키마 정의를 내부 형태로 변환하여 시스템 카달로그에 저장한다.
	DML Compiler 또는 DML Processor	DML 예비 컴파일러가 넘겨준 DML 명령문을 파싱하고 컴파일하여 효율적인 목적코드를 생성한다.
	Runtime Database Processor	• 실행시간에 데이터베이스 접근을 관리한다. • 검색이나 갱신과 같은 데이터베이스연산을 저장데이타 관리자를 통해 디스크에 저장된 데이터베이스를 실행시킨다.
	Transaction Manager	데이터베이스를 접근하는 과정에서 무결성 제약조건이 만족하는지, 사용자가 데이터를 접근할 수 있는 권한을 가졌는지 등에 관한 권한 검사를 한다.
	Stored Data Manager	디스크에 저장되어 있는 사용자 데이터베이스나 시스템 카달로그 접근을 책임진다.
DDL ; Data Definition Language	CREATE	새로운 테이블을 생성한다.
	ALTER	기존의 테이블을 변경(수정)한다.
	DROP	기존의 테이블을 삭제한다.
	RENAME	테이블의 이름을 변경한다.
	TURNCATE	테이블을 잘라낸다.
DML ; Data Mainpulation Language	SELECT	기존의 데이터를 검색한다.
	INSERT	새로운 데이터를 삽입한다.
	UPDATE	기존의 데이터를 변경(갱신)한다.
	DELETE	기존의 데이터를 삭제한다.
DCL ; Data Control Language	GRANT	권한을 준다(권한 부여).
	REVOKE	권한을 제거한다(권한 해제).
	COMMIT	데이터 변경을 완료한다.
	ROLLBACK	데이터 변경을 취소한다.
DBMS의 필수 기능	DDL ; data definiton language	• 데이터베이스를 생성하거나 데이터베이스의 구조형태를 수정하기 위해 사용하는 언어로 데이터베이스의 논리적 구조(Logical structure)와 물리적 구조(Physical structure) 및 데이터베이스 보안과 무결성 규정을 정의할 수 있는 기능을 제공한다. • 데이타베이스 관리자에 의해 사용하는 언어로서 DDD 컴파일러에 의해 컴파일되어 데이타 사전에 수록된다.
	DML ; data manipulation language	• 데이터베이스에 저장되어 있는 정보를 처리하고 조작하기 위해 사용자와 DBMS 간에 인터페이스(Interface) 역할을 수행한다. • 삽입, 검색, 갱신, 삭제 등의 데이터 조작을 제공하는 언어로 절차식(사용자가 요구하는 데이터가 무엇이며 요구하는 데이터를 어떻게 구하는지를 나타내는 언어)과 비절차식(사용자가 요구하는 데이터가 무엇인지 보여줄 뿐이며, 구하는 방법은 나타내지 않는 언어) 형태가 있다.
	DCL ; data control language	외부의 사용자로부터 데이터를 안전하게 보호하기 위해 데이터 복구, 보안, 무결성과 병행 제어에 관련된 사항을 기술하는 언어이다.

Entity-Relationship model의 구성요소	Entity	• 데이터베이스에 표현하려고 하는 유·무형의 객체(Object)로서 서로 구별되는 것으로 현실 세계에 대해 사람이 생각하는 개념이나 의미를 가지는 정보의 단위이다. • Entity는 단독으로 존재할 수 있으며, 정보의 역할을 한다. • Entity는 컴퓨터가 취급하는 파일의 레코드(Record)에 해당하며, 하나 이상의 속성(Attribute)으로 구성된다.
	Attribute	• Attribute는 개체가 가지고 있는 특성을 나타내고 데이터의 가장 작은 논리적 단위이다. • 파일구조에서는 데이터 항목(Data item) 또는 필드(Field)라고도 한다. • 정보 측면에서는 그 자체만으로는 중요한 의미를 표현하지 못해 단독으로 존재하지 못한다.
	Relation	• 개체 집합과 개체 집합 간에는 여러 가지 유형의 관계가 존재하므로 데이터베이스에 저장할 대상이 된다. • 속성 관계(Attribute relationship) : 한 개체를 기술하는 속성관계는 한 개체 내에서만 존재하기 때문에 개체 내 관계(Intra-entity relationship)라 한다. • 개체 관계(Entity relationship) : 개체 집합과 개체 집합 사이의 관계를 나타내는 개체 관계는 개체 외부에 존재 하기 때문에 개체 간 관계(Inter-enety relationship)라 한다.
객체지향의 구성요소 (COMAM)	Class	• 동일한 유형의 객체들의 집합을 클래스라 한다. • 공통의 특성을 갖는 객체의 틀을 의미하며 한 클래스의 모든 객체는 같은 구조와 메시지를 응답한다.
	Object	• 객체는 데이터와 그 데이터를 작동시키는 메소드가 결합하여 캡슐화된 것이다. • 현실 세계의 개체(Entity)를 유일하게 식별할 수 있으며 추상화된 형태이다. • 객체는 메시지를 주고받아 데이터를 처리할 수 있다. • 객체는 속성(Attribute)과 메소드(Method)를 하나로 묶어 보관하는 캡슐화 구조를 갖는다. Object＝Data＋Method
	Method	• 메소드는 객체를 형성할 수 있는 방법이나 조작들로서 객체의 상태를 나타내는 데이터의 항목을 읽고 쓰는 것은 Method에 의해 이루어진다. • 객체의 상태를 변경하고자 할 경우 메소드를 통해서 Message를 보낸다.
	Attribute	객체의 환경과 특성에 대해 기술한 요소들로 인스턴스 변수라고 한다.
	Message	객체와 객체 간의 연계를 위하여 의미를 Message에 담아서 보낸다.

객체지향 프로그래밍 언어의 특징 (아)(베)(ⓒ) (이)(폴리)	추상화(Abstraction)	• 현실 세계 데이터에서 불필요한 부분은 제거하고 핵심요소 데이터를 자료구조로 표현한 것을 추상화라고 한다(객체 표현 간소화). • 이때 자료구조를 클래스, 객체, 메소드, 메시지 등으로 표현한다. • 객체는 캡슐화(Encapsulation)하여 객체의 내부구조를 알 필요 없이 사용 메소드를 통해서 필요에 따라 사용하게 된다. 실세계에 존재하고 있는 개체(feature)를 지리정보시스템(GIS)에서 활용 가능한 객체(Object)로 변환하는 과정을 추상화라 한다.
	캡슐화 (encapsulation) (정보 은닉)	객체 간의 상세 내용을 외부에 숨기고 메시지를 통해 객체 상호작용을 하는 의미로서 독립성, 이식성, 재사용성 등 향상이 가능하다.
	상속성 (Inheritance)	• 하나의 클래스는 다른 클래스의 인스턴스(Instance : 클래스를 직접 구현하는 것)로 정의될 수 있는데 이때 상속의 개념을 이용한다. • 하위 클래스(Sub class)는 상위 클래스(Super class)의 속성을 상속받아 상위 클래스의 자료와 연산을 이용할 수 있다(하위 클래스에게 자신의 속성, 메소드를 사용하게 하여 확장성을 향상).
	다형성 (Polymorphism)	• 여러 개의 형태를 가진다는 의미의 그리스어에서 유래되었다. • 여러 개의 서로 다른 클래스가 동일한 이름의 인터페이스를 지원하는 것도 다형성이다. • 동일한 메시지에 대해 객체들이 각각 다르게 정의한 방식으로 응답하는 특성을 의미한다(하나의 객체를 여러 형태로 재정의할 수 있는 성질). • 객체지향의 다형성에는 오버로딩(Overloading)과 오버라이딩(Overriding)이 존재한다. • Overriding은 상속받은 클래스(자식 클래스 : Sub class)가 부모의 클래스(Super class)의 메소드를 재정의하여 사용하는 것을 의미한다. • Overloading은 동일한 클래스 내에서 동일한 메소드를 파라미터의 개수나 타입으로 다르게 정의하여 동일한 모습을 갖지만, 상황에 따라 다른 방식으로 작동하게 하는 것을 의미한다 • 동일한 이름의 함수를 여러 개 만드는 기법인 오버로딩(Overloading)도 다형성의 형태이다.
객체구조 요소(DMO)	데이터(Data)	• 객체의 상태를 말하며 흔히 객체의 속성을 가리킨다. • 관계형 데이터 모델의 속성과 같다. • 관계형데이터모델에 비해 보다 다양한 데이터 유형을 지원한다. • 집합체, 복합객체, 멀티미디어 등의 자료도 데이터로 구축된다.
	메소드(Method)	• 객체의 상태를 나타내는 데이터 항목을 읽고 쓰는 것은 메소드에 의해 이루어진다. • 메소드는 객체를 형성할수 있는 방법이나 조작들이라고 할 수 있다. • 메소드는 객체의 속성데이터를 처리하는 프로그램으로 고급언어로 정의된다.

	객체식별자(Oid)	• 객체를 식별하는 ID로 사용자에게는 보이지 않는다. • 관계형 데이터 모델의 key에 해당한다. • 두 개의 객체의 동일성을 조사하는 데 이용된다. • 접근하고자 하는 데이터가 기억되어 있는 위치 참조를 위한 포인터로도 이용된다.
외부요소	지리적 요소	지적측량에 있어서 지형, 식생, 토지이용 등 형태 결정에 영향을 미친다.
	법률적 요소	효율적인 토지관리와 소유권보호를 목적으로 공시하기 위한 제도로써 등록이 강제되고 있다.
	사회적 요소	토지소유권 제도는 사회적 요소들이 신중하게 평가되어야 하며 사회적으로 그 제도가 받아들여져야 한다는 점과 사람들에게 신뢰성이 있어야하기 때문이다.
협의	토지	• 지적제도는 토지를 대상으로 성립하며 토지 없이는 등록행위가 이루어질 수 없어 지적제도 성립이 될 수 없다. • 지적에서 말하는 토지란 행정적 또는 사법적 목적에 의해 인위적으로 구획된 토지의 단위구역으로서 법적으로는 <u>등록의 객체</u>가 되는 일필지를 의미한다.
	등록	국가통치권이 미치는 모든 영토를 필지 단위로 구획하여 시장, 군수, 구청이 강제적으로 등록을 하여야 한다는 이념이다.
	지적공부	토지를 구획하여 일정한 사항을 기록한 장부이다.
광의	소유자	토지를 소유할 수 있는 권리의 주체이다.
	권리	토지를 소유할 수 있는 법적 권리이다.
	필지	법적으로 물권이 미치는 <u>권리의 객체</u>이다.
Geodatabase의 구성요소	다양한 데이터 셋트의 집합	벡터 데이터, 래스터 데이터, 표면모델링 데이터 등을 포함한다.
	객체 클래스들	현실 세계 형상들과 관련된 객체에 대한 기술적 속성을 포함한다.
	피처 클래스들	점, 선, 면적 등의 기하학적 형태로 묘사된 객체들을 포함한다.
	관계 클래스들	서로 다른 피처 클래스를 가진 객체들 간의 관계를 포함한다.
도형정보의 도형요소	점(Point)	• 기하학적 위치를 나타내는 0차원 또는 무차원 정보이다. • 절점(node)은 점의 특수한 형태로 0차원이고 위상적 연결이나 끝점을 나타낸다. • 최근린 방법 : 점 사이의 물리적 거리를 관측한다. • 사지수(quadrat) 방법 : 대상영역의 하부면적에 존재하는 점의 변이를 분석한다.
	선(Line)	• 1차원 표현으로 두 점 사이 최단거리를 의미한다. • 형태 : 문자열(string), 호(arc), 사슬(chain) 등이 있다. • 호(arc) : 수학적 함수로 정의 되는 곡선을 형성하는 점의 궤적이다. • 사슬(chain) : 각 끝점이나 호가 상관성이 없을 경우 직접적인 연결이다.
	면(Area)	• 면(面, area) 또는 면적(面積)은 한정되고 연속적인 2차원적 표현이다. • 모든 면적은 다각형으로 표현한다.

	영상소 (Pixel)	• 영상을 구성하는 가장 기본적인 구조 단위 • 해상도가 높을수록 대상물을 정교히 표현
	격자셀 (Grid Cell)	연속적인 면의 단위 셀을 나타내는 2차원적 표현
	Symbol & Annotation	• 기호(Symbol) : 지도위에 점의 특성을 나타내는 도형요소 • 주석(Annotation) : 지도상 도형적으로 나타난 이름으로 도로명, 지명, 고유번호, 차원 등을 기록
지적 불부합지의 유형 ⓒⓒⓟⓑⓦ ⓖⓖ	중복형	• 원점지역의 접촉지역에서 많이 발생 • 기존 등록된 경계선의 충분한 확인 없이 측량했을 때 발생 • 발견이 어려움 • 도상경계에는 이상이 없으나 현장에서 지상경계가 중복되는 형상
	공백형	• 도상경계는 인접해 있으나 현장에서는 공간의 형상이 생기는 유형 • 도선의 배열이 상이한 경우에 많이 발생 • 리, 동 등 행정구역의 경계가 인접하는 지역에서 많이 발생 • 측량상의 오류로 인해서도 발생
	편위형	• 현형법을 이용하여 이동측량을 했을 때 많이 발생 • 국지적인 현형을 이용하여 결정하는 과정에서 측판점의 위치오류로 인해 발생한 것이 많음 • 정정을 위한 행정처리가 복잡함
	불규칙형	• 불부합의 형태가 일정하지 않고 산발적으로 발생한 형태 • 경계의 위치파악과 원인분석이 어려운 경우가 많음 • 토지조사 사업 당시 발생한 오차가 누적된 것이 많음
	위치오류형	• 등록된 토지의 형상과 면적은 현지와 일치하나 지상의 위치가 전혀 다른 위치에 있는 유형을 말함 • 산림 속의 경작지에서 많이 발생 • 위치정정만 하면 되므로 정정과정이 용이
	경계 이외의 불부합	• 지적공부의 표시사항 오류 • 대장과 등기부 간의 오류 • 지적공부의 정리시에 발생하는 오류 • 불부합의 원인 중 가장 미비한 부분을 차지
필지중심토지 정보시스템 (PBLIS) 구성	지적공부 관리시스템 ⓢⓙⓣⓙⓖⓙ	• **사**용자권한관리 • **지**적측량검사업무 • **토**지이동관리 • **지**적일반업무관리 • 창**구**민원업무 • 토**지**기록자료조회 및 출력 등
	ⓙⓙⓢⓛ 시스템	• **지**적삼각측량 • 지**적**삼각보조측량 • 도근**측**량 • 세부측**량** 등

	지적측량 성과작성 시스템 ㊗㉦㉭	• **토**지이동지 조서작성 • 측**량**준비도 • 측량**결**과도 • 측량성**과**도 등
토지관리정보 시스템(LMIS)의 구성 ㉭㉤㉦㉭㉤	토지정책지원시스템	• 토지자료 통계분석 • 토지정책 수립 지원
	토지관리지원시스템	토지행정 관리
	토지정보지원시스템	• 토지 민원 발급 • 법률 정보 서비스 • 토지정보 검색 • 토지 메타데이터
	토지행정지원시스템	• 토지 거래 • 외국인 토지 취득 • 부동산중개업 • 공시지가 • 공간자료 조회 • 시스템 관리
	공간자료관리시스템	• 지적파일검사 • 변동자료 정리 • 수치지적 구축 • 수치지적 관리 • 개별지적도 관리 • 연속편집지적 관리 • 용도 지역·지구 관리

한국토지정보 시스템(KLIS)의 구성

- KLIS
  - PBLIS
    - 지적공부관리
    - 지적측량성과작성
    - 지적측량
  - 공통
    - 민원통합발급
    - 인터넷웹서비스
    - DB관리기
  - LMIS
    - 토지정책
    - 토지행정
      - 토지거래관리
      - 개발부담금관리
      - 부동산중개업관리
      - 공시지가관리
      - 용도지역지구관리
      - 외국인토지취득
    - 주제도관리
    - 연속/편집도면관리
  - 새주소
    - 새주소관리

LMIS 소프트웨어 구성	ORACLE	데이터베이스 구축·유지관리·업무처리를 하는 DBMS인 ORACLE
	GIS 서버	GIS 데이터의 유지관리·업무처리 등의 기능을 수행하는 GIS Server
	Auto CAD	GIS 데이터 구축 및 편집을 위한 Auto CAD
	ARS / INFO	토지이용계획확인원을 위한 ARC/INFO
	Spatial Middleware	응용시스템 개발을 위한 Spatial Middleware와 관련 소프트웨어
LMIS 컴포넌트 (Component)	Data Provider	DB 서버인 SDE나 ZEUS 등에 접근하여 공간·속성 질의를 수행하는 자료 제공자
	Edit Agent	공간자료의 편집을 수행하는 자료편집자(Edit Agent)
	Map Agent	클라이언트가 요구한 도면자료를 생성하는 도면 생성자
	MAP OCX	클라이언트의 인터페이스 역할을 하며 다양한 공간정보를 제공하는 MAP OCX
	Web Service	민원발급 시스템의 Web Service 부분
GPS 구성요소	Space Segment	• 궤도 형상 : 원궤도 • 궤도면 수 : 6개면 • 위성수 : 1궤도면당 4개 위성(24개)+보조위성(7개)=31개 • 궤도 경사각 : 55° • 궤도 고도 : 20,183km • 사용좌표계 : WGS84 (지구중심좌표계) • 회전 주기 : 11시간 58분(0.5항성일) : 1항성일은 23시간 56분 4초 • 궤도 간 이격 : 60도 • 기준발진기 　－10.23MHz : 세슘원자시계 2대 　－류비듐원자시계 2대
	Control Segment	• 주제어국 　－콜로라도 스프링스(Colorad Springs) : 미국 콜로라도주 • 추적국(감시국) 　－어세션 섬(Ascension Is) : 남 대서양 　－디에고 가르시아(Diego Garcia) : 인도양 　－쿠에제린(Kwajalein Is) : 북 태평양 　－하와이(Hawaii) : 서 대서양 • 3개의 지상안테나(전송국 또는 관제국) : 어세션 섬, 디에고 가르시아, 쿠에제린에 위치한 감시국과 함께 배치되어 있는 지상관제국은 주로 지상 안테나로 구성되어 있음(갱신자료 송신)
	User Segment	• 위성으로부터 전파를 수신하여 수신점의 좌표나 수신점 간의 상대적인 위치관계를 구함 • 사용자 부문은 위성으로부터 전송되는 신호정보를 수신할 수 있는 GPS 수신기와 자료처리를 위한 소프트웨어로서 위성으로부터 전송되는 시간과 위치정보를 처리하여 정확한 위치와 속도를 구함

		−GPS 수신기 : 위성으로부터 수신한 항법데이터를 사용하여 사용자 위치·속도를 계산 −수신기에 연결되는 GPS 안테나 : GPS 위성신호를 추적하며 하나의 위성신호만 추적하고 그 위성으로부터 다른 위성들의 상대적인 위치에 관한 정보획득 가능
인공위성의 궤도요소	궤도장반경	궤도타원의 장반경
	궤도이심율	궤도타원의 이심율(장반경과 단반경의 비율)
	궤도경사각	궤도면과 적도면의 교각
	승교점적경	궤도가 남에서 북으로 지나는 점의 적경 (昇交點(승교점) : 위성이 남에서 북으로 갈 때의 천구적도와 천구상 인공위성궤도의 교점)
	근지점인수	승교점에서 근지점까지 궤도면을 따라 천구북극에서 볼때 반시계방향으로 잰 각거리
	근점이각	근지점에서 위성까지의 각거리
편위수정을 하기 위한 조건		• 편위수정기는 매우 정확한 대형기계로서 배율(축척)을 변화시킬 수 있을 뿐만 아니라 원판과 투영판의 경사도 자유로이 변화시킬 수 있도록 되어 있으며 보통 4개의 표정점이 필요함 • 편위수정기의 원리 : **렌즈, 투영면, 화면(필름면)의 3가지 요소**에서 항상 선명한 상을 갖도록 하는 조건을 만족시키는 방법
	기하학적 조건(소실점 조건)	• 소실점 조건이라고도 함 • 필름을 경사지게 하면 필름의 중심과 편위수정기의 렌즈중심은 달라지므로 이것을 바로 잡기 위하여 필름을 움직여 주지 않으면 안 됨
	광학적조건 (Newton의 조건)	• Newton의 조건이라고도 함 • 광학적경사보정은 경사편위수정기(Rectifier)라는 특수한 장비를 사용하여 확대배율을 변경하여도 항상 예민한 영상을 얻을 수 있도록 $\dfrac{1}{a}+\dfrac{1}{b}=\dfrac{1}{f}$의 관계를 가지도록 하는 조건을 말함
	샤임플러그 조건(Scheimpflug)	편위수정기는 사진면과 투영면이 나란하지 않으면 선명한 상을 맺지 못하는 것으로, 이것을 수정하여 화면과 렌즈주점과 투영면의 연장이 항상 한 선에서 일치하도록 하면 투영면상의 상은 선명하게 상을 맺음
특수3점	주점(Principal Point)	• 사진의 중심점이라고도 함 • 렌즈 중심으로부터 화면(사진면)에 내린 수선의 발을 의미 • 렌즈의 광축과 화면이 교차하는 점
	연직점(Nadir Point)	• 렌즈 중심으로부터 지표면에 내린 수선의 발을 의미 • N을 지상연직점(피사체연직점), 그 선을 연장하여 화면(사진면)과 만나는 점을 화면연직점(n)이라 함 • 주점에서 연직점까지의 거리(mn) = $f \tan i$

	등각점(Isocenter)	• 주점과 연직점이 이루는 각을 2등분한 점으로 또한 사진면과 지표면에서 교차되는 점 • 주점에서 등각점까지의 거리$(mn) = f\tan\dfrac{i}{2}$
표정	내부표정	도화기의 투영기에 촬영 당시와 똑같은 상태로 양화건판을 정착시키는 작업 • 주점의 위치결정 • 화면거리(f)의 조정 • 건판의 신축측정, 대기굴절, 지구곡률보정, 렌즈수차 보정
	상호표정	지상과의 관계는 고려하지 않고 좌우사진의 양투영기에서 나오는 광속이 촬영 당시 촬영면에 이루어지는 종시차(y-parallax : P_y)를 소거하여 목표 지형물의 상대위치를 맞추는 작업 • 회전인자 : κ, ϕ, ω • 평행인자 : b_y, b_z • 비행기의 수평회전을 재현해 주는 (k, by) • 비행기의 전후 기울기를 재현해 주는 (ϕ, bz) • 비행기의 좌우 기울기를 재현해 주는 (ω) • 과잉수정계수 : $(o, c, f) = \dfrac{1}{2}\left(\dfrac{h^2}{d^2} - 1\right)$ • 상호표정인자 : (k, ϕ, w, by, bz)
	절대표정	상호표정이 끝난 입체모델을 지상 기준점(피사체 기준점)을 이용하여 지상좌표(피사체좌표계)와 일치하도록 하는 작업으로 입체모형(Model) 2점의 X, Y좌표와 3점의 높이(Z) 좌표가 필요하므로 최소한 3점의 표정점이 필요함 • 축척의 결정 • 수준면(표고, 경사)의 결정 • 위치(방위)의 결정 • 절대표정인자 : $\lambda, \phi, \omega, k, b_x, b_y, b_z$(7개의 인자로 구성)
	접합표정	한쌍의 입체사진 내에서 한쪽의 표정인자는 전혀 움직이지 않고 다른 한쪽만을 움직여 그 다른 쪽에 접합시키는 표정법을 말하며, 삼각측정에 사용 • 7개의 표정인자 결정$(\lambda, k, \omega, \phi, c_x, c_y, c_z)$ • 모델간, 스트립간의 접합요소 결정(축척, 미소변위, 위치 및 방위)
사진판독 요소	Tone color	피사체(대상물)가 갖는 빛의 반사에 의한 것으로 수목의 종류를 판독하는 것
	Pattern	피사체(대상물)의 배열상황에 의하여 판별하는 것으로 사진상에서 볼 수 있는 식생, 지형 또는 지표상의 색조 등
	Texture	색조, 형상, 크기, 음영 등의 여러 요소의 조합으로, 구성된 조밀함, 거침, 세밀함 등으로 표현하며 초목 및 식물의 구분을 나타냄

	Shape	개체나 목표물의 구성, 배치 및 일반적인 형태를 나타냄
	Size	어느 피사체(대상물)가 갖는 입체적·평면적인 넓이와 길이를 나타냄
	Shadow	판독 시 빛의 방향과 촬영 시의 빛의 방향을 일치시키는 것이 입체감을 얻는 데 용이
	Location	어떤 사진상이 주위의 사진상과 어떠한 관계가 있는가 파악하는 것으로 주위의 사진상과 연관되어 성립되는 것이 일반적인 경우
	Vertical exaggeration	과고감은 지표면의 기복을 과장하여 나타낸 것으로 낮고 평평한 지역에서의 지형판독에 도움이 되는 반면 경사면의 경사는 실제보다 급하게 보이므로 오판에 주의
위성영상의 해상도	위성영상의 해상도	다양한 위성영상 데이터가 가지는 특징들은 해상도(Resolution)라는 기준을 사용하여 구분이 가능하며 위성영상 해상도는 공간해상도, 분광해상도, 시간 또는 주기 해상도, 반사 또는 복사해상도 로 분류
	공간해상도 (Spatial resolution or Geomatric resolution)	• Spatial Resolution이라고도 함 • 인공위성영상을 통해 모양이나 배열의 식별이 가능한 하나의 영상소의 최소 지상면적을 뜻함 • 일반적으로 한 영상소의 실제 크기로 표현 • 센서에 의해 하나의 화소(Pixel)가 나타낼 수 있는 지상면적, 또는 물체의 크기를 의미하는 개념으로써 공간해상도의 값이 작을수록 지형·지물의 세밀한 모습까지 확인할 수 있고 이 경우 해상도는 높다고 할 수 있음 • 예를 들어 1m 해상란 이미지의 한 Pixel이 1m×1m의 가로·세로 길이를 표현한다는 의미로 1m 정도 크기의 지상물체가 식별 가능함을 나타냄 • 따라서 숫자가 작아질수록 지형지물의 판독성이 향상됨을 의미
	분광해상도 (Spectral resolution)	• 가시광선에서 근적외선까지 구분할 수 있는 능력으로서 스펙트럼 내에서 센서가 반응하는 특정 전자기파장대의 수와 이 파장대의 크기를 말함 • 센서가 감지하는 파장대의 수와 크기를 나타내는 말로, 좀 더 많은 밴드를 통해 물체에 대한 다양한 정보를 획득할수록 분광해상도가 높다고 표현 • 즉 인공위성에 탑재된 영상수집 센서가 얼마나 다양한 분광파장 영역을 수집할 수 있는가를 나타냄 • 영상이 가지고 있는 밴드 수, 밴드 폭을 의미하며, 분광해상도가 높을수록 지표물의 종류, 특성, 상태 등을 파악하는 데 훨씬 유용 • 미세한 분관반사특성의 차이, 즉 분광반사곡선이 유사한 물질을 구별할 가능성이 커짐

	방사 또는 복사해상도 (Radiometric resolution)	• 인공위성 관측센서에서 수집한 영상이 얼마나 다양한 값을 표현할 수 있는가를 나타냄 • 예를 들어 한 픽셀을 8bit로 표현하는 경우 그 픽셀이 내재하고 있는 정보를 총 256개로 분류할 수 있다는 의미 • 즉 그 픽셀이 표현하는 지상물체가 물인지, 나무인지, 건축물인지 256개의 성질로 분류할 수 있다는 것 • 반면에 한 픽셀을 11bit로 표현한다면 그 픽셀이 내재하고 있는 정보를 총 2048개로 분류할 수 있다는 것이므로 8bit인 경우 단순히 나무로 분류된 픽셀이 침엽수인지, 활엽수인지, 건강한지, 병충해가 있는지 등으로 자세하게 분류할 수 있다는 것 • 따라서 방사해상도가 높으면 위성영상의 분석정밀도가 높다는 의미
	시간 또는 주기해상도 (Temporal resolution)	• 지구상 특정지역을 얼마만큼 자주 촬영 가능한지를 나타낸다. 어떤 위성은 동일한 지역을 촬영하기 위해 돌아오는 데 16일이 걸리고 어떤 위성은 4일이 걸리기도 함 • 주기 해상도가 짧을수록 지형변이 양상을 주기적이고 빠르게 파악할 수 있으므로 데이터베이스 축척을 통해 향후의 예측을 위한 좋은 모델링 자료를 제공한다고 할 수 있음
외부표정요소		• 항공사진측량에서 항공기에 GPS 수신기를 탑재할 경우 비행기의 위치(X_0, Y_0, Z_0)를 얻을 수 있으며, 관성측량장비(INS)까지 탑재할 경우 (κ, ϕ, ω)를 얻을 수 있음 • (X_0, Y_0, Z_0) 및 (κ, ϕ, ω)를 사진측량의 외부표정요소라 함
영상요소		• 영상요소는 크게 기본요소와 영상매칭요소로 구분하며 기본요소는 공액요소, 정합요소, 유사성관측으로 분류할 수 있음 • 기본요소에의 공액요소는 점, 선, 면을 포함하는 대상공간형상의 영상이며 공액점보다 더 일반적인 용어를 말함 • 영상매칭요소는 관심점(Conjugate entity), 접합점(Matching entity), 유사점(Similarity measure), 정합방법(Matching method), 정합전략(Matching strategy)으로 결정과정을 구분할 수 있음 • 정합요소는 공액요소들을 찾기 위해서 두 번째 영상에서 첫 번째와 비교되는 주요소인 밝기값, 형상, 상징적인 관계나 기호 특성을 결정 • 유사성관측은 정합요소가 정량적으로 서로 얼마나 잘 대응되는가를 관측하는 것 • 접합점은 공액요소를 찾기 위해 매칭 시 실제로 비교되는 요소로 영상의 화소값, 대상물의 형태가 이용됨 • 유사점은 매칭이 전략적으로 서로 얼마나 정확하게 이루어졌는지를 평가하기 위한 요소라 할 수 있음
등치선도를 구축하기 위한 3가지 기본적인 요소	조정점	조정점(Controlpoint)이란 가상된 통계표면상에 Z의 값을 가지고 있는 지점
	보간법	보간법(Interpolation)이란 각 조정점의 Z_i 값을 토대로 하여 등치선을 정확히 배치하는 것
	등치선의 간격	등치선의 간격이란 등치선 간의 수평적인 간격이 표면의 상대적인 경사도를 나타내는 것

GIS 소프트웨어의 주요 구성요소	• 자료 입출력 및 검색 • 자료저장 및 데이터베이스 관리 • 자료의 출력과 도식 • 자료의 변환 • 사용자와의 연계	
국가공간정보인프라 (NSDI ; National Spacial Data Infrastructure) 구성요소	• 클리어링 하우스 • 메타데이터 • 프레임워크데이트 • 표준 • 파트너쉽	
Data Warehouse (DW)의 요소	ETT/ETL	• Extract/Transformation/Transportation(추출/가공/전송) • Extract/Transformation/Load(추출/가공/로딩) • 데이터를 소스시스템에서 추출하여 DW에 Load시키는 과정
	ODS	• Operational Data Store(운영계 정보 저장소) • 비즈니스프로세스/AP중심적 데이터 • 기업의 실시간성 데이터를 추출/가공/전송을 거치지 않고 DW에 저장
	DW DB	어플리케이션 중립적, 주제지향적, 불변적, 통합적, 시계열적 공유 데이터 저장소
	Metadata	• DW에 저장되는 데이터에 대한 정보를 저장하는 데이터 • 데이터의 사용성과 관리 효율성을 위한 데이터에 대한 데이터
	Data Mart	• 특화된 소규모의 DW(부서별, 분야별) • 특정 비즈니스 프로세스, 부서, AP 중심적인 데이터 저장소
	OLAP	최종 사용자의 대화식 정보분석도구, 다차원정보 직접 접근
	Data Mining	• 대량의 데이터에서 규칙, 패턴을 찾는 지식 발견과정 • 미래 예측을 위한 의미 있는 정보 추출
Data Warehouse(DW)의 특징	Subject Oriented	업무중심이 아닌 특정 주제 지향적
	Non-Volatile	갱신이 발생하지 않는 조회 전용
	Integrated	필요한 데이터를 원하는 형태로 통합
	Time-Variant	시점별 분석이 가능

03 CHAPTER

특징

1. 표정

내부표정	• 내부표정이란 도화기의 투영기에 촬영 당시와 똑같은 상태로 양화건판을 정착시키는 작업으로 기계좌표로부터 지표좌표를 구한 다음 사진좌표를 구하는 단계적 표정임 － 주점의 위치 결정 － 화면거리(f)의 조정 － 건판의 신축 측정, 대기굴절, 지구곡률 보정, 렌즈수차 보정 • 내부표정이란 도화기의 투영기에 촬영시와 동일한 광학관계를 갖도록 장착시키는 작업으로 기계좌표로부터 지표좌표를 구한 다음 사진좌표를 구하는 단계적 표정 • 내부표정 좌표조정 변환식 － Helmert 변환 : 2차원 회전, 원점의 평행 이동량, 축척을 보정한 변환이며, 기계좌표계로부터 지표좌표계를 구하는 데 이용됨 － 2차원 등각 사상변환(Conformal transformation) : 직교기계좌표로부터 관측된 지표좌표를 사진좌표로 변환할 때 이용되며 축척변환, 회전변환, 평행변위 3단계로 이루어짐 － 2차원 부등각 사상변환(Affine transformation) : 비직교기계좌표로부터 관측된 지표좌표를 사진좌표로 변환할 때 이용
상호표정	 k_1의 작용　　　　k_2의 작용　　　　b_y의 작용 ϕ_1의 작용　　　　ϕ_2의 작용　　　　b_x의 작용 • 지상과의 관계는 고려하지 않고 좌우 사진의 양투영기에서 나오는 광속이 촬영 당시 촬영면에 이루어지는 종시차(ϕ)를 소거하여 목표 지형물의 상대위치를 맞추는 작업

	• 사진좌표로부터 사진기 좌표를 구한 다음 모델좌표를 구하는 단계적 표정 　- 비행기의 수평회전을 재현해 주는 (k, by) : z(높이)축 주의의 회전 　- 비행기의 전후 기울기를 재현해 주는 (ϕ, bz) : y축 주의의 회전 　- 비행기의 좌우 기울기를 재현해 주는 (ω) : x축 주의의 회전 　- 상호표정인자 : (k, ϕ, w, by, bz) 　- 과잉수정계수 $(o, c, f) = \dfrac{1}{2}\left(\dfrac{h^2}{d^2} - 1\right)$ [입체사진의 상호표정에서 오메가 (ω)로 종시차 　　 (by)를 없애기 위해 사용되는 수정계수를 말한다] 　　 k_1의 작용 $+ k_2$의 작용 $= b_y$의 작용 　　 φ_1의 작용 $+ \varphi_2$의 작용 $= b_z$의 작용 • 상호표정은 대상물과의 관계를 고려하지 않고 좌우사진의 양 투영기에서 나오는 광속 　이 이루는 종시차를 소거하여 입체모형 전체가 완전입체시 되도록 하는 작업 • 상호표정을 완료하면 3차원 입체모형좌표를 얻을 수 있음 • 사진좌표로부터 사진기 좌표를 구한 다음 모델좌표를 구하는 단계적 표정으로서 좌표 　변환식은 다음 조건을 이용 • 상호표정 좌표조정 변환식 　- 공선조건(Collinearity condition) : 공간상의 임의의 점과 그에 대응되는 사진상의 점 　　및 사진기의 투영중심이 동일 직선상에 있어야 할 조건, 입체사진측량에서 2개 이상 　　의 공선조건이 얻어지므로 대상물 3차원 좌표를 결정할 수 있음 　- 공면조건(Coplanarity condition) : 두 개의 투영중심과 공간상의 임의점 p의 두상 　　점이 동일평면상에 있기 위한 조건
절대표정	• 상호표정이 끝난 입체모델을 지상기준점(피사체기준점)을 이용하여 지상좌표(피사체 　좌표계)와 일치하도록 하는 작업 • 입체모형(Model) 2점의 X, Y 좌표와 3점의 높이 제트(Z) 좌표가 필요하므로 최소한 3 　점의 표정점이 필요함 • 모델좌표를 이용하여 절대좌표를 구하는 단계적 표정 　- 축척의 결정 　- 수준면(표고, 경사)의 결정 　- 위치(방위)의 결정 　- 절대표정인자 : $\lambda, \phi, \omega, k, b_x, b_y, b_z$ (7개의 인자로 구성) • 절대표정은 대지표정이라고도 하며 상호표정이 끝난 입체모형을 지상 기준점을 이용 　하여 대상물의 공간상 좌표계와 일치시키는 작업 • 모델좌표를 이용하여 절대좌표를 구하는 단계적 표정 • 대상물 3차원 좌표를 얻기 위한 조정법 　대상물 3차원 좌표를 얻기 위한 조정의 기본단위로는 블록, 스트립, 모델, 광속이 이용 　되며 실공간 3차원 좌표를 얻기 위한 조정법에는 다항식법, 독립모델법, 광속법, DLT 　방법 등이 있음
접합표정	• 한 쌍의 입체사진 내에서 한쪽의 표정인자는 전혀 움직이지 않고 다른 한쪽만을 움직 　여 그 다른 쪽에 접합시키는 표정법을 말하며, 삼각측정에 사용 　- 7개의 표정인자 결정 $(\lambda, k, \omega, \phi, c_x, c_y, c_z)$ 　- 모델 간, 스트립 간의 접합요소 결정(축척, 미소변위, 위치 및 방위)

2. 위성영상의 해상도

공간해상도 (Spatial resolution or Geomatric resolution)	• Spatial resolution이라고도 한다. • 인공위성영상을 통해 모양이나 배열의 식별이 가능한 하나의 영상소의 최소 지상면적을 뜻한다. • 일반적으로 한 영상소의 실제 크기로 표현된다. • 센서에 의해 하나의 화소(Pixel)가 나타낼 수 있는 지상면적, 또는 물체의 크기를 의미하는 개념 • 공간해상도의 값이 작을수록 지형·지물의 세밀한 모습까지 확인이 가능하고 이 경우 해상도는 높다고 할 수 있다.
분광해상도 (Spectral resolution)	• 가시광선에서 근적외선까지 구분할 수 있는 능력으로서 스펙트럼내에서 센서가 반응하는 특정 전자기파장대의 수와 이 파장대의 크기를 말한다. 　※ 스펙트럼(Spectrum) : 일반적으로 빛은 여러 파장의 빛이 합쳐져 있는데(중첩), 파장에 따른 성분의 분포를 스펙트럼이라고 한다. 즉 색체 지각에서 태양광선의 프리즘을 이용한 분광실험을 통해서 나타나는 여러 가지 색의 띠를 말한다. • 센서가 감지하는 파장대의 수와 크기를 나타내는 것을 말한다. • 좀 더 많은 밴드를 통해 물체에 대한 다양한 정보를 획득할수록 분광해상도가 높다고 표현된다. • 즉 인공위성에 탑재된 영상수집 센서가 얼마나 다양한 분광파장영역을 수집할 수 있는가를 나타낸다.
방사 또는 복사해상도 (Radiometric resolution)	• 인공위성 관측센서에서 수집한 영상이 얼마나 다양한 값을 표현할 수 있는가를 나타낸다. • 예를 들어 한 픽셀을 8bit로 표현하는 경우 그 픽셀이 내재하고 있는 정보를 총 256개로 분류할 수 있다는 의미가 된다. • 즉 그 픽셀이 표현하는 지상물체가 물인지, 나무인지, 건축물인지 256개의 성질로 분류할 수 있다는 것이다.
시간 또는 주기해상도 (Temporal resolution)	• 지구상 특정지역을 얼마만큼 자주 촬영할 수 있는지를 나타낸다. • 어떤 위성은 동일한 지역을 촬영하기 위해 돌아오는 데 16일이 걸리고 어떤 위성은 4일이 걸리기도 한다. • 주기 해상도가 짧을수록 지형변이 양상을 주기적이고 빠르게 파악할 수 있으므로 데이터베이스 축척을 통해 향후의 예측을 위한 좋은 모델링 자료를 제공한다고 할 수 있다.

3. 전자파(電磁波)

(1) 정의

정의	• 전자파의 원래 명칭은 전기자기파(電氣磁氣波)로서 이것을 줄여서 전자파(電磁波)라고 부른다. • 전기 및 자기의 흐름에서 발생하는 일종의 전자기에너지로서 전기장과 자기장이 반복하여 파도처럼 퍼져나가기 때문에 전자파라 부른다. • 파장이 짧은 것부터 순서대로 r선, x선, 자외선, 가시광선, 적외선, 전파로 분류한다. • 파장이 짧을수록 입자적 성질이 강해서 직진성과 지향성이 강하다.

(2) 분류

명칭			파장 범위	주파수 범위
r선			0.1nm	–
x선			0.1~10nm	–
자외선			10nm~0.4μm	750~3,000 TH_Z
가시광선			0.4μm~0.7μm	430~750 TH_Z
적외선	근적외선		0.7μm~1.3μm	230~430 TH_Z
	단파장적외선		1.3~3μm	100~230 TH_Z
	중적외선		3~8μm	38~100 TH_Z
	열적외선		8~14μm	22~38 TH_Z
	원적외선		14μm~1mm	0.3~22 TH_Z
전파	Submillimeter파		0.1~1mm	0.3~3 TH_Z
	마이크로파	Millimeter파(EHF)	1~10mm	30~300 GH_Z
		Centimeter파(SHF)	1~10cm	3~30 GH_Z
		Decimeter파(UHF)	0.1~1m	0.3~3 GH_Z
	초단파(VHF)		1~10m	30~300 MH_Z
	단파(HF)		10~100m	3~30 MH_Z
	중파(MF)		0.1~1km	0.3~3 MH_Z
	장파(LF)		1~10km	30~300 KH_Z
	초장파(VLF)		10~100km	3~30 KH_Z

(3) 특징

r선		• 원자핵반응에서 생성된다. • 방사성 물질의 감마방사는 저고도 항공기에 의해 감지된다(태양광으로부터의 입사과은 공기에 흡수).
x선		• 병원에서 진단을 목적으로 쓰인다. • 입사광은 공기에 의해 흡수되어 원격탐측에 이용되지 않는다.
Ultraviolet(자외선)		• 피부를 그을리는 주요원인이다. • 공기 중의 수증기에 흡수되기 쉬우므로 RS에서는 저고도 항공기에 의한 이용 외는 거의 사용되지 않는다. • 가시광선의 보라색 부분을 벗어난 부분을 말한다. • 지표상의 몇몇 물질, 주로 바위 혹은 광물질은 자외선을 비출 경우 가시광선을 방사하거나 형광현상을 보인다.
Visible(가시광선)		• 우리가 평소 빛이라고 칭한다. • 인간의 눈에 파장이 긴 쪽으로부터 순서대로 빨강, 주황, 노랑, 녹색, 파랑, 남색, 보라색의 이른바 무지개색으로 보인다. • 파장범위 : $0.4\mu m \sim 0.7\mu m$ • 인간의 눈으로 감지할수 있는 영역이다.
적외선	근적외선	• 식물에 포함된 염록소(클로로필)에 매우 잘 반응하기 때문에 식물의 활성도 조사에 사용된다.
	단파장(적외선)	• 식물의 함수량에 반응하기 때문에 근적외선과 함께 식생조사에 사용된다. • 지질판독조사에 사용된다.
	중적외선	특수한 광물자원에 반응하기 때문에 지질조사에도 사용된다.
	열적외선	수온이나 지표온도 등의 온도 측정에 사용된다.
전파	서브밀리메터파	–
	마이크로파	• 전자레인지에 쓰인다. • 레이더 또는 마이크로파복사에 이용된다.
	초단파	• 구름이나 비를 투과하므로 이를 이용한 RS를 전천후형 RS라고 한다. • 지표면의 평탄도, 함수량과 같은 표면의 성질에 관한 정보를 제공한다.
	단파	–
	중파	–
	장파	–
	초장파	–

4. 중력보정 및 중력이상

(1) 중력보정

		관측점 사이의 고도차가 중력에 미치는 영향을 제거하는 것
고도보정 (高度補正)	프리-에어보정 (Freeair correction)	물질의 인력을 고려하지 않고 고도만을 고려하여 보정, 즉 관측값으로부터 기준면 사이에 질량을 무시하고 기준면으로부터 높이(또는 깊이)의 영향을 고려하는 보정 관측된 중력값+고도차=프리-에어보정
	부게보정 (Bouguer correction)	• 관측점들의 고도차가 존재하는 물질의 인력이 중력에 미치는 영향을 보정하는 것 • 즉 물질의 인력을 고려하는 보정 • 측정점과 지오이드면 사이에 존재하는 물질이 중력에 미치는 영향에 대한 보정 관측된 중력값+고도차+물질의인력=프리-에어보정
지형보정 (Topographic 또는 Terrain correction)		• 지형보정은 관측점과 기준면 사이에 일정한 밀도의 물질이 무한히 퍼져 있는 것으로 가정하여 보정하는 것이지만 실제지형은 능선이나 계곡 등의 불규칙한 형태를 이루고 있으므로 이러한 지형영향을 고려한 보정 • 지형보정은 측점 주위의 높음과 낮음에 관계없이 보정값을 관측값에 항상+해주어야 함 관측된 중력값+고도차+물질의 인력+실제지형=지형보정
에트베스보정 (Eotvos correction)		• 선박이나 항공기 등의 이동체에서 중력을 관측하는 경우에 이동체 속도의 동·서 방향 성분은 지구자전축에 대한 자전각속도의 상대적인 증감효과를 일으켜서 원심가속도의 변화를 가져옴 • 지구에 대한 이동체의 상대운동의 영향에 의한 중력효과를 보정하는 것
조석보정 (Earth tide correction)		달과 태양의 인력에 의하여 지구 자체가 주기적으로 변형하는 지구 조석현상은 중력값에도 영향을 주게 되고 이것을 보정하는 것
위도보정 (Latitude correction)		지구의 적도반경과 극반경 차이에 의하여 적도에서 극으로 갈수록 중력이 커지므로 위도차에 의한 영향을 제거하는 것
대기보정 (Airmass correction)		대기에 의한 중력의 영향보정
지각균형보정 (Isostatic correction)		지각균형성에 의하면 밀도는 일정하지 않기 때문에 이를 보정하는 것 관측된 중력값+고도차+물질의 인력+실제지형+지각균형설=지각균형보정
계기보정 (Drift correction)		스프링 크리프현상으로 생기는 중력의 시간에 따른 변화를 보정

(2) 중력이상

프리-에어이상 (Freeair anomaly)	• 관측된 중력값으로부터 위도보정과 프리-에어보정을 실시한 중력값에서 기준 점에서의 표준중력값을 뺀 값 (프리-에어보정+위도보정) - 표준중력값＝Free-air anomaly • 프리-에어 이상은 관측점과 지오이드 사이의 물질에 대한 영향을 고려하지 않 았기 때문에 고도가 높은 점일수록 (+)로 증가
부게이상 (Bouguer anomaly)	• 중력관측점과 지오이드면 사이의 질량을 고려한 중력 이상 • 부게 이상은 지하의 물질 및 질량분포를 구하는 데 목적 • 프리-에어 이상에 부게보정 및 지형보정을 더하여 얻는 이상 • 프리-에어이상+부게보정＝Simple bouguer anomaly • 프리-에어이상+부게보정+지형보정＝Bouguer anomaly • 고도가 높을수록 (-)로 감소
지각균형이상 (地殼均衡異常)	• 지질광물의 분포상태에 따른 밀도차의 영향을 고려한 이상 • 부게 이상에 지각균형보정을 더하여 얻는 이상 부게이상+지각균형보정＝Isostatic anomaly

(3) 중력보정과 중력이상 비교

중력보정(Gravity correction)	중력이상(Gravity anomaly)
관측된 중력값+기준면상 값으로 보정＝중력보정	관측된 중력값 - 표준중력값＝중력이상
관측된 중력값+고도차＝프리-에어보정	(프리-에어보정+위도보정) - 표준중력값 ＝프리-에어이상
관측된 중력값+고도차+물질의 인력＝부게보정	프리-에어이상+부게보정＝단순부게이상
관측된 중력값+고도차+물질의 인력+실제지형＝지형보정	프리-에어이상+부게보정+지형보정＝부게이상
관측된 중력값+고도차+물질의 인력+실제지형+지각균형설＝지각균형보정	부게이상+지각균형보정＝지각균형이상

04 CHAPTER 분류

1. 지구와 천구의 기하학적 성질 비교

지구	천구	
	관측자 중심	지구를 확대
	• 모든 천체는 지구를 중심으로 하고 반경이 무한대인 구면상에 고정되어 있다고 생각하는데 이러한 가상 구면을 말함 • 천체를 포함하는 천구는 지구의 자전 때문에 하루에 한 번씩 동쪽에서 서쪽으로 회전하는 것처럼 보이는 데 이것을 천구의 일주운동이라 함	
대원과 소원 : 지구의 중심을 포함하는 임의의 평면과 지표면의 교선을 지구의 대원, 그 밖의 평면과 지표면의 교선을 지구의 소원이라 함	**대원과 소원** : 천구의 중심을 지나는 임의의 평면과 천구의 교선을 천구의 대원, 그 밖의 평면과 천구의 교선을 천구의 소원	
지축 : 지구의 자전축을 지축, 지축과 지표면의 두 교점을 북극과 남극이라 함	**천정과 천저** : 관측자의 연직선이 위쪽에서 천구와 만나는 점을 천정, 아래쪽에서 만나는 점을 천저라 함	**천축과 천극** : 지구의 회전축을 천구에 까지 연장한 것을 천축, 천축과 천구의 교점을 천극, 천극에는 천구북극, 남극이라 함
적도와 자오선 : 지축과 직교하여 지구중심을 지나는 평면과 지표면의 교선을 지구의 적도, 지구상 자오선은 양극을 지나는 대원의 북극과 남극 사이의 절반으로 중심각 180도의 대원호, 자오선은 적도와 직교하며 무수히 많음(자오선은 경선)	**지평선과 수직권** : 관측자의 연직선과 직교하는 평면과 천구의 교선인 대원을 천구지평선, 관측자의 연직선을 포함하는 임의의 평면과 천구의 교선을 수직권이라 함	**적도와 시간권** : 지구적도면의 연장과 천구의 교선인 대원을 천구적도, 천축을 포함하는 임의의 평면과 천구의 교선, 즉 천구의 양극을 지나는 대원을 시간권이라 함
경도와 위도 : 그리니치를 지나는 자오선을 본초자오선으로 하고 본초자오면과 지표상 한 점을 지나는 자오면이 만드는 적도면상 각거리를 경도, 동서로 각각 180도 • 측지경도(지리경도) • 천문경도 • 지표면상 한 점에 세운 법선이 적도면과 이루는 각을 그 지점의 위도 • 측지위도(지리위도)	**방위각과 고저각** : 관측자의 자오선과 어느 천체의 수직권 사이의 지평선상 각거리(0~360도 범위). 어느 천체를 포함하는 수직권을 따라 그 천체까지 지평선으로부터 잰 각 거리를 고저각이라 함	• **적경과 적위** : 고춘분점으로부터 어느 천체의 시간권의 발까지 적도를 따라 동쪽으로 잰 각거리 적경(360도를 24시간 표시). 어느 천체를 포함하는 시간권을 따라 적도로부터 그 천체까지 잰 각거리 적위

• 천문위도 • 지심위도 • 화성위도	• **시간각** : 적도상에서 자오선과 적도의 교점으로부터 천체를 통하는 시간권의 발까지 서쪽으로 잰 각거리
경위도원점	**춘분점과 추분점** : 황도와 적도의 교점을 분점이라 하는데 태양이 적도를 남에서 북으로 자르며 갈 때의 분점을 춘분점, 그 반대의 것을 추분점이라 한다. 춘분점은 천구 상에 고정된 점으로 적도좌표계와 황도좌표계의 원점
측지선 : 지표상 두 점간의 최단거리선으로서 지심과 지표상 두 점을 포함하는 평면과 지표면의 교선 즉 지표상의 두 점을 포함하는 대원의 일부	
항정선 : 자오선과 항상 일정한 각도를 유지하는 지표의 선으로서 그 선 내의 각점에서 방위각이 일정한 곡선	
자오선과 묘유선 • 지구상 자오선은 양극을 지나는 대원의 북극과 남극 사이의 절반으로 중심각 180도의 대원호 • 자오선은 적도와 직교하며 무수히 많음(자오선은 경선) • 타원체상 한 점의 법선을 포함하여 그 점을 지나는 자오면과 직교하는 평면과 타원체면의 교선을 묘유선이라 함	**자오선과 묘유선** • 관측자의 천정과 천극을 지나는 대원을 천구(천문)자오선이라 함 • 지구자오선은 수직권인 동시에 시간권 • 천구자오선은 한 지점에서는 유일하게 정해지며 관측자의 위치에 따라 달라짐 • 천구자오선과 지평선의 교점은 남점과 북점을 결정하고 이것을 연결한 직선이 일반측량에서 쓰이는 자오선 • 지평선상에서 남점과 북점의 2등분점은 동점과 서점이며 동점, 서점과 천정을 지나는 수직권은 묘유선(卯酉線)
라플라스 점과 라플라스 방정식 • 측지학적인 경위도와 방위각이 정하여진 삼각점에 있어 천문학적 경위도와 방위각을 구하였을 경우, 관측오차가 없다고 가정하면, 천문방위각과 측지방위각과의 차는 천문경위도와 측지경위도와의 차에 측지경도의 sin값을 곱한 것과 같다는 조건식을 라플라스 조건이라 함 • 측지 측지망이 광범위하게 설치된 경우에 측량오차가 누적되는 것을 피해야 함 • 따라서 200~300km마다 1점의 비율로 삼각점을 설정하여 천문경위도와 측지경위도를 비교하여 라플라스조건이 만족되도록 삼각측량과 천문측량이 함께 실시되는 기준점을 라플라스점이라 함	

구면삼각형과 구과량	
르장드르 정리 • 경위도 계산에 있어서 구면삼각형 적용은 평면 삼각형보다 계산이 복잡하고 시간이 많이 걸리 므로 단거리지역에서 평면사각형공식을 이용 하여 변의 길이를 구하는 방법에는 르장드르정 리와 슈라이브 정리가 있음 • 각 변이 그 구면의 반경에 비해서 매우 미소한 구면삼각형은 삼각형의 세 내각에서 각각 구과 량의 1/3을 뺀 각을 갖고 각 변 길이는 구면삼 각형과 같은 평면삼각형으로 간주하여 해석할 수 있음	
슈라이브 정리 구면상의 점에서 임의의 점에 내린 수선의 발에 대한 좌표를 매개로 수렴성이 좋고 150km 이하 의 단거리에 이용됨	

2. 지구의 운동

정의	• 지구의 운동에는 지구축의 주위를 회전하는 자전과 태양의 주위를 회전하는 공전 그리고 지구의 자전축이 황도면의 수직선에 대하여 23.5도의 각거리를 가지고 회전하는 세차 운동이 있음 • 이러한 운동은 시간과 계절의 변화, 일조시간의 변화 등 여러 가지 현상의 원 인이 되고 있음
자전 밤낮천일	**공전** 계일기태
• 지구는 하루에 한 번씩 지축을 중심으로 회전하고 있고, 태양을 기준으로 한번 자전하는 시간을 1태 양일이라 하며 24시간으로 정함 • 지구가 항성을 기준으로 한 번 자전하는 시간을 1 항성일이라 하고 23시간 56분 4초이며, 차이가 나 는 이유는 지구의 공전 때문임	• 지구는 태양을 중심으로 지축이 궤도면에 대하여 기울어져서 회전운동을 함 • 회전운동의 결과로 계절의 변화, 일조시간의 변화, 태양의 남중고도의 변화 등의 현상이 생김
1. 지구가 하루에 한 번씩 지축을 중심으로 회전하고 있으며 지구의 자전운동으로 밤과 낮이 생기고 천 구의 일주운동이 생기게 되는 운동	1. 공전으로 인하여 계절, 일조시간, 기온의 변화, 태 양의 남중고도에 대한 변화가 발생
2. 지구가 태양을 중심으로 한번 자전하는 시간을 1 태양일이라 하며 시간으로는 24시간	2. 태양은 황도를 따라 이동하며 주기를 1년으로 하 고 있으므로 태양의 적위는 +23.5도(하지)에서 − 23.5도(동지) 사이를 매일 약간씩 이동

3. 지구가 항성을 기준으로 한번 자전하는 시간을 1항성일이라 하며 시간으로는 23시간 56분 4초	3. 공전운동은 항성의 연주시차, 별빛의 광행차, 별빛의 시선속도의 연주시차 등으로 증명됨
4. 지구의 공전으로 인하여 1태양일과 1항성일의 차이가 발생	4. 1항성년 : 지구의 공전주기를 말하며 태양이 황도를 한 바퀴 도는 시간을 1항성년이라 하며 365.2564일이고, 시간은 365일 6시간 9분 9.5초임
5. 지구의 자전은 뉴턴역학에 근거하는 방법이며 코리올리효과와 후코진자로 입증될 수 있음	5. 1회귀년 : 태양이 춘분점을 출발하여 다시 춘분점으로 돌아오는 시간을 1회귀년이라 하며 365.2422일이고 시간으로는 365일 5시간 48분 46초임. 1회귀년이 1항성년보다 짧은 원인은 지구의 세차운동으로 춘분점이 동에서 서로 약 50초이동하기 때문
6. 세차 : 지구의 자전축이 황도면의 수직방향 주위를 각반경과 주기를 가지고 회전하는 현상이다.	6. 연주시차 : 지구공전궤도의 양끝에서 항성에 그은 두 직선이 이루는 각과 같으며 이것이 항성의 연주시차임
7. 장동 : 황도경사의 영향으로 태양과 달은 적도면의 위와 아래로 움직이므로 지구적도부의 융기부에 작용하는 회전능률도 주기적으로 변한다. 이처럼 자전축이 흔들리는 현상을 장동이라 함	7. 광행차 : 운동하고 있는 관측자에게는 별이 있는 참된 방향보다 조금 기울어진 방향으로 별빛이 오는 것처럼 보이는 현상

3. TIME

항성시(恒星時, LST ; Local Sidereal Time)		• 항성일은 춘분점이 연속해서 같은 자오선을 두 번 통과하는 데 걸리는 시간(23시간 56분 4초) • 이 항성일을 24등분하면 항성시가 되며 춘분점을 기준으로 관측된 시간을 항성시라 함
태양시 (太陽時, Solar Time)	시태양시 (時太陽時)	춘분점 대신 시태양을 사용한 항성시이며 태양의 시간각에 12시간을 더한 것으로 하루의 기점은 자정이 됨
	평균태양시 (平均太陽時)	시태양시의 불편을 없애기 위하여 천구적도상을 1년간 일정한 평균각속도로 동쪽으로 운행하는 가상적인 태양, 즉 평균태양의 시간각으로 평균 태양시를 정의하며 이것이 우리가 쓰는 상용시임
	균시차 (均時差)	시태양시와 평균태양시 사이의 차를 균시차라 함
세계시 (世界時, Universal Time ; UT)	표준시 (標準時)	• 지방시를 직접 사용하면 불편하므로 이러한 곤란을 해결하기 위하여 경도 15도 간격으로 전 세계에 24개의 시간대를 정하고 각 경도대 내의 모든 지점을 동일한 시간을 사용하도록 하는데 이를 표준시(標準時)라 함 • 우리나라의 표준시는 동경 135도를 기준으로 함
	세계시 (世界時)	표준시의 세계적인 표준시간대는 경도 0도인 영국의 그리니치를 중심으로 하며 그리니치 자오선에 대한 평균태양시를 세계시(世界時)라 함

역표시 (曆表時, Ephemeris Time ; ET)		지구는 자전운동뿐만 아니라 공전운동도 불균일하므로 이러한 영향 T를 고려하여 균일하게 만들어 사용한 것을 역표시라 함
경도		• 경도는 본초자오선과 적도의 교점을 원점(0, 0)으로 함 • 경도는 본초자오선으로부터 적도를 따라 그 지점의 자오선까지 잰 최소 각거리로 동서쪽으로 0°~180°까지 나타내며, 측지경도와 천문경도로 구분
	측지경도	본초자오선과 타원체상의 임의 자오선이 이루는 적도상 각거리
	천문경도	본초자오선과 지오이드상의 임의 자오선이 이루는 적도상 각거리
위도		• 위도(φ)란 지표면상의 한 점에서 세운 법선이 적도면을 0°로 하여 이루는 각으로서 남북위 0°~90°로 표시 • 위도는 자오선을 따라 적도에서 어느 지점까지 관측한 최소 각거리로서 어느 지점의 연직선 또는 타원체의 법선이 적도면과 이루는 각으로 정의됨 • 0°~90°까지 관측하며, 경도 1°에 대한 적도상 거리, 즉 위도 0°의 거리는 약 111km, 1′은 1.85km, 1″는 30.88m
	측지위도	지구상 한 점에서 회전타원체의 법선이 적도면과 이루는 각으로 측지분야에서 많이 사용
	천문위도	지구상 한 점에서 지오이드의 연직선(중력방향선)이 적도면과 이루는 각
	지심위도	지구상 한 점과 지구중심을 맺는 직선이 적도면과 이루는 각
	화성위도	지구중심으로부터 장반경(a)을 반경으로 하는 원과 지구상 한 점을 지나는 종선의 연장선과 지구중심을 연결한 직선이 적도면과 이루는 각

4. 지자기측량

3요소	편각	수평분력 H가 진북과 이루는 각. 지자기의 방향과 자오선이 이루는 각
	복각	전자장 F와 수평분력 H가 이루는 각. 지자기의 방향과 수평면과 이루는 각
	수평분력	전자장 F의 수평성분. 수평면 내에서의 지자기장의 크기(지자기의 강도)를 말하며, 지자기의 강도를 전자력의 수평방향의 성분을 수평분력, 연직방향의 성분을 연직분력이라 함
보정	지자기장의 위치에 따른 보정	위도보정으로서 수학적인 표현은 복잡하기 때문에 전세계적으로 관측된 지자기장의 표준값을 등자기선으로 표시한 자기분포도를 사용
	관측시간에 따른 보정	관측장소 부근의 일변화곡선을 작성하여 보정하는 것

	기준점 보정	관측장비에 충격을 가하든가 하면 자침의 평행위치는 쉽게 변하므로 관측구역 부근에 기준점을 설정하고 1일 수회 기준점에 돌아와 동일한 관측값을 얻는지 확인하여 보정을 하여야 함
변화	일변화	주로 태양에 의한 자외선, X선, 전자 등의 플라즈마(Plasma)로 인하여 지구 상층부의 대기권이 이온화되고, 전류가 생성되어 전자장이 유도됨으로써 생기는 변화로서, 24시간 주기로 변화
	영년변화	일변화에 비해 변화량이 크며, 수십 년 내지 수백 년에 걸쳐 변화한다. 영년변화의 원인은 맨틀이나 외핵의 운동에 의한 지구 내부의 지자기장 변화에 있는 것으로 생각됨
	자기풍 (자기폭풍)	• 주로 태양의 흑점의 변화에 의하여 발생하며 주기가 약 27일임 • 자기풍은 극지방에서 발생하는 경우가 많으며 적도지방에서 보다 강도가 크며 위도가 높아짐에 따라 지자력의 강도가 큼

5. 탄성파 측량

방법	굴절법 (Refraction method)	• 탄성파의 속도를 다르게 하여 지층의 경계에서 굴절시켜 전파된 굴절파를 이용하여 지반을 조사하는 것 • 지표면으로부터 낮은 곳의 측정
	반사법 (Reflection method)	지표면으로부터 깊은 곳의 측정

종류	종류	진동방향	속도 및 도달시간	특징
종류	P파(종파)	진행방향과 일치	• 속도 7~8km/sec • 도달시간 0분	• 모든 물체에 전파 • 아주 작은 폭
	S파(횡파)	진행방향과 직각	• 속도 3~4km/sec • 도달시간 8분	• 고체 내에서만 전파 • 보통 폭
	L파(표면파)	수평 및 수직	• 속도 3km/sec	• 지표면에 진동 • 아주 큰 폭

6. 묘유선, 항정선, 측지선

묘유선 (Prime vertical)	• 지표상 묘유선은 지구 타원체상 한 점의 법선(법선)을 포함하며 그 점을 지나는 자오면과 직교하는 평면과 타원체면과의 교선(交線) • 타원체면상 한 점에서 임의 방향의 수직단면의 곡률반경(曲率半徑)은 자오선(子午線) 곡률반경과 묘유선 곡률반경의 함수로 표시 $$M=\frac{a(1-e^2)}{\sqrt{1-e^2\sin^2\phi}},\ N=\frac{a}{\sqrt{1-e^2\sin^2\phi}},\ R=\sqrt{MN}$$ ※ R : 평균 곡률반경　　M : 자오선 곡률반경 　N : 묘유선 곡률반경　a : 장반경 　e : 이심률　　　　　ϕ : 위도
항정선 (등방위선, 사항선, Rhumb line, loxodrome)	• 자오선과 항상 일정한 각도를 유지하는 지표의 선으로서 그 선내의 각 점에서 방위각이 일정한 곡선 • 한 점에서 출발한 등방위선은 극으로 갈수록 나선 모양으로 수렴(收斂)하게 되며 항공기나 선박이 항상 일정한 방위로 항행을 계속한다면 그 궤적은 등방위선을 이루게 되며 결국에는 북극 또는 남극에 도달 • 선박이 나침반의 침로를 일정하게 유지하면서 항해하는 것은 가장 간편한 항법임 • 나침반의 침로를 일정하게 유지 했을 경우 배의 항적은 그 선내의 어느 곳에서든 항상 자오선에 대하여 일정한 방위각을 갖는 선행이 되는 것을 항정선이라 함 • 항행용(航行用) 해도(海圖)로 많이 사용되는 메르카토르도법에는 자오선이 평행하게 나타나므로 항정선은 직선으로 표시 • 항정선은 실제로 지구상의 최단거리인 대원(大圓)이 되지 않으며 계속 연장해 갈 경우 극(極)쪽을 향해 휘어 감기는 나선형을 이룸
측지선 (Geodetic line, Geodesic)	• 지표상의 두 점 간의 최단거리선으로서 지심(地心)과 지표상 두 점을 포함하는 평면과 지표면의 교선, 즉 지표상의 두 점을 포함하는 대원의 일부 • 다면체 또는 곡면상의 2점 간의 최단경로를 측지선이라 함 • 측지선은 타원체 표면상의 주어진 두 점 사이에서 최단거리를 갖도록 그려지는 선 • 타원체상의 측지선은 수직절선(평면곡선)의 일종으로 볼 수 있으나 단순한 수직절선과는 달리 이중곡률을 갖는 곡선 • 지선은 두 개의 수직절선 사이에 놓이며 두 수직절선 사이의 각을 2:1의 비율로 분할 • 타원체면상에서 곡선 길이의 차이, 중점에서의 곡선의 간격, 방위각의 차이는 미소하여 무시할 수 있음 • 측지선은 직접 관측할 수 없으며 오직 측지선으로 이루어진 삼각형에 관한 계산을 행할 수 있음

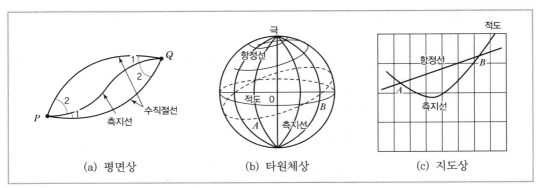

(a) 평면상	(b) 타원체상	(c) 지도상

[측지선과 항정선]

7. 세차(歲差)와 장동(章動)

개요	• 천구상(天球上) 모든 별의 시운동(視運動)은 좌표계의 원점이 되는 춘분점(春分點)이 黃道를 따라 1년에 50˝씩 서쪽으로 이동한다고 해석 • 황도는 변하지 않고 춘분점은 천구의 적도(赤道)와 황도의 교점이므로 춘분점의 운동은 천구의 적도와 이에 수직한 천극(天極)의 운동으로 생각할 수 있음 • 지구의 자전축이 황상면의 수직방향 주위를 각반경 23.5°의 주기를 가지고 회전운동하는 세차와 지구의 형상축이 자전축 주위를 약 15m 거리를 두고 도는 현상 즉 지구의 자전축이 흔들리는 장동이 발생

세차
(歲差,
Precession)
	• 적도면과 황도면의 교점인 춘분점이 황도(천구에서 태양의 궤도)를 따라 25,800년을 주기로 천천히 서쪽으로 이동하는 현상을 세차라 함
	• 즉 황극과 천극의 각거리는 황도경사각과 같으므로 천구의 북극은 황도의 북극을 중심으로 각반경 23.5°인 원을 그리며 360°÷50˝/년＝26,000년을 주기로 회전
	• 이는 지구의 자전축이 황도면의 수직방향 주위를 각반경과 주기를 가지고 회전하기 때문이며 이런 현상을 세차 운동이라 함
	• 세차 운동 결과
	  －지구상의 시간법에 영향을 미친다.
	  －1회귀년은 1항성년보다 조금 짧게 된다.
	
	<table><tr><td>1회귀년</td><td>태양이 춘분점을 떠나서 다시 춘분점에 돌아오는 시간 : 365일 5시 48분 46초</td></tr><tr><td>1항성년</td><td>지구의 공전주기 즉 태양이 황도를 한번 도는 시간 : 365일 6시 9분 9.5초</td></tr></table>
	  －별자리의 위치를 변화시킨다.
	  －모든 천체의 적경과 적위에도 영향을 끼친다.
	  －천문측량에서 적도좌표로 나타낸 천체의 위치 적경과 적위는 세차방정식과 표를 사용하여 최신의 기점에 맞도록 수정해 주어야 한다.

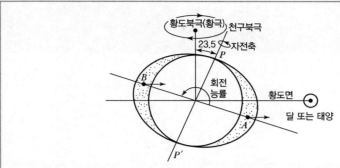

※ A는 B보다 강하게 달 또는 태양의 인력이 작용하므로 중력차가 일어나 회전능률 이 발생한다.

[세차운동]

<table>
<tr>
<td rowspan="2">

장동
(章動,
Nutation)</td>
<td>

• 황도 경사의 영향으로 달과 태양이 赤道面의 위와 아래로 움직이므로 달과 태양의 引力은 黃經 및 黃道傾斜角에 진폭은 작으나 주기적인 변화를 일으키는데, 이 현상을 장동이라 함
• 즉 지구 적도의 융기부에 작용하는 회전능률도 주기적으로 변하며, 이 변화는 지구의 형상 축이 자전축 주위를 약 15m 거리를 두고 불규칙하게 도는 현상을 일으킴. 이처럼 자전축 이 흔들리는 현상을 장동이라 함

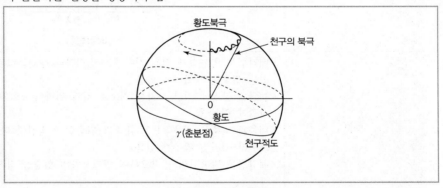

[세차와 장동의 조합]

• 장동의 결과
　- 챈들러 진동(Chandler wobble) : 큰 지진 등에 의하여 탄성이 큰 지구가 자전축과 일치 했던 위치에서 떨어져 나갔기 때문에 생기는 것이다.
　- 연주섭동 : 계절에 따라 눈이나 공기, 물의 분포가 변하기 때문에 일어나는 현상으로 지 구의 형상축의 운동은 지구자전 주기에 매년 0.0025초의 변화를 초래하며 지표상 위도 가 0.5″ 범위 내에서 변화하게 한다.</td>
</tr>
</table>

05 CHAPTER

수평각 비교

1. 배각법

관측방법	• 1개의 각을 2회 이상 반복 관측하여 그 평균값을 얻는 방법 • 1회 최후의 B를 시준한 때의 눈금이 α_n이라 하면, $$\angle AOB = \frac{\alpha_n - \alpha_0}{n}$$ 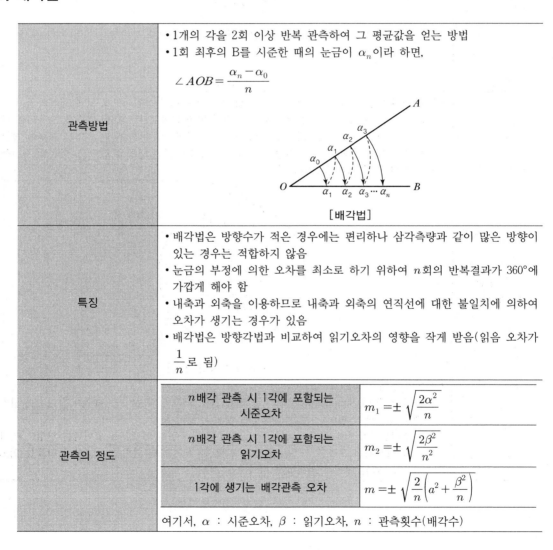 [배각법]
특징	• 배각법은 방향수가 적은 경우에는 편리하나 삼각측량과 같이 많은 방향이 있는 경우는 적합하지 않음 • 눈금의 부정에 의한 오차를 최소로 하기 위하여 n회의 반복결과가 360°에 가깝게 해야 함 • 내축과 외축을 이용하므로 내축과 외축의 연직선에 대한 불일치에 의하여 오차가 생기는 경우가 있음 • 배각법은 방향각법과 비교하여 읽기오차의 영향을 작게 받음(읽음 오차가 $\frac{1}{n}$로 됨)
관측의 정도	<table><tr><td>n배각 관측 시 1각에 포함되는 시준오차</td><td>$m_1 = \pm \sqrt{\dfrac{2\alpha^2}{n}}$</td></tr><tr><td>$n$배각 관측 시 1각에 포함되는 읽기오차</td><td>$m_2 = \pm \sqrt{\dfrac{2\beta^2}{n^2}}$</td></tr><tr><td>1각에 생기는 배각관측 오차</td><td>$m = \pm \sqrt{\dfrac{2}{n}\left(a^2 + \dfrac{\beta^2}{n}\right)}$</td></tr></table> 여기서, α : 시준오차, β : 읽기오차, n : 관측횟수(배각수)

2. 방향각법

관측방법	어떤 시준방향을 기준으로 한 측점 주위에 여러 개의 각이 있을 때 측정하는 방법 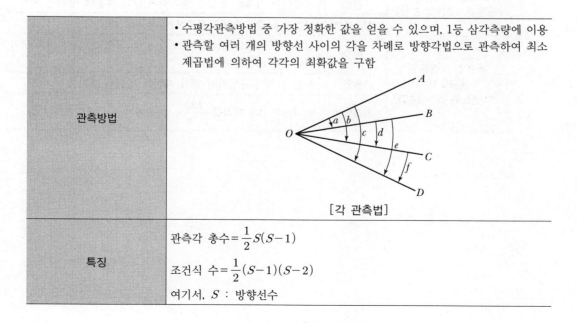 [방향각법]
특징	반복법에 비하여 시간이 절약되며 3등 이하의 삼각측량에 이용됨
관측의 정도	<table><tr><td>1방향에 생기는 오차</td><td>$m_1 = \pm\sqrt{\alpha^2 + \beta^2}$</td></tr><tr><td>각 관측(2방향의 차)의 오차</td><td>$m_2 = \pm\sqrt{2(\alpha^2 + \beta^2)}$</td></tr><tr><td>$n$회 관측한 평균값에 있어서의 오차</td><td>$m = \pm\sqrt{\dfrac{2}{n}(\alpha^2 + \beta^2)}$</td></tr></table>여기서, α : 시준오차, β : 일기오차, n : 관측횟수

3. 조합각관측법

관측방법	• 수평각관측방법 중 가장 정확한 값을 얻을 수 있으며, 1등 삼각측량에 이용 • 관측할 여러 개의 방향선 사이의 각을 차례로 방향각법으로 관측하여 최소제곱법에 의하여 각각의 최확값을 구함 [각 관측법]
특징	관측각 총수 $= \dfrac{1}{2}S(S-1)$ 조건식 수 $= \dfrac{1}{2}(S-1)(S-2)$ 여기서, S : 방향선수

4. 트랜싯의 6조정

(1) 조정이 완전하지 않기 때문에 생기는 오차(수평각 측정 시 필요한 조정)

제1조정 : 연직축오차 (평반기포관의 조정)	특징	평반기포관축은 연직축에 직교해야 함
	원인	연직축이 연직이 되지 않기 때문에 생기는 오차
	처리방법	소거불능
제2조정 : 시준축오차 (십자종선의 조정)	특징	십자종선은 수평축에 직교해야 함
	원인	시준축과 수평축이 직교하지 않기 때문에 생기는 오차
	처리방법	망원경을 정·반위로 관측하여 평균을 취함
제3조정 : 수평축오차 (수평축의 조정)	특징	수평축은 연직축에 직교해야 함
	원인	수평축이 연직축에 직교하지 않기 때문에 생기는 오차
	처리방법	망원경을 정·반위로 관측하여 평균을 취함

(2) 조정이 완전하지 않기 때문에 생기는오차(수평각 측정 시 필요한 조정)

제4조정 : 내심오차 (십자횡선의 조정)	특징	십자선의 교점은 정확하게 망원경의 중심(광축)과 일치하고 십자횡선은 수평축과 평행해야 함
	원인	기계의 수평회전축과 수평분도원의 중심이 불일치
	처리방법	180° 차이가 있는 2개(A, B)의 버니어의 읽음값을 평균으로 함
제5조정 : 외심오차 (망원경기포관의 조정)	특징	망원경에 장치된 기포관축(수준기)과 시준선은 평행해야 함
	원인	시준선이 기계의 중심을 통과하지 않기 때문에 생기는 오차
	처리방법	망원경을 정·반위로 관측하여 평균을 취함
제6조정 : 분도원 눈금오차 (연직분도원 버니어조정)	특징	시준선은 수평(기포관의 기포가 중앙)일때 연직분도원의 0°가 버니어의 0과 일치해야 함
	원인	눈금 간격이 균일하지 않기 때문에 생기는 오차
	처리방법	버니어의 0의 위치를 $\dfrac{180°}{n}$씩 옮겨가면서 대회관측을 함

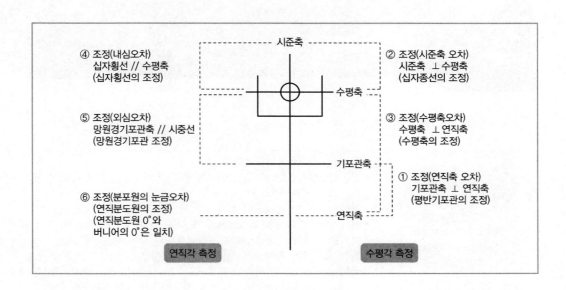

④ 조정(내심오차)
십자횡선 // 수평축
(십자횡선의 조정)

② 조정(시준축 오차)
시준축 ⊥ 수평축
(십자종선의 조정)

⑤ 조정(외심오차)
망원경기포관축 // 시중선
(망원경기포관 조정)

③ 조정(수평축오차)
수평축 ⊥ 연직축
(수평축의 조정)

① 조정(연직축 오차)
기포관축 ⊥ 연직축
(평반기포관의 조정)

⑥ 조정(분포원의 눈금오차)
(연직분도원의 조정)
(연직분도원 0°와
버니어의 0°은 일치)

시준축

수평축

기포관축

연직축

연직각 측정

수평각 측정

06 CHAPTER

해상도

공간해상도 (Spatial Resolution or Geomatric Resolution)	• Spatial resolution이라고도 함 • 인공위성영상을 통해 모양이나 배열의 식별이 가능한 하나의 영상소의 최소 지상면적을 뜻함 • 일반적으로 한 영상소의 실제 크기로 표현 • 센서에 의해 하나의 화소(Pixel)가 나타낼 수 있는 지상면적, 또는 물체의 크기를 의미하는 개념으로서 공간해상도의 값이 작을수록 지형·지물의 세밀한 모습까지 확인할 수 있고 이 경우 해상도는 높다고 할 수 있음 📄 1m 해상도란 이미지의 한 Pixel이 1m×1m의 가로·세로 길이를 표현한다는 의미로 1m 정도 크기의 지상물체가 식별가능함을 나타냄 • 해상도 숫자가 작아질수록 지형지물의 판독성이 향상됨을 의미
분광해상도 (Spectral resolution)	• 가시광선에서 근적외선까지 구분할 수 있는 능력으로서 스펙트럼 내에서 센서가 반응하는 특정 전자기파장대의 수와 이 파장대의 크기를 말함 • 센서가 감지하는 파장대의 수와 크기를 나타내는 말로서 좀 더 많은 밴드를 통해 물체에 대한 다양한 정보를 획득할수록 '분광해상도가 높다'라고 표현 • 인공위성에 탑재된 영상수집 센서가 얼마나 다양한 분광파장영역을 수집할 수 있는가를 나타냄 📄 어떤 위성은 Red, Green, Blue 영역에 해당하는 가시광선 영역의 영상만 얻지만 어떤 위성은 가시광선영역을 포함하여 근적외, 중적외, 열적외 등 다양한 분광영역의 영상을 수집할 수 있음 • 분광해상도가 좋을수록 영상의 분석적 이용 가능성이 높아짐
방사 또는 복사해상도 (Radiometric resolution)	• 인공위성 관측센서에서 수집한 영상이 얼마나 다양한 값을 표현할 수 있는가를 나타냄 📄 한 픽셀을 8bit로 표현하는 경우 그 픽셀이 내재하고 있는 정보를 총 256개로 분류할 수 있다는 의미 • 그 픽셀이 표현하는 지상물체가 물인지, 나무인지, 건축물인지 256개의 성질로 분류할 수 있다는 것 • 한 픽셀을 11bit로 표현한다면 그 픽셀이 내재하고 있는 정보를 총 2,048개로 분류할 수 있다는 것이므로 8bit인 경우 단순히 나무로 분류된 픽셀이 침엽수인지, 활엽수인지, 건강한지, 병충해가 있는지 등으로 자세하게 분류할 수 있다는 것 • 방사해상도가 높으면 위성영상의 분석정밀도가 높다는 의미
시간 또는 주기해상도 (Temporal resolution)	• 지구상 특정지역을 얼마만큼 자주 촬영 가능한지를 나타냄 • 어떤 위성은 동일한 지역을 촬영하기 위해 돌아오는 데 16일이 걸리고 어떤 위성은 4일이 걸리기도 함 • 주기 해상도가 짧을수록 지형변이 양상을 주기적이고 빠르게 파악할 수 있으므로 데이터베이스 축적을 통해 향후의 예측을 위한 좋은 모델링 자료를 제공한다고 할 수 있음

07 CHAPTER

표정

1. 표정

정의	사진상 임의의 점과 대응되는 땅의 점과의 상호관계를 정하는 방법으로 지형의 정확한 입체모델을 기하학적으로 재현하는 과정

2. 내부표정

정의 및 특징	내부표정이란 도화기의 투영기에 촬영당시와 똑같은 상태로 양화건판을 정착시키는 작업이다. • 주점의 위치결정 • 화면거리(f)의 조정 • 건판의 신축측정, 대기굴절, 지구곡률보정, 렌즈수차 보정
변환식	기계좌표로부터 지표좌표를 구한 다음 사진좌표를 구하는 단계적 표정으로서 좌표 변환식은 다음과 같다. • 2차원 Helmert 변환 　2차원 회전, 원점의 평행 이동량, 축척을 보정한 변환이며, 기계좌표계로부터 지표좌표계를 구하는 데 이용 • 2차원 등각 사상변환(Conformal transformation) 　– 직교기계좌표로부터 관측된 지표좌표를 사진좌표로 변환할 때 이용되며 축척변환, 회전변환, 평행변위 3단계로 이루어짐 　– 이 변환은 변환 후에도 좌표계의 모양이 변화하지 않으며 이 변환을 위해서는 최소한 2점 이상의 좌표를 알고 있어야 함 　– 점의 선택 시 가능한 한 멀리 떨어져 있는 점이 변환의 정확도를 향상시키며 2점 이상의 기준점을 이용하게 되며 최소제곱법을 적용하며 더욱 정확한 해를 얻을 수 있음 $x' = ax'' - by'' + x_0$ $y' = bx'' - ay'' + y_0$ 4개의 미지수 a, b, x_0, y_0 를 갖고 있으므로 4변수 변환이라고 한다. • 2차원 부등각 사상변환(Affine transformation) 　– 비직교기계좌표로부터 관측된 지표좌표를 사진좌표로 변환할 때 이용 　– helmert 변환과 자주 사용되어 선형왜곡보정에 이용

- Affine 변환은 2차원 등각사상변환에 대한 축척에서 x,y 방향에 대해 축척인자가 다른 미소한 차이를 갖는 변환으로 비록 실제 모양은 변화하지만, 평행선은 Affine 변환 후에도 평행을 유지
- Affine transformation(2차원 부등각사상변환)은 축척변환(Scale), 원점 이동량(Translation), 회전변환(Rotation) 등 3개의 미지변수가 주로 고려되는데 변수를 고려하여 일반화한 Affine transformation 식은 다음과 같음

$$x' = a_1 x'' - a_2 y'' + x_0$$
$$y' = b_1 x'' - b_2 y'' + y_0$$

위 식에서 미지수 $a_1, b_1, a_2, b_2, x_0, y_0$ 를 갖고 있으므로 6변수 변환이라고 한다.

3. 상호표정

| 정의 및 특징 | • 상호표정은 대상물과의 관계를 고려하지 않고 좌우 사진의 양 투영기에서 나오는 광속이 이루는 종시차를 소거하여 입체모형 전체가 완전입체시 되도록 하는 작업으로 상호표정을 완료하면 3차원 입체모형좌표를 얻을 수 있음
• 상호표정이란 항공기가 촬영 당시에 가지고 있던 기울기를 도화기에 그대로 재현시키는 과정
• 상호표정은 사진의 경사 및 투영위치의 이동을 조정하여 입체상을 만드는 작업
   – 비행기의 수평회전을 재현해 주는 (k, by)
   – 비행기의 전후 기울기를 재현해 주는 (ϕ, bz)
   – 비행기의 좌우 기울기를 재현해 주는 (ω)
   – 과잉수정계수 $(o, c, f) = \dfrac{1}{2}\left(\dfrac{h^2}{d^2} - 1\right)$
   – 상호표정인자 : (k, ϕ, w, by, bz)
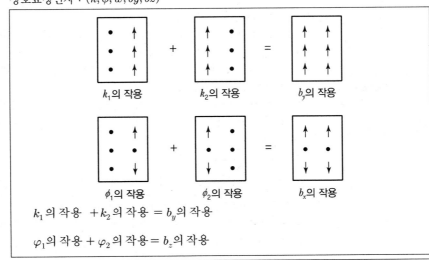
k_1의 작용 $+ k_2$의 작용 $= b_y$의 작용
φ_1의 작용 $+ \varphi_2$의 작용 $= b_z$의 작용 |

| 변환식 | 사진좌표로부터 사진기 좌표를 구한 다음 모델좌표를 구하는 단계적 표정으로서 좌표변환식은 다음 조건을 이용한다.
• 공선조건(Collinearity condition)
　- 공간상의 임의의 점(X, Y, Z)과 그에 대응되는 사진상의 점(x. y) 및 사진기의 투영중심(X_0, Y_0, Z_0)이 동일 직선상에 있어야 할 조건
　- 입체사진측량에서 2개 이상의 공선조건이 얻어지므로 대상물 3차원 좌표를 결정할 수 있음
• 공면조건(Coplanarity condition)
　- 두 개의 투영중심과 공간상의 임의점 p의 두상점이 동일평면상에 있기 위한 조건을 |

4. 절대표정(대지표정)

정의 및 특징	• 절대표정은 대지표정이라고도 하며 상호표정이 끝난 입체모형을 지상 기준점(피사체 기준점)을 이용하여 대상물의 공간상 좌표계와 일치시키는 작업. 모델좌표를 이용하여 절대좌표를 구하는 단계적 표정 • 입체모형(Model) 2점의 X, Y 좌표와 3점의 높이(Z) 좌표가 필요하므로 최소한 3점의 표정점이 필요함 　- 축척의 결정 　- 수준면(표고, 경사)의 결정 　- 위치(방위)의 결정 　- 절대표정인자 : $\lambda, \phi, \omega, k, b_x, b_y, b_z$(7개의 인자로 구성)
조정법	대상물 3차원 좌표를 얻기 위한 조정의 기본단위로는 블록, 스트립, 모델, 광속이 이용되며 실공간 3차원 좌표를 얻기 위한 조정법에는 다항식법, 독립모델법, 광속법, DLT 방법 등이 있음 • Polynomial method : 종접합모형(Strip)일 경우 • Independent Model Triangulation : IMT) : 입체모형(Model)일 경우 • Bundel adjustment : 사진일 경우 • DLT 법(Direct Liner Transformation)

5. 접합표정

| 정의 및 특징 | • 접합표정은 인접된 2개의 입체모형에 공통된 요소를 활용하여 입체모형의 경사와 축척등을 통일시키고 서로 독립된 입체모형좌표계로 표시되어 있는 입체모형좌표를 하나의 통일된 스트립좌표계로 순차적으로 변환하는 것
• 한 쌍의 입체사진 내에서 한쪽의 표정인자는 전혀 움직이지 않고 다른 한쪽만을 움직여 그 다른 쪽에 접합시키는 표정법을 말하며, 삼각측정에 사용
　- 7개의 표정인자 결정 $(\lambda, k, \omega, \phi, c_x, c_y, c_z)$
　- 모델 간, 스트립 간의 접합요소 결정(축척, 미소변위, 위치 및 방위) |

구분	내용

다항식조정법
(Polynomial method)
	• 정의 : 촬영경로, 즉 종접합모형(Strip)을 기본단위로 하여 종횡접합모형, 즉 블록을 조정하는 것으로 촬영경로마다 접합표정 또는 개략의 절대표정을 한 후 복수촬영경로에 포함된 기준점과 접합표정을 이용하여 각 촬영경로의 절대표정을 다항식에 의한 최소제곱법으로 결정하는 방법
	• 특징
	  - Strip을 단위로 하여 Block을 조정하는 것으로 각 스트립의 절대표정을 다항식에 의한 최소제곱법으로 조정
	  - 미지수는 표고와 수평위치조정으로 나누어 실시
	  - 각 점의 종접합모형좌표가 관측값으로 취급
	  - 수평위치 조정방법에는 Helmert 변환, 2차원등각사상변환을 이용
	  - 타 방법에 비해 기준점수가 많이 소요되고 정확도가 낮은 단점과, 계산량이 적은 장점

독립모델조정법
(Independent Model
Triangulation : IMT)
	• 정의 : 독립모델법의 특징은 입체모형(Model)을 기본단위로 하여 접합점과 기준점을 이용하여 여러 모델의 좌표를 조정하는 방법에 의하여 절대좌표를 환산하는 방법
	• 특징
	  - 각 Model을 기본단위로 하여 접합점과 기준점을 이용하여 여러모델의 좌표를 조정하여 절대좌표로 환산하는 방법
	  - 조정 방법은 X, Y, Z 동시 조정 방법과 Z를 분리하여 조정하는 방법으로 대별
	  - 복수의 입체모형이 수평위치에 대해서 헬머트(Helmert) 변환식(입체모형당 4개의 미지변수)과 높이에 대해서는 1차 변환식(입체모형당 3개의 미지변수)으로 결합
	  - 입체모형당 7개의 미지변수가 존재하며 각 점의 입체모형좌표가 관측값으로 취급
	  - 다항식에 비하여 기준점수가 감소되며 전체적인 정확도가 향상되므로 큰 종횡접합모형조정에 자주 이용

광속조정법 (Bundle Adjustment)	• 정의 : 상좌표를 사진좌표로 변환시킨 다음 사진좌표(Photo coordinate)로부터 직접 절대좌표(Absolute coordinate)를 구하는 것으로 종횡접합모형(block) 내의 각 사진상에 관측된 기준점, 접합점의 사진좌표를 이용하여 최소제곱법으로 각 사진의 외부표정요소 및 접합점의 최확값을 결정하는 방법 – 사진을 기본단위로 사용하여 다수의 광속을 공선조건에 따라 표정 – 상좌표를 사진좌표로 변환한 다음 직접 절대좌표로 환산 – 기준점 및 접합점을 이용하여 최소제곱법으로 절대좌표를 산정 – 각 점의 사진좌표가 관측값에 이용되며 가장 조정능력이 높은 방법 – 각 사진의 6개 외부표정요소($X_O,\ Y_O,\ Z_O,\ \omega,\ \phi,\ \kappa$)가 미지수 – 외부표정요소뿐만 아니라 주점거리, 주점위치변위, 렌즈 왜곡 및 필름 신축 등에 관련된 내부표정요소를 미지수로 조정하는 방법을 자체검정에 의한 광속법 또는 증가변수에 의한 광속법이라 함
DTL 방법 (Direct Linear Transformation)	• 정의 : 상좌표로부터 사진좌표를 거치지 않고 11개의 변수를 이용하여 직접 절대좌표를 구하는 방법 • 특징 – 직접선형변환(DLT : Direct Linear Trans‐formation)은 공선조건식을 달리 표현한 것 – 정밀좌표관측기에서 지상좌표로 직접변환이 가능 – 선형 방정식이고 초기 추정값이 필요치 않음 – 광속조정법에 비해 정확도가 다소 떨어짐

1. 구한말

① 구한국정부에서는 대삼각측량 착수 전에 미리 소삼각측량을 경인지역과 대구지역부근에서 실시 구소삼각점은 지역 내 약 5000방리를 1구역으로 하는 중앙부에 위치한 삼각점에서 북극점의 최대이각을 측정하여 진자오선과 방위각을 결정하였다.

② 그리고 이로부터 경·위도를 산출, 삼각점의 X, Y를 0으로 설정하고 단위를 간으로 하여 주변지역의 평면좌표를 계산하였다.

③ 구소삼각측량 : 선점, 조표, 기선측량, 북극성 방위각 및 수평각 관측, 수직각 관측, 계산

2. 토지조사사업

(1) 대삼각측량 작업과정(순서) 必 암기 ㉠㉯㉮㉰ ㉱㉲㉳ ㉴㉵㉶

기선측량	• 1910.6~1913.1 : ㉮㉯㉰㉱㉲㉳㉴㉵ ㉶㉷㉸㉹㉺㉻㉼㉽ㅡ1910.6(2.5km), 1913.10(3.4km) • 안동(2000.41516m) 평양(4625.47770m) 12대회
대삼각본점측량	변장평균 30km : 거제도·절영도·대마도의 유명산과 어악 400점(㉠㉡㉢ ㉣㉤ ㉥㉦㉧)
대삼각보점측량	변장평균 10km, 2,401점, ㉠㉡ ㉢㉣ ㉤㉥
소삼각1등측량	• 변장평균 5km, 31,646점(1, 2등) • 보통소삼각측량·변장평균 5km 31,646점(1, 2등) • 보통소삼각측량, 특별소삼각측량
소삼각2등측량	변장평균 2.5km
검조장	청진, 원산(1911), 진남포, 목포(1912), 인천(1914)
수준측량	2,823점 수준노선 : 6,629km
도근측량	3,551,606점
세부측량 (1필지측량)	19,107,520필지
지형측량	
지적조사	

3. 구한말 토지조사사업

(1) 개요

① 토지조사사업의 역사적인 고찰을 통해 재조명해보면 당시 시대적으로 보아 한일합방을 하지 않았다면 구한국정부에서 시행, 완료했을 것으로 사료되는 사업이다.

② 비록 일제에 의해 완성되어진 사업이지만 근대행정의 근간이 되는 각종 토지행정등의 자료를 확립했다는 점에서 근대 행정체계로 전환한 계기가 되었음을 부인할 수 없다.

(2) 토지조사기관의 연혁

① 양지아문(量地衙門)

② 지계아문(地契衙門)

③ 1910년 구한국정부에 설치된 토지조사국의 설치

(3) 구한말 토지제도의 특성

① 토지소유 형태가 경작자(소작농)와 지주(소유자)가 구분되었다.

② 토지에 대한 소유증명문건이 미비하였으므로 정확한 조사가 요구되었다.

③ 토지의 경계가 불분명하였다.

④ 토지 면적의 표현 방법에 통일성이 없었다.

(4) 토지조사사업

① 구소삼각측량

  ㉠ 서울 및 대구·경북 부근에 부분적으로 소삼각측량을 시행하였으며 이를 구소삼각측량지역이라 부른다.

  ㉡ 측량지역은 27개 지역이며 지역 내에 있는 구소삼각원점 11개의 원점이 있다.

  ㉢ 구소삼각원점은 토지조사사업이 끝난 후에 일반삼각점과 계산상으로 연결을 하였고, 측량지역은 다음과 같다.

경기도	시흥, 교동, 김포, 양천, 강화/진위, 안산, 양성, 수원, 용인/남양, 통진, 안성, 죽산, 광주/인천, 양지, 과천, 부평(19개 지역)
경상북도	대구, 고령, 청도, 영천, 현풍, 자인, 하양, 경산(8개 지역)

구소 삼각 원점	망산(間)	126° 22 ′ 24 ″ .596	37° 43 ′ 07 ″ .060	경기(강화)
	계양(間)	126° 42 ′ 49 ″ .124	37° 33 ′ 01 ″ .124	경기(부천, 김포, 인천)
	조본(m)	127° 14 ′ 07 ″ .397	37° 26 ′ 35 ″ .262	경기(성남, 광주)
	가리(間)	126° 51 ′ 59 ″ .430	37° 25 ′ 30 ″ .532	경기(안양, 인천, 시흥)
	등경(間)	126° 51 ′ 32 ″ .845	37° 11 ′ 52 ″ .885	경기(수원, 화성, 평택)
	고초(m)	127° 14 ′ 41 ″ .585	37° 09 ′ 03 ″ .530	경기(용인, 안성)
	율곡(m)	128° 57 ′ 30 ″ .916	35° 57 ′ 21 ″ .322	경북(영천, 경산)
	현창(m)	128° 46 ′ 03 ″ .947	35° 51 ′ 46 ″ .967	경북(경산, 대구)
	구암(間)	128° 35 ′ 46 ″ .186	35° 51 ′ 30 ″ .878	경북(대구, 달성)
	금산(間)	128° 17 ′ 26 ″ .070	35° 43 ′ 46 ″ .532	경북(고령)
	소라(m)	128° 43 ′ 36 ″ .841	35° 39 ′ 58 ″ .199	경북(청도)

② 측량작업과정 ⓢⓒⓖ ⓑⓢⓒ

선점	구소삼각점에 번호를 붙일 때 선점자의 冠者를 머리에 붙이도록 하였다.
조표	표석은 화강암으로 만들고 주석과 반석이 있으며 주석 상부 측면에 소삼각점이라고 한자로 기록하였다.
기선측량 (줄자)	• 권측으로 거리를 약측하고 직선항을 박은 후 경위의로서 정밀하게 직선을 결정하였다. • 사용기구는 경위의, 수준의, 강제권척, 온도계를 사용하였으며 측정은 4회 측정하여 평균하였다.
북극성 방위각 및 수평각 관측	• 20초독 경위의를 사용하였다. • 2등삼각점은 북극성의 최대방위각을 관측한 것으로 방위를 결정하였다. • 2등점 수평각 결정은 20초독 경위의로 관측하였지만 방식은 방향관측법으로 하였다. • 기선망의 관측은 4대회(윤곽도 0°, 45°, 90°, 135°)로 실시하였다. • 2등삼각점은 3대회(윤곽도 0°, 60°, 120°)로 실시하였다. • 3, 4등삼각점은 2대회(윤곽도 0°, 90°)로 실시하였다.
수직각 관측	• 각종 삼각점의 높이를 측정하기 위하여 수직각을 관측하였다. • 2등점에서는 정·반으로 관측하여 평균하였다. • 주석 상면에서 망원경 중심까지 수직거리를 측정하였다.
계산	• 기선전장 및 기선 삼각망 평균계산은 다음과 같다. 　-귀심계산 　-북극성에 의한 방위각계산 　-삼각망 평균계산 　-변장계산 　-평면직각 종횡선 수치계산 • 지구의 표면을 간주하여 구과량을 고려하지 않았다. • 삼각망계산에는 근사법을 사용하였다.

5. 토지조사측량

기선측량	개요	우리나라의 기선측량은 1910년 6월 대전기선(大田基線)의 위치선정을 시작으로 하여 1913년 10월 함경북도 고건원기선측량(古乾原基線測量)을 끝으로 전국의 13개소에서 실시하였다. 기선측량은 삼각측량에 있어서 최소한 삼각형의 한 변을 알 수 있기 때문에 삼각측량에서 필수조건이라 할 수 있다.			
	위치와 길이 대노안하 의평영 간함길강 혜고	기선의 위치	기선길이(m)	기선의 위치	기선길이(m)
		대전	2500.39410	간성	3126.11155
		노량진	3075.97442	함흥	4000.91794
		안동	2000.41516	길주	4226.45669
		하동	2000.84321	강계	2524.33613
		의주	2701.23491	혜산진	2175.31361
		평양	4625.47770	고건원	3400.81838
		영산포	3400.89002		
	계산 방법	• 직선의 계산 • 경사보정의 계산 • 온도보정의 계산 • 기선척전장의 계산 • 중등해수면상 화성수 계산 • 천체측량의 계산 • 전장평균의 계산			
	특징	• 가장 긴 기선 : 평양기선 • 가장 짧은 기선 : 안동 기선 • 가장 북쪽 기선 : 고건원 기선 • 가장 남쪽 기선 : 하동 기선 • 가장 처음 설치한 기선 : 대전 기선 • 가장 나중 설치한 기선 : 고건원 기선 • 가장 정확한 기선 : 고건원 기선 • 가장 부정확한 기선 : 강계기선			
대삼각본점측량 (평균변장 30km)		• 1910년 경상남도를 시작하여 총 400점을 측정하였으며 본점망의 배치는 최종확대변을 기초로 하여 경도 20분, 위도 15분의 방안 내 1개점이 배치되도록 전국을 23개 삼각망으로 나누어 작업을 실시하였다. • 당초 구상으로는 경위도원점을 한국의 중앙부에 설치하려고 하였으나, 시간과 경비 문제로 대마도의 유명산(有明山)과 어령(御嶺)의 1등 삼각점과 한국남단의 거제도(巨濟島)와 절영도(絕影島)를 연결하여 자연적으로 남에서 북으로 삼각망 계산이 진행되게 되었다. • 평균점간거리 : 30km			

	기선망	기선을 1변으로 배치하는 망
	대회수	12대회 내각과의 폐색차 ±2초 이내
	대삼각본점	• 거제도와 절영도 • 6대회 내각과의 폐색차 5초 이내 구과량을 계산하였다.
	측량과정 선조수 기본 쓰측성	• **선**점 • **조**표 • **수**평각 관측(6대회 : 0°, 30°, 60°, 90°, 120°, 150°) • **기**선망 및 본점삼각망 계산 • **쓰**시마연락망 계산 • **측**량의 3대 원점 • **성**과표 작성
대삼각보점측량 (평균변장 10km)		• 대삼각본점 상호간의 거리가 멀어 소삼각측량의 기지점으로 적합하지 않아 경도 20분, 위도 15분의 방안 내에 기지본점을 포함, 9점의 비율로 삼각점을 설치하여 각 삼각점 간의 거리를 약 10km가 되도록 하였으며 이것을 대삼각보점이라 한다(총수 2,401점 측정) • 측량과정 점선 점표 수계 − **점**의 구성 − **선**점 − **점**표 − **표**석매설 − **수**평각관측(6대회 : 0°, 30°, 60°, 90°, 120°, 150°) − **계**산
보통소삼각측량 (소삼각1등 : 5km, 소삼각2등 : 2.5km)		대삼각측량을 기초로 하여 시행했으며 극히 제한된 일부분을 제외한 지역 전부가 이 구역으로 속하며 측량은 1등점과 2등점(31,642점 : 1, 2등점)의 2종류로 나누어서 시행하였으며 대삼각보점에 의하여 측량한 것을 **보통소삼각측량**이라 한다.
특별소삼각측량		• 1912년 임시토지조사국에서 시가지세를 조급하게 징수하여 재정수요에 충당할 목적으로 대삼각측량을 끝마치지 못한 평양, 울릉도 등 19개 지역에 대해서는 독립된 소삼각측량을 실시하여 후에 이를 통일원점지역의 삼각점과 연결하는 방식을 취하였다. • 시대 : 임시토지조사국 • 원점 : 그 측량지역의 서남단(원점의 결정은 기선의 한쪽 점에서 북극점 또는 태양의 고도관측에 의하여 진자오선과 방위각을 결정) • 수치 : 종선에 1만m, 횡선에 3만m로 가정 • 측량 : 천문측량 • 실시지역 : 평양·의주·신의주·전남포·전주/강경·원산·함흥·청진·경성/나남·회령·진주·마산·광주/목포·나주·군산·울릉(19개 지역) • 단위 : m
수준측량	험조장 (驗潮場) 설치	• 국토의 평균해수면을 결정하여 수준측량의 기초로 사용하기 위하여 설치 • 임시토지조사국에서 **청진·원산**(1911년), **진남포·목포**(1912년), **인천**(1914년) 설치완료

	수준점의 관측	• 기간 : 1910.3~1915.11 • 관측점수 : 2,823점 • 측정선로의 길이 : 6,693km
도근측량	점수	3,551,606점
		• 도근점은 1/1200은 원도 내에 6점 이상 배치하고 점간거리는 150m 이내로 하였고 1/600은 도근점 8점 이상, 점간거리는 100m 이내 • 거리측정은 1/1200 또는 1/2400에서는 10cm까지, 1/6000에서는 측거사 또는 양거척으로 5cm까지 읽은 중수를 적용 • 1등 도선은 Ⅰ, Ⅱ, Ⅲ의 로마숫자, 2등 도선은 A, B, C의 영문으로 표기
세부측량	필지	19,107,520필지
		• 세부측량은 삼각점 또는 도근점에 근거하여 도해법으로 실시하고 경계는 직선으로 하여 지번, 지목, 소유자 등을 기록하는 측량원도를 조제 • 축척은 1/600, 1/1200, 1/2400으로 구분하여 일필지측량은 지형에 따라 교회법, 도선법, 광선법, 종횡법 중 취사선택

4. 우리나라 삼각점(三角點) 및 경위도(經緯度) 원점(原點)의 역사

(1) 개요

① 구한국정부에서는 대삼각측량 착수 전에 미리 소삼각측량을 경인지역과 대구지역 부근에서 실시하였다.

② 구소삼각점은 지역 내 약 5000방리를 1구역으로 하는 중앙부에 위치한 삼각점에서 북극점의 최대이각을 측정하여 진자오선과 방위각을 결정, 이로부터 경·위도를 산출 삼각점의 X·Y를 0으로 설정하고 단위를 간으로 하여 주변 지역의 평면좌표를 계산하였다.

③ 현재 국가기준점 체계는 기본적으로 1910년대 토지조사사업의 일환으로 실시된 기준점체계를 이용하였으나 2009년 12월 10일 이후는 세계측지계에 따라 측정한 지리학적 경위도와 높이로 표시한다.

(2) 구소삼각측량

① 서울 및 대구·경북 부근에 부분적으로 소삼각측량을 시행하였으며 이를 구 소삼각측량지역이라 부른다.

② 측량지역은 27개 지역이며, 지역 내에 있는 구소삼각원점 11개의 원점이 있다.

③ 토지조사사업이 끝난 후에 일반삼각점과 계산상으로 연결을 하였으며 측량지역은 다음과 같다.

경기도	시흥, 교동, 김포, 양천, 강화/진위, 안산, 양성, 수원, 용인/남양, 통진, 안성, 죽산, 광주/인천, 양지, 과천, 부평(19개 지역)			
경상북도	대구, 고령, 청도, 영천, 현풍, 자인, 하양, 경산(8개 지역)			
구소 삼각 원점	망산(間)	126° 22′ 24″.596	37° 43′ 07″.060	경기(강화)
	계양(間)	126° 42′ 49″.124	37° 33′ 01″.124	경기(부천, 김포, 인천)
	조본(m)	127° 14′ 07″.397	37° 26′ 35″.262	경기(성남, 광주)
	가리(間)	126° 51′ 59″.430	37° 25′ 30″.532	경기(안양, 인천, 시흥)
	등경(間)	126° 51′ 32″.845	37° 11′ 52″.885	경기(수원, 화성, 평택)
	고초(m)	127° 14′ 41″.585	37° 09′ 03″.530	경기(용인, 안성)
	율곡(m)	128° 57′ 30″.916	35° 57′ 21″.322	경북(영천, 경산)
	현창(m)	128° 46′ 03″.947	35° 51′ 46″.967	경북(경산, 대구)
	구암(間)	128° 35′ 46″.186	35° 51′ 30″.878	경북(대구, 달성)
	금산(間)	128° 17′ 26″.070	35° 43′ 46″.532	경북(고령)
	소라(m)	128° 43′ 36″.841	35° 39′ 58″.199	경북(청도)

③ 측량작업과정 ㉜㉛㉐ ㉵㉖㉓

선점	구소삼각점에 번호를 붙일 때 선점자의 冠者를 머리에 붙이도록 하였다.
조표	표석은 화강암으로 만들고 주석과 반석이 있으며 주석 상부 측면에 소삼각점이라고 한자로 기록하였다.
기선측량 (줄자)	권측으로 거리를 약측하고 직선항을 박은 후 경위의로서 정밀하게 직선을 결정하였으며 사용기구는 경위의, 수준의, 강제권척, 온도계를 사용하였으며 측정은 4회 측정하여 평균하였다.
북극성 방위각 및 수평각 관측	• 20초독 경위의를 사용하였다. • 2등삼각점은 북극성의 최대방위각을 관측한 것으로 방위를 결정하였다. • 2등점 수평각 결정은 20초독 경위의로 관측하였지만 방식은 방향관측법으로 하였다. • 기선망의 관측은 4대회(윤곽도 0°, 45°, 90°, 135°)로 실시하였다. • 2등삼각점은 3대회(윤곽도 0°, 60°, 120°)로 실시하였다. • 3, 4등삼각점은 2대회(윤곽도 0°, 90°)로 실시하였다.
수직각 관측	• 각종 삼각점의 높이를 측정하기 위하여 수직각을 관측하였다. • 2등점에서는 정·반으로 관측하여 평균하였다. • 주석 상면에서 망원경 중심까지 수직거리를 측정하였다.
계산	• 기선전장 및 기선 삼각망 평균계산은 다음과 같다. 　－귀심계산 　－북극성에 의한 방위각계산 　－삼각망 평균계산 　－변장계산 　－평면직각 종횡선 수치계산 • 지구의 표면을 간주하여 구과량을 고려하지 않았다. • 삼각망계산에는 근사법을 사용하였다.

(3) 삼각점

① 1909년 구한국정부의 도지부에서 측지사업을 착수하였으나 1910년 8월 한일합방으로 인하여 그 사업이 중단되어 일본 조선총독부 임시토지조사국에 의해 승계되었다.

② 삼각측량의 역사

　㉠ 1910년~1918년까지 동경원점을 기준으로 하여 삼각점(1등~4등)의 경위도와 평면 직각좌표가 결정됨

　㉡ 삼각점수는 총 31,994점 설치

　㉢ 1950.6.25 전쟁으로 인하여 기준점이 망실

　㉣ 1960년대 후 복구사업 시작

　㉤ 6.25 동란 후 국립건설연구소 및 국립지리원(1974년 창설)에서 실시한 삼각점의 재설 및 복구작업에 신뢰할 수 없어 1975년부터 지적법에 근거하여 국가기준점성과는 별도로 지적삼각점과 지적삼각보조점을 설치함

　㉥ 1975년부터 1, 2등 삼각점을 대상으로 정밀 1차 기준점측량 계획실시

　㉦ 1985년부터 3, 4등 삼각점을 대상으로 정밀 2차 기준점측량 계획실시

(4) 토지조사측량

기선측량	개요	우리나라의 기선측량은 1910년 6월 대전기선(大田基線)의 위치선정을 시작으로 하여 1913년 10월 함경북도 고건원기선측량(古乾原基線測量)을 끝으로 전국의 13개소의 기선측량을 실시하였다. 기선측량은 삼각측량에 있어서 최소한 삼각형의 한 변을 알 수 있기 때문에 기선측량은 삼각측량에서 필수조건이라 할 수 있다.			
	위치와 길이 ㉲㉭㉫㉩ ㉪㉯㉵ ㉰㉱㉬㉮ ㉠㉢	기선의 위치	기선길이(m)	기선의 위치	기선길이(m)
		대전	2500.39410	간성	3126.11155
		노량진	3075.97442	함흥	4000.91794
		안동	2000.41516	길주	4226.45669
		하동	2000.84321	강계	2524.33613
		의주	2701.23491	혜산진	2175.31361
		평양	4625.47770	고건원	3400.81838
		영산포	3400.89002		
	계산 방법	• 직선의 계산 • 경사보정의 계산 • 온도보정의 계산 • 기선척전장의 계산 • 중등해수면상 화성수 계산 • 천체측량의 계산 • 전장평균의 계산			

	특징	• 가장 긴 기선 : 평양기선 • 가장 짧은 기선 : 안동 기선 • 가장 북쪽 기선 : 고건원 기선 • 가장 남쪽 기선 : 하동 기선 • 가장 처음 설치한 기선 : 대전 기선 • 가장 나중 설치한 기선 : 고건원 기선 • 가장 정확한 기선 : 고건원 기선 • 가장 부정확한 기선 : 강계기선
대삼각본점 측량 (평균변장 30km)		• 1910년 경상남도를 시작하여 총 400점을 측정하였으며 본점망의 배치는 최종확대변을 기초로 하여 경도 20분, 위도 15분의 방안 내 1개점이 배치되도록 전국을 23개 삼각망으로 나누어 작업을 실시하였다. • 당초 구상으로는 경위도원점을 한국의 중앙부에 설치하려고 하였으나 시간과 경비문제로 대마도의 유명산(有明山)과 어령(御嶺)의 1등 삼각점과 한국남단의 거제도(巨濟島)와 절영도(絕影島)를 연결하여 자연적으로 남에서 북으로 삼각망 계산이 진행되게 되었다. • 평균점간거리 : 30km
	기선망	기선을 1변으로 배치하는 망
	대회수	12대회 내각과의 폐색차 ±2초 이내
	대삼각본점	• 거제도와 절영도 • 대회수 6대회 내각과의 폐색차 5초 이내 구과량을 계산하였다.
	측량과정 선조수 기문 쓰측성	• 선점 • 조표 • 수평각 관측(6대회 : 0°, 30°, 60°, 90°, 120°, 150°) • 기선망 및 본점삼각망 계산 • 쓰시마연락망 계산 • 측량의 3대 원점 • 성과표 작성
대삼각본점측량 (평균변장 10km)		• 대삼각본점 상호간의 거리가 멀어 소삼각측량의 기지점으로 적합하지 않아 경도 20분, 위도 15분의 방안 내에 기지본점을 포함 9점의 비율로 삼각점을 설치하여 각 삼각점간의 거리를 약 10km가 되도록 하였으며 이것을 대삼각보점이라 한다(총수 2,401점 측정). • 측량과정 점선 점표 수계 - 점의 구성 - 선점 - 점표 - 표석매설 - 수평각관측(6대회 : 0°, 30°, 60°, 90°, 120°, 150°) - 계산

보통소삼각측량 (소삼각1등 : 5km, 소삼각2등 : 2.5km)	대삼각측량을 기초로 하여 시행했으며 극히 제한된 일부분을 제외한 지역 전부가 이 구역으로 속하며 측량은 1등점과 2등점(31,642점 : 1, 2등점)의 2종류로 나누어서 시행하였으며 대삼각보점에 의하여 측량한 것을 **보통소삼각측량**이라 한다.	
특별소삼각측량	• 1912년 임시토지조사국에서 시가지세를 조급하게 징수하여 재정수요에 충당할 목적으로 대삼각측량을 끝마치지 못한 평양, 울릉도 등 19개 지역에 대해서는 독립된 소삼각측량을 실시하여 후에 이를 통일원점지역의 삼각점과 연결하는 방식을 취하였다. • 시대 : 임시토지조사국 • 원점 : 그 측량지역의 서남단(원점의 결정은 기선의 한쪽 점에서 북극점 또는 태양의 고도관측에 의하여 진자오선과 방위각을 결정) • 수치 : 종선에 1만m, 횡선에 3만m로 가정 • 측량 : 천문측량 • 실시지역 : 평양·의주·신의주·전남포·전주/강경·원산·함흥·청진·경성/나남·회령·진주·마산·광주/목포·나주·군산·울릉(19개 지역) • 단위 : m	
수준측량	험조장 (驗潮場) 설치	• 국토의 평균해수면을 결정하여 수준측량의 기초로 사용하기 위하여 설치 • 임시토지조사국에서 청진, 원산(1911년), 진남포, 목포(1912년), 인천(1914년) 설치완료
	수준점의 관측	기간 : 1910.3~1915.11 관측점수 : 2,823점 측정선로의 길이 : 6,693km
도근측량	점수	3,551,606점
	• 도근점은 1/1200은 원도 내에 6점 이상 배치하고 점간거리는 150m 이내로 하였고 1/600은 도근점 8점 이상 점간거리는 100m 이내 • 거리측정은 1/1200 또는 1/2400에서는 10cm까지, 1/6000에서는 측거사 또는 양거척으로 5cm까지 읽은 중수를 적용 • 1등 도선은 Ⅰ, Ⅱ, Ⅲ의 로마숫자, 2등 도선은 A, B, C의 영문으로 표기	
세부측량	필지	19,107,520필지
	• 세부측량은 삼각점 또는 도근점에 근거하여 도해법으로 실시하고 경계는 직선으로 하여 지번, 지목, 소유자 등을 기록하는 측량원도를 조제 • 축척은 1/600, 1/1200, 1/2400으로 구분하여 일필지측량은 지형에 따라 교회법, 도선법, 광선법, 종횡법 중 취사선택	

① 평면직각좌표의 원점

㉠ 평면직각좌표의 원점은 통일원점 4개, 구소삼각원점 11개로 구성되어 있으며 통일원점은 북위 38° 부근에 위치하고 있음

㉡ 구소삼각원점은 경기도지역과 경북지역의 구소삼각측량 시행지역에 위치함

ⓒ 경기도 : 시흥, 김포, 교동, 양천, 강화/진위, 안산, 양성, 수원, 용인/남양, 통진, 안성, 죽산, 광주/인천, 양지, 과천, 부평(19개 지역)

ⓔ 경상북도 : 대구, 고령, 청도, 영천, 현풍, 자인, 하양, 경산(8개 지역)

② 투영법

우리나라는 토지조사사업의 일환으로 1910년대에 조선총독부에서 계획하고 시행한 삼각점의 경위도를 평면직각좌표로 변환하는 계산에서 Bessel 지구타원체와 가우스상사 이중투영법(Gauss conformal double projection)이 이용되었으며 1950년대 이후 1/50,000, 1/25,000지형도 등을 Gauss kruger도법으로 지적도는 가우스상사 이중투영법으로 제작하였다.

③ 동경원점

㉠ 일본은 1880년대에 근대적 측지측량을 착수하게 됨에 따라 원점이 필요하게 되어 원점을 동경의 국토지리원 구내에 설치하고 1885년에 원점에 대한 관측을 완료하여 그 결과를 발표함

㉡ 이후 관동대지진에 의하여 일본원점의 자오환이 파괴되어 구체적인 원점위치가 없어지게 되었을 뿐만 아니라 단파산, 비야산, 삼각점의 수평위치가 변화함

㉢ 이로 인해 복구측량이 실시되었으며 이때 파괴된 자오환 중심과 신설된 1등삼각보점과의 방위각이 실측됨

㉣ 경도는 당초 짓트만점값을 채용하였지만 1918년 문부성고시에 의하여 현재 경도값인 대자오중심의 값으로 변경함. 당시 짓트만점의 경도를 대자오의 중심 값으로 보정한 경도와 문부성고시에 의한 대자오의 중심의 경도와의 차가 +10.405″인 것으로 나타나 모든 삼각점의 경도에 +10.405″를 더하게 됨

㉤ 임시토지조사국에서 삼각점의 설치는 일본의 삼각측량과 연결하기 위해 대마도의 일등 삼각점인 대마도 어악(御嶽)과 유명산(有明山)에서 우리나라의 남단인 절영도(絶影島)와 거제도(巨濟島)의 삼각점에 연결한 4각망 형태로서 이를 소위 대마도 연락망이라 함

㉥ 대마도 연락망 삼각점을 계산한 성과표

위치	동경(경도)	북위(위도)
일본동경원점	139°44′40.5020″ E	35°39′17.5148″ N
유명산	129°16′02.148″ E	34°12′04.331″ N
어악산	129°22′19.228″ E	34°33′41.873″ N
거제도	128°41′34″.1968E	34°50′56″.7549N
절영도	129°03′16″.2455E	35°04′45″.0656N
동경원점의 원방위각 : 녹야산 1등삼각점 156°25′28.442″		

(5) 대한민국 경위도원점

① 대한민국 경위도원점 설치사업은 국립지리원의 장기계획에 의해 1981.8~1985.10까지 정밀천문측량을 실시하여 완료되었다.

② 측량법 제19조 제1항의 규정에 의한 국립지리원 고시 제57호로 경위도원점 수치가 고시되고, 수원시 팔달구 원천동 111번지 국토지리정보원 내에 설치하였다.

③ 원 방위각은 진북을 기준하여 우회로 측정한 원방위 기준점에 이르는 방위각이다.

④ 우리나라의 최근에 설치된 경위도 원점은 2002년 1월 1일 관측하여 2003년 1월 1일 고시하였으며 대한민국 경위도원점의 변경 전, 후 성과는 다음과 같다.

지점	경기도 수원시 영통구 원천동 111번지(국토지리정보원 내 대한민국경위도원점 금속표의 십자선 교점)
수치	• 경도 : 동경 127도 03분 14.8913초 • 위도 : 북위 37도 16분 33.3659초 • 원방위각 　−165도 03분 44.538초 : 원점으로부터 진북을 기준으로 오른쪽 방향으로 측정한 우주측지관측센터에 있는 위성기준점 안테나 참조점 중앙 　−3도 17분 32.195초 : 원점으로부터 진북을 기준하여 우회로 측정한 서울산업대학교 내 위성측지기준점 금속표십자선 교점의 방위각

(6) 결론

① 최근에는 측량분야의 최신 장비와 위성측량 등으로 인하여 비약적인 발전으로 정확하고 신속한 서비스의 질을 향상시키고 있으나 아직도 좌표계 문제 등의 부족한 점이 많은 게 현실이다.

② 그러므로 2010년부터는 모든 측량에 세계측지계 도입에 따라 효율적인 기준점관리체계가 단일화되어 공간정보화의 실현과 다목적측량에 대비하여야 할 것이다.

CHAPTER 10

지도직 군무원 한권으로 끝내기[촉지학]

공간정보산업 진흥법

1. 공간정보산업진흥원

설립(제23조)	① 국토교통부장관은 공간정보산업을 효율적으로 지원하기 위하여 공간정보산업진흥원(이하 "진흥원"이라 한다)을 설립한다. ② 진흥원은 법인으로 한다. ③ 진흥원은 그 주된 사무소의 소재지에서 설립등기를 함으로써 성립한다.
업무(제23조)	④ 진흥원은 다음 각 호의 사업 중 국토교통부장관으로부터 위탁을 받은 업무를 수행할 수 있다. 1. 제5조에 따른 공공수요 및 공간정보산업정보의 조사 1의2. 제5조의2에 따른 공간정보산업과 관련된 통계의 작성 2. 제8조에 따른 유통현황의 조사ㆍ분석 3. 제9조에 따른 융ㆍ복합 공간정보산업 지원을 위한 정보수집 및 분석 3의2. 제9조제3항에 따른 공간정보오픈플랫폼 등 시스템의 운영 4. 제10조에 따른 지식재산권 보호를 위한 시책추진 5. 공간정보산업의 산학 연계 프로그램 지원 6. 제12조에 따른 공간정보 관련 제품 및 서비스의 품질인증 7. 제13조에 따른 공간정보기술의 개발 촉진 8. 제14조에 따른 공간정보산업의 표준화 지원 9. 제15조에 따른 공간정보산업과 관련된 전문인력 양성 및 지원 9의2. 제16조에 따른 공간정보사업자 등의 국외 진출 지원 및 공간정보산업과 관련된 국제교류ㆍ협력 9의3.「국가공간정보 기본법」제9조제1항제1호에 따른 공간정보체계의 구축ㆍ관리ㆍ활용 및 공간정보의 유통 등에 관한 기술의 연구ㆍ개발, 평가 및 이전과 보급 9의4. 제16조의2에 따른 창업지원을 위한 사업의 추진 10. 제18조에 따른 공간정보산업진흥시설의 지원 11. 그 밖에 국토교통부장관으로부터 위탁을 받은 사항 ⑤ 진흥원은 공간정보산업을 효율적으로 지원하고 제4항에 따른 업무를 수행하는 데에 필요한 경비를 조달하기 위하여 대통령령으로 정하는 바에 따라 수익사업을 할 수 있다. 〈신설 2014.6.3.〉 ⑥ 국토교통부장관은 진흥원에 대하여 제4항에 따라 위탁을 받은 업무를 수행하는 데 필요한 경비를 예산의 범위 안에서 지원할 수 있다. 〈개정 2013.3.23., 2014.6.3.〉 ⑦ 개인ㆍ법인 또는 단체는 진흥원의 사업을 지원하기 위하여 진흥원에 금전이나 현물, 그 밖의 재산을 출연 또는 기부할 수 있다. 〈개정 2014.6.3.〉

	⑧ 진흥원에 관하여 이 법에서 규정한 것 외에는 「민법」 중 재단법인에 관한 규정을 준용한다. ⑨ 그 밖에 진흥원의 운영 등에 필요한 사항은 대통령령으로 정한다
수익사업 (령 제16조)	① 법 제23조제1항에 따른 공간정보산업진흥원(이하 "진흥원"이라 한다)이 같은 조 제5항에 따라 할 수 있는 수익사업은 다음 각 호와 같다. 1. 공간정보산업 진흥을 위한 각종 교육 및 홍보 2. 공간정보 기술자문 사업 3. 공간정보의 가공 및 유통과 관련된 사업 ② 진흥원의 장은 제1항에 따른 수익사업에 대하여 수수료의 요율 또는 금액을 결정하였을 때에는 그 결정된 내용과 금액산정의 명세를 공개하여야 한다.
정관운영 (령 제16조의2) 목명주사임이 재조수	진흥원의 정관에는 다음 각 호의 사항을 기재하여야 한다. 1. 설립목적 2. 명칭 3. 주된 사무소의 소재지 4. 사업의 내용 및 집행에 관한 사항 5. 임원의 정원·임기·선출방법 및 해임 등에 관한 사항 6. 이사회에 관한 사항 7. 재정 및 회계에 관한 사항 8. 조직 및 운영에 관한 사항 9. 수익사업에 관한 사항

2. 공간정보산업협회

설립(제24조)	① 공간정보사업자와 공간정보기술자는 공간정보산업의 건전한 발전과 구성원의 공동이익을 도모하기 위하여 공간정보산업협회(이하 "협회"라 한다)를 설립할 수 있다. ② 협회는 법인으로 한다. ③ 협회는 주된 사무소의 소재지에서 설립등기를 함으로써 성립한다. ④ 협회를 설립하려는 자는 공간정보기술자 300명 이상 또는 공간정보사업자 10분의 1 이상을 발기인으로 하여 정관을 작성한 후 창립총회의 의결을 거쳐 국토교통부장관의 인가를 받아야 한다.
업무(제24조)	⑤ 협회는 다음 각 호의 업무를 행한다. 1. 공간정보산업에 관한 연구 및 제도 개선의 건의 2. 공간정보사업자의 저작권·상표권 등의 보호활동 지원에 관한 사항 3. 공간정보 등 관련 기술에 관한 각종 자문 4. 공간정보기술자의 교육 등 전문인력의 양성 5. 다음 각 목의 사업 　가. 회원의 업무수행에 따른 입찰, 계약, 손해배상, 선급금 지급, 하자보수 등에 대한 보증사업 　나. 회원에 대한 자금의 융자

다. 회원의 업무수행에 따른 손해배상책임에 관한 공제사업 및 회원에 고용된 사람의 복지향상과 업무상 재해로 인한 손실을 보상하는 공제사업

6. 이 법 또는 다른 법률의 규정에 따라 협회가 위탁받아 수행할 수 있는 사업

7. 그 밖에 협회의 설립목적을 달성하는데 필요한 사업으로서 정관으로 정하는 사업

⑥ 협회에서 제5항제5호가목에 따른 보증사업 및 같은 호 다목에 따른 공제사업을 하려면 보증규정 및 공제규정을 제정하여 미리 국토교통부장관의 승인을 받아야 한다. 보증규정 및 공제규정을 변경하려는 경우에도 또한 같다. 〈신설 2016. 3. 22.〉

⑦ 제6항에 따른 보증규정 및 공제규정에는 다음 각 호의 사항을 포함하여야 한다. 〈신설 2016. 3. 22.〉

1. 보증규정 : 보증사업의 범위, 보증계약의 내용, 보증수수료, 보증에 충당하기 위한 책임준비금 등 보증사업의 운영에 필요한 사항

2. 공제규정 : 공제사업의 범위, 공제계약의 내용, 공제료, 공제금, 공제금에 충당하기 위한 책임준비금 등 공제사업의 운영에 필요한 사항

⑧ 국토교통부장관은 제5항제5호가목에 따른 보증사업 및 같은 호 다목에 따른 공제사업의 건전한 육성과 가입자의 보호를 위하여 보증사업 및 공제사업의 감독에 관한 기준을 정하여 고시하여야 한다. 〈신설 2016. 3. 22.〉

⑨ 국토교통부장관은 제6항에 따라 보증규정 및 공제규정을 승인하거나 제8항에 따라 보증사업 및 공제사업의 감독에 관한 기준을 정하는 경우에는 미리 금융위원회와 협의하여야 한다. 〈신설 2016. 3. 22.〉

⑩ 국토교통부장관은 제5항제5호가목에 따른 보증사업 및 같은 호 다목에 따른 공제사업에 대하여 「금융위원회의 설치 등에 관한 법률」에 따른 금융감독원의 원장에게 검사를 요청할 수 있다. 〈신설 2016. 3. 22.〉

⑪ 협회에 관하여 이 법에서 규정되어 있는 것을 제외하고는 민법 중 사단법인에 관한 규정을 준용한다. 〈개정 2014. 6. 3., 2016. 3. 22.〉

⑫ 제1항부터 제11항까지에서 정한 것 외에 협회의 정관, 설립 인가 및 감독 등에 필요한 사항은 대통령령으로 정한다. 〈신설 2014. 6. 3., 2016. 3. 22.〉

정관운영 (령 제16조의3) 목명주사회 임총이재	법 제24조제1항에 따른 공간정보산업협회(이하 "협회"라 한다)가 같은 조 제7항에 따라 정관에 기재하여야 하는 사항은 다음 각 호와 같다. 1. 설립**목**적 2. **명**칭 3. **주**된 사무소의 소재지 4. **사**업의 내용 및 그 집행에 관한 사항 5. **회**원의 자격, 가입과 탈퇴 및 권리·의무에 관한 사항 6. **임**원의 정원·임기 및 선출방법에 관한 사항 7. **총**회의 구성 및 의결사항 8. **이**사회, 분회 및 지회에 관한 사항 9. **재**정 및 회계에 관한 사항

3. 공간정보집합투자기구

설립(제25조)	① 「자본시장과 금융투자업에 관한 법률」에 따라 공간정보산업에 자산을 투자하여 그 수익을 주주에게 배분하는 것을 목적으로 하는 집합투자기구(이하 "공간정보집합투자기구"라 한다)를 설립할 수 있다. ② 금융위원회는 「자본시장과 금융투자업에 관한 법률」 제182조에 따라 공간정보집합투자기구의 등록신청을 받은 경우 대통령령으로 정하는 바에 따라 미리 국토교통부장관과 협의하여야 한다. ③ 공간정보집합투자기구는 이 법으로 특별히 정하는 경우를 제외하고는 「자본시장과 금융투자업에 관한 법률」의 적용을 받는다.

寅山 이영수

측량 및 지형공간정보 기술사
지적 기술사
명지대학교 산업대학원 지적GIS학과 졸업(공학석사)
(전) 대구과학대학교 측지정보과 교수
(전) 신한대학교 겸임교수
(전) 한국국토정보공사 근무
(현) 공단기 지적직공무원 지적측량, 지적전산학, 지적법, 지적학 강의
(현) 주경야독 인터넷 동영상 강사
(현) (한국국토정보공사) 지적법 해설, 지적학 해설, 지적측량 강의
(현) 군무원 지도직 측지학, 지리정보학 강의
(현) (특성화고 토목직공무원) 측량학 강의
(현) 지적기술사 동영상 강의
(현) 측량 및 지형공간정보 기술사 동영상 강의
(현) 지적기사(산업)기사 이론 및 실기 동영상 강의
(현) 측량 및 지형공간정보 기사/산업기사 이론 및 실기 동영상 강의
(현) 측량학, 응용측량, 측량기능사, 지적기능사 동영상 강의

 저서

공무원 · 한국국토정보공사 분야	지적 · 측량 및 지형공간정보 분야
	• 지적기술사 해설
	• 지적기술사 과년도 기출문제 해설
	• 지적기사/산업기사 이론 및 문제 해설
• 지적직공무원 지적측량/지적전산학 기초입문	• 지적기사/산업기사 과년도 문제 해설
• 지적직공무원 지적측량/지적전산학 기본서	• 지적기사/산업기사 실기 문제 해설
• 지적직공무원 지적측량/지적전산학 단원별 기출	• 지적측량실무
• 지적직공무원 지적측량/지적전산학 합격모의고사	• 지적기능사 해설
• 지적직공무원 지적측량/지적전산학 1,200제	• 측량 및 지형공간정보기술사 기출문제 해설
• 지적직공무원 지적측량/지적전산학 필다나	• 측량 및 지형공간정보기사/산업기사 이론 및 문제 해설
• 지적직공무원 지적법/지적학 해설	• 측량 및 지형공간정보기사/산업기사 과년도 문제 해설
• 지적직공무원 지적법/지적학 합격모의고사	• 측량 및 지형공간정보 실무
• 지적직공무원 지적법/지적학 800제	•공간정보 및 지적관련 법령집
• 군무원 지도직 측지학/지리정보학	• 측량학
	•응용측량
	• 사진측량 해설
	• 측량기능사

이영욱

대구과학대학교 측지정보과 교수
경상북도 공무원 연수원 외래교수
산업인력관리공단 측지기사 국가자격출제위원
대구광역시 남구 건축위원
부산광역시 지적심의위원
대한측량협회 기술자 대의원
대구광역시, 경상북도 지적심의위원
산학협력선도전문대학사업(LINC) 단장

 저서

- 지적직공무원 지적측량 기초입문서, 세진사
- 지적직공무원 지적전산학 기본서, 세진사
- 측량 및 지형공간정보 실무, 세진사
- GPS측량
- 위성측량
- 측량학

김도균

영남대학교 일반대학원 토목공학과 공학석사
영남대학교 일반대학원 토목공학과 공학박사
측량 및 지형공간정보 기사
토목기사
(현) 경북도립대학교 토목공학과 교수

저서

- 지적기사 이론 및 문제해설, 예문사
- 지적산업기사 이론 및 문제해설, 예문사
- 실용GPS, 도서출판 일일사
- 기본측량학, 도서출판 일일사
- 응용측량, 도서출판 일일사
- 측량 및 지형공간정보기사/산업기사 이론 및 문제해설, 구민사
- 측량 및 지형공간정보기사/산업기사 과년도 문제해설, 구민사
- 측량학, 예문사
- 측지학, 좋은책
- GIS, 좋은책
- 토목기사

김문기

금오공과대학교 토목 · 환경 및 건축공학과 공학석사
경북대학교 토목공학과 공학박사
측량 및 지형공간정보 기사
한국엔지니어링 협회 특급기술자
한국건설기술인 협회 특급기술자
(현) 티엘엔지니어링(주) 대표이사
(현) 안동과학대학교 건설정보공학과 겸임교수
(현) 한국생태공학회 이사
(현) 송전선로 전력영향평가선정 위원

 저서

- 측량 및 지형공간정보 기술사, 예문사
- 측량기능사, 예문사
- 측지학, 예문사
- GIS, 예문사

오건호

경북대학교 지리학과 졸업(학사)
지적기사 · 측량 및 지형공간정보 기사
항공사진기능사 · 지도제작기능사
(전) 영주시청 토지정보과 근무
(현) 달서구청 토지정보과 근무

저서

- 지적기사 필기, 세진사
- 지적산업기사 필기, 세진사
- 측량 및 지형공간정보 기사, 구민사
- 측량 및 지형공간정보 산업기사, 구민사

지도직 군무원 한권으로 끝내기 [측지학]

———

초 판 발 행	2023년 3월 10일
저　　　자	寅山 이영수 · 이영욱 · 김도균 · 김문기 · 오건호
발 행 인	정용수
발 행 처	(주)예문아카이브
주　　　소	서울시 마포구 동교로 18길 10 2층
T E L	02) 2038 – 7597
F A X	031) 955 – 0660
등 록 번 호	제2016 – 000240호
정　　　가	32,000원

홈페이지 http://www.yeamoonedu.com

ISBN　　979-11-6386-155-3　　[13500]